U0940907

中国国家标准汇编

2010年修订-12

中国标准出版社 编

中国质检出版社
中国标准出版社
北 京

图书在版编目（CIP）数据

中国国家标准汇编：2010年修订. 12/中国标准出版社编. —北京：中国标准出版社，2012
ISBN 978-7-5066-6511-7

Ⅰ. ①中… Ⅱ. ①中… Ⅲ. ①国家标准-汇编-中国-2010 Ⅳ. ①T-652.1

中国版本图书馆CIP数据核字(2011)第187946号

中国质检出版社
中国标准出版社 出版发行
北京市朝阳区和平里西街甲2号(100013)
北京市西城区三里河北街16号(100045)
网址:www.spc.net.cn
总编室:(010)64275323 发行中心:(010)51780235
读者服务部:(010)68523946
中国标准出版社秦皇岛印刷厂印刷
各地新华书店经销

*

开本 880×1230 1/16 印张 36.75 字数 969 千字
2012年1月第一版 2012年1月第一次印刷

*

定价 220.00 元

出 版 说 明

1.《中国国家标准汇编》是一部大型综合性国家标准全集。自1983年起，按国家标准顺序号以精装本、平装本两种装帧形式陆续分册汇编出版。它在一定程度上反映了我国建国以来标准化事业发展的基本情况和主要成就，是各级标准化管理机构，工矿企事业单位，农林牧副渔系统，科研、设计、教学等部门必不可少的工具书。

2.《中国国家标准汇编》收入我国每年正式发布的全部国家标准，分为"制定"卷和"修订"卷两种编辑版本。

"制定"卷收入上一年度我国发布的、新制定的国家标准，顺延前年度标准编号分成若干分册，封面和书脊上注明"20××年制定"字样及分册号，分册号一直连续。各分册中的标准是按照标准编号顺序连续排列的，如有标准顺序号缺号的，除特殊情况注明外，暂为空号。

"修订"卷收入上一年度我国发布的、修订的国家标准，视篇幅分设若干分册，但与"制定"卷分册号无关联，仅在封面和书脊上注明"20××年修订-1，-2，-3，……"字样。"修订"卷各分册中的标准，仍按标准编号顺序排列(但不连续)；如有遗漏的，均在当年最后一分册中补齐。需提请读者注意的是，个别非顺延前年度标准编号的新制定的国家标准没有收入在"制定"卷中，而是收入在"修订"卷中。

读者配套购买《中国国家标准汇编》"制定"卷和"修订"卷则可收齐上一年度我国制定和修订的全部国家标准。

3.由于读者需求的变化，自1996年起，《中国国家标准汇编》仅出版精装本。

4.2010年我国制修订国家标准共2846项。本分册为"2010年修订-12"，收入新制修订的国家标准38项。

中国标准出版社
2011年8月

出版说明

目　　录

ICS 31.060.70
K 42

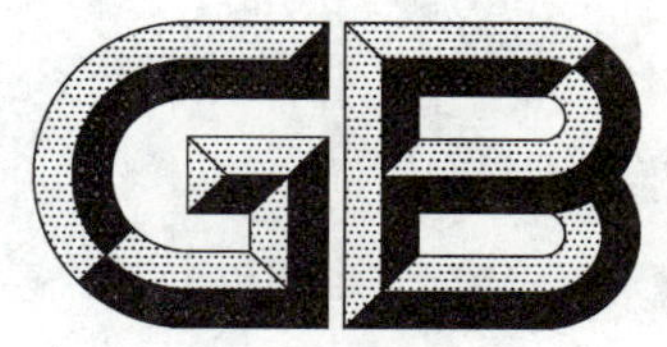

中华人民共和国国家标准

GB/T 11024.1—2010
代替 GB/T 11024.1—2001

标称电压 1 000 V 以上交流电力系统用并联电容器 第 1 部分:总则

Shunt capacitors for a. c. power systems having a rated voltage above 1 000 V—Part 1:General

(IEC 60871-1:2005,MOD)

2010-09-02 发布 2011-02-01 实施

中华人民共和国国家质量监督检验检疫总局
中国国家标准化管理委员会 发布

前　言

GB/T 11024《标称电压 1 000 V 以上交流电力系统用并联电容器》分为 4 个部分：

——第 1 部分：总则；

——第 2 部分：耐久性试验；

——第 3 部分：并联电容器和并联电容器的保护；

——第 4 部分：内部熔丝。

本部分为 GB/T 11024 的第 1 部分，修改采用国际标准 IEC 60871-1：2005《标称电压 1 000 V 以上交流电力系统用并联电容器　第 1 部分：总则》(英文版)，有关技术差异已编入正文中，并在它们所涉及的条款的页边空白处用垂直单线标识。

主要技术差异如下：

——按照汉语习惯对一些编排格式进行了修改；

——端子间电压试验的交、直流试验电压值仍采用原国家标准值；

——根据我国的具体情况，将电容偏差允许值规定在更小的范围之内；

——根据我国的具体情况，对电容器损耗角正切(tanδ)作了一定的限制；

——原 IEC 中表 3、表 4、表 5 和表 6 所表述的标准绝缘水平的内容不符合我国国情，故将其删除，而采用 GB/T 311.1—1997 中表 3 和表 4 的规定值；

——根据我国具体情况，在电容器单元的标志中增加了“b) 电容器单元的名称”、“c) 电容器单元的型号”和“h) 实测电容，μF”；在电容器组的标志中增加了“b) 电容器组的名称 ”和“c) 电容器组的型号”；

——根据我国具体情况删去了原 IEC 60871-1 中附录 A 的内容，重新用一句话代替；

——提高了滤波电容器端子间的试验电压，以与 GB/T 20994—2007 相一致；

——对谐振频率的计算公式作了补充，增加了电容器接入串联电抗器情况下的计算公式。

为便于使用，本部分还做了下列编缉性修改：

——对 IEC 标准中一些编缉性错误进行了修改；

——按照 GB/T 1.1—2000 要求，对一些编排和书写格式进行了修改；

——“本标准”一词改为“本部分”；

——用小数点“.”代替原 IEC 标准中作为小数点的逗号“,”；

——删除 IEC 标准的前言；

——将规范性引用文件按修改后的内容进行了调整，且将原 IEC 标准中有对应或行业标准的均予更换；

——将一些适用于国际标准的表述改为适用于我国标准的表述。

本部分代替 GB/T 11024.1—2001《标称电压 1 kV 以上交流电力系统用并联电容器　第 1 部分：总则　性能、试验和定额　安全要求　安装和运行导则》。

本部分与 GB/T 11024.1—2001 相比主要变化如下：

——根据我国的具体情况，将电容偏差允许值规定在更小的范围之内；

——根据我国的具体情况，对电容器损耗角正切(tanδ)作了一定的限制；

——增加了有关爬电距离和空气间隙选择的内容；

——提高了滤波电容器端子间的试验电压，以与 GB/T 20994—2007 相一致；

——对谐振频率的计算公式作了补充，增加了电容器接入串联电抗器情况下的计算公式。

——增加了附录 E“内部熔丝、外部熔断器和无熔丝保护的电容器组及其单元的连接”。

本部分的附录 A、附录 B 和附录 C 为规范性附录，附录 D 和附录 E 为资料性附录。

本部分中国电器工业协会提出。

本部分由全国电力电容器标准化技术委员会(SAC/TC 45)归口。

本部分主要起草单位：西安电力电容器研究所、日新电机(无锡)有限公司。

本部分参加起草单位：桂林电力电容器有限责任公司、西安 ABB 电力电容器有限公司、

山东省泰安市泰开电力电子有限公司、安徽省电力科学研究院、中国电力科学研究院、上虞电力电容器有限公司、正泰电气股份有限公司高压电容器分公司、浙江永锦电力器材有限公司、淄博莱宝电力电容器有限公司、指月集团有限公司。

本部分主要起草人：杨一民、刘菁、左强林、李怀玉、冯丽、陶梅、周胜军、陈柏富、张雅舒、赵福庆、田宜涛、王培波。

本部分所代替标准的历次版本发布情况为：GB/T 3983.2—1989，GB/T 11024.1—2001。

标称电压1 000 V以上交流电力系统用并联电容器　第1部分:总则

1　范围和目的

本部分规定了标称电压1 000 V以上交流电力系统用并联电容器的性能、试验、定额、安全要求、安装和运行导则。

本部分适用于专门用来改善标称电压为1 000 V以上、频率为15 Hz～60 Hz交流电力系统的功率因数的电容器单元和电容器组。

本部分也适用于在电力滤波电路中使用的电容器。滤波电容器的附加定义、要求和试验在附录B中给出。

有内部熔丝保护的电容器的附加要求以及对内部熔丝的要求在GB/T 11024.4中给出。

有外部熔断器保护的电容器的要求以及对外部熔断器的要求在附录C中给出。

本部分不适用于自愈式金属化介质电容器。

本部分也不适用于下列电容器:

——在频率40 Hz～24 000 Hz下运行的感应加热装置用电容器(见GB/T 3984.1);

——电力系统用串联电容器(见GB/T 6115系列);

——电动机用电容器及其类似者(见GB/T 3667系列);

——耦合电容器及电容分压器(见GB/T 19749);

——标称电压1 kV及以下交流电力系统用并联电容器(见GB/T 12747系列和GB/T 17886系列);

——荧光灯和放电灯用小型交流电容器(见GB 18489和GB/T 18504);

——电力电子电容器(见GB/T 17702系列);

——微波炉用电容器(见GB/T 18939.1);

——抑制无线电干扰用电容器;

——在叠加有直流电压的交流电压下使用的电容器。

各附件,诸如绝缘子、开关、互感器、外部熔断器等均应符合相应的标准。

本部分的目的如下:

a)　阐述关于单元和电容器组的性能、定额及单元试验的统一规则;

b)　阐述特殊的安全规则;

c)　提供安装和运行导则。

2　规范性引用文件

下列文件中的条款通过GB/T 11024的本部分的引用而成为本部分的条款。凡是注日期的引用文件,其随后所有的修改单(不包括勘误的内容)或修订版均不适用于本部分,然而,鼓励根据本部分达成协议的各方研究是否可使用这些文件的最新版本。凡是不注日期的引用文件,其最新版本适用于本部分。

GB 311.1—1997　高压输变电设备的绝缘配合(neq IEC 60071-1:1993)

GB/T 311.2—2002　绝缘配合　第2部分:高压输变电设备的绝缘配合使用导则(eqv IEC 60071-2:1996)

GB/T 2900.16 电工术语 电力电容器[GB/T 2900.16—1996,neq IEC 60050(436):1990]

GB/T 11024.2 标称电压 1 kV 以上交流电力系统用并联电容器 第 2 部分:耐久性试验(GB/T 11024.2—2001,idt IEC 60871-2:1999)

GB/T 11024.4—2001 标称电压 1 kV 以上交流电力系统用并联电容器 第 4 部分:内部熔丝(idt IEC 60871-4:1996)

GB/T 15166.4 高压交流熔断器 第 4 部分:并联电容器外保护用熔断器(GB/T 15166.4—2008,IEC 60549:1976,MOD)

GB/T 16927.1—1997 高电压试验技术 第一部分:一般试验要求(eqv IEC 60060-1:1989)

JB/T 5895 污秽地区绝缘子使用导则(JB/T 5895—1991,neq IEC/TR 60815:1986)

3 术语和定义

本部分除采用下列术语和定义外,其余见 GB/T 2900.16。

3.1

电容器元件(元件) capacitor element (element)

由电介质和被它隔开的两个电极所构成的部件。

3.2

电容器单元(单元) capacitor unit (unit)

由一个或多个电容器元件组装于同一外壳中并有引出端子的组装体。

3.3

电容器组(组) capacitor bank(bank)

连接在一起共同起作用的若干电容器单元。

3.4

电容器 capacitor

本部分中,“电容器”一词是当不需要特别强调“电容器单元”或“电容器组”的不同含义时的用语。

3.5

电容器装置 capacitor installation

一个或多个电容器组及其附件。

3.6

电容器的放电器件 discharge device of a capacitor

一种可配备于电容器的、当电容器从电源断开后能在规定时间内将电容器端子间的电压几乎降低到零的器件。

3.7

电容器的内部熔丝 internal fuse of a capacitor

在电容器单元内部和元件相串联的熔丝。

3.8

线路端子 line terminal

用来连接到电网导线上的端子。

注:在多相电容器中,拟与中性线相连接的端子不作为线路端子。

3.9

电容器的额定电容 rated capacitance of a capacitor

C_N

由电容器的额定容量、额定电压和额定频率计算得出的电容值。

3.10

电容器的额定容量　rated output of a capacitor

Q_N

设计电容器时所规定的无功功率。

3.11

电容器的额定电压　rated voltage of a capacitor

U_N

设计电容器时所规定的交流电压方均根值。

注：当电容器含有一个或多个独立的电路时(例如拟用于多相连接的单相单元或具有独立电路的多相单元),U_N 系指每一电路的额定电压。

对于相间在内部已有电气连接的多相电容器以及对于多相电容器组,U_N 系指线电压。

3.12

电容器的额定频率　rated frequency of a capacitor

f_N

设计电容器时所规定的频率。

3.13

电容器的额定电流　rated current of a capacitor

I_N

设计电容器时所规定的交流电流方均根值。

3.14

电容器损耗　capacitor losses

电容器消耗的有功功率。

3.15

(电容器的)损耗角正切　tangent of the loss angle (of a capacitor)

$\tan\delta$

在规定的正弦交流电压和频率下,电容器的等效串联电阻与容抗之比。

3.16

电容器的最高允许电压　maximum permissible voltage of a capacitor

在规定条件下,电容器能承受一给定时间的最高交流电压方均根值。

3.17

电容器的最大允许电流　maximum permissible current of a capacitor

在规定条件下,电容器能承受一给定时间的最大交流电流方均根值。

3.18

环境空气温度　ambient air temperature

准备安装电容器处的空气温度。

3.19

冷却空气温度　cooling air temperature

稳定状态下,在电容器组的最热区域中两台电容器间外壳最热点连线中点的空气温度。

注：如果仅有一个单元,则指在距离电容器外壳大约 0.1 m 和距离底部三分之二高度处测得的温度。

3.20

稳定状态　steady-state condition

在恒定输出和恒定环境空气温度下电容器所达到的热平衡状态。

3.21

剩余电压 residual voltage

从电源断开一段时间之后电容器端子间尚残存的电压。

4 使用条件

4.1 正常使用条件

本部分给出的要求适用于在下列条件下使用的电容器：

a) 通电时的剩余电压

不超过额定电压的10%(见第21章,27.5,19.2和附录D)。

b) 海拔

不超过1 km。

c) 环境空气温度类别

电容器按温度类别分类,每一类别用一个数字后跟一个字母来表示。数字表示电容器可以运行的最低环境空气温度。字母代表温度变化范围的上限,在表1中规定了最高值。温度类别覆盖的温度范围为:−50 ℃～+55 ℃。

电容器可以投入运行的最低环境空气温度应从+5 ℃,−5 ℃,−25 ℃,−40 ℃,−50 ℃这五个优先值中选取。

注:经制造方同意,电容器可以在低于上述下限的温度下使用,但投运必须在等于或高于该极限的温度下进行(见27.3)。

表1是以电容器不影响环境空气温度这一使用条件(例如户外装置)为前提确定的。

表1 温度范围上限用字母代号

环境温度/℃			
代　号	最　高	24 h平均最高	年平均最高
A	40	30	20
B	45	35	25
C	50	40	30
D	55	45	35
注:这些温度值可在安装地区的气象温度表中查得。			

如果电容器影响空气温度,则应加强通风或另选电容器,以保持表1中的极限值。在这样的装置中冷却空气温度应不超过表1的温度极限值加5 ℃。

任何最低和最高值的组合均可选作电容器的标准温度类别,例如:−40/A或−5/C。优先的标准温度类别为:−40/A,−25/A,−5/A和−5/C。

4.2 非正常使用条件

本部分一般来说不适用于使用条件不符合本部分要求的电容器,但制造方和购买方之间另有协议时除外。

5 质量要求和试验

5.1 概述

第5章～第17章给出了对电容器单元的质量和试验要求。

支柱绝缘子、开关、互感器、外部熔断器等应符合相应的标准。

5.2 试验条件

除对特殊的试验或测量另有规定外,电容器介质的温度应在+5 ℃～+35 ℃范围内。

当必须进行校正时，采用的参考温度为+20 ℃，但制造方和购买方之间另有协议时除外。

如果电容器在不通电状态下在恒定环境温度中放置了适当长的时间，则可认为电容器的介质温度与环境温度相同。

如果没有其他规定，则无论电容器的额定频率如何，交流试验和测量均可在50 Hz或60 Hz的频率下进行，试验电压的波形和偏差应符合GB/T 16927.1—1997中6.2.1的要求。

6 试验分类

试验分为：例行试验、型式试验、验收试验和特殊试验。

6.1 例行试验

a) 电容测量(见第7章)；

b) 电容器损耗角正切(tanδ)测量(见第8章)；

c) 端子间电压试验(见第9章)；

d) 端子与外壳间交流电压试验(见第10章)；

e) 内部放电器件试验(见第11章)；

f) 密封性试验(见第12章)；

g) 内部熔丝的放电试验(见GB/T 11024.4—2001中的5.1.2)。

例行试验应由制造方在交货前对每一台电容器进行。如果购买方有要求，则制造方应提供详列这些试验结果的证明书。

上述试验顺序不是强制性的。

注：如果购买方和制造方达成协议，则短路放电试验可以作为例行试验进行。试验参数也应协商确定。

6.2 型式试验

a) 热稳定性试验(见第13章)；

b) 高温下电容器损耗角正切(tanδ)测量(见第14章)；

c) 端子与外壳间交流电压试验(见第15章)；

d) 端子与外壳间雷电冲击电压试验(见第16章)；

e) 短路放电试验(见第17章)；

f) 电容器配用的外部熔断器的试验(在装置试验时进行)(见附录C)；

g) 内部熔丝的隔离试验(见GB/T 11024.4—2001中的5.3)。

进行型式试验是为了确定电容器在设计、参数、材料和制造方面是否满足本部分中所规定的性能和运行要求。

除非另有规定，每一拟用来进行型式试验的试品应为经例行试验合格的电容器。

型式试验应对与所供货的电容器有相同设计的电容器进行，或对在设计和工艺上与所供货的电容器在可能影响型式试验所要检验的性能方面没有差异的电容器进行。

没有必要在同一电容器单元上进行全部型式试验，可以在具有相同特性的不同单元上进行。

型式试验应由制造方进行，在有要求时，应向购买方提供详列这些试验结果的证明书。

6.3 验收试验

例行试验或型式试验或其中的某些项目，可由制造方根据与购买方签订的合同重复进行。

做这些试验的试品数量和验收准则应由制造方与购买方协商确定并应在合同中写明。

6.4 特殊试验(耐久性试验)

耐久性试验是对元件(其介质设计和介质组合)以及组装成电容器单元的这些元件的制造工艺进行验证的试验。耐久性试验既费时又昂贵，但可以覆盖一定范围的电容器设计(见GB/T 11024.2)。

7 电容测量(例行试验)

7.1 测量程序

电容应在 0.9～1.1 倍额定电压下用能排除由谐波引起的误差的方法进行测量。

如果制造方和购买方商定了适当的校正因数,也可以在其他电压下测量。

最终的电容测量应在电压试验(见第 9 章和第 10 章)之后进行。

为了揭示是否有诸如一个元件击穿或一根内部熔丝动作所导致的电容变化,应在其他电气例行试验之前进行电容初测,初测应在不高于 $0.15U_N$ 的电压下进行。

测量方法的准确度应能满足 7.2 的电容偏差。经过协商,可以要求较高的准确度,在这种情况下,制造方应说明测量方法的准确度。

测量方法的再现性应能检测出一个元件击穿或一根内部熔丝动作。

注:对于多相电容器,应调整测量电压使每一元件均能受到 0.9～1.1 倍的额定电压。

7.2 电容偏差

电容和额定电容的相对误差应不超过:

对于电容器单元,－5%～＋5%;

对于总容量在 3 Mvar 及以下的电容器组,－5%～＋5%;

对于总容量在 3 Mvar 以上的电容器组,0～＋5%。

电容是在 7.1 条件下的测量值。

三相单元中任何两线路端子之间测得的电容的最大值和最小值之比应不超过 1.08。

三相电容器组中任何两线路端子之间测得的电容的最大值和最小值之比应不超过 1.02。

注 1:参见 27.5.5 有关偏差的内容。

注 2:由每两个端子间测得的 3 个电容值来计算三相电容器容量的公式列于附录 D。

注 3:对于总容量超过 3 Mvar 的电容器组,制造方和购买方可以协商更小的容量偏差和相电容之比。

注 4:中性点绝缘的星形连接的电容器组可能需要较小的相电容最大值与最小值之比(见 27.5.5)。

8 电容器损耗角正切(tanδ)测量(例行试验)

8.1 测量程序

电容器损耗角正切(tanδ)应在 0.9～1.1 倍额定电压下用能排除由谐波引起的误差的方法进行测量。测量方法的准确度以及与在额定电压和额定频率下测量值的关系应予以给出。

注 1:对于多相电容器,应调整测量电压使每一元件均能受到 0.9～1.1 倍的额定电压。

注 2:浸渍的低损耗介质在首次赋能的最初数小时内,其损耗角正切值会减小,这种减小与 tanδ 随温度变化不相关联。例行试验时,在同时制造的完全相同的单元之间测得的 tanδ 可能有较大差异。但是,最后的"稳定"值通常是在一个狭小的范围之内,就像例行试验测量值与热稳定性试验或按制造方实际条件而另选的方法所得值之间记录到的差异所显示的那样。

注 3:测量装置应按 JB/T 8957 或其他能给出相同或更高准确度的方法进行校准。

8.2 电容器损耗角正切(tanδ)要求

电容器损耗角正切(tanδ)对于全膜介质电容器,应不大于 0.000 5。若对此有更小的要求应由制造方和购买方协商确定。

电容器损耗角正切(tanδ)是在 8.1 条件下的测量值。

9 端子间电压试验(例行试验)

每一电容器均应承受 9.1 或 9.2 的试验,历时 10 s。在没有协议的情况下,由制造方选择。试验期间,应既不发生击穿也不发生闪络。

9.1 交流试验

试验电压应为：

$$U_t = 2.15U_N$$

注1：如果电容器在例行试验后再次进行试验，则第二次试验推荐采用75%U_t的电压。

注2：对于多相电容器，应调整试验电压使每一元件均能受到规定的电压。

9.2 直流试验

试验电压应为：

$$U_t = 4.3U_N$$

注1：见9.1注1。

注2：见9.1注2。

10 端子与外壳间交流电压试验(例行试验)

所有端子均与外壳绝缘的电容器单元，试验电压应施加在连接在一起的端子与外壳之间，历时10 s。

用在中性点绝缘的电容器组中且外壳接地的单元，应按18.1施加试验电压；用在所有以其他方式连接的电容器组中的单元，试验电压与额定电压成正比，其值按18.3进行计算。

如果不知道端子与外壳绝缘的单元是否用于外壳接地场合，则应按18.1施加试验电压。购买方应说明是否需要如上试验。

有一个端子固定连接到外壳上的单元，不做此项试验。

各相不相连接的单元，相间应承受和端子对外壳试验值相同的试验电压。

试验期间，应既不发生击穿也不发生闪络。

11 内部放电器件试验(例行试验)

内部放电器件的电阻(若有的话)应用测量电阻的方法(见第21章和附录D)来检验。

检验方法由制造方选择。

本试验应在第9章的电压试验之后进行。

12 密封性试验(例行试验)

单元(在无涂层状态下)应经受能有效地检测出其外壳和套管上任何渗漏的试验，试验程序由制造方确定，制造方应说明所使用的试验方法。

如果制造方没有规定试验程序，则试验应按下述程序进行：将未通电的电容器单元通体加热至少2 h，使各个部位均达到不低于表1所列对应代号最高值加20 ℃的温度，不应发生渗漏。建议使用适当的指示剂。

13 热稳定性试验(型式试验)

13.1 概述

本试验是用来：

——确定电容器在过负载条件下的热稳定性；

——确定电容器获得损耗测量再现性的条件。

13.2 测量程序

将被试电容器单元放置于另外2台具有相同额定值并施加与被试电容器相同电压的单元(陪试单元)之间。也可采用2台装有电阻器的模拟电容器作为陪试单元，应调节电阻器的损耗使得模拟电容器的内侧面靠近顶部的外壳温度等于或高于被试电容器相应处的温度。单元之间的间距应等于或小于正常间距。此试验组应放置于静止空气的加热封闭箱中，其相对位置及放置方式应符合制造方对现场安装的规定。环境空气温度应保持或高于表2所示的相应温度。此温度应以具有热时间常数约1 h的温度计来检验。应对此温度计加以屏蔽，使其受到3个通电试品热辐射的可能性最小。

表2 热稳定试验时的环境空气温度

代 号	环境空气温度/℃
A	40
B	45
C	50
D	55

对被试电容器应施加交流电压，历时至少48 h。在试验的最后24 h期间内应调整电压大小，使得根据实测电容(见7.1)计算得到的容量至少为1.44倍额定容量。

在最后6 h内，应测量外壳接近顶部处的温度至少4次。在整个6 h内温升的增加应不大于1 K。如果观察到较大的变化，则试验应继续进行直到在6 h内的连续4次测量满足上述要求为止。

试验前后应在5.2的温度范围内测量电容(见7.1)，并将2次测得值校正到同一介质温度。2次测得值之差应小于相当于一个元件击穿或一根内部熔丝动作之量。

在解释测量结果时，应考虑以下两个因素：

——测量的再现性；

——在没有任何电容器元件击穿或内部熔丝熔断的情况下，介质的内部变化可能引起电容的微小变化。

注1：当检验温度条件是否符合要求时，应考虑在试验期间内电压、频率和环境空气温度的波动，为此建议绘出这些参数和外壳温升对时间的函数曲线。

注2：只要施加规定的容量，拟用于60 Hz装置的单元可在50 Hz下进行试验，拟用于50 Hz的单元可在60 Hz下进行试验。对于额定频率低于50 Hz的单元，试验条件应由购买方和制造方协商确定。

14 高温下电容器损耗角正切(tanδ)测量(型式试验)

14.1 测量程序

电容器损耗角正切(tanδ)应在热稳定性试验(见第13章)结束时测量。测量电压应为热稳定性试验电压。

14.2 要求

按14.1测得的tanδ值应不超过制造方给出的值或制造方和购买方协商之值。

15 端子与外壳间交流电压试验(型式试验)

所有端子均与外壳绝缘的电容器单元，试验电压应施加在连接在一起的端子与外壳之间，历时1 min。

用在中性点绝缘的电容器组中且外壳接地的单元，应按18.1施加试验电压；用在所有以其他方式连接的电容器组中的单元，试验电压与额定电压成正比，其值按18.3进行计算。

如果不知道端子与外壳绝缘的单元是否用于外壳接地场合，则应按18.1施加试验电压。购买方应说明是否需要如上试验。

有一个端子固定连接到外壳上的单元，应在端子之间施加试验电压，以检验对壳绝缘是否足够。试验电压与额定电压成正比，其值按18.3进行计算。当此试验电压超出电介质试验要求时，可改变试验单元的介质结构，例如增加串联元件数来避免介质损坏，但对壳绝缘不能改变。另外，也可使用一台对壳绝缘相同、带有两个分隔开的端子的模拟单元来进行此项试验。

各相不相连接的单元，相间应承受和端子对外壳试验值相同的试验电压。

本试验对户内使用的单元为干试，对户外使用的单元在淋雨条件下（见 GB/T 16927.1—1997）进行。

在淋雨条件下进行试验时，套管的位置应与运行时的位置相一致。

试验期间，应既不发生击穿也不发生闪络。

注：如果制造方能提供表明该套管能承受 1 min 湿试验电压的单独的型式试验报告，则拟安装在户外的单元也可只进行干试。在这个单独的型式试验中，套管的位置应与运行时的位置相一致。

16 端子与外壳间雷电冲击电压试验（型式试验）

雷电冲击电压试验适用于拟用于中性点绝缘的电容器组中的电容器单元以及与架空线相连接的电容器单元。

所有端子均与外壳绝缘且外壳接地的单元应承受下列试验。

在连接在一起的端子与外壳之间施加 15 次正极性冲击之后，接着再施加 15 次负极性冲击。

改变极性后，在施加试验冲击前允许先施加几次较低幅值的冲击。

如果满足下列要求，则认为电容器通过了试验：

——未发生击穿；

——在每一极性下未发生多于 2 次的外部闪络；

——波形未显示不规则性，或与在降低了的试验电压下记录的波形无显著差异。

另一种方法是单元承受 3 次正极性冲击，除不允许发生闪络外，以上的验收准则均适用。

雷电冲击电压试验应按 GB/T 16927.1—1997 进行，但其波形为(1.2～5)/50 μs，峰值为 18.1 绝缘试验要求中的相应值。

如果不知道端子与外壳绝缘的单元是否用于外壳接地场合，则应进行雷电冲击电压试验。购买方应说明是否需要如上试验。

有一个端子固定连接到外壳上的单元，不做此项试验。

17 短路放电试验（型式试验）

单元应充以直流电，然后通过尽可能靠近电容器放置的间隙放电。电容器应在 10 min 内承受 5 次这样的放电。

试验电压应为 $2.5U_N$。

在试验后的 5 min 内，应对单元进行一次端子间电压试验（见第 9 章）。

在放电试验前和电压试验后均应测量电容。两次测得值之差应小于相当于一个元件击穿或一根内部熔丝动作之量。

注 1：短路放电试验的目的是为了揭示内部连接中的缺陷。

注 2：当对过电压或暂态过电流有限制时，制造方和购买方可协商确定采用低于 $2.5U_N$ 的试验电压。

18 绝缘水平

18.1 标准绝缘水平

电容器装置的绝缘水平应从表 3 规定的标准值中选取。

表 3 绝缘水平

单位为千伏

系统标称电压（方均根值）	设备最高电压 U_m（方均根值）	额定雷电冲击耐受电压（峰值）	额定操作冲击耐受电压（峰值）	额定短时工频耐受电压（干试与湿试）（方均根值）
3	3.5	40	—	18/25
6	6.9	60	—	23/30

表 3（续）

单位为千伏

系统标称电压（方均根值）	设备最高电压 U_m（方均根值）	额定雷电冲击耐受电压（峰值）	额定操作冲击耐受电压（峰值）	额定短时工频耐受电压（干试与湿试）（方均根值）
10	11.5	75	—	30/42
15	17.5	105	—	40/55
20	23.0	125	—	50/65
35	40.5	185	—	80/95
66	72.5	325	—	140
		350	—	160
110	126	450	—	185/200
220	252	850	—	360
		950	—	395
330	363	1 050	850	460
		1 175	950	510
500	550	1425	1050	630
		1550	1175	680
		1675	—	740
注：对同一设备最高电压给出两个绝缘水平者，在选用时应考虑到电网结构及过电压水平、过电压保护装置的配置及其性能、可接受的绝缘故障率等。 斜线下的数据为外绝缘的干耐受电压。				

18.2 一般要求

下面给出的一般规则既适用于电容器单元也适用于电容器组(见 27.8)。

套管、绝缘子和其他绝缘设备应按以下要求选取试验电压。如果绝缘是由串联连接的绝缘部件组成的，则每一部件均在全绝缘中占一适当比例。这类设备的有效标准只要适用都应采用。全绝缘意指等于或高于系统绝缘水平的一种绝缘水平。

18.2.1 相邻的绝缘部件和设备

所有与电容器的一相或各相并联连接的相间和相对地绝缘部件或电气设备均应耐受 18.1 的全绝缘试验电压。

18.2.2 对地绝缘的电容器

对地绝缘的电容器(三角形连接或中性点绝缘的星形连接)，在电容器的任何带电部分(端子、电极)与地之间的绝缘应耐受 18.1 的全绝缘试验电压。

全绝缘特别适用于外壳接地(所有端子对壳绝缘)的电容器单元的套管和端子的对壳绝缘。

外壳不接地的电容器单元的套管和端子对壳绝缘应耐受 2.5 倍额定电压的交流电压。

电气上相并联且紧邻电容器介质的线路端子和中性点之间的内部构架绝缘，应耐受 2.15 倍额定相电压的交流电压。

18.2.3 中性点接地的电容器

套管和端子对壳绝缘应耐受 2.5 倍额定电压的交流电压。

电气上相并联且紧邻电容器介质的线路端子与地之间的内部构架绝缘应耐受 2.15 倍额定相电压的交流电压。

18.3 电容器单元端子与外壳间的试验

按第 10 章、第 15 章和第 16 章要求进行的例行试验和型式试验是用来检验套管和端子对壳绝缘是否符合 18.2.2 和 18.2.3 的要求的试验。

当交流电压试验(见第 10 章和第 15 章)是以额定电压为依据时,试验电压应按下式计算:

$$U_t = 2.5 \times U_N \times n$$

式中:

U_t——工频试验电压;

U_N——电容器单元的额定电压;

n——相对于外壳连接电位的串联单元数。

18.4 单相系统中的电容器

连接在线路与地之间的电容器,应适用与中性点接地的三相系统相同的绝缘要求。

对地绝缘的电容器,应适用与对地绝缘的三相系统相同的绝缘要求。

19 过负载—最高允许电压

19.1 长时间电压

电容器单元应适于在表 4 的电压水平下运行(见 27.2 和 27.5)。

电容器能耐受而无明显损伤的过电压幅值取决于过电压的持续时间、施加的次数和电容器的温度(见 27.2)。表 4 中给出的、高于 $1.15U_N$ 的过电压是以在电容器寿命内发生不超过 200 次为前提确定的。

表 4 运行中允许的电压水平

型式	电压因数[a]	最大持续时间	说明
工频	1.00	连续	电容器运行任何期间内的最高平均值。在运行期间内出现的小于 24 h 的例外情况采用如下的规定(见 27.2)
工频	1.10	每 24 h 中 12 h	系统电压调整和波动
工频	1.15	每 24 h 中 30 min	系统电压调整和波动
工频	1.20	5 min	轻负荷下电压升高(见 27.2)
工频	1.30	1 min	
工频加谐波	使电流不超过第 20 章中给出之值(且见 27.6 和 27.7.1)		

[a] 过电压值=电压因数×U_N(方均根值)

19.2 操作过电压

投入运行之前电容器上的剩余电压应不超过额定电压的 10%(见 4.1a))。用不重击穿断路器来投入电容器组通常会产生第一个峰值不超过 $2\sqrt{2}$倍施加电压(方均根值),持续时间不大于 1/2 周波的暂态过电压。

在这些条件下,电容器每年可投切 1 000 次(相应的暂态过电流峰值可达 $100I_N$,见 27.6.2)。

在电容器投切更为频繁的场合,过电压的幅值和持续时间以及暂态过电流均应限制到较低的水平。其限制或降低值应协商确定并在合同中写明。

20 过负载—最大允许电流

电容器单元应适于在电流方均根值为 1.3 倍该单元在额定正弦电压和额定频率下产生的电流下连续运行,过渡过程除外。由于实际电容最大可达 $1.05C_N$,故最大电流可达 $1.37I_N$(见 27.6)。

这些过电流因数是考虑到谐波和 19.1 中 $1.10U_N$ 及以下的过电压共同作用的结果。

21 放电器件的安全要求

电容器单元应装有从$\sqrt{2}U_N$ 的初始峰值电压放电到 75 V 或更低电压的放电器件，最长放电时间为 10 min。

在电容器单元或电容器组与放电器件之间不得有开关、熔断器或任何其他隔离器件(电容器配用的外部熔断器除外)。

放电器件不能代替在接触电容器之前将电容器端子短路并接地。

注 1：直接与其他可提供放电通道的电气设备相连接的电容器，如果该电路特性能满足放电要求，则应认为是能适当放电的。

注 2：对于电容器单元串联连接的电容器组，由于每一单元剩余电压的积累，10 min 后电容器组端子上的电压可能高于 75 V。这样的电容器组放电到 75 V 的时间应由制造方在说明书中或铭牌上予以说明。

注 3：如果要求更短的放电时间和更低的剩余电压，这种情况购买方应通知制造方。

注 4：放电电路应具有足以承受电容器从第 19 章规定的 $1.3U_N$ 过电压峰值下放电的载流能力。

注 5：以熔断器保护的单元内部的电气故障或跨越电容器组的局部闪络均可能在电容器组内部产生局部剩余电荷，此电荷是不能用连接在电容器组端子间的放电器件在规定的时间内消除的。

注 6：计算放电电阻的公式列于附录 D 中。

22 外壳连接的安全要求

为使电容器金属外壳的电位得以固定，并能承受对壳击穿时的故障电流，外壳应备有供连接用的螺纹尺寸至少为 M10 的螺栓。

23 环境保护的安全要求

当电容器是用不允许扩散到环境中的材料浸渍时，必须按照国家在这方面法律上的要求，采取预防措施(见 25.3 和附录 A)。

24 其他安全要求

当国家在安全规则方面有特殊要求时，购买方应在询价时予以说明。

25 电容器单元的标志

25.1 铭牌

在每一电容器单元的铭牌上应给出下列资料：

a) 制造方名称；

b) 电容器单元的名称；

c) 电容器单元的型号；

d) 识别编号及制造年份。年份可以是识别编号的一部分或采用代码形式；

e) 额定容量 Q_N，kvar。对于三相单元应给出总容量(见附录 D)；

f) 额定电压 U_N，kV；

g) 额定频率 f_N，Hz；

h) 实测电容，μF；

i) 温度类别(见 4.1)；

j) 放电器件，如果是内部的，应以文字或符号 —▭— 表示，或者以额定欧姆值表示；

k) 绝缘水平 U_i,kV(仅适用于所有端子均与外壳绝缘的单元);

绝缘水平应以一斜线隔开的 2 个数字表示,第一个数字给出工频试验电压的方均根值,kV;第二个数字给出冲击试验电压的峰值,kV(例如 30/75)(见第 18 章)。对于不按第 16 章进行试验的单元,不标注绝缘水平;

l) 连接符号,除仅有一个电容的单相电容器以外,所有的电容器均应表示其连接方式。标准化的连接符号见 25.2;

m) 内部熔丝,如装有时,应以文字或符号 —▭— 表示;

n) 浸渍剂的化学名称或商业名称,(此标志可在警告牌上表明,见 25.3);

o) 参考 GB/T 11024.1(加上发布年份)。

25.2 标准化的连接符号

连接方式应以下列字母或符号表示:

D 或 △ =三角形

Y 或 Y =星形

YN 或 Y =星形,中性点引出

Ⅲ 或 ||| =三节段,内部未相互连接

25.3 警告牌

如果电容器单元中含有可能污染环境(见第 23 章)的或可能在其他方面有害(例如易燃性)的材料,则应按照国家的有关法规在单元上做出标记。购买方应将这类法规通知制造方。

关于用多氯联苯浸渍的电容器见附录 A。

26 电容器组的标志

26.1 说明书或铭牌

制造方应根据购买方的要求,在说明书或在铭牌上至少给出下列资料:

a) 制造方名称。

b) 电容器组的名称。

c) 电容器组的型号。

d) 额定容量 Q_N,Mvar,给出总容量。

e) 额定电压 U_N,kV。

f) 绝缘水平 U_i,绝缘水平应以一斜线隔开的两个数字表示,第一个数字给出额定工频短时电压的方均根值(对于 U_m<300 kV)或额定操作冲击电压的峰值(对于 U_m≥300 kV),第二个数字给出额定雷电冲击耐受电压的峰值,kV(例如 185/450)。

g) 连接符号。标准化的连接符号见 25.2。连接符号可以是表示例如不平衡保护、阻尼电抗器等简化连接图的一部分。

h) 电容器组切除与再投入之间所需的最短时间(见 4.1a)和附录 D)。

i) 放电到 75 V 的时间(在电容器组的额定电压高于 25 kV 的情况下)。

26.2 警告牌

25.3 对电容器组也适用。

27 安装和运行导则

27.1 概述

并联电容器与大多数电器不同,一旦投入就连续在满负荷下运行,仅在电压和频率变动时,其负荷才有所变化。

过电压和过热将使电容器的寿命缩短，因此应严格控制和规定运行条件（即：温度、电压及电流）。

应当注意，在系统中近邻电容的引入可能产生不利的运行条件（例如谐波放大、电机自激、操作过电压、音频遥控装置不能正常工作等）。

由于电容器的类型不同且涉及的因素很多，不可能用简单的规则概括所有可能情况下的安装及运行。下面资料给出的是需加以考虑的较为重要的几点。

此外，必须采纳制造方和供电部门的建议，尤其是关于电网处于轻负荷时切除电容器的建议。

27.2 额定电压的选择

电容器的额定电压应不低于该电容器所接入的电网的最高运行电压，并且还应考虑电容器本身的影响。

在某些电网中，运行电压与标称电压相差很大，购买方应提供其详细情况，以便制造方能为之留出适当的裕度。这一点，对于电容器是十分重要的，因为电容器介质上的电压过分增高，电容器的性能与寿命将受到不利的影响。

为降低谐波等的影响而接入与电容器相串联的电感元件时，会造成电容器端子上的电压升高到超过电网运行电压，从而需要相应提高电容器的额定电压。

如果没有不同的数据，应认为运行电压等于电网的额定或标称电压。

当确定电容器端子上的预期电压时，应考虑下列情况：

——并联连接的电容器能使其安装处的电网电压升高（见附录 D），由于谐波的存在，电压的升高会更甚。因此电容器易于在比接入电容器之前测得的电压高得多的电压下运行。

——轻负荷时电容器端子上的电压可能特别高（见附录 D），此时，为了防止电容器单元过电压及电网电压过分升高，应将部分或全部电容器切除。

只有在紧急情况下才允许电容器在最高允许电压和最高环境温度同时出现的条件下运行，并且只能是短时的。

注 1：在选取额定电压 U_N 时，应避免安全裕度取得过大，因为这将导致容量降低。

注 2：关于最高允许电压见第 19 章。

注 3：在串联或星形连接的电容器组中，单元的电容偏差对运行电压影响的允许值应当给出。电容器的熔断器动作，也将使其余并联连接单元上的运行电压升高。

27.3 运行温度

27.3.1 概述

对电容器的上限运行温度应予以注意，因为这对其寿命有很大影响。

当电容器介质达到低于温度类别下限温度时，介质中有发生局部放电的危险，这不仅在电容器开始通电时是这样，而且在运行期间当电容器的介质损耗低造成的温升甚小时也是这样。

注：如果要估算损耗，则建议取平均环境温度作为参考温度，并适当考虑一年中或运行期间不同时期电容器的容量。也可以规定几种环境温度下的损耗，然后计算其平均值。

在计算电容器组的总损耗时应将所有附件，例如外部熔断器、电抗器等产生的损耗均包括进去。

经同意，制造方应提供显示在额定容量稳态条件下电容及损耗角正切（$\tan\delta$）随环境温度变化的曲线图或数据表。

27.3.2 安装

电容器的安装应便于以对流和辐射来散发由电容器损耗所产生的热量。任何封闭间的通风和电容器单元的布置均应使空气能在每一单元的周围良好地流通。这一点对于成行迭层安装的单元尤其重要。

受到太阳或任何高温面辐射的电容器的温度将增高。根据冷却空气的温度及冷却强度、辐射的强度及持续时间，可能需要采取下列措施：

——防止电容器受到辐射。

——选择为用于较高环境空气温度而设计的电容器(例如以类别−5/B代替−5/A,或者其他适当设计的电容器)。

——采用额定电压比27.2所规定的更高的电容器。

——采用强迫冷风。

安装在高海拔(超过1 km)地区的电容器,其对流散热能力将有所降低。这一点在确定单元的容量时应予以考虑。但是,在这样的海拔下,环境温度通常较低(也见27.8.1)。

27.3.3 高的环境空气温度

代号为C的电容器通常适于在大多数热带地区使用。然而在有些地区,那里的环境空气温度可能要求使用代号为D的电容器。在电容器经常受到几小时太阳辐射的地方(例如沙漠地区),即使其环境温度不是过高,仍可能需要代号为D的电容器(见27.3.2)。

在特殊场合,环境空气温度最高值可能高于55 ℃,或日平均温度高于45 ℃,该处又无法改善冷却条件,则应使用特殊设计的或较高额定电压的电容器。

27.4 特殊使用条件

除了在27.3所涉及的条件外,对下列任一特殊使用条件,购买方均应通知制造方:

——高的相对湿度:可能需要使用特殊设计的绝缘子,应注意到外部熔断器有被其表面潮气凝露旁路的可能性。

——快速的霉菌生长:金属、陶瓷材料及一些油漆与清漆都不会助长霉菌。当使用杀菌剂时,其毒性保持时间最多几个月。总之在装置中灰尘等落积处霉菌有可能生长发展。

——腐蚀性大气:在工业及沿海地区都会遇到腐蚀性大气。应该注意到,在较高温度的气候下,这种大气的作用要比在温和的气候下更为严重。甚至在户内也可能存在高腐蚀性大气。

——污秽:当电容器安装在高度污秽的地区时,应采取特殊的预防措施。

——海拔超过1 km:用在海拔高度超过1 km的电容器将受到特殊条件的作用。其选型应由购买方与制造方协商确定(见27.3.2和27.8.1)。

——地震地区:有些地区地震的概率较高,这将影响安装在这些地区的电容器或电容器组的机械设计。

购买方应说明加速度幅值和阻尼值。

27.5 过电压

第19章规定了过电压因数。

如果估计过电压发生的次数较少或者温度条件不太恶劣,在制造方同意时,某些过电压因数可以提高。只要在其上没有叠加暂态过电压,这些工频过电压的极限值均是有效的。电压的峰值应不超过给定方均根值的1.41倍。

27.5.1 开关重击穿

当用允许重击穿的开关或者较远距离的开关来开断电容器时,均可能遇到高的暂态过电压,应注意选用操作时不引起过高过电压的开关装置。

另外,如果无法避免重击穿,则需要采用具有较高绝缘水平的和较高额定电压的电容器。

27.5.2 雷电

对易于遭受高的雷电过电压的电容器应加以适当的保护。如果采用避雷器,则应将它们尽可能靠近电容器放置。为能承载来自电容器的,尤其是来自大电容器组的放电电流,可能需要特殊的避雷器。

27.5.3 电动机自激励

当电容器固定连接在电动机上时,在将电动机从电源切除后可能产生麻烦。仍在转动的电动机由于自激可能起发电机的作用,并可能产生比系统电压高得多的电压。

然而,这一点通常可以用保证电容器电流小于电动机的空载电流(建议约90%之值)的办法来防止,作为预防,在固定接有电容器的电动机停止转动以前不得接触电动机带电部分。

注1:电动机切除后由于自激产生维持电压,故对于感应发电机以及有失压制动系统的电动机(例如电梯用电动机)是特别危险的。

注 2：对断开电源后能立即停止转动的电动机，其补偿度可以超过 90%。

27.5.4 星-三角起动

当电容器连接到配备有“星-三角”起动器的电动机上时，应适当布置使得在起动器工作期间不产生过电压。但购买方与制造方另有协议时除外。

27.5.5 电容器单元的选择

当用随机选择的单元来组成电容器组时，应注意避免由于串联连接的单元或单元群之间的电容差异所造成的过电压。

在极端情况下，这个差异可高达 10%(见 7.2)。

在任何情况下均应考虑调配单元使电压差异降到最小，这是避免单元或单元群过电压的最好办法，或者是选取单元额定电压时考虑一定的电压升高。

如果电容器单元或单元群均成串联连接，也应作适当调配使得电容差异尽可能小。

还应研究故障保护方法(见 27.7.3 注 1)以及使用这一方法后单元击穿或内熔丝动作的情况。当要求尽量减小电压差异时，应选择电容尽可能接近的单元或单元群来进行串联连接(也见 7.2)。

在中性点绝缘的星形连接的电容器组中，相间电容差异将导致电容最小的相中的电容器上的电压增高。

27.6 过电流

27.6.1 连续过电流

电容器决不可在电流超过第 20 章规定的允许值下运行，轻负荷下电压升高(见表 4)为时不超过 5 min者除外。

过电流可能是由基波过电压或由谐波或者是由两者共同引起的。主要的谐波源是整流器、晶闸管装置及饱和的变压器铁心。

如果在轻负荷时电压升高被电容器所加剧，则可以考虑有变压器铁心饱和。在这种情况下将产生异常量的谐波，其中某一次谐波可能被变压器与电容器之间的谐振所放大。

这是如 27.2 所述推荐在轻负荷时切除电容器的又一理由。

安装电容器前后应测量电压波形及网络特性。当有谐波源，例如大型整流器时，应予以特别注意。

如果电容器电流超过第 20 章规定的最大值，而电压仍在 19.1 规定的允许限值之内，则应测出主要的谐波，以便找到最佳补救办法。

下列一项或多项补救办法可能对降低电流有作用：

——将一部分或全部电容器移到系统的其他部位。

——接入与电容器串联的电抗器，将电路的谐振频率降低到干扰的谐波频率以下(见 27.2)。

——增加连接在整流器近旁的电容器的电容值。

注 1：如果使用铁心电抗器，应当心铁心在谐波作用下会饱和及过热。

注 2：电容器电路中的任何接触或连接不良均可能产生电弧，引起高频振荡，使电容器过热和过电压，因此建议定期检查电容器设备的所有接触点和连接点。

注 3：计算谐振频率的公式列于附录 D。

27.6.2 暂态过电流

在将电容器接入电路时，尤其是在将一个电容器分组投入与已通电的其他分组相并联时，可能产生高频率和高幅值的暂态过电流(见附录 D)。

为将这些暂态过电流降低到电容器与设备能承受的值，可能需要通过电阻器来投入电容器(电阻合闸)，或在电容器组的每一分组的电源电路中接入电抗器(也见 27.7.1)。

由开关操作引起的过电流峰值应限制到最大为 $100I_N$(方均根值)(见 27.7.1 注 2、附录 C 和 GB/T 11024.4—2001)。

27.7 投切和保护装置

27.7.1 耐受要求

开关、保护装置及连接件均应设计成能连续承受1.3倍该电容器组在额定频率和方均根值等于额定电压的正弦电压下得到的电流(见第20章)。由于实际电容值最大可达额定电容的1.05倍,故对于单个单元或小容量的电容器组,这一电流最大值可达1.3×1.05=1.37倍额定电流(见7.2)。

此外,如果存在谐波分量,由于集肤效应可能产生比相当的基波分量更大的热效应。

开关、保护装置及连接件应能承受投入电容器时可能产生的高幅值及高频率的暂态过电流所引起的电动力及热应力。

当一个电容器分组投入与已通电的其他分组相并联时预期会产生这样的过渡效应。当考虑电动力及热应力后导致设计要求过高时,应采取诸如27.6.2所述的防止过电流的特殊预防措施。

注1:特别是,选取的熔断器或熔丝应具有足够的热容量(见附录C和GB/T 11024.4)。

注2:在某些情况下,例如当电容器被自动控制时,有可能在较短的时间间隔内进行反复的投切操作。必须选择能承受这些条件的开关装置及熔断器。4.1项a)要求通电时的剩余电压应不超过额定电压10%的规定必须遵守。

注3:连接在同一母线上的断路器,在短路合闸的情况下可能会经受特殊应力。

注4:用来投切并联的电容器组的断路器应能承受将一电容器组连接到已接有一组或多组其他电容器组的母线上时所产生的涌流(幅值和频率)。

27.7.2 不重击穿的断路器

应采用适于投切电容器的断路器。例如,该断路器在作分断操作时应不发生可能造成过高过电压的重击穿(也见27.5.1)。

建议在选定用于电容器装置的开关设备类型之前应咨询电容器和开关制造方。

27.7.3 继电器整定

建议使用适当的过电流继电器来进行电容器的过电流保护。将继电器整定到当电流超过第20章所规定的允许限值时断路器开断。熔断器通常不能提供适当的过电流保护(见附录C和GB/T 11024.4—2001)。

注1:过电流保护系统本身不能起足够的过电压保护作用,一般来说,也不能对电容器单元内部故障起保护作用。因此,有必要对电容器组尤其是由多个单元组成的电容器组的内部故障进行保护。应采取适当的方法自动隔离故障单元或故障元件。

注2:不同类型的电容器,其电容或多或少会随温度变化。应当注意,当电容器冷态投入时电容会急剧变化。此现象在低温下当电容器温度升高时更为显著,从而可能出现电容不平衡,并可能导致保护装置误动作。

注3:当电容器组的单元单独以外部熔断器保护时,尽管熔断器熔断的数目已导致电容器上长时间的过电压超过第19章所规定的限值,但用户可能要求电容器组仍继续运行。在这种情况下,购买方和制造方应协商决定是选取较高额定电压的单元还是限制过电压的时间。

27.8 绝缘水平的选择

电容器组的绝缘水平应按能适应电容器组将要接入的系统,从第18章的表中选取。

如果使用的是不重击穿断路器,则18.2的绝缘要求对于操作冲击也是足够的。

有关爬电距离的选择见27.9。

27.8.1 海拔超过1 km

在海拔超过1 km处,按第18章选取绝缘水平可能太低了(见4.1),在这种情况下购买方应规定在正常试验条件下所要求的绝缘水平。

除了新规定的绝缘水平之外,18.2的要求仍然有效。

制造方应提供单元套管的外绝缘能耐受k倍于第15章和18.3试验电压的证明。其中,k为新规定的工频耐受电压与表3中相同U_m的相应交流耐受电压的比值。

27.8.2 电容器本身的影响

表3中的耐受电压值是按小电容对象承受暂态过电压尚有足够的裕度选取的。

因而,在电容器单元或电容器组中,这些绝缘水平只适用于具有小电容的装置及绝缘部位,例如全绝缘单元的对地绝缘或绝缘中性点与地之间的绝缘。

第 18 章中不同绝缘路径和连接的不同绝缘要求也可以按表 5 进行考虑,不同的连接示于图 1、图 2 和图 3 中。

如果电容器接地,则在雷电冲击到达电容器时,其幅值将显著降低。如果电容器不接地,则雷电冲击仅作用在电容器组的带电部件与地之间的绝缘上。这就是为什么在 B1 和 B2 类中未规定雷电冲击耐受水平的原因。

对于 B1 和 B2 类,应对与介质并联的各类绝缘规定交流耐压值。其值绝对不能低于 2.15 倍额定电压。因为电容器单元的端子对壳绝缘要求更大的裕度,故规定试验电压增加 15% 的裕度,达 2.5 p.u.。

对于与电容器介质并联且紧邻的绝缘只规定了交流要求,这也适用于套管、端子对壳绝缘和内部构架绝缘。对于距电容器有一段距离的绝缘,通常应采用 A1 类的全绝缘要求。

表 5 绝缘要求

类型	绝缘要求	条号
A1	全绝缘 交流/LIWL[a]	18.2.1
A2	全绝缘 交流/LIWL[a]	18.2.2 第 1 段
A3	全绝缘 交流/LIWL[a]	18.2.2 第 2 段
B1	只有交流,2.15p.u.	18.2.2 第 4 段 18.2.3 第 2 段
B2	只有交流,2.5p.u.	18.2.2 第 3 段 18.2.3 第 1 段
[a] 雷电冲击耐受水平		

27.8.3 架空地线

对于中性点接地的电容器单元或电容器组,如果单元(组)及其连接线之上装有架空地线,且架空地线距离单元(组)至少 $5U_m$(U_m 的单位为 kV,但用 m 来表示)或 200 m(取两者中较大者),则通常认为已有适当的雷电冲击保护。

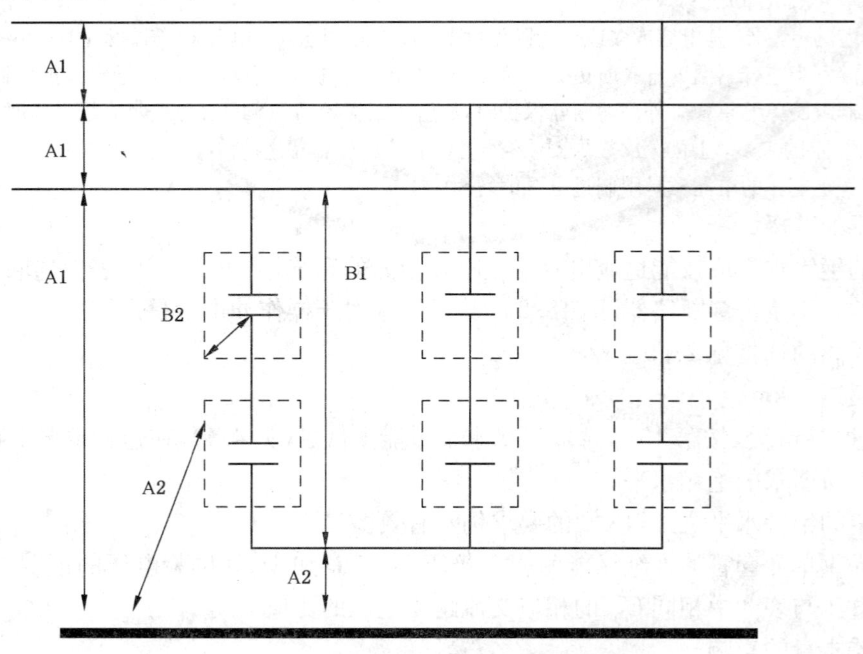

图 1 对地绝缘的电容器组

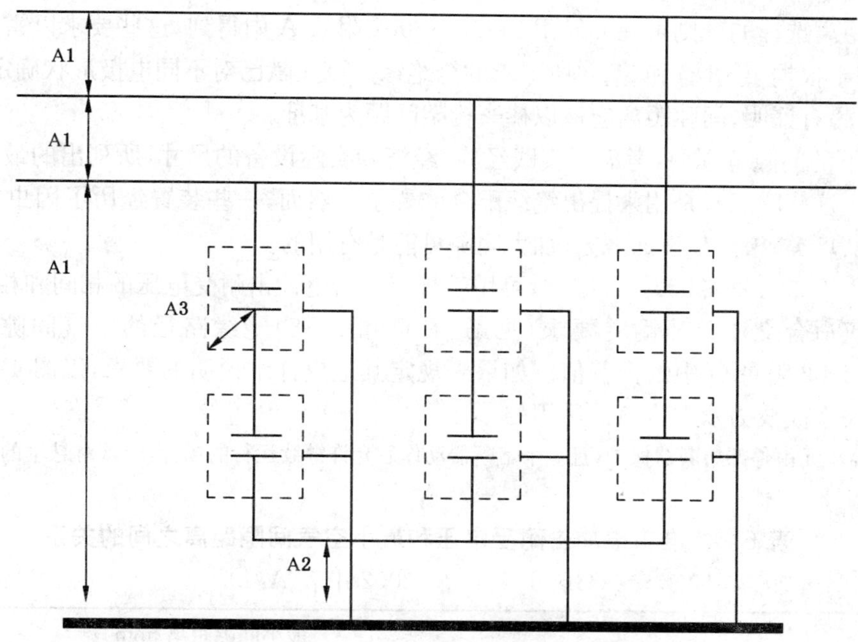

图 2 对地绝缘的电容器组(外壳接地)

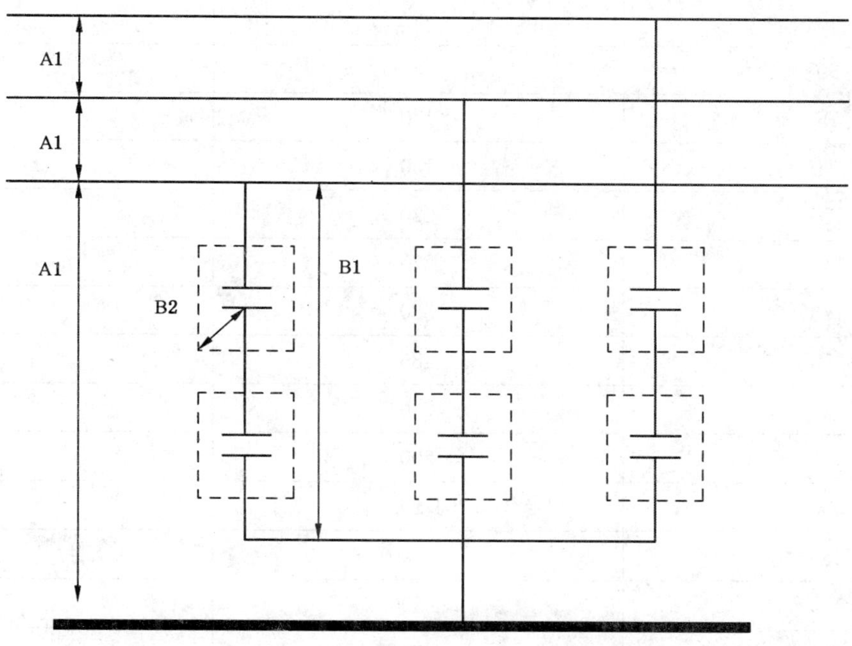

图 3 接地电容器组

27.9 爬电距离和空气间隙的选择

27.9.1 爬电距离

JB/T 5895 给出了绝缘子爬电距离选择的通用准则。爬电要求由合适的长期持续工频电压与常用单位为 mm/kV 的爬电比距的乘积来确定。

在选择爬电比距时,应该对诸如气候、地理位置、大气状况等影响因素予以适当的考虑。各种污秽水平的定义及相应的爬电比距的推荐值在上述标准中已给出。购买方通常对这些情况十分熟悉且富有经验,应该给定这种要求,以便实施。

27.9.2 空气间隙

空气间隙距离选择的准则可在 GB/T 311.2—2002 附录 A 中得到，这些要求以雷电或操作冲击电压为基础，适用于根据第 18 章和 27.8 所要求的全绝缘。该文献已对不同电极形状确定了最小间隙，一般，除非供货方另有证明，间隙距离应该以棒—构架间距为基准。

在 1 m 以下的间隙范围内，考虑了实践经验、经济和实际设备的尺寸，所列出的最小间隙是用保守的方法确定的。这些间隙只是用来提出绝缘配合的要求。然而，一些装置经历了因虫害造成闪络带来的问题，在害虫、鸟类、松鼠出没的地方，加大间隙可能是有用的。

引录于 GB/T 311.2—2002 中的表 6，可用于规定了雷电冲击耐受电压的相间和相对地绝缘。

对于跨越仅适合交流电压耐受要求（见第 18 章和 27.8）绝缘路径的空气间隙的选择，可采用 GB/T 311.2—2002 附录 G 中的推荐值。如果未规定其他更详细说明的要求，以图 4 中最小空气间隙与交流耐压的关系曲线为依据应该是适用的。

注：在电容器单元由外部熔断器保护，且一个熔断器动作后允许继续运行的场合，应该对悬垂的熔断器尾线保持等同的距离。

表 6 标准雷电冲击耐受电压和最小空气间隙距离之间的关系

（GB/T 311.2—2002 中表 A.1）

标准雷电冲击耐受电压/ kV	最小间隙距离/mm	
	棒—构架	导线—构架
20	60	
40	60	
60	90	
75	120	
95	160	
125	220	
145	270	
170	320	
250	480	
325	630	
450	900	
550	1 100	
650	1 300	
750	1 500	
850	1 700	1 600
950	1 900	1 700
1 050	2 100	1 900
1 175	2 350	2 200
1 300	2 600	2 400
1 325	2 850	2 600
1 550	3 100	2 900
1 675	3 350	3 100

表 6（续）

标准雷电冲击耐受电压/ kV	最小间隙距离/mm	
	棒—构架	导线—构架
1 800	3 600	3 300
1 950	3 900	3 600
2 100	4 200	3 900
注：标准雷电冲击适用于相间和相对地绝缘。 对于相对地绝缘，可采用导线—架构和棒—架构的最小间隙。 对于相间绝缘，可采用棒—架构的最小间隙。		

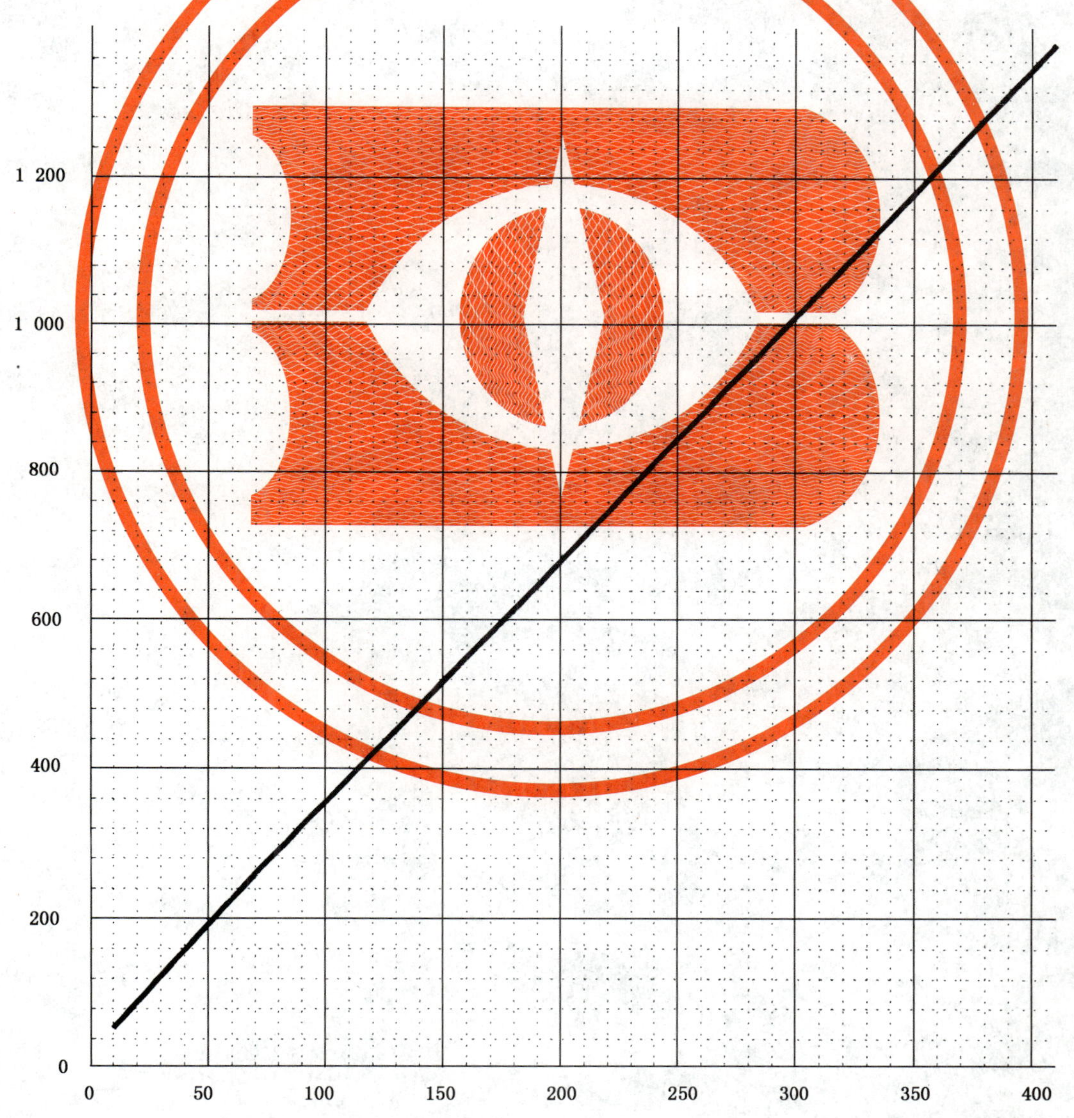

图 4　空气间隙与交流耐受电压的关系曲线

27.10 电容器连接到具有音频遥控的系统中

在音频下电容器的阻抗很低。因此当将它们连接到具有音频遥控的系统中时，可能造成遥控传感器过载且不能正常工作。

避免这些缺陷的方法很多，最好的方法应由有关各方协商选择。

附 录 A
（规范性附录）
避免多氯联苯（PCB）污染环境的预防措施

我国已规定禁止生产和使用多氯联苯（PCB）绝缘介质浸渍的电容器。

附 录 B
（规范性附录）
电力滤波电容器的附加定义、要求和试验

当在本部分中增加下列条款后，本部分便适用于并联滤波电容器（见第1章）。

在第3章中增加下列定义：

带通和高通滤波电容器（滤波电容器） band-pass and high-pass filter capacitor(filter capacitor)

与其他配件，例如电抗器和电阻器连接在一起，对一种或多种谐波电流提供一低阻抗通道的电容器（或电容器组）。

增加到3.10中：

对于滤波电容器，额定容量为基波与谐波产生的容量的算术和。

增加到3.11中：

对于滤波电容器，U_N 定义为：基波电压方均根值和谐波电压方均根值的算术和，或者是由额定容量（见增加到3.10者）和额定频率下电容器电抗计算得出的电压，取两者中较大者。

增加到3.13中：

对于滤波电容器，额定电流定义为：基波和谐波频率下额定电流平方值之和的平方根。附件，例如汇流排应设计成能在此电流和过电流（见第20章）下正常运行。

增加到7.2中：

对于滤波电容器，特别是带通滤波器，电容器单元和电容器组均推荐取对称偏差。

对于滤波器中的单元：±5%；

电容器组的偏差应由购买方与制造方协商确定。

注5：当确定滤波电容器组的偏差时，应考虑下列因素：
——有关设备，特别是电抗器的偏差；
——滤波电容器所接入的电网中基波频率的变化；
——由温度引起的电容变化；
——短时间允许的电容变化，例如在热起来的过程中或者在已击穿而熔断器熔断以前这一类故障条件下；
——熔断器动作之后的电容变化。

如果采用的是标准（非定制的）单元，则所要求的电容器组的偏差可以用挑选单元的方法来达到。

增加到9.1中：

对于滤波电容器：

$$U_t = 2.15U_N$$

增加到9.2中：

对于滤波电容器：

$$U_t = 4.3U_N$$

增加到13.2中：

注3：如果对于滤波电容器 $1.44Q_N$ 低于由 $1.1U_N$ 和 C_N 在基波频率下得到的容量，则在热稳定试验中应采用后者的试验电压。

增加到第18章中：

对于滤波电容器，U_m 是指安装后滤波电路端子上的基波电压。

但是，如果谐波电压方均根值算术和 U_H 大于基波电压 U_1 的0.5倍（即 $U_H>0.5U_1$），则电容器的绝缘水平应按将电网中设备最高电压 U_m 增加 $0.5U_H$ 来选取。

绝缘水平和爬电距离应从标准水平中选取，27.2也应予以考虑。

增加到第20章中：

对于滤波电容器，最大允许电流应由制造方和购买方协商确定。

增加到25.1和26.1中：

对于滤波电容器，应标志调谐的谐波频率，最好标在额定频率后面。

例如：50 Hz＋250 Hz（窄带通滤波器）

50 Hz＋550/650 Hz（宽带通滤波器）

50 Hz＋≥750 Hz（高通滤波器）

附　录　C
（规范性附录）
外部熔断器和配用外部熔断器的单元的试验要求与应用导则

C.1　概述

本附录适用于高电压并联电容器使用的外部熔断器，熔断器应符合 GB/T 15166.4。

本附录的目的是：

a）　规定关于外部熔断器的性能和试验规则；

b）　提供外部熔断器的应用导则。

C.2　定义

对于本附录，采用 GB/T 15166.4 中的定义和下列定义：

C.2.1　外部熔断器

连接在电容器单元外部并且在电气上和一个单元或一个并联单元群串联装设的熔断器。

C.3　性能要求

熔断器的性能要求应符合 GB/T 15166.4。

在电容器寿命期间，熔断器应能承受由开关操作引起的涌流，涌流的峰值应不超过 100 倍额定电流方均根值（见 27.6.2）。

注 1：如果使用条件允许，“在电容器寿命期间”可以用“直到下次定期维护检查为止”来取代。

连接在未损坏单元上的熔断器应能承受由于其他单元击穿引起的放电电流和由于单元外部短路故障引起的电流。

注 2：一种特定的熔断器可应用于多种额定值的电容器，同样一种特定的电容器也可使用多种类型和额定值的熔断器，因此对熔断器与电容器的组合没有规定型式试验。然而，在规定使用电容器/熔断器组合的场合，放电型式试验可由制造方与购买方根据使用条件协商进行。

C.4　试验

C.4.1　对熔断器的试验

见 GB/T 15166.4。

C.4.2　对电容器外壳的型式试验

在考虑之中。

C.5　熔断器保护配合导则

C.5.1　概述

熔断器是与一个单元或一个单元群串联连接的，一旦单元或群中的一个单元发生故障，则用此熔断器来隔离。

注 1：由于单元故障引起的通过故障单元的电流以及由于与故障单元并联的单元内的储能放电引起的电流，与电容器组的排列和单元内部连接有关，可能不足以使熔断器动作，要一直到故障单元中多个串联元件损坏后才能动作。为保证熔断器能够动作并且隔离一个完全失效的单元，熔断器的额定值应按其在只流经短路单元的工频过电流时就能动作来确定。

注 2：一个或多个熔断器动作将导致电容器组内部电压分布变化。完好单元上的电压应不超过第 19 章规定的值，并且其持续时间也不应长于第 19 章所规定的相应时间。除非电容器组的排列使得其断开时能达到这一要求，否则电容器组中的所有单元的额定值均应按比由于熔断器动作而断开单元造成的更为严酷的工况来适当地选取(也见 27.7.3 注 3)。

注 3：对有串联元件的单元，元件击穿将导致在熔断器动作之前电容器组内部和单元内部电压分布的变化。对电容器组的电气保护应考虑这些电压变化。

C.5.2 保护顺序

电容器组的各种保护器件应按规定顺序动作。

通常第一级是单元(单元群)的熔断器动作。第二级是电容器组的继电保护(例如过电流或不平衡保护)动作。第三级是电网或设备的保护动作。

注 1：电容器组的保护取决于电容器组的大小、继电保护设计等，不是所有的全都需要采用三级保护。

注 2：在大电容器组中还可以采用报警级。

注 3：除非熔断器总是能在 $0.9\sqrt{2}U_N$ 到 $2\sqrt{2}U_N$ 的电压范围内由于放电能量的作用而动作，否则制造方应提供熔断器的时间/电流特性及偏差。

注 4：在有些情况下，不平衡保护比熔断器更为灵敏，这就意味着熔断器仅在例如跨越套管闪络或单元中的介质完全击穿时方能动作。

在这种情况下，不平衡保护是第一级保护，而熔断器作为后备保护。

C.6 熔断器的选择

C.6.1 概述

在选择熔断器时，应考虑最佳参数和指标，从而使得电容器单元故障时外壳爆破的可能性降至最小。所用的参数和指标应由购买方与制造方协商确定。

这一要求是指工频过电流以及与故障单元并联部分贮存的能量。

在选择熔断器时应考虑到在进行第 13 章和第 17 章的型式试验时接在回路中的熔断器将经受电和热的情况。

C.6.2 非限流熔断器

这类熔断器通常是喷逐型，熔断件是可以更换的。

这类熔断器对工频电流或贮能放电电流只有小的或没有限流作用。

和故障电容器相并联的电容器的总贮存能量应小于熔断器能释放而不爆炸的能量，并且应小于故障电容器爆裂所需能量(见 C.6.1)。

这类熔断器可以用于供给故障单元的工频过电流相当低的场合。

C.6.3 限流熔断器

这类熔断器能将工频过电流限制到预期值以下，并且能在正常工频电流过零之前将电流降低到零。

设计适当的限流熔断器能仅使贮存能量的一部分释放到故障电容器中。

熔断器的允通量应小于故障电容器爆裂所需之量(见 C.6.1)。

当工频过电流或与可能故障的单元相并联的最大贮存能量高到足以引起喷逐式熔断器爆炸或故障电容器爆裂时，应使用限流熔断器。设计适当的限流熔断器对于故障电容器可获得的并联贮存能量不强加上限。

C.7 外部熔断器的损耗

外部熔断器的损耗应由额定交流电阻(熔断器制造方规定的在 20 ℃时之值)乘以电容器额定电流的平方计算得到。

C.8 熔断器用户所需资料

为能正确选用各种用途的熔断器，还需参考 GB/T 15166.4 中给出的部分或全部资料。

附 录 D
（资料性附录）
电容器及装置的计算公式

D.1 由每两个端子间测得的三个电容值来计算三相电容器容量

无论是三角形连接还是星形连接的三相电容器，在每两个线路端子之间测得的电容用 C_a、C_b 和 C_c 表示。如果能满足 7.2 所规定的对称要求，则电容器的容量 Q 可由下式计算得出：

$$Q=\frac{2}{3}(C_a+C_b+C_c)\omega U_N^2\times10^{-6} \quad \cdots\cdots\cdots(D.1)$$

式中：

C_a、C_b 和 C_c——在三相电容器每两个线路端子之间测得的电容，μF；

U_N——电容器额定电压，kV；

Q——电容器的容量，Mvar。

D.2 谐振频率

在下式中，当 r 为整数时，电容器将在该次谐波下谐振：

$$r=\sqrt{\frac{S}{Q}} \quad \cdots\cdots\cdots(D.2)$$

式中：

S——电容器安装处的短路容量，MVA；

Q——电容器的容量，Mvar；

r——谐波次数，即谐振频率(Hz)与电网频率(Hz)之比。

若电容器与用来限制合闸涌流或抑制谐波放大的电抗器串联连接，则谐振频率的计算公式为：

$$r=\sqrt{\frac{S}{Q+KS}} \quad \cdots\cdots\cdots(D.3)$$

式中：

K——串联电抗器的电抗率，$K=X_L/X_C$。

D.3 电压升高

接入并联电容器将导致如下的持续电压升高：

$$\frac{\Delta U}{U}\approx\frac{Q}{S} \quad \cdots\cdots\cdots(D.4)$$

式中：

ΔU——电压升高，kV；

U——接入电容器前的电压，kV；

S——电容器安装处的短路容量，MVA；

Q——电容器的容量，Mvar。

D.4 涌流

D.4.1 投入单个电容器组

$$\hat{I}_S\approx I_N\sqrt{\frac{2S}{Q}} \quad \cdots\cdots\cdots(D.5)$$

式中：

I_S——电容器组涌流的峰值，A；

I_N——电容器组的额定电流（方均根值），A；

S——电容器安装处的短路容量，MVA；

Q——电容器的容量，Mvar。

D.4.2 将电容器组投入与已在运行中的电容器组并联

$$\hat{I}_S = \frac{\sqrt{2}U}{\sqrt{X_C X_L}} \quad 其中：\quad X_C = 3U^2\left(\frac{1}{Q_1}+\frac{1}{Q_2}\right)\times 10^{-6} \qquad \text{(D.6)}$$

式中：

I_S——电容器组涌流的峰值，A；

U——相对地电压，V；

X_C——每相串联的容抗，Ω；

X_L——电容器组间每相的感抗，Ω；

Q_1——接入的电容器组的容量，Mvar；

Q_2——已在运行中的电容器组的总容量，Mvar。

D.5 单相电容器单元中的放电电阻

$$R \leqslant \frac{t}{C\ln(\sqrt{2}U_N/U_R)} \qquad \text{(D.7)}$$

式中：

t——从$\sqrt{2}U_N$放电到U_R的时间，s；

R——放电电阻，MΩ；

C——电容，μF；

U_N——单元的额定电压，V；

U_R——允许剩余电压，V。

（t和U_R的限值见第21章）

D.6 放电到额定电压10%的时间

$$t_1 = 2.65RC = \frac{2.65t}{\ln(\sqrt{2}U_N/U_R)} \qquad \text{(D.8)}$$

式中：

t——从$\sqrt{2}U_N$放电到U_R的时间，s；

U_N——单元的额定电压，V；

U_R——允许剩余电压，V；

t_1——放电到额定电压10%的时间，s。

如果严格遵守第21章的限值，则：

$$t_1 = \frac{1\,590}{\ln(U_N/53)} \qquad \text{(D.9)}$$

附 录 E
（资料性附录）
内部熔丝、外部熔断器和无熔丝保护的电容器组及其单元的连接

并联电容器组采用内部熔丝、外部熔断器和无熔丝保护3种不同形式的电容器单元组成，本附录概略介绍了这些形式及相关的电容器单元的接线，参见图E.1和E.2。

E.1 装设内部熔丝的电容器组

装设内部熔丝的电容器单元内所采用的典型布置包含由装有熔丝的元件并联构成的元件组，然后将这些元件组串联，以达到电容器单元的额定值；将电容器单元进行必要的串并联以符合电容器组整体的额定值。可以有多种不同的布置，电容组的一相可分列为两个或多个并联部分，以便电容器不平衡电流的检测。

一个电容器元件的故障会引起来自与其并联元件的放电电流，该电流流经与故障元件相连的内部熔丝并使之熔断。这种情况会造成电容器单元内这些并联元件上电压的升高，并使相毗连单元上的电压有轻微的上升，这些电压升高的值与制造方设计的并联元件数密切相关。

当电容器组上的电压高的时候，最有可能发生元件故障。如GB/T 11024.4—2001所要求的那样，内部熔丝被设计成在高于0.9×U_N和最高达2.2×U_N的电压范围内能正确地动作。由一些熔丝的熔断而引起的电流增大和电压升高，应在设计中予以考虑。

电容器单元可以有一个或两个绝缘的端子。

E.2 装设外部熔断器的电容器组

采用装设外部熔断器电容器的典型布置包括将带有熔断器的电容器进行必要的并联连接，以满足电容器组额定电流的要求；将这些电容器并联组进行串联连接，以达到电容器组电压和容量的额定值。电容器组的一相可分列为两个或多个并联部分，以便电容器不平衡电流的检测。

电容器单元的故障，会引起外部熔断器电流的增大并熔断该熔断器，这种情况会造成并联单元上电压的升高，电压升高的值与制造方设计的单元并联数有关。

附录C和GB/T 15166.4包含了外部熔断器正确使用更明确的要求和准则。

典型的电容器单元有一个绝缘端子。

E.3 无熔丝电容器组

采用无熔丝电容器的典型布置包括数个电容器单元串联连接的单元串，单元串联数按要求设置，以达到必需的电压承受能力。将这些电容器单元串进行必要的并联连接以达到电容器组电流和容量的额定值。

电容器组的一相可以分列为两个或多个并联的电容器单元串，以便电容器不平衡电流的检测。

电容器元件的故障导致电容器单元中相关的串联段短路，引起该单元中剩余元件上以及相关电容器串中的其他电容器单元上通过的电流增大和电压升高。增大和升高程度与电容器单元串中串联的元件总数有关。由于具有独特的电容器单元非直接并联连接的结构，故放电能量和电流增大量都不大，存在短路元件的电容器单元仍可继续运行。作无熔丝应用的电容器单元应该具有全膜介质系统。产生在这种介质系统构成的元件内的故障，会造成电阻值很小的焊点短路，包括纸介质在内的较老的介质系统就不会出现这种现象。

电容器单元通常设计具有两个绝缘套管。

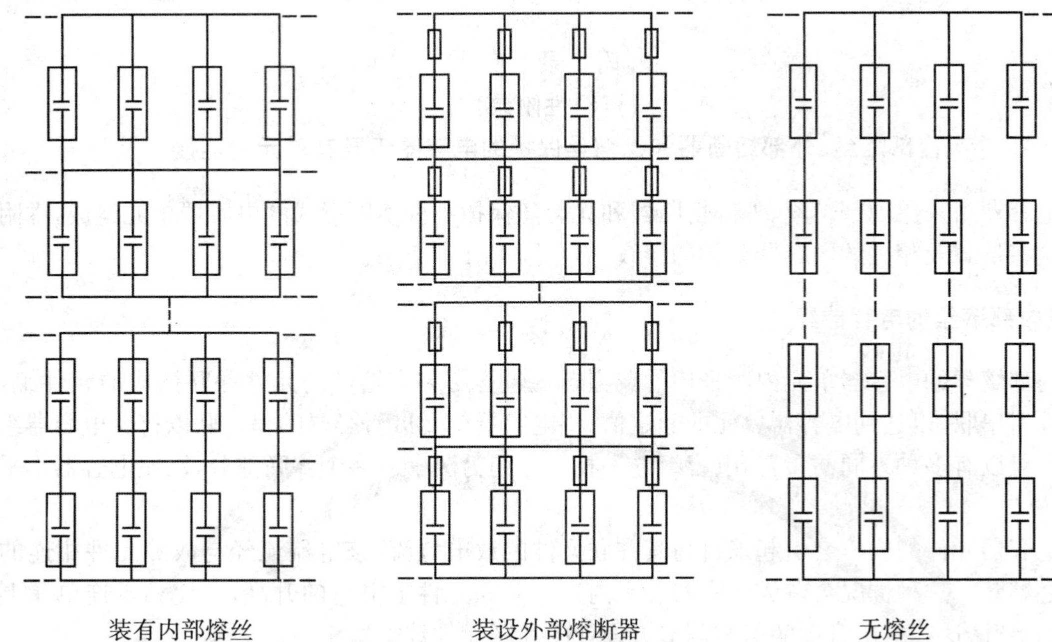

单元的数量随使用要求和熔断类型而有所不同。图中未显示检测电容器不平衡电流的互感器。

图 E.1　电容器单元之间的典型连接

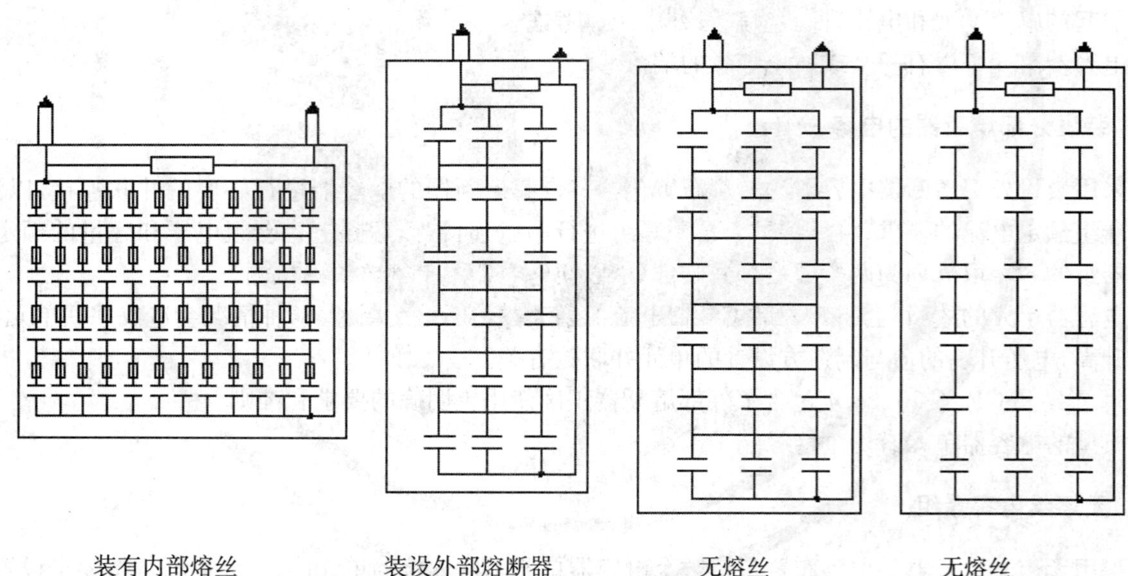

单元内的元件数和元件的串、并联数会随使用要求和制造方设计的习惯做法而有所不同。

图 E.2　电容器单元内元件之间的典型连接

参 考 文 献

[1] GB/T 2900.16 电工术语 电力电容器(GB/T 2900.16—1996,neq IEC 60050(436):1990)

[2] GB/T 3667(所有部分) 交流电动机电容器(IEC 60252(全部),IDT)

[3] GB/T 3984.1 感应加热装置用电力电容器 第1部分:总则(GB/T 3984.1—2004,idt IEC 60110-1,1998)

[4] GB/T 6115(所有部分) 电力系统用串联电容器(IEC 60143(全部),MOD)

[5] GB/T 8287.2 高压支柱瓷绝缘子 第2部分:尺寸与特性(GB/T 8287.2—1999,neq IEC 60273:1990,用于标称电压1 000 V以上系统的户内和户外支柱绝缘子的特性

[6] GB/Z 11024.3 标称电压1 kV以上交流电力系统用并联电容器 第3部分:并联电容器和并联电容器组的保护(GB/Z 11024.3—2001,eqv IEC/TR 60871-3:1996)

[7] GB 11032 交流无间隙金属氧化物避雷器(GB 11032—2000,eqv IEC 60099-4:1991)

[8] GB/T 12747(全部) 标称电压1 kV及以下交流电力系统用自愈式并联电容器(IEC 60831(全部),IDT)

[9] GB/T 17702(所有部分) 电力电子电容器(idt IEC 61071(所有部分))

[10] GB/T 17886(所有部分) 标称电压1 kV及以下交流电力系统用非自愈式并联电容器(IEC 60931(所有部分),IDT)

[11] GB 18489 管形荧光灯和其他放电灯线路用电容器 一般要求和安全要求(GB 18489—2001,idt IEC 61048:1999)

[12] GB/T 18504 管形荧光灯和其他放电灯线路用电容器 性能要求(GB/T 18504—2001,eqv IEC 61049:1991)

[13] GB/T 18939.1 微波炉用电容器 第1部分:总则(GB/T 18939.1—2003,IEC 61270-1:1996,IDT)

[14] GB/T 19749 耦合电容器和电容分压器(GB/T 19749—2005,IEC 60358:1990,MOD)

[15] GB/T 20994—2007 高压直流输电系统用并联电容器及交流滤波电容器

[16] JB/T 8957 校验电容器损耗角正切测量准确度的方法(JB/T 8957—1999,idt IEC 60996:1989)

[17] IEEE 18:2002 并联电容器的IEEE标准

[18] IEEE 1036:1994 并联电力电容器应用导则

ICS 29.035.01
K 15

中华人民共和国国家标准

GB/T 11026.5—2010/IEC 60216-4-2:2000

电气绝缘材料耐热性 第5部分:老化烘箱 温度达300 ℃的精密烘箱

Electrical insulating materials—Thermal endurance properties—Part 5:Ageing ovens—Precision ovens for use up to 300 ℃

(IEC 60216-4-2:2000,IDT)

2011-01-14 发布

2011-07-01 实施

中华人民共和国国家质量监督检验检疫总局
中国国家标准化管理委员会
发布

前　言

GB/T 11026《电气绝缘材料耐热性》,包括下列 6 部分:

——第 1 部分:老化程序和试验结果的评定;

——第 2 部分:试验判断标准的选择;

——第 3 部分:计算耐热特征参数的规程;

——第 4 部分:老化烘箱　单室烘箱;

——第 5 部分:老化烘箱　温度达 300 ℃的精密烘箱;

——第 6 部分:老化烘箱　多室烘箱。

本部分是 GB/T 11026 的第 5 部分。

本部分等同采用 IEC 60216-4-2:2000《电气绝缘材料耐热性　第 5 部分:老化烘箱　温度达 300 ℃的精密烘箱》。

本部分在等同采用 IEC 60216-4-2:2000 时作了编辑性修改如下:

——删除了国际标准中的“前言”。

——本部分的引用文件,对已经转化为我国标准的,一并列出了我国标准及其与国际标准的转化程度。

本部分的附录 A、附录 B 是资料性附录。

本部分由中国电器工业协会提出。

本部分由全国电气绝缘材料与绝缘系统评定标准化技术委员会(SAC/TC 301)归口。

本部分起草单位:机械工业北京电工技术经济研究所、广州威凯检测技术研究所、桂林电器科学研究所、华测检测技术股份有限公司等。

本部分起草人:张洋、刘浩、郭丽平、徐江、孙华山、果岩。

电气绝缘材料耐热性
第5部分:老化烘箱
温度达300 ℃的精密烘箱

1 范围

GB/T 11026的本部分规定了包括电气绝缘材料耐热性评定用或其他用途的通风与电加热精密烘箱的最低性能要求。

本部分适用于比室温提高20 K到最高300 ℃温度范围内运行的全部或部分温度段的精密烘箱。

推荐达到精密烘箱性能可采用的两种方法如下:

a) 在符合GB/T 11026.4要求的基础上进行老化烘箱的升级换代,以实现单室烘箱温度的精密控制;

b) 在单室烘箱内再安装一个试样室(隔离盒),实现所需工作特性,目的是在维持所需空气变化和流通的同时,将温度变化减小到要求的程度。

注1:经验表明使用隔离盒是符合精密烘箱性能要求的经济可行的方式。

注2:当期望温度间隔小于10 K(在20 000 h~10 000 h),以提高测量温度指数的精确性以及有合理水平的测试间隔时,建议使用精密烘箱代替标准烘箱。

2 规范性引用文件

下列文件中的条款通过GB/T 11026的本部分的引用而成为本部分的条款。凡是注日期的引用文件,其随后所有的修改单(不包括勘误的内容)或修订版均不适用于本部分,然而,鼓励根据本部分达成协议的各方研究是否可使用这些文件的最新版本。凡是不注日期的引用文件,其最新版本适用于本部分。

GB/T 11026.1—2003 电气绝缘材料 耐热性 第1部分:老化程序和试验结果的评定(IEC 60216-1:2001,IDT)

GB/T 11026.4—1999 确定电气绝缘材料耐热性的导则 第4部分:老化烘箱 单室烘箱(idt IEC 60216-4-1:1990)

3 术语和定义

以下术语和定义适用于本部分。

3.1

通风速率 rate of ventilation

室温下老化烘箱接触室每小时的空气置换量。

3.2

暴露体积 exposure volume

温差和温度波动都不超过规定值的烘箱内部(当使用iso盒时,亦指iso盒)的那部分空间。

3.3

温度波动 temperature fluctuation

暴露体积内某一点在3 h过程内发生的最大温度变化。

3.4

温差　temperature difference

在任意时间内暴露体积内的任意两点间的最大温度之差。

3.5

综合平均温度　global average temperature

试验进行一个约 3 h 的周期后，根据分布在暴露体积内的 9 个温度传感器的测量结果所计算的温度平均值。

注：如果温度传感器与试样安装在同一空间内，综合平均温度也被视为最初有效暴露温度。“综合暴露温度”常简称为“暴露温度”。

3.6

综合暴露温度　global exposure temperature

为获得确定温度对标准试样的影响而进行老化试验时，对老化试样所选择的温度。

3.7

标准烘箱　standard oven

配备电加热与通风室的烘箱，并使暴露体积内温度符合 GB/T 11026.4 的规定值。

3.8

精密烘箱　precision oven

符合本部分要求的烘箱。

注：本部分规定的老化烘箱体积内的温差与温度波动限值比 GB/T 11026.4 的规定值要严格。

3.9

烘箱室　oven chamber

单室烘箱的内部容积，用作放置试样或放置 iso 盒的空间。

3.10

隔离盒 iso 盒状室　iso-box

装备紧密门的金属盒，放置在烘箱室内并作为暴露室。

3.11

通风　ventilation

指预热空气持续通过整个暴露室。

3.12

温度偏差　temperature deviation

由于温差、温度波动和温度测量误差的综合作用，造成的暴露温度与设置温度间的计算差。

3.13

半差　halving interval

两个暴露温度的差值。该差值表示到达热老化周期的一半时间，指被测材料性能变化达到某个预定水平所需的时间。

4　结构要求

4.1　概述

老化烘箱应使用合适的材料制造，能够在整个允许温度范围内连续运行。

所有电气装置及其辅件应易于维护。

4.2　机械结构

4.2.1　老化烘箱

用于老化烘箱室及其内部配件的材料应不影响试样的性能。

注 1：在多数情况下，铝合金和不锈钢均为合适的材料。

注意确保老化烘箱室的门密封，密封所使用的任何垫片材料应不影响试样性能。接触室应装有一个预热流通空气供应源，预热空气应直接进入暴露室并在整个接触室内形成湍流。

注2：尽可能对预热空气持续进行过滤、计量和监测。

注3：配备调节通风速率的节气阀的进气、出气口配件，会有满意的试验效果。

4.2.2 iso盒

iso盒的结构应做到，当被放在选定的老化烘箱内时，iso盒内50％以上的空间符合温度波动和温差要求。通风速率也符合相关要求。

注：用铝合金板制作的隔离室具有满意的效果。

隔离盒的门应紧密装配，不需使用任何密封垫。

作为流通空气进入老化烘箱的所有气体都应经过隔离盒产生湍流。

4.3 温度控制及指示系统

老化烘箱室(使用iso盒时，亦iso盒)应至少配置两个温度传感器(1号、2号传感器)。在安装之前，1号和2号传感器应与符合标定标准的基准传感器(3号传感器)校准，使其最大测量误差小于±0.5 K。记录两个传感器的读数之差作为温度的函数。

3号传感器的最大误差为±0.1 K。

将1号传感器方便地连接到读出器，它将连续指示烘箱室的温度。

注1：读出器还能提前识别系统出现的任何故障。

2号传感器应尽可能安装在靠近试样的位置。该位置应明确且具有可重复性。测量后可将其移走。

可用一个单独的传感器来控制温度。传感器的放置应由制造商决定。控制系统的偏流速度应小于1 K/年。

注2：传感器只要符合要求，类型不限(如液体温度计、电阻温度计)。

注3：由于热电偶的工作特性不如液体温度计和电阻温度计精确，尽管热电偶适于测量温差，但并不推荐用其测量温度。

使用液体温度计时，在测温时应确保液体温度计的浸入深度与主温控装置相同。

老化烘箱还应配备额外的温度控制装置，该温控装置应独立于主温控系统。当实际温度超过预定温度某一设定值时，应断开电加热器。若实际温度超过预定温度某一设定值时，额外温控装置还应确保接通报警灯。当老化烘箱温度下降到设定值以下时，加热器需要手动关闭报警灯后以手动方式启动。

5 性能要求

若在实际应用中需要试样及其支架占用的空间超过暴露体积的25％，制造商和供应商最好与用户协商，是否使用等效载荷评定老化烘箱的工作性能。

5.1 温度

在制造商规定的整个温度范围内，应能够将接触体积的温差和温度波动控制在限值以内。

5.2 最大温度差

在接触体积内，温差应不超过±0.5 K。

5.3 最大温度波动

在接触体积内，温度波动应不超过±0.5 K。

5.4 最大温度偏差

在接触体积内，温度偏差应不超过±2 K。

5.5 通风的类型与速率

在接触室内，每小时通风速率应允许在(5～20)次的范围内变化，以便于产生湍流。

应考虑采取各种措施，确保进入试样室的流通空气的纯度，最大程度地降低其对试样老化行为的影响。

在签订采购合同时,应有条款规定使用流动气体而不是大气。

5.6 暴露体积

暴露体积的大小应足以放置试样,且不得小于老化烘箱试样室(或 iso 盒)容积的 50%。

注:经验表明暴露体积在 35 L~70 L 时使用方便。

6 试验方法与步骤

暴露体积的尺寸与形状是根据对温差和温度波动的一系列试验测定结果决定的,通过系列温度传感器在三种温度中每个温度下不同的放置位置及期望的通风速率而得出。上述三种温度应为老化烘箱运行时的最低温度、设计的运行最高温度及这两个温度的中间温度,例如:50 ℃、175 ℃和 300 ℃。

在对老化烘箱性能的所有测试中,环境温度与电源电压应控制在制造商规定的范围内,以便老化烘箱正确运行。

6.1 温度与相关参数

6.1.1 实际测量

老化烘箱室和暴露体积的温度都应通过 2 号温度传感器确定。

在确定温差与温度波动时,监测中在被测烘箱室(iso 盒,如果装有 iso 盒时)内放置一组温度传感器(最大直径为 5 mm),确保:

——一个传感器放置在距室中心 25 mm 以内;

——一个传感器放置在距室的 8 个角的每个角的内壁(50±10)mm 的位置。

最大程度减少温度传感器的热传导,确保老化烘箱内连接两个温度传感器之间的导线的有效长度且延长线导线应为隔热材料,并且确保不通风。

注:在评定温差与温度波动时,若没有校准好的温度传感器(铂电阻温度计或热电偶),可使用同一盘上热电偶丝制成相同的热电偶,当把它们放置在试验箱内的相邻放置时,在试验箱最高温度下,测出温度相差不超过 0.2 K 就可以。

将老化烘箱的通风水平设定在制造商规定的最小值。

使室的温度处于稳定状态。

在 3 h 的时间内多次测量每个传感器的温度(精确到 0.1 K),以识别循环过程并确定每个传感器在测温阶段的最大值、最小值和平均值。

6.1.2 计算

温度波动(δT_1)

检查数据并计算温度的最大差值,记录时间为 3 h。9 个传感器要逐一测定,确定其温差中的最大值,并记做"第 1 d 的最大温度波动"。

温差(δT_2)

检查数据并计算在 3 h 试验过程中任一时间出现在接触室内的最大温差。将其记作"第 1 d 的温差"。

6.1.3 结果

如果结果满足温差与温度波动的要求,每天重复测量一次上述参数,测量时间为 5 d。

重复计算余下的数据,记作第(2、3、4、5)d 的温差,选择 5 d 内的记录温差的最大值,记为(老化烘箱)的温差 δT_2。

重复计算余下的数据,记作第(2、3、4、5)d 的温度波动,选择 5 d 内记录温度波动的最大值,记为(老化烘箱)的温度波动 δT_1。

测试后老化烘箱的温差与温度波动处于要求范围内,应视为老化烘箱具体的暴露室温度与通风程度符合要求。接触体积为 8 个边角传感器组成图形的内部空间。

如果测量结果不符合要求,将传感器重新放置在距暴露室壁约 25 mm 的位置,重新试验和测量。

如果所测得的老化烘箱温差和波动水平在要求范围内,应视为老化烘箱具体的接触室温度和通风程度符合要求，暴露体积为重新放置的8个传感器组成的内部空间。

用适当的通风率重新测定另外两个接触室温度，确定上述温度下的接触体积。

温度偏差(δT_d)

应根据附录B计算温度偏差δT_d，利用温差值、温度波动值、1号与2号温度传感器在最初校准时的读数差值进行计算，并参照长期热老化实验中读出器所显示1号传感器的暴露温度。

6.2 通风速率

若供气源无法使用计量装置，则可使用任意适当方法来确定通风速率。

一种方法是基于老化烘箱试样室在气孔打开时维持某一温度比在气门关闭时维持同一温度功率损耗的增加值，如附录A所示。

应调整供气与排气系统，直到通风速率符合要求为止。

注：提供的节气阀表明可进行上述调整。

7 报告

老化烘箱供应商至少应提供下列信息：

——类型与名称；

——符合本标准的老化烘箱的电源电压范围；

——最大的电消耗功率；

——符合本标准的老化烘箱的环境温度范围；

——整个老化烘箱(空)的质量与外形尺寸；

——暴露体积的温度范围，在此温度范围下老化烘箱的温差与温度波动要求符合本部分；

——有效的通风速率的范围；

——第6章规定的试验结果。

8 使用条件及用户在运行监控中的指导

8.1 使用条件

a) 在使用过程中，环境温度与电源电压应控制在制造商规定的范围内，以保证老化烘箱正确运行。

b) 除另有规定外，流通空气的质量应不足以对试验结果产生重大影响。若试验结果受到流通介质内杂质的影响，应对影响因素进行控制并在试验报告中写明。

c) 如果当地使用多个老化烘箱，应注意防止挥发物成分的交叉污染，即从一个老化烘箱内排出的流通空气不得与另一老化烘箱内的试样接触。

注：建议将从每个老化烘箱内排出的空气直接排入外部大气中。

d) 应采取措施确保老化过程所产生的挥发物不会对人体健康与环境造成危害。

e) 若在老化过程中释放出众多的挥发物和/或降解产品，则应考虑采用生产标准中规定的最适合通风速率。

f) 在暴露温度下，不得将任何试样贮放在暴露体积外，试样只能与支架接触，不得相互接触。

8.2 过程

进行长时间热老化试验前，老化烘箱暴露室(或iso盒)内的温度应调节至2号传感器测量的标称暴露温度，2号传感器应尽可能靠近试样位置。2号传感器位置应明确界定并具有可重复性。

若使用充液温度计，则应注意温度计在使用时的浸入深度应与校准过程中的浸入深度相同。

8.3 运行监测

每次进行老化试验前，应立即对装有试样的老化烘箱进行以下试验：

注：这些试验旨在确认装填试样的老化烘箱在老化试验开始时符合本标准要求，在执行这些试验过程中，确定综合暴露温度和温度变化。

应遵守6.1给出的一般操作步骤：

a) 将8个温度传感器放入试样室内，并尽可能放置在受检暴露体积内试样的周围；

b) 将老化烘箱温度升到设定的老化温度值并保持稳定；

c) 利用从另外8个传感器及从2号传感器获得的数据，确定综合平均温度（假设综合平均温度为最初的暴露温度和3 h内的温度变化）。

若试验结果不满足要求，终止老化试验并重新安放试样或调整设备，在重复试验时，应确认符合本部分。

若想估计出比上述试验确定的暴露温度更为精确的数值，应计算2号传感器测得的长期平均温度。

附 录 A
(资料性附录)
确定通风速率的试验方法

可使用具有同等精确度的其他方法。

A.1 密封箱

在可能情况下,应将老化烘箱适当密封,包括通风孔、门、温度传感器插口和鼓风机竖井或整个鼓风机。应将一个电度表(精确到±1 Wh以上)接入老化烘箱电源线与通电的老化烘箱之间,应选定和设定适当的控制温度。

老化烘箱温度稳定后,应测量以下数据:

——距任何重要热源2 m、距任何固体物体至少1 m并与老化烘箱进气口处于相同水平的点的室内温度;

——试验至少进行1 h所消耗的电能精确到±2 Wh以内,相应的测量时间应精确至±3 s以内。

A.2 通风式老化烘箱

去除风口的密封材料,按所需的通风速率供应。另外,老化烘箱温度稳定后,应根据A.1的规定确定在相同时间内消耗的电能。

A.3 计算

通风速率根据以下方程计算:

$$N=[10(P_2-P_1)T_a]/V_o(T-T_a)$$

式中:

N——通风速率;

P_1——非通风式老化烘箱平均功率损耗,单位为瓦特,即消耗的能量 E_1(单位为Wh,由电度表的读数获得)除以进行试验的时间(单位为h);

P_2——通风式老化烘箱的平均功率损耗,单位为瓦特,即消耗的能量 E_2(单位为Wh,由电度表的读数获得)除以进行试验的时间(单位为h);

V_o——接触室的容积,单位为L;

T_a——平均环境温度,单位为K;

T——暴露温度,单位为K。

注:在以下的假设条件下进行计算:

——空气在环境温度下的密度为:

$d_{T_a}=d_{20}T_{20}/T_a$(单位为kg/L,其中 $T_{20}=293$ K)

——密度 $d_{20}=1.204\ 5\times10^{-3}$(kg/L)

——计算时,可用平均值代替180 ℃时具体的热容量,即

$C_p=1.022\times1\ 000$(J/kg K)

——在试验过程中空气流的总质量为:

$M=3\ 600(E_2-E_1)/C_p(T-T_a)$(kg)

当空气流从 T_a 加热到 T 时,电度表的读数(即能耗,单位为Wh)为 E_1 和 E_2

——试验过程中空气流的总体积为:

$V=M/d_{T_a}=3\ 600(E_2-E_1)/C_p(T-T_a)d_{T_a}$(单位为L)

——每小时的体积为：

$V_h = 3\ 600(P_2 - P_1)/C_p(T - T_a)d_{T_a}$（单位为 L）

——通风速率为：

$N = V_h/V_o = 3\ 600(P_2 - P_1)/C_p(T - T_a)d_{T_a}V_o = 3\ 600(P_2 - P_1)T_a/C_p(T - T_a)D_{20}T_{20}V_o$

$N = 3\ 600(P_2 - P_1)T_a/293 \times 1.022 \times 1.205(T - T_a)V_o$

$N \sim 10.0(P_2 - P_1)T_a/V_o(T - T_a)$

附　录　B
（资料性附录）
温度偏差的计算

B.1　测量误差

测量误差由以下要素组成：

——随机误差 $U_1=\pm0.5$ K 出现两次，分别出现在校准与读取 1 号温度传感器数据时；

——随机误差 $U_2=\pm0.5$ K 出现两次，分别出现在校准与读取 2 号温度传感器数据时；

——3 号温度传感器的系统误差 $U_3=\pm0.1$ K；

——最大可能的温度偏差 δT_v 等于 3 h 时间内的最大允许温度波动加上最大允许温差。

$$T_{vmax}=T_{fmax}+T_{dmax}=1+1=2\ \mathrm{K}$$

在上述假设条件下，暴露温度的温度偏差由下列关系式得出：

$$\delta T_d=\pm\sqrt{(2\mu_1^2+2\mu_2^2+\mu_3^2+\delta T_v^2)}\,\mathrm{K}$$

$$\delta T_d=\pm\sqrt{(1.01+\delta T_v^2)}\,\mathrm{K}$$

从以上方程中得出最大可能温度偏差为：

$$\delta T_d=\pm\sqrt{\{1.01+4\}}$$

$$\delta T_d\approx\pm2.2\mathrm{K}$$

ICS 29.035.01
K 15

中华人民共和国国家标准

GB/T 11026.6—2010/IEC 60216-4-3:2000

电气绝缘材料耐热性 第6部分:老化烘箱　多室烘箱

Electrical insulating materials—Thermal endurance properties—
Part 6:Ageing ovens—Multi-chamber ovens

(IEC 60216-4-3:2000,IDT)

2011-01-14 发布　　2011-07-01 实施

中华人民共和国国家质量监督检验检疫总局
中国国家标准化管理委员会　发布

前言

GB/T 11026《电气绝缘材料耐热性》,包括下列6部分:

——第1部分:老化程序和试验结果的评定;

——第2部分:试验判断标准的选择;

——第3部分:计算耐热特征参数的规程;

——第4部分:老化烘箱 单室烘箱;

——第5部分:老化烘箱 温度达300℃的精密烘箱;

——第6部分:老化烘箱 多室烘箱。

本部分是GB/T 11026的第6部分。

本部分等同采用IEC 60216-4-3:2000《电气绝缘材料耐热性 第6部分:老化烘箱 多室烘箱》。

本部分等同采用IEC 60216-4-3:2000时做了编辑性修改如下:

——删除了标准中的“前言”。

——本部分的引用文件,对已经转化为我国标准的,一并列出了我国标准及其与国际标准的转化程度。

本部分由中国电器工业协会提出。

本部分由全国电气绝缘材料与绝缘系统评定标准化技术委员会(SAC/TC 301)归口。

本部分起草单位:浙江万马电缆股份有限公司、机械工业北京电工技术经济研究所、广州威凯检测技术研究所、桂林电器科学研究所、华测检测技术股份有限公司等。

本部分起草人:叶金龙、张洋、钱宏、杨娟、郭丽平、刘浩、朱平。

电气绝缘材料耐热性
第6部分:老化烘箱　多室烘箱

1　范围

GB/T 11026 的本部分规定了包括电气绝缘材料耐热性评定用或其他适度热调节应用(不适用单室老化烘箱)的耐热性评定用多室老化烘箱的通风与加热的基本要求。

本部分适用于在比环境温度提高 20 K 直到 500 ℃的整个或部分温度范围内运行的烘箱。

本部分还提出了老化烘箱在装有样品与不装样品的条件下的验收试验与运行监控试验。

2　规范性引用文件

下列文件中的条款通过 GB/T 11026 的本部分的引用而成为本部分的条款。凡是注日期的引用文件,其随后所有的修改单(不包括勘误的内容)或修订版均不适用于本部分,然而,鼓励根据本部分达成协议的各方研究是否可使用这些文件的最新版本。凡是不注日期的引用文件,其最新版本适用于本部分。

GB/T 11026.1—2003　电气绝缘材料　耐热性　第 1 部分:老化程序和试验结果的评定(IEC 60216-1:2001,IDT)

GB/T 11026.3—2006　电气绝缘材料　耐热性　第 3 部分:计算耐热特征参数的规程(IEC 60216-3:2002,IDT)

GB/T 11026.4—1999　确定电气绝缘材料耐热性的导则　第 4 部分:老化烘箱　单室烘箱(IEC 60216-4-1:1990,IDT)

3　术语和定义

以下术语和定义适用于本部分。

3.1

排气速率　rate of ventilation

室温下老化烘箱暴露室每小时的空气置换量。空气流速的计算以与工作体积相交平面内暴露室的横截面面积为准,并假设空气为单向流动。

3.2

暴露体积　exposure volume

老化烘箱内部(当使用 iso 盒时,亦指 iso 盒)指样品放置的有效空间。

3.3

暴露温度(见“综合暴露温度”)　exposure temperature (see also global exposure temperature)

为获得确定温度对标准试样的影响而进行老化试验时,对老化试样所选择的温度。

3.4

温度波动　temperature fluctuation

暴露体积内某一点温度在 3 h 时间内发生的最大变化。

3.5

温差　temperature difference

在任意时间内体积的任意两点间的最大温度之差。

3.6

温度偏差　temperature variation

试验进行 3 h 以后,所测量的最高温度与最低温度之间的差值。

3.7

综合平均温度　global average temperature

试验进行约 3 h 后,根据分布在一个室的暴露体积内的 9 个温度传感器的测量结果所计算的温度平均值。

3.8

时间常数　time constant

标准试样温度达到盒温度一致的时间。

3.9

温度偏差　temperature deviation

由于温度变化与温度测量误差的综合影响而产生的暴露温度与额定温度的偏差。

4　结构要求

4.1　概述

老化烘箱应使用合适的材料制造。所有电气装置及其辅件应易于维护。

老化烘箱应配备断开装置,当恒温控制介质的温度超出允许的温度范围或失控时,断开装置可关闭老化烘箱并报警。

4.2　试样室

老化烘箱应至少包括两个顶部开口、略呈圆柱形并带盖的试样室。试样室安装时其轴线应接近垂直。每个盖子应能对试样室有效密封:从盖子密封处泄漏的气体量应不大于试样室内通风速率的 5%。

注 1:可使用某些类型的"O"型密封圈获得满意的效果。

除另有规定外,各独立的试样室最小直径应为 35 mm、最小长度应为 200 mm。

试样室、试样室盖及试样室内部部件的构造材料不应包括铜、铜合金或当温度超过老化烘箱的温度范围时释放出干扰性挥发物的其他材料(如硅树脂)。

老化烘箱的设计样式应方便每次试验后清理试样室。

试样室应放置在控制的热稳定的导热介质中:例如金属块、液体池或"沙"浴池、饱和蒸汽浴或放置在空气环流炉中。图 1 和图 2 给出了试样室的典型示意图。

注 2:本部分提及的空气循环箱的性能没有交换式装置的好。

4.3　通风

应计量向每个试样室持续供应的经过滤和预热的流通空气,流通空气从试样室的一端进入,从另一端排出。

在签订老化烘箱采购合同时,条款应规定使用流动气体不是大气。

气体的排气速率允许在每小时 5～20 的范围内变化。

进入的气体应直接撞击在试样室的柱形内壁上,从而在整个试样室内产生湍流;试样室的整体样式应最大限度地减少每个试样室内流通空气的回流。为了防止挥发物成分的交叉污染,从一个试样室出来的流通空气不应再接触其他试样室内的试样。建议将各个试样室的废气排到室外大气中,但应采取预防措施,确保老化试样所产生的挥发物不会危害人体健康或环境。

应考虑采取各种措施,确保进入试样室的流通空气的纯度,最大程度地降低其对试样结果的影响。若试样结果受到流通介质的杂质(如水蒸气)的影响,应采取措施予以控制并在试验报告中写明。

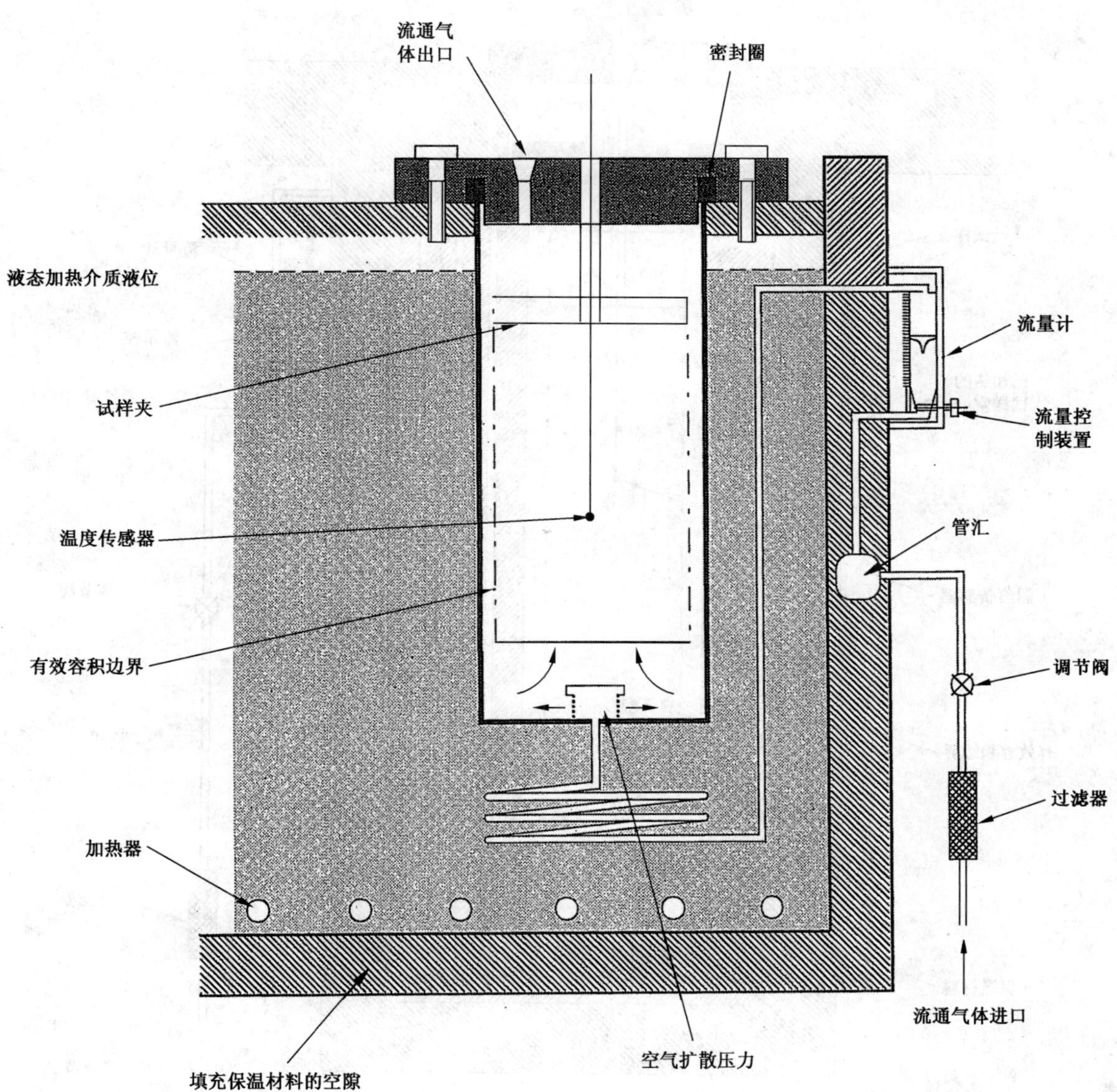

图 1 使用液态加热介质的多室老化烘箱试样室

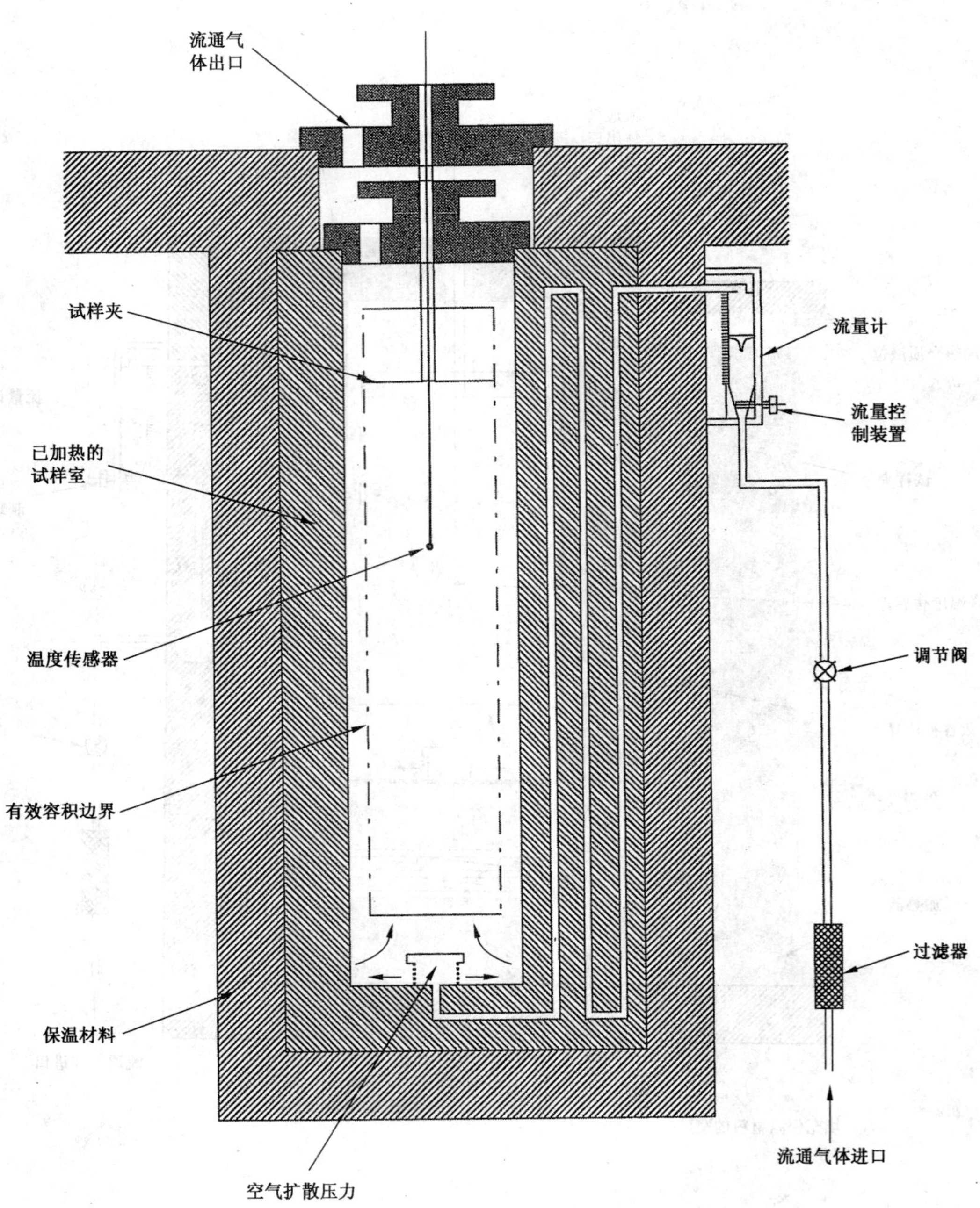

图 2　使用固体加热介质的多室老化烘箱试样室

4.4 试样放置

应针对每个试样室内的试样，制定支撑/悬挂和定位措施。试样间不得相互接触，也不得触及室壁。试样及其支架占用面积不应超过试样室与任何平面形成横截面的25%，或与任何平面形成的纵截面的50%，或试样室有效容积的10%。

4.5 温度控制

暴露体积范围内的温度应控制在5.1.1规定的限值范围内。

5 试验方法和运行要求

5.1 温度变化

5.1.1 要求

暴露体积应至少占试样室容积中央部分的70%，且最大允许温度偏差应符合表1规定。

表1 最大允许温度变化

温度范围 ℃	温度偏差 K	试验进行5 d后综合平均温度的最大允许偏差 K
…≤100	2	1
100<…≤225	4	2
225<…≤300	6	3
300<…≤400	8	4
400<…≤500	10	5

5.1.2 试验方法

5.1.2.1 在测控温度时，试样室的暴露体积内应放置一组最大直径为3 mm的温度传感器，确保：

a) 一个传感器放置在距试样室中心10 mm以内的位置；

b) 一个传感器放置在测试暴露体积的顶部，另一个传感器放置在与顶部传感器相对应的暴露体积的底部位置；

c) 另外6个传感器放置在约与中心线等距位置，且每两个传感器之间亦等距。

确保老化烘箱内连接两个温度传感器之间的导线的有效长度以及延长线靠近和穿过恒温控制介质，使温度传感器的热传导减少到最小。

注：若没有校准好的温度传感器(铂电阻温度计或热电偶)，可使用同一盘上热电偶丝制成相同的热电偶，当把它们放置在试验箱内的相邻位置时，在试验箱最高温度下，测出温度相差不超过0.2 K即可。

5.1.2.2 在3 h的时间内多次测量每个传感器的温度(精确到0.1 K)，以识别循环过程并确定每个热电偶在测温阶段的最大值、最小值和平均值。

注1：从这些读数中能很容易地计算出在某一点上的温度波动和在一个时间内的温差。

注2：可使用某种数据记录仪进行这项操作。

5.1.2.3 计算9个平均温度的平均值(精确到0.1 K)，并记录该值作为试样室的综合平均温度。

5.1.2.4 计算5.1.2.2中测得的最高温度与最低温度之间的差，并记录它作为温度偏差。应不超过表1规定的值。

5.1.2.5 使老化烘箱在同样的温度下保持5 d，即120 h。根据5.1.2.2和5.1.2.4的试验步骤每天测量一次老化烘箱的温度变化，不应超过表1中的给定值。根据5.1.2.3步骤确定6次测温过程中每次测得的试样室综合平均温度。5 d测温时段内最大的温度变化不应超过表1中的给定值。

5.2 时间常数

5.2.1 要求

老化烘箱采购合同中规定的时间常数不应超过某一规定值。

注：仅当老化烘箱用作短期热调节(热冲击试验)时，这一参数才有重要意义。

5.2.2 试验步骤

用实心黄铜圆柱体制作一个标准试样，其直径 10 mm±0.1 mm、长度 55 mm±0.1 mm。将差式热电偶的一个接点焊在试样上。

将老化烘箱加热到 200 ℃或者设计的最高温度(取二者中较低温度)，且让其在该温度下稳定，让标准试样在环境温度下稳定 1 h 左右。

按照制造商的说明，打开试样室，用一根直径不大于 0.25 mm 的耐热绳将标准试样尽快地垂直吊于试样室内，使标准试样轴线应垂直并靠近老化烘箱的几何中心。务必使热电偶的自由端接点悬挂在离标准试样尽可能远的位置，但不应触及试样室内壁，并处在试样室有效体积内。试样室开启时间为 60 s±2 s，然后关上试样室盖子。每隔 10 s 记录一次温差，直到出现最大值。然后改为每隔 30 s 记录一次，直至温差降到最大值的 10%以下，画出记录的温差与时间(s)的关系图。

将最大温差分为 10 等分且记录为 T_{10}。然后从温差与时间的关系图上取经过温差最大值减小并达到 T_{10} 的时间作为时间常数，以 s 为单位。该时间常数不应超过规定值。

6 报告

老化烘箱供应商应至少提供下列资料：

a) 老化烘箱的温度范围，在此范围内温度变化要求符合本部分；
b) 有效的排气速率范围；
c) 电源电压范围(在此范围内老化烘箱符合本部分)及最大消耗功率；
d) 最高环境温度，在此温度下老化烘箱符合本部分；
e) 试样室数量；
f) 每个试样室暴露体积的尺寸；
g) 本部分第 4 章要求的测试结果；
h) 外部尺寸；
i) 整个老化烘箱(空箱)的重量；
j) 关于流通空气质量的控制方法(如过滤、除湿)及相应的测试方法的建议。

7 使用条件及用户进行运行监控的指导

7.1 使用条件

a) 在使用过程中，环境温度与电源电压应控制在制造商规定的范围内，以保证老化烘箱的正确运行；
b) 除另有规定外，流通空气的质量应不足以影响试验结果；
c) 试样及其支架所占用空间应不大于试样室与任何平面形成的横截面的 25%，或试样室与任何平面形成的纵截面的 50%，或试样室总容积的 10%；
d) 除非有证据表明试样内包含另一种不同成分的化合物对试验结果影响不大，否则每个试样室只能放置一种化合物的试样。

建议每个试样室配备某一点温度的连续记录装置。

7.2 运行监控

每次进行老化试验前，应对装填试样老化烘箱进行以下试验：

注：这些试验旨在确认装填试样的老化烘箱在老化试验开始时符合本部分要求，在执行这些试验过程中，确定综合暴露温度和温度变化。

按照5.1.2.1～5.1.2.4规定的步骤及以下步骤操作：

a) 在被检试样室放置标定好的一组温度传感器；

b) 将老化烘箱加热到设定温度；

c) 测定综合平均温度，并

d) 测定温度变化。

温度变化值应在表1规定的范围内。

若符合要求，记录下综合平均温度作为老化温度，开始进行老化试验。

否则，确定是老化烘箱发生故障还是试样装载系统出现问题。

问题解决后，重复上述系列测量试验，以确认温度变化符合要求。记录新获得的综合平均温度，将其作为老化温度。

24 h后重复测量，这时的温度变化应该还在表1规定的范围内。

7.3 试验报告

进行试验的试验室应至少提供如下资料：

——设定温度；

——综合暴露温度；

——综合暴露温度的温度变化；

——流通气体质量的详细资料；

——GB/T 11026规定的其他老化数据。

ICS 29.080.99
K 49

中华人民共和国国家标准

GB 11032—2010
代替 GB 11032—2000

交流无间隙金属氧化物避雷器

Metal-oxide surge arresters without gaps for a.c. systems

(IEC 60099-4:2006,MOD)

2010-09-02 发布　　2011-08-01 实施

中华人民共和国国家质量监督检验检疫总局
中国国家标准化管理委员会　发布

前　言

本标准的全部技术内容为强制性。

本标准修改采用 IEC 60099-4:2006《交流无间隙金属氧化物避雷器》(英文版)。

本标准的技术内容和文本结构与 IEC 60099-4:2006 相同。

考虑到我国避雷器的应用情况,在采用 IEC 60099-4:2006 时,本标准做了少量补充。有关技术性差异已编入正文并在它们所涉及的条款的页边空白处用垂直单线标识。

对 IEC 60099-4:2006,本标准主要修改如下:

——删除 IEC 60099-4:2006 的前言、引言;

——在标准的附录 J 中,根据我国具体情况增列了表 J3~J10 典型避雷器特性参数,将附录 J 改为规范性附录;

——增补了我国国内习惯使用,而 IEC 60099-4:2006 未包含的技术内容,如:直流参考电压,0.75 倍直流参考电压下泄漏电流试验、检验方法;

——在规范性引用文件中,用我国标准代替了相应的国际标准,并增加了 GB/T 775.1—2000、GB/T 775.3—2006、JB/T 7618—1994 和 JB/T 9673—1994。

本标准代替 GB 11032—2000《交流无间隙金属氧化物避雷器》。

本标准与 GB 11032—2000 相比较,除保留了瓷外套避雷器的性能要求和试验要求外,增加了复合外套避雷器、气体绝缘金属封闭避雷器(GIS—避雷器)、分离型避雷器、外壳不带电型避雷器以及液浸式避雷器的性能要求和试验要求。本标准实施后,相应的 GB 11032—2000《交流无间隙金属氧化物避雷器》,同时废止。

本标准的附录 A、附录 B、附录 C、附录 D、附录 F、附录 J、附录 M、附录 N 为规范性附录;

本标准的附录 E、附录 G、附录 H、附录 I、附录 K、附录 L、附录 O、附录 P、附录 Q、附录 S 为资料性附录。

本标准由中国电器工业协会提出。

本标准由全国避雷器标准化技术委员会(SAC/TC 81)归口。

本标准主要起草单位:西安电瓷研究所、国网电力科学研究院、中国电力科学研究院。

本标准参与起草单位:西安交通大学、西安高压电器研究所有限公司、国家绝缘子避雷器质量监督检验中心、西安西电避雷器有限责任公司、抚顺电瓷制造有限公司、南阳金冠电气有限公司、深圳市银星电力电子有限公司、温州益坤电气有限公司。

本标准主要起草人:朱斌、王保山、李启盛、郭洁、何计谋、王建生、李凡、王维州、张翠霞、祝嘉喜、王新霞、苟雅江、余明宣、王利民、徐学亭、伍本才、龚正全。

本标准历次版本发布情况:

——GB 11032—1989;GB 11032—2000。

交流无间隙金属氧化物避雷器

1 范围

本标准适用于为限制交流电力系统过电压而设计的无间隙金属氧化物避雷器(以下简称避雷器)。

2 规范性引用文件

下列文件中的条款通过本标准的引用而成为本标准的条款,凡是注日期的引用文件,其随后所有的修改单(不包括勘误的内容)或修订版均不适用于本标准,然而,鼓励根据本标准达成协议的各方研究是否可使用这些文件的最新版本。凡是不注日期的引用文件,其最新版本适用于本标准。

GB/T 191—2000 包装储运图示标志(eqv ISO 780:1997)

GB 311.1—1997 高压输变电设备的绝缘配合(neq IEC 60071-1:1993)

GB/T 311.2—2002 绝缘配合 第2部分:高压输变电设备的绝缘配合使用导则(eqv IEC 60071-2:1996)

GB/T 775.1—2000 绝缘子试验方法 第1部分:一般试验方法

GB/T 775.3—2006 绝缘子试验方法 第3部分:机械试验方法

GB/T 2423.17—1993 电工电子产品基本环境试验规程 试验Ka:盐雾试验方法(eqv IEC 68-2-11:1981)

GB/T 2423.22—2002 电工电子产品环境试验 第2部分:试验方法 试验N:温度变化(IEC 60068-2-14:1984,IDT)

GB/T 2900.12—2008 电工名词术语 避雷器、低压电涌保护器及元件

GB/T 2900.19—1994 电工名词术语 高电压试验技术和绝缘配合

GB 3906—2006 3.6 kV～40.5 kV交流金属封闭开关设备和控制设备(IEC 62271-200:2003,MOD)

GB/T 4585—2004 交流系统用高压绝缘子的人工污秽试验(IEC 60507:1991,IDT)

GB/T 6553—2003 评定在严酷环境下使用的电气绝缘材料耐电痕化和蚀损的试验方法(IEC 60587:1984,IDT)

GB/T 7354—2003 局部放电测量(IEC 60270:2000,IDT)

GB 7674—1997 额定电压72.5 kV及以上气体绝缘金属封闭开关设备(IEC 60517:1990,MOD)

GB/T 8905—1996 六氟化硫电气设备中气体管理和检测导则(IEC 60480:1974,neq;IEC 60376:1971,neq)

GB/T 11023—1989 高压开关设备六氟化硫气体密封试验导则

GB/T 16927.1—1997 高电压试验技术 第1部分:一般试验要求(eqv IEC 60060-1:1989)

GB/T 16927.2—1997 高电压试验技术 第2部分:测量系统(eqv IEC 60060-2:1994)

GB/T 17467—1998 高压/低压预装式变电站(eqv IEC 61330:1995)

GB/T 19519—2004 标称电压高于1 000 V的交流架空线用复合绝缘子——定义,试验方法及验收准则(IEC 61109:1992,MOD)

IEC 60068-2-42:2003 环境试验 第2-42部分:试验 试验Kc:对接触及连接的二氧化硫试验

IEC 60815:1986 在污秽条件下的绝缘子的选择指南

IEC 61166:1993 交流高压断路器 高压交流断路器的地震条件

CISPR 16-1:1999 无线电干扰及抗干扰测量仪器及方法的规范 第1部分:无线电干扰及抗干扰测量仪器

CISPR 18-2:1986 架空动力线及高电压设备的无线电干扰设备 第2部分:为了确定极限值的测量方法及程序

JB/T 7618—1994 避雷器密封试验 浸泡法

JB/T 9673—1999 绝缘子 产品包装

3 术语和定义

本标准采用下列术语和定义。

本标准所用术语,除按标准规定外,其余应符合 GB/T 2900.12—2008 及 GB/T 2900.19—1994 的规定。

3.1

无间隙金属氧化物避雷器 metal-oxide surge arrester without gaps

由非线性金属氧化物电阻片串联和(或)并联组成且无并联或串联放电间隙的避雷器。

3.2

非线性金属氧化物电阻片 non-linear metal-oxide resistor

避雷器的部件。由于其具有非线性伏安特性,在过电压时呈低电阻,从而限制避雷器端子间的过电压,而在正常工频电压下呈现高电阻(非线性金属氧化物电阻片,以下简称电阻片)。

3.3

避雷器内部均压系统 internal grading system of an arrester

并联于一片或一组电阻片上的均压阻抗,主要是均压电容器,以控制沿电阻片柱的电压分布。

3.4

避雷器均压环 grading ring of an arrester

一种金属部件,通常是圆环形,用以改善静电场下避雷器的电压分布。

3.5

避雷器比例单元 section of an arrester

一个完整的、组装好的避雷器部件。对某种特定试验,该部件必须代表整只避雷器的特性。避雷器比例单元不一定是避雷器元件。

3.6

避雷器元件 unit of an arrester

一个完全封装好的避雷器部件。可与其他元件串联和(或)并联,构成更高额定电压和(或)更高标称放电电流等级的避雷器。避雷器元件不一定是避雷器比例单元。

3.7

避雷器压力释放装置 pressure-relief device of an arrester

用于释放避雷器内部压力的装置,防止外套由于避雷器长时间流过故障电流或避雷器内部闪络而发生爆炸。

3.8

避雷器额定电压 rated voltage of an arrester

U_r

施加到避雷器端子间的最大允许工频电压有效值,按照此电压所设计的避雷器,能在所规定的动作负载试验(见8.5)中确定的暂时过电压下正确地工作。

注1:额定电压是表明避雷器规定运行特性的一个重要参考参数。

注2:本标准定义的额定电压就是在动作负载试验中,在大电流或长持续时间冲击电流之后施加的10 s工频电压。

在 IEC 60099-1 以及某些国家标准中，用来确定电压额定值的试验包括在施加工频电压的情况下同时施加多次标称电流冲击。注意，用来确定电压额定值这两种方法不必要得出等价值（这种偏差的解决办法正在考虑中）。

3.9

避雷器的持续运行电压　continuous operating voltage of an arrester

U_c

允许持久地施加在避雷器端子间的工频电压有效值（见 8.5）。

3.10

避雷器的额定频率　rated frequency of an arrester

避雷器设计使用的电力系统的频率。

3.11

破坏性放电　disruptive discharge

绝缘在电负荷下破坏而发生的现象，包括电压突降和电流导通。

注 1：本术语用于固体、液体、气体介质或其组合体的电击穿。

注 2：在固体介质中破坏性放电造成电气强度永久性丧失，而在液体或气体介质中电气强度之丧失可能是暂时的。

3.12

击穿　puncture；breakdown

穿过固体介质的破坏性放电。

3.13

闪络　flashover

在固体表面上的破坏性放电。

3.14

冲击　impulse

一种无明显振荡的单极性的电压或电流波，它迅速上升到最大值，然后通常缓慢地下降到零，即使带有反极性振荡，其幅值也很小。

注：定义冲击电流和冲击电压的参数是：极性、峰值、波前时间和波尾半峰值时间。

3.15

冲击波形的表示　designation of an impulse shape

两数值的组合，第一个数值表示视在波前时间 T_1，第二个数值表示视在波尾半峰值的时间 T_2。

注：写作 T_1/T_2，时间单位均为 μs，符号“/”无数学意义。

3.16

陡波冲击电流　steep current impulse

视在波前时间为 1 μs 的一种冲击电流。因设备调整的限制，实测值为 0.9 μs～1.1 μs。视在波尾半峰值时间不应大于 20 μs。

注：波尾半峰值时间不是重要的，在残压型式试验时可有任意偏差（见 8.3）。

3.17

雷电冲击电流　lightning current impulse

一种 8/20 波形冲击电流。因设备调整的限制，视在波前时间的实测值为 7 μs～9 μs 波尾视在半峰值时间为 18 μs～22 μs。

注：在残压型式试验时，波尾半峰值时间不是重要的，可有任意偏差（见 8.3）。

3.18

长持续时间冲击电流　long-duration current impulse

一种方波冲击电流，其迅速上升到最大值，在规定时间内大体保持恒定，然后迅速降至零值的冲击波。

注：定义方波冲击电流的参数为：极性、峰值、峰值视在持续时间和总的视在持续时间。

3.19

冲击峰值　peak (crest) value of an impulse

冲击电压或冲击电流最大值。

注：叠加的振荡可以忽略(见 8.4.2c)和 8.5.4.2e))。

3.20

冲击波前　front of an impulse

冲击波峰值以前的部分。

3.21

冲击波尾　tail of an impulse

冲击波峰值以后的部分。

3.22

冲击波的视在原点　virtual origin of an impulse

在电压对时间或电流对时间的曲线上，通过冲击波前上两个参考点所画直线与零值电压或零值电流的时间轴相交所确定的点。

注 1：对于冲击电流，两个参考点为峰值的 10％及 90％。

注 2：此定义仅适用于纵坐标和横坐标尺寸为线性标度时。

注 3：如果存在波前振荡时，10％和 90％的参考点应在通过振荡的平均曲线上取值。

3.23

冲击电流视在波前时间　virtual front time of a current impulse

$\boldsymbol{T_1}$

以微秒表示的时间，其值等于电流峰值的 10％增加到电流峰值的 90％所需时间的 1.25 倍。

注：如果在波前上有振荡，在 10％和 90％的两个参考点应在通过振荡的平均曲线上取值。

3.24

冲击波前的视在陡度　virtual steepness of the front of an impulse

冲击波峰值与视在波前时间之商。

3.25

冲击波尾半峰值的视在时间　virtual time to half-value on the tail of an impulse

$\boldsymbol{T_2}$

视在原点与电压或电流降至峰值一半的时间间隔，该时间用微秒表示。

3.26

方波冲击的视在峰值持续时间　virtual duration of the peak of a rectangular impulse

冲击波幅值大于其峰值 90％的时间。

3.27

方波冲击的视在总持续时间　virtual total duration of a rectangular impulse

冲击波幅值大于其峰值 10％的时间。

注：如在波前出现有小振荡时，应画出平均曲线以确定达到 10％的时间。

3.28

冲击波反极性峰值　peak (crest) value of opposite polarity of an impulse

冲击电压或电流波在达到永久零值前，在零值附近振荡时反极性最大幅值。

3.29

避雷器的放电电流　discharge current of an arrester

避雷器动作时通过避雷器的冲击电流。

3.30

避雷器的标称放电电流　nominal discharge current of an arrester

I_n

用来划分避雷器等级的、具有8/20波形的雷电冲击电流峰值。

3.31

避雷器的大电流冲击　high current impulse of an arrester

冲击波形为4/10的放电电流峰值，用于试验避雷器在直击雷时的稳定性。

3.32

避雷器的操作电流冲击　switching current impulse of an arrester

视在波前时间大于30 μs但小于100 μs，视在波尾半峰值时间约为视在波前时间2倍的放电电流峰值。

3.33

避雷器的持续电流　continuous current of an arrester

施加持续运行电压时流过避雷器的电流。

注1：持续电流由阻性和容性分量组成，随温度、杂散电容和外部污秽影响而变化。因此试品持续电流可不同于整只避雷器的持续电流。

注2：为了比较，持续电流可用有效值或峰值表示。

3.34

避雷器的参考电流　reference current of an arrester

3.34.1

避雷器的工频参考电流　power-frequency reference current of an arrester

用于确定避雷器工频参考电压的工频电流阻性分量的峰值（如果电流是非对称的，取两个极性中较高的峰值）。

注1：工频参考电流应足够大，使杂散电容对所测避雷器元件（包括设计的均压系统）的参考电压的影响可以忽略，该值由制造厂规定。

注2：工频参考电流取决于避雷器的标称放电电流及（或）线路放电等级。对单柱避雷器，参考电流值的典型范围为每平方厘米电阻片面积0.05 mA～1.0 mA。

3.34.2

避雷器的直流参考电流　DC reference current of an arrester

用于确定避雷器直流参考电压的直流电流平均值。

注：避雷器直流参考电流通常取1 mA～5 mA。

3.35

避雷器的参考电压　reference voltage of an arrester

U_{ref}

参考电压分为工频参考电压（$U_{a.c.ref}$）和直流参考电压（$U_{d.c.ref}$）。

3.35.1

避雷器的工频参考电压　power-frequency reference voltage of an arrester

$U_{a.c.ref}$

在避雷器通过工频参考电流时测出的避雷器的工频电压峰值除以$\sqrt{2}$。

注1：多元件串联组成的避雷器的电压是每个元件工频参考电压之和。

注2：测量工频参考电压对动作负载试验中正确选择试品是必需的。

3.35.2

避雷器的直流参考电压　DC reference voltage of an arrester

$U_{d.c.ref}$

在避雷器通过直流参考电流时测出的避雷器的直流电压平均值。如果电压与极性有关，取低值。

注：测量直流参考电压对动作负载试验中正确选择试品是必需的。

3.36

避雷器的残压　residual voltage of an arrester

U_{res}

放电电流通过避雷器时其端子间的最大电压峰值。

注：在某些国家称作“放电电压”。

3.37

避雷器的工频电压耐受时间特性　power-frequency withstand voltage versus time characteristic of an arrester

在规定条件(见 6.10)下，对避雷器施加不同的工频电压，避雷器不损坏，不发生热崩溃时所对应的最大持续时间的关系曲线。

3.38

回路预期电流　prospective current of a circuit

在回路给定试品安装的位置，用可忽略阻抗的导体短接时，在该导体上流过的电流。

3.39

避雷器的保护特性　protective characteristics of an arrester

由以下各项组合：

a)　陡波电流冲击下残压(见 8.3.1)；

b)　雷电冲击电流下残压(见 8.3.2)；

注 1：避雷器的雷电电流保护水平是在标称放电电流下的最大残压。

c)　操作冲击电流下残压(见 8.3.3)。

注 2：避雷器的操作冲击保护水平是在规定的操作冲击电流下的最大残压。

3.40

避雷器的热崩溃　thermal runaway of an arrester

“热崩溃”是描述当避雷器承受的持续功率损耗超过外套和连接件的散热能力而引起电阻片的温度累积升高，最终导致避雷器损坏的状况。

3.41

避雷器的热稳定　thermal stability of an arrester

如果避雷器在动作负载试验引起温度上升后，在规定的环境条件下对电阻片元件施加规定的持续运行电压，电阻片的温度能随时间而降低，则称此避雷器是热稳定的。

3.42

避雷器脱离器　arrester disconnector

避雷器故障时，使避雷器与系统断开的装置。用于防止系统持续故障，并给出可见标识。

注：脱离器脱离时切断流经避雷器的故障电流通常不是该装置的功能。

3.43

型式试验　type tests

设计试验　design tests

完成一种新的避雷器设计开发时所做的试验，以确定代表性的性能，并证明符合有关标准。

注：做了这些试验，无需重做，除非设计改变而改变其性能时，这时，只需重做有关项目试验。

3.44

例行试验　routine tests

按要求对每只避雷器或部件和材料进行的试验，以保证产品符合设计规范。

3.45

验收试验　acceptance tests

经供需双方协商，对订购的避雷器或代表性试品所做的试验。

3.46

外套及伞裙　housing and sheds

3.46.1

外套　housing

避雷器的外部绝缘部件，提供必需的爬电距离并保护内部部件不受环境影响。

注：外套可由几个部件组成，用以提供机械强度并保护内部部件不受环境影响。

3.46.2

伞裙　shed

外套伸出的绝缘部分，用以增加爬电距离。

3.47

复合外套避雷器　polymer housed surge arrester

注：见3.60。

3.48

故障指示器　fault indicator

避雷器故障时提供指示的一种装置，但它不能将避雷器从系统脱离。

3.49

电气元件　electrical unit

避雷器的一部分，元件的每一端都与暴露在外部环境中的电极相连接。

注：电气元件等同于3.6定义的“避雷器元件”。

3.50

机械元件　mechanical unit

避雷器的一部分，元件中的电阻片都被机械固定防止轴向位移。

3.51

气体绝缘金属封闭避雷器　gas-insulated metal enclosed surge arrester

GIS—避雷器　GIS-arrester

气体绝缘金属封闭金属氧化物避雷器，内部没有任何串联或并联放电间隙，并充以不同与空气的气体。

注1：气体压力通常超过1 bar=10^5 Pa。

注2：该避雷器用于气体绝缘开关装置中。

3.52

分离型避雷器　arrester-separable type

分离式避雷器　separable arrester

避雷器装在一个绝缘的或屏蔽的外套内，该外套提供系统绝缘。通过滑动接触或螺栓装置实现电气连接，该避雷器安装在一个封闭壳体中以保护配电设备及系统。所有分离式避雷器都是不带电插拔式避雷器。

注：分离式避雷器通常用在欧洲。

3.53

外壳不带电型避雷器　arrester dead-front type

外壳不带电式避雷器　dead-front arrester

避雷器装在屏蔽外套内，该外套提供系统绝缘并屏蔽接地。该避雷器安装在一封闭壳体用于保护地下且有托架的配电设备及回路。

注1：大部分外壳不带电型避雷器是带电插拔式避雷器。

注2：外壳不带电型避雷器通常用在美国。

3.54

不带电插拔避雷器　dead-break arrester

只有在回路不带电时，才能和回路连接和断开的避雷器。

3.55

带电插拔避雷器　load-break arrester

能够在回路带电时连接和断开的避雷器。

3.56

液浸型避雷器　arrester liquid-immersed type

液浸式避雷器　liquid-immersed arrester

浸在绝缘液体中的避雷器。

3.57

液浸型避雷器的故障-开路电流额定值　fail-open current rating for liquid-immersed arrester

避雷器的宣称值，故障电流水平高于该值时，故障时可发展为开路。

3.58

液浸型避雷器的故障-短路电流额定值　fail-short current rating for liquid-immersed arrester

避雷器的宣称值，故障电流水平低于该值时，故障时可发展为短路。

注：定义3.57及3.58是初步的，可能增加更多的内容。

3.59

瓷套避雷器　porcelain-housed arrester

用瓷做外套材料，并带有附件及密封系统的避雷器。

3.60

复合外套避雷器　polymer-housed arrester

用聚合和合成材料做外套，并带有附件的避雷器。

注：具有一定封闭气体容积的设计是可能的。密封可用复合材料本身或独立的密封系统来实现。

3.61

弯矩　bending moment

施加在避雷器外套上的水平力乘以避雷器外套安装基座（法兰的下平面）与施力点之间的垂直距离。

3.62

端子水平拉力　terminal line force

垂直于避雷器的纵轴，在避雷器中心线测量所得的力。

3.63

扭转负荷　torsional loading

没有施加在避雷器纵轴上，作用在垂直安装避雷器外套顶端的水平力。

3.64

破坏负荷　breaking load

垂直作用于瓷外套避雷器的纵轴上，导致避雷器外套机械破坏的力。

3.65

破坏极限　damage limit

垂直作用在复合外套避雷器的纵轴上，导致避雷器外套机械损坏的最低值。

3.66

最大允许工作负荷　maximum permissible service load

MPSL

在运行期间,允许垂直施加在复合外套避雷器的纵轴上,不会导致任何机械损坏的最大力。

3.67

最大允许动态工作负荷　maximum permissible dynamic service load

MPDSL

在运行期间,允许短时间垂直施加在瓷外套避雷器的纵轴上,而不会导致避雷器任何机械损伤的最大力(例如短路电流电动力,地震应力)。

3.68

允许静态工作负荷　permissible static service load

PSSL

在运行期间,允许持久垂直施加在瓷外壳避雷器的纵轴上而不会导致避雷器任何机械损伤的力。

3.69

内部零件　internal parts

带有支撑结构的金属氧化物电阻片元件。

3.70

密封(气、水密封性)　seal (gas/watertightness)

避免对电气和(或)机械性能有影响的物质进入避雷器内部的能力。

3.71

0.75 倍直流参考电压下漏电流　leak current at 0.75 $U_{d.c.ref}$

在 0.75 倍直流参考电压下流过避雷器的漏电流。

3.72

定期试验　periodic test

制造厂在特殊情况下或规定的年限内而进行的产品质量监督试验。

3.73

抽样试验　sample test

对产品主要元件,按批次以一定比例抽取试品进行抽样检查以控制产品质量的试验。

4　标志及分类

4.1　避雷器标志

金属氧化物避雷器应以下述最少资料永久地标志在避雷器的铭牌上:

——持续运行电压;

——额定电压;

——直流 1 mA 参考电压;

——额定频率(如避雷器额定频率与 5.2 的频率相同时,可以不标志);

——标称放电电流;

——额定短路耐受电流,用千安表示(kA)。对于没有宣称短路额定值的避雷器,应以符号"—"表示;

——制造厂名或商标、避雷器型号和标志;

——元件装配位置标志(仅用于多元件避雷器);

——制造年、月;

——编号(额定电压 42 kV 及以上的避雷器)。

注:如果铭牌的空间足够,还应包含:

a) 线路放电等级或强雷电负载种类(见附录 C);

b) 避雷器外套的污秽耐受水平(见 IEC 60815:1986)。

4.2 避雷器分类

避雷器按其标称放电电流分类(见表 1)。至少应符合表 5 所规定的试验要求和性能。

注:对于 5 000 A、10 000 A 和 20 000 A 避雷器,线路放电等级按其耐受的长持续时间电流幅值和持续时间分为五级(见表 7)。

表 1 避雷器分类

	标准标称放电电流				
	20 000 A	10 000 A	5 000 A	2 500 A	1 500 A
额定电压 U_r kV(r. m. s)	$360<U_r\leqslant756$	$3\leqslant U_r\leqslant468$	$U_r\leqslant132$	$U_r\leqslant36$	$U_r\leqslant207$
备注	电站用避雷器 线路避雷器	电站用避雷器 线路避雷器 电气化铁道用避雷器	电站用避雷器 线路避雷器 发电机用避雷器 配电用避雷器 并联补偿电容器用避雷器 电气化铁道用避雷器	电动机用 避雷器	电机中性点 用避雷器 变压器中性点 用避雷器 低压避雷器
注:中国通常按用途分类,表 1 给出中国通常避雷器分类,供避雷器设计和用户选型参考使用。					

5 标准额定值和运行条件

5.1 标准额定电压

避雷器的额定电压标准值,kV(有效值),在规定的电压范围内以相等的电压级差列于表 2。

表 2 额定电压的级差

额定电压范围 kV(r. m. s.)	额定电压级差 kV(r. m. s.)
<3	不作规定
3~30	1
30~54	3
54~96	6
96~288	12
288~396	18
396~756	24
注:其他额定电压值也可接受,但需是 6 的倍数(电机用避雷器的额定电压除外)。	

5.2 标准额定频率

标准额定频率为 50 Hz 和 60 Hz。

5.3 标准标称放电电流

标准 8/20 标称放电电流为：20 000 A，10 000 A，5 000 A，2 500 A 及 1 500 A。

5.4 运行条件

5.4.1 正常运行条件

符合本标准的避雷器在下述正常运行条件下应能正常运行：

a) 环境温度在－40 ℃～＋40 ℃范围内；

b) 太阳光辐射；

注：太阳最大照射（1.1 kW/m^2）的影响已通过在型式试验中把试品预热的方法予以考虑。如果在避雷器附近有其他热源，避雷器的使用需经供需双方协商。

c) 海拔不超过 1 000 m；

d) 交流电源的频率不低于 48 Hz，不超过 62 Hz；

e) 长期施加在避雷器端子间的工频电压应不超过避雷器的持续运行电压；

f) 风速≤35 m/s；

g) 地震烈度Ⅷ度及以下地区；

h) 覆冰厚度不大于 20 mm；

i) 机械条件（正在考虑中）；

j) 垂直安装。

5.4.2 异常运行条件

在异常运行条件下，避雷器的设计、制造及使用应特殊考虑。在异常运行条件下，本标准的使用需经供需双方协商。异常运行条件见附录 A 的规定。

6 技术要求

6.1 避雷器外套的绝缘耐受

避雷器外套的绝缘耐受电压应根据避雷器使用的标称系统电压按 GB 311.1—1997 中对高压电器外绝缘的规定进行绝缘耐受试验。

GB 311.1—1997 中高压电器外绝缘未规定的，按以下要求对避雷器外套进行绝缘耐受试验。

避雷器外套应能耐受下述电压：

——雷电耐受电压等于 1.3 倍避雷器的雷电冲击保护水平（见 3.39）；

注 1：系数 1.3 包括大气条件的变化及放电电流高于正常值。

——对于额定电压为 288 kV 及以上的 10 000 A 和 20 000 A 的避雷器操作耐受电压等于 1.25 倍的避雷器操作冲击保护水平（见 3.39）；

注 2：系数 1.25 包括大气条件的变化及放电电流高于表 6 中的最大值（见 8.3.3）。

——对于户外用避雷器外套应进行湿工频电压耐受试验；对于户内用避雷器外套应进行干工频电压耐受试验。

1 500 A、2 500 A 及 5 000 A 的避雷器和强雷电负载的避雷器（附录 C）外套应耐受 1 分钟工频电压，其电压峰值等于 0.88 倍雷电冲击保护水平。

额定电压低于 288 kV 的 10 000 A 及 20 000 A 的避雷器外套应耐受 1 min 工频电压，其电压峰值等于 1.06 倍操作冲击保护水平。

低压避雷器外套绝缘耐受电压见表 3。

表 3 低压避雷器外套的绝缘耐受电压

单位为千伏

避雷器额定电压（有效值）	短时 1 min 工频耐受电压(干试)（有效值)不小于	短时 1 min 工频耐受电压(湿试)（有效值)不小于
0.28	3.0	2.0
0.50	4.0	2.5

6.2 参考电压

6.2.1 避雷器的工频参考电压

每只避雷器(或避雷器元件)的工频参考电压应在制造厂选定的工频参考电流下测量。在例行试验中,应规定选用的工频参考电流下的避雷器最小工频参考电压值,并应在制造厂的资料中公布。

6.2.2 避雷器的直流参考电压

对整只避雷器(或避雷器元件)测量直流参考电流下的直流参考电压值,其值应不小于附录 J 规定值,并应在制造厂的资料中公布。

6.3 残压

测量残压的目的是为了获得各种规定的电流和波形下某种给定设计的最大残压。这些残压可从型式试验数据中得到,也可从制造厂规定的和公布的例行试验用的雷电冲击电流下的最大残压中得到。

对于任何电流和波形,某种给定的避雷器设计的最大残压可从型式试验时被试的比例单元的残压乘以比例系数算出。比例系数等于公布的最大残压(例行试验时已被检验)与在同样电流和波形下比例单元所测残压之比。避雷器在陡波、雷电、操作冲击电流下残压值应不大于附录 J 的规定。

注:例行试验时,对于额定电压低于 42 kV 的避雷器,可用直流参考电压或工频参考电压进行残压换算。

6.4 内部局部放电

避雷器在 1.05 倍持续运行电压下的局部放电量应不大于 10 pC。

6.5 避雷器的密封性能

避雷器应有可靠的密封。在避雷器寿命期间内,不应因密封不良而影响避雷器的运行性能。对于具有密封的气体容积和具有独立的密封系统的避雷器,其密封泄漏率应符合 8.11 的规定。

6.6 多柱避雷器的电流分布

制造厂应规定多柱避雷器中单柱的最大电流值。电流分布最大不均匀系数不大于 1.10。

6.7 热稳定性

经供需双方协商,可按 9.2.2 进行特殊的热稳定试验。

6.8 长持续时间电流冲击耐受

在型式试验时,避雷器应耐受长持续时间电流冲击的考核(见 8.4)。

对于有线路放电等级要求 5 000 A 、10 000 A 及 20 000 A 的避雷器,应按要求的线路放电等级通过线路放电试验(见 8.4.2)验证长持续时间电流耐受能力。

对于无线路放电等级要求 1 500 A、2 500 A、5 000 A 及 10 000 A 的避雷器,应通过方波电流冲击试验(见 8.4.3)验证长持续时间耐受能力。

试验后观察试品,电阻片应无击穿、闪络、破碎或其他明显损伤的现象。

长持续电流试验前后残压变化应不大于 5%。

6.9 动作负载

避雷器应能耐受动作负载试验(见 8.5)所示的运行中出现的各种负载。这些负载不应引起损坏或热崩溃。

对于无线路等级要求的 1 500 A、2 500 A、5 000 A 及 10 000 A 避雷器,强雷电负载避雷器(见附录 C),应通过大电流冲击动作负载试验验证(见 8.5.4 及图 1 或图 C.1)。

对于有线路等级要求 5 000 A、10 000 A 及 20 000 A 避雷器和并联补偿电容器用避雷器,应通过操作冲击动作负载试验验证(见 8.5.5 和图 2)。

如果试品达到热稳定,且试验前后残压变化不大于 5%,以及试验后检查电阻片无击穿、闪络或破损的现象,则避雷器通过试验。

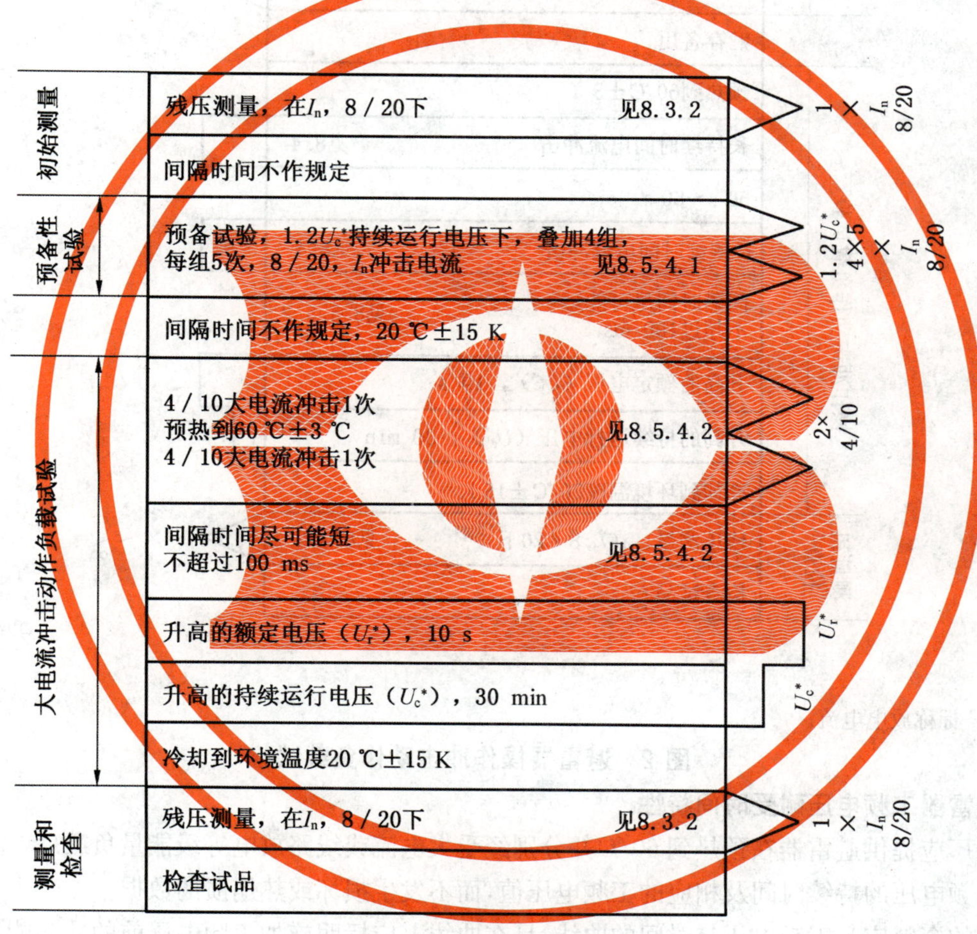

I_n——标称放电电流。

图 1 避雷器大电流冲击动作负载试验

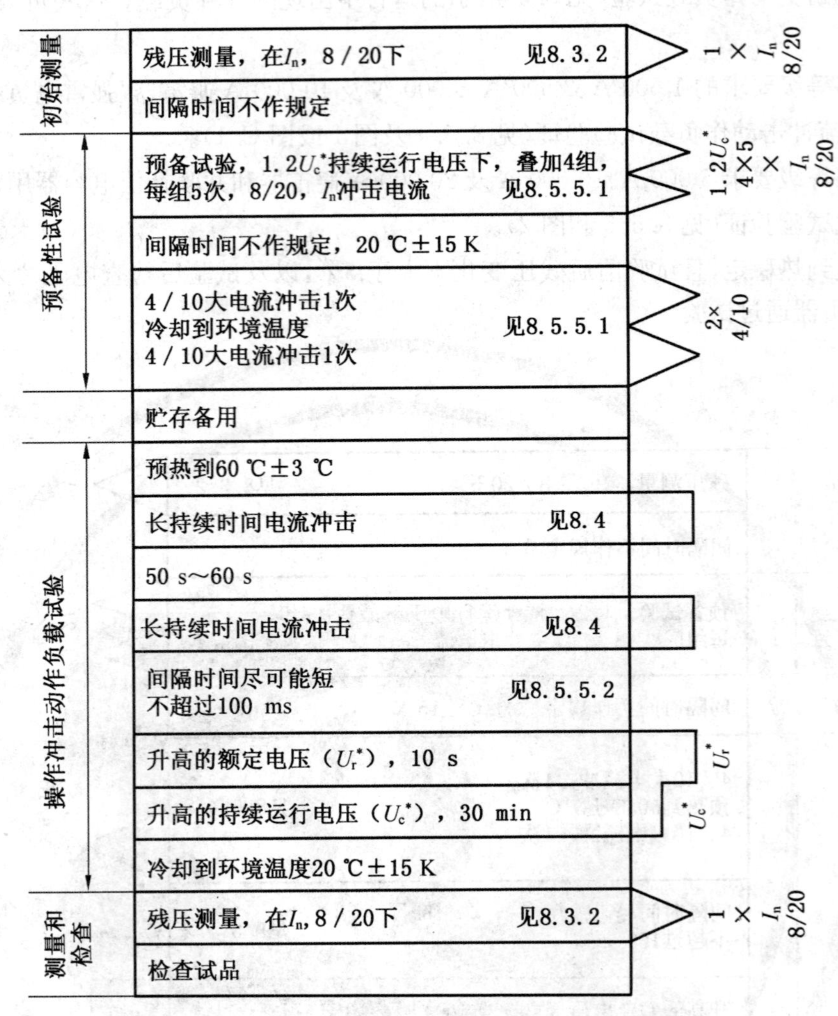

I_n——标称放电电流。

图 2 避雷器操作冲击动作负载试验

6.10 避雷器工频电压耐受时间特性

制造厂应提供避雷器在预热到 60 ℃并分别经受大电流或线路放电等级能量负载后，允许施加在避雷器上工频电压的持续时间及相应的工频电压值，而不发生损坏或热崩溃的数据。

提出的资料应为工频电压与时间的曲线，且在曲线上应标明施加工频电压前的冲击能量消耗。

注 1：该曲线对于选择避雷器额定电压是必要的。避雷器的额定电压由当地系统条件（如雷电、操作和暂时过电压）决定。

注 2：经供需双方同意，该曲线也可以通过计算建立。

注 3：暂时过电压曲线应包括时间范围为 0.1 s～20 min。对于使用在无清除接地故障装置的中性点绝缘系统或谐振接地系统，时间应扩大到 24 h。

工频电压耐受时间特性应按附录 D 所示程序进行验证。

6.11 短路试验

额定电压 42 kV 及以上避雷器和保护发电机用避雷器应具有压力释放装置。

具有压力释放功能的避雷器，依据制造厂宣称的短路额定值按 8.7 进行短路试验，以验证避雷器的故障不会导致外套粉碎性爆破，且如果产生明火应在规定的时间内自熄灭。

6.12 脱离器

6.12.1 脱离器耐受

当避雷器装有脱离器或与脱离器相连时，脱离器应耐受下列各项试验而不动作。

——长持续时间电流冲击试验（见 8.6.2.1）

——动作负载试验（见 8.6.2.2）

——雷电冲击放电能力试验（见附录 N）（安装在标称系统电压 35 kV 及以上的输电线路上的避雷器）

6.12.2 脱离器动作特性

对中性点有效接地系统，脱离器按照 8.6.3 的要求，在 20 A、200 A、800 A 三种工频电流值下，确定脱离器的动作时间。

对中性点非有效接地系统，脱离器按照 8.6.3 的要求，在 100 mA、1 A、20 A 三种工频电流值下，确定脱离器的动作时间。

脱离器应有有效的和永久脱离的清晰标志。

6.13 避雷器附件的要求

避雷器附件根据制造厂设计和用户要求，可包括均压元件、监测元件等，应满足避雷器规定性能要求。

6.14 避雷器的机械负载

制造厂应该规定与安装及运行相关的最大允许端部负载，如弯曲、扭转及拉伸负荷。

6.14.1 避雷器的弯曲负荷

避雷器应能耐受制造厂宣称的弯曲负荷值（见 8.9）。在 $2.5(F_1+F_2/2)$ 下述机械负荷共同作用下耐受 10 s 而不损坏，并可靠运行。

a) 避雷器顶端承受导线的最大允许水平拉力 F_1，其值按表 4 规定

表 4 最大允许水平拉力 F_1

避雷器额定电压 kV（有效值）	2.4～25	42～90	96～216	288～468	600～648
最大允许水平拉力 N	147	294	490，980	980，1 470	水平横向 2 500 水平纵向 2 500

b) 作用于避雷器上的风压力 F_2 应按下式计算：

$$F_2 = \frac{v_0^2}{16}\alpha S \times 9.8, \mathrm{N}$$

式中：v_0——最大风速，m/s；

S——避雷器的迎风面积（应考虑表面覆冰厚度 20 mm），m^2；

α——空气动力系数，它依风速大小而定。当 $v_0 \leqslant 35$ m/s 时，$\alpha=0.8$。

经供需双方协商，可以按附录 M.5 进行风弯矩计算。

注 1：当确定施加在避雷器上的动态负荷时，用户应考虑风，覆冰及电磁力对安装的影响；

注 2：封闭在包装箱中的避雷器应该耐受用户规定的运输负荷，但不少于 2M1 级；

注 3：与瓷外壳避雷器不同，复合外套避雷器在运行中可能出现偏移。

6.14.2 耐气候特性

避雷器应能耐受 8.10 所规定的环境作用。

6.14.3　**绝缘底座**

当避雷器安装有绝缘底座时，它应能耐受可能影响其正常功能的下述每一项试验而不破坏：

——弯曲负荷试验(见8.9)；

——环境试验(见8.10)。

6.14.4　**承受地震力**

制造厂应通过计算或试验，提供避雷器可承受的地震加速度能力。

注：避雷器的承受地震力的考核正在考虑中。

6.15　**电磁兼容性**

尽管避雷器对电磁干扰不敏感，但仍需进行无线电干扰试验。

在正常运行条件下，避雷器应不发射出明显的干扰信号。对于额定电压84 kV及以上的避雷器应进行无线电干扰电压(RIV)试验(见8.12)。在1.05倍持续运行电压下，避雷器最大无线电干扰水平不应超过2 500 μV。

6.16　**寿命的终结**

根据用户的要求，制造厂应该给出根据国际和国家法律规定，所有避雷器元件报废和(或)循环利用的足够的信息。

6.17　**雷电冲击放电能力**

安装在标称系统电压超过35 kV及以上架空线路中的避雷器，雷电冲击放电能力应通过试验来验证，试验程序见附录N。

6.18　**避雷器的持续电流**

在持续运行电压下通过避雷器的持续电流应不超过规定值，该值由制造厂规定和提供。

6.19　**0.75倍直流参考电压下漏电流**

0.75倍直流参考电压下漏电流一般不超过50 μA。多柱并联和额定电压216 kV以上的避雷器漏电流由制造厂和用户协商规定。

6.20　**大电流冲击耐受**

大电流冲击耐受用于抽样试验，以及大电流冲击动作负载试验、强雷电负载避雷器动作负载试验，操作冲击动作负载试验的预备性试验、工频电压耐受时间特性试验和避雷器热稳定试验。

大电流冲击耐受要求见8.5.4。

6.21　**避雷器的耐污秽性能**

避雷器外套的最小公称爬电比距应符合以下要求：

Ⅰ级轻污秽地区　　17 mm/kV；

Ⅱ级中等污秽地区　　20 mm/kV；

Ⅲ级重污秽地区　　25 mm/kV；

Ⅳ级特重污秽地区　　31 mm/kV。

Ⅲ级及以上重污秽地区用避雷器应做污秽试验，污秽等级划分及人工污秽试验方法见附录F和附录O。

6.22　**避雷器的包装、运输和保管**

避雷器的包装、运输和保管见附录P。

7　试验要求

7.1　测量设备及准确度

测量设备应满足GB/T 16927.2—1997的要求，所测数值准确度应符合有关试验条款要求。除另有规定外，所有工频电压试验的交流电压频率在 48 Hz～62 Hz 之间，且近似于正弦波。

7.2 试验样品

除另有规定，全部试验应在相同避雷器、避雷器比例单元或避雷器元件上进行。试品应是新的、干净的、装配完整的(如有均压环应装配上)，并且尽可能模拟运行条件布置。

当试验在比例单元上进行时，比例单元对于规定的试验必须能代表制造厂公差范围内所有可能的避雷器性能。

对于线路放电试验(见 8.4.2)和动作负载试验(见 8.5)，试品参考电压值应选取制造厂宣布的变化范围的最低值。此外，对多柱避雷器应考虑电流分布不均匀的最大值。为了满足这些要求，需按下述规定执行：

a) 整只避雷器的额定电压与比例单元的额定电压比定义为 n。试品中所用电阻片的最小体积应不大于整只避雷器所用的全部电阻片中最小体积除以 n。

b) 被试比例单元的参考电压等于 kU_r/n，其中 k 是避雷器的最小参考电压与其额定电压之比。当所选用的试品的 $U_{ref}>kU_r/n$ 时，系数 n 必须相应减小($U_{ref}<kU_r/n$ 时，避雷器可能吸收过多的能量，这种比例单元只有在制造厂同意后方能采用)。

c) 对于多柱避雷器，应按 8.18 规定的冲击电流测量各柱间的电流分布，最大的电流值应不大于制造厂规定的上限。

8 型式试验(设计试验)

8.1 总则

本节所规定的型式试验适用于瓷外套避雷器，试验项目见表 5。试验也适用于其他类型避雷器(复合外套避雷器、GIS 避雷器、外壳不带电型避雷器、分离型避雷器和液浸型避雷器)型式试验项目，其他类型避雷器的特殊试验要求见 10.8、11.8、12.8 和 13.8 规定。强雷电负载避雷器按附录 C 进行。

新产品投产前进行型式试验。当设计或工艺有所变更对产品性能有影响时，必须对有关项目进行试验。

在下列不同的条款中规定了试品的数量和试验条件。

避雷器仅仅是安装方式或支撑结构的排列布置不同，并且具有相同的部件和相似的结构，具有相同的性能包括热耗散和内部气候条件，可认为是同一设计。

8.2 避雷器外套的绝缘耐受试验

8.2.1 总则

避雷器外套的绝缘耐受试验应在整只避雷器外套上进行。本试验用来验证避雷器外套的外绝缘的电压耐受能力，如欲验证其他设计结构，试验需经供需双方协商。

试验应在 6.1 规定的条件和试验电压下进行，绝缘部件外表面应清洁，内部另件应取出或使之失效，使能做这项试验。

避雷器应尽可能按实际运行情况安装。

8.2.2 在避雷器元件外套上的试验

经供需双方协商，可在避雷器元件外套上试验，本试验应在最长的避雷器外套上进行。如果外套不能代表单位长度的电压梯度最高者时，则需要在具有最大电压梯度的避雷器元件外套上进行补充试验，内部零部件可用等价布置(如均压元件)来替代，并使沿避雷器轴向方向的电压成线性分布。

8.2.3 在整只避雷器外套上试验

试验时，避雷器外套的外表面应清洁干燥，避雷器内部电阻片及其他元件应除去。具体试验要求及方法应符合 6.1 规定和 GB 311.1—1997、GB/T 16927.1—1997 中的有关规定。

表 5 避雷器型式试验

序号	试验项目名称	试验依据	试验方法	试品数量	试验要求									
					20 kA	10 kA	5 kA					2.5 kA	1.5 kA	
					电站用线路用避雷器	电站用线路用电气化铁道用避雷器	电站用线路用避雷器	并联补偿电容器用避雷器	电气化铁道用避雷器	配电用避雷器	发电机用避雷器	电动机用避雷器	低压避雷器	中性点避雷器
1	爬电比距检查	6.21		额定电压 192 kV 及以上避雷器 1 只，其余 3 只	要求	要求	要求	要求	要求	要求	要求	要求	要求	要求
2	工频参考电压试验	6.2.1	8.15		要求	要求	要求	要求	要求	要求	要求	要求	—	要求
3	直流参考电压试验	6.2.2	8.16		要求	要求	要求	要求	要求	要求	要求	要求	要求	要求
4	局部放电试验	6.4	8.8		要求	要求	要求	要求	要求	要求	要求	要求	—	要求
5	无线电干扰电压试验	6.15	8.12		要求	要求	要求	要求	要求	要求	要求	要求	—	要求
6	密封试验	6.5	8.11		要求	要求	要求	要求	要求	要求	要求	要求	要求	要求
7	0.75 倍直流参考电压下泄漏电流试验	6.19	8.17		要求	要求	要求	要求	要求	要求	要求	要求	要求	要求
8	持续电流试验	6.18	8.14		要求	要求	要求	要求	要求	要求	要求	要求	—	要求
9	残压试验 a) 陡波冲击残压试验 b) 雷电冲击残压试验 c) 操作冲击残压试验	6.3	8.3	3 只避雷器或比例单元	要求 要求 要求	要求 要求 要求	要求 要求 要求	— 要求 要求	要求 要求 要求	要求 要求 要求	要求 要求 要求	要求 要求 要求	— 要求 —	— 要求 要求
10	长持续时间电流冲击耐受试验 a) 线路放电试验 b) 方波冲击电流试验	6.8	8.4	3 只比例单元 3 只避雷器或比例单元	要求 —	要求 要求	要求 要求	— 要求	— 要求	— 要求	— 要求	— 要求	— 要求	— 要求
11	动作负载试验 a) 加速老化试验 b) 大电流冲击动作负载试验 c) 操作冲击动作负载试验	6.9	8.5	3 只避雷器或比例单元 3 只避雷器或比例单元 3 只避雷器或比例单元	要求 — 要求	要求 要求 要求	要求 要求 要求	要求 — 要求	要求 要求 —	要求 要求 —	要求 要求 —	要求 要求 —	要求 要求 —	要求 要求 —

表 5（续）

序号	试验项目名称	试验依据	试验方法	试品数量	试验要求									
					20 kA	10 kA	5 kA					2.5 kA	1.5 kA	
					电站用线路用避雷器	电站用线路用电气化铁道用避雷器	电站用线路用避雷器	并联补偿电容器用避雷器	电气化铁道用避雷器	配电用避雷器	发电机用避雷器	电动机用避雷器	低压避雷器	中性点避雷器
12	工频电压耐受时间特性试验	6.10	附录 D	每点 1 只比例单元	要求	要求	要求	要求	要求	要求	要求	要求	—	要求
13	避雷器外套绝缘耐受试验	6.1	8.2	额定电压 42 kV 及以上避雷器外套 1 只，42 kV 及以下外套 3 只	要求	要求	要求	要求	要求	要求	要求	要求	要求	要求
14	机械负荷试验	6.14	8.9	额定电压 42 kV 及以上避雷器 1 只，其余 3 只	座式安装的避雷器要求（低压避雷器除外）									
15	短路电流试验 a）额定短路电流试验 b）小短路电流试验	6.11	8.7	3 只避雷器（或元件） 1 只避雷器（或元件）	要求 要求	要求 要求	要求 要求	要求 要求	要求 要求	— —	要求 要求	— —	— —	要求 要求
16	多柱避雷器电流分布试验	6.6	8.18	1 只避雷器	由多柱电阻片组成的避雷器要求									
17	脱离器试验	6.12	8.6	按要求	当避雷器带有脱离器时要求									
18	人工污秽试验	6.21	8.13	1 只避雷器	Ⅲ级以上重污秽地区使用的产品要求									
19	雷电冲击放电能力试验	6.17	附录 N	3 只避雷器或比例单元	线路避雷器要求									
20	环境试验	6.14.2	8.10	1 只避雷器或比例单元	除低压避雷器外，其余避雷器要求									

注：序号 1～8 项试验为同一试品，其余各项均为新试品。

8.2.4 试验时环境大气条件

按 GB 311.1—1997 规定的电压试验时，耐受试验时施加的电压值等于规定的耐受电压乘以考虑空气密度和湿度的校正系数，见 GB/T 16927.1—1997。

湿试验时不做湿度修正。

8.2.5 湿试验程序

户外避雷器的外绝缘应按 GB/T 16927.1—1997 给出的试验程序进行湿耐受试验。

8.2.6 雷电冲击电压试验

避雷器应按 GB/T 16927.1—1997 进行干状态下的标准雷电冲击电压试验。

每种极性连续施加 15 次冲击试验电压，如果内部不发生闪络，且每 15 次冲击中外部闪络不超过 2 次时，则认为避雷器通过了试验。

如果干弧距离或干弧距离之和大于试验电压除以 500 kV/m，则本试验可免试。

8.2.7 操作冲击电压试验

额定电压 288 kV 及以上的 10 kA 和 20 kA 等级的避雷器应按 GB/T 16927.1—1997 进行标准操作冲击电压试验。户外用避雷器应作湿试验，户内用避雷器应作干试验。

每种极性连续施加 15 次冲击试验电压，如果内部不发生闪络，且每 15 次冲击中外部闪络不超过 2 次时，则认为避雷器通过了试验。

8.2.8 工频电压耐受试验

户外用避雷器的外套应该在湿条件下进行试验，户内用避雷器的外套应该在干条件下进行试验。并要尽可能按实际运行情况安装。

8.3 残压试验

型式试验的残压试验目的是为了获得导出 6.3 所述的最大残压的必要数据，它包括各种规定冲击电流下残压与在例行试验中所检验的电压水平的比值，后者可用参考电压或者在 0.01 倍～2 倍标称放电电流范围内任一适当的雷电冲击电流下的残压，该电流值可依据制造厂例行试验程序来选定。

在制造厂资料中必须规定并公布例行试验用雷电冲击电流下最大残压，在各种规定的电流和波形下所测试验比例单元残压乘以公布的例行试验电流下的最大残压与在相同电流下所测比例单元残压之比便得到避雷器在该规定电流和波形下的最大残压。

例行试验时，雷电冲击残压允许用单个电阻片雷电冲击残压算术和代之。

对于额定电压 42 kV 及以下避雷器，在例行试验中制造厂可以选择仅检验参考电压，此时应规定最大参考电压。试验中所测得的比例单元残压乘以避雷器最大参考电压与试验比例单元所测参考电压之比值便得到各种规定电流和波形的最大残压。

全部残压试验应在相同的 3 只完整避雷器或避雷器比例单元试品上进行。两次放电的间隔时间应足以使试品恢复到接近环境温度。对多柱避雷器，试验可以仅对取自 1 个柱的比例单元进行，此时试验电流值为规定电流幅值除以柱数。

8.3.1 陡波冲击电流残压试验

应对 3 只试品的每 1 只试品施加 1 次幅值等于避雷器标称放电电流(偏差±5%)的陡波冲击电流，记录 3 次电压峰值。应记录 3 只出现的电压峰值和波形。如果必要，应对电压测量回路以及试品和试验回路的几何尺寸的电感效应予以校正。所用电压测量回路的响应时间 T 和 T_1 应不超过 20 ns。电流测量回路响应时间应不超过 150 ns(见 GB/T 16927.2—1997)。

用下列程序确定是否需要进行电感效应校正。将上述陡波冲击电流施加在与电阻片试品相同尺寸的金属块上，记录金属块两端的电压峰值和波形。如果金属块与电阻片试品上的电压峰值之比小于 2%，则不需要对测量的电感效应校正。如果金属块与电阻片试品上的电压峰值之比在 2%至 20%之间，应将每个电阻片冲击电压的波形减去金属块的冲击电压波形，记录冲击波形合成后的电压峰值，作为被校正后的电阻片电压值。如果金属块与电阻片试品上的电压峰值超过 20%，应改进试验回路和测量回路。

注：进行测量时将电阻片试品与金属块串联在试验回路中，可获得完全相同电流波形。只需互换金属块或试品的位置可以测出相应的电压降。

按下列程序a或程序b，用测得的试品具有最高冲击残压波形来确定避雷器的陡波冲击残压(如有必要时要进行校正)。

程序a

1) 试品的陡波冲击残压波形乘以比例系数(见6.3)；

2) 通过陡波冲击电流波形确定全波形的电流变化率(di/dt)，然后用其乘以电感，求出感性电压时间函数；

$$u(\mathrm{t}) = L\mathrm{di}/\mathrm{dt} = L'h\mathrm{di}/\mathrm{dt}$$

式中：

$u(\mathrm{t})$——感性电压降时间函数，kV；

L'——单位长度的电感，μH/m；

$L'=1$，对户外避雷器等于1；

$L'=0.3$，对于GIS避雷器；

h——避雷器端子间减去电阻片高度的长度，m；

di/dt——电流随时间的变化率，kA/μs。

3) 将1)与2)结果相加，得到的值就是避雷器的陡波冲击残压。

程序b

1) 试品的陡波冲击残压乘以比例系数(见6.3)；

2) 用下列公式确定避雷器端子间的感性电压降；

$$U_{\mathrm{L}} = L\mathrm{di}/\mathrm{dt} = L'hI_{\mathrm{n}}/T_{\mathrm{f}}$$

式中：

U_{L}——感性电压降，kV；

L'——单位长度的电感值，μH/m；

$L'=1$，对户外避雷器；

$L'=0.3$，对GIS避雷器；

h——避雷器端子间减去电阻片高度的长度，m；

T_{f}——陡波冲击电流的波前时间；等于1 μs；

I_{n}——标称放电电流，kA。

3) 将1)与2)结果相加，得到的值就是避雷器的陡波冲击残压。

8.3.2 雷电冲击残压试验

应对3只试品的每1只试品施加3次雷电电流冲击(见3.17)，其幅值分别约为避雷器标称放电电流的0.5倍、1倍和2倍。视在波前时间应在7 μs～9 μs之间，而半峰值时间(无严格要求)可有任意偏差。残压按6.3确定。已确定的残压最大值应画成残压与电流的曲线。在曲线上相应于标称放电电流读取的残压，定义为避雷器雷电冲击保护水平。

例行试验时，试验可在整只避雷器、组装好的元件或包括一个或几个电阻片的试品上进行。制造厂要在0.01倍～2倍标称电流范围内确定一适当的雷电冲击电流，残压将在该电流下测定。如果不能直接测量整体残压，可以把电阻片的残压之和或单个避雷器元件的残压之和视作整只避雷器的残压。整只避雷器的残压值不能高于规定值。

注：如果整只避雷器例行试验在上述任一电流下不能进行时，则型式试验应补充进行电流在0.01倍～0.25倍的标称放电电流范围内某一电流下的试验，以便与整只避雷器进行比较，也允许用单个电阻片残压的算术和代之。若用户需要，制造厂也可提供0.5倍、2倍避雷器标称放电电流下残压值，其规定值应由供需双方协商确定。

8.3.3 操作冲击残压试验

应对3只试品的每1只试品施加1次操作电流冲击，其幅值等于表6中规定的幅值(偏差±5%)。残压按6.3确定。最大值定为相应电流下避雷器的操作冲击残压。按表6规定的电流值测出的最大残压定义为避雷器的操作冲击保护水平。

表6 避雷器操作冲击残压试验用电流值

避雷等级	避雷器使用场合	避雷器额定电压 kV(有效值)	操作冲击电流值 A(峰值)
20 000 A	电站用避雷器 线路避雷器	420～756	500 及 2 000
10 000 A	电站用避雷器 线路避雷器	3～216	125 及 500
		288～324	250 及 1 000
		420～468	500 及 2 000
	电气化铁道用避雷器	42～84	500
5 000 A	并联补偿电容器用避雷器	5～90	125 及 500
	电站用避雷器 线路避雷器	5～84	250
		90～108	125 及 500
	发电机用避雷器	4～25	250
	电气化铁道用避雷器	42～84	500
	配电用避雷器	5～17	100
2 500 A	电动机用避雷器	4～13.5	100
1 500 A	变压器中性点用避雷器	60～207	500
	电机中性点用避雷器	2.4～15.2	100

注1：额定电压值为推荐值，制造厂也可根据需要选择其他值。

注2：当并联补偿电容器组的容量较大时，避雷器的操作冲击残压试验用电流值，可以由需方提出要求。

8.4 长持续时间冲击电流耐受试验

8.4.1 总则

试验前，应对每只试品测量标称放电电流下雷电冲击残压，用作评价。

每种长持续时间电流冲击耐受试验应按照7.2和8.1规定，对3只新的以前未经过任何试验(除上述规定的评价目的外)的整只避雷器、避雷器比例单元或电阻片上进行。试验期间电阻片可以暴露在敞开空气中，此静止空气的温度为20 ℃±15 K。若被试避雷器额定电压不小于3 kV，则试品的额定电压应不小于3 kV，但不必超过6 kV。若避雷器的脱离器/故障指示器与避雷器设计成一体时，该试验必须按运行条件带脱离器/故障指示器进行(见8.6)。

每种长持续时间电流冲击试验由18次放电动作组成，共分为6组，每组3次，2次动作间隔时间为50 s～60 s，2组之间的间隔时间应使试品冷却到接近环境温度。

在长持续时间电流冲击试验后且试品冷却到接近环境温度时，要重复进行长持续时间电流冲击试验前的残压试验，并与试验前残压值比较，该值变化应不超过5%。

试验后检查试品，电阻片不应有任何击穿、闪络、破碎或者明显损坏的痕迹。

8.4.2 避雷器线路放电试验要求

本试验是对试品施加电流冲击以模拟按表7所规定的线路参数下预充电线路通过试品放电所产生的冲击电流。

表 7 避雷器线路放电试验参数

避雷器等级	线路放电等级	线路波阻抗 Z Ω	峰值的视在 持续时间 T μs	充电电压 U_L kV(d.c.)
5 kA	1	4.9U_r	2 000	3.2U_r
10 kA				
10 kA	2	2.4U_r	2 000	3.2U_r
10 kA	3	1.3U_r	2 400	2.8U_r
10 kA	4	0.8U_r	2 800	2.6U_r
20 kA				
20 kA	5	0.5U_r	3 200	2.4U_r

注 1：U_r 为试品额定电压，单位为：kV(有效值)。

注 2：上表中等级 1～5 与逐级增高的放电要求相对应。合适的放电等级的选择是以系统要求为依据，见附录 E。

注 3：试验回路波阻抗与表 7 规定的线路波阻抗的偏差应不大于±10%。

注 4：对于 10 kA 等级无线路放电等级要求的避雷器，长持续电流耐受值由供需双方协商确定。

根据表 7 的参数，用下式确定注入到试品中能量(W)：

$$W = U_{res} \cdot (U_L - U_{res}) \cdot 1/Z \cdot T$$

式中：

U_{res}——用表 6 中较低电流值对 3 只试品所测操作冲击残压的最低值。

试验可用满足下列要求的任何发生器进行：

a) 冲击电流峰值的视在持续时间应该在表 7 规定值的 100%～120%间；

b) 冲击电流的视在总持续时间应不超过峰值视在持续时间的 150%；

c) 振荡或起始过冲应不超过电流峰值的 10%，若有振荡，应画一条平均曲线以确定峰值；

d) 每只被试试品每次冲击承受的能量规定为：第 1 次冲击应为上述计算值的 90%～110%，其余各次冲击应为计算值的 100%～110%。

电流发生器应在电流过零后在冲击电流的视在总持续时间的 1 倍～2 倍间与试品断开。

附录 I 中描述了一种实用的试验回路的实例。

8.4.3 用于 5 000 A、2 500 A 和 1 500 A 避雷器的长持续时间电流(方波冲击电流)要求

本试验所用发生器产生的冲击电流应满足下列要求：

a) 峰值视在持续时间应为表 8 规定值的 100%～120%；

b) 视在总持续时间应不超过峰值视在持续时间的 150%；

c) 振荡或起始过冲应不超过电流峰值的 10%，若出现振荡，应画一条平均曲线以确定峰值；

d) 第 1 次冲击的电流峰值应为表 8 规定值的 90%～110%，对其余各次冲击应为规定值的 100%～110%。

型式试验应在比例单元上进行。试品 3 只。试品应按 7.2 规定。

抽样试验在电阻片上进行，应从同批被试电阻片中抽取工频参考电压(或直流参考电压)最高的 5 片进行试验。

型式试验和抽样试验中，若仅有 1 只试品电流冲击试验次数不足 18 次时，可加倍数量抽取参考电压最高的电阻片重复试验。如试验合格，则认为试品合格。若其中仍有电流冲击试验次数不足 18 次的电阻片出现时，则认为试验没有通过。对于抽样试验允许降低参考电压(由制造厂自行规定)重新进行试验。试验合格后，则高于此参考电压的电阻片认为不合格。

本试验用方波发生器进行，若用触发点火系统，其能量不得超过主回路贮存能量的0.5%。

表8　避雷器长持续时间电流冲击(方波冲击电流)试验要求

避雷器等级	避雷器使用场合	避雷器额定电压 kV(有效值)	电流冲击2 000 μs 方波电流A(峰值)
5 kA	发电机用避雷器	4～25	400
	电站用避雷器	5～51	150
		84～90	400
	电气化铁道用避雷器	42～84	400
	并联补偿电容器用避雷器	5～90	400[a]
	配电用避雷器	5～17	75
2.5 kA	电动机用避雷器	4～13.5	200
1.5 kA	电机中性点用避雷器	2.4～15.2	200
	变压器中性点用避雷器	60～207	400
	低压用避雷器	0.28～0.50	50

[a] 如有更高要求，由供需双方协商。

8.5 动作负载试验

8.5.1 总则

如6.9所述，本试验是对避雷器施加一定次数的规定冲击，并同时施加规定电压和频率的工频电源以模拟运行条件。电压测量的精度应为±1%，并且从空载到满载电压峰值的变化不允许大于1%。电压峰值与有效值之比与$\sqrt{2}$的偏差不大于2%。在动作负载试验期间，工频电压与规定值的偏差应不大于±1%。

通过该项试验的主要要求是，避雷器在施加工频电压时能够逐渐冷却，即不出现热崩溃。因此要求被试避雷器比例单元的暂态及稳态热耗散能力等于或小于整只避雷器的热耗散能力(见8.5.3)。

试验程序包括：

——初始测量；

——预备性试验；

——施加冲击；

——测量和检查。

该程序见图1、图2和附录C中图C.1。

试验应按7.2和8.1进行。在环境温度为20 ℃±15 K下对3只完整避雷器或避雷器比例单元试品进行。若被试避雷器的额定电压不小于3 kV，则试品的额定电压应不小于3 kV，但不必超过12 kV。若避雷器的脱离器/故障指示器与避雷器设计成一体时，该试验必须按运行条件带脱离器/故障指示器进行(见8.6)。

对于额定电压12 kV以上的避雷器，因现有试验设备的限制，通常需要在避雷器比例单元上进行。重要的是施加在试品上的电压和通过试品的工频电流应尽可能代表整只避雷器的条件。

避雷器成功地通过动作负载试验的评价参数是电阻片的功率损耗。因此应在升高的试验电压U_c^*、U_r^*对新电阻片进行动作负载试验。以使新电阻片在U_c^*、U_r^*下给出的功率损耗相同于已老化的电阻片分别在持续运行电压和额定电压下的功率损耗。升高的试验电压应按8.5.2.2中规定的加速老化程序确定。

施加在试验避雷器比例单元上的工频试验电压应该为整只避雷器的持续运行电压(见3.9)及额定电压(见3.8)除以等同避雷器比例单元的总数 n(见7.2)。U_{sc} 等于 U_c/n,U_{sr} 等于 U_r/n,并应按照8.5.2.2进行修正,以确定提高了的试验电压 U_c^* 及 U_r^*。

注:图1和图2规定的预热温度60 ℃±3 K是加权平均温度,它包括环境温度、太阳辐射以及避雷器外套上污秽的影响。

8.5.2 加速老化程序

本试验程序用以确定在动作负载试验(见图1、图2和附录C中图C.1)中所使用的电压值 U_c^*、U_r^*,这样动作负载试验允许在新的电阻片上进行。

注:在接近或超过参考电压 U_{ref} 下对电阻片施加应力的替代的试验程序正在考虑之中。

8.5.2.1 试验程序

将已校正的最大持续运行电压 U_{ct}(见下述)施加到3只电阻片试品上1 000 h,在1 000 h期间应控制电阻片的表面温度在115 ℃±4 K。

在老化试验时,应该与整只避雷器设计一样,具备所有直接与电阻片接触的材料(固体或液体)。

在加速老化试验时,电阻片应该置于和避雷器中相同的介质中。在这种情况下,老化试验应在处于封闭容器内的单片电阻片上进行,容器的容积应至少为电阻片体积的2倍,并且容器内的介质密度不能低于避雷器中介质密度。

注:在避雷器的正常运行寿命期内,避雷器内电阻片周围的介质可能由于内部放电的原因而会有一些改变。电阻片周围介质的改变可能会明显增加功率损耗。

考虑这种情况合适的试验程序正在考虑中。目前有一个程序可以作为选择,就是在含有低的氧气浓度(低于0.1%体积)的 N_2 或 SF_6(对GIS避雷器)中进行这个试验。这就保证,即使在完全缺氧的情况下,避雷器仍不会老化。

如果制造商能够证明,在敞开的空气中进行本试验等价于在实际介质中进行的试验,则可以在敞开的空气中进行老化试验。

用于本试验程序中的电压是电阻片在避雷器中应承受的校正后的最大持续运行电压(U_{ct}),该电压包括电压分布不均匀影响,这个电压可以通过电压分布的测量或计算来确定。

注:附录L中给出了电压分布计算程序。

对于高度低于1 m的避雷器,除了那些具导电的,接地外壳的避雷器,如GIS避雷器,液浸式避雷器,外壳不带电型避雷器或可分离式避雷器外,最大持续运行电压可用下式确定:

$$U_{ct}=U_c(1+0.15H)$$

式中:

H——避雷器总高度,单位m。

上述老化试验程序应在3只典型的电阻片元件试品上进行,试品的参考电压应满足7.2的要求。工频电压应满足动作负载试验规定的老化试验要求(见8.5.1)。

8.5.2.2 升高的额定电压及持续运行电压的确定

3只试品应加热到115 ℃±4 K,在施加电压后1 h～2 h之间测量在电压 U_{ct} 下电阻片的功率损耗 P_{1ct}。在测量 P_{1ct} 后,应该每隔100 h测量一次电阻片的功率损耗。最后,在不间断地施加 U_{ct} 计 $1\,000^{+100}_{0}$ h老化后,在相同条件下测量功率 P_{2ct}。在试验期间容许试品上偶然断电,但总的累计断电时间不得超过24 h。中断的时间将不计入老化试验的持续时间内,最后的测量应该在持续通电不少于100 h后进行。在容许的温度范围内,所有的测量应该在相同温度±1 K下进行。

在至少每100 h时间间隔所测得功率损耗中的最小功率损耗叫做 P_{3ct}。如图3所示。

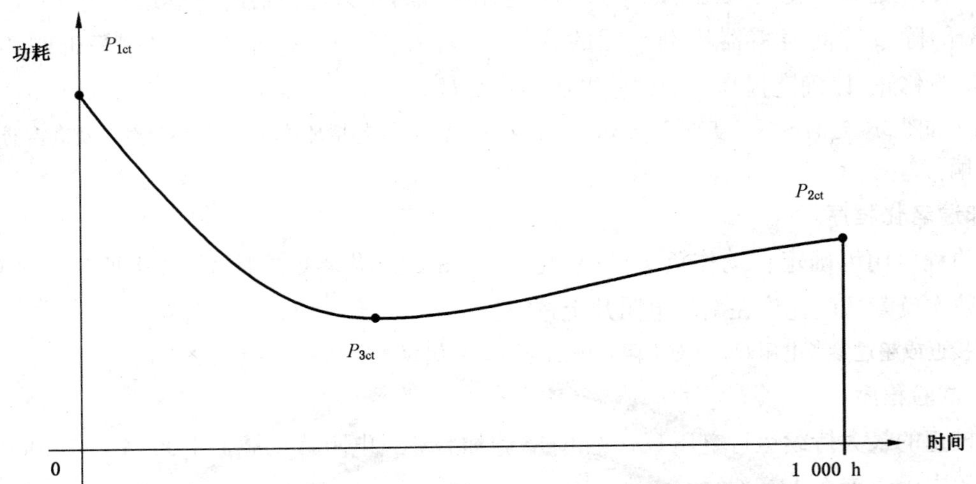

图 3 避雷器在升高温度下的功率损耗与时间的关系

——如果 P_{2ct} 等于或小于 $1.1P_{3ct}$，则应该对新的电阻片按照 8.5.4.2 及 8.5.5.2 进行试验。

——如果 P_{2ct} 等于或小于 P_{1ct}，则使用的 U_{sc} 和 U_{sr} 可不作任何修改。

——如果 P_{2ct} 大于 P_{1ct}，则取每只试品所确定的比值 P_{2ct}/P_{1ct} 中比值最高者为 K_{ct}。在环境温度下对 3 只新电阻片试品分别在 U_{sc} 和 U_{sr} 下测量功率损耗 P_{1c} 和 P_{1r}。然后，提高电压，使相应的功率损耗 P_{2c} 和 P_{2r} 满足下列关系：

$$\frac{P_{2c}}{P_{1c}} = K_{ct} \quad \frac{P_{2r}}{P_{1r}} = K_{ct}$$

U_c^*、U_r^* 为提高了的三个电压中的最大者。作为另一种办法，如果经供需双方同意，也可使用经过老化的电阻片。

——如果 P_{2ct} 大于 $1.1P_{3ct}$，且 P_{2ct} 大于或等于 P_{1ct}，则应该按照 8.5.4.2 及 8.5.5.2，对老化过的电阻片进行试验。如果经供需双方同意，可以使用校正过电压 U_c^* 和 U_r^* 的新的电阻片进行试验。

按照定义，老化的电阻片是按 8.5.2.1 试验过的电阻片。

表 9 汇总了上述情况：

表 9 升高的额定电压及持续运行电压的确定

测得的功率损耗	动作负载试验的试品及试验电压
$P_{2ct} \leqslant 1.1 \times P_{3ct}$ 且 $P_{2ct} \leqslant P_{1ct}$	新试品在 U_{sc} 和 U_{sr} 下试验
$P_{2ct} \leqslant 1.1 \times P_{3ct}$ 且 $P_{2ct} > P_{1ct}$	新试品在 $U_{sc}{}^*$ 和 $U_{sr}{}^*$ 下试验
$P_{2ct} > 1.1 \times P_{3ct}$ 且 $P_{2ct} < P_{1ct}$	老化过试品在 U_{sc} 和 U_{sr} 下试验
$P_{2ct} > 1.1 \times P_{3ct}$ 且 $P_{2ct} \geqslant P_{1ct}$	老化过试品在 U_{sc} 和 U_{sr} 下试验 （如果供需双方同意，新试品在 $U_{sc}{}^*$ 及 $U_{sr}{}^*$ 下试验）

在将老化过的电阻片用于动作负载试验时，建议老化试验与动作负载试验之间的时延不超过 24 h。

测量时间应当足够短，以免由于加热而使功率损耗增加。

8.5.2.3 电阻片负荷等于或高于参考电压的试验程序性

如果 U_{ct} 接近或者高于参考电压，或许不能在 U_{ct} 下进行老化试验，因为这种极端电压是要依赖于所使用电压源的功耗和稳定性。如果 $U_{ct} \geqslant 0.95\ U_{ref}$ 并且不可能按照 8.5.2. 进行加速老化试验，可采用替代试验程序并代替 8.5.2.1 和 8.5.2.2。

注：提供一个大概的，可以起到有助于了解该程序目的试验程序。该程序如下：

a) 对于最高应力电阻片(在 40 ℃,$U=U_c$ 下),计算功耗,P_{ct}。

b) 根据 8.5.2.3.1 中的三种程序中的一种,对于避雷器中最高应力的部件,确定其稳态温度,T_{st}。

c) 在施压 U_{ct} 下,确定 k_x,其值为所使用的电阻片元件在 115 ℃下功耗和 T_{st} 下功耗的比值。

d) 在恒定的功耗进行加速老化试验,其值为 $k_x \times P_{ct}$。

e) 应在规定的试验间隔进行测量,试验中断时间应很短。

f) 如果 $T_{st}>60$ ℃,应升高温度或者延长试验时间。

g) 根据 8.5.2.3.3 评估第 5)步骤功耗。

8.5.2.3.1 试验参数的确定

对于承受最高电压应力的电阻片,根据附录 L 包括阻性电流的影响,在最大环境温度为 40 ℃下施加 U_c,计算每个电阻片的功耗,P_{ct}。

注 1:对于外壳不带电式避雷器和液浸式避雷器,分别用 65 ℃和 95 ℃作为最大环境温度。

选择下列三种试验程序的一种作为确定在最大环境温度下避雷器最大应力部件的稳态温度,T_{st}。

注 2:试验程序的保守度从 1 至 3 依次增加。

1) 在环境温度 25 ℃±10 K 条件下,对整只避雷器施加标称的 U_c,直到获得稳态温度条件。通过 5 个测量点来测量电阻片元件上的温度,应尽可能分布在最大应力且避雷器每柱长度 20% 的区域。如果该区域少于 5 个电阻片元件,测量点的数量应限制为每个电阻片元件一个测量点。高于避雷器电阻片环境温度的平均温升加上最高环境温度得到温度 T_{st}。

2) 在最高环境温度条件下,对代表整只避雷器电压水平的热比例单元施加能量,按上述要求其结果是每个电阻片元件的功耗相同。如果必要,通过调整电压来保持功耗不变。测量稳态条件下电阻片的温度并且计算平均稳态温度,该温度等同于 T_{st}。

3) 在环境温度 25 ℃±10 K 条件下,对代表整只避雷器电压水平的热比例单元施加能量,按上述要求其结果是每个电阻片元件的功耗相同。如果必要,通过调整电压来保持功耗不变。测量稳态条件下电阻片的温度并且计算环境温度上的平均稳态温升,ΔT_{st}。ΔT_{st} 加上最高环境温度,确定出温度 T_{st}。

比例单元应能代表整只避雷器的稳态热特性。

注 3:该比例单元没有必要与动作负载所使用同一比例单元。

在施压 U_{ct} 下,确定 k_x,其值为所使用的电阻片元件在 115 ℃下功耗和 T_{st} 下功耗的比值。该试验的电压源应符合 8.5.1 的要求。

8.5.2.3.2 试验程序

三只电阻片试品应持续耐受功耗等于 $k_x \times P_{ct}$(波动为 $^{+30}_{0}$ %)1 000 h。试验期间,控制试验温度以保持电阻片表面温度在要求的温度范围 $T_t \pm 4$ K 之内。试验刚开始的施加电压不应小于 $0.95U_{ct}$。

如果温度 T_{st} 等于或者低于 60 ℃,T_t 应为 115 ℃。如果温度 T_{st} 高于 60 ℃,试验温度或者试验时间应按下列方法提高:

a) 试验温度的提高

$$T_t = 115 + (T_{st} - T_{a,max} - \Delta T_n)$$

式中:

T_t——试验温度,℃;

T_{st}——电阻片的稳态温度,℃;

$T_{a,max}$——最大环境温度,℃;

ΔT_n——20 K。

注 1:对于液浸式避雷器 $\Delta T_n=25$ K,其结果根据动作负载试验起始温度的要求,这种避雷器(120 ℃)的超过最高环境温度(95 ℃)25 K,而其他类型避雷器动作负载试验起始温度和最高环境温度之差为 20 K。

b) 试验时间的延长

$$t = t_0 \times 2.5^{\Delta T/10}$$

式中：

t——试验时间，h；

t_0——1 000 h；

ΔT——超过 60 ℃的温差。

注 2：对于外壳不带电式和液侵式避雷器，t_0 分别为 2 000 h 和 7 000 h，ΔT 分别为超过 85 ℃和 120 ℃的温差。

8.5.2.3.3 升高的额定电压和持续运行电压的确定

三只电阻片试品应加热到 $T_t \pm 4$ K 持续耐受功耗等于 $k_x \times P_{ct}$。施加后 1 至 2 小时后，电压调整到 0.95 U_{ct} 至 U_{ct} 之间的范围内，并且测量功耗 P_{1ct}。试验中，在试验时间的 30%，50%和 70%后，在相同的温度和电压条件下重复测量功耗。这期间测量的最小功耗值作为 P_{3ct}。在老化试验的末尾，在相同的温度和电压条件下测量功耗，作为 P_{2ct}。

——如果 P_{2ct} 等于或小于 1.1P_{3ct}，则应该对新的电阻片按照 8.5.4 及 8.5.5 进行试验。

——如果 P_{2ct} 等于或小于 P_{1ct}，则使用的 U_{sc} 和 U_{sr} 可不作任何修改。

——如果 P_{2ct} 大于 P_{1ct}，则取每只试品所确定的比值 P_{2ct}/P_{1ct} 中比值最高者为 K_{ct}。在环境温度下对 3 只新电阻片试品分别在 U_{sc} 和 U_{sr} 下测量功率损耗 P_{1c} 和 P_{1r}。然后，提高电压，使相应的功率损耗 P_{2c} 和 P_{2r} 满足下列关系：

$$\frac{P_{2c}}{P_{1c}} = K_{ct} \quad \frac{P_{2r}}{P_{1r}} = K_{ct}$$

U_c^*、U_r^* 为提高了的三个电压中的最大者。作为另一种办法，如果经供需双方同意，也可使用经过老化的电阻片。

——如果 P_{2ct} 大于 1.1P_{3ct}，且 P_{2ct} 大于或等于 P_{1ct}，则应该按照 8.5.4 及 8.5.5，对老化过的电阻片进行试验。如果经供需双方同意，可以使用校正过电压 U_c^* 和 U_r^* 的新的电阻片进行试验。

按照定义，老化的电阻片是按 8.5.2.3.2 试验过的电阻片。

上述情况的汇总见表 9。

在将老化过的电阻片用于动作负载试验时，建议老化试验与动作负载试验之间的时延不超过 24 h。

测量时间应当足够短，以免由于加热而使功率损耗增加。

8.5.3 试品的热耗散特性

8.5.3.1 总则

在动作负载试验中，试品的性能在很大程度上取决于试品散热能力，即泄放能量后冷却下来的能力。

因此若能从试验中获得准确的数据，则试品应具有等价于整只避雷器的瞬态和稳态的散热能力以及热容量。在同样的环境条件下，试品和整只避雷器中的电阻片当承受相同电压时，原则上应达到相同温度。

8.5.3.2 避雷器比例单元要求

本条规定了一个避雷器比例单元的热模型，当要求热等价时应遵循：

a) 模型在电性能和热性能上应代表被模拟避雷器工作元件的一部分。

b) 外套应满足下述要求：

  1) 材料应与避雷器外套相同。

  2) 内径应与避雷器内径相同(±5%)。

  3) 外套总重量应不大于被模拟避雷器的平均比例单元外套重量的 10%。

  4) 外套应足够长，以容纳避雷器的比例单元，且两端的绝热量应调整到能满足附录 B 中所规定的热要求。

c) 试品内用于电气连接的电极线尺寸不得大于 3 mm 直径的铜线。

8.5.4 大电流冲击动作负载试验

根据 6.9 要求，本试验适用于无线路放电等级要求的 1 500 A，2 500 A，5 000 A 及 10 000 A 避雷器以及附录 C 中强雷电负载避雷器。

完整的试验程序见图 1 或附录 C 中图 C.1。

在预备性试验以前，作为动作负载试验的第一部分，应先分别测定 3 只试品（电阻片）在环境温度下的标称放电电流下的雷电冲击残压（见 8.3.2）。

8.5.4.1 预备性试验

预备性试验中，试品应经受 20 次 8/20 雷电冲击电流，其峰值等于避雷器标称放电电流。施加冲击电流时，对试品施加 1.2 倍试品持续运行电压的工频电压。施加的 20 次冲击分为 4 组，每组 5 次，两次冲击之间的间隔时间为 50 s～60 s，两组之间的间隔时间为 25 min～30 min。两组冲击之间，试品无需施加工频电压。冲击电流的极性与施加此冲击时的工频电压半波极性相同。并且冲击应在工频电压峰值前 60°±15°内施加。

预备性试验可以在静止空气温度为 20 ℃±15 K 的敞开空气中对电阻片进行。测出的冲击电流峰值，应为规定值的 90%～110%。

预备性试验后，电阻片应储存起来以备将来在动作负载试验中用（见图 1 及图 C.1）。

8.5.4.2 施加冲击电流

在动作负载试验开始时，比例单元的温度应在 20 ℃±15 K 范围内。

比例单元应耐受表 10 规定的峰值和波形的大电流冲击 2 次，强雷电负载避雷器应耐受附录 C 中规定的峰值为 40 kA 波形 30/80 冲击 3 次。

表 10 大电流冲击要求

避雷器的等级	电流峰值 4/10 kA
20 000 A	100
10 000 A	100
5 000 A	65
2 500 A	25
1 500 A	10
注：根据运行条件电流峰值可以取其他值（较低或较高）。	

在两次冲击电流之间，比例单元应当在烘箱中预热，使得在施加第二次冲击电流时的温度为 60 ℃±3 K。试验应该在环境温度为 20 ℃±15 K 下进行。

如果由于严重污秽或非正常运行条件认为必须用更高的温度时，经供需双方协商试验可使用更高的温度。

设备调整使得测得冲击电流的值在下列的极限范围内：

a) 规定的电流峰值的 90%～110%；

b) 视在波前时间从 3.5 μs～4.5 μs；

c) 视在波尾半峰值时间从 9 μs～11 μs；

d) 任何反极性电流波的峰值应该小于电流峰值的 20%；

e) 冲击电流上的小的振荡是允许的，只要它们在接近冲击电流峰值时的幅值小于电流峰值的 5%，在这种情况下，为了测量的目的，应该采用平均曲线来确定峰值。

预备性试验及随后的大电流冲击应该施加相同的极性。

附录 H 叙述了可供使用的典型试验回路。

在最后一次大电流冲击后，应尽可能快且在不超过 100 ms 内向试品施加 10 s 升高的额定电压（U_r^*），然后再接着施加 30 min 升高的持续运行电压（U_c^*）（见 8.5.2），以证明热稳定或热击穿。

注：为了再现实际系统条件，应该是在试品施加电压 U_r^* 时，施加第二次大电流冲击，鉴于实际的试验回路的限制允许 100 ms。

每次冲击应记录电流波形。同一试品的电流波形不应出现显示试品击穿或闪络的差异。

在施加升高的持续运行电压(U_c^*)期间，应连续记录试品电流值。

在施加工频电压期间，应监测电阻片温度或电流阻性分量或功率损耗，以证明热稳定或热崩溃(见8.5.6)。

在完成整个试验程序且在试品冷却到接近环境温度后，重复试验程序开始时的残压试验。

如达到热稳定，试验前后测得的残压变化不大于5%，且试验后检查试品，电阻片无击穿、闪络或破碎痕迹，则认为避雷器通过了本试验。

8.5.5 操作冲击动作负载试验

根据6.9要求，本试验适用于有线路放电等级要求5 000 A、10 000 A及20 000 A避雷器和并联补偿电容器用避雷器。

完整的试验程序见图2。

本操作冲击动作负载试验前，在环境温度下应分别测定3只试品(电阻片)在标称放电电流下的雷电冲击残压(见8.3.2)。

试品应做适当地标记，以保证在下述试验中施加正确的极性。

8.5.5.1 预备性试验

预备性试验中的第一部分，试品应经受20次峰值等于避雷器标称放电电流而波形为8/20的雷电冲击电流(按3.17)试验。施加冲击时，试品应施加1.2倍试品持续运行电压的工频电压。施加的20次冲击分为4组，每组5次。两次冲击间隔时间应为50 s～60 s，两组之间的间隔时间为25 min～30 min。在两组间试品无需施加工频电压。冲击电流极性应与施加此冲击时的工频电压半波极性相同，并且冲击应在工频电压峰值前60°±15°内施加。

预备性试验第一部分可以在静止空气温度为20 ℃±15 K的敞开空气中对电阻片进行。

预备性试验第二部分是施加两次表10规定的大电流冲击，见3.31。测出的冲击电流峰值应为规定峰值的90%～110%。

在预备性试验后，试品应贮存，以备进行操作冲击动作负载试验时使用。

8.5.5.2 施加冲击

在操作冲击动作负载试验开始时，即在施加两次长持续时间电流冲击之前，比例单元的温度应为60 ℃±3 K，而环境温度应为20 ℃±15 K。

如果由于严重污秽或非正常运行条件认为必须用更高温度时，经供需双方协商，试验可使用更高的温度。

避雷器比例单元要耐受两次按表7中相应的线路放电等级所规定的长持续时间电流冲击。两次冲击的间隔时间应为50 s～60 s。长持续时间电流冲击的极性应与预备性试验中电流冲击的极性相同。

在第二次长持续时间电流冲击后，比例单元应与线路脱离，并应尽可能快而在不超过100 ms内与工频电源接通。然后再向试品施加按8.6.2所述的加速老化程序确定的升高的额定电压(U_r^*)，然后再接着施加30 min升高的持续运行电压(U_c^*)，以证明热稳定或热崩溃。

注：为了再现实际系统条件，应该在试品施加电压U_r^*时，施加第2次长持续时间电流冲击，鉴于实际的试验回路的限制，100 ms是允许的。

在施加第2次长持续时间电流冲击时，应用示波器记录加在试品两端的电压和通过试品的电流。施加第2次操作时通过试品所耗散的能量应根据示波图中电压和电流来确定。且应把能量值记录在型式试验报告中。在施加工频电压期间应连续记录电压和电流。

在施加工频电压期间应监测电阻片的温度或电流阻性分量或功率损耗，以证明热稳定或热崩溃。

在完成整个试验程序且在试品冷却到接近环境温度后，重复试验程序开始时的残压试验。

如果达到热稳定(见8.5.6)，试验前后测得的残压变化不大于5%，且试验后检查试品，电阻片无击穿、闪络或破碎痕迹时，则认为避雷器通过了本试验。

8.5.6 动作负载试验中热稳定的评价

对于各类避雷器在图1、图2和附录C的图C.1所示程序中，至少在施加U_c^*的最后15 min期间内，如果漏电流的阻性分量峰值或功率损耗或电阻片的温度稳定地降低，则认为经受动作负载试验的避雷器比例单元是热稳定的，且认为通过了本试验。

施加电压的稳定性和环境温度的变化对漏电流的阻性分量有很大影响。因此，在某些情况下，在施加电压 U_c^* 结束时，仍不能明确地判断避雷器是否热稳定。如果出现这种情况，施加电压 U_c^* 的时间应延长，直到能够确认电流或功率损耗或温度稳定降低为止。如果在施加电压 3 h 以后，电流或功率损耗或温度尚未观察到明显增加趋势，则认为比例单元是稳定的。

8.6 避雷器脱离器/故障指示器的试验

8.6.1 通则

在本程序中，术语“脱离器/故障指示器”既可以是脱离器也可以是故障指示器，不论那一种装置，都与避雷器共同使用。

本试验应在装有避雷器脱离器/故障指示器的避雷器上进行。设计的脱离器/故障指示器在正常安装时不致受到避雷器邻近零件发热的影响时，可对脱离器/故障指示器单独进行试验。试品应按制造厂推荐的方法安装，连接线须采用推荐的最大尺寸和刚性以及推荐的最短长度。在无推荐时，导线应为冷拔裸铜线，直径约为 5 mm，长约 30 cm，且安装得使脱离器/故障指示器在动作时能自由移动。

8.6.2 冲击电流试验及动作负载耐受试验

如 8.4 和 8.5 所述，对于内装式脱离器/故障指示器，试验应与避雷器试验同时进行。如果脱离器/故障指示器设计成避雷器的附件或者作为附件插接在导线或地线之中，试验可单独进行或与避雷器试品同时进行。脱离器/故障指示器对下述每种试验应能耐受而不发生动作。每项试验均须使用 3 只新试品。

8.6.2.1 长持续时间冲击电流试验

本试验按 8.4 进行，试验电流峰值和持续时间应是脱离器设计所能配用的避雷器中的最高等级，见表 6 及表 7。

8.6.2.2 动作负载试验

本试验应按 8.5 进行。脱离器/故障指示器试品与避雷器比例单元试品串联，且被试避雷器比例单元是设计使用脱离器/故障指示器的各种避雷器中参考电流最大的那种设计。

8.6.3 脱离器动作

8.6.3.1 安秒曲线试验

安秒曲线的数据应由流经脱离器试品（按 8.6.1 带或不带避雷器）的 3 个不同的对称起始电流水平得出。对中性点有效接地系统电流为 20 A、200 A 和 800 A 工频电流有效值±10%，对中性点非有效接地系统电流为 100 mA、1 A 和 20 A 工频电流有效值±10%

对于受相连避雷器内发热影响的脱离器试验，应将内部电阻片用直径 0.08 mm～0.13 mm 裸铜线旁路，以引发内部电弧。

对于不会受相连避雷器动作影响的脱离器试验，如避雷器安装脱离器，则应将避雷器的电阻片用直径足够大的导线并联或代替，以保证导线在试验时不会熔断。

试验电压可以是任何适当值，只要足以维持电流以电弧形式流过避雷器元件，并且足以引起和保持脱离器赖以动作的任何间隙燃弧。但试验电压不应大于设计带有脱离器的避雷器最低的额定电压。

首先应调整试验回路的参数，试品用阻抗可忽略不计的连线短路，以产生所需要的电流值。合闸开关应整定在电压峰值附近的几个电气角度内接通回路，以产生近似对称电流。可以设置分闸开关，以备调整流过试品的电流时间。当持续时间不需要准确控制时，分闸开关可省去。试验回路参数调整好后，短路试品的导线即可拆除。

电流值应保持在所要求的数值，直到脱离器发生动作为止。对 3 种电流数值中的每一种，至少应试验 5 只新试品。

对所有被试试品，应以流过试品的电流有效值和对应的脱离器开始脱离的时间绘制成曲线。脱离器安秒曲线是由以表示最大脱离时间的各点画成的光滑曲线构成。

对于具有明显的动作时延的脱离器，做安秒特性试验应控制电流流经试品的时间，以确定 3 种电流值中的每一种电流下都能导致使脱离器成功动作的最小持续时间。安秒曲线上所采用的点，在5次正式试验中，必须每次都成功动作。如果5次中仅有1次未成功动作，允许用同样电流值及持续时间再加试5次，这5次均应成功动作。

8.6.3.2 脱离器性能的评价

装置应能给出有效和永久脱离的明显证明。如果装置对此不能明确地证明，则对脱离器施加工频电压，其值等于安装此脱离器的避雷器最高额定电压1.2倍，持续1 min，流过脱离器的电流不应超1 mA有效值。

8.6.4 故障指示器动作

正在考虑之中。

8.7 短路试验

8.7.1 总则

依据制造厂宣称的避雷器额定短路电流值，按照本条款进行短路试验。试验应表明避雷器的故障不会导致剧烈炸开，并且在规定的时间内使发生的明火(如有的话)自动熄灭。每种避雷器需进行4个短路电流值的短路试验。如果避雷器装配了其他装置以代替常规压力释放装置，试验时应包括该装置。

短路试验电流的频率应在48 Hz和62 Hz之间。

关系到避雷器的短路电流特性，区分两种避雷器设计是非常重要的。

——“设计A”避雷器是一种沿避雷器元件的整个长度都有气体释放通道的设计，并且内部气体容积≥除内部功能元件外剩余内部容积的50%；

——“设计B”避雷器是一种没有封闭气体的实心设计，或者内部气体容积<除内部功能元件外剩余内部容积的50%。

注1：通常来说，“设计A”避雷器是指瓷外套避雷器；或者是用带压力释放装置的复合空心绝缘子装配的复合外套避雷器；或者在复合外套上预制薄弱点制造的避雷器，在规定的压力下破裂或者弹开以降低内部压力。

通常来说，“设计B”避雷器没有任何压力释放装置，是没有封闭气体容积的实心类型。如果电阻片发生电气故障，避雷器内部产生电弧。该电弧引起严重汽化并且可能引起避雷器外套和(或)内部材料烧毁。这种避雷器的短路特性取决于它本身对由于电弧的影响发生外套破裂或撕开的控制能力，以避免剧烈爆破。

注2：“功能元件”指非线性金属氧化物电阻片和与之直接串联的任何金属垫块。

根据避雷器类型和试验电压，对于试品数量、短路电流触发和第一个短路电流峰值有不同的要求。表11给出了这些要求的摘要，它会在下列条款中进一步说明。

注3：经供需双方协商后，试验程序可以进行修改，例如重合闸操作的次数。对于这些特殊的试验，试验程序和接收判据应经供需双方同意。

8.7.2 试品准备

大电流试验时，对于每个不同的避雷器设计，试品应是具有最高额定电压和最长的避雷器单元。

小电流试验时，对于每个不同的避雷器设计，试品应是具有最高额定电压任何长度的避雷器单元。

注1：图4所示为不同避雷器单元的例子。

如果要求使用熔丝，熔丝的材料和尺寸的选择应使熔丝在短路电流开始后第一个相位角为30°内熔化。

注2：为使熔丝在规定的时间内熔化以及点燃电弧创造合适的条件，通常推荐采用低电阻材料(例如铜、铝或银)的熔丝，其直径为0.2 mm至0.5 mm。大一些截面积的熔丝适合避雷器进行大电流短路电流试验。当电流触发有问题时，可以采用大直径的熔丝但直径不能超过1.5 mm，这样可以帮助电弧的形成。在这种情况下，特别的熔丝或许有用，该熔丝沿避雷器大部分长度上具有较大的横截面积，在避雷器中有一段短的细截面。

8.7.2.1 “设计A”避雷器

试品应以使用熔丝来导通短路电流的方式准备。熔丝应沿着并紧贴电阻片表面，并且设置在气体通道内或者尽可能的靠近气体通道。应将所有的避雷器内部功能元件进行短路。试验中熔丝的实际位置在报告中应该注明。

在试品的准备上，瓷外套避雷器和复合外套避雷器没有什么不同。然而在试验程序上有些不同(见8.7.4.2)。在这种情况下，带有同瓷一样脆的非瓷制复合伞裙以及其他空心绝缘子的“设计A”避雷器应该考虑按瓷外套避雷器进行试验。

8.7.2.2 **“设计B”避雷器**

带有同瓷一样脆的非瓷制复合伞裙以及其他机械支撑结构的“设计B”避雷器，考虑按瓷外套避雷器进行试验。

8.7.2.2.1 **复合外套避雷器**

没有必要特殊准备，应用标准避雷器单元。避雷器单元用工频过电压进行电气的预故障。过电压应施加在完整的避雷器装配单元上。在预故障击穿和实际短路电流试验之间单元不能有任何物理改变。

制造商提供的过电压应超过1.15倍的U_c。该电压应使避雷器在(5±3)min内发生故障。当电阻片两端的电压降到初始施加电压的10%之下时，可视为电阻片故障。预故障试验回路的短路电流不应超过30 A。

预故障试验和额定短路电流试验之间的时间应不超过15 min。

注：试品通过使用电压源方法或电流源方法来达到预故障。

电压源方法：典型的初始电流应在(5～10)mA/cm² 范围内。典型的短路电流应在1 A～30 A之间。为在规定时间范围内使电阻片故障，可进行必要小的调整，初始设置后，电压源不需要调整。

电流源方法：典型的来讲，15 mA/cm² 左右且波动为±50%的电流密度可在规定范围内使电阻片故障。典型的短路电流应在10 A～30 A之间。为在规定范围内使电阻片故障，可进行必要的小的调整，初始设置后，电流源不需要调整。

8.7.2.2.2 **瓷外套避雷器**

试品应以使用熔丝来导通短路电流的方式准备。熔丝应沿着并紧贴电阻片表面，并且尽可能的远离气体通道设置。应将所有的内部功能元件进行短路。试验中熔丝的实际位置在报告中应该注明。

8.7.3 **试品安装**

对于座式安装的避雷器，安装的布置见图5a)和图5b)。从绝缘平台和导线到地的距离应按图5a)和图5b)所示。

对于非座式安装的避雷器(例如，杆塔安装的避雷器)，试品应按典型的真实运行安装方式，使用安装支架及金属构件安装在非金属的杆塔上。以试验为目的，安装支架应认为是避雷器基座的一部分。如果上述情况与制造厂的使用说明书不同时，避雷器应当按照制造厂推荐的安装方法。基座和电流传感器之间的全部导线应当有至少1 000 V的绝缘强度。试品的顶端应装配同避雷器设计一样的基座装置或顶盖。

对于座式安装避雷器，试品的底部部件应安装在同环形或方形围栏等高的试验台上。试验台应为绝缘材料或者当试验台的表面尺寸小于避雷器底部部件时可采用导电材料。试验台和围栏应安装在绝缘平台的顶部，如图5a)和图5b)所示。对于非座式安装避雷器，避雷器的底部采用同样的要求。顶部盖板和除避雷器基座以外的任何其他金属物体之间的电弧距离应该至少为避雷器试品高度的1.6倍，但不低于0.9 m。围栏应由非金属材料制成，并且相对于试品轴对称分布。围栏高度应为40 cm±10 cm，直径(如果是正方形围栏，为边长)应按下式的D选取，但最小直径为1.8 m。在试验期间，围栏不允许打开或移动。

$$D = 1.2 \times (2 \times H + D_{arr}) \qquad (1)$$

式中：

H——试验避雷器的高度；

D_{arr}——试验避雷器的直径。

瓷外套避雷器应根据图5a)安装。复合外套避雷器应根据图5b)安装。

除非供需双方达成其他的协议，试品应垂直安装。

注1：在短路试验期间，避雷器的安装，特别是导体的路径必须代表运行中最不利的条件。

图5a)所示路径是在释放压力前试验初始阶段最不利的情况(特别是在避雷器装有压力释放装置的情况下)。试品的位置如图5a)所示，喷弧口朝向试验源方向，这样可导致所产生的外部电弧比其他方向更靠近外套。结果相对于喷弧口朝向其他方向的情况，热和振动作用可导致瓷伞裙过度崩炸和脱落。然而，在电弧持续期间，该路经强迫电弧离开避雷器，这样减少避雷器着火的危险。着火的危险和试验的初始阶段一样重要，特别是外套的外部为复合材料的避雷器。

如图5b)所示，对于所有复合外套避雷器，接地导线的方向应和高压进线的方向相反。这样在短路电流的整个持续时间期间，电弧将靠近避雷器。这样就创造了关于着火危险的最不利的条件。

注2：如果由于试验室空间的限制，不能设置规定尺寸的围栏时，制造商可选择较小的围栏尺寸。

8.7.4 大电流短路试验

三只试品的试验电流值应基于表12所列的额定短路电流值进行选择。所有的三只试品应根据第8.7.2条进行准备，并且根据8.7.3进行安装。

试验应在单相试验回路进行，根据8.7.4.1该试验电路应具有77%～107%避雷器额定电压的开路电压。然而，对高压避雷器做试验时，试验站可能会没有足够的短路功率在77%或更高的试品额定电压下进行这些试验。因此，8.7.4.2给出降低电压下进行大电流短路试验的替代程序。测出的在电路中流过试验电流的总时间应当≥0.2 s。

注：由瓷外套避雷器的经验表明，在额定电流下的试验不能证实在较低的电流下也具有可接受的性能。

8.7.4.1 空载电压大于或等于77%额定电压的大电流短路试验(77%～107%的额定值)

首先测量预期电流，应用被短路的避雷器或用阻抗可忽略的固体连杆代替避雷器进行试验。

该试验的持续时间应当限制到足以测量预期电流波形峰值及对称分量所需的最少时间。

对于“设计A”避雷器的额定短路电流试验，预期电流的第一个半波峰值应至少为预期电流对称分量有效值的2.5倍。随后的对称分量有效值应当等于或大于额定短路电流。试验电流为预期电流峰值除以2.5，但预期电流对称分量的有效值可能更大。由于大的预期电流，避雷器可能会遭受更为严格的负荷，因此X/R比率小于15的试验应得到制造商的同意。

对于“设计B”避雷器的额定短路电流试验，预期电流的第一个半波峰值应至少为有效值的$\sqrt{2}$倍。

对于降低的试验电流，其有效值应根据表12，并且预期电流的第一个半波峰值应至少为该电流有效值的$\sqrt{2}$倍。

检查预期电流后应拆除固体短路连接板，并在相同的电路参数下进行避雷器试品的试验。

注1：限制避雷器内部电弧的电阻，可能会降低测量的电流对称分量有效值及峰值。这不会使得试验无效，因为试验至少在标称运行电压下进行的，对试验电流的影响应当与实际运行故障时的情况是一样的。

注2：试验回路阻抗的X/R比率，在没有避雷器连接时，应至少为15。如果试验回路阻抗的X/R比率小于15，可以增加试验电压或减少阻抗使得：

——对于额定短路电流，预期电流的第一个半波峰值等于或者大于要求试验电流水平的2.5倍。

——对于减少的短路电流水平试验，符合表12公差。

8.7.4.2 空载电压低于77%额定电压的大电流短路试验

当试验回路电压小于试品额定电压的77%时，试验回路参数应按下面的方法进行调整，要求实际避雷器试验电流的对称分量应等于或者超过8.7.4中规定的试验电流水平。

对于“设计A”避雷器的额定短路电流试验，实际避雷器试验电流的第一个半波峰值应至少为实际避雷器试验电流对称分量有效值的2.5倍。随后的对称分量有效值应当等于或大于额定短路电流。试验电流定义为预期实际避雷器试验电流峰值除以2.5，但实际避雷器试验电流对称分量的有效值可能更大。

除了在额定短路电流下的试验，下列要求仅对于“设计A”复合外套避雷器(见8.7.2.2复合外套和瓷外套避雷器的定义)是有效的：如果试品的额定电压高于150 kV并且第一个波峰值不能达到额定短路电流的2.5倍，应用附加试品进行试验。该附加试品应根据8.7.4.1或8.7.4.2进行试验。该试品的额定电压值≥150 kV并且不能短于实际避雷器设计的最短避雷器单元。额定短路电流值应是最长单元进行试验的最小电流有效值，电流有效值的定义是根据 8.7.4.1 或者 8.7.4.2 在最小的 150 kV 额定单元上试验而得。上述试验写入报告中。

对于在额定短路电流下试验的“设计 B”避雷器，实际避雷器试验电流的第一个半波峰值应至少是有效值的$\sqrt{2}$倍。

对于所有降低的短路电流的有效值应按照表 12 规定，实际避雷器试验电流的第一个半波峰值应至少是该电流有效值的$\sqrt{2}$倍。

注 1：特别是尺寸大避雷器在低百分比额定电压下的试验，很难得到 2.5 倍的第一个非对称峰值电流，除非考虑特殊的试验可能性。因此为得到额定短路电流，可能增加试验的有效值电压或者减少阻抗使试验电流的第一个半波峰值等于或者大于 2.5 倍的要求试验水平。如果用发电机进行试验，通过改变发电机的励磁也可以得到 2.5 倍要求试验电流的第一个峰值。试验开始后小于 2.5 周波内，电流应减少到要求的对称值。试验电流定义为试验电流的实际峰值除以 2.5，但实际避雷器试验电流对称分量的有效值可能更大。因为高的试验电流，避雷器试品可能遭受更为严酷的负载，因此在 X/R 小于 15 的条件下试验应得制造商的同意。

注 2：对于“设计 B”复合外套避雷器，除非考虑特殊试验设备，即使是第一个电流峰值的$\sqrt{2}$倍也不容易得到。预故障避雷器能建立相当大的电弧电阻，其限制流过避雷器的对称电流。因此推荐在预故障后试品冷却之前，尽可能快地进行短路试验。

因此，对于预故障避雷器，推荐在施加短路电流前通过重复进行预故障以确保避雷器表现为完全地低电阻特性，或者相类似的，在最大电流持续 2 s 时间内，回路立即施加短路电流（见图 6）。增加预施加回路的短路电流至 300 A(r. m. s)是可以接受的。如果这样，在该电流幅值下的最大持续时间应不超过下列值：

$$t_{\mathrm{rpf}} \leqslant Q_{\mathrm{rpf}}/I_{\mathrm{rpf}}$$

式中：

t_{rpf}——重复预故障时间，s；

Q_{rpf}——重复预故障电荷＝60 As；

I_{rpf}——重复预故障电流，A(r. m. s)。

8.7.5 小电流短路试验

试验可以在任何能够产生通过避雷器试品电流等于 600 A±200 A(r. m. s)的试验回路上进行，该电流值是在电流开始流过避雷器后约 0.1 s 时测得的。电流应持续流过 1 s 或对于“设计 A”瓷外套避雷器直到压力释放发生。

8.7.6 的注 2 提出了关于避雷器压力释放后的处置。

8.7.6 试验结果评估

如果满足下列 3 种判据可视为试验通过：

a) 无强烈的粉碎性爆炸

b) 试品的部件应不允许在围栏外找到，除非：

- 瓷材料碎片每片小于 60 g，如金属氧化物电阻片或瓷套碎片；
- 压力释放盖板和防爆膜；
- 复合材料的柔软部件。

c) 避雷器应在试验后 2 min 内自动熄灭明火。任何喷出的部件(围栏内或外)必须在 2 min 内自动熄灭明火。

注 1：满足判据 b 和判据 c 的试品结构失效是允许的。

注 2：如果避雷器在试验结束时没有明显的压力释放应小心，因为试验后外套可能还有压力。该注适用于所有的电流水平，但特别适用于短路试验的低电流试验。

注 3：对于喷出部件自熄灭明火的更短持续时间可由供需双方协商同意。

注 4：对于避雷器故障后仍然要求机械完整及具有一定强度的情况，试验程序和评估可由供需双方共同协商确定(例如，可能要求试验后的避雷器应能利用顶部将它举起并移动)。

表 11　试验要求

	试品要求数量	短路电流开始	第一个电流峰值与表 12 要求的短路电流有效值的比率					
			试验电压：U_r 的 77%至 107%			试验电压：<U_r 的 77%		
			额定短路电流	降低的短路电流	小短路电流	额定短路电流	降低的短路电流	小短路电流
"设计 A"瓷外套避雷器	4	熔丝沿金属氧化物电阻片表面；在气体通道内或者尽可能接近	预期电流：≥2.5 实际电流：不要求	预期电流：≥$\sqrt{2}$ 实际电流：不要求	实际电流：≥$\sqrt{2}$	实际电流：≥2.5	实际电流：≥$\sqrt{2}$	实际电流：≥$\sqrt{2}$
"设计 A"复合外套避雷器	4 或 5	熔丝沿金属氧化物电阻片表面；在气体通道内或者尽可能接近	预期电流：≥2.5 实际电流：不要求	预期电流：≥$\sqrt{2}$ 实际电流：不要求	实际电流：≥$\sqrt{2}$	实际电流：≥2.5 或： 实际电流：≥$\sqrt{2}$ 在最长的单元和 实际电流：≥2.5 在 U_r≥150 kV 的单元	实际电流：≥$\sqrt{2}$	实际电流：≥$\sqrt{2}$
"设计 B"瓷外套避雷器	4	熔丝沿金属氧化物电阻片表面；尽可能远离气体通道	预期电流：≥$\sqrt{2}$ 实际电流：不要求	预期电流：≥$\sqrt{2}$ 实际电流：不要求	实际电流：≥$\sqrt{2}$	实际电流：≥$\sqrt{2}$	实际电流：≥$\sqrt{2}$	实际电流：≥$\sqrt{2}$
"设计 B"复合外套避雷器	4	通过恒压或恒流源进行预故障	预期电流：≥$\sqrt{2}$ 实际电流：不要求	预期电流：≥$\sqrt{2}$ 实际电流：不要求	实际电流：≥$\sqrt{2}$	实际电流：≥$\sqrt{2}$	实际电流：≥$\sqrt{2}$	实际电流：≥$\sqrt{2}$

表 12　短路试验要求的电流值

单位为安培

避雷器等级＝标称放电电流	额定短路电流 I_s	降低的短路电流±10%		持续时间为 1 s[a] 的小短路电流
20 000 或 10 000	80 000	50 000	25 000	600±200
20 000 或 10 000	63 000	25 000	12 000	600±200
20 000 或 10 000	50 000	25 000	12 000	600±200
20 000 或 10 000	40 000	25 000	12 000	600±200
20 000 或 10 000	31 500	12 000	6 000	600±200
20 000、10 000 或 5 000	20 000	12 000	6 000	600±200
10 000 或 5 000	16 000	6 000	3 000	600±200
10 000、5 000、2 500 或 1 500	10 000	6 000	3 000	600±200
10 000、5 000、2 500 或 1 500	5 000	3 000	1 500	600±200

注 1：对于同种类型避雷器，如果按表 12 已经证明一种额定电流是合格，要证明较高的额定电流是合格的，只需在新的额定值进行试验。任何外推只能将额定短路电流上升两级。

注 2：如果一种新型的避雷器要求证明高于本表所列的额定电流值是合格的，应该在其建议的额定电流、50%额定电流和 25%额定电流下进行试验。

注 3：对于同种类型避雷器，如果按表 12 已经证明一种额定电流是合格，则可认为它已通过了任何低于此额定电流的其他额定电流试验。

[a] 对于将安装于谐振接地或中性点不接地系统的避雷器，经由供需双方达成协议后，可将试验持续时间增加超过 1 s，直至 30 min，这时小短路电流应当降低至 50 A±20 A。对于这类特殊的试验，其试验样品及验收的判据应通过供需双方协商确定。

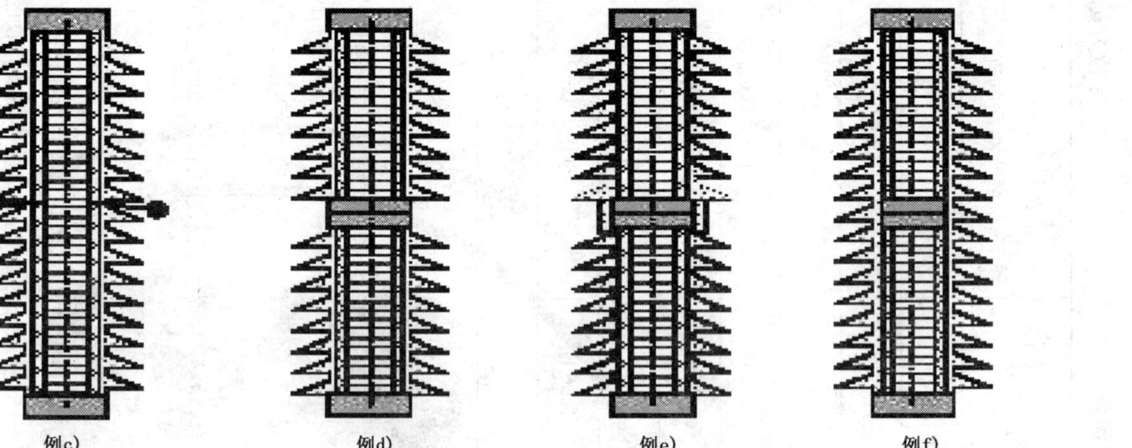

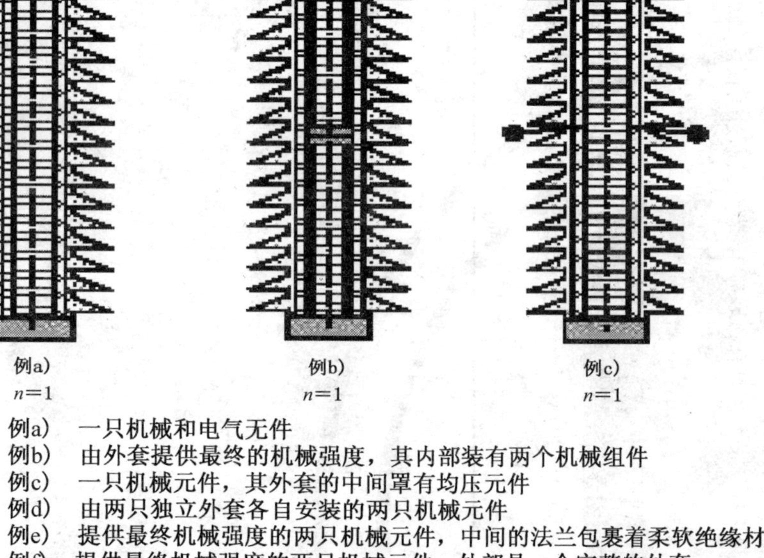

例a) $n=1$　　例b) $n=1$　　例c) $n=1$　　例d) $n=2$　　例e) $n=2$　　例f) $n=2$

例a)　一只机械和电气元件
例b)　由外套提供最终的机械强度，其内部装有两个机械组件
例c)　一只机械元件，其外套的中间罩有均压元件
例d)　由两只独立外套各自安装的两只机械元件
例e)　提供最终机械强度的两只机械元件，中间的法兰包裹着柔软绝缘材料
例f)　提供最终机械强度的两只机械元件，外部是一个完整的外套
n……元件数

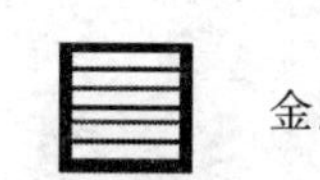

金属氧化物元件

金属部件

装配的机械结构

外套的最终承担机械的部件

外套的外部柔软部件

图 4　避雷器单元图例

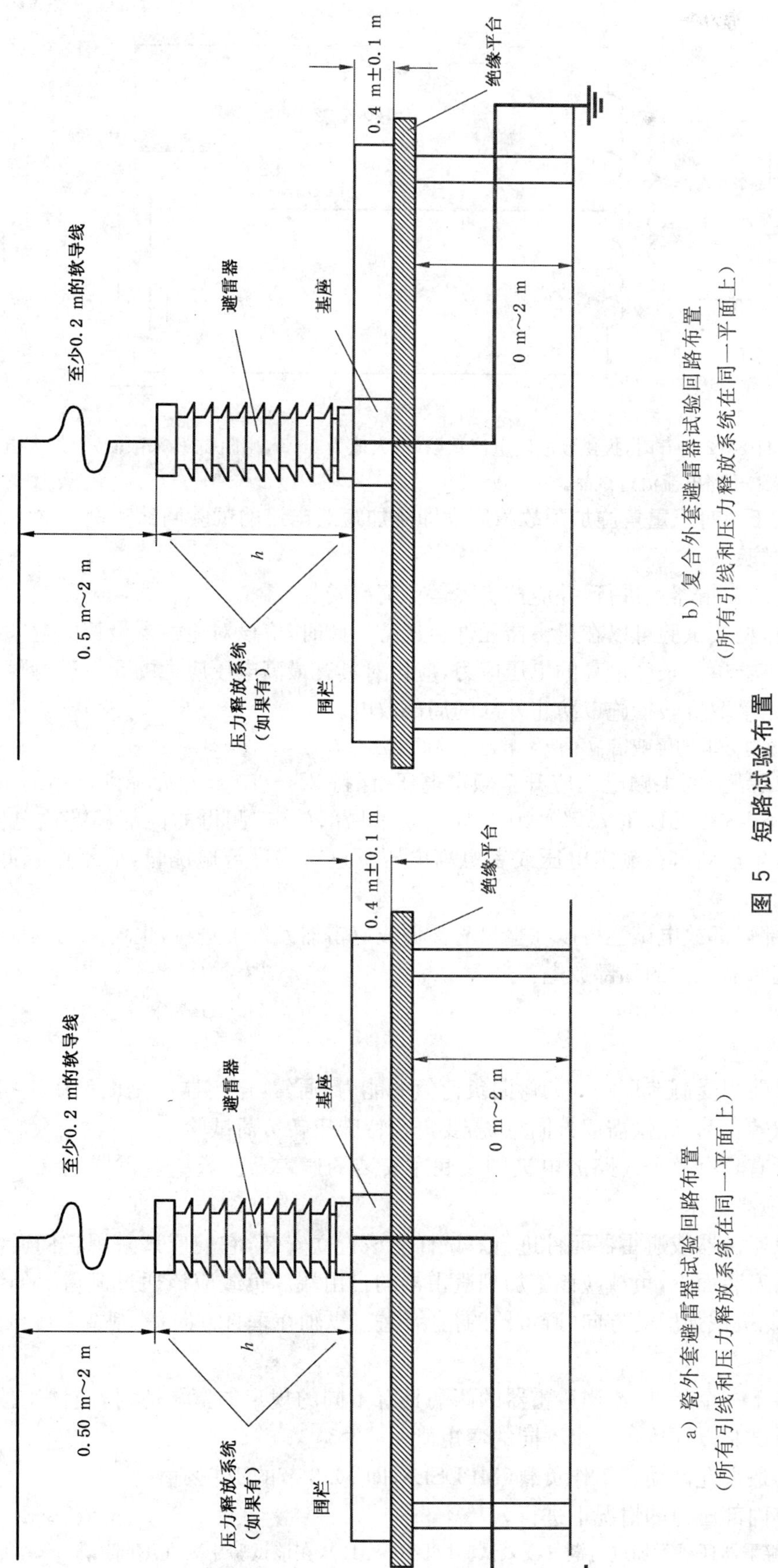

a）瓷外套避雷器试验回路布置
（所有引线和压力释放系统在同一平面上）

b）复合外套避雷器试验回路布置
（所有引线和压力释放系统在同一平面上）

图 5　短路试验布置

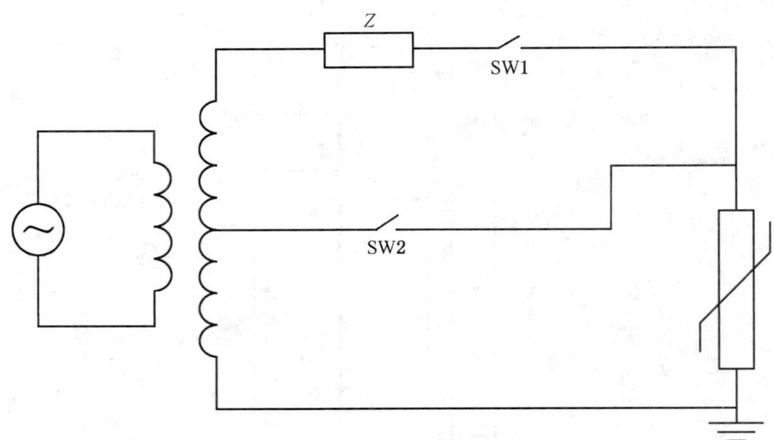

注：当 SW1 闭合并且 SW2 打开时，提供预故障电流水平(最大值为 30 A，由阻抗 Z 来限制)。最大电流值持续 2 s 后，SW2 闭合导致短路电流流过试品。

图 6　对于重复施加预故障后立即施加短路电流的试验回路实例

8.8　内部局部放电试验

型式试验应在整只避雷器上进行，并应按实际运行情况安装。

经供需双方同意，型式试验可以在避雷器元件上进行。此时，应该对避雷器最长的电气元件进行试验，如果其不代表避雷器单位长度最高的电压应力，应该对具有最高电压应力的元件进行附加试验。

试验时，试品可以采取屏蔽措施以防止外部的局部放电。

注：防止外部局部放电采取的屏蔽措施不应影响避雷器的电压分布。

试验时，施加在试品上的工频电压应升至额定电压，保持 2 s～10 s，然后降到试品的 1.05 倍持续运行电压，在该电压下，按照 GB/T 7354—2003 规定测量局部放电，测得的内部局部放电值不应超过 10 pC。例行试验时，生产商可在额定电压或者更高电压下进行局部放电测量，而不用减低试验电压，以提高试验效率。

例行试验时，内部局部放电试验可以在整只避雷器或避雷器元件上进行，也可采用其他灵敏的方法检验每只避雷器或避雷器元件的局部放电。

8.9　弯曲负荷试验

8.9.1　总则

本试验验证避雷器耐受制造厂宣称的弯曲负荷值的能力，通常，避雷器不是设计用于扭转负荷的，如果避雷器要受到扭转负荷，经供需双方同意，需要进行特殊扭转负荷试验。

本试验适用于所有具有一个线路放电级别及底座安装的避雷器。这些避雷器包含一个或几个元件，它们将用到系统最高电压。

试验应该对整只避雷器或避雷器元件进行。试样应该直立安装，它们应该采用它们通常的安装方法安装在试验设备的安装面上，负载应该施加到避雷器的自由端。负载应该通过避雷器的纵轴并且垂直于它，且在具有最低机械强度的方向(避雷器的初始位置，纵轴在垂直方向)。制造厂应该给出有关最低机械强度的资料。

当避雷器含有多于一个元件，或当避雷器的两端具有不同的规定的弯矩值时，应该用按照 M.1 节确定的负荷值来进行试验以评价每一个不同的弯矩值。

试验负荷应该为最大允许动态工作负载(MPDSL)，即 M.3 节的 100%值。

试验应该在没有内部压力的情况下进行。

注：复合绝缘外套避雷器还要附加进行潮气浸入试验(见 10.8.13)，在该试验中要在不同温度下，在不同方向施加最大持续抗弯负荷。

试验时，将避雷器按实际运行情况安装，对其顶端施加与避雷器轴线垂直的负荷。避雷器应能承受住顶端最大允许水平拉力与风压力折算到顶端的集中作用力之和的 2.5 倍的负荷而不破坏。具体试验方法应符合 GB/T 775.3—2006 的规定。

如果避雷器是由若干元件组成，此试验允许在元件上进行，但必须与整只避雷器等价。

8.9.2 样品准备

试品应包含所有内部部件。

试验前，每只试品都要进行密封泄漏检测和内部局部放试验。

8.9.3 试验步骤

在 30 s～90 s 之内，把弯曲负荷慢慢增加到试验负荷。到达试验负荷后，应保持 60 s～90 s。此时测量偏移。然后平稳释放负荷并记录残余偏移。

注：应注意，因为施加拉力时避雷器的外套可能会破碎。

8.9.4 试验评价

如果满足下列条件，就认为该避雷器是合格的：

——无可见的机械损伤；

——拉力-偏移曲线是连续光滑的；

——去掉弯曲负载后外套的残余偏移保持在施加弯曲负载前外套总高的±5%之内。

注：±5%这个值仅做参考，仍处于研究之中。

——试验后密封泄漏检测合格；

——试验后内部局部放电水平不超过规定值。

8.10 环境试验

8.10.1 概述

环境试验通过加速试验程序验证避雷器的密封机械性能和避雷器的外露金属件没有受环境条件的损伤。

只是尺寸不同、而结构设计和材料都相同的避雷器被认为是同类避雷器。

对于内部有封闭的气体和独立密封系统的避雷器来说，内部部件可以省略。

如下规定的试验(见 8.10.3)应依次在一只避雷器上进行。

首先应进行温度循环试验。

8.10.2 样品准备

试验前，试品要进行密封泄漏检测。

8.10.3 试验程序

8.10.3.1 温度循环试验

按照 GB/T 2423.22—2002 进行试验。

高温至少为+40 ℃，但不超过+70 ℃。低温至少为高温周期内实际施加的温度以下 85 K，但是低温的最低温度不能低于−50 ℃。

——温度变化梯度：1 K/min；

——每个温度等级持续时间：3 h；

——循环次数：10 次。

8.10.3.2 二氧化硫试验

该试验按照 IEC 60068-2-42:2003 中的第 4 章和第 6 章进行：

——二氧化硫浓度：25×10^{-6}($\pm5\times10^{-6}$)(体积/体积)；

——试验持续时间：21 天(20 个循环，每次 24 h)。

8.10.3.3 盐雾试验

该试验按照 GB/T 2423.17—1993 中的第 4 章和 7.6 进行：

——盐溶液浓度：重量的 5%±1%(重量)；

——试验持续时间:96 h。

8.10.4 试验评价

试验前的测量要重复进行。如果测量结果符合下列条件,就认为该避雷器是合格的:

——无明显的机械损坏;

——试验后的密封泄漏检测合格。

8.11 密封泄漏试验

8.11.1 总则

该试验验证避雷器整个系统的气密性/水密性。

该试验要在一个完整的避雷器元件上进行。内部元件可以省略。如果避雷器包含有在密封系统方面有差异的元件,将要对每个代表不同的密封系统的元件进行该试验。

8.11.2 试品准备

试品是新的和清洁的。

8.11.3 试验程序

生产商可以采用任何灵敏方法测量避雷器整个密封系统的密封泄漏率。试验时建议采用氦质谱检漏仪检漏法(漏气率要求小于 6.65×10^{-5} Pa·L/s)、抽气浸泡法、热水浸泡法进行试验,具体试验方法可按 JB/T 7618—1994 进行。

8.11.4 试验评估

最大密封泄漏率(见附录 M.4)应低于:6.65×10^{-5} Pa·L/s

注:该型式试验提供了有关密封系统有效性的信息,因此非常灵敏。对于验证避雷器是否正确组装的例行试验来说,可采用较高的密封泄漏率值,以减少生产期间的试验工作。

8.12 无线电干扰电压(RIV)试验

本试验适用于额定电压 84 kV 以上的户外避雷器。

型式试验应在整只避雷器上进行,并应按实际运行情况安装。对于同一类型避雷器,该试验应在最长的具有最高额定电压的避雷器上进行。

注 1:由于沿整只避雷器的电位分布是非线性的,所以只对避雷器元件、部件或单元进行试验是不够的。

注 2:对本项试验来说,同一类型的避雷器指具有相同的均压环配置。

准备进行试验的避雷器应是完全组装好的,包括制造厂要按标准设备供应的配件(导线和接地端子,均压环等)。

试验电压施加在端子和接地底座之间。

避雷器的接地部分应接地,小心避免避雷器、试验回路和测量回路附近接地体或未接地体对测量的影响。

试验接线和其端子不应成为产生比下面指示值高的无线电干扰电压源。

测量电路应符合国际无线电干扰特别委员会(CISPR 16-1:1999)的规定。测量电路应优先调到 0.5 MHz 的 10%以内,但 0.5 MHz~2 MHz 范围内的其他频率也可使用,应该记录测量频率。结果以微伏表示。

如果使用与 CISPR 出版物规定的不同的测量阻抗,应不大于 600 Ω。在任何情况下,相位角不应超过 20°。假设所测电压与阻抗成正比例,就可计算出相对于 300 Ω 时的等值无线电干扰电压。

滤波器 F 应有高的阻抗,至少从被试避雷器看去,高压导体和地面之间的阻抗不会明显地分路。该滤波器还减少了试验电路中的无线电频率回路电流,该电流是由高压变压器或由外部电源产生的。已经找到在测量频率下,合适的阻抗值为 10 000 Ω~20 000 Ω。

要使用一些方法以确保背景无线电干扰水平(由外部电场以及当以全部试验电压激磁时由高压变压器所引起的无线电干扰水平),最好低于要被试避雷器的规定的无线电干扰水平 10 dB,至少低 6 dB。测试仪器的校正方法在 CISPR 18-2:1986 中给出。

因为无线电干扰水平可能会受沉降在绝缘子上纤维或灰尘的影响，所以测试前允许用干净的布擦拭绝缘子。测试过程中要记录大气状况。我们不知道应用于无线电干扰试验中的校正系数是多少，但我们知道试验可能对较高的相对湿度敏感，如果相对湿度超出80%，那么试验结果就要受到质疑。

试验时，施加在避雷器上的工频电压应升至它的额定电压，然后在小于10 s时间内降低至1.05倍持续运行电压。在该电压下，无线电干扰电压应不大于2 500 μV。

经供需双方同意，也可按下列要求进行试验，试验步骤如下：

将试验电压增加到1.15U_c，然后降到1.05U_c，保持5 min，U_c为避雷器的持续运行电压。然后将电压按电压级差降到0.5U_c，再按电压级差升高到1.05U_c，维持5 min，最后再按电压级差降到0.5U_c。每一步都要进行无线电干扰测量，最后电压下降过程中所记录的无线电干扰水平，要画出无线电干扰水平—施加电压的曲线，如此得到的曲线就是避雷器的无线电干扰特性曲线。每一电压级差的幅值约为0.1 U_c。

如果在1.05U_c，及所有较低电压级差中的无线电干扰电压水平均不超过2 500 μV，那么避雷器就算通过了该试验。

如果相同的避雷器已通过了局部放电试验，就可以免做RIV试验。此时，避雷器应在没有带屏蔽装置(用于避雷器的连接、均压或其他部件)情况下，测量其内部和外部局部放电，且通过了试验。

8.13 人工污秽试验

见附录F。

经供需双方同意，可按附录O进行。

8.14 持续电流试验

型式试验应在整只避雷器上进行，对试品施加持续运行电压，测量通过试品的全电流和阻性电流。

如果在避雷器的元件上进行时，所施加的持续运行电压按整只避雷器的额定电压与元件额定电压的比例计算。

试验环境温度为20 ℃±15 K。

注：例行试验可在整只避雷器或避雷器元件上进行。

8.15 工频参考电压试验

对避雷器(或避雷器元件)施加工频电压，当通过试品的阻性电流等于工频参考电流时，测出试品上的工频电压峰值。参考电压等于该工频电压峰值除以$\sqrt{2}$，如参考电压与极性有关时，取低值。试验环境温度为20 ℃±15 K。

注：可近似认为，试验电压峰值处对应的全电流瞬时值为阻性电流分量的峰值。

8.16 直流参考电压试验

对避雷器(或避雷器元件)施加一直流电压，当通过试品的电流等于直流参考电流时，测出试品上的直流电压值。如参考电压与极性有关时，取低值。

直流电压脉动部分应不超过±1.5%。

试验环境温度为20 ℃±15 K。

8.17 0.75倍直流参考电压下漏电流试验

对避雷器施加0.75倍直流参考电压，测量通过避雷器的漏电流，如漏电流与极性有关，取高值。

8.18 多柱避雷器电流分布试验

本试验应对所有并联的电阻片组进行，一个并联电阻片组指的是各柱间没有中间电连接的装配的一部分。制造厂应规定一个适当的冲击电流值，其值为标称放电电流的0.01倍～1.0倍，在该电流下测量通过每柱的电流。

电流的最大值应不高于制造厂规定的电流值上限。冲击电流视在波前时间不小于7 μs，半峰值时间不作规定。

注：如果在设计中所用并联电阻片组的额定电压比试验设备能提供的电压高时，在本试验中可在并联柱的中间部

分增加电气连接线以降低并联电阻片组的额定电压,这样可确定几个人为的并联电阻片组。每一个人为的并联电阻片组应通过电流分布试验。

例行试验时,测量每柱的平均参考电流值下参考电压值(直流或交流)和平均标称放电电流下的残压值。各柱平均参考电流值下的参考电压的偏差不得大于参考电压规定值的±1%,平均标称放电电流下的残压的偏差由制造厂规定。

8.19 大电流冲击耐受试验

试验时,应从同批被试电阻片中抽取工频参考电压(或直流参考电压)最高者5片,进行此项试验。试品应耐受两次冲击,不应有击穿、闪络等损坏。两次之间间隔时间应能使电阻片冷却到环境温度。

试验电流值应按表10规定,波形为4/10。波形调整范围如下:

a) 电流峰值为规定值的90%~110%;

b) 视在波前时间为3.5 μs~4.5 μs;

c) 视在半峰值时间为9 μs~11 μs;

d) 任何反极性电流波的振荡峰值应小于电流峰值的20%;

e) 允许冲击波上有小振荡,但其峰值应小于峰值的5%。为了测量,可以用一条平均曲线确定峰值。

9 例行试验、验收试验、定期试验和抽样试验

9.1 例行试验

出厂的每只避雷器(或电阻片)应按表13的规定进行试验。如果避雷器(或电阻片)不满足表13中所规定的任何一项要求时,则此避雷器(或电阻片)认为不合格。

表13 避雷器例行试验项目

序号	试验名称	试验依据	试验方法	试 品
1	持续电流试验	6.18	8.14	避雷器或元件
2	标称放电电流残压试验	6.3	8.3	避雷器或元件
3	工频参考电压试验	6.2.1	8.15	避雷器或元件
4	直流参考电压试验	6.2.2	8.16	避雷器或元件
5	0.75倍直流参考电压下漏电流试验	6.19	8.17	避雷器或元件
6	密封性能试验	6.5	8.11	避雷器或元件
7	局部放电试验	6.4	8.8	避雷器或元件
8	多柱避雷器电流分布试验	6.6	8.18	每组并联的电阻片柱
注:额定电压42 kV以下避雷器,序号1、3、7项试验可不作。				

9.2 验收试验

9.2.1 标准验收试验

当订货者在订货协议中规定有验收试验时,则应抽取最接近供货避雷器数量立方根又小于立方根的整数进行下列试验:

a) 外观检查:检查外观、名牌及其附件有无缺少或损坏;

b) 按6.18的规定,在持续运行电压下,测量通过避雷器(或元件)的全电流和阻性电流;

c) 按6.2.1和6.2.2的规定,对整只避雷器施加工频电压或直流电压,测量避雷器的工频参考电压或直流参考电压及0.75倍直流1 mA参考电压下漏电流;

d) 按照本标准8.3进行避雷器的残压试验;

e) 按8.8进行避雷器的局部放电试验;

f) 按8.11进行密封试验。

9.2.2 特殊热稳定试验

下述试验，需经供需双方另行协商，且在避雷器装配前进行，见6.7。

本试验应在选自日常生产中的与被试避雷器用电阻片尺寸和特性相同的电阻片组成的3只不同的比例单元试品上进行。试验由相应类型避雷器动作负载试验的一部分构成，如图7、图8和附录C中图C.2所示。

在施加工频电压期间，应监测电阻片温度或电流阻性分量或功率损耗，以证明热稳定性。如果3只试品全部达到热稳定(见8.5.6)，则认为避雷器通过了试验。如果1只试品未达到热稳定，进一步的试验程序需经供需双方协商。

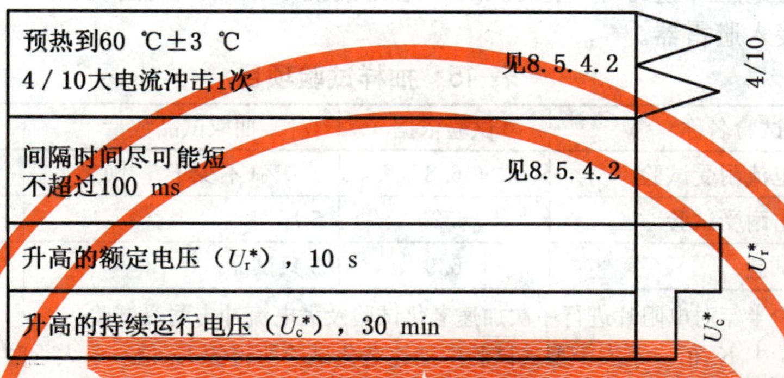

图7 无线路放电等级要求的10 000 A、5 000 A、2 500 A、1 500 A避雷器的热稳定试验

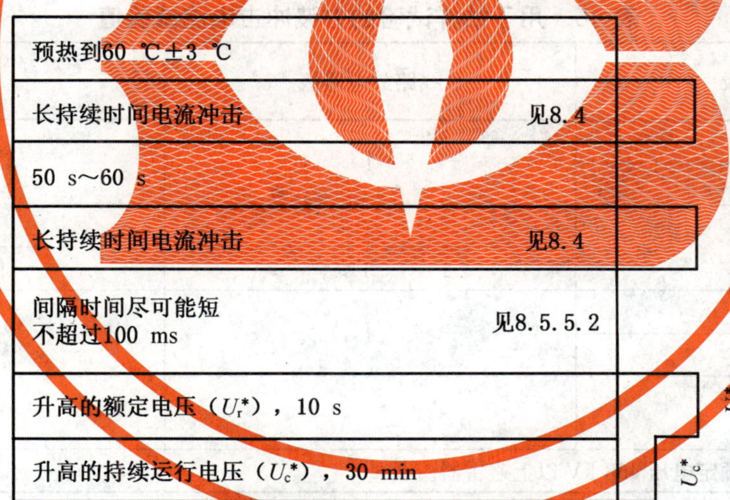

图8 有线路放电等级要求的20 000 A、10 000 A、5 000 A避雷器和保护电容器组避雷器的热稳定试验

9.3 定期试验

为了控制产品质量，对于生产的产品必须3年作1次定期试验，长期停产后恢复生产时应作定期试验。定期试验是从正常生产的产品中抽取，按表14进行。试验方法均按相应的型式试验方法进行。

表14 定期试验项目

序号	试验项目名称	试验依据	试验方法	试验数量
1	残压试验	6.3	8.3	3只避雷器或比例单元
2	长持续冲击电流冲击耐受 a) 线路放电试验 b) 方波冲击电流耐受试验	 6.8 6.8	 8.4 8.4	 3只比例单元 3只避雷器或比例单元

表 14（续）

<table>
<tr><th>序号</th><th>试验项目名称</th><th>试验依据</th><th>试验方法</th><th>试验数量</th></tr>
<tr><td>3</td><td>动作负载试验
a）加速老化试验
b）大电流冲击动作负载试验
c）操作冲击动作负载试验</td><td>
6.9
6.9</td><td>
8.5
8.5</td><td>3 只避雷器或比例单元
3 只避雷器或比例单元
3 只比例单元</td></tr>
<tr><td>4</td><td>工频电压耐受时间特性试验</td><td>6.10</td><td>附录 D</td><td>比例单元</td></tr>
</table>

9.4 抽样试验

抽样试验主要对电阻片进行，应按批次以一定比例抽取试品。试验项目及试品数量见表 15。抽样试验用的试品不得装入避雷器。

表 15 抽样试验项目

序号	试验名称	试验依据	抽取试品数量	试验方法
1	方波冲击电流耐受试验	6.8	1.0%(不少于 5 片)	8.4
2	大电流冲击耐受试验	6.20	5 片	8.19
3	加速老化试验	6.9	3 只试品	8.5

注 1：制造厂应至少半年对电阻片进行一次加速老化试验及大电流冲击耐受试验。

注 2：加速老化试验中 K_{ct} 值应不大于型式试验中加速老化试验所得的 K_{ct} 值。若大于时，应重做动作负载试验。

注 3：多柱避雷器做方波冲击耐受试验时，其每片电阻片的方波电流值应考虑电流分布不均匀程度。

9.4.1 用于抽样试验中的方波电流冲击耐受试验

20 kA、10 kA 和 5 kA（额定电压 90 kV 及以上电站用）等级避雷器方波电流冲击试验要求见表 16。

表 16 用于抽样试验的方波冲击电流试验值

<table>
<tr><th>避雷器等级</th><th>线路放电等级</th><th>等效方波冲击电流试验值
A</th></tr>
<tr><td>5 kA</td><td rowspan="2">1</td><td rowspan="2">400</td></tr>
<tr><td>10 kA</td></tr>
<tr><td rowspan="2">10 kA</td><td>2</td><td>600</td></tr>
<tr><td>3</td><td>1 000</td></tr>
<tr><td>10 kA</td><td rowspan="2">4</td><td rowspan="2">1 500</td></tr>
<tr><td>20 kA</td></tr>
<tr><td>20 kA</td><td>5</td><td>1 800
(2 500)</td></tr>
<tr><td colspan="3">注：2 500 A 用于额定电压 468 kV 以上避雷器。</td></tr>
</table>

9.4.2 用于抽样试验中的大电流冲击耐受试验

试验方法按 8.19 进行。

10 复合外套避雷器

10.1 范围

见第 1 章。

10.2 规范性引用文件

见第 2 章。

10.3 术语及定义

见第 3 章。

10.4 标志及分类

见第 4 章。

10.5 标准额定值和运行条件

见第5章。

10.6 技术要求

除下列要求外,其余适用于第6章:

避雷器外套的绝缘耐受试验——按10.8.2修改;

长时间冲击电流耐受试验——按10.8.4修改;

动作负载试验——按10.8.5修改。

附加要求为湿气浸入试验(10.8.13)和气候老化试验(见10.8.14)。

10.6.1 避雷器的机械性能

制造厂应该规定与安装和运行相关的最大允许端子负载,如弯曲、扭转及拉伸负荷。

10.6.1.1 避雷器的弯曲负荷

当避雷器非悬挂使用时,应进行弯曲负荷试验。

避雷器应能耐受制造厂宣称的弯曲负荷值。在$2.5(F_1+F_2/2)$下述机械负荷共同作用下耐受10 s而不损坏,并可靠运行。见6.14.1。

10.6.1.2 避雷器拉伸负荷

当避雷器悬挂使用时,应进行拉伸负荷试验。

避雷器应能耐受制造厂宣称的拉伸负荷值,避雷器的额定拉伸负荷至少为避雷器自重的15倍;其他要求供需双方协商。

型式试验时,避雷器应耐受额定拉伸负荷1 min试验而不损坏。试验后局部放电量不大于10 pC,直流参考电压变化不大于5%。

例行试验时,避雷器应能耐受50%的额定拉伸负荷10 s试验而不损坏。试验后考核项目为直流参考电压及局部放电量,应符合本标准规定值。

10.6.2 避雷器复合外套外观要求

复合外套表面单个缺陷面积(如缺胶,杂质,凸起等)不应超过25 mm^2,深度不大于1 mm,凸起表面与合缝应清理平整,凸起高度不得超过0.8 mm,粘接缝凸起高度不应超过1.2 mm,总缺陷面积不应超过复合外套总表面0.2%。

10.6.3 避雷器气候老化试验

该试验验证避雷器耐受规定气候条件的能力。户内使用的复合外套避雷器不进行该试验。

避雷器应耐受1 000 h气候老化试验。经供需双方协商,可进行5 000 h气候老化试验。

避雷器复合外套材料应按GB/T 6553—2003要求进行耐漏电起痕和耐电蚀损试验。

10.6.4 湿气浸入试验

该试验验证避雷器在承受规定机械应力之后抵御湿气浸入的能力。

热机试验时,避雷器应耐受冷热循环试验,试验时,施加的负荷为额定负荷的50%(低压避雷器试验时不施加负荷)。

浸水试验时,避雷器在沸腾的去离子水中煮42 h,水中NaCl的含量为1 kg/m^3。

10.7 试验要求

见第7章。

10.8 型式试验(设计试验)

10.8.1 总则

本条所规定的型式试验适用于复合外套避雷器。

新产品投产前进行型式试验。型式试验按表17规定进行,当设计或工艺有所变更对产品性能有影响时,必须对有关项目进行试验。

表 17　避雷器型式试验项目

序号	试验项目名称	试验依据	试验方法	试品数量	试验要求									
					20 kA	10 kA	5 kA					2.5 kA	1.5 kA	
					电站用线路用避雷器	电站用线路用电气化铁道用避雷器	线路用电站用避雷器	并联补偿电容器用避雷器	电气化铁道用避雷器	配电用避雷器	发电机用避雷器	电动机用避雷器	低压避雷器	中性点避雷器
1	复合外套外观检查	10.6.2	10.8.16	额定电压 192 kV 及以上避雷器 1 只，其余 3 只	要求	要求	要求	要求	要求	要求	要求	要求	要求	要求
2	爬电比距检查	6.21	10.8.17		要求	要求	要求	要求	要求	要求	要求	要求	要求	要求
3	工频参考电压试验	6.2.1	8.15		要求	要求	要求	要求	要求	要求	要求	要求	—	要求
4	直流参考电压试验	6.2.2	8.16		要求	要求	要求	要求	要求	要求	要求	要求	要求	要求
5	局部放电试验	6.4	8.8		要求	要求	要求	要求	要求	要求	要求	要求	—	要求
6	无线电干扰电压试验	6.15	8.12		要求	要求	要求	要求	要求	要求	要求	要求	—	要求
7	密封试验	6.5	10.8.11		要求	要求	要求	要求	要求	要求	要求	要求	要求	要求
8	0.75 倍直流参考电压下泄漏电流试验	6.19	8.17		要求	要求	要求	要求	要求	要求	要求	要求	要求	要求
9	持续电流试验	6.18	8.14		要求	要求	要求	要求	要求	要求	要求	要求	—	要求
10	残压试验 a) 陡波冲击残压试验 b) 雷电冲击残压试验 c) 操作冲击残压试验	6.3	8.3	3 只避雷器或比例单元	 要求 要求 要求	 要求 要求 要求	 要求 要求 要求	 — 要求 要求	 要求 要求 要求	 要求 要求 要求	 要求 要求 要求	 要求 要求 要求	 — 要求 —	 — 要求 要求
11	长持续时间电流冲击耐受试验 a) 线路放电试验 b) 方波冲击电流试验	6.8	10.8.4	3 只比例单元 3 只避雷器或比例单元	要求 —	要求 要求	要求 要求	— 要求	— 要求	— 要求	— 要求	— 要求	— 要求	— 要求

表 17（续）

序号	试验项目名称	试验依据	试验方法	试品数量	试验要求									
					20 kA	10 kA	5 kA					2.5 kA	1.5 kA	
					电站用线路用避雷器	电站用线路用电气化铁道用避雷器	线路用电站用避雷器	并联补偿电容器用避雷器	电气化铁道用避雷器	配电用避雷器	发电机用避雷器	电动机用避雷器	低压避雷器	中性点避雷器
12	动作负载试验 a) 加速老化试验 b) 大电流冲击动作负载试验 c) 操作冲击动作负载试验	6.9	10.8.5	3 只避雷器或比例单元 3 只避雷器或比例单元 3 只避雷器或比例单元	要求 — 要求	要求 要求 要求	要求 要求 要求	要求 — 要求	要求 要求 —	要求 要求 —	要求 要求 —	要求 要求 —	要求 要求 —	要求 要求 —
13	工频电压耐受时间特性试验	6.10	附录 D	每点 1 只比例单元	要求	要求	要求	要求	要求	要求	要求	要求	—	要求
14	复合外套绝缘耐受试验	6.1	10.8.2	额定电压 42 kV 及以上避雷器外套 1 只，42 kV 及以下外套 3 只	要求	要求	要求	要求	要求	要求	要求	要求	要求	要求
15	避雷器湿气浸入试验	10.6.4	10.8.13	1 只避雷器或机械元件	要求	要求	要求	要求	要求	要求	要求	要求	要求	要求
16	避雷器气候老化试验	10.6.3	10.8.14	2 只避雷器或电气元件	要求	要求	要求	要求	要求	要求	要求	要求	要求	要求
17	拉伸负荷试验	10.6.1.2	10.8.15	额定电压 42 kV 及以上避雷器 1 只，其余 3 只	悬挂式安装的避雷器要求（低压避雷器除外）									
18	抗弯负荷试验	10.6.1.1	10.8.9		座式安装的避雷器要求（低压避雷器除外）									
19	短路电流试验 a) 额定短路电流试验 b) 小短路电流试验	6.11	8.7	3 只避雷器（或元件） 1 只避雷器（或元件）	要求 要求	要求 要求	要求 要求	要求 要求	要求 要求	— —	要求 要求	— —	— —	要求 要求
20	多柱避雷器电流分布试验	6.6	8.18	1 只避雷器	由多柱电阻片组成的避雷器要求									
21	脱离器试验	6.12	8.6	按要求	当避雷器带有脱离器时要求									
22	雷电冲击放电能力试验	6.17	附录 N	3 只避雷器或比例单元	线路避雷器要求									
23	环境试验	6.14.2	10.8.10	1 只避雷器或比例单元	除低压避雷器外，其余避雷器要求									

注：序号 1～9 项试验为同一试品，其余各项均为新试品。

10.8.2 避雷器外套的绝缘耐受试验

除下列要求外，其余适用于8.2。

10.8.2.1 在单个电气元件外套上的试验

本条替代8.2.2。

经供需双方协商，可在避雷器单个电气元件外套上试验。

该试验在最长的电气元件外套上进行。如果它不代表每单位长度的最大比电压应力，就应在具有最高比电压应力的电气元件外套上进行附加试验。内部元件可按等价布置代替(如均压元件)，以便使沿避雷器轴向的电压呈线性分布。

如果设计时把外部绝缘体直接模压到电阻片或一些绝缘材料衬底上，这些试验也可以在直接模压到适当绝缘衬底的外套上进行。

10.8.3 残压试验

见8.3。

10.8.4 长持续时间冲击电流耐受试验

除下列要求外，其余适用于8.4。

10.8.4.1 总则

本条替代8.4.1。

试验前，应对每只试品测量标称放电电流下雷电冲击残压，用作评价。

每种长持续时间电流冲击耐受试验应按照7.2和8.1规定，对3只新的以前未经过任何试验(除上述规定的评价目的外)的整只避雷器、避雷器比例单元或电阻片上进行。试验期间电阻片可以暴露在敞开空气中，此静止空气的温度为20 ℃±15 K若被试避雷器额定电压不小于3 kV，则试品的额定电压应不小于3 kV，但不必超过6 kV。若避雷器的脱离器/故障指示器与避雷器设计成一体时，该试验必须按运行条件带脱离器/故障指示器进行(见8.6)。

每种长持续时间电流冲击试验由18次放电动作组成，共分为6组，每组3次，2次动作间隔时间为50 s～60 s，2组之间的间隔时间应使试品冷却到接近环境温度。

在长持续时间电流冲击试验后且试品冷却到接近环境温度时，要重复进行长持续时间电流冲击试验前的残压试验，并与试验前残压值比较，该值变化应不超过5%。

如果生产商宣称电阻片可以从试品中拿出来，则试验后对试品进行外观检查，证明电阻片无击穿、闪络、裂缝或其他明显的损坏。否则，外观检查只适用于外部元件。为了检测内部元件的完整性，则应在试品冷却至室温后进行附加的长持续时间冲击电流试验，以验证无损坏发生。如果试品已耐受该第19次长持续时间冲击电流试验且无损坏发生(由示波器记录检查)，则认为试品通过了该试验。

10.8.5 动作负载试验

除下列要求外，其余适用于8.5。

10.8.5.1 避雷器比例单元要求

本条替代8.5.3.2。

该条规定了避雷器比例单元的热模型，当要求热等价时，应当遵循如下要求。

a) 模型在电性能和热性能上应代表被模拟避雷器的工作元件的一部分。

b) 外套应满足下述要求：

1) 材料应与避雷器外套相同；

2) 内径应与避雷器内径相同，相差不超±5%；

3) 外套总重量应不大于被模拟避雷器的比例单元平均外套重量的10%；

4） 外套应足够长，以能容纳避雷器比例单元；

5） 内部排列要与整只避雷器的排列相同。这意味着该比例单元应能代表避雷器的一段；

6） 如果需要，可在外套的两端及周围添加绝缘材料以满足附录B的热要求。

c） 试品内用于电气连接的导线尺寸不得大于3 mm直径的铜线。

10.8.5.2 大电流冲击动作负载试验中的预备性试验

本条替代8.5.4.1。

预备性试验中，试品应经受20次8/20雷电冲击电流，其峰值等于避雷器标称放电电流。施加冲击电流时，对试品施加1.2倍试品持续运行电压的工频电压。施加的20次冲击分为4组，每组5次，两次冲击之间的间隔时间为50 s～60 s，两组之间的间隔时间为25 min～30 min。两组冲击之间，试品无需施加工频电压。冲击电流的极性与施加此冲击时的工频电压半波极性相同。并且冲击应在工频电压峰值前60°±15°内施加。

如果电阻片没有直接与固体材料接触，预备性试验可在敞开空气中进行。否则，预备性试验应在处于静止空气中（温度为20 ℃±15 K）的避雷器比例单元上进行。

所测冲击电流峰值应在规定峰值90%～110%范围之内。

预备性试验后，电阻片应储存起来以备动作负载试验用（见图1及图C.1）。

10.8.5.3 大电流冲击动作负载试验中的施加冲击

本条替代8.5.4.2。

在动作负载试验开始时，比例单元的温度应在20 ℃±15 K范围内。

比例单元应耐受表18规定的峰值和波形的大电流冲击2次，强雷电负载避雷器应耐受附录C中规定的峰值为40 kA波形30/80冲击3次。

表18 大电流冲击要求

避雷器的等级	电流峰值4/10 kA
20 000 A	100
10 000 A	100
5 000 A	65
2 500 A	25
1 500 A	10
注：根据运行条件电流峰值可以取其他值（较低或较高）。	

在两次冲击电流之间，比例单元应当在烘箱中预热，使得在施加第二次冲击电流时的温度为60 ℃±3 K。试验应该在环境温度为20 ℃±15 K下进行。

如果由于严重污秽或非正常运行条件认为必须用更高的温度时，经供需双方协商试验可使用更高的温度。

设备调整使得测得冲击电流的值在下列的极限范围内：

a） 规定的电流峰值的90%～110%；

b） 视在波前时间从3.5 μs～4.5 μs；

c） 视在波尾半峰值时间从9 μs～11 μs；

d） 任何反极性电流波的峰值应该小于电流峰值的20%；

e） 冲击电流上的小的振荡是允许的，只要它们在接近冲击电流峰值时的幅值小于电流峰值的

5%，在这种情况下，为了测量的目的，应该采用平均曲线来确定峰值。

预备性试验及随后的大电流冲击应该施加相同的极性。

附录H叙述了可供使用的典型试验回路。

在最后一次大电流冲击后，应尽可能快且在不超过100 ms内向试品施加10 s升高的额定电压(U_r^*)，然后再接着施加30 min升高的持续运行电压(U_c^*)(见8.5.2)，以验证热稳定或热击穿。

注：为了再现实际系统条件，应该是在试品施加电压U_r^*时，施加第二次大电流冲击，鉴于实际的试验回路的限制，100 ms是允许的。

每次冲击应记录电流波形。同一试品的电流波形不应出现显示试品击穿或闪络的差异。

在施加升高的持续运行电压(U_c^*)期间，应连续记录试品电流值。

在施加工频电压期间，应监测电阻片温度或电流阻性分量或功率损耗，以证明热稳定或热崩溃(见8.5.6)。

在完成整个试验程序且在试品冷却到接近环境温度后，重复试验程序开始时的残压试验。

如达到热稳定，试验前后测得的残压变化不大于5%，且试验后检查试品，电阻片无击穿、闪络或破碎痕迹，则认为避雷器通过了本试验。

预备性试验后，电阻片应存放起来，以备动作负载试验用。

如果生产商宣称电阻片可以从试品中拿出来，试验后应对电阻片进行外观检查，以验证试验没有造成电阻片的击穿、闪络、或开裂。否则，要进行如下的附加试验，以确认试验过程中无损坏发生。

——试验前，测量试品的标称放电电流(I_n)下的残压。

——试验后，再给试品施加两次冲击电流I_n。第一次冲击电流是在试品完全冷却至室温后施加。第二次冲击电流在第一次之后50 s到60 s之间施加。

——在施加两次冲击时，电压和电流的示波图应显示没有任何击穿。最初测量和最后一次冲击电流之间的残压变化应该不超过5%。

10.8.5.4 操作冲击动作负载试验中的预备性试验

本条替代8.5.5.1。

预备性试验中，试品应经受20次8/20雷电冲击电流，其峰值等于避雷器标称放电电流。施加冲击电流时，对试品施加1.2倍试品持续运行电压的工频电压。施加的20次冲击分为4组，每组5次，两次冲击之间的间隔时间为50 s～60 s，两组之间的间隔时间为25 min～30 min。两组冲击之间，试品无需施加工频电压。冲击电流的极性与施加此冲击时的工频电压半波极性相同。并且冲击应在工频电压峰值前60°±15°内施加。

如果电阻片没有直接与固体材料接触，预备性试验可在敞开空气中进行。否则，预备性试验应在处于静止空气中(温度为20 ℃±15 K)的避雷器比例单元上进行。

预备性试验的第二部分是施加两次表18规定的大电流冲击，见3.31。测出的冲击电流峰值应为规定峰值的90%～110%。

预备性试验后，电阻片应储存起来以备进行操作冲击动作负载试验时使用。

10.8.5.5 操作冲击动作负载试验中的施加冲击

本条替代8.5.5.2。

在操作冲击动作负载试验开始时，即在施加两次长持续时间电流冲击之前，比例单元的温度应为60 ℃±3 K，而环境温度应为20 ℃±15 K。

如果由于严重污秽或非正常运行条件认为必须用更高温度时，经供需双方协商，试验可使用更高的温度。

避雷器比例单元要耐受两次按表7中相应的线路放电等级所规定的长持续时间电流冲击。两次冲击的间隔时间应为50 s～60 s。长持续时间电流冲击的极性应与预备性试验中电流冲击的极性相同。

在第二次长持续时间电流冲击后，比例单元应与线路脱离，并应尽可能快而在不超过100 ms内与工频电源接通。然后再向试品施加10 s升高的额定电压(U_r^*)，然后再接着施加30 min升高的持续运行电压(U_c^*)，以证明热稳定或热崩溃。

注：为了再现实际系统条件，应该在试品施加电压U_r^*时，施加第2次持续时间电流冲击，鉴于实际的试验回路的限制，100 ms是允许的。

在第2次长持续时间电流冲击施加时应用示波器记录加在试品两端的电压和通过试品的电流。施加第2次操作时通过试品所耗散的能量应根据示波图中电压和电流来确定。且应把能量值记录在型式试验报告中。在施加工频电压期间应连续记录电压和电流。

在施加工频电压期间应监测电阻片的温度或电流阻性分量或功率损耗，以证明热稳定或热崩溃。

在完成整个试验程序且在试品冷却到接近环境温度后，重复试验程序开始时的残压试验。

如果达到热稳定(见8.5.6)，如果试验前后测出的残压变化不大于5%，另外，如果制造商宣称电阻片可从试品中拿出，且试验后的外观检查显示电阻片无击穿、闪络或开裂的痕迹，则认为避雷器通过了试验。否则，外观检查仅适用于外部另件，为了检查内部另件的完整性，则应在试品冷却到环境温度后，应施加一次附加的长持续时间冲击电流，以确认没有发生破坏。如果试品耐受了这第三次长持续时间冲击电流而无破坏(通过示波图检查)，则认为试品已通过了试验。

10.8.6 避雷器脱离器和故障指示器的试验

见8.6。

10.8.7 短路试验

见8.7。

10.8.8 内部局部放电试验

见8.8。

10.8.9 弯曲负荷试验

10.8.9.1 总则

该试验验证生产商宣称的避雷器耐受弯曲负载的能力。通常，避雷器的设计不是用于承受扭转负载。如果避雷器要承受扭转负载，经供需双方协商，可能要做一特别的试验。

该试验适用于所有底座安装式避雷器，这些避雷器可能包含一个或几个元件。该试验针对所有电压等级一直到最高系统电压等级用避雷器。

试验在整只避雷器或避雷器元件上进行。试品要直立安装。按正常安装方式将其固定在试验机的安装面上。负载施加于避雷器的自由端。负载的方向要穿过避雷器的纵轴并且与它垂直，且具有最低机械强度的方向(避雷器的初始位置：纵轴在垂直方向)。生产商应给出有关最低机械强度的信息。

对于包含一个以上元件的避雷器或两端具有不同规定弯矩的避雷器来说，要按照附录M.1确定的负载进行试验，以评价每个不同规定的弯矩。

对复合外套(树脂浇铸除外)避雷器来说，该试验负荷应是最大允许工作负荷(MPSL)，也就是附录M.3中的100%值。

试验应在无内部压力的情况下进行。

注：复合外套避雷器还要另外进行湿气浸入试验(见10.8.13)，在这种试验中应在不同方向、不同温度下施加最大持续抗弯负荷。

10.8.9.2 具有封闭气体和独立密封系统的复合外套避雷器

10.8.9.2.1 样品准备

试品包括内部元部件。

试验前,每只试品都要进行如下试验:

——10.8.13.1 中的电试验;

——按例行试验要求进行的密封检查。

10.8.9.2.2 试验程序

应在 30 s～90 s 时间内将弯曲负荷平稳增加到试验负荷值。到达试验负荷后,保持 60 s～90 s。在此期间测量偏移。然后平稳释放负荷,并记录残余偏移。

注:当施加应力时避雷器外套有可能会破碎和裂开,所以应特别小心。

10.8.9.2.3 试验评价

如果达到如下要求,该避雷器就视为是合格的。

——无可见的机械损坏;

——作用力-偏移曲线无突变;

——去掉弯曲负载后外套的残余偏移应为施加弯曲负载前外套高度的±5%以内。

注:±5%这个值仅做指导性参考,且仍处在考虑之中。恢复性取决于最弱的承载材料。如果使用应变仪,即使满足±5%,也可能会产生未影响到表面(应变仪即固紧在该表面)的裂缝(如内部层状裂缝)。

——按例行试验要求进行的密封检查合格。

然后试品进行浸水试验(见 10.8.13.3),如果能成功验证如下试验,则认为避雷器合格。

——10.8.13.4 中的电气试验。

10.8.9.3 无密封气体的复合外套避雷器

10.8.9.3.1 样品准备

试品包含内部部件。

试验前,每一试品应接受 10.8.13.1 规定的电气试验。

10.8.9.3.2 试验程序

应在 30 s～90 s 时间内将弯曲负荷平稳增加到试验负荷值。到达试验负荷后,保持 60 s～90 s。在此期间测量偏移。然后平稳释放负荷,并记录残余偏移。

注:当施加应力时避雷器外套有可能会破碎和裂开,所以应特别小心。

10.8.9.3.3 试验评价

如果达到如下要求,该避雷器就被视为是合格的:

——无可见的机械损坏;

——作用力-偏移曲线无突变;

——去掉弯曲负载后外套的残余偏移应为施加弯曲负载前外套高度的±5%以内。

注:±5%这个值仅做指导性参考,且仍处在考虑之中。恢复性取决于最弱的承载材料。如果使用应变仪,即使达到±5%,也可能会产生未影响到表面(应变仪即固紧在该表面)的裂缝(如内部层状裂缝)。

——按例行试验要求进行的密封检查合格。

然后试品进行浸水试验(见 10.8.13.3),如果能成功验证如下试验,则认为避雷器合格。

——10.8.13.4 中的电气试验。

10.8.10 环境试验

适用于 8.10,下列要求除外。

10.8.10.1 试品准备

本条替代 8.10.2。

试验前，试品要进行内部局部放电试验，如果避雷器含有密封气体，还要进行例行试验要求的密封检查。

10.8.10.2 温度循环试验

本条替代 8.10.3.1。

该试验不适用于复合外套避雷器。

10.8.10.3 试验评价

本条替换 8.10.3.4。

重复本试验前进行过的测量。如果结果如下则认为该避雷器合格：

——无可见机械损坏；

——内部局放水平不超过 10 pC；

——按照例行试验进行的密封检测合格(仅适用于具有封闭气体和独立密封系统的避雷器)。

10.8.11 密封试验

该试验验证整个系统的气/水密封性，适用于具有保持外套内密封和相关元件的复合外套避雷器。

注：在湿气浸入试验中测试复合外套避雷器的不同界面对浸入湿气的抵御能力。

该试验在完整避雷器元件上进行。如果避雷器包括有不同密封系统的元件，则该试验应在每个代表不同密封系统的元件上进行。

型式试验时，按 10.8.13.3 进行 42 浸水试验。试验完成后，重测直流参考电压，0.75 倍直流参考电压下的漏电流和局部放电量，试验前后直流参考电压变化小于 5%，漏电流变化小于 20 μA，局部放电量不大于 10 pC。

例行试验时，采用抽气浸泡法或其他有效的方法，具体试验方法可按 JB/T 7618—1994 进行。

10.8.12 无线电干扰电压(RIV)试验

见 8.12。

10.8.13 湿气浸入试验

一般而言，试品应该是最长的机械元件。如果最长机械元件的长度超过 800 mm，试验可以在较短的比例单元上进行，但长度不得少于三倍底部法兰处的外套外径(伞裙除外)或者 800 mm，择两者中之较长者。

注 1：对于非环形截面来说，应该定义其等值的直径。

注 2：底部法兰处外套外径三倍这个值正在研究之中。

同一避雷器试品须耐受 10.8.13.2 和 10.8.13.3 中描述的机械和气候应力试验。

10.8.13.1 初始测量

试验前，按如下顺序进行测量：

——在 80%～100%持续运行电压下和环境温度 20 ℃±15 K 条件下测量功率损耗或阻性电流；

——测量内部局部放电；

——残压试验；

——直流参考电压和 0.75 倍直流参考电压下的漏电流。

10.8.13.2 预处理

10.8.13.2.1 终端扭矩预处理

给试品施加生产商规定的避雷器端子扭矩持续 30 s。

10.8.13.2.2　热机预处理

然后，避雷器要在四个方向接受制造商规定的最大持续抗弯负荷及温度变化循环(如图 9 及图 10 所示)。当避雷器承受拉伸负荷时，应施加 50％额定拉伸负荷。

注：在特殊应用中，如果其他负荷占优势，应由相关负荷来替代。整个试验时间和温度循环应保持不变。

如果试品非柱面对称，负荷方向就应以能获取最大机械应力的方式选择。

如图 9 所示，温度变化循环包括两个 48 h 的冷热循环。冷热阶段的温度分别至少保持 16 h，试验应在空气中进行。

持续静态机械负荷对应于生产商所规定的最大持续弯矩。如图 10 所示，其方向每 24 h 变化一次。

试验可能会因维护而中断，但中断时间不超过 4 h，中断结束后应立即恢复试验，循环可认为有效。

测量到的相对於初始无负载情况下的任何永久变形都应记录下来。

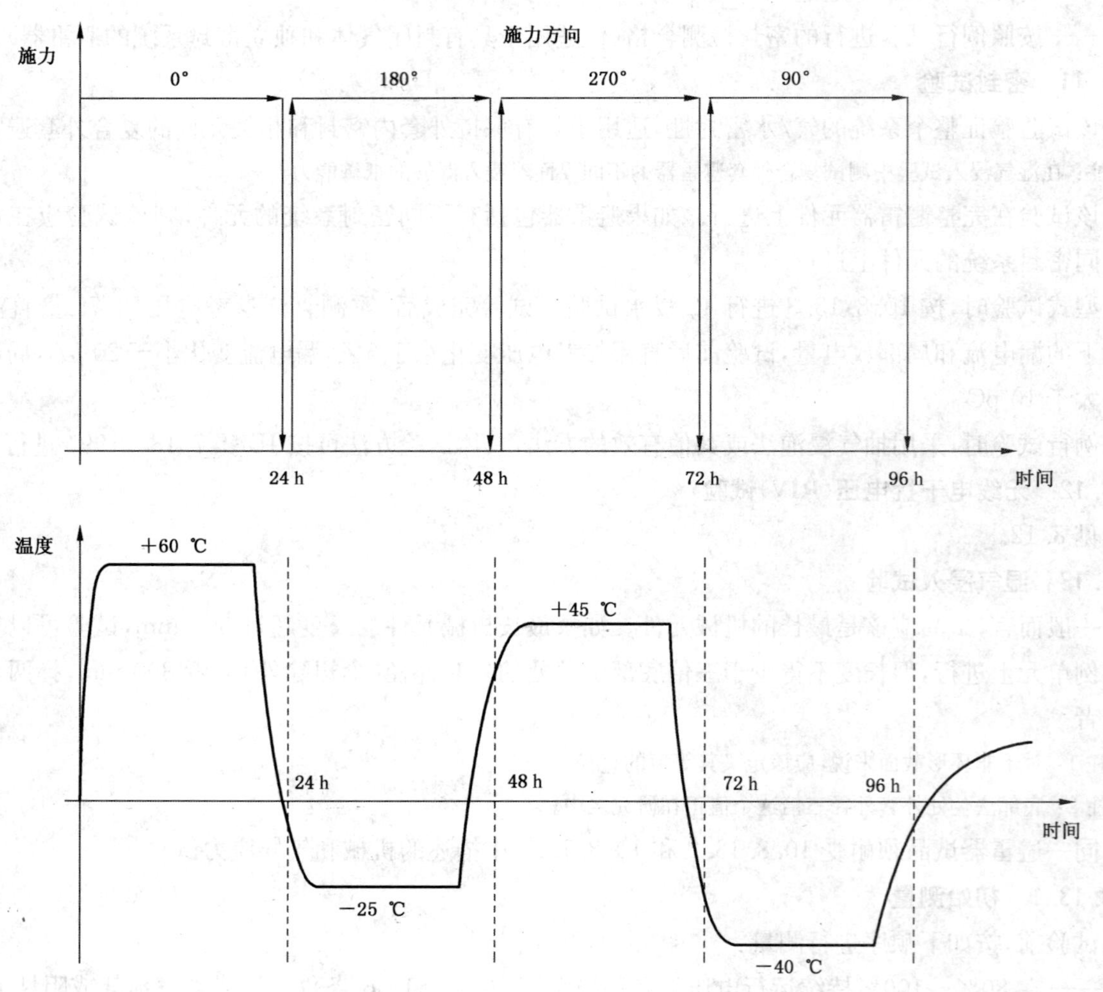

图 9　热机试验

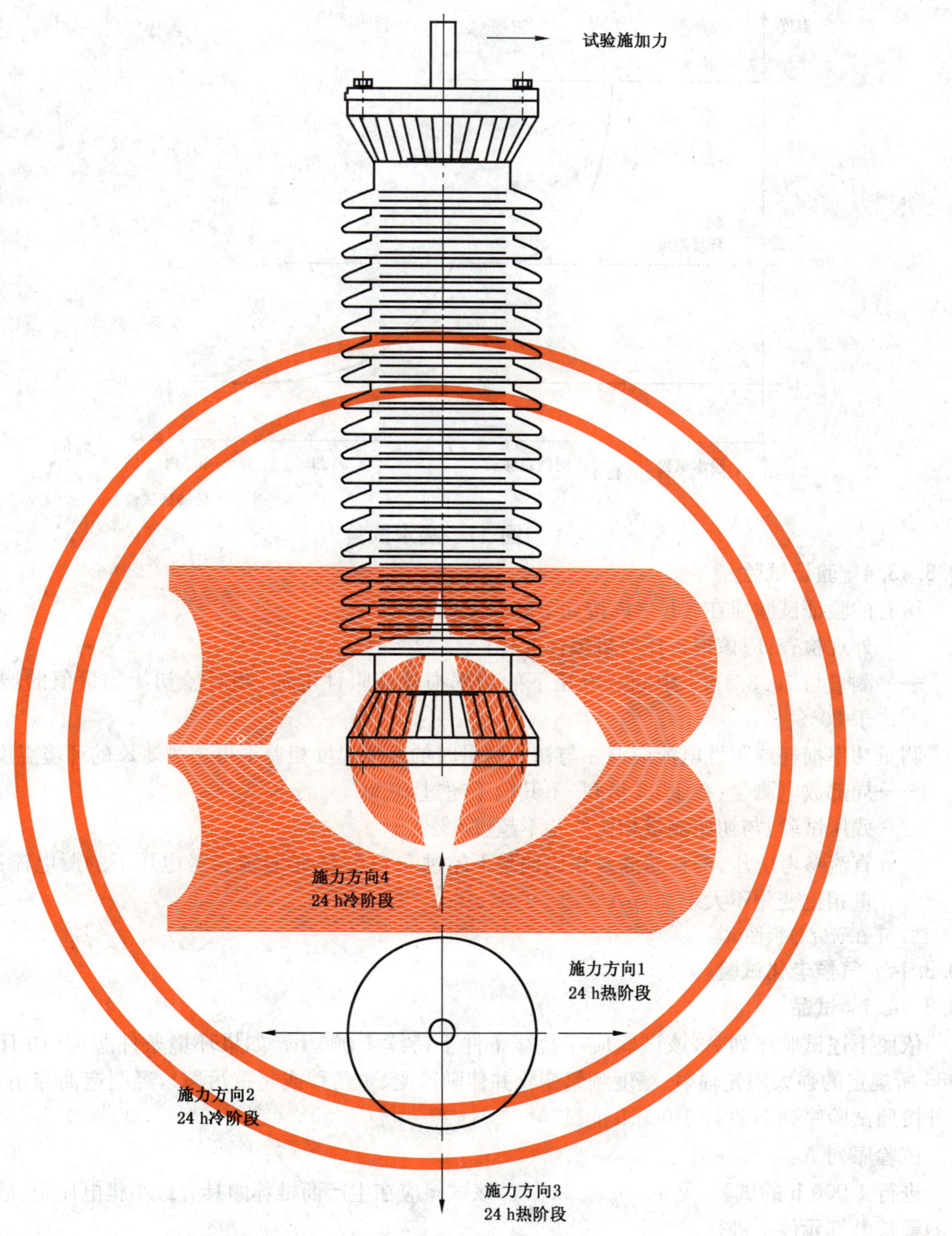

图 10 热机试验和抗弯负荷方向的安排举例

10.8.13.3 浸水试验

将避雷器浸没到盛满沸腾的去离子水的容器中 42 h，水中 NaCl 的含量为 1 kg/m³。

注 1：上述水的特性为试验开始时测量值。

注 2：如果供方声称其密封材料无法耐受沸水 42 h，经供需双方同意，水温（沸水）也可降到 80 ℃（最少持续 52 h）。经供需双方同意后，52 h 这个值也可扩大到 168 h（一周）。

沸腾结束后，避雷器应保持在容器中直到水冷却到约 50 ℃，并保持这个温度，直到按照如下顺序进行验证试验。验证试验要在已经冷却到室温的样品上进行。仅当须要延迟验证试验时，才有必要让水温保持在 50 ℃直到如图 11 所示的浸水试验结束。

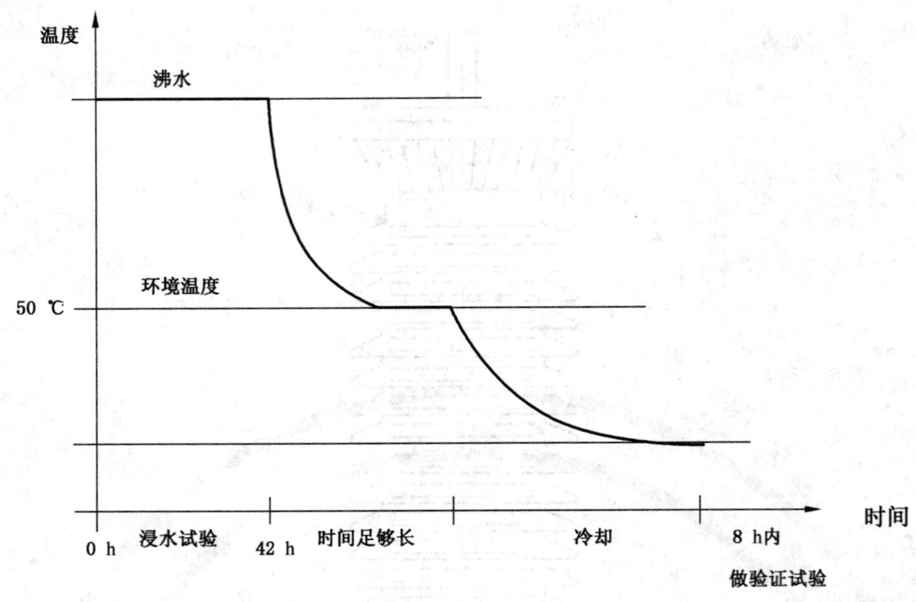

图 11 浸水试验

10.8.13.4 验证试验

所有的验证试验应在 8 h 之内按如下顺序完成：

——外观检查：应该报告任何机械性变化；

——测量与 10.8.13.1 中同一电压下的功率损耗或阻性电流：相对於初始测量值的增加值应小于 20%。

测量功率损耗或阻性电流应该在与初始测量时的环境温度相差不得超过 3 K 的环境温度下进行：

——局部放电测量：在 1.05 倍 U_c 下其值不超过 10 pC；

——残压试验：与初始测量相比偏差不超过 5%；

——直流参考电压：与初始测量相比偏差不超过 5%；0.75 倍直流参考电压下的漏电流：与初始测量相比变化不大于 20 μA。

注：正在研究替换性试验。

10.8.14 气候老化试验

10.8.14.1 试品

依照下述试验序列 A，该试验应在盐雾条件下持续 1 000 h。如果环境条件恶劣（如 IEC 60815：1986 所规定的强太阳光辐射、温度频繁变化并伴随冷凝、重污秽或超重污秽），经制造商与用户协商，可额外按照试验序列 B 进行 5 000 h 的试验。

试验序列 A：

进行 1 000 h 的试验（见 10.8.14.2.1）。该试验应在生产商推荐的具有最小爬电比距、最高额定电压的最长电气元件上进行。

试验序列 B：

经制造厂与用户双方同意后可进行 5 000 h（见 10.8.14.2.2）的试验。如果避雷器的 U_c 大于 14 kV，5 000 h 的试验可在与生产商推荐的具有最小爬电比距、最高额定电压的电气元件成任意比例的样品上进行，但样品的 U_c 不得低于 14 kV。如果避雷器的 U_c 等于或小于 14 kV，5 000 h 的试验应在整只避雷器上进行。

如果试验是在最小爬电比距及最高的额定电压的电气元件上进行的，经制造厂与用户协商后，试验序列 A 可以省略。

样品应能代表给定避雷器类型最严的结构设计。

注：针对不同类型避雷器相互比较的准则正在研究中。

10.8.14.2 试验程序

10.8.14.2.1 试验序列 A:1 000 h

试验是在盐雾条件下有时间限制的持续试验,对试品施加恒定的工频持续运行电压 U_c。试验在抗腐蚀的、对湿气密封的雾室内进行。雾室提供的气孔应不大于 80 cm^2,用来自然排出废气。涡轮喷雾器或具有恒定喷雾量的增湿器可作为水的雾化设备。

雾应充满整个密封室,但不能直接喷到试品上。用 NaCl 和去离子水制备的盐水供给喷雾器。工频试验电压由试验变压器产生。当高压端负载有 250 mA(r. m. s.)阻性电流时,试验回路的最大电压降应不大于 5%。

保护等级应设定为 1 A(r. m. s.)。试验开始前要用去离子水清洗试品。

试品要在垂直安装的情况下进行试验。为了避免电场畸变,雾室的墙和天花板与试品之间应有足够的间隙。这些数据可以在生产厂的安装说明书上获得。

——试验持续时间:1 000 h;

——水流速:0.4 $L/(h \cdot m^3)$±0.1 $L/(h \cdot m^3)$;

——水滴尺寸:5 μm~10 μm;

——温度:20 ℃±5 K;

——水中 NaCl 含量:1 kg/m^3~10 kg/m^3。

生产厂应说明水中盐含量的初始值。水的流速以试验室中每立方米小时流过多少升来定义。盐水再循环是不允许的。由于闪络引起的中断是允许的。如果发生一个以上的闪络,试验应中断。然而,在开始用自来水冲洗避雷器之前应继续施加盐雾。盐雾中断时间不得超过 15 min。然后,以较低盐含量的水重新恢复试验。如果再次发生一个以上的闪络,则重复该程序。中断时间不应计入试验持续时间之内。

应记录水中的 NaCl 含量、闪络次数以及中断持续时间。

注 1:在盐分范围内,较低盐含量可能会增加试验严格度。较高的盐含量增加闪络的可能性,这使得试验很难在较大直径的外套上进行。

注 2:应该注明过电流跳闸次数,并在计算试验持续时间上考虑到这一点。

10.8.14.2.2 试验序列 B:5 000 h

除持续运行电压外,该试验还包括周期性施加各种不同应力:

——模拟太阳能辐射;

——人工降雨;

——干热;

——湿热(接近饱和);

——室温下高湿度(应达到饱和);

——低浓度盐雾。

另外,温度变化可能引起一定程度的机械应力,特别是在绝缘子界面。而且还可能引起冷凝现象,这在一个循环周期内会重复几次。

工频试验电压由试验变压器产生。当高压端负载有 250 mA(r. m. s.)阻性电流时,试验回路的最大电压降应不大于 5%。

保护等级应设定为 1 A(r. m. s.)。

图 12 表示包括所有应力循环的一个实例,并说明如下:

——每个循环持续 24 h,程序性变化每 2 h 发生一次。

——当没有加湿或加热时,避雷器应处于室温(15~25℃)和相对湿度(30%~60%)状态。

——从室温升高到 50 ℃的时间应少于 15 min。

——相对湿度上升到 95%的时间应少于 15 min,而相对湿度从 95%达到规定值的 98%,所需时间应不超过 10 min。

——当雾室温度达到 50 ℃、相对湿度达到 98%后，可以通过自然冷却雾室的方法达到让使试品产生滴水的饱和状态。此时，风扇应停止运行。返回到室温所需时间大约为 2 h。

——雨和盐雾参照 GB/T 19519—2004。

用一个能给避雷器外套提供大约 90 mW/cm² 的氙弧灯来模拟太阳辐射。过滤系统可以近似再现温和气候地区夏天中午所接收的能量和太阳光谱。

注 1：被试外套的表面积可以用 IEC 60815:1986 所述的等值直径及外套的长度来求得。

——整个试验要求持续 5 000 h。

图 13 给出另外一个实例。

试验循环原则上具备如下特征。

——盐雾期内，盐的浓度为 40 kg/m³，雾不能直接喷到试品上。水流速度介于 0.1 L/(h·m³)～0.15 L/(h·m³)之间。

——每个循环周期内施加各种环境应力的总时间几乎是相同的，但各种应力应集中在每天的一个时间段，以减少对试验雾室的过多影响。

——在每个循环周期后，应持续施加约 48 h 的紫外辐射。

——用提供紫外辐射相同的灯来获取热量。灯的选择和定位这样进行：它们应可以使避雷器外套表面获得所需的辐射能量，而表面温度不得超过 60 ℃。

注 2：可适用于试验系列 A 和 B：如果所安装的系统要求避雷器具有很高的持续运行电压，而持续时间又较短时，经供需双方同意后，试验电压可以降到 $1.05\times U_m/\sqrt{3}$，这里 U_m 是设备的最高电压。

注 3：图 13 所示循环可适用于试验系列 B：如果试品的 U_c 大于 14 kV，如果电气间隙妨碍在紫外辐射时施加电压，那么施加紫外辐射时切断试品电源是可以接受的。

时间 h	2	4	6	8	10	12	14	16	18	20	22	24
试验电压												
降软化水雨												
加热(50 ℃)												
相对湿度(95%)												
盐雾(7 kg/m³)												
日光辐射(UV)												

在工作中　　不在工作中

图 12　在运行电压下加速气候老化循环实例(按照 GB/T 19519—2004)

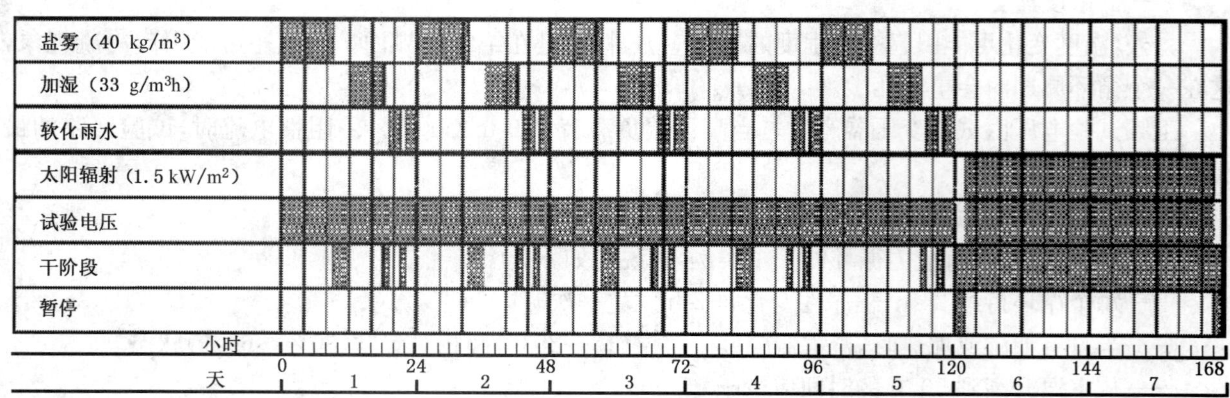

图 13　加速气候老化循环另一个实例

10.8.14.3　试验评估

如果没有漏电痕迹(见 GB/T 19519—2004),如果腐蚀没有穿透整个外层厚度直到下一层材料,如果外裙和外套没有击穿,如果试验前后测量的参考电压下降不超过 5%,如果试验前后所测局部放电结果合格,即按照 8.8,局部放电水平不超过 10 pC,那么就认为通过了该试验。

10.8.15　拉伸负荷试验

10.8.15.1　总则

该试验验证生产商宣称的避雷器耐受拉伸负荷的能力。通常,避雷器的设计不是用于承受扭转负载。如果避雷器要承受扭转负载,经供需双方协商,可能要做一特别的试验。

该试验适用于所有悬挂安装式避雷器,这些避雷器可能包含一个或几个元件。

试验在整支避雷器或避雷器元件上进行。试品按正常安装方式将其悬挂在试验机的安装位上。负载施加于避雷器的自由端。负载的方向应为避雷器的纵轴方向

对复合外套(树脂浇铸除外)避雷器来说,型式试验时,试验负荷为避雷器的额定拉伸负荷;例行试验时,该试验负荷为避雷器的额定拉伸负荷的 50%,试验应在无内部压力的情况下进行。

注:复合外套避雷器还要另外进行湿气浸入试验(见 10.8.13),在这种试验中应在纵轴方向、不同温度下施加最大持续拉伸负荷。

10.8.15.2　具有封闭气体和独立密封系统的复合外套避雷器

10.8.15.2.1　样品准备

试品应包括内部另件。

试验前,每只试品都应进行如下试验:

——10.8.13.1 中的电气试验;

——按例行试验的要求进行密封检查。

10.8.15.2.2　试验程序

应在 30 s～90 s 时间内将拉伸负荷平稳增加到试验负荷值。到达试验负荷后,保持 60 s～90 s。在此期间测量伸长。然后平稳释放负荷,并记录残余伸长。

注:当施加应力时避雷器外套有可能会破碎和裂开,所以应特别小心。

10.8.15.2.3　试验评价

如果达到如下要求,该避雷器就视为是合格的。

——无可见的机械损坏;

——作用力-伸长曲线无突变;

——去掉拉伸负荷后产品的残余伸长应为施加拉伸负载前产品高度的±5%以内。

注:±5%这个值仅做指导性参考,且仍处在考虑之中。

——按例行试验的要求进行的密封检查合格。

然后试品进行浸水试验(见 10.8.13.3),如果能成功验证如下试验,则认为避雷器合格。

——10.8.13.4 中的电气试验。

10.8.15.3　无密封气体的复合外套避雷器

10.8.15.3.1　样品准备

试品包含内部元件。

试验前,每一试品应接受 10.8.13.1 规定的电气试验。

10.8.15.3.2　试验程序

应在 30 s～90 s 时间内将拉伸负荷平稳增加到试验负荷值。到达试验负荷后,保持 60 s～90 s。在此期间测量伸长。然后平稳释放负荷,并记录残余伸长。

注:当施加应力时避雷器外套有可能会破碎和裂开,所以应特别小心。

10.8.15.3.3　试验评价

如果达到如下要求,该避雷器就视为是合格的。

——无可见的机械损坏；

——作用力-伸长曲线无突变；

——去掉拉伸负荷后产品的残余伸长应为施加拉伸负载前产品高度的±5%以内。

注：±5%这个值仅做指导性参考，且仍处在考虑之中。

——按例行试验的要求进行的密封检查合格。

然后试品进行浸水试验(见10.8.13.3)，如果能成功验证如下试验，则认为避雷器合格。

——10.8.13.4中的电气试验。

10.8.16 避雷器复合外套外观检查

检查复合绝缘外套表面的缺陷(如缺胶、杂质、凸起等)，缺陷面积应符合10.6.2规定。

10.8.17 避雷器复合外套最小公称爬电比距检查

避雷器复合绝缘部分爬电距离的测量应符合GB/T 775.1—2000和GB/T 775.3—2006的规定。

10.9 例行试验、验收试验、定期试验和抽样试验

10.9.1 例行试验

出厂的每只避雷器(或电阻片)应按表19的规定进行试验。如果避雷器(或电阻片)不满足表18中所规定的任何一项要求时，则此避雷器(或电阻片)认为不合格。

表19 例行试验项目

序号	试验名称	试验依据	试验方法	试品
1	复合外套外观检查	10.6.2	10.8.16	避雷器或元件
2	拉伸负荷试验	10.6.1.2	10.8.15	避雷器或元件
3	密封试验	6.5	10.8.11	避雷器或元件
4	工频参考电压试验	6.2.1	8.15	避雷器或元件
5	直流参考电压试验	6.2.2	8.16	避雷器或元件
6	局部放电试验	6.4	8.8	避雷器或元件
7	0.75倍直流参考电压下泄漏电流试验	6.19	8.17	避雷器或元件
8	标称放电电流残压试验	6.3	8.3	所有电阻片
9	持续电流试验	6.18	8.14	避雷器或元件
10	多柱避雷器电流分布试验	6.6	8.18	每组并联的电阻片柱
注1：额定电压42 kV以下避雷器序号4、6、9项试验可不作。 注2：拉伸负荷试验应在密封试验之前进行。				

10.9.2 验收试验

当订货协议规定有验收试验时，则应按供货避雷器数量抽取大于立方根的最小整数进行下列试验：

a) 外观检查；

b) 直流参考电压试验；

c) 例行密封试验；

d) 局部放电试验；

e) 0.75倍直流参考电压下漏电流试验；

f) 残压试验。

10.9.3 定期试验

为了监视产品质量，对于生产的产品必须三年作一次定期试验，长期停产后恢复生产时应作定期试验。定期试验是从正常生产的产品中抽取，按表20进行。

表 20 定期试验项目

序号	试验名称	试验依据	试验方法	试 品
1	残压试验 a) 陡波冲击残压试验 b) 雷电冲击残压试验 c) 操作冲击残压试验	6.3	8.3	3 只避雷器或比例单元
2	长持续电流冲击耐受试验	6.8	10.8.4	3 只避雷器或比例单元
3	动作负载试验(包括加速老化试验)	6.9	10.8.5	3 只避雷器比例单元
4	工频电压耐受时间特性试验	6.10	附录 D	每点 1 只比例单元
5	湿气浸入试验	10.6.4	10.8.13	1 只避雷器或机械元件
6	气候老化试验	10.6.3	10.8.14	2 只避雷器或电气元件
7	密封试验	6.5	10.8.11	额定电压 192 kV 及以上额雷器 1 只,其余 3 只

10.9.4 抽样试验

抽样试验主要对电阻片进行,应按批次以一定比例抽取试品。试验项目及试品数量见表 21,抽样试验用的试品不应装入避雷器。

用于抽样试验中的方波电流冲击耐受试验要求值见表 16,大电流冲击耐受试验值见表 18。

表 21 抽样试验项目

序号	试验名称	试验依据	试验方法	抽取试品数量
1	方波冲击电流耐受试验	6.8	10.8.4	1.0%(不少于 5 片)
2	大电流冲击耐受试验	6.20	8.19	5 片
3	加速老化试验	6.9	10.8.5	3 只试品
4	密封试验	6.5	10.8.11	额定电压 90 kV 及以上避雷器 1 只,其余 3 只,半年一次

注 1:制造厂应至少半年对电阻片进行一次加速老化试验及大电流冲击耐受试验。

注 2:加速老化试验中 K_{ct} 值应不大于型式试验中加速老化试验所得的 K_{ct} 值。若大于时,应重做动作负载试验。

注 3:多柱避雷器做方波冲击耐受试验时,其每片电阻片的方波电流值应考虑电流分布不均匀程度。

11 气体绝缘金属封闭避雷器(GIS—避雷器)

11.1 范围

见第 1 章。

11.2 规范性引用文件

见第 2 章。

11.3 术语及定义

见第 3 章。并增加以下定义:

11.3.1 绝缘气体的额定密度 D_{re}(或额定压力 P_{re})

由制造厂规定的,在投运前或补气后充入避雷器内的绝缘气体的密度 D_{re}(或压力 P_a),并折算到标准大气条件(+20 ℃,101.3 kPa)下。可以用相对压力或绝对压力表示。避雷器应在绝缘气体的额定密度下运行。

11.3.2 绝缘气体的最小运行密度 D_{me}（或最低运行压力 P_{me}）

由制造厂规定，折算到标准大气条件（+20 ℃，101.3 kPa）下的绝缘气体的最小运行密度 D_{me}（或最低运行压力 P_{me}）。可以用相对压力或绝对压力表示。绝缘气体低于此密度，避雷器的额定值将不能保证。因此需要及时补气。

11.3.3 绝对漏气率 F

单位时间内气体的漏失量，以 Pa·m³/s 表示。

11.3.4 允许漏气率 F_p

制造厂规定的最大允许绝对漏气率。

11.3.5 相对漏气率 F_{rel}

在额定充气压力的系统中，相对于气体总量的绝对漏气率。以每年或每天的百分率表示。

11.4 标志及分类

除第 4.1 要求外，增加“20 ℃时绝缘气体的额定密度（或额定压力）”。

11.5 标准额定值和运行条件

见第 5 章。

11.6 技术要求

除下列要求外，其余适用于第 6 章：

避雷器的绝缘耐受要求由 11.6.1 替代；

避雷器的密封密封性能由 11.6.2 替代；

动作负载要求按 11.8.5 修正；

短路试验要求由 11.6.3 有关内容替换；

脱离器/故障指示器要求—不适用；

机械负载要求—不适用。

11.6.1 避雷器的内绝缘耐受性能

试验应在规定的报警压力（最小运行密度）下进行，低于此压力避雷器的绝缘耐受水平不能保证。

避雷器罐体内部的绝缘耐受电压应符合 GB 311.1—1997 中对高压电器绝缘的规定。

经供需双方协商，内部的绝缘耐受电压可按下列要求确定。

a) 单相避雷器

当按照 11.8.2 进行试验时，避雷器金属外套和内部元件之间的绝缘要能耐受如下电压：

——被保护设备的雷电冲击耐受电压，或者 1.3 倍的避雷器雷电冲击保护水平，取二者的较低值；

注 1：对于瓷套避雷器，因数 1.3 包括了比标称放电电流更高的放电电流及大气条件下的变化。对于 GIS 避雷器，虽然与大气条件不相关，但仍保留因数 1.3 以提供更高的安全性。

——对额定电压为 288 kV 及以上的 10 000 A 和 20 000 A 的避雷器来说，为被保护设备的操作冲击耐受电压，或者 1.25 倍的避雷器操作冲击保护水平，取二者的较低值；

注 2：对于瓷套避雷器，因数 1.25 包括比表 6 中最大值更高的放电电流及大气条件下的变化。对于 GIS 避雷器，虽然与大气条件不相关，但仍保留因数 1.25 以提供更高的安全性。

——对额定电压低于 200 kV 的 10 000 A 及 20 000 A 避雷器来说，为被保护设备的工频耐受电压或峰值等于操作冲击保护水平乘以 1.2 的工频电压，持续时间 1 min，取二者的较低值。

——对 1 500 A、2 500 A 和 5 000 A 的避雷器来说，为被保护设备的工频耐受电压，或者峰值等于雷电冲击保护水平的工频电压，持续时间 1 min，取二者的较低值。

b) 三相避雷器

三相避雷器绝缘耐受电压见表 22 和表 23。

表 22　10 000 A 及 20 000 A 三相 GIS 避雷器要求的耐受电压

电压 kV	耐受电压类型	试　　验	注
$U_r<288$	雷电冲击耐受电压	相对地及相对相： ● 被保护设备的耐受电压(见 GB 311.1—1997)或 ● 相对地：1.3×雷电冲击保护水平 ● 相对相：1.3×雷电冲击保护水平$+U_c\times\sqrt{2}$	取较低值
	工频耐受电压	相对地及相对相： ● 被保护设备的耐受电压(见 GB 311.1—1997)或 ● 相对地：U_{ac}=1.2×操作冲击保护水平 ● 相对相：U_{ac}=1.2×操作冲击保护水平$+U_c\times\sqrt{2}$	取较低值
$U_r\geqslant288$	雷电冲击耐受电压	相对地及相对相： ● 被保护设备的耐受电压(见 GB 311.1—1997)或 ● 相对地：1.3×雷电冲击保护水平 ● 相对相：1.3×雷电冲击保护水平$+U_c\times\sqrt{2}$	取较低值
	操作冲击耐受电压	相对地及相对相： ● 被保护设备的耐受电压(见 GB 311.1—1997)或 ● 相对地：1.25×操作冲击保护水平 ● 相对相：2.5×操作冲击保护水平	取较低值
	工频耐受电压	相对地及相对相： ● 被保护设备的耐受电压(见 GB 311.1—1997)或 ● 相对地：U_{ac}=1.2×操作冲击保护水平 ● 相对相：U_{ac}=1.2×操作冲击保护水平$+U_c\times\sqrt{2}$	取较低值

表 23　1 500 A、2 500 A 及 5 000 A 三相 GIS 避雷器要求的耐受电压

耐受电压类型	试　　验	注
雷电冲击耐受电压	相对地及相对相： ● 被保护设备的耐受电压(见 GB 311.1—1997)或 ● 相对地：1.3×雷电冲击保护水平 ● 相对相：1.3×雷电冲击保护水平$+U_c\times\sqrt{2}$	取较低值
工频耐受电压	相对地及相对相： ● 被保护设备的耐受电压(见 GB 311.1—1997)或 ● 相对地：U_{ac}=雷电冲击保护水平 ● 相对相：U_{ac}=雷电冲击保护水平$+U_c\times\sqrt{2}$	取较低值

11.6.2　避雷器的密封性能

避雷器应有可靠的密封。在避雷器寿命期间，不应因密封不良而影响避雷器的运行性能，SF_6 气体从避雷器内部泄漏到大气的相对年漏气率应小于 1%/年。

11.6.3　GIS 避雷器外壳的要求

避雷器的金属外壳应设置牢固的接地装置，金属外壳应能承受运行中出现的正常和瞬时的压力。

在确定设计压力时，气体温度应取外壳温度的上限。

如果避雷器具有独立的内部外壳，外壳带有压力释放装置，则不进行短路试验，若避雷器的金属外壳不带压力释放装置，则适用于 8.7。在这样的情况下，仅需对额定短路电流进行试验。

11.6.3.1 外壳设计

金属外壳的设计应满足 GB 7674—1997 和 GB 3906—2006 的要求。不论焊接或铸造的外壳，其厚度和结构的设计计算，可按压力容器要求进行，应考虑振动、温度变化、短路电流的作用和气候条件的影响。

11.6.3.2 外壳强度试验

外壳和部件强度无论是否通过计算确定，均应进行规定的试验。

11.6.3.2.1 破坏压力试验

破坏压力试验应不小于设计压力的 3.5 倍，壳体应无损坏。

11.6.3.2.2 非破坏性压力试验

每个壳体都应耐受规定的压力试验而无变形，无泄漏气体现象。

试验压力为设计压力的 K 倍：对于焊接外壳 $K=1.3$，对于铸造外壳 $K=1.5$。

11.6.3.3 外壳检验

对焊接外壳的焊缝，除无法探伤部位外，应按规定进行无损探伤检查。

11.6.3.4 加装防爆膜的要求

当壳体加装防爆膜压力释放装置时，其动作压力和外壳的设计压力的关系要适当配合以减少防爆膜不必要的爆破。

11.6.3.5 认证书

壳体制造厂需提供壳体材料的材质化验认证书。

11.6.4 避雷器内部绝缘气体的额定密度和最小运行密度

避雷器在绝缘气体的额定密度下运行，该额定密度由制造厂选定。

绝缘气体的最小运行密度由制造厂规定，低于此密度，避雷器与此有关的额定值不能保证。

11.6.5 避雷器中绝缘气体的要求

如果避雷器是充 SF_6 气体的，新的 SF_6 气体的质量要求应符合 GB/T 11023—1989 标准规定。

避雷器中 SF_6 气体微水含量允许交接验收值为 250 ppm(体积比)，运行中 SF_6 气体的质量要求，由用户和制造厂商定。

11.6.6 避雷器的局部放电特性

避雷器在 1.1 倍持续运行电压下的内部局部放电量应不大于 10 pC。

11.6.7 避雷器的运输振动性能

避雷器的结构应牢固，满足运输的要求而不损坏。

11.7 试验要求

见第 7 章。

11.8 型式试验(设计试验)

11.8.1 总则

型式试验按表 24 的要求进行。

11.8.2 避雷器内绝缘耐受试验

11.8.2.1 总则

这些试验验证避雷器的内部元件和金属外套之间的绝缘耐受能力以及对三相避雷器而言，其相间的绝缘耐受能力。

绝缘耐受试验还应确保对所有内部元件应至少在与运行中的最高应力等值的情况下进行试验。因此，有必要对独立的单个元件进行试验以验证所要求的耐受电压(见 11.8.2.5)。

对单相避雷器来说，在整只避雷器上进行试验，金属氧化物电阻片被绝缘部件所替换。可以用均压元件替换绝缘部件，以控制沿避雷器轴线的电压分布。

对三相避雷器来说，试验中没有加压的相应与地连接。对连接到电源上的工作部件，应用绝缘部件替换金属氧化物电阻片。可以用均压元件替换绝缘部件，以控制沿避雷器轴线的电压分布。

注：由于在GIS避雷器中，对地电容的影响很大，要用均压元件获得线性电压分布可能很难甚至几乎不可能。在电压分布不均匀或无任何均压元件的情况下进行该试验代表了最不好的情况，试验结果是偏保守的。

所有绝缘试验应在制造厂规定的绝缘气体的最小运行密度下进行。

表 24　GIS 用避雷器型式试验项目

序号	试验名称	试验依据	试验方法	试品数量
1	避雷器内绝缘耐受试验	11.6.1	11.8.2	1台避雷器(除去内部电阻片)
2	残压试验	6.3	11.8.3	3只比例单元
3	长持续时间电流耐受试验	6.8	11.8.4	3只比例单元
4	工频电压耐受时间特性试验	6.10	附录D	4只比例单元
5	动作负载试验	6.9	11.8.5	3只比例单元
6	短路试验	11.6.3	11.8.7	1台避雷器
7	局部放电试验	11.6.6	11.8.8	1台避雷器
8	密封性能试验	11.6.2	11.8.9	1台避雷器
9	持续电流试验	6.18	8.14	1台避雷器
10	工频参考电压试验	6.2.1	8.15	1台避雷器
11	直流参考电压试验	6.2.2	11.8.6	装配前全部电阻片
12	0.75倍直流参考电压下漏电流试验	6.17	11.8.13	装配前全部电阻片
13	运输试验	11.6.7	11.8.11	1台避雷器
14	壳体强度试验	11.6.3	11.8.10	1只壳体
15	SF_6 气体水分检测	11.6.5	11.8.12	1台避雷器
16	多柱避雷器电流分布试验	6.6	8.18	1台避雷器

11.8.2.2　雷电冲击电压试验

按照GB/T 16927.1—1997，避雷器应进行标准雷电冲击电压试验。

a)　单相避雷器

试验电压按11.6.1规定。

在每种极性下连续施加15次等于试验电压值的冲击。如果没有破坏性放电发生，该避雷器就通过了该试验。如果出现破坏性放电，应遵守GB 7674—1997和GB 3906—2006中的试验判据。

b)　三相避雷器

试验电压按11.6.1规定。

试验应从相对地绝缘试验开始。对一相施加试验电压时，其他相接地。

相对地绝缘试验后，应进行相对相绝缘试验。可以只用冲击电压或冲击电压和工频电压来进行该试验。这由制造商来选择。

如果该试验只使用冲击电压来进行，应使用与相对地试验时同样的试验接线。

如果使用冲击电压和工频电压来进行试验，那么只有一相与地连接。冲击电压施加到第二相，同时工频电压施加到第三相，应以这样的方式施加电压，当对第二相施加冲击电压时，其工频电压达到反极性的峰值。

除非考虑到电的对称性，证明了没有必要，否则就应对三个带电部件的所有可能的组合方式重复进行相对地试验和相对相试验。

在两种试验中，应该在每种极性下连续施加15次等于试验电压值的冲击。如果没有破坏性放电发生，该避雷器就通过了该试验。如果出现破坏性放电，应遵守 GB 7674—1997 和 GB 3906—2006 中的试验判据。

11.8.2.3 操作冲击电压试验

按照 GB/T 16927.1—1997，避雷器应进行标准操作冲击电压试验。

a) 单相避雷器

试验电压按 11.6.1 规定。

在每种极性下应连续施加 15 次等于试验电压值的冲击。如果没有破坏性放电发生，该避雷器就通过了该试验。如果出现破坏性放电，应遵守 GB 7674—1997 和 GB 3906—2006 中的试验判据。

b) 三相避雷器

试验电压按 11.6.1 规定。

该试验应从相对地绝缘试验开始。对一相施加试验电压时，其他相接地。

相对地绝缘试验后，相对相绝缘试验可以不改变试验接线，而将试验电压提高到所需水平。

如果发生闪络或者预期可能发生闪络，应采用下面两种试验方法的一种来进行试验。由制造商选择。

——避雷器一相接地。应对其他两相施加两个具有相等幅值和相反极性的操作冲击。两个冲击应该同时到达其峰值。每个冲击的幅值应为所需相对相操作冲击耐受电压的一半（按照 GB 311.1—1997 进行相对相试验）。

——避雷器一相接地。对第二相施加与所需相对地要求值相等的操作冲击，对第三相施加工频电压。应以这样的方式施加电压，在反极性的工频电压峰值下，操作冲击达到峰值。在操作冲击达到峰值时，两个电压之间的差值应等于所需的相对相操作冲击耐受电压（按照 GB 311.1—1997 的纵向绝缘试验）。

除非考虑到电的对称性，证明了没有必要，否则就应对三个带电部件的所有可能的组合方式重复进行相对地试验和相对相试验。

在两种试验中，应该在每种极性下连续施加 15 次等于试验电压值的冲击。如果没有破坏性放电发生，该避雷器就通过了该试验。如果出现破坏性放电，应遵守 GB 7674—1997 和 GB 3906—2006 中的试验判据。

11.8.2.4 工频电压试验

a) 单相避雷器

试验电压按 11.6.1 规定。

如果没有发生破坏性放电，避雷器就通过了该试验。

b) 三相避雷器

试验电压按 11.6.1 规定。

该试验应从相对地绝缘试验开始。施加试验电压到一相，同时其他相接地。

相对地绝缘试验后，应进行相对相绝缘试验；如果只使用工频电压进行该试验，就不用改变试验接线，而将施加的电压增加到所要求的相对相规定值。

如果没有发生破坏性放电，避雷器就通过了该试验。

也可以采用下面的试验程序。避雷器一相接地。等于 1.2 倍操作冲击保护水平的冲击电压施加到第二相，同时与 U_c 相等的工频电压施加到第三相。应以如下方式进行，在将冲击电压施加到第二相的时候，工频电压达到其相反极性的峰值。

除非考虑到电对称性，证明了没有必要，否则就应要对三个带电部件的所有可能的组合方式重复进行相对地试验和相对相试验。

在每种极性下连续施加 15 次等于试验电压值的冲击。如果没有破坏性放电发生，该避雷器就通过了该试验。如果出现破坏性放电，应遵守 GB 7674—1997 和 GB 3906—2006 中的试验判据。

11.8.2.5 **GIS避雷器带电部件的耐受试验**

对于有带电部件的GIS避雷器，(其带电部件包含有电气上串联，但几何上用绝缘材料使之并联的许多电阻片)，其固定电阻片的绝缘材料耐受电压的能力，以及支撑结构及电阻片柱间的绝缘都应进行试验。

试验应以这样的方式进行，即上面所提到的所有的电压应力都应该考虑到。施加的电压应力由制造商和用户协商。

试验时，试验样品可处于整支避雷器所规定的最小密度的实际气体中。

11.8.3 **残压试验**

见8.3。

11.8.4 **长持续时间冲击电流耐受试验**

见8.4。

11.8.5 **动作负载试验**

除以下要求外，其余适用于8.5。

11.8.5.1 **概述**

本条替代8.5.1。

如6.9所述，本试验是对避雷器施加一定次数的规定冲击，并同时施加规定电压和频率的工频电源以模拟运行条件。电压测量的精度应为±1%，并且从空载到满载电压峰值的变化不允许大于1%。电压峰值与有效值之比与$\sqrt{2}$的偏差不大于2%。在动作负载试验期间，工频电压与规定值的偏差应不大于±1%。

通过该项试验的主要要求是，避雷器在施加工频电压时能够逐渐冷却，即不出现热崩溃。因此要求被试避雷器比例单元的暂态及稳态热耗散能力等于或小于整只避雷器的热耗散能力，(见8.5.3)。

试验程序包括：

——初始测量；

——预备性试验；

——施加冲击；

——测量和检查。

该程序见图1、图2和附录C中图C.1。

试验应按7.2和8.1进行。在环境温度为20℃±15 K下对3只完整避雷器或避雷器比例单元试品进行。若被试避雷器的额定电压不小于3 kV，则试品的额定电压应不小于3 kV，但不必超过12 kV。若避雷器的脱离器/故障指示器与避雷器设计成一体时，该试验必须按运行条件带脱离器/故障指示器进行(见8.6)。

对于额定电压12 kV以上的避雷器，因现有试验设备的限制，通常需要在避雷器比例单元上进行。重要的是施加在试品上的电压和通过试品的工频电流应尽可能代表整只避雷器的条件。

避雷器成功地通过动作负载试验的评价参数是电阻片的功率损耗。因此应在升高的试验电压U_c^*、U_r^*下对新电阻片进行动作负载试验。以使新电阻片在U_c^*、U_r^*下给出的功率损耗相同于已老化的电阻片分别在持续运行电压和额定电压下的功率损耗。升高的试验电压应按8.5.2.2中规定的加速老化程序确定。

施加在试验避雷器比例单元上的工频试验电压应该为整支避雷器的持续运行电压(见3.9)及额定电压(见3.8)除以等同避雷器比例单元的总数n(见7.2)。U_{sc}等于U_c/n，U_{sr}等于U_r/n，并应按照8.5.2.2进行修正，以确定提高了的试验电压U_c^*及U_r^*。

注：图1和图2规定的预热温度60℃±3 K是加权平均温度，它包括环境温度、太阳辐射以及避雷器外套上污秽的影响。

避雷器电阻片间电压不均匀的作用，应当在不超过避雷器的持续运行电压的电压下，通过电压分布测量或计算程序计算来证实，进行的计算及测量对于所研究的额定电压±25%都是有效的。

为了证实整支避雷器及避雷器节之间的热等价性，试验必须符合附录B的要求。

避雷器比例元件仅需要代表整只避雷器的热性能就行了，不必要满足8.5.3.2的b)款的要求，比例元件的工作部件不必包含支撑结构的元件。

避雷器比例元件的动作负载试验对单相避雷器以及三相避雷器都是有效的。

加速老化试验应在充 SF_6 气体的容器内进行，以确定 SF_6 气体对电阻片老化性能的影响。如制造厂通过试验，证明在空气中进行的加速老化试验和在 SF_6 气体中进行的加速老化试验等价，以后则可在空气中进行加速老化试验。

11.8.6 直流参考电压试验

在避雷器未装配前，将装入罐内全部电阻片施加直流电压，当通过电阻片的电流等于直流参考电流时，测出电阻片上的直流电压值。如参考电压与极性有关时，取低值。

11.8.7 短路试验

依据避雷器的结构类型，应用8.7和11.6.3。

11.8.8 内部局部放电试验

见8.8。

11.8.9 密封性能试验

避雷器应进行密封性能试验，以验证其满足11.6.2规定的允许相对年漏气率的要求。

避雷器内部充入额定气压的 SF_6 气体，用塑料布覆盖罐体所有的密封面、接头等处，24 h后用灵敏度高的 SF_6 气体检漏仪测定塑料布内的 SF_6 气体量，气体年漏率应小于1%/年。

密封性能试验方法见GB/T 11023—1989。

11.8.10 外壳强度试验

外壳及其零部件应进行强度试验，试验在尚未装入内部元件的单独外壳上进行。

11.8.10.1 破坏压力试验

破坏压力试验采用水压法。压力升高速度不应大于400 kPa/min，破坏压力试验值应不小于设计压力的3.5倍。试验后的外壳，即使完整无缺，也不得使用。

破坏压力试验主要考核壳体的设计及工艺的可靠性及安全裕度。该项试验为型式试验。

11.8.10.2 非破坏性压力试验

所有壳体在制造好之后应进行例行水压试验，试验方法见GB 7674—1997。

11.8.10.3 壳体焊缝的检查

全部焊缝应进行目视检查，不能有任何裂缝、气泡、针孔、焊瘤及缩孔；焊缝应光滑，不能有尖角毛刺。

全部直焊缝应进行X射线探伤检查。

全部环焊缝要进行着色法检查。

11.8.11 运输试验

整台避雷器应正置固定于卡车上，在三级公路上运输300 km，车速为25 km/h～35 km/h，急刹车10次。试验后罐体内电阻片均压罩应无明显变形、螺钉无松动。

11.8.12 SF_6 气体水分检测

水分检测的试验方法按GB/T 8905—1996规定。

11.8.13 0.75倍直流参考电压下漏电流试验

在避雷器未装配前，将装入罐内全部电阻片施加0.75倍直流参考电压，测量通过避雷器的漏电流，如漏电流与极性有关，取高值。

11.9 例行试验、验收试验、定期试验和抽样试验

11.9.1 例行试验

出厂的每只避雷器(或电阻片)应按表25的规定进行试验。如果避雷器(或电阻片)不满足表25中所规定的任何一项要求时,则此避雷器(或电阻片)认为不合格。

11.9.2 验收试验

当订货者在订货协议规定有验收试验时,进行下列试验:

a) 外观检查:检查外观、铭牌及其附件有无缺少或损坏;
b) 持续电流试验;
c) 工频参考电压试验;
d) 局部放电试验;
e) 密封试验;
f) 避雷器的残压试验;
g) SF_6 气体水分检测。

表25 避雷器例行试验项目

序号	试验名称	试验依据	试验方法	试　品
1	持续电流试验	6.18	8.14	避雷器
2	标称放电电流残压试验	6.3	8.3	所有电阻片
3	工频参考电压试验	6.2.1	8.15	避雷器
4	直流参考电压试验	6.2.2	11.8.6	装配前全部电阻片
5	0.75倍直流参考电压下漏电流试验	6.19	11.8.13	装配前全部电阻片
6	密封性能试验	11.6.2	11.8.9	避雷器
7	局部放电试验	11.6.6	11.8.8	避雷器
8	多柱避雷器电流分布试验	6.6	8.18	每组并联的电阻片柱
9	壳体强度试验	11.6.3	11.8.10.2	壳体
10	SF_6 气体的水分检测	11.6.5	11.8.12	避雷器

11.9.3 验收试验

当订货者在订货协议规定有验收试验时,进行下列试验:

a) 外观检查:检查外观、铭牌及其附件有无缺少或损坏;
b) 持续电流试验;
c) 工频参考电压试验;
d) 局部放电试验;
e) 密封试验;
f) 避雷器的残压试验;
g) SF_6 气体水分检测。

11.9.4 定期试验

见9.3。

11.9.5 抽样试验

见9.4。

11.10 现场安装后的试验

如果避雷器是以不完整装配的方式发送到现场的,应当用制造厂采用的任何合适的方法检查安装是否正确。

如果需用冲击或工频电压对带有避雷器的气体绝缘开关设备的绝缘能力进行试验，应当将避雷器取出或使之不起作用以容许这些试验的进行。

12 分离型及外壳不带电型避雷器

12.1 范围

本章适用于具有绝缘外壳及/或屏蔽外壳的避雷器，该外壳提供避雷器内部绝缘，该避雷器装在封闭箱壳内保护配电设备及网络。

12.2 规范性引用文件

见第 2 章。

12.3 术语及定义

见第 3 章。

12.4 标志及分类

见第 4 章。

12.5 标准额定值和运行条件

除下列要求外，其余适用于第 5 章。

12.5.1 正常运行条件

符合本标准的避雷器在下述正常运行条件下应能正常运行。

a) 外壳不带电型避雷器邻近处的环境温度在－40 ℃～＋65 ℃范围内；

b) 避雷器邻近处的外部热源导致外壳不带电型避雷器的最高温度不超过＋85 ℃；

注：太阳最大照射（1.1 kW/m^2）的影响已通过在型式试验中把试品预热的方法予以考虑。如果在避雷器附近有其他热源，避雷器的使用需经供需双方协商。

c) 海拔不超过 1 000 m；

d) 电源的频率不小于 48 Hz，不超过 62 Hz；

e) 长期施加在避雷器端子间的工频电压应不超过避雷器的持续运行电压；

f) 机械条件（正在考虑中）。

12.6 技术要求

除下列要求外，其余适用于第 6 章。

12.6.1 短路试验

制造厂宣称具有短路额定值的避雷器不应在故障时导致剧烈粉碎。

所有的可分离型避雷器及外壳不带电型避雷器应该能够耐受电阻片故障而不会使避雷器的部件穿过外壳，除了为此目的而特殊设计的部位。

12.7 试验要求

见第 7 章。

12.8 型式试验（设计试验）

12.8.1 总则

型式试验按表 26 的要求进行。

表 26 可分离型及外壳不带电型避雷器型式试验项目

序号	试 验 名 称	试验依据	试验方法	试品数量
1	绝缘耐受试验	12.8.2	12.8.2	3 只避雷器（除去内部电阻片）
2	残压试验	6.3	12.8.3	3 只比例单元
3	长持续时间电流耐受试验	6.8	12.8.4	3 只比例单元
4	工频电压耐受时间特性试验	6.10	附录 D	4 只比例单元

表 26（续）

序号	试 验 名 称	试验依据	试验方法	试品数量
5	动作负载试验	6.9	12.8.5	3只比例单元
6	短路试验	12.8.7	12.8.7	4台避雷器
7	局部放电试验	12.8.8	12.8.8	3台避雷器
8	密封性能试验	6.5	8.11	3台避雷器
9	持续电流试验	6.18	8.14	3台避雷器
10	工频参考电压试验	6.2.1	8.15	3台避雷器
11	直流参考电压试验	6.2.2	8.16	3台避雷器
12	0.75倍直流参考电压下漏电流试验	6.19	8.17	3台避雷器
13	多柱避雷器电流分布试验	6.6	8.18	1台避雷器
14	机械负荷试验	6.14	8.9	1台避雷器

12.8.2 避雷器外壳的绝缘耐受试验

除下列要求外，其余适用于8.2。

12.8.2.1 未屏蔽的可分离型避雷器的绝缘耐受试验

对于未屏蔽的可分离型避雷器，当间隔距离小于GB 311.1—1997的规定时，应将三只样品装于接地的终端试验箱内，如图14所示。如果试验箱是对称的，可对避雷器1和2进行试验，如果试验箱是不对称的，所有三只试品都应该进行试验，a、b、c、d 及 e 的最小容许间隔距离应该在避雷器所带文件中说明。对于屏蔽的可分离型避雷器，可只进行单相试验。

绝缘耐受试验可能对装有非线性电阻片的避雷器进行，在这种情况下，被试单元应与地电位绝缘。当进行冲击试验时，被试避雷器相邻的避雷器应当接地。

对中性点有效接地系统，其绝缘耐受试验值应符合表27的要求。对中性点非有效接地系统，其绝缘耐受试验值应符合GB 311.1—1997的规定。

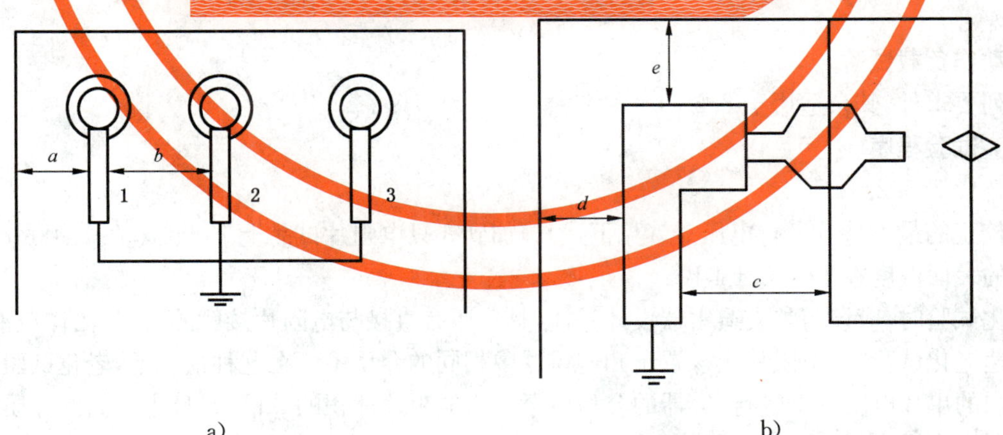

图14 在绝缘外壳中可分离避雷器的绝缘耐受试验装置

表27 无屏蔽可分离型避雷器的绝缘耐受试验电压

设备的最高电压 kV	1.2/50全波冲击试验 kV(峰值)	50/60 Hz试验电压 kV(r.m.s)
12	75	28
17.5	95	38

表 27（续）

设备的最高电压 kV	1.2/50 全波冲击试验 kV(峰值)	50/60 Hz 试验电压 kV(r.m.s)
24	125	50
36	170	70
注：对于“设备的最高电压”的其他值，采用 GB 311.1—1997 中的试验电压。		

12.8.2.2 在屏蔽外壳中的外壳不带电型避雷器及可分离型避雷器的绝缘耐受试验

对于在屏蔽外壳中的外表不带电避雷器及可分离避雷器，非线性电阻片要拿掉代之以外径与电阻片的直径相同的金属棒，金属棒的长度应该至少为电阻片柱的总长的三分之二，棒的低端应该做成一个能够将介电强度减少到最低的形状（如半球形），为了隔离在外壳低端的屏蔽，外壳的其余长度部分应当充填以绝缘材料（固体或液体）以防止试验时在界面处击穿，高压端子应加压，屏蔽外壳应接地。

对中性点有效接地系统，其绝缘耐受试验值应符合表 27 或表 28 的要求。对中性点非有效接地系统，其绝缘耐受试验值应符合 GB 311.1—1997 的规定。

表 28 在屏蔽外壳内的外表不带电型避雷器或分离型避雷器的绝缘耐受电压

系统额定等级 kV	1.2/50 全波冲击试验 kV(峰值)	50/60 Hz 试验电压 kV(r.m.s) (施加 1 min)	DC 试验电压 kV 施加 15 min
15	95	34	53
25	125	40	78
35	150	50	103

12.8.3 残压试验

见 8.3。

12.8.4 长持续冲击电流耐受试验

见 8.4。

12.8.5 动作负载试验

除下列要求外，其余适用于 8.5。

12.8.5.1 试验程序

本条替代 8.5.2.1。

将已校正的最大持续运行电压 U_{ct}（见下述）施加到 3 只电阻片试品上 1 000 h，在 1 000 h 期间应控制电阻片的表面温度在 115 ℃±4 K。

在老化试验时，应该与整支避雷器设计一样，具备所有直接与电阻片接触的材料（固体或液体）。

在加速老化试验时，电阻片应该置于和避雷器中相同的介质中。在这种情况下，老化试验应在处于封闭容器内的单片电阻片上进行，容器的容积应至少为电阻片体积的 2 倍，并且容器内的介质密度不能低于避雷器中介质密度。

注：在避雷器的正常寿命期内，避雷器内电阻片周围的介质可能由于内部放电的原因而会有一些改变。电阻片周围介质的改变可能性会明显增加功率损耗。

考虑这种情况合适的试验程序正在研究之中。目前有一个程序可以作为选择，就是在含有低的氧气浓度（低于 0.1%体积）的 N_2 或 SF_6（对 GIS 避雷器）中进行这个试验。这就保证，即使在完全缺氧的情况下，避雷器仍不会老化。

如果制造商能够证明，在敞开的空气中进行本试验等价于在实际介质中进行的试验，则可以在敞开的空气中进行老化试验。用于本试验程序中的电压是电阻片在避雷器中应承受的校正后的最大持续运行电压(U_{ct}),该电压包括电压分布不均匀影响,这个电压可以通过电压分布的测量或计算来确定。对于屏蔽类避雷器,制造厂应通过计算求出这一电压值,外壳不带电型避雷器应该加压 2 000 h。

上述老化试验程序应在 3 只典型的电阻片元件试品上进行,试品的参考电压应满足 7.2 的要求。工频电压应满足动作负载试验规定的老化试验要求(见 8.5.1)。

12.8.5.2 施加冲击电流

本条替代 8.5.4.2。

在动作负载试验开始时,比例单元的温度应在 20 ℃±15 K 范围内。

比例单元应耐受表 29 规定的峰值和波形的大电流冲击 2 次,强雷电负载避雷器应耐受附录 C 中规定的峰值为 40 kA 波形 30/80 冲击 3 次。

表 29 大电流冲击要求

避雷器的等级	电流峰值 4/10 kA
10 000 A	100
5 000 A	65
2 500 A	25
1 500 A	10
注:根据运行条件电流峰值可以取其他值(较低或较高)。	

两次冲击之间比例单元应在烘箱内预热,使施加第 2 次冲击时,对可分离型避雷器试品的温度为 60 ℃±3 K,对外壳不带电型避雷器试品的温度为 85 ℃±3 K。试验应在环境温度为 20 ℃±15 K 下进行。

如果由于严重污秽或非正常运行条件认为必须用更高的温度时,经供需双方协商试验可使用更高的温度。

设备调整使得测得冲击电流的值在下列的极限范围内:

a) 规定的电流峰值的 90%~110%;
b) 视在波前时间从 3.5 μs~4.5 μs;
c) 试在波尾半峰值时间从 9 μs~11 μs;
d) 任何反极性电流波的峰值应该小于电流峰值的 20%;
e) 冲击电流上的小的振荡是允许的,只要它们在接近冲击电流峰值时的幅值小于电流峰值的 5%,在这种情况下,为了测量的目的,应该采用平均曲线来确定峰值。

预备性试验及随后的大电流冲击应该施加相同的极性。

附录 H 叙述了可供使用的典型试验回路。

在最后一次大电流冲击后,应尽可能快且在不超过 100 ms 内向试品施加 10 s 升高的额定电压(U_r^*),然后再接着施加 30 min 升高的持续运行电压(U_c^*)(见 8.5.2),以证明热稳定或热击穿。

注:为了再现实际系统条件,应该是在试品施加电压 U_r^* 时,施加第二次大电流冲击,鉴于实际的试验回路的限制允许 100 ms。

每次冲击应记录电流波形。同一试品的电流波形不应出现显示试品击穿或闪络的差异。

在施加升高的持续运行电压(U_c^*)期间,应连续记录试品电流值。

在施加工频电压期间,应监测电阻片温度或电流阻性分量或功率损耗,以证明热稳定或热崩溃(见 8.5.6)。

在完成整个试验程序且在试品冷却到接近环境温度后,重复试验程序开始时的残压试验。

如达到热稳定,试验前后测得的残压变化不大于 5%,且试验后检查试品,电阻片无击穿、闪络或破碎痕迹,则认为避雷器通过了本试验。

12.8.6 脱离器/故障指示器的试验

见8.6。

12.8.7 短路试验

依据制造厂宣称的避雷器额定短路电流值，按照8.7进行短路试验。试验中避雷器的故障不会导致外套剧烈爆炸，适用于可分离型避雷器及外壳不带电型避雷器的要求修改如下。

12.8.7.1 总则

本条替代8.7.1。

依据制造厂宣称的避雷器额定短路电流值，按照本条款进行短路试验。试验中避雷器的故障不会导致外套剧烈爆炸。

每一种避雷器设计要用2组短路电流进行试验。

——大短路电流包括额定短路电流及2个降低的短路电流进行试验。

——小短路电流。

注：避雷器关于短路特性可以有两种原则上设计。

一种避雷器设计是利用内部过压力，它是由于避雷器元件的短路而产生的内部电弧造成的。过压力是由于加热封闭的一定体积的气体或液体，使之膨胀，导之压力释放装置爆破或翻转（在这种情况下，这类试验有时又叫做"压力释放试验"），在过压力释放之前，避雷器外套不能破坏。

另一种设计通常是紧凑的，没有封闭的气体或液体体积，没有压力释放装置，这类设计的短路性能取决于电弧直接烧穿或撕裂外套的能力。

如果避雷器装配一种与传统的压力释放装置不同的装置，这种装置应该包括在试验中。

对于额定的及降低的短路电流，试验样品准备的方法依据避雷器的结构而定，对于装有压力释放装置的避雷器，电阻片外部用一根熔丝旁路，对于没有压力释放装置的避雷器，电阻片可用过电压预故障，或在电阻片中钻孔并用熔丝在孔中将电阻片旁路。

对于小电流短路试验，电阻片用过电压预故障。

短路电流试验电源的频率，应当不低于48 Hz，不高于62 Hz。

经供需双方协商，可以用相互同意的试验程序及试验判据来进行多次预故障试验。

所有的可分离型避雷器及外壳不带电型避雷器都应该能够耐受电阻片的破坏而不会把避雷器的另件通过外壳本体抛出去，除了为此目的特殊设计的要求。应该在给定的型号及设计的最高额定电压值的完整的避雷器元件上进行这项试验，该试验可以证实低于该额定电压值的相同型式及设计的避雷器也符合本标准。

试品应当根据8.7.2准备。

12.8.7.2 试品的安装

本条替代8.7.3。

外表不带电型避雷器的试品应当装在一个标准的对接套管上模拟正常运行条件。

可分离型避雷器应当安装在单独的间隔内进行短路试验，应按照GB/T 17467—1998的10.2.3进行安装。

12.8.7.3 试验结果的评价

本条替代8.7.6。

外壳破裂伴随有避雷器另件通过本体抛出，应认为避雷器没有通过本试验，避雷器部件包括非线性电阻片经过带有释放底盖的底部抛出，或为此目的设计的其他部件抛出是可以接受的。

12.8.8 内部局部放电试验

本条替代8.8。

型式试验应在整只避雷器上进行，并应按实际运行情况安装。

经供需双方同意，型式试验可以在避雷器元件上进行。此时，应该对避雷器最长的电气元件进行试验，如果其不代表避雷器单位长度最高的电压应力，应该对具有最高电压应力的元件进行附加试验。

试验时，试品可以采取屏蔽措施以防止外部的局部放电。

注：防止外部局部放电采取的屏蔽措施不应影响避雷器的电压分布。

经供需双方协商，可以规定避雷器的局部放电量或局部放电电压熄灭水平。

试验电压及熄灭水平应当符合表30。

表30　对可分离型避雷器及外壳不带电型避雷器的局部放电试验值

可分离型避雷器		外壳不带电型避雷器	
设备的最高电压 kV	局部放电试验电压(熄灭水平) kV(r.m.s)	系统的额定等级 kV	局部放电试验电压(熄灭水平) kV(r.m.s)
12	12	15	11
17.5	17.5	25	19
24	24	35	26
36	36	—	—
注：如果 U_c 低于设备的最高电压，试验电压应为 $1.05U_c$。			

12.9　例行试验、验收试验、定期试验和抽样试验

试验项目见第9章。试验要求和试验方法见相关规定。

13　液浸式避雷器

13.1　范围

本节适用于设计用于浸在绝缘液体中的避雷器。

13.2　规范性引用文件

见第2章。

13.3　术语及定义

见第3章。

13.4　标志及分类

见第4章。

13.5　标准额定值和运行条件

除下述要求外，其余适用于第5章。

13.5.1　正常运行条件

符合本标准的避雷器在下述正常运行条件下应能正常运行。

a)　液浸式避雷器附近的环境液体温度应当在−40 ℃～+95 ℃之间；

b)　环境最高温度的日平均值应不超过120 ℃；

注：太阳最大照射(1.1 kW/m²)的影响已通过在型式试验中把试品预热的方法予以考虑。如果在避雷器附近有其他热源，避雷器的使用需经供需双方协商。

c)　海拔不超过1 000 m；

d)　交流电源的频率不低于48 Hz，不超过62 Hz；

e)　长期施加在避雷器端子间的工频电压应不超过避雷器的持续运行电压；

f)　机械条件(正在考虑之中)。

13.6　技术要求

除下述要求外，其余适用于第6章。

13.6.1　短路试验

制造厂宜称具有短路额定值的避雷器不应在故障时导致剧烈粉碎(见12.8.7)。

如果宣称具有故障-开路额定值,则应该在宣称的最小电流水平下进行试验。

如果宣称具有故障-短路额定值,则应该在宣称的最大电流水平下进行试验。

13.7 试验要求

见第7章。

13.8 型式试验(设计试验)

13.8.1 总则

型式试验按表31的要求进行。

表31 液浸式避雷器型式试验项目

序号	试验名称	试验依据	试验方法	试品数量
1	绝缘耐受试验	6.1	13.8.2	3台避雷器(除去内部电阻片)
2	残压试验	6.3	8.3	3只比例单元
3	长持续时间电流耐受试验	6.8	8.4	3只比例单元
4	工频电压耐受时间特性试验	6.10	附录D	4只比例单元
5	动作负载试验	6.9	13.8.3	3只比例单元
6	短路试验	6.11	13.8.4	4台避雷器
7	局部放电试验	6.4	8.8	3台避雷器
8	密封性能试验	6.5	8.11	3台避雷器
9	持续电流试验	6.18	8.14	3台避雷器
10	工频参考电压试验	6.2.1	8.15	3台避雷器
11	直流参考电压试验	6.2.2	8.16	3台避雷器
12	0.75倍直流参考电压下漏电流试验	6.19	8.17	3台避雷器
13	多柱避雷器电流分布试验	6.6	8.18	1台避雷器

对于液浸式避雷器,当要求在绝缘液体中进行试验时,液体应当为在被保护的设备中使用的液体。

13.8.2 对避雷器外壳的绝缘耐受试验。

除下述要求外,其余适用于8.2。

13.8.2.1 总则

本条替代8.2.1。

电压耐受试验证实避雷器外壳的外绝缘电压耐受能力,如需验证其他设计结构,试验须经供需双方协商。

试验应在6.1规定的条件和试验电压下进行,绝缘部件外表面应清洁,内部元件应取出或使之失效,使能做这项试验。

液浸式避雷器的绝缘耐受试验应该在绝缘液体中在室温下进行。

13.8.2.2 湿试验程序

湿耐受试验不适用于液浸式避雷器。

13.8.3 动作负载试验

除下述要求外,其余适用于8.5。

13.8.3.1 试验程序

本条替代8.5.2.1。

将已校正的最大持续运行电压U_{ct}(见下述)施加到3只电阻片试品上7 000 h,在7 000 h期间应控制电阻片的表面温度在115 ℃±4 K。

当供需双方协商一致时，试验时间可减少到不少于 2 000 h，至少每隔 100 h 测量一次电阻片的功率损耗，然后利用功率损耗对时间的平方根画出老化曲线，在曲线上用测量的功耗最低值到最高值画一根直线，外延至 7 000 h。

在老化试验时，应该与整支避雷器设计一样，具备所有直接与电阻片接触的材料(固体或液体)。

在加速老化试验时，电阻片应该置于和避雷器中相同的介质中。在这种情况下，老化试验应在处于封闭容器内的单片电阻片上进行，容器的容积应至少为电阻片体积的 2 倍，并且容器内的介质密度不能低于避雷器中介质密度。

注：在避雷器的正常寿命期内，避雷器内电阻片周围的介质可能由于内部放电的原因而会有一些改变。电阻片周围介质的改变可能性会明显增加功率损耗。

考虑这种情况合适的试验程序正在研究之中。目前有一个程序可以作为选择，就是在含有低的氧气浓度(低于 0.1%体积)的 N_2 或 SF_6(对 GIS 避雷器)中进行这个试验。这就保证，即使在完全缺氧的情况下，避雷器仍不会老化。

如果制造商能够证明，在敞开的空气中进行本试验等价于在实际介质中进行的试验，则可以在敞开的空气中进行老化试验。

用于本试验程序中的电压是电阻片在避雷器中应承受的校正后的最大持续运行电压(U_{ct})，该电压包括电压分布不均匀影响，这个电压可以通过电压分布的测量或计算来确定。

上述老化试验程序应在 3 只典型的电阻片元件试品上进行，试品的参考电压应满足 7.2 的要求。工频电压应满足动作负载试验规定的老化试验要求(见 8.5.1)。

13.8.3.2 升高的额定电压及持续运行电压的确定

本条替代 8.5.2.2。

3 只试品应加热到 115 ℃±4 K，在施加电压后 1 h～2 h 之间测量在电压 U_{ct} 下电阻片的功率损耗 P_{1ct}。在测量 P_{1ct} 后，应该每隔 100 h 测量一次电阻片的功率损耗。最后，在不间断地施加 U_{ct} 计 7 000 $h^{+100\ h}_{0}$，老化后，在相同条件下测量功率 P_{2ct}(如 13.8.5.2.1 所述，经供需双方协商一致后，试验时间可减少至不少于 2 000 h)。在试验期间容许试品上偶然断电，但总的累计断电时间不得超过 24 h。中断的时间将不计入老化试验的持续时间内，最后的测量应该在持续通电不少于 100 h 后进行。在容许的温度范围内，所有的测量应该在相同温度±1 K 下进行。

在至少每 100 h 时间间隔所测得功率损耗中的最小功率损耗叫做 P_{3ct}。如图 15 所示。

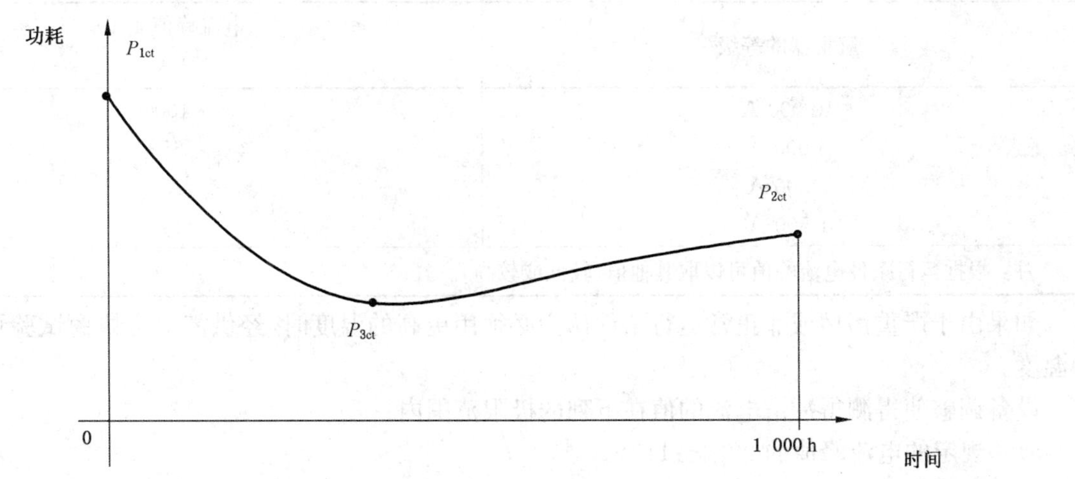

图 15 避雷器在升高温度下的功率损耗与时间的关系

——如果 P_{2ct} 等于或小于 $1.1P_{3ct}$，则应该对新的电阻片按照 8.5.4.2 及 8.5.5.2 进行试验。

——如果 P_{2ct} 等于或小于 P_{1ct}，则使用的 U_{sc} 和 U_{sr} 可不作任何修改。

——如果 P_{2ct} 大于 P_{1ct}，则取每只试品所确定的比值 P_{2ct}/P_{1ct} 中比值最高者为 K_{ct}。在环境温度下对 3 只新电阻片试品分别在 U_{sc} 和 U_{sr} 下测量功率损耗 P_{1c} 和 P_{1r}。然后，提高电压，使相应的功率损耗 P_{2c} 和 P_{2r} 满足下列关系：

$$\frac{P_{2c}}{P_{1c}} = K_{ct} \qquad \frac{P_{2r}}{P_{1r}} = K_{ct}$$

U_c^*、U_r^* 为提高了的三个电压中的最大者。作为另一种办法，如果经供需双方同意，也可使用经过老化的电阻片。

——如果 P_{2ct} 大于 1.1 P_{3ct}，且 P_{2ct} 大于或等于 P_{1ct}，则应该按照 8.5.4.2 及 8.5.5.2，对老化过的电阻片进行试验。如果经供需双方同意，可以使用校正过电压 U_c^* 和 U_r^* 的新的电阻片进行试验。

按照定义，老化的电阻片是按 8.5.2.1 试验过的电阻片。

表 32 汇总了上述情况。

表 32 升高的额定电压及持续运行电压的确定

测得的功率损耗	动作负载试验的试品及试验电压
$P_{2ct} \leqslant 1.1 \times P_{3ct}$ 且 $P_{2ct} \leqslant P_{1ct}$	新试品在 U_{sc} 和 U_{sr} 下试验
$P_{2ct} \leqslant 1.1 \times P_{3ct}$ 且 $P_{2ct} > P_{1ct}$	新试品在 $U_{sc}{}^*$ 和 $U_{sr}{}^*$ 下试验
$P_{2ct} > 1.1 \times P_{3ct}$ 且 $P_{2ct} < P_{1ct}$	老化过试品在 U_{sc} 和 U_{sr} 下试验
$P_{2ct} > 1.1 \times P_{3ct}$ 且 $P_{2ct} \geqslant P_{1ct}$	老化过试品在 U_{sc} 和 U_{sr} 下试验 （如果供需双方同意，新试品在 $U_{sc}{}^*$ 及 $U_{sr}{}^*$ 下试验）

在将老化过的电阻片用于动作负载试验时，建议老化试验与动作负载试验之间的时延不超过24 h。测量时间应当足够短，以免由于加热而使功率损耗增加。

13.8.3.3 施加冲击电流

本条替代 8.5.4.2。

在动作负载试验开始，应将避雷器浸入 120 ℃±15 K 的绝缘油中。

比例单元应耐受表 33 规定的峰值和波形的大电流冲击 2 次，强雷电负载避雷器应耐受附录C 中规定的峰值为 40 kA 波形 30/80 冲击 3 次。

表 33 大电流冲击要求

避雷器的等级	电流峰值 4/10 kA
10 000 A	100
5 000 A	65
2 500 A	25
1 500 A	10
注：根据运行条件电流峰值可以取其他值(较低或较高)。	

如果由于严重污秽或非正常运行条件认为必须用更高的温度时，经供需双方协商试验可使用更高的温度。

设备调整使得测得冲击电流的值在下列的极限范围内：

a) 规定的电流峰值的 90%～110%；

b) 视在波前时间从 3.5 μs～4.5 μs；

c) 试在波尾半峰值时间从 9 μs～11 μs；

d) 任何反极性电流波的峰值应该小于电流峰值的 20%；

e) 冲击电流上的小的振荡是允许的，只要它们在接近冲击电流峰值时的幅值小于电流峰值的 5%，在这种情况下，为了测量的目的，应该采用平均曲线来确定峰值。

预备性试验及随后的大电流冲击应该施加相同的极性。

附录 H 叙述了可供使用的典型试验回路。

在最后一次大电流冲击后，应尽可能快且在不超过 100 ms 内向试品施加 10 s 升高的额定电压(U_r^*)，然后再接着施加 30 min 升高的持续运行电压(U_c^*)(见 8.5.2)，以证明热稳定或热击穿。

每一次冲击电流的电流应当予以记录，同一试样的电流波记录应当没有显示试样击穿或闪络的差异。

在施加工频电压期间，在提高了的持续运行电压 U_c^* 下的电流值应当予以连续地记录。

在工频电压施加期间，应当监视非线性金属氧化物电阻片的温度或电流的阻性分量或功率损耗以证实热稳定或热崩溃(见 8.5.6)。

在整个试验程序结束，试验样品冷却到接近室温后，应当重复进行一次在试验开始时做过的残压试验。

假如达到了热稳定，假如试验前后测得的残压的变化不大于 5%，假如试验后对试验样品的检查没有发现有击穿、闪络或开裂的迹象，则可认为避雷器通过了该项试验。

13.8.4 短路试验

制造厂声称具有短路额定值的避雷器应当进行如 8.7 所规定的短路试验，以证明避雷器不会以导致剧烈粉碎的形式发生破坏。液浸式避雷器采用的试验程序应如下对 8.7 进行修改。

13.8.4.1 总则

本条替代 8.7.1。

制造厂声称具有短路额定值的避雷器，应当按照本规定进行试验，进行试验是为了证明一个避雷器故障不可能形成爆炸性故障。

每一种避雷器设计要用 2 组短路电流进行试验。

——大短路电流包括额定短路电流及 2 个降低的短路电流进行试验。

——小短路电流。

注：避雷器关于短路特性可以有两种原则上设计。

一种避雷器设计是利用内部过压力，它是由于避雷器元件的短路而产生的内部电弧造成的。过压力是由于加热封闭的一定体积的气体或液体，使之膨胀，导之压力释放装置爆破或翻转(在这种情况下，这类试验有时又叫做“压力释放试验”)，在过压力释放之前，避雷器外套不能破坏。

另一种设计通常是紧凑的，没有封闭的气体或液体体积，没有压力释放装置，这类设计的短路性能取决于电弧直接烧穿或撕裂外套的能力。

如果避雷器装配一种与传统的压力释放装置不同的装置，这种装置应该包括在试验中。

对于额定的及降低的短路电流，试验样品准备的方法依据避雷器的结构而定，对于装有压力释放装置的避雷器，电阻片外部用一根熔丝旁路，对于没有压力释放装置的避雷器，电阻片可用过电压预故障，或在电阻片中钻孔并用熔丝在孔中将电阻片旁路。

对于小电流短路试验，电阻片用过电压预故障。

短路电流试验电源的频率，应当不低于 48 Hz，不高于 62 Hz。

经供需双方协商，可以用相互同意的试验程序及试验判据来进行多次预故障试验。

液浸式避雷器可以设计为“故障—开路”或“故障—短路”。故障—开路设计的避雷器在故障电流低于它的故障—开路额定值时，不会总是以开路的形式发生故障，而故障—短路设计的避雷器当故障电流超过它的故障—短路额定值时，不会总是以短路的形式发生故障。

注：“故障—开路”并不意味避雷器将遮断电路，所有的避雷器故障引发的短路电流必须被一过电流保护装置所遮断，在其他装置清除故障后，故障—开路避雷器允许被保护的设备重新加上电压，当然已经没有过电压保护了。

对于声称具有故障—开路或故障短路电流额定值的每一种型式及设计的避雷器，应当对它的 3 只最低额定电压及 3 只最高额定电压的完整单个避雷器元件中的每一只进行这项试验，对于相同型式及设计的中间电压等级来说，应该认为这些试验可证实它们符合本标准。

对于故障—开路设计的避雷器，所有的试样应该在声称的最小故障—开路电流水平下进行试验，试品不能在低于最小故障—开路额定值的“小短路电流”水平下进行试验。

对于故障—短路设计的避雷器，试品应当按照 8.7.4 规定，在三个短路电流水平中的每一个进行试验，标称短路水平可能与表 12 中列出的不同，并且由制造厂选定，两个降低的短路电流水平应当从表 12 中选定，一个附加的试样应当按照 8.7.5 进行试验。

13.8.4.2 试品的安装

本条替代 8.7.3。

试验样品应当按照运行时安装的位置安装，避雷器应当浸设在一个容器的绝缘液体内，容器应当足够大，不致于卷进飞弧的运动中。

对于无基座安装的避雷器(例如，柱上安装避雷器)，试品应当用运行安装中常用的金属安装附件将其安装在非金属的柱上，为了本试验的目的，应当把安装附件看作避雷器基座的一部分，当上述与制造厂的规定有差异时，避雷器应当按照制造厂推荐的安装方式安装，基座到电流传感器之间的全部导线应为至少 1 000 V 绝缘强度的绝缘导线，试品的顶端应当装配同样避雷器设计的基座或顶帽。

对于基座安装的避雷器，试品的底部装配应当装在一绝缘支撑上，绝缘支撑的高度应当和围绕的圆形或方形围栏一样高，绝缘支撑及外围应安装在一绝缘平台的顶部，如图 14a)及 14b)所示，对于无基座安装的避雷器，同样的要求适用于避雷器的底部，顶端帽至任何其他金属物体(浮动电位或接地的避雷器的基座除外)之间的电弧距离应至少为 1.6 倍试验样品的高度但不少于 0.9 m，外围除用来制造围栏及平台用的小金属零件如钉子，螺丝外，应该用非金属材料制造，并且应当相对于避雷器的轴对称地布置，围栏的高度应当为 40 cm±10 cm，它的直径(当为方形时，则为边长)应当为 1.8 m 或试品的直径加两倍试验样品的高度，选二者间之大者，在试验时，围栏不容许打开或移动。

试品应当垂直安装，除非制造厂与用户之间达成了其他样式的协议。

注：在短路试验时，避雷器的安装，特别是，导体的路径必须代表现场中最不利的条件，在图 14a)中所示的路径是在喷弧前试验的初始相的最不利的情况。

然而，在剩下的喷弧时间，这种路线使电弧移动离开避雷器，这样就减少了避雷器着火的风险，试验的初始相及着火的风险两者都很重要，特别是对于避雷器外套的外部是用复合绝缘材料制成时，因而，对于没有压力释放装置的避雷器提出了另一种方案。即：接地的导体将移向右边如图 14b)所示的那样，这样，在整个短路电流时间电弧将一直停留靠近避雷器，这样对火灾创造了最不利的条件。

13.8.4.3 试验结果的评价

本条替代 8.7.6。

通过下述各项，可以判断试验样品符合标准：

a) 通过记录的示波图判断电流幅值及持续时间。

b) 短路试验后，在任何时间内，进行持续电压耐受试验，试品应该在一个具有限定的，但已知的可产生持续时间为 1 min 电流的电路中加电压 U_c，在这段时间内。

   1) 在故障—开断设计的避雷器内实际没有电流流动；

   2) 在故障—短路设计的避雷器内实际有全部可生产的电流流动。

c) 从试验后试验样品的外观。

所有被试验的试品应当满足这些要求。

13.8.4.4 大电流短路试验

本条替代 8.7.4。

一个试品应该在从表 12 中选出来的额定短路电流下进行试验。第二个、第三个样品应该在根据选出来的额定短路电流降低的两个短路电流中的每一个电流下进行试验，所有三个样品应该根据 8.7.2 进行准备，根据 8.7.3 进行安装。

试验应在单相试验回路进行，根据 8.7.4.1 该试验电路应具有 77%～107%避雷器额定电压的开路电压。然而，在高压避雷器上的试验时，试验站可能会没有足够的短路功率在 77%或更高的试品额定电压下进行这些试验。因此，8.7.4.2 给出降低电压下进行大电流短路试验的程序。测得在电路中流过试验电流的总时间应当≥0.2 s。

对于故障—开路设计避雷器，应该调节试验回路的阻抗，使产生的流过试品的电流不大于避雷器的故障开路电流额定值，宣称的故障—开路额定值是测得的试验时流过任一试品的有效值对称电流中的最大值。

对于故障—短路设计避雷器，应该调节试验回路的阻抗，使产生的流过试品的电流不小于避雷器的故障—短路电流额定值，宣称的故障—短路额定值是测得的试验时流过任一试品的有效值对称电流中的最小值。

13.9 例行试验、验收试验、定期试验和抽样试验

试验项目见第 9 章，试验要求和试验方法见相关要求。

附 录 A
（规范性附录）
异常运行条件

下述是避雷器典型的异常运行条件，在避雷器制造和使用时需要特殊考虑，并应引起制造厂注意：

a） 温度高于＋40 ℃或低于－40 ℃；
b） 使用海拔高度超过 1 000 m；
c） 能引起绝缘表面或安装金具劣化的烟气或蒸汽；
d） 因烟气、灰尘、烟雾或其他导电物引起的严重污秽；
e） 过度暴露在严重的潮气、湿气、降水或蒸汽中；
f） 避雷器带电冲洗；
g） 粉尘、气体或烟气的爆炸混合物；
h） 异常机械条件（地震、振动、强风速、厚覆冰、高弯曲负荷）；
i） 异常运输和贮存；
j） 系统频率低于 48 Hz 或高于 62 Hz；
k） 避雷器靠近热源（见 5.4.1.b））；
l） 风速＞35 m/s；
m） 非直立安装和直立悬挂使用；
n） 地震烈度大于Ⅶ度（见附录 M.2）；
o） 避雷器的扭转负荷；
p） 避雷器的拉伸负荷；
q） 避雷器用于机械支撑。

附 录 B
（规范性附录）
验证整只避雷器和避雷器比例单元间的热等价性试验

经供需双方协商，试验应按下述程序或其他程序进行。

将整只避雷器或多元件避雷器中单位长度装有电阻片最多的元件置于温度 20 ℃±15 K 静止空气中，环境温度应保持在±3 K 偏差内。热电偶和(或)使用光纤技术测温的某种探测装置贴在电阻片上。检验点必须足够多以便计算出平均温度，或者制造厂仅选择位于距顶部为避雷器长度的 1/2～1/3 之间的某一点作为测温点。后者将给出留有余地的结果，因而证明是一种简化方法。

通过施加幅值大于工频参考电压的工频电压，使电阻片温度加热到大约 120 ℃。如果测几片电阻片的温度时，该温度应是平均值，如只检验 1/2～1/3 的某一点时，该温度就应是该点值。加热时间不作规定，如果随后加热试验比例单元所用时间大致相同，则根据电源容量，加热时间可选择几分种到几小时，当达到预定温度时应切断电源，并且确定不少于 2 h 的冷却时间曲线，在测量几个点时，应画出平均温度曲线。

随后比例单元试品用与整只避雷器相同的方法在环境温度为 20 ℃±15 K 的静止空气中进行试验，环境温度必须保持±3 K 偏差内。施加工频电压使比例单元试品与整只避雷器一样加热到比环境温度高的相同温升。电压幅值的选择应使加热时间与整只避雷器加热时间相近。通过测量几片电阻片的温度确定平均温度，或者只测位于比例单元顶部 1/2～1/3 间的一片电阻片的温度。当比例单元达到预定温度时，应切断电源，并测出不少于 2 h 的冷却时间曲线。

比较整只避雷器和比例单元的冷却曲线，或都使用平均温度或者使用一片电阻片温度。对较低的曲线用增加环境温度差的方法将冷却曲线调整到相同的环境温度。

证明热等价性的条件是，比例单元试品在冷却期间各瞬间的温度等于或高于整只避雷器的温度。

附 录 C
（规范性附录）
电压范围 1 kV～52 kV 强雷电负载避雷器的要求

本附录规定了专用于强雷电密度区 20 kA 的 1 kV～52 kV 避雷器的要求。

表 C.1 规定了试验要求。

动作负载试验按 6.9 和 8.5.4 进行，并且应包含对每只试品施加 3 次峰值 40 kA、波形 30/80 的冲击电流。

3 次电流冲击的间隔时间为 50 s～60 s，调整设备使冲击电流值的偏差在下列范围内：

a) 电流峰值为规定峰值的 90%～110%；

b) 视在波前时间 25 μs～35 μs；

c) 波尾半峰值视在时间 70 μs～90 μs；

d) 任何反极性电流波峰值应低于电流峰值的 20%；

e) 冲击波形允许有小的振荡，但在冲击波峰值附近的振幅不超过峰值的 5%。在这些条件下，为测量起见，用于确定峰值作出的平均曲线是可以接受的。

完整的试验程序见图 C.1。

注：为了再现实际系统条件，试品应在施加电压 U_r^* 时施加最后一次大电流冲击。由于实际试验回路的限制，100 ms 是允许的。

热稳定试验（见 9.2.2）应按图 C.2 进行。

表 C.1　20 kA 强雷电负载避雷器的试验要求[a]

1　额定电压 U_r/kV(r.m.s)	$3\leqslant U_r\leqslant 60$ kV
2　避雷器外套的绝缘耐受试验	6.1,8.2.6,8.2.8
3　残压试验 a)　陡波冲击电流残压试验 b)　雷电冲击电流残压试验 c)　操作冲击电流残压试验	表 J.1 和 6.3 8.3.1 8.3.2 不要求
4　长持续时间电流冲击耐受试验	8.4
5　动作负载试验 a)　大电流冲击动作负载试验 b)　操作冲击动作负载试验	6.9 和附录 D 8.5.4 不要求
6　工频电压耐受时间特性曲线	6.10
7　短路试验	6.11
8　避雷器脱离器（当装有脱离器时）	6.12 和 8.6
9　人工污秽试验	附录 F
[a] 2～9 项的条款号参见本标准。	

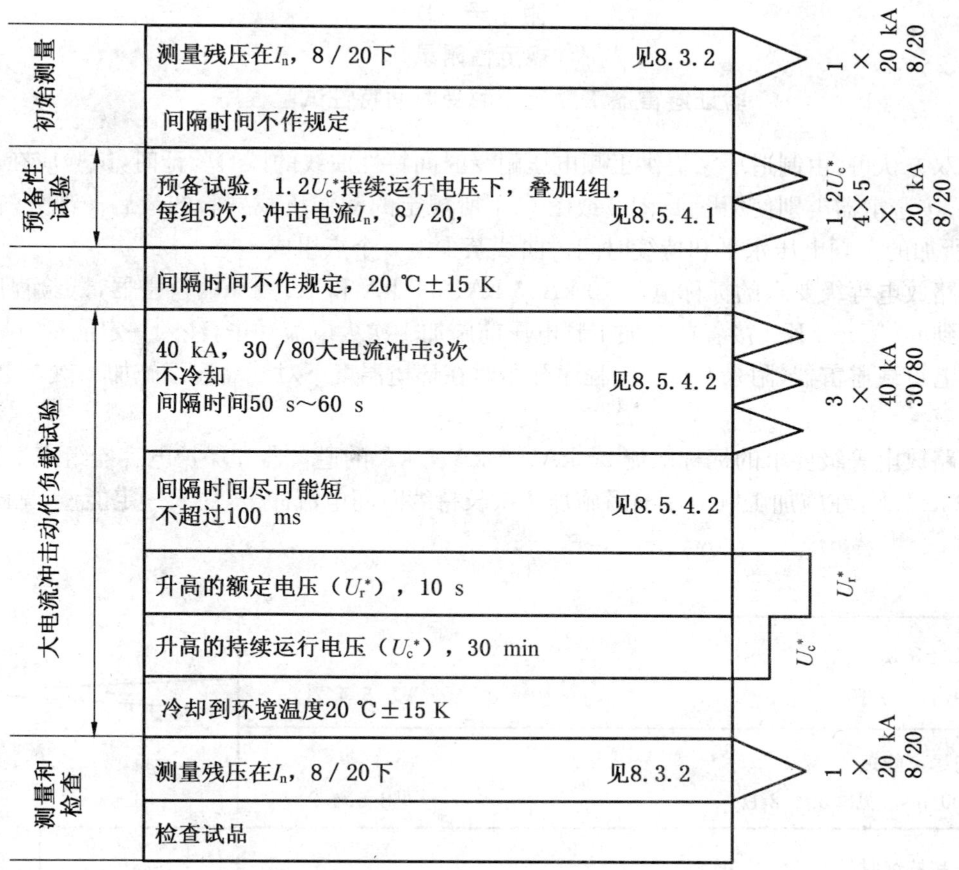

图 C.1　20 kA 强雷电负载避雷器动作负载试验

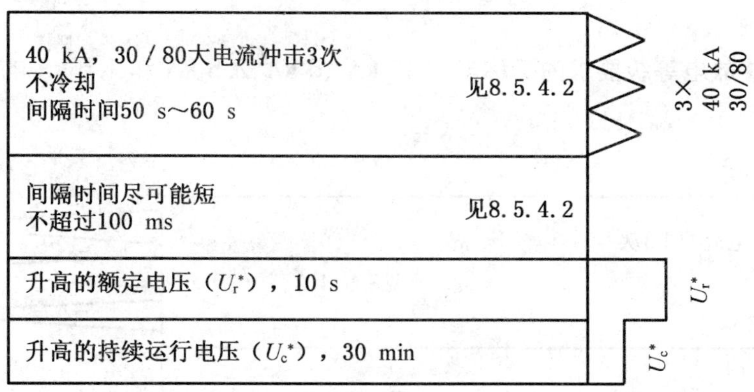

图 C.2　20 kA 强雷电负载避雷器热稳定试验，见 9.2.2

附 录 D
（规范性附录）
验证避雷器工频电压耐受时间特性试验程序

经供需双方认可，由制造厂家提供工频电压耐受时间特性曲线的试验验证时，试验应在避雷器比例单元上进行，按避雷器类别使用图1、图2或图C.1所规定的动作负载试验的最后一部分，在施加电压U_c^*前改变所加的工频电压水平和持续时间。曲线至少由3个点组成。

对无线路放电等级要求的标称电流10 kA、5 kA、2.5 kA和1.5 kA的避雷器，试验程序开始时应使试品预热到60 ℃±3 K。接着在施加工频电压前施加1次大电流冲击，注入一定能量，见图D.1。

对强雷电负载避雷器（附录C），试验程序开始时在环境温度下对试品连续施加3次大电流冲击，见图D.2。

对有线路放电等级要求的标称电流20 kA、10 kA、5 kA的避雷器和保护电容器组避雷器。试品应预热到60 ℃±3 K，在施加工频电压前后施加2次长持续时间电流冲击，注入一定能量，见图D.3。

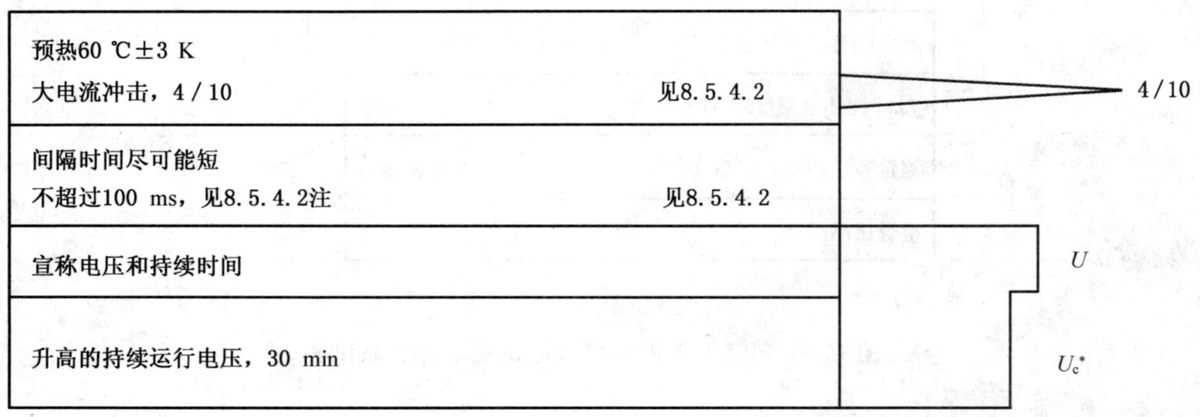

图 D.1 无线路放电等级要求的标称电流10 kA、5 kA、2.5 kA和1.5 kA的避雷器试验程序

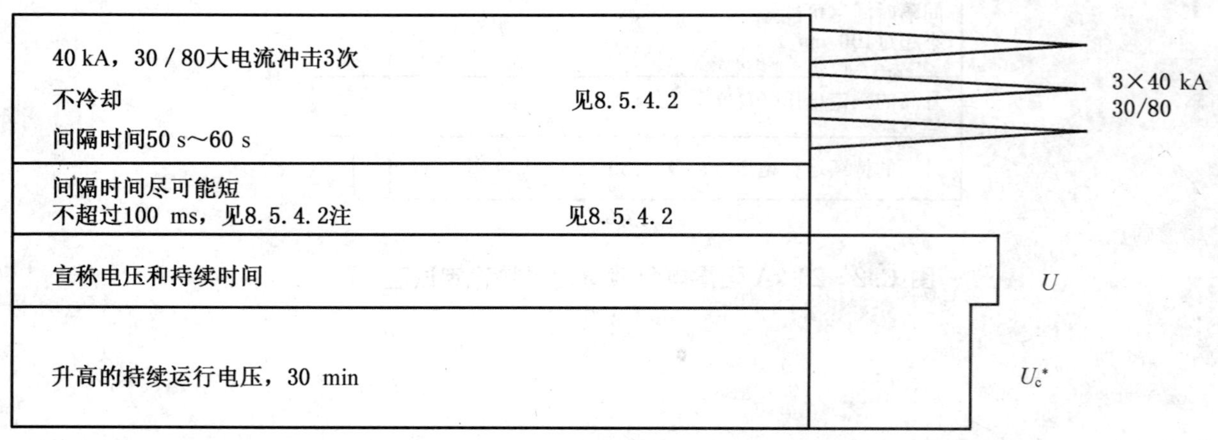

图 D.2 标称电流20 kA强雷电负载避雷器试验程序

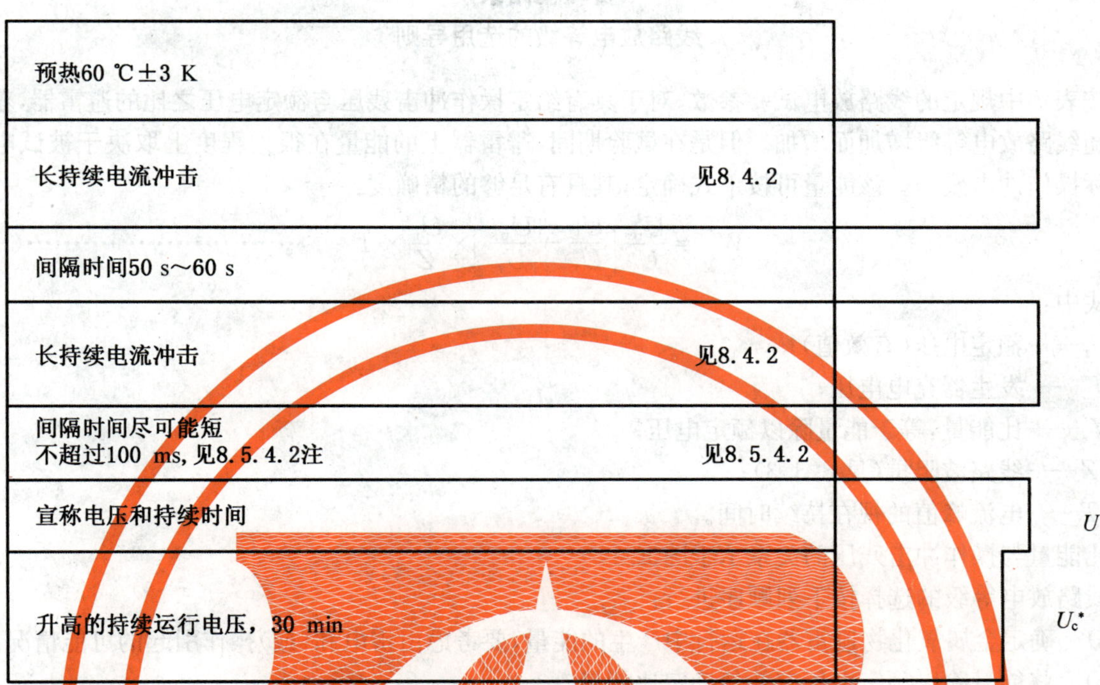

图 D.3 有线路放电等级要求的标称电流 20 kA、10 kA、5 kA 避雷器和保护电容器组避雷器试验程序

附　录　E
（资料性附录）
线路放电等级的选用导则

按表 7 中规定的线路放电试验参数，对于具有给定操作冲击残压与额定电压之比的避雷器，获得的能量随线路放电等级增加而增加。但是在试验期间，避雷器上的能量在很大程度上取决于被试电阻片的实际操作冲击残压。该能量可按下式确定，其具有足够的精确度：

$$W' = \frac{U_{res}}{U_r}\left[\frac{U_L}{U_r} - \frac{U_{res}}{U_r}\right] \times \frac{U_r}{Z} \times T \qquad \text{(E.1)}$$

式中：

U_r——额定电压（有效值）；

U_L——发生器充电电压；

W'——比能量，等于能量除以额定电压；

Z——线路波阻抗（见 8.3.3）；

T——电流峰值的视在持续时间。

比能量与操作冲击残压的关系示于图 E.1。

线路放电等级的选择按下列顺序进行：

a)　确定金属氧化物避雷器在运行中产生的能量，要考虑由雷电和（或）操作引起的可能情况。

b)　将能量除以额定电压有效值确定比能量。

将上述比能量与公式（E.1）或图 E.1 在试验中产生的比能量相比较，选择邻近较高的线路放电等级。

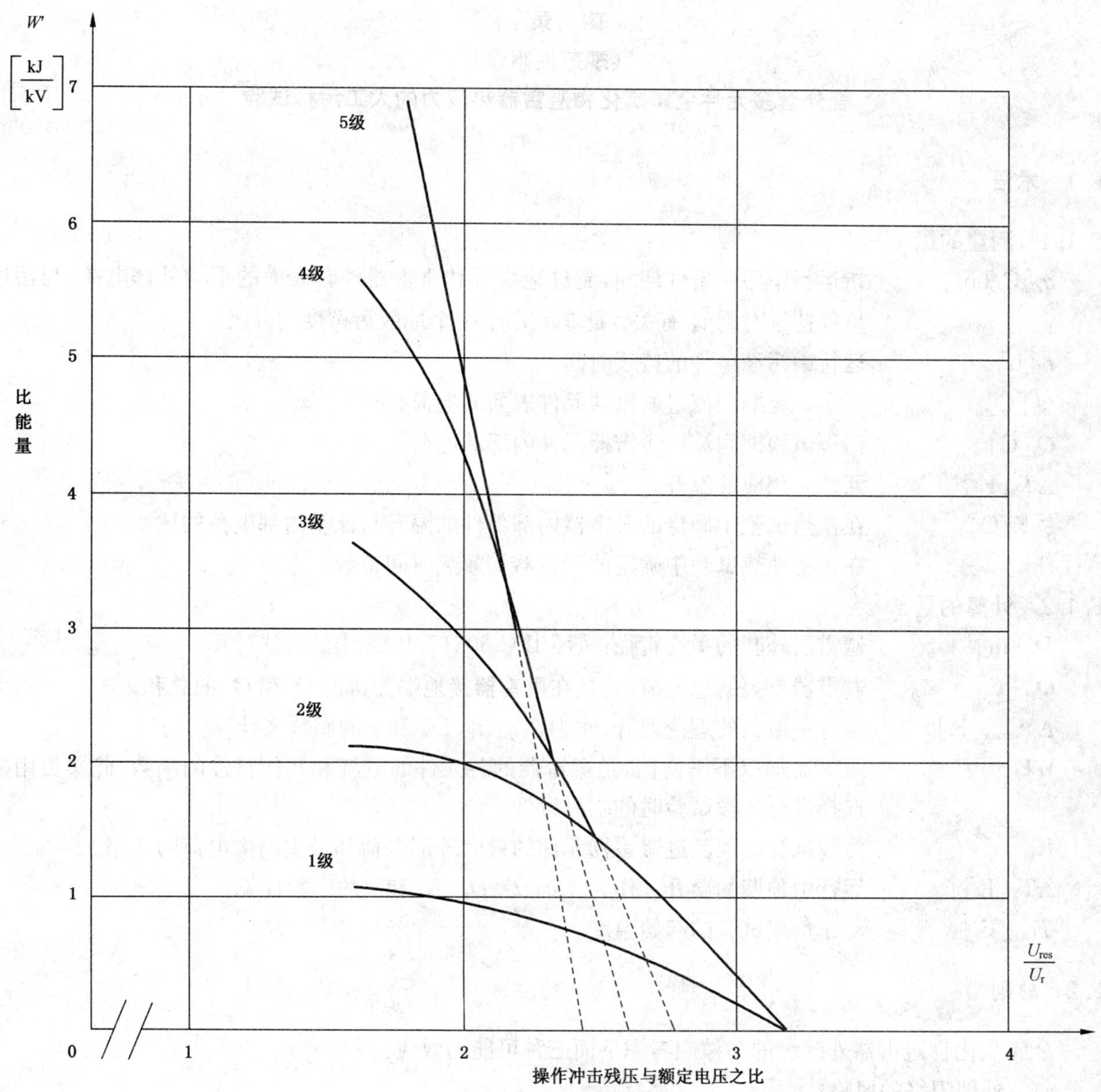

图 E.1 比能量(kJ/kV)与避雷器操作冲击残压 U_{res} 和额定电压有效值 U_r 之比的关系曲线

附 录 F
（规范性附录）
瓷外套多元件金属氧化物避雷器热应力的人工污秽试验

F.1 术语

F.1.1 测量的量

q_Z[C/hm]	指运行中污秽事件期间，流过绝缘子和避雷器外套表面的平均外部电荷，与污秽事件持续时间 t_Z 有关。此参数用于一个地区污秽度的分级。
t_Z[h]	运行中污秽事件的持续时间。
Q_e[C]	污秽试验期间流过避雷器元件表面的电荷。
Q_i[C]	污秽试验期间流过避雷器元件内部的电荷。
ΔT_k[K]	元件 k 相应的温升。
β[K/C]	在预热试验中确定的避雷器内部部件的温升与流动内部电荷的比率。
τ[h]	在预备性热试验中确定的避雷器等效热时间常数。

F.1.2 计算的量

D_m[m]	避雷器外套的平均直径：按照 IEC 60815：1986 中的方法计算。
Q_{tot}[C]	避雷器有关的总电荷，它是在避雷器接地端测得的 Q_i 和 Q_e 的总和。
$\Delta T_{z\,max}$[K]	运行中最大的理论温升，作为 β、q_Z、t_Z、D_m 和 τ 的函数来计算。
WU	避雷器加权不平衡值，是避雷器的各元件的电气和几何特性的函数，此参数用来选择进行污秽试验时的临界设计。
K_{ie}	污秽试验期间流过避雷器元件的最大外部电荷和最大内部电荷的比率。
ΔT_Z[K]	运行中预期的温升。作为 β、q_Z、t_Z、D_m、K_{ie}和 τ 的函数计算。
T_{OD}[℃]	动作负载试验的起始温度。

F.2 总则

金属氧化物避雷器外绝缘的污秽应考虑下面三种可能的效应：

a) 外部闪络的风险；

b) 由避雷器外表面和内部带电元件之间的径向电场产生的避雷器内部的局部放电；

c) 由避雷器外套表面上的污秽层引起的非线性和暂态电压梯度产生的内部带电部件的温升。

本试验程序仅考虑第三种可能效应。

试验室试验和运行经验已经表明，污秽条件下避雷器内部带电部件的发热与吸收电荷有关，因而该参数在避雷器污秽特性评估被认为是必要的。

考虑到流过不同绝缘子避雷器表面的平均外部电荷，建立典型地区污秽等级划分。

本附录中所述的方法仅适用于瓷外套避雷器；对复合外套避雷器还需进一步的研究，目前正在考虑之中。

考虑到污秽的热效应，本附录详述了在动作负载试验之前施加在试品上的预热程序；本程序合并在图 F.1 的流程图中，特别是：

——不同典型地区的污秽度用 q_Z 表示，相关的数据在附录 F.1 中示出。

——依据附录 B 确定的避雷器的热特性，本程序允许确定等效时间常数 τ 和本标准 F.4 所描述的

方法进行 β 参数的计算。

——对避雷器热特性和安装地区预期污秽度的认识可以通过在最保守的条件下即所有与污秽事件相关的电荷均流入避雷器内部进行最大温升的预算。

——如果最大温升 $\Delta T_{z\,max}$ 计算结果低于 40 K，则不需进行污秽试验，而且动作负载试验的起始温度应为 60 ℃。如果最大温升 $\Delta T_{z\,max}$ 计算结果是 40 K 或更高，则应按本附录所述的程序进行试验，除非由供需双方协商一致(例如依据特定环境下的运行经验)可以免做污秽试验。此外，在由制造商决定时，即使 $T_{z\,max}$ 的计算结果高于 40 K，污秽试验也可免做，但动作负载试验起始温度应为(20＋$\Delta T_{z\,max}$)℃。

——当认为必要时。可在代表一定型号和设计的避雷器上进行试验室污秽试验。在污秽试验期间，应测量每个避雷器元件外部电荷 Q_e 和内部电荷 Q_i。另一方面，也可以测量总电荷 Q_{tot} 和内部部件温升 ΔT。考虑到在污秽条件下避雷器热特性的随机性，有必要对试验结果进行统计分析。描述在下列条款中的试验结果详细给出了系数 K_{ie}，他表示了电荷流向内部并对带电部件加热的趋势。此系数对某种给定的避雷器的型号和设计来说是一个特性参数。

——运行中的预期温升 ΔT_Z 作为 q_Z、K_{ie}、D_m、t_Z、β 和 τ 的一个函数。

——动作负载试验的起始温度 T_{OD} 在下列判据的基础上进行计算：

1) 如果 ΔT_Z 大于 40 K，则；T_{OD}＝20 ℃＋ΔT_Z；

2) 如果 ΔT_Z 低于或等于 40 K，则 T_{OD}＝60 ℃。

——应按在 7.5 种所述的程序用等于 T_{OD} 的起始温度进行动作负载试验。

F.3 地区污秽度的分级

一个地区污秽度的划分是以预期平均外部电荷 q_Z 为基础，以典型的不同污秽度的各地区的测量为依据。

考虑到流过绝缘子表面的电荷与它的直径是成比例的，q_Z 用等效直径 1 m 来归一化。

污秽现象的持续时间(t_Z)假定如下：

中等持续时间高强度污秽，2 h；

长持续时间的污秽事件，6 h。

依据公式(2)，对于避雷器安装地点相应的污秽水平，在以后的计算中 q_Z 值被认作是与最严酷的情况(2 h 或 6 h)相对应的。

不同污秽区域的 q_Z 值示于表 F.1 中。

表 F.1 不同污秽度的平均外部电荷

污秽等级(区域[a])	标准的最小爬电比距	q_Z：平均外部电荷 C/h·m	
		t_Z＝2 h	t_Z＝6 h
Ⅰ-轻	16	0.5	0.24
Ⅱ-中	20	3.3	2.4
Ⅲ-重	25	24.0	14.0
Ⅳ-非常重	31	55.0	36.0

注：用一个 2 mA 的极限值获得值(F.6.3.1)。

[a] 污秽等级(区域)与 IEC 60815:1986 的表 1 定义的污秽水平一致。

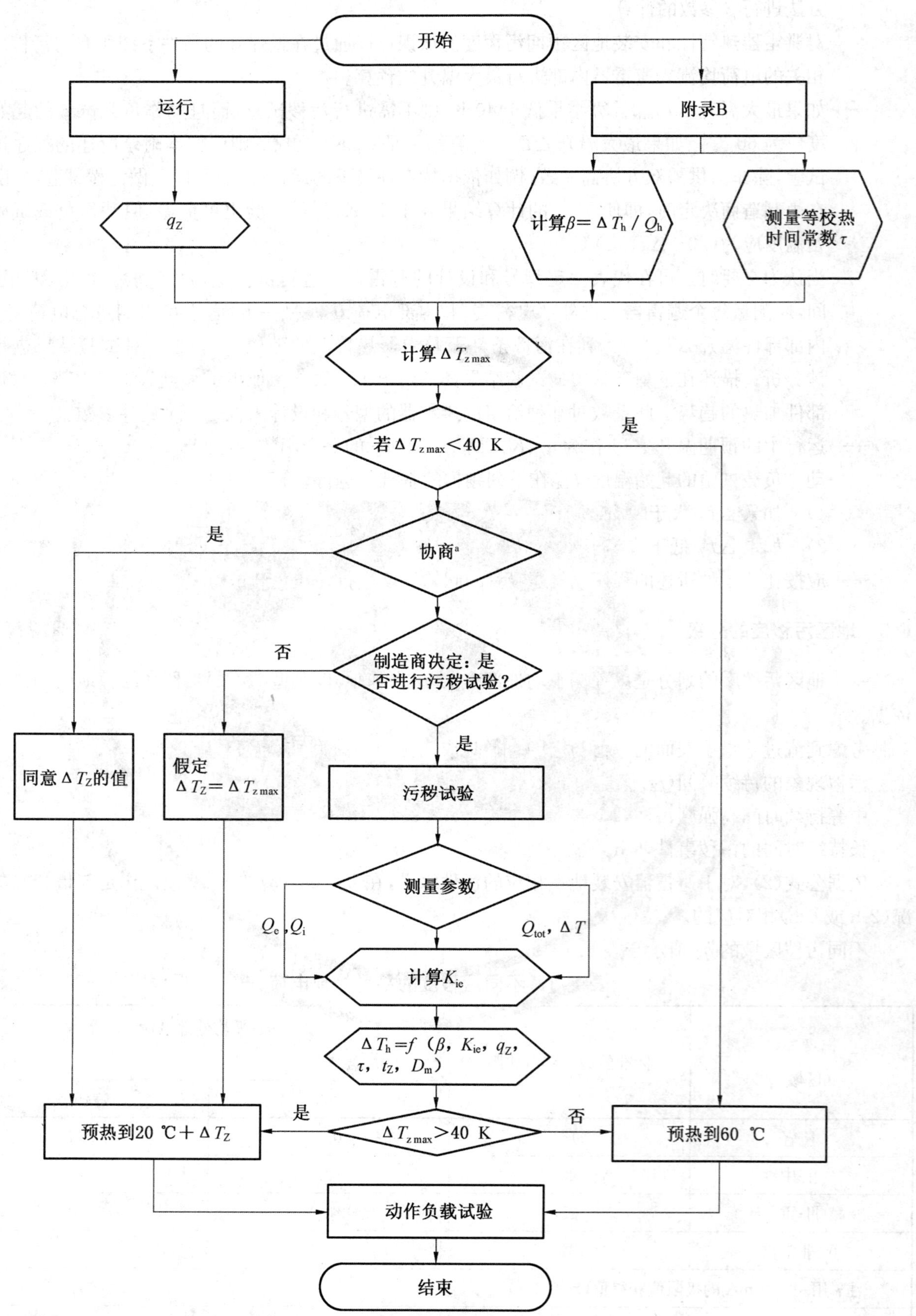

[a] 供需双方协商认可(例如:基于在特殊环境下的运行经验)。

图 F.1 确定试品预热试验方法的流程图

F.4 预热试验；预热常数 τ 的测量和 β 的计算

本程序与附录 B 中规定的程序类似，与完整的避雷器相关，但有下列例外：

——加热时间(t_h)应少于 10 min；

——在加热时应测量施加在避雷器上的电荷 Q_h；

—— τ 是在温度 60 ℃和($22+0.63T_a$)℃之间，从避雷器的冷却曲线中获得的时间，这里 T_a 是摄氏环境温度。

参数 β 应按下面的公式计算：

$$\beta = \frac{\Delta T_h}{Q_h} \quad \cdots\cdots(\text{F.1})$$

式中：

ΔT_h——加热试验期间的温升；

Q_h——加热试验期间被施加的电荷。

注：加热试验后，要验证加热时间(t_h)少于 $0.1\times\tau$，否则，加热试验应用一个较短的时间 t_h 重做试验。

F.5 验证进行污秽试验的必要性

为证实进行污秽试验的必要性，应进行运行最大理论温升($\Delta T_{z\,max}$)的初步计算。此计算假设运行中全部的预期电荷(q_Z)都流入内部。在此假设下，$\Delta T_{z\,max}$可从下式中得到：

$$\Delta T_{z\,max} = \beta q_Z D_m \tau \left(1 - e^{\left(-\frac{t_Z}{\tau}\right)}\right)\left(\frac{U_r - U_{r\,min}}{U_r}\right) \quad \cdots\cdots(\text{F.2})$$

式中：

U_r——避雷器的额定电压；

$U_{r\,min}$——避雷器元件中的最小额定电压。

如果最大温升 $\Delta T_{z\,max}$的计算结果低于 40 K，则不需要进行污秽试验，并且动作负载试验起始温度是 60 ℃。如果最大温升 $\Delta T_{z\,max}$的计算结果是 40 K 或更高，则应按本附录中所述的方法进行试验，除非供需双方另有协商(例如，基于在特定环境下运行经验)，污秽试验可以省略。另外，在由制造商决定时，即使计算结果值高于 40 K，当动作负载试验的起始温度为($20+\Delta T_{z\,max}$)℃时也可免做污秽试验。

F.6 污秽试验的一般要求

F.6.1 试品

试品应代表与某一类型的避雷器相对应的最标准的设计。

试品的特性应根据表 F.2 给出的标准进行选择。

表 F.2 用于污秽试验试品的特性

参数	选择标准 (对相关设计类型被试样品的特性)
U_c/U_R	最大
加权不平衡性(WU)[a]	最大
爬电比距[mm/kV]	最小
阀片横截面积	最小
等效瓷套直径	最大

表 F.2(续)

参数	选择标准 (对相关设计类型被试样品的特性)
a 加权不平衡性可由下式得到: $$WU = \max\left[\frac{U_{rk}^2 CD}{CD_k U_r^2}\right] \quad \text{(F.3)}$$ 式中: U_r——避雷器的额定电压; U_{rk}——元件 k 的额定电压; CD——避雷器的爬电距离; CD_k——元件 k 的爬电距离; n——避雷器元件的数量; $k=1,2,\cdots,n$。	

F.6.2 试验装置

试验装置应符合 GB/T 4585—2004 中 6.2 的规定。

F.6.3 测量装置和测量程序

F.6.3.1 电荷的测量

应使用一个合适的装置测量电荷。

对于内部电荷的测量,仅考虑电流的阻性分量:电荷测量中容性电流的影响可以消除。消除容性电流影响方法是波形相减法或超临界点(例如 2 mA,见表 F.1)积分法。

对测量装置的最低要求在表 F.3 中给出。

表 F.3 用于电荷测量装置的要求

性 能	要 求
最小电流积分范围	0 mA~500 mA
最小电流分辨率	0.2 mA
最小模拟带宽	0 Hz~2 000 Hz
最小取样频率	1 000 Hz
电荷最大校正周期	1 min
在校正周期内最大残留电容电荷	在校正周期内全部电荷的±10%
最大全测量不确定度	±10%

对于两元件避雷器,应在导线端和接地端测量其内部和外部电荷。

对于两个以上元件组成的避雷器,应采用下面的测量方法:

——应在避雷器导线端和接地端测量其内部和外部电荷;

——对中间元件,仅测量其外部电荷;

——用下面的公式估算内部电荷

$$Q_i = \frac{(Q_{iT} + Q_{eT}) + (Q_{iB} + Q_{eB})}{2} - Q_e \quad \text{(F.4)}$$

式中:

Q_i——中间元件的内部电荷;

Q_{iT}——顶部元件的内部电荷;

Q_{iB}——底部元件的内部电荷;

Q_e——中间元件的外部电荷；

Q_{eT}——顶部元件的外部电荷；

Q_{eB}——底部元件的外部电荷。

F.6.3.2 温度的测量

可用测量避雷器内部零件的温度来代替内部电荷的测量。

在这种情况下，温度的测量应使用安装在避雷器元件上的传感器，每个元件至少安装三个均匀分布的传感器。传感器之间的距离应为 $h/(n+1)$，这里 h 是元件的高度，n 是所使用的传感器的数量。

温度测量装置的最低要求在表 F.4 中给出。

表 F.4 温度测量装置的要求

特　性	要　求
温度测量范围	20 ℃～200 ℃
绝对测量不确定度	±1 K
分辨率	≤0.4 K
最大热时间常数	1 min
最小抽样速度	1 min^{-1}
注：本试验中的典型温升在 100 K 以下。	

测量内部温度时，仅应在避雷器的接地端测量电荷 Q_{tot}。

F.6.4 试验准备

F.6.4.1 试品的清洗

避雷器外套应仔细清洗以使污渍和油脂都被清洗掉。

清洗后，避雷器的绝缘部件不应用手触摸。

清洗用水最好加热至 50 ℃，并添加有磷酸三钠或等效清洁剂，之后应用自来水彻底清洗。

如果能观察到大面积连续湿渍，则认为绝缘子的表面是干净的并没有油渍。

F.6.4.2 试品的安装

被试避雷器应是装配完整的，与运行中使用的一样。在试验中，用于电荷和温度测量装置对避雷器的性能不应有任何明显的影响。

F.7 试验程序

可以采用 F.7.1 和 F.7.2 种所述试验方法中的一种。

F.7.1 污浆法

F.7.1.1 总则

F.7.1.1.1 污染物制备

污染物应贮存在一个容器中，以使其使用前被充分的搅拌。污浆应包含：

——水；

——膨润土。每升水 5 g；

——未稀释的无离子清洁剂，由壬基-酚-聚乙烯-乙二醇-乙醚组成，或其他类似的长链无离子乙醚；每升水 1 g；

——氯化钠。

污浆的体积电阻率应通过添加氯化钠调整至 400 Ω·cm～500 Ω·cm 范围内。

体积电阻率在 20 ℃温度下测量。如果在体积电阻率测量期间，污浆温度不是 20 ℃，则应进行温度校正计算。

F.7.1.1.2 环境条件

试验开始，避雷器应与试验室空气处于热平衡状态，环境温度应不低于 5 ℃但不高于 40 ℃。

F.7.1.2 避雷器表面的预处理

开始预处理前，应测量避雷器的参考电压。

应采用下面的步骤：

a) 避雷器不带电，将污浆施加于整只避雷器上，包括伞的底部。污浆层应呈现为一个连续膜，施污最长时间为 10 min；

b) 施污完成三分钟内，向避雷器施加电压 U_c（见 F.7.1.3 注 2）10 min；

c) 避雷器应用水清洗干净，然后滴水晾干；

d) 将 a)、b)、c)步骤重复 3 次。

在预处理程序后，避雷器应冷却到环境温度。

为了验证避雷器在预处理过程中没有发生损坏，应测量避雷器的参考电压并与预处理前的测量值比较，参考电压变化的接受值由制造厂规定。

在预处理程序完成后，应尽可能快进行污秽试验。

F.7.1.3 试验程序

应采用下面的步骤：

a) 避雷器不带电，将污浆施加于整只避雷器上，包括伞的底部。污浆层应呈现为一个连续膜，施污最长时间为 10 min。

b) 施污完成 3 min 内，向避雷器施加电压 U_c（见 F.7.1.3 注 2）10 min；在施压时开始测量电荷。

c) 避雷器应用水清洗干净，然后滴水晾干。在进行下一个试验之前，避雷器的内部部件被放置冷却至平均环境温度±2 K。如果不测量内部部件的温度，连续两次试验之间的最小时间相隔应为 2τ，以确保避雷器冷却接近至环境温度。经制造商允许，任何将避雷器冷却至环境温度的方法均是允许的。为了减少等待的时间，几只避雷器可以并行试验。

d) 将 a)、b)、c)步骤重复 5 次。

e) 应按附录 F.8 规定的方法对预期温升 ΔT_Z 进行计算。

f) 如果 ΔT_Z 值低于 40 K，则不要求进一步的污秽试验。动作负载试验的起始温度 T_{OD} 应是 60 ℃。如果 ΔT_Z 值高于或等于 40 K，步骤 a)、b)和 c)应重复 5 次以上并且按附录 F.8 规定的方法计算预期温升 ΔT_Z。

注 1：每个循环之后应清洗，去除上次试验循环的任何影响，这样可以改进试验循环之间的统计独立性。

注 2：假如没有什么理由却选取远高于系统相-地运行电压来作为持续运行电压，则由供需双方协商可用相-地电压进行试验。

F.7.2 盐雾法

F.7.2.1 总则

F.7.2.1.1 污染物准备

应按 GB/T 4585—2004 的第 7 章准备盐溶液：盐溶液由工业纯氯化钠（NaCl）和自来水制成。

所用盐度应比避雷器规定的耐盐度小两级。盐度值的公差应与 GB/T 4585—2004 的第 7 章一致。应用测量导电系数的方法进行盐度的测量，并用与 GB/T 4585—2004 一致的方法对温度进行修正。

F.7.2.1.2 喷雾系统

产生盐雾的系统应与 GB/T 4585—2004 第 8 章的规定一致。

F.7.2.1.3 避雷器表面的预处理

开始预处理前，应按 7.2 中规定的方法确定避雷器的参考电压。

预处理每次应在避雷器的一个元件上进行，如果预处理在装配于避雷器的元件上进行时，其他元件应用导线外部短路，并且不带电。

元件应施加电压 U_c，并应受到盐雾作用 20 min 或直至闪络。

如果不发生闪络，则电压应升高至避雷器元件的额定电压，时间为 5 s 或直至闪络，然后再将电压降至 U_c 值 5 min。重复该试验直至发生 8 次闪络。

为了获得 8 次闪络而无需多次电压上升循环，预处理应优先在盐度值高于元件预期最大耐受水平下进行。

经供需双方协商，预处理也可以在无内部元件的避雷器外套上进行。

每个元件预处理后，应将盐雾清理掉并且用自来水将避雷器清洗干净。

在与处理过程结束后，避雷器应冷却到环境温度。

为验证避雷器在预处理过程中没有发生损坏，应测量避雷器的参考电压，并将其与预处理之前所测得的参考电压进行对比。制造商应规定参考电压的允许变化极限量。

预处理完成后，应立刻进行盐雾试验。

试验开始时，避雷器应与试验室空气处于热平衡状态，环境温度应不低于 5 ℃但不高于 40 ℃，其与水溶液的温度差不应超过 15 K。

F.7.2.2 试验程序

应采用下面的步骤：

a) 应用自来水将避雷器均匀的清洗，当避雷器全部湿透时，对其施加试验电压 U_c（见注 2）。

b) 避雷器施压至规定的试验电压时，并应将盐溶液泵和空气压缩机接通。当喷嘴处压缩空气达到正常压力时，则认为试验开始。此时启动电荷测量系统。

c) 15 min 后停止施雾，避雷器在通电状态下再保持 15 min。

d) 在进行下一个循环之前，应将盐雾清理掉并允许将避雷器冷却至环境温度。为确保避雷器已冷却至接近环境温度，连续两次试验之间的最小时间相隔应为 2τ。经制造商允许，任何将避雷器冷却至环境温度的方法均是允许的。为了减少等待的时间，几只避雷器可以并行试验。

e) 将 a)、b)、c)和 d)步骤应重复 5 次。

f) 应按附录 F.8 规定的方法对预期温升 ΔT_Z 进行计算。

g) 如果 ΔT_Z 值低于 40 K，则不要求进一步的污秽试验。动作负载试验的起始温度 T_{OD} 应是 60 ℃。如果 ΔT_Z 值高于或等于 40 K，步骤 a)、b)、c)和 d)应重复 5 次以上并且按附录 F.8 规定的方法计算预期温升 ΔT_Z。

注 1：每个循环之后应清洗除去上次试验循环的任何影响，这样可以改进试验循环之间的统计独立性。

注 2：假如毫无理由地选取远高于系统相-地运行电压来作为持续运行电压，则由供需双方协商可用相-地电压进行试验。

F.8 试验结果的评估

F.8.1 K_{ie}的计算

对试验循环的每一次重复，K_n 值应按下式计算：

$$K_n = \frac{\sum\left(\frac{Q_{ik}U_{rk}}{U_r}\right)}{Q_{e\,max}} \qquad \text{(F.5)}$$

式中：

$Q_{e\,max}$——外部电荷水平的最大值；

Q_{ik}——相应于元件 k 的内部电荷；

U_{rk}——元件 k 的额定电压；

U_r——避雷器额定电压；

$k=1,2,\cdots,n$；

n——避雷器单元的数量。

如果用测量内部部件温度来代替内部电荷，公式(F.5)由公式(F.6)代替：

$$K_n=\frac{\sum\left(\frac{\Delta T_k U_{rk}}{\beta U_r}\right)}{Q_{e\,max}} \qquad \text{(F.6)}$$

这里 ΔT_k 是相应于元件 k 的温升，是由该元件不同点测得的最大温度的算术平均值计算得到的。

注：如果内部温升 ΔT_k 是试验期间直接测量的，$Q_{e\,max}$ 值可按下列公式计算：

$$Q_{e\,max}=\max\left(Q_{tot}-\frac{\Delta T_k}{\beta}\right) \qquad \text{(F.7)}$$

平均值 K_{ieM} 由 K_n 值的算术平均值计算而得，σ 是 K_n 值的标准偏差，统计比率 K_{ie} 按下面的公式计算：

$$K_{ie}=K_{ieM}+c\sigma \qquad \text{(F.8)}$$

这里：$c=2$，如果用 10 次试验循环测量为基础来进行计算。

$c=2.9$，如果用 5 次试验循环测量为基础来进行计算。

F.8.2 运行中预期温升 ΔT_Z 的计算

预期温升 ΔT_Z 应按下列公式计算：

$$\Delta T_Z=\beta K_{ie} q_Z D_m \tau\left(1-e^{\left(-\frac{t_Z}{\tau}\right)}\right) \qquad \text{(F.9)}$$

F.8.3 动作负载试验的准备

动作负载试验的起始温度 T_{OD} 的计算依据下列判据：

如果 ΔT_Z 大于 40 K，则 $T_{OD}=20\ ℃+\Delta T_Z$；

如果 ΔT_Z 小于或等于 40 K，则 $T_{OD}=60\ ℃$。

动作负载试验应按 8.5 中规定的方法进行，起始温度等于 T_{OD}。

F.9 示例

下例为应用该试验程序的示例，试验避雷器额定值如下：

U_r	198 kV
$U_{r\,min}$	90 kV
U_c	156 kV
试验电压	142 kV(见注)
单元数量	2
U_r(底部单元)	90 kV
U_r(顶部单元)	108 kV
D_m	198 mm

注：试验电压值选取与 F.7.2.2 的注 2 一致。

F.9.1 预加热试验

预加热试验结果如下：

τ　1.5 h

β　19 K/C(即，需要 5.3 C 的电荷把避雷器从 20 ℃加热至 120 ℃)

F.9.2 验证进行污秽试验的必要性

由公式(F.2)计算 $\Delta T_{z\,max}$ 的计算结果示于表 F.5 中。

表 F.5 本例 $\Delta T_{z\,max}$ 的计算值

污秽地区	污秽事件持续时间 h	$\Delta T_{z\,max}$ K	进行污秽试验的必要性
Ⅰ	2	1.1	否
	6	0.7	
Ⅱ	2	7.5	否
	6	7.3	
Ⅲ	2	54.5	是
	6	42.3	
Ⅳ	2	124.7	是
	6	108.8	

因此，应用在Ⅰ和Ⅱ污秽地区的避雷器不需要进行污秽试验，动作负载试验的起始温度应取 60 ℃。

F.9.3 盐雾试验

在 14 kg/m³ 的盐度时，盐雾试验结果示于表 F.6。

表 F.6 本例盐雾试验结果

试验序号	Q_{ebot}[a] C	Q_{etop}[b] C	Q_{itop}[c] C	Q_{ibot}[d] C	K_n
1	6.7	4.1	2.3	0	0.18
2	5.9	4.2	1.3	0	0.12
3	6.4	4.3	1.8	0	0.15
4	6.7	4.5	2.2	0	0.18
5	5.9	3.5	2.2	0	0.20
6	5.7	3.6	2	0	0.19
7	6.2	3.5	2.4	0	0.21
8	6.0	3.5	2.4	0	0.21
9	6.8	4.0	2.6	0	0.20
10	6.2	3.8	2.1	0	0.18

a Q_{ebot} 指在底部元件接地端子处所测的表面电荷。

b Q_{ibot} 指在底部元件接地端子处所测的内部电荷。

c Q_{etop} 指在顶部元件线路端子处所测的表面电荷。

d Q_{itop} 指在顶部元件线路端子处所测的内部电荷。

F.9.4 5 次试验循环后的计算

F.9.4.1 K_{ie} 的计算

在首个 5 次污秽试验循环中所得的数据，精心处理计算得到如下结果：

$$K_{ie\,M} = 0.166\text{(即，}K_n\text{ 算术平均值)}$$

$$\sigma = 0.031\text{(即，}K_n\text{ 值的标准偏差)}$$

统计比率 K_{ie} 按下列公式计算

$$K_{ie} = 0.166 + 2.9 \times 0.031 = 0.256$$

F.9.4.2 ΔT_Z 和 T_{OD}的计算

不同污秽地区的运行中的预期温升 ΔT_Z(见附录 F.8.2)的计算在表 F.7 中示出。

表 F.7 5 次循环后本例 ΔT_Z 和 T_{OD}的计算值

污秽地区	污秽事件持续时间 h	ΔT_Z K	T_{OD} ℃
Ⅲ	2	26	60
	6	20	60
Ⅳ	2	59	79
	6	51	71

因此,对应用于Ⅲ级污秽地区的避雷器不需进行进一步的污秽试验,并且动作负载试验的起始温度应为 60 ℃。对于Ⅳ级污秽地区,应进行多于 5 次的污秽试验循环。

F.9.5 10 次试验循环后的计算

F.9.5.1 K_{ie}的计算

在首个 10 次污秽试验循环中所得的数据,精心处理计算得到如下结果:

$$K_{ie\,M} = 0.182(\text{即},K_n \text{ 算术平均值})$$

$$\sigma = 0.028(\text{即},K_n \text{ 值的标准偏差})$$

统计比率 K_{ie}按下列公式计算

$$K_{ie} = 0.182 + 2 \times 0.028 = 0.238$$

F.9.5.2 ΔT_Z 和 T_{OD}的计算

运行预期温升 ΔT_Z(见附录 F.8.2)的计算以及不同污秽地区动作负载试验起始温度 T_{OD}(见附录 F.8.3)的计算(在这种情况下,仅需对Ⅳ级污秽地区进行计算)在表 F.8 中示出。

表 F.8 10 次循环后本例 ΔT_Z 和 T_{OD}的计算值

污秽地区	污秽事件持续时间 h	ΔT_Z K	T_{OD} ℃
Ⅳ	2	54	74
	6	47	67

因此,对应于Ⅳ级污秽地区的避雷器而言,其动作负载试验起始温度应为 74 ℃。

附 录 G
（资料性附录）
询价和投标应提供的典型信息

G.1 询价应提供的信息

G.1.1 系统数据

——最高系统电压；
——频率；
——在系统故障条件下最大对地电压（接地故障因数或中性点接地系统）；
——接地故障的最大持续时间；
——暂时过电压最大值及其最大持续时间（接地故障，甩负荷，铁磁谐振）；
——被保护设备的绝缘水平；
——避雷器安装点的系统短路电流。

G.1.2 运行条件

正常条件，见 5.4.1。

异常条件：

a） 环境条件见 5.4.2 及附录 A：
——自然污秽水平，见 GB/T 311.2—2002。

b） 系统：
——发电机过速的可能性（见电压与时间特性）；
——额定频率低于 48 Hz 或高于 62 Hz；
——甩负荷同时有接地故障。在通常的中性点有效接地系统内，故障时使系统的一部分形成中性点绝缘系统；
——不完全的接地故障电流补偿。

G.1.3 避雷器负载

a） 与系统连接：
——相对地；
——中性点对地；
——相对相。

b） 被保护设备类型：
——变压器（直接接于线路或经电缆）；
——旋转电机（直接接于线路或经变压器）；
——电抗器；
——高频电抗器；
——变电站的其他设备；
——气体绝缘变电站（GIS）；
——电容器组；
——电缆（型号和长度）等。

c） 被保护设备与避雷器之间的高压连线之间的最大长度（保护距离）。

G.1.4 避雷器特性

——持续运行电压；

——额定电压；
——陡波电流冲击残压；
——标准波标称放电电流和残压；
——操作冲击电流和残压；
——对于 10 000 A 及 20 000 A 避雷器预期长持续时间放电等级，见 8.4.2；
——压力释放等级(短路电流能力)，见 6.11；
——避雷器外套爬电距离和形状。根据实际区域内避雷器和/或其他类型设备的运行经验选择。

G.1.5 其他设备和安装

——金属封闭避雷器；
——安装形式：座式、箍夹式、悬挂式(在什么位置)等，以及是否需要绝缘底座安装放电计数器。对于箍夹式安装的避雷器，箍夹接地与否；
——如果不是垂直安装，安装方向；
——如果需要时，接地连接脱离器/故障指示器；
——连接引线的截面。

G.1.6 任何特殊的异常条件

例如：非常频繁的动作。

G.2 招标应提供的信息

G.1.4 及 G.1.5 的全部。
另外附加：
——在环境温度下的参考电流和参考电压；
——工频电压-时间特性(见附录 D)；
——在 0.5 倍，1 倍和 2 倍标称放电电流下的雷电冲击残压。如果不能在上述电流下进行整只避雷器的验收试验时，应另外规定在 0.01 倍～0.25 倍标称放电电流的某一电流下的残压，见 6.3及 8.3；
——压力释放性能；
——间隔距离，安装规范；
——安装的可行性，钻孔图，绝缘底座，箍夹；
——避雷器端子类型及允许的导体尺寸；
——避雷器与放电记数器间及放电记数器与地间引线的最大允许长度；
——尺寸及重量；
——抗弯强度。

附 录 H
（资料性附录）
大电流冲击动作负载试验的典型回路

本附录的目的是推荐一个适用于大电流冲击动作负载试验（见 8.5.4）的实用性试验回路（图 H.1），并介绍回路各元件的作用，而不是规定在各处做试验时必须使用的一种标准试验回路。动作负载试验的要求，如工频电压和冲击电流特性等在 8.5.1 及 8.5.4 中给出。满足这些要求的确切方法并不重要。在选择回路和各元件参数方面可以有许多变化。

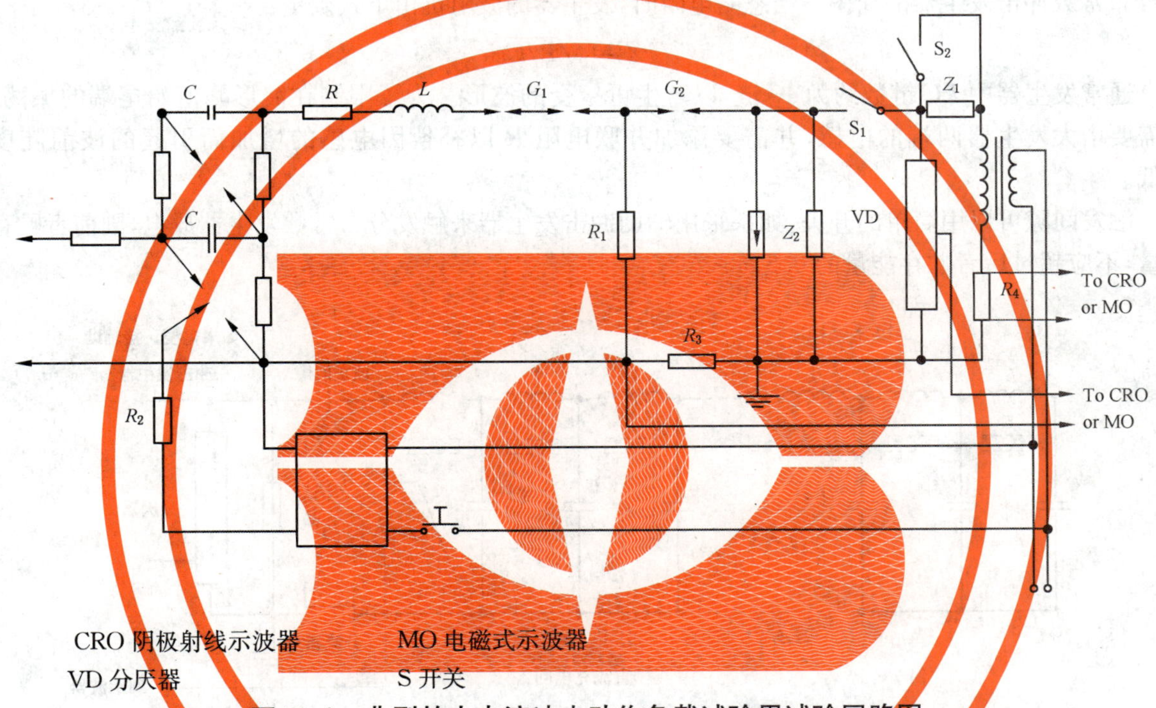

图 H.1 典型的大电流冲击动作负载试验用试验回路图

试品经开关 S_1 接到工频电源上，通常通过变压器，虽然这点并不重要。图示为 2 阶回路的冲击电流发生器，如果足够满足要求，也可为单阶回路，通过电阻 R_1，电感 L 及放电间隙 G_1 和 G_2 与试品相连。选择适当的 C、R 和 L 值，以控制冲击电流的波形。图中所示低电阻无感分流器 R_3 和分压器 V.D. 分别用来测量冲击电流和冲击电压。图中连接电源变压器的分流器 R_4，用于记录流过避雷器的工频电流。

将冲击电流发生器与避雷器隔离的放电间隙可能有各种形式。在采用图示间隙形式时，如果采用电阻 R_1，其值为兆欧级，当无电流流过时，R_1 用来使多个放电间隙中的接地电位保持在一点。因此间隙 G_1 上没有任何工频电压。间隙 G_2 应做得尽可能小，只要它能耐受工频电压即可。阻抗 Z_1 和 Z_2 通过开关 S_2 用来控制加在试品两端的工频电压（分别为 U_c^* 和 U_r^*），直到满足 8.5.1 规定的工频电源要求。

如果采用了适当的措施，工频电源电流可用电磁式示波器记录，也可用阴极射线示波器记录。工频电压可通过分压器或电压互感器，采用电磁式示波器或阴极射线示波器记录。

如图 H.1 所示，冲击电流发生器通过触发装置进行触发。触发装置把高压脉冲施加到冲击电流发生器的 3 个电极间隙的中间电极。高阻值电阻 R_2 可防止较大的冲击电流流入触发电路，冲击电流发生器触发可以用按钮起动。

附 录 I
（资料性附录）
长持续时间冲击电流耐受试验用的一种分布常数发生器的典型回路

本附录目的是推荐适用于长持续时间冲击电流耐受试验的一种试验回路原理，并介绍回路各元件的功能，而不是规定在所有试验中必须使用的标准试验回路。

波形、持续时间、注入试品的能量以及冲击间隔时间等要求在试验规范中给出。

满足这些要求的精确方法并不重要。在回路和各元件参数的选择方面可能有很多方案。图 I.1 给出分布常数冲击发生器的简图。当忽略电阻时，发生器的波阻抗由下式确定：

$$Z=\sqrt{L/C}$$

通常发生器中 LC 链数约为 10 链，以产生可接受的波形。为了限制在波形峰值始尾端的振荡，可能需要增大发生器两端的电感，并需要添加并联电阻 R 以补偿因电感的增加而引起的波前陡度的降低。

触发间隙可以用简单的开关，如果采用辅助冲击发生器来触发分布常数发生器放电，则前者贮存的能量，不应超过后者贮存能量的 0.5%。

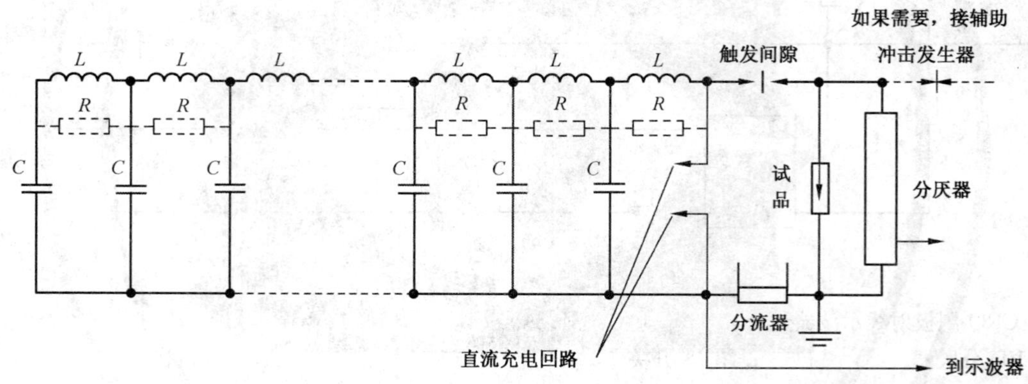

图 I.1 长持续时间冲击试验用的典型分布常数冲击发生器

应记录流过避雷器试品的电流和避雷器试品两端的电压。

附 录 J
（规范性附录）
典型的最大残压

表 J.1 单位额定电压下 20 000 A 和 10 000 A 等级避雷器残压

额定电压 U_r kV(有效值)	20 000 A kV(峰值)/U_r			10 000 A kV(峰值)/U_r		
	陡波[a]	雷电波[b]	操作波[c]	陡波[a]	雷电波[b]	操作波[c]
3～29				2.6～4.0	2.3～3.6	2.0～2.9
30～132	2.6～3.1	2.3～2.8	2.0～2.3	2.6～3.7	2.3～3.3	2.0～2.6
144～342	2.6～3.1	2.3～2.8	2.0～2.3	2.6～3.7	2.3～3.3	2.0～2.6
360～756	2.6～3.1	2.3～2.8	2.0～2.3	2.6～3.1	2.3～2.8	2.0～2.3

注：本表给出通常可用的最大残压范围，残压值低者通常相应于线路放电等级高的避雷器反之亦然。

[a] 陡波电流冲击残压试验，见 8.3.1。

[b] 雷电冲击保护水平，见 8.3.2。

[c] 操作冲击保护水平，见 8.3.3。

表 J.2 单位额定电压下 5 000 A、2 500 和 1 500 A 等级避雷器残压

额定电压 U_r kV(有效值)	5 000 A kV(峰值)/U_r		2 500 A kV(峰值)/U_r		1 500 A kV(峰值)/U_r	
	陡波[a]	雷电波[b]	陡波[a]	雷电波[b]	陡波[a]	雷电波[b]
0.175～2.9	2.7～4.0	2.4～3.6	2.7～5.0	3.3～4.5		
3～29	2.7～4.0	2.4～3.6	4.0	3.6	4.5～6.7	4.0～6.0
30～132	2.7～3.7	2.4～3.3	4.0	3.6		

注：本表给出通常可用的最大残压范围。

[a] 陡波电流冲击残压试验，见 8.3.1。

[b] 雷电冲击保护水平，见 8.3.2。

表 J.3 典型的电站和配电用避雷器参数

单位为千伏

避雷器额定电压 U_r（有效值）	避雷器持续运行电压 U_e（有效值）	标称放电电流 20 kA 等级				标称放电电流 10 kA 等级				标称放电电流 5 kA 等级							
		电站避雷器				电站避雷器				电站避雷器				配电避雷器			
		陡波冲击电流残压	雷电冲击电流残压	操作冲击电流残压	直流 1 mA 参考电压	陡波冲击电流残压	雷电冲击电流残压	操作冲击电流残压	直流 1 mA 参考电压	陡波冲击电流残压	雷电冲击电流残压	操作冲击电流残压	直流 1 mA 参考电压	陡波冲击电流残压	雷电冲击电流残压	操作冲击电流残压	直流 1 mA 参考电压
		（峰值）不大于			不小于	（峰值）不大于			不小于	（峰值）不大于			不小于	（峰值）不大于			不小于
5	4.0	—	—	—	—	—	—	—	—	15.5	13.5	11.5	7.2	17.3	15.0	12.8	7.5
10	8.0	—	—	—	—	—	—	—	—	31.0	27.0	23.0	14.4	34.6	30.0	25.6	15.0
12	9.6	—	—	—	—	—	—	—	—	37.2	32.4	27.6	17.4	41.2	35.8	30.6	18.0
15	12.0	—	—	—	—	—	—	—	—	46.5	40.5	34.5	21.8	52.5	45.6	39.0	23.0
17	13.6	—	—	—	—	—	—	—	—	51.8	45.0	38.3	24.0	57.5	50.0	42.5	25.0
51	40.8	—	—	—	—	—	—	—	—	154.0	134.0	114.0	73.0	—	—	—	—
84	67.2	—	—	—	—	—	—	—	—	254	221	188	121	—	—	—	—
90	72.5	—	—	—	—	264	235	201	130	270	235	201	130	—	—	—	—
96	75	—	—	—	—	280	250	213	140	288	250	213	140	—	—	—	—
(100)[a]	78	—	—	—	—	291	260	221	145	299	260	221	145	—	—	—	—
102	79.6	—	—	—	—	297	266	226	148	305	266	226	148	—	—	—	—
108	84	—	—	—	—	315	281	239	157	323	281	239	157	—	—	—	—
192	150	—	—	—	—	560	500	426	280	—	—	—	—	—	—	—	—
(200)[a]	156	—	—	—	—	582	520	442	290	—	—	—	—	—	—	—	—
204	159	—	—	—	—	594	532	452	296	—	—	—	—	—	—	—	—
216	168.5	—	—	—	—	630	562	478	314	—	—	—	—	—	—	—	—
288	219	—	—	—	—	782	698	593	408	—	—	—	—	—	—	—	—
300	228	—	—	—	—	814	727	618	425	—	—	—	—	—	—	—	—
306	233	—	—	—	—	831	742	630	433	—	—	—	—	—	—	—	—
312	237	—	—	—	—	847	760	643	442	—	—	—	—	—	—	—	—
324	246	—	—	—	—	880	789	668	459	—	—	—	—	—	—	—	—
420	318	1 170	1 046	858	565	1 075	960	852	565	—	—	—	—	—	—	—	—
444	324	1 238	1 106	907	597	1 137	1 015	900	597	—	—	—	—	—	—	—	—
468	330	1 306	1 166	956	630	1 198	1 070	950	630	—	—	—	—	—	—	—	—
600	462	1 518	1 380	1 142	810	—	—	—	—	—	—	—	—	—	—	—	—
648	498	1 639	1 491	1 226	875	—	—	—	—	—	—	—	—	—	—	—	—

[a] 过渡。

表 J.4 典型的电气化铁道用避雷器参数

单位为千伏

避雷器额定电压 U_r（有效值）	避雷器持续运行电压 U_c（有效值）	标称放电电流 5 kA 等级			
		陡波冲击电流残压	雷电冲击电流残压	操作冲击电流残压	直流 1 mA 参考电压
		（峰值）不大于			不小于
42	34.0	138.0	120.0	98.0	65.0
84	68	276	240	196	130

表 J.5 典型的并联补偿电容器用避雷器参数

单位为千伏

避雷器额定电压 U_r（有效值）	避雷器持续运行电压 U_c（有效值）	标称放电电流 5 kA 等级		
		雷电冲击电流残压	操作冲击电流残压	直流 1 mA 参考电压
		（峰值）不大于		不小于
5	4.0	13.5	10.5	7.2
10	8.0	27.0	21.0	14.4
12	9.6	32.4	25.2	17.4
15	12.0	40.5	31.5	21.8
17	13.6	46.0	35.0	24.0
51	40.8	134.0	105.0	73.0
84	67.2	221	176	121
90	72.5	236	190	130

表 J.6 典型的电机用避雷器参数

单位为千伏

避雷器额定电压 U_r（有效值）	避雷器持续运行电压 U_c（有效值）	标称放电电流 5 kA 等级				标称放电电流 2.5 kA 等级			
		发电机用避雷器				电动机用避雷器			
		陡波冲击电流残压	雷电冲击电流残压	操作冲击电流残压	直流 1 mA 参考电压	陡波冲击电流残压	雷电冲击电流残压	操作冲击电流残压	直流 1 mA 参考电压
		（峰值）不大于			不小于	（峰值）不大于			不小于
4	3.2	10.7	9.5	7.6	5.7	10.7	9.5	7.6	5.7
8	6.3	21.0	18.7	15.0	11.2	21.0	18.7	15.0	11.2
13.5	10.5	34.7	31.0	25.0	18.6	34.7	31.0	25.0	18.6
17.5	13.8	44.8	40.0	32.0	24.4	—	—	—	—
20	15.8	50.4	45.0	36.0	28.0	—	—	—	—
23	18.0	57.2	51.0	40.8	31.9	—	—	—	—
25	20.0	62.9	56.2	45.0	35.4	—	—	—	—

表 J.7　典型的低压避雷器参数　　单位为千伏

避雷器额定电压 U_r (有效值)	避雷器持续运行电压 U_c (有效值)	标称放电电流 1.5 kA 等级	
		雷电冲击电流残压	直流 1 mA 参考电压
		(峰值)不大于	不小于
0.28	0.24	1.3	0.6
0.50	0.42	2.6	1.2

表 J.8　典型的电机中性点用避雷器参数　　单位为千伏

避雷器额定电压 U_r (有效值)	避雷器持续运行电压 U_c (有效值)	标称放电电流 1.5 kA 等级		
		雷电冲击电流残压	操作冲击电流残压	直流 1 mA 参考电压
		(峰值)不大于		不小于
2.4	1.9	6.0	5.0	3.4
4.8	3.8	12.0	10.0	6.8
8	6.4	19.0	15.9	11.4
10.5	8.4	23.0	19.2	14.9
12	9.6	26.0	21.6	17.0
13.7	11.0	29.2	24.3	19.5
15.2	12.2	31.7	26.4	21.6

表 J.9　典型的变压器中性点用避雷器参数　　单位为千伏

避雷器额定电压 U_r (有效值)	避雷器持续运行电压 U_c (有效值)	标称放电电流 1.5 kA 等级		
		雷电冲击电流残压	操作冲击电流残压	直流 1 mA 参考电压
		(峰值)不大于		不小于
60	48	144	135	85
72	58	186	174	103
96	77	260	243	137
144	116	320	299	205
207	166	440	410	292

表 J.10　典型的线路避雷器参数　　单位为千伏

避雷器额定电压 U_r	避雷器持续运行电压 U_c	标称放电电流 20 kA 等级				标称放电电流 10 kA 等级				标称放电电流 5 kA 等级				系统标称电压
		陡波冲击电流残压	雷电冲击电流残压	操作冲击电流残压	直流 1 mA 参考电压	陡波冲击电流残压	雷电冲击电流残压	操作冲击电流残压	直流 1 mA 参考电压	陡波冲击电流残压	雷电冲击电流残压	操作冲击电流残压	直流 1 mA 参考电压	
(有效值)		(峰值)不大于			不小于	(峰值)不小于			不小于	(峰值)不大于			不小于	(有效值)
17	13.6									57.5	50	42.5	25	10
51	40.8									154	134	114	73	35
54	43.2									163	142	121	77	
96	75					288	250	213	140	288	250	213	140	66

表 J.10（续）

单位为千伏

避雷器额定电压 U_r	避雷器持续运行电压 U_c	标称放电电流 20 kA 等级				标称放电电流 10 kA 等级				标称放电电流 5 kA 等级				系统标称电压
		陡波冲击电流残压	雷电冲击电流残压	操作冲击电流残压	直流 1 mA 参考电压	陡波冲击电流残压	雷电冲击电流残压	操作冲击电流残压	直流 1 mA 参考电压	陡波冲击电流残压	雷电冲击电流残压	操作冲击电流残压	直流 1 mA 参考电压	
（有效值）		（峰值）不大于			不小于	（峰值）不小于			不小于	（峰值）不大于			不小于	（有效值）
108	84					315	281	239	157	323	281	239	157	110
114	89					341	297	252	165					
216	168.5					630	562	478	314					220
312	237					847	760	643	442					330
324	246					880	789	668	459					
444	324	1 238	1 106	907	597	1 137	1 015	900	597					500
468	330	1 306	1 166	956	630	1 198	1 070	950	630					

附 录 K
（资料性附录）
高温度下老化试验程序——阿仑纽斯定律

阿仑纽斯定律对于金属氧化物电阻片寿命的期望值给出了很好的可信度。它是现行的老化试验程序(见8.5.2)的基础。根据标准,避雷器运行的正常环境温度上限为40 ℃。对于某些避雷器,如外壳不带电型避雷器或液浸式避雷器,避雷器在其介质中运行的环境温度上限较高(分别为+65 ℃及+95 ℃)。

老化的加速率可以通过加速系数 $AF_T=2.5^{(\Delta T/10)}$ 进行合理地估算,式中 ΔT 是试验温度与相应产品的环境温度的上限的温差。

表K.1提供了一些115 ℃,1 000 h老化试验的最低验证预期寿命,见8.5.2。

表 K.1 最低预期寿命

环境温度的上限 ℃	最低预期寿命 年
40	110
65	11
95	0.7
注:最低预期寿命是将1 000 h乘以加速系数得到的。	

对于最高的环境温度,1 000 h试验不能给出最低预期寿命的足够可信度。为了改善这一状况,可以考虑增加试验温度,试验电压或试验持续时间。

通常,将试验温度增加超过115 ℃是不能接受的,因为它可能改变老化的机制,使阿仑纽斯定律成为不能应用的,增加试验电压也是不可接受的,因为这个系数没有作为一个加速系数建立起来。

唯一剩下的可能性是增加试验时间,表K.2表明试验时间与不同的环境温度上限的等值时间之间的关系。

表 K.2 115 ℃下的试验持续时间与环境温度上限下的等值时间的关系

环境温度的上限 ℃	在115 ℃下的试验持续时间 h	在环境温度上限下的等值时间 年
40	1 000	110
65	2 000	22
95	7 000	5

如果用户不能接受这些持续使用温度下的等价时间,那么供需双方达成协议后,可以增加试验持续时间。换而言之,如果可以验证阿仑纽斯定律仍然可以适用,经供需双方达成协议后,可以使用较高的温度。

附 录 L
（资料性附录）
确定金属氧化物避雷器的电位分布导则

L.1 总则

金属氧化物避雷器的电位分布由非线性电阻片的电容和电阻、非线性电阻片柱和金属法兰对地和带电部件之间的杂散电容以及边界条件（施加电压，周围布置及施加到邻近的其他物体上的电压）所决定。杂散电容造成沿电阻片柱的不均匀电位分布，最大的电位应力典型地出现在避雷器的上部。

对于加速老化试验程序（见8.5.2），试验电压U_{ct}是沿非线性电阻片柱出现的最大电压应力。电位分布可以用计算程序通过对一般电场和电路计算来确定。然而，这些计算结果取决于避雷器的等效及主要的边界条件的确定。本附录的目的是根据边界条件模型的一般信息，提供描述避雷器的几何形状及其电气特性的基本导则。

由于避雷器安装的复杂性及多变性，经常需要简化避雷器几何形状和边界条件，使给定的避雷器电位分布计算更快捷。在附录L.2中讨论避雷器几何形状不同程度的简化，在附录L.3中给出在三相安装方式下边界条件的简化表示。对于其他避雷器设计模型，例如GIS避雷器，没有给出导则，因为其几何形状及边界条件通常已很好确定了。

在附录L.4中描述了根据非线性电阻片柱电气表达的复杂程度的不同，运用的两种不同方法的计算程序。

在附录L.5中提出一个典型的户外安装方式避雷器电场计算的例子。

L.2 避雷器模型

因为杂散电容对于沿非线性电阻片柱的电位分布非常重要，因此必须考虑这些杂散电容对不同避雷器模型简化的影响。利用避雷器的轴对称特点，根据避雷器模型的简化程度，下面给出进行一系列电场计算的结果。

非线性电阻片柱，包括任何金属垫块，应用它的实际尺寸及介电常数来表示。用较大的直径和相对减小的介电常数来“等效”非线性电阻片柱会导致比较高的最大电压应力。同样，用没有垫块以及相对加大的介电常数“等效”柱来代替实际非线性电阻片/垫块柱，也会导致较高的最大电压应力。

外套可用圆筒来表示，其内径等于实际外套的内径，厚度等于实际外套的壁厚。介电常数应是实际外套材料（例如电瓷或复合材料）的介电常数。因为伞裙对电位分布的影响较小，所以伞裙可以省略。

绝缘外套及非线性电阻片柱之间的材料（例如：气体或其他填充材料）应该用它的实际尺寸及介电常数来建模。

金属法兰可用圆柱来表示，其直径等于实际法兰的最大外径，高度等于实际法兰的高度。

均压环可用具有相同尺寸的圆环表示，圆环的位置与实际的均压环的位置相同。忽略支撑部分，因为它无法用轴对称模型来表示，可能导致对最大电压应力的过高估计，在轴对称，三维模型中，支撑元件的表示方法将在附录L.5中讨论。

如果采用底座，可以用圆柱来表示，其截面足以容纳实际底座的最大截面，高度等于实际底座高度。降低底座的高度导致避雷器上部有较高的最大电压应力。

高压导线应该用垂直的圆导体来表示，其直径不大于实际导线的直径。忽略高压导线会导致避雷器上部较高的最大电压应力。

L.3 边界条件模型

对于典型的三相户外安装的避雷器，例如在变电站内，其边界条件由接地布置及邻近相的距离来确定。通常，这是一个真实的三维电场问题，必须考虑施加电压的大小及相位。

通过将原来的三相、三维(3D)布局简化为等效的单相、轴对称布局，可以简化计算程序，它可以用普通的二维(2D)计算软件来计算。通过模拟避雷器在接地圆筒的中心位置获得等效的轴对称结构，接地圆筒的半径由制造商推荐的最小相-地距离来确定。接地圆筒的高度应该为避雷器加上底座总高的1.5倍。

注：该等效轴对称结构对于典型的三相安装方式是有效的，其中三只避雷器位于一条直线，与接地结构平行。距离等于如图L.1所示推荐的最小相-地距离和推荐的最小相-相距离。

L.4 计算程序

如附录L.4.1及附录L.4.2中所述，根据非线性电阻片柱电气特性的表示，计算程序可有两种不同的方法。全电容表示法(见附录L.4.1)相对于阻容结合表示法(见附录L.4.2)，得到的是比较保守的结果，后者给出较低但更符合实际情况的应力。任何其他导致相同或更保守的计算程序也可采用。

L.4.1 非线性电阻片柱的电容表示法

在这种情况下，非线性电阻片柱完全用它的电容(介电常数)来表示，忽略电阻特性的影响。只要相应于试验电压U_{ct}计算所得的最大电压应力低于电阻片的参考电压，就可以认为该保守的近似是合理的。确定的最大电压应力的轴向距离应不超过避雷器总高的3%。

L.4.2 非线性电阻片柱的阻容表示法

非线性电阻片柱是用它的电容及并联的非线性电阻特性来表示。对比仅考虑电容更为保守的表示法，这种非线性电阻片柱表示的结果更符合实际的最大电压应力。

首先，进行电容电场计算以确定对地的杂散电容。其次引入电阻特性并通过电路分析，计算电位分布。由于温度对电阻的影响，通常需要进行迭代计算程序。然而，应该采用+20 ℃下的恒定电阻特性作为合理而保守近似值。

图L.2所示为避雷器简化的多阶等效电路图。通过电路分析程序和考虑了电容及电阻的影响，它可以用于确定电位分布。避雷器用与电压有关的电阻、非线性电阻片柱的电容及对地的杂散电容来模拟。等值回路的每一阶可表示为单个金属氧化物电阻片(极限的情况下)或者非线性电阻片柱的一个单元。每个单元的长度应不超过整个避雷器长度的3%。

按L.4.1通过全电容电场计算得到结点电压，推导对地的杂散电容公式如下：

$$C_{e,x}=\frac{(U_{x+1}-U_x)\times C_{MO,x+1}-(U_x-U_{x-1})\times C_{MO,x}}{U_x}(x=1,2,\cdots,n-1)$$

式中：

U_x——在结点x的电压；

$C_{MO,x}$——在结点x的电容；

$C_{e,x}$——在结点x的对地杂散电容；

n——单元数。

注：在一定情况下，计算结果为负值。这是选择模型的结果，其所有的杂散电容都接地。利用其他表示杂散电容的模型，负值可以避免。

L.4.3 确定U_{ct}

用计算的沿非线性电阻片柱总长度(加电压$U=U_c$)的最大电压应力除以沿同样长度的平均电压应力来确定加速老化程序(见8.5.2)中U_{ct}与U_c的比值。

L.5 计算的实例

实例为利用两种不同的计算方法对一个典型的金属氧化物避雷器进行沿轴向电位分布计算的结果：有限元法(FEM)及边界元法(BEM)。有限元法仅仅适用于2D计算，而边界元法用于2D及3D计算。

计算的实例采用了全电容表示法以及阻容表示法进行计算，在计算中使用的避雷器模型是典型多元件瓷外套避雷器的简化模型(见图L.3a))。

L.5.1 避雷器模型和边界条件

避雷器的模型是按照附录 L.2 推荐的方法进行简化的，但均压环是例外，如下所述均压环采用了不同的方法：

假定典型的避雷器装配有一个均压环及 4 个支撑均压环的元件，如图 L.3a)所示。L.3b)所示对应于均压环及其支撑件的不同简化程度而采用的不同表示法。第一个模型是利用一个没有支撑的均压环，应用在轴对称 2D 及 3D 计算中(分别为例 A 及例 D)。第二个模型用于研究在轴对称计算中添加"虚拟"均压环的可能性，以仿真均压环支撑的影响。并且进行了 2D 及 3D 的计算(分别为例 B 及例 E)。第三个模型是包括有支撑的均压环的三维表示法，仅用于三 D 计算(例 F)。

"等效"非线性电阻片柱的相对介电常数选为 800，而瓷套的相对介电常数设定为 5。边界条件是按照 L.3 进行选择的，也就是避雷器位于接地的圆筒中，其半径按最小间隔要求来确定。

L.5.2 金属氧化物非线性电阻片的电阻影响

L.4.2 介绍了金属氧化物非线性电阻片的电阻影响。图 L.4 所示为用于计算的非线性电阻特性。用包含"虚拟的"均压环(例 C)的 2D 计算与例 B 比较，研究电阻的影响。用包含支撑件(例 G)的 3D 计算与例 F 比较，研究电阻的影响。

由于电阻特性而引起的非线性效应，有必要在给定的电压水平下进行阻容计算。作为计算的例子，假设 U_c=333 kV 有效值(471 kV 峰值)，频率 50 HZ。

L.5.3 电场计算的结果和结论

表 L.1 概述了对于不同的例子(A-G)，在每一个元件中，金属氧化物非线性电阻片柱上的最大电压应力计算结果。电压应力表示为非线性电阻片柱每米长度承担 U_c 的百分比。假设 U_c=100%时，对避雷器施加电压，产生的平均电压应力为 34.7%/m。表 L.1 中的结果是利用不同的 FEM 及 BEM 计算软件进行多次计算的平均值。期望误差为 1%/m 至 2%/m。三个单元中的最大电压应力用 U_{ct}/U_c 的比值表示，并用其来确定加速老化试验(见附录 L.4.3)的试验电压。对于例 B，沿避雷器柱电压应力的详细计算结果，在图 L.5 中显示。

总之，可以得出的结论是 2D 及 3D 计算可得到相似的结果(例 A 与例 D 比较，例 B 与例 E 比较)。然而，利用 3D 计算方法时，计算时间要长若干个数量级。

参照在前节中讨论的避雷器模型中不同的简化方法，从表 L.1 中可以推导出一些通常的结论：

——在 3D 计算中(例 A 和例 D 与例 F 比较)，如果包括了均压环的支撑件，顶部元件计算的电压应力要明显的低一些；

——如果考虑了电阻的影响(例 B 与例 C 比较，例 F 与例 G 比较)，在 2D 及 3D 两种计算中，所计算的应力结果都会进一步降低；

——均压环支撑件的影响可以通过在轴对称模型中引入"虚拟"均压环来进行模拟(例 B 与例 F 比较，例 C 与例 G 比较)。然而，根据这些结果，不能确定"虚拟"均压环的尺寸和位置的一般规律。

表 L.1 计算例子的结果

避雷器模型	案例	最大电压应力			最大比值 U_{ct}/U_c
		上节元件 %/m	中间元件 %/m	下节元件 %/m	
2D 计算					
一个均压环	A	50	39	26	1.44
两个均压环	B	44	40	27	1.27
两个均压环，电阻影响	C	41	39	29	1.18
3D 计算					
一个均压环	D	50	37	27	1.44
两个均压环	E	43	38	28	1.24
一个均压环加四个支撑	F	44	39	27	1.27
一个均压环加四个支撑，电阻影响	G	41	39	28	1.18

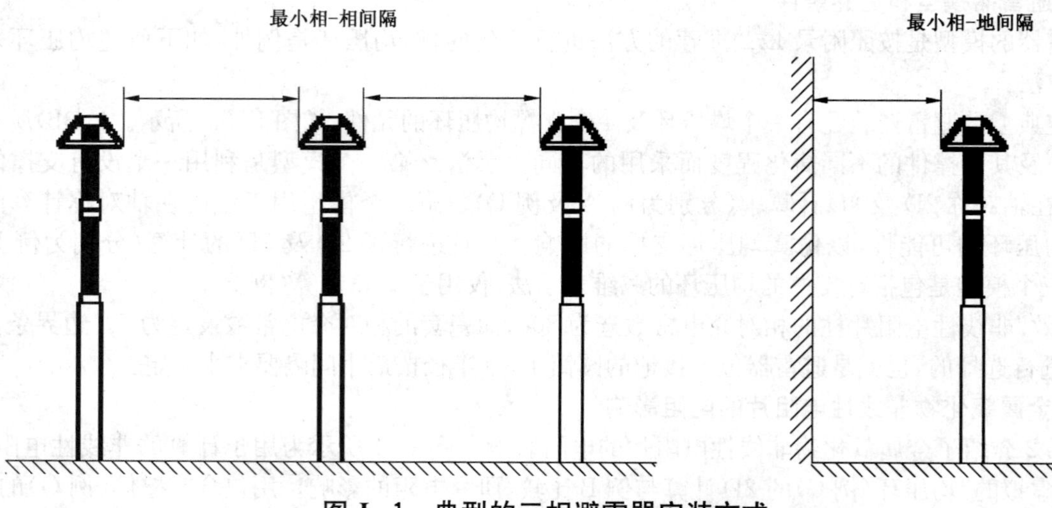

图 L.1　典型的三相避雷器安装方式

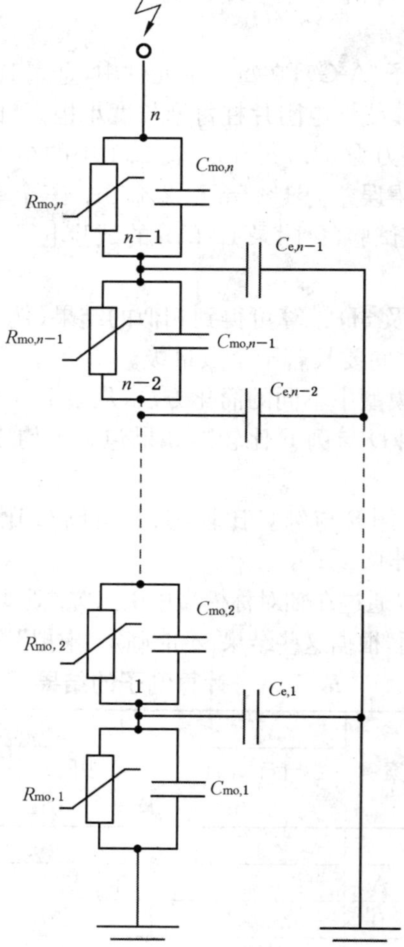

$R_{mo,x}$——x 单元的电压相关的电阻；

$C_{mo,x}$——x 单元的电容；

$C_{e,x}$——节点 x 的对地杂散电容；

n——单元数。

图 L.2　避雷器的多阶等效回路简图

单位为毫米

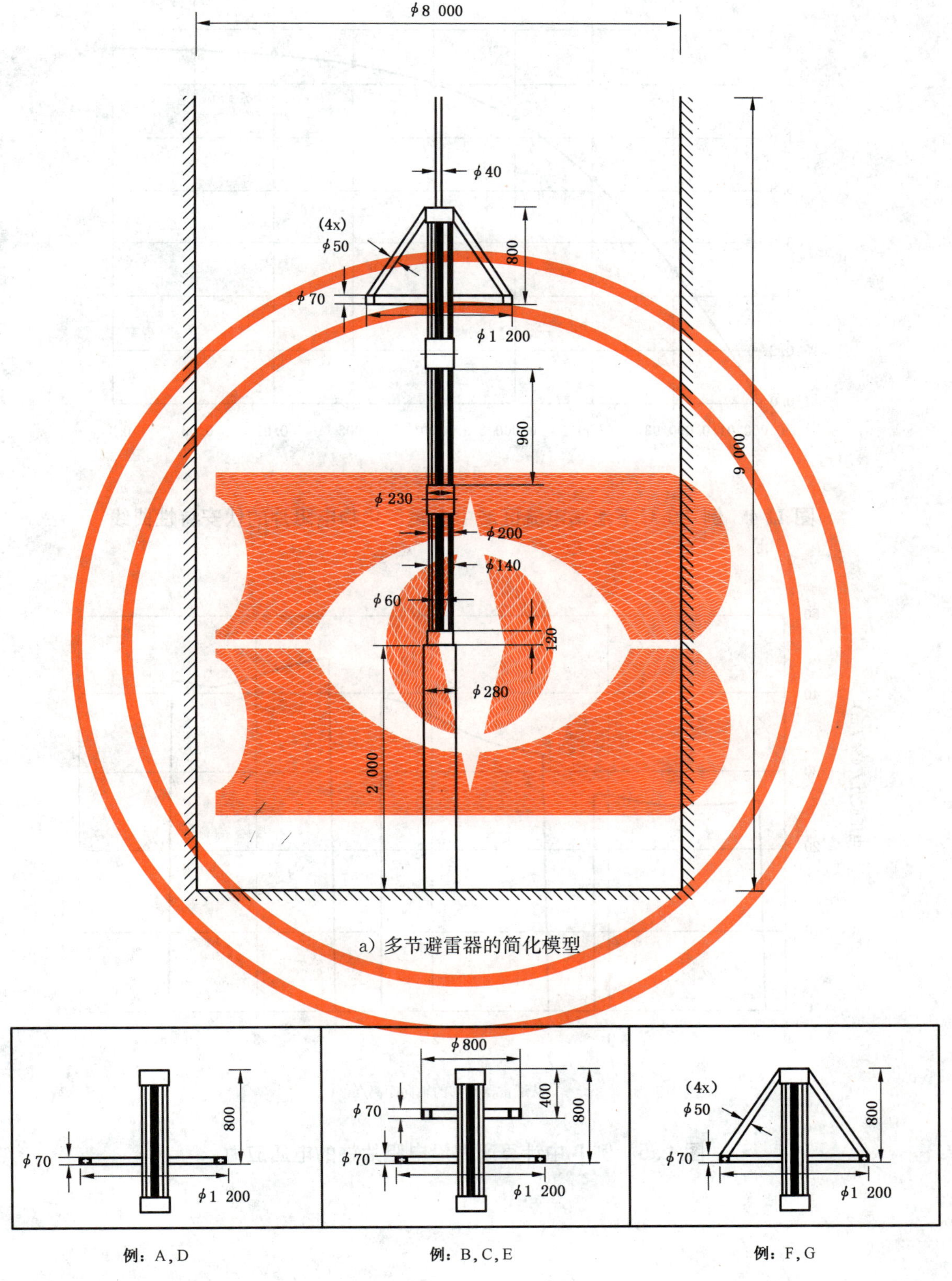

a）多节避雷器的简化模型

例：A，D

例：B，C，E

例：F，G

b）均压环的不同表示法

图 L.3　避雷器模型的几何图形

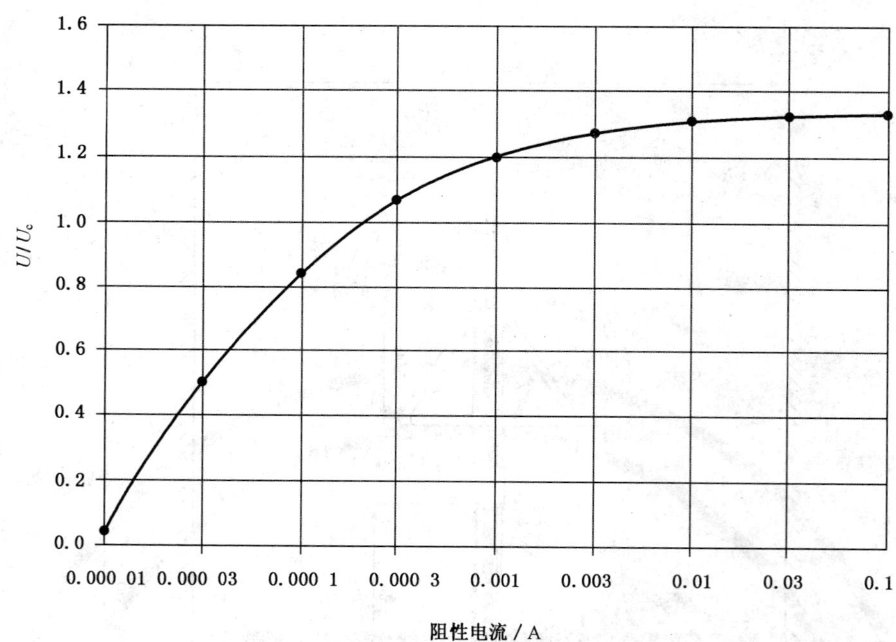

图 L.4　例:20 ℃下泄漏电流区域中金属氧化物电阻片的伏安特性曲线

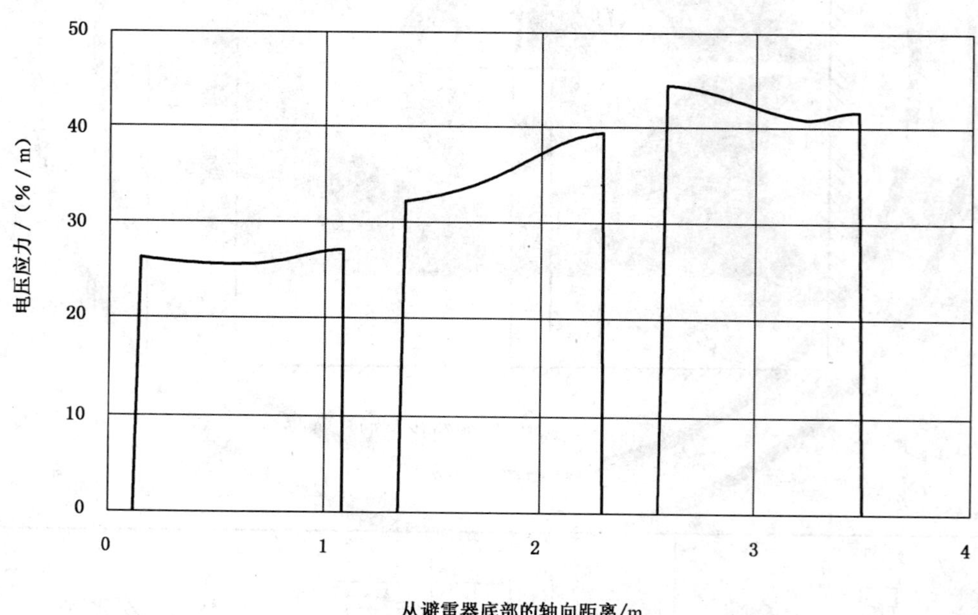

图 L.5　例 B 中计算所得沿电阻片柱的电压应力

附　录　M
（规范性附录）
机 械 试 验

M.1　弯矩试验

如果是多元件避雷器，每一个元件都应该按图 M.1 进行弯矩试验。要求的负荷按下面给出的方法计算。假如各个元件仅长度不同，而材料及设计都相同，则不必要对每一元件进行试验。

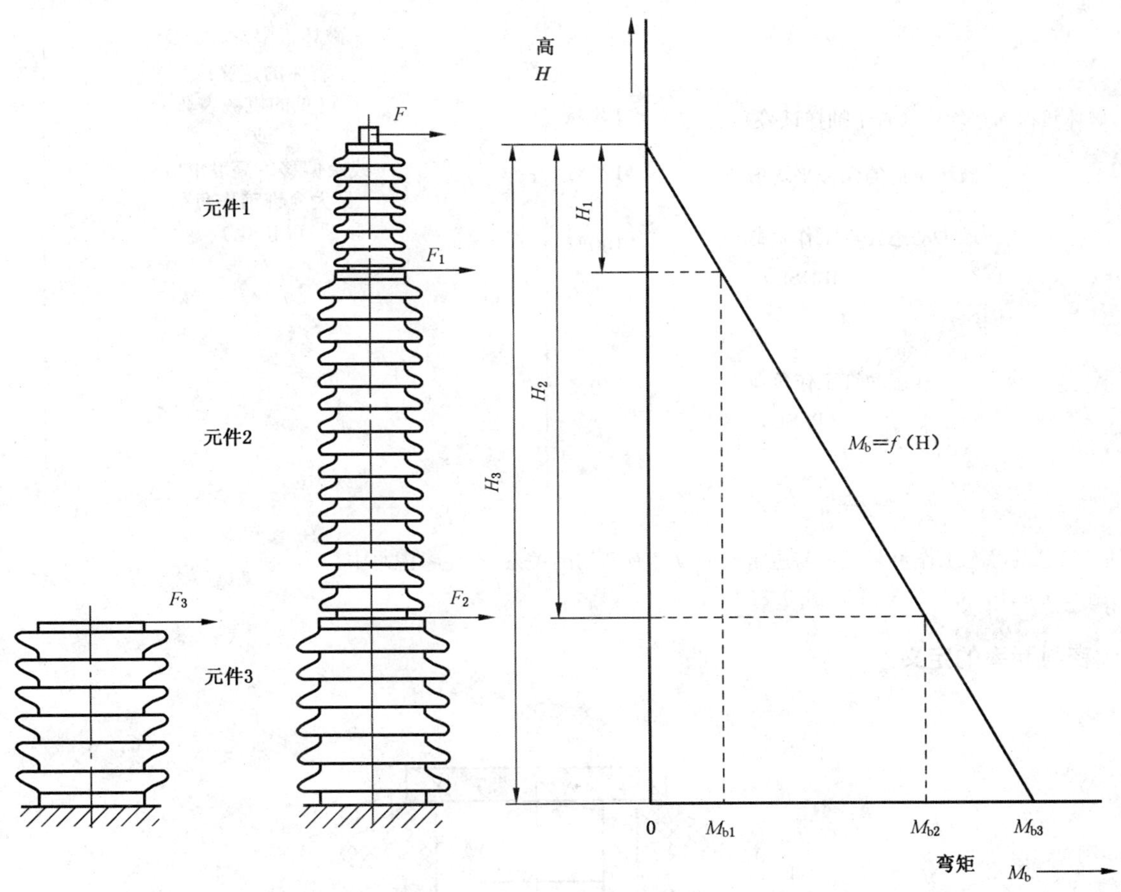

图 M.1　多元件避雷器的弯矩试验

对整支避雷器进行试验，作用于底部法兰的弯矩 $M_{b3}=F\times H_3$。

作用在底部元件的上部法兰上的弯矩 $M_{b2}=F\times H_2$。

如果对一个元件单独进行试验（例如元件 3），对元件 3 底部法兰试验，试验施加力 F_2 如下：

$$F_2\times(H_3-H_2)=F\times H_3$$

$$F_2=\frac{F\times H_3}{(H_3-H_2)}$$

对元件 3 的上部法兰的试验应该在相反的位置对元件进行试验，对元件 3 的上部法兰进行试验的试验施加力 F_3 如下

$$F_3\times(H_3-H_2)=F\times H_2$$

$$F_3=\frac{F\times H_2}{(H_3-H_2)}$$

M.2 地震试验

如果经供需双方达成协议，要进行地震试验，应该按照 IEC 61166:1993 进行。

a) 参考电压测量；

b) 内部局部放电试验；

c) 密封试验。

M.3 机械负荷的定义

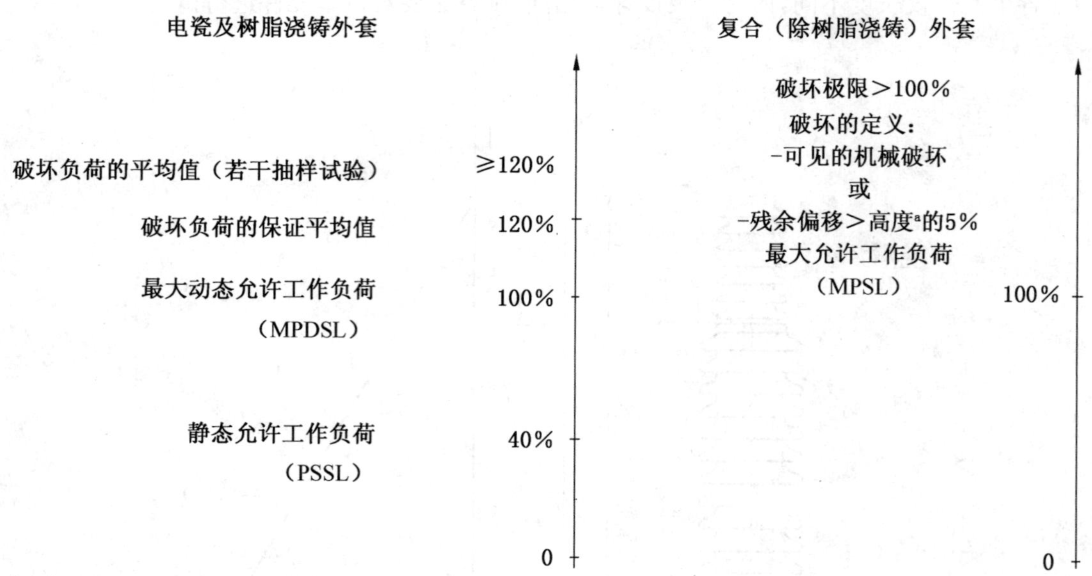

注：动态及静态工作负载规定与避雷器的设计有密切的关系，正在考虑之中。

[a] 见 8.9.4、10.8.9.2.3 和 10.8.9.3.3。

M.4 密封漏率的定义

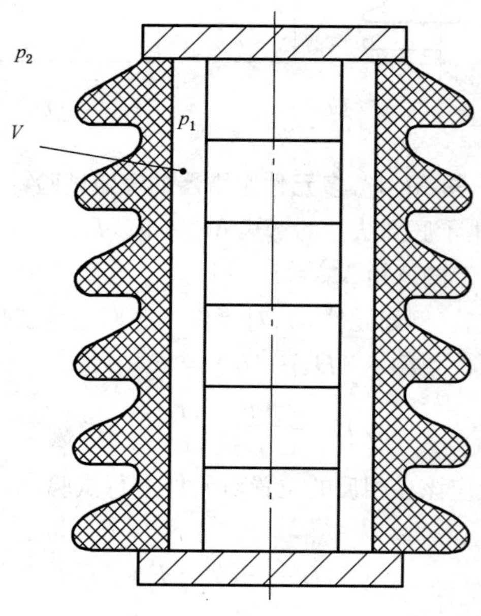

图 M.2 避雷器元件

漏率规定了至少在70 kPa的压差下，每单位时间内通过密封外套的气体量。如果密封系统的效果与压力的方向有关，则应该考虑最坏的情况。

在$|p_1-p_2|\geqslant 70$ kPa及温度为+20 ℃±15 K下，漏率$=\frac{\Delta p_1\times V}{\Delta t}$。

式中：

$\Delta p_1=p_1(t_2)-p_1(t_1)$；

$p_1(t)$——避雷器外套的内部压强(Pa)和时间的函数；

p_2——避雷器外部的气体压强(Pa)；

t_1——选定的时间间隔的起始时间；

t_2——选定的时间间隔的结束时间；

$\Delta t=t_2-t_1$；

V——避雷器的内部气体体积(m^3)。

M.5 风弯矩的计算

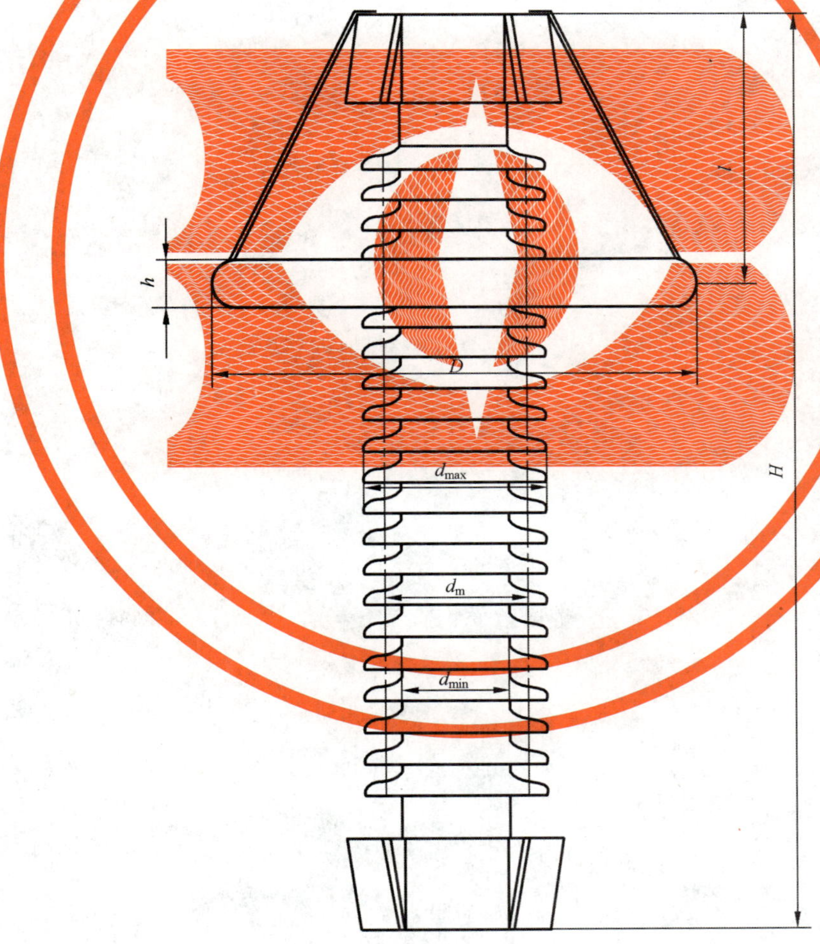

图 M.3 避雷器的尺寸

$$M_W=p\times H\times d_m\times C\times H/2+p\times D\times h\times(H-I)$$

式中：

$p=(p_1/2)\times V^2$；

$d_m=(d_{max}+d_{min})/2$；

M_W——由风造成的弯矩(Nm)；

H——避雷器的高度(m)；

d_m——外套直径的平均值(m)；

h——均压环的厚度(m)；

D——均压环的直径(m)；

I——均压环到顶部的距离(m)；

C——圆柱状零部件的拉力系数；等于 0.8；

p——风的动态压力(N/m^2)；

p_1——在 1 013 bar 及 0 ℃时的空气密度，等于 1.29 kg/m^3；

V——风速(m/s)。

附 录 N
（规范性附录）
确定雷电冲击放电能力的试验程序

N.1 总则

该试验程序适用于标称系统电压超过 35 kV 线路的线路避雷器，该避雷器可改善这些线路的雷电保护特性。通常，因雷电作用，这些避雷器承受由于雷击引起的能量和电流比安装在电站中且具有进线保护的避雷器要高。另外，预期电流波形作为决定性的因素，对于应用在有屏蔽线线路的避雷器，电流的持续时间为几十微秒，对于应用在没有屏蔽线线路的避雷器，电流的持续时间为几百微秒，这些波形明显不同于在动作负载试验和长持续电流冲击试验中规定的波形。

200 μs 的波长已被认为是兼顾了典型应用和多重雷击效应。

因此，用于输电线路保护的避雷器，应用雷电冲击放电能力试验来验证避雷器的额定雷电冲击放电能力。

N.2 试品的选择

应对三只试品进行试验。这些试品应包括整只避雷器、避雷器比例单元或电阻片。除以评估为目的的必要试验外，这些试品未进行过任何试验。

雷电冲击放电能力试验所选择的试品，在标称电流下的残压应为制造商宣称的残压变化范围的最高值。而且，在多柱避雷器的情况下，应考虑不均匀电流分布的最高值。因此，应满足下列的要求：

a） 整只避雷器的额定电压和避雷器比例单元的额定电压的比值定义为 n。电阻片为试品时，其体积不能大于整只避雷器中所有电阻片最小体积除以 n。

b） 试验用比例单元的残压应等于 $k^{*}U_{r}/n$，这里 k^{*} 为避雷器在标称放电电流下的最高残压和它的额定电压之比。对于试验用试品，如果 $U_{res}>k^{*}U_{r}/n$，因数 n 应相对的减少。如果 $U_{res}<k^{*}U_{r}/n$，该试品不允许使用。

c） 对于多柱避雷器，柱间的电流分布应根据电流分布试验要求在冲击电流下测量。对于每个试品，要确定任何柱的最高电流和平均电流的比值 K_{a}，并且对比制造商规定的最高比值 K_{m}。任意柱的最高电流的比值都不应高于由 K_{m} 给定的值。

N.3 试验程序

以评判试验结果为目的，试验前应测量试品在标称电流下的雷电冲击残压。

每次雷电冲击放电能力试验由 18 次放电冲击组成，共分为 6 组，每组 3 次，2 次冲击的间隔为 50 s～60 s，2 组之间的间隔时间应使试品冷却到接近环境温度。

18 次冲击后且试品冷却到环境温度，要重复进行试验前所测的残压试验，并与试验前残压值进行对比，该值的变化应不超过 5%。

试验后检查试品，金属氧化物电阻片不应有任何击穿、闪络、破碎或者明显损坏的痕迹。

如果由于设计原因电阻片不能直接观察，试品冷却到环境温度后应再施加一次冲击。如果试品耐受了这第 19 次冲击而没有损坏（通过示波器记录检查），该试品可认为通过了该试验。

注：由于雷电冲击在低电流区域可能改变，这方面通过现存的动作负载试验得到充分的考虑。

N.4 雷电冲击放电能力试验的试验参数

通过制造商选择的电流峰值，以获得特定的放电能量和电荷。该能量应不高于分类等级中的两次线路放电的总能量(线路放电等级 2～5 级的避雷器),或者不高于由一次 4/10 μs,100 kA 大电流冲击而产生的能量(线路放电等级 1 级的避雷器)。如果不是这类情况,增加能量以代替宣称的能量重复进行动作负载试验。

注:动作负载试验中增加的能量可通过增加电流(线路放电等级 2～5 的避雷器)或者通过增加冲击持续时间(线路放电等级 1 的避雷器)来获得。

电流冲击波形大致为正弦波。冲击电流的瞬时值大于电流冲击峰值 5%的持续时间应在 200 μs～230 μs 之间。

任何反极性电流的峰值应小于电流冲击峰值的 5%。

每个试品上每次冲击的电流峰值应在所选峰值的 100%～110%之间。

N.5 雷电冲击放电能力试验期间的测量

应给出每次冲击的能量、电荷和峰值电流,同时给出冲击电流的瞬时值大于电流冲击峰值 5%的持续时间。并且提供同一时基施加电压和电流波形的典型示波图和耗散能量。

N.6 额定雷电冲击放电能力

平均峰值电流、电荷和能量应从 18 次放电动作计算而得。平均能量除以试品的额定电压得到比能量。对于多柱避雷器,每个试品的峰值电流、电荷和能量应在确定平均值之前乘以因数 K_a/K_m。

避雷器的额定雷电冲击放电能力如下:

a) 3 只试品中任一最低平均峰值电流;

b) 从附录 N.7 的列表而选择的能量值小于或者等于 3 只试品中的任一最低比能量;

c) 从附录 N.8 的列表而选择的电荷量小于或者等于 3 只试品中的任一最低的平均电荷量。

N.7 额定比能量值列表

下列值作为标准的额定比能量值,其单位表示为 kJ/kV:1;1.5;2;2.5;3;3.5;4;4.5;5;6;7;8;9;10;11;12;13;14;15;16;17;18;19;20。

N.8 额定电荷量列表

下列值作为标准的额定电荷值,其单位表示为库伦:0.4;0.6;0.8;1;1.2;1.4;1.6;1.8;2;2.4;2.8;3.2;3.6;4;4.4;4.8;5.2;5.6;6;6.4;6.8;7.2;7.6;8;8.4;8.8;9.2;9.6;10。

附 录 O
（资料性附录）
人工污秽试验方法

O.1 污秽等级划分

表 O.1 典型环境举例

Ⅰ——轻	大气轻度污染地区，工业区和人口低密集区，离海岸盐场 10 km～50 km 地区。在污闪季节中干燥少雾（含毛毛雨）或雨量较多时
Ⅱ——中等	大气中等污染地区，轻盐碱和炉烟污秽地区，离海岸盐场 3 km～10 km 地区，在污闪季节中潮湿多雾（含毛毛雨）但雨量较少时
Ⅲ——重	大气污染较严重地区，重雾和重盐碱地区，离海岸盐场 1 km～3 km 地区，工业与人口密度较大地区，离化学污源和炉烟污秽 300 m～1 500 m 的较严重污秽地区
Ⅳ——特重	大气特别严重污染地区，离海岸盐场 1 km 以内，离化学污源和炉烟污秽 300 m 以内的地区

O.2 试验

O.2.1 总则

本试验是验证避雷器在污秽条件下的耐电能力，检验的主要内容是绝缘耐受能力和热稳定性能。试验应在整只避雷器上进行。同一种设计的避雷器，可只作额定电压最高的避雷器。

O.2.2 试验电源

试验电源的电压波形应近似为正弦波，频率为 48 Hz～62 Hz。试验电压指其峰值除以$\sqrt{2}$。试验电源容量应满足：试品在规定的电压下在泄漏电流波动时（除偶有不连续外），半周波电压降不超过规定值的 5%。试品在发生闪络前的一周波电压不低于开路电压的 90%。

注：如达不到上述要求，试品发生闪络时实际额定短路电流应不小于 10 A（有效值）。

O.2.3 污液

污秽悬液由 40 g 高岭土、1 000 g 水和适量的盐组成，或由 100 g 硅藻土、10 g 高度分散的二氧化硅（粒度 2 μm～20 μm），1 000 g 水和适量的盐组成。Ⅲ级重污秽地区，试验用盐密度为 0.03 mg/cm^2（±15%）。Ⅳ级特重污秽地区，试验用盐密由供需双方协商。

O.2.4 试品

避雷器应是清洁干燥的，其安装方式应模拟实际运行情况。避雷器的热稳定性能可通过监测避雷器中电阻片温度、漏电流阻性分量或功率损耗来判断。

O.2.5 试验程序

O.2.5.1 在冲净干燥后的避雷器上喷涂污层后 3 min 内施加电压。

O.2.5.2 首先快速均匀地向避雷器施加规定的电压 E_1（避雷器持续运行电压），持续 1 min 后迅速上升到电压 E_2（避雷器额定电压的 90%），持续 2 s 后迅速降低到 E_1，这样构成一个循环试验。电压改变时要迅速，但不应产生任何暂态过电压施加到避雷器上。

O.2.5.3 按附录 O.2.5.2 反复进行 8 次循环作为一个系列试验。

O.2.5.4 一个系列试验后停止试验，并将外套表面冲净、干燥，然后施加新的污层。

O.2.5.5 上述系列试验进行4次。第4次系列试验后，在避雷器上施加电压E_1，持续30 min。在加压期间内，应监测温度、阻性电流或功耗。在最后加压30 min期间内当被监测值逐渐减小或趋于稳定时，则认为热稳定。

O.3 试验评价

如果避雷器热稳定，并且在试验期间内没有发生外部闪络，并经检查证实电阻片没有发生闪络或损坏时，则认为试验合格。

附　录　P
（资料性附录）
包装、运输及保管

P.1　包装

避雷器的包装必须保证在运输中，不因包装不良而使产品损坏。复合外套避雷器的包装应符合JB/T 9673—1999的规定，在包装箱上应标明：

a）制造厂名、产品名称及型号；

b）发货单位、收货单位及详细地址；

c）产品净重、毛重、体积等；

d）“小心轻放”、“向上”、“防潮”等字样和标记，字样和标记应符合GB/T 191—2000的要求。

P.2　随产品提供的技术文件

a）包装清单；

b）产品出厂合格证明书；

c）安装、使用说明书（每组避雷器附1份）。

P.3　运输和保管

整只产品或分别运输的部件和包装，都要适用运输、装卸的要求。如果产品对运输、装卸和保管有其他特殊要求时，制造厂应在包装箱上明确标志。

复合外套避雷器在运输时严禁与酸碱等腐蚀性物品放在同一车厢内运输。保管时不应与酸碱等腐蚀性物品放在同一库房中。

附 录 Q
（资料性附录）
本标准与 IEC 60099-4:2006 的主要技术差异及其原因

本标准与 IEC 60099-4:2006 的主要技术差异及其原因见表 Q.1。

表 Q.1 本标准与 IEC 60099-4:2006 的主要技术差异及其原因

本标准章条编号	技术性差异	原因简述
3.34.2	增加定义：避雷器的直流参考电流	保留 GB 11032—2000 的规定，适应国内产品制造和应用现状
3.35.2	增加定义：避雷器的直流参考电压	保留 GB 11032—2000 的规定，适应国内产品制造和应用现状
3.71	增加定义：0.75 倍直流参考电压下漏电流	保留 GB 11032—2000 的规定，适应国内产品制造和应用现状
3.72	增加定义：定期试验	保留 GB 11032—2000 的规定，适应国内产品制造和应用现状
3.73	增加定义：抽样试验	保留 GB 11032—2000 的规定，适应国内产品制造和应用现状
4.1	增加要求：直流 1 mA 参考电压	保留 GB 11032—2000 的规定，适应国内产品制造和应用现状
4.2	在表 1 中避雷器分类中，增加备注	在遵循 IEC 60099-4:2006 表 1 分类原则的前提下，根据我国产品和电网实际情况，在表 1 中增加备注，在备注中按产品用途列出避雷器分类
5.4.1	在正常运行条件中，将“风速≤34 m/s”提高到“风速≤35 m/s”，增加“地震烈度Ⅶ度及以下地区和覆冰厚度不大于 20 mm”要求	保留 GB 11032—2000 的规定，适应国内产品制造和应用现状
6.1	在 6.1 中规定：避雷器外套的绝缘耐受按 GB 311.1—1997 中对高压电器外绝缘的规定进行绝缘耐受试验，GB 311.1—1997 中未规定的，按 IEC 60099-4:2006 的要求对避雷器外套进行绝缘耐受试验。 增加：表 3 低压避雷器外套绝缘耐受电压	GB 311.1—1997 中高压电器外绝缘的要求高于 IEC 60099-4:2006 对避雷器外绝缘的要求，根据我国产品能力和电网要求，对 IEC 60099-4:2006 的 6.1 进行调整。同时将低压避雷器外套绝缘耐受电压列出
6.2.2	增加要求：避雷器的直流参考电压	保留 GB 11032—2000 的规定，适应国内产品制造和应用现状
6.3	增加要求：避雷器在陡波、雷电、操作冲击电流下残压值应不大于附录 J 的规定	保留 GB 11032—2000 的规定。根据我国产品能力和电力系统的绝缘配合要求，明确规定避雷器在陡波、雷电、操作冲击电流下残压，可以规范产品的制造和应用

表 Q.1（续）

本标准章条编号	技术性差异	原因简述
6.6	增加规定：电流分布最大不均匀系数不大于 1.10	根据产品制造和应用要求而规定
6.8	通过线路放电试验验证长持续时间电流耐受能力的避雷器增加 5 000 A 等级。 通过方波电流冲击试验验证长持续时间耐受能力的避雷器增加 1 500 A 和 10 000 A 等级	根据产品制造和应用现状，提高要求
6.9	大电流冲击动作负载试验增加了无线路放电等级要求的 5 000 A 及 10 000 A 等级避雷器，将 10 000 A 线路放电 1 级避雷器归类到操作冲击动作负载试验。 操作冲击动作负载试验增加了有线路等级要求 5 000 A 避雷器、10 000 A 线路放电 1 级避雷器和并联补偿电容器用避雷器	根据产品制造和应用现状，提高要求
6.10	在注 2 中加入经供需双方同意，该曲线也可以通过计算建立。 在工频电压耐受时间特性应按附录 D 所示程序进行验证中取消了如果经供需双方同意进行工频电压耐受时间特性验证	工频电压耐受时间特性试验应通过试验验证，通过计算建立的曲线与实际有偏差
6.11	增加要求：额定电压 42 kV 及以上避雷器和保护发电机用避雷器应具有压力释放装置	保留 GB 11032—2000 的规定，适应国内产品制造和应用现状
6.12.2	增加要求：对中性点非有效接地系统，脱离器按照 8.6.3 的要求，在 100 mA、1A、20 A 三种工频电流值下，确定脱离器的动作时间	根据产品制造和应用现状而规定
6.13	增加要求：避雷器附件根据制造厂设计和用户要求，可包括均压元件、监测元件等，应满足避雷器规定性能要求	IEC 60099-4:2006 没有要求内容，根据我国制造和应用现状而增加要求
6.14.1	增加要求：在 $2.5(F_1+F_2/2)$ 下述机械负荷共同作用下耐受 10 s 而不损坏，并可靠运行。增加了 F_1 和 F_2 的具体要求	保留 GB 11032—2000 的规定，适应国内产品制造和应用现状
6.15	避雷器额定电压 77 kV 改为 84 kV 及以上	保留 GB 11032—2000 的规定，适应国内产品制造和应用现状
6.17	标称系统电压超过 52 kV 改为 35 kV 及以上	我国 35 kV 线路已经安装线路避雷器，需要考核
6.18	增加要求：避雷器的持续电流	保留 GB 11032—2000 的规定，适应国内产品制造和应用现状
6.19	增加要求：0.75 倍直流参考电压下漏电流	保留 GB 11032—2000 的规定，适应国内产品制造和应用现状
6.20	增加要求：大电流冲击耐受	保留 GB 11032—2000 的规定，适应国内产品制造和应用现状

表 Q.1（续）

本标准章条编号	技术性差异	原因简述
6.21	增加要求：避雷器的耐污秽性能	保留 GB 11032—2000 的规定，适应国内产品制造和应用现状
6.22	增加要求：避雷器的包装、运输和保管	保留 GB 11032—2000 的相关规定，适应国内产品制造和应用现状
7.2	将 IEC 60099-4:2006 的 7.2 参考电压测量改为本标准的 8.15 要求，将 IEC 60099-4:2006 的 7.3 试验样品改为本标准的 7.2 要求	参考电压测量已在本标准的 8.15 要求
8.1	增加要求：新产品投产前进行型式试验。当设计或工艺有所变更对产品性能有影响时，必须对有关项目进行试验	保留 GB 11032—2000 的相关规定，适应国内产品制造和应用现状
8.1	表 5 中增加了型式试验项目：爬电比距检查、工频参考电压试验、直流参考电压试验、0.75 倍直流参考电压下漏电流、持续电流试验、工频电压耐受时间特性试验、多柱避雷器电流分布试验、雷电冲击放电能力试验	IEC 60099-4:2006 在型式试验项目中没有要求，根据我国制造和应用现状，特增加的试验项目
8.2.1	增加要求：避雷器外套的绝缘耐受试验应在整只避雷器外套上进行	整只避雷器外套绝缘耐受试验严于避雷器元件外套试验
8.2.2	增加要求：经供需双方协商，可在避雷器元件外套上试验	整只避雷器外套绝缘耐受试验严于避雷器元件外套试验
8.2.7	将避雷器额定电压 200 kV 及以上改为 288 kV 及以上	保留 GB 11032—2000 的相关规定，适应国内产品制造和应用现状
8.3	增加要求：例行试验时，雷电冲击残压允许用单个电阻片雷电冲击残压算术和代之	保留 GB 11032—2000 的相关规定，适应国内产品制造和应用现状
8.3.1	将 h 定义为避雷器端子间减去电阻片高度的长度	避雷器的电阻片在陡波冲击电流下已经呈现感性特性，残压测量时已经包含电感效应，故应将电阻片的高度减去
8.3.2	增加要求：例行试验时，试验可在整只避雷器、组装好的元件或包括一个或几个电阻片的试品上进行。制造厂要在 0.01 倍～2 倍标称电流范围内确定一适当的雷电冲击电流，残压将在该电流下测定。如果不能直接测量整体残压，可以把电阻片的残压之和或单个避雷器元件的残压之和视作整只避雷器的残压。整只避雷器的残压值不能高于规定值	将 IEC 60099-4:2006 的 9.1b)的要求加入到本标准的 8.3.2 中，保证标准的系统性
8.3.3	表 6 增加相关避雷器的操作冲击电流要求	保留 GB 11032—2000 的相关规定，适应国内产品制造和应用现状

表 Q.1(续)

本标准章条编号	技术性差异	原因简述
8.4.2	表 7 增加注 3:对于 10 kA 等级无线路放电等级要求的避雷器,长持续电流耐受值由供需双方协商确定	IEC 60099-4:2006 没有要求,根据我国制造和应用现状,特增加要求
8.4.3	表 8 增加相关避雷器长持续电流耐受值要求	保留 GB 11032—2000 的相关规定,适应国内产品制造和应用现状,该要求严于 IEC 60099-4:2006 要求
8.5.4	大电流冲击动作负载试验增加了无线路放电等级要求的 5 000 A 及 10 000 A 等级避雷器,将 10 000 A 线路放电 1 级避雷器归类到操作冲击动作负载试验	根据产品制造和应用现状,提高要求,与 6.9 保持一致,该要求严于 IEC 60099-4:2006 要求
8.5.4.2	表 10 增加 20 kA 等级避雷器耐受 100 kA 要求	保留 GB 11032—2000 的相关规定,适应国内产品制造和应用现状,该要求严于 IEC 60099-4:2006 要求
8.5.5	操作冲击动作负载试验增加了有线路等级要求 5 000 A 避雷器、10 000 A 线路放电 1 级避雷器和并联补偿电容器用避雷器	根据产品制造和应用现状,提高要求,与 6.9 保持一致,该要求严于 IEC 60099-4:2006 要求
8.6.3.1	增加要求:对中性点非有效接地系统,电流为 100 mA、1 A 和 20 A 工频电流有效值±10%	根据产品制造和应用现状而规定
8.8	增加要求:型式试验应在整只避雷器上进行,并应按实际运行情况安装。 增加例行试验要求	保留 GB 11032—2000 的相关规定,适应国内产品制造和应用现状,该要求严于 IEC 60099-4:2006 要求 将 IEC 60099-4:2006 的 9.1c)的要求加入到本标准的 8.8 中,保证标准的系统性
8.9.1	增加要求:避雷器应能承受住顶端最大允许水平拉力与风压力折算到顶端的集中作用力之和的 2.5 倍的负荷而不破坏。具体试验方法应符合 GB/T 775.3—2006 的规定	保留GB 11032—2000 的相关规定,适应国内产品制造和应用现状
8.11.3	增加要求:生产商可以采用任何灵敏方法测量避雷器整个密封系统的密封泄漏率。试验时建议采用氦质谱检漏仪检漏法(漏气率要求小于 6.65×10^{-5} Pa·L/s)、抽气浸泡法、热水浸泡法进行试验,具体试验方法可按 JB/T 7618—1994 进行。 漏气率要求小于 6.65×10^{-5} Pa·L/s	保留 GB 11032—2000 的相关规定,适应国内产品制造和应用现状,该要求严于 IEC 60099-4:2006 要求
8.11.4	漏气率要求小于 6.65×10^{-5} Pa·L/s	保留 GB 11032—2000 的相关规定,适应国内产品制造和应用现状,该要求严于 IEC 60099-4:2006 要求

表 Q.1(续)

本标准章条编号	技术性差异	原因简述
8.12	将避雷器额定电压 77 kV 及以上改为 84 kV 及以上; 型式试验应在整只避雷器上进行,并应按实际运行情况安装	我国没有避雷器额定电压 77 kV 等级,故改为 84 kV; 整只避雷器试验较为严格且符合应用实际,特规定
8.13	增加要求:经供需双方同意,可按附录 O 进行	附录 O 的要求严于附录 F
8.14	增加持续电流试验要求	保留 GB 11032—2000 的规定,适应国内产品制造和应用现状,与 6.18 保持对应
8.15	增加工频参考电压试验要求	保留 GB 11032—2000 的规定,适应国内产品制造和应用现状,与 6.2.1 保持对应,并将 IEC 60099-4:2006 的 7.2 并入该条款
8.16	增加直流参考电压试验要求	保留 GB 11032—2000 的规定,适应国内产品制造和应用现状,与 6.2.2 保持对应
8.17	增加 0.75 倍直流参考电压下漏电流试验要求	保留 GB 11032—2000 的规定,适应国内产品制造和应用现状,与 6.17 保持对应
8.18	增加多柱避雷器电流分布试验要求	保留 GB 11032—2000 的规定,适应国内产品制造和应用现状,与 6.6 保持对应,并将 IEC 60099-4:2006 的 9.1e)并入该条款
8.19	增加大电流冲击耐受试验要求	保留 GB 11032—2000 的规定,适应国内产品制造和应用现状
9	增加定期试验和抽样试验	保留 GB 11032—2000 的规定,适应国内产品制造和应用现状
9.1	例行试验项目增加持续电流试验、直流参考电压试验、0.75 倍直流参考电压下漏电流试验	保留 GB 11032—2000 的规定,适应国内产品制造和应用现状
9.3	增加定期试验要求	保留 GB 11032—2000 的规定,适应国内产品制造和应用现状
9.4	增加抽样试验要求	保留 GB 11032—2000 的规定,适应国内产品制造和应用现状
10.6.1	增加避雷器的机械性能要求,规定了弯曲负荷和拉伸负荷要求	根据我国产品制造和应用现状而规定
10.6.2	增加避雷器负荷外套外观要求	根据我国产品制造和应用现状而规定
10.6.3	增加避雷器气候老化试验要求	根据我国产品制造和应用现状而规定
10.6.4	增加湿气浸入试验要求	根据我国产品制造和应用现状而规定
10.8.1	增加表 17 避雷器型式试验项目	根据我国产品制造和应用现状而规定,便于产品考核

表 Q.1(续)

本标准章条编号	技术性差异	原因简述
10.8.5.3	表18中增加20 000 A等级避雷器耐受100 kA要求	根据我国产品制造和应用现状而规定
10.8.15	增加拉伸负荷试验要求	根据我国产品制造和应用现状而规定拉伸负荷试验方法
10.8.16	增加避雷器复合外套外观检查	根据我国产品制造和应用现状而规定避雷器复合外套外观检查方法
10.8.17	增加避雷器复合外套最小公称爬电比距检查	根据我国产品制造和应用现状而规定避雷器复合外套最小公称爬电比距检查方法
10.9	增加例行试验、验收试验、定期试验和抽样试验要求,规定了试验的项目和试品的数量	根据我国产品制造和应用现状而规定,便于产品考核和验收
11.3	增加定义:绝缘气体的额定密度、绝缘气体的最小运行密度、绝对漏气率、允许漏气率、相对漏气率	根据我国产品制造和应用现状而增加的定义,便于产品考核和验收
11.6.1	要求:避雷器的内绝缘耐受性能符合GB 311.1—1997中对高压电器绝缘的规定,经供需双方协商,内部的绝缘耐受电压按IEC 60099-4:2006选取	我国的绝缘配合以GB 311.1—1997为准,GB 311.1—1997中对高压电器绝缘的规定严于IEC 60099-4:2006的要求
11.6.2	增加避雷器的密封要求	根据我国产品制造和应用现状而增加的要求,便于产品考核和验收
11.6.3	在GIS避雷器外壳的要求中加入外壳设计、外壳强度试验、破坏压力试验、非破坏性压力试验、外壳检验、加装防爆膜的要求、认证书的要求	根据我国产品制造和应用现状而增加的要求,便于产品考核和验收
11.6.4	增加要求:避雷器内部绝缘气体的额定密度和最小运行密度	根据我国产品制造和应用现状而增加的要求,便于产品考核和验收
11.6.5	增加要求:避雷器中绝缘气体的要求	根据我国产品制造和应用现状而增加的要求,便于产品考核和验收
11.6.6	增加要求:避雷器的局部放电特性	根据我国产品制造和应用现状而增加的要求,便于产品考核和验收
11.6.7	增加要求:避雷器的运输振动性能	根据我国产品制造和应用现状而增加的要求,便于产品考核和验收
11.8.1	型式试验列表24,并增加相关要求	根据我国产品制造和应用现状而增加的要求,便于产品考核和验收
11.8.6	增加直流参考电压试验要求	便于产品考核和验收
11.8.9	增加密封性能试验方法要求	便于产品考核和验收
11.8.10	增加外壳强度试验方法要求	便于产品考核和验收
11.8.11	增加运输试验方法要求	便于产品考核和验收

表 Q.1（续）

本标准章条编号	技术性差异	原因简述
11.8.12	增加 SF_6 气体水分检测要求	便于产品考核和验收
11.8.13	增加 0.75 倍直流参考电压下漏电流试验方法要求	便于产品考核和验收
11.9	增加验收试验、定期试验和抽样试验，在例行试验中增加相关试验项目	根据我国产品制造和应用现状而增加的要求，便于产品考核和验收
12.8.1	型式试验列表 26，规定试验依据、试验方法和试品数量	根据我国产品制造和应用现状而增加的要求，便于产品考核和验收
12.8.2.1	增加规定：对中性点有效接地系统，其绝缘耐受试验值应符合表 27 的要求。对中性点非有效接地系统，其绝缘耐受试验值应符合 GB 311.1—1997 的规定	我国的绝缘配合以 GB 311.1—1997 为基础，该类产品用在 35 kV 级以下系统，我国该系统基本为中性点非有效接地系统，故此规定
12.8.2.2	增加规定：对中性点有效接地系统，其绝缘耐受试验值应符合表 27 或表 28 的要求。对中性点非有效接地系统，其绝缘耐受试验值应符合 GB 311.1—1997 的规定	我国的绝缘配合以 GB 311.1—1997 为基础，该类产品用在 35 kV 级以下系统，我国该系统基本为中性点非有效接地系统，故此规定
12.8.5.2.1	删除 IEC 60099-4:2006 的注 2	注 2 内容不适用于该类避雷器
12.8.8	增加要求：经供需双方协商，可以规定避雷器的局部放电量或局部放电电压熄灭水平	适应我国绝缘配合和使用情况
12.9	增加验收试验、定期试验和抽样试验	根据我国产品制造和应用现状而增加的要求，便于产品考核和验收
13.8.1	型式试验项目列表 31，规定了试验依据、试验方法和试品数量	根据我国产品现状而要求，便于产品考核和验收
13.8.3.1	删除 IEC 60099-4:2006 的注 2	注 2 内容不适用于该类避雷器
13.9	增加验收试验、定期试验和抽样试验	根据我国产品制造和应用现状而增加的要求，便于产品考核和验收
附录 J	改为规范性附录，增加表 J.3～表 J.10	根据我国产品制造和应用现状而规定，便于产品考核和验收
附录 O	增加附录：人工污秽试验方法（资料性附录）	指导污秽试验
附录 P	增加附录：包装、运输及保管（资料性附录）	根据我国产品制造和应用现状而规定，指导产品包装、运输及保管

附 录 R
（资料性附录）
本标准与 IEC 60099-4:2006 的章条编号对照

本标准与 IEC 60099-4:2006 的章条编号对照见表 R.1。

表 R.1 本标准与 IEC 60099-4:2006 的章条编号对照

本标准章条编号	IEC 60099-4:2006 的章条编号
1	1
2	2
3	3
3.1～3.70	3.1～3.70
3.71～3.73	—
4	4
5	5
6	6
6.1～6.17	6.1～6.17
6.18～6.22	—
7	7
7.1	7.1
—	7.2
7.2	7.3
8	8
8.1～8.12	8.1～8.12
8.13～8.19	—
9	9
9.1～9.2	9.1～9.2
9.3～9.4	—
10	10
10.1～10.5	10.1～10.5
10.6	10.6
10.6.1～10.6.4	—
10.7	10.7
11.8	11.8
10.8.1～10.8.14	10.8.1～10.8.14

表 R.1（续）

本标准章条编号	IEC 60099-4:2006 的章条编号
10.8.15～10.8.17	—
10.9	—
11	11
11.1～11.2	11.1～11.2
11.3	11.3
11.3.1～11.3.5	—
11.4～11.5	11.4～11.5
11.6	11.6
11.6.1	11.6.1
11.6.2	—
11.6.3	11.6.11
11.6.4～11.6.7	—
11.7	11.7
11.8	11.8
11.8.1～11.8.5	11.8.1～11.8.5
11.8.6	—
11.8.7～11.8.8	11.8.7～11.8.8
11.8.9～11.8.13	—
11.9	11.9
11.9.1～11.9.4	—
11.10	11.10
12	12
12.1～12.4	12.1～12.4
12.5	12.5
12.5.1	12.5.4
12.6	12.6
12.6.1	12.6.11
12.7～12.9	12.7～12.9
13	13
13.1～13.4	13.1～13.4
13.5	13.5
13.5.1	13.5.4

表 R.1（续）

本标准章条编号	IEC 60099-4:2006 的章条编号
13.6	13.6
13.6.1	13.6.11
13.7	13.7
13.8	13.8
13.8.1～13.8.2	13.8.1～13.8.2
13.8.3	13.8.5
13.8.4	13.8.7
13.9	13.9
附录 A～附录 N	附录 A～附录 N
附录 O～附录 R	—

ICS 75.060
E 24

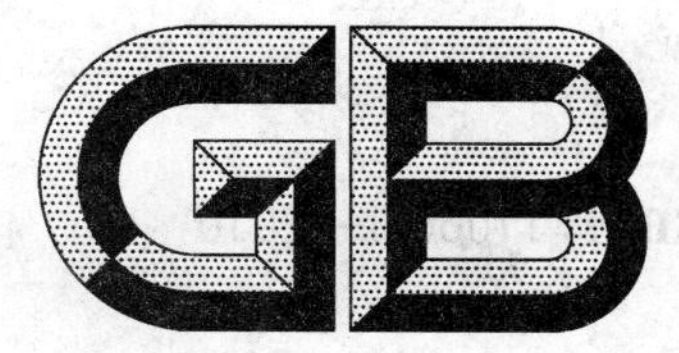

中华人民共和国国家标准

GB/T 11060.1—2010
代替 GB/T 11060.1—1998

天然气　含硫化合物的测定
第1部分:用碘量法测定硫化氢含量

Natural gas—Determination of sulfur compound—
Part 1:Determination of hydrogen sulfide content by iodometric titration method

2010-08-09 发布　　2010-12-01 实施

中华人民共和国国家质量监督检验检疫总局
中国国家标准化管理委员会　发布

前　言

GB/T 11060《天然气　含硫化合物的测定》分为以下五个部分：

——第1部分：用碘量法测定硫化氢含量；

——第2部分：用亚甲蓝法测定硫化氢含量；

——第3部分：用乙酸铅反应速率双光路检测法测定硫化氢含量；

——第4部分：用氧化微库仑法测定总硫含量；

——第5部分：用氢解-速率计比色法测定总硫含量。

本部分为GB/T 11060的第1部分。

本部分是对GB/T 11060.1—1998《天然气中硫化氢含量的测定　碘量法》的修订，代替GB/T 11060.1—1998。

本部分与GB/T 11060.1—1998的主要差异是：

——为了同系列标准一致，改变了标准名称；

——在范围一章内增加了有关安全方面的要求；

——在仪器一章内增加了5.8“医用注射器”；

——将原标准5.5“自动滴定仪”改为“自动滴定仪或棕色酸式滴定管”；

——将原标准第6章“溶液的配制”合并到第4章“试剂和材料”，其他章节号作相应的变化；

——将原标准第9章“分析结果的计算”改为第8章“计算”；

——增加了附录B“天然气中硫化氢含量的快速测定方法”。

本部分的附录A和附录B为规范性附录。

本部分由全国天然气标准化技术委员会提出。

本部分由全国天然气标准化技术委员会归口。

本部分起草单位：西南油气田分公司天然气研究院、大庆油田工程有限公司。

本部分主要起草人：罗鉴生、聂崇斌、涂振权、罗勤、黄黎明、常宏岗、张娅娜。

本部分所代替标准的历次版本发布情况为：

——GB 11060.1—1989、GB/T 11060.1—1998。

天然气　含硫化合物的测定
第1部分：用碘量法测定硫化氢含量

1　范围

本部分规定了用碘量法测定天然气中硫化氢含量的试验方法。

本部分适用于天然气中硫化氢含量的测定，测定范围：0%～100%。

本部分不涉及与其应用有关的所有安全问题。在使用本部分前，使用者有责任制定相应的安全和保护措施，并明确其限定的适用范围。

2　规范性引用文件

下列文件中的条款通过GB/T 11060的本部分的引用而成为本部分的条款。凡是注日期的引用文件，其随后所有的修改单（不包括勘误的内容）或修改版均不适用于本部分，然而，鼓励根据本部分达成协议的各方研究是否使用这些文件的最新版本。凡是不注日期的引用文件，其最新版本适用于本部分。

GB/T 6682　分析实验室用水规格和试验方法（GB/T 6682—2008，ISO 3696:1987，MOD）

GB/T 13609　天然气取样导则（GB/T 13609—1999，eqv ISO 10715:1997）

SY/T 6277　含硫油气田硫化氢监测与人身安全防护规程

3　试验原理

用过量的乙酸锌溶液吸收气样中的硫化氢，生成硫化锌沉淀。加入过量的碘溶液以氧化生成的硫化锌，剩余的碘用硫代硫酸钠标准溶液滴定。

4　试剂和材料

4.1　试验用水为蒸馏水。应符合GB/T 6682规定的三级水的技术要求。

4.2　重铬酸钾：基准试剂。

4.3　硫代硫酸钠（$Na_2S_2O_3 \cdot 5H_2O$）：分析纯。

4.4　碘：分析纯。

4.5　碘化钾：分析纯。

4.6　可溶性淀粉：分析纯。

4.7　无水碳酸钠：分析纯。

4.8　乙酸锌[$Zn(CH_3COO)_2 \cdot 2H_2O$]：分析纯。

4.9　乙醇：质量分数不低于95%，分析纯。

4.10　盐酸：分析纯。

4.11　硫酸：分析纯。

4.12　冰乙酸：分析纯。

4.13　氢氧化钾：化学纯。

4.14　氮气：体积分数不低于99.9%。

4.15　氢氧化钾溶液（200 g/L）。

4.16　盐酸溶液（1+2）。

4.17　盐酸溶液（1+11）。

4.18　硫酸溶液（1+8）。

4.19　乙酸锌溶液（5 g/L）：称取6 g乙酸锌，溶于500 mL水中。滴加一滴～二滴冰乙酸并搅动至溶液变清亮,加入 30 mL 乙醇,稀释至 1 L。

4.20　碘储备溶液(50 g/L):称取 50 g 碘和 150 g 碘化钾,溶于 200 mL 水中,加入 1 mL 盐酸,加水稀释至 1 L,储存于棕色试剂瓶中。

4.21　碘溶液(5 g/L):取碘储备溶液(4.20)稀释配制。

4.22　碘溶液(2.5 g/L):配制方法同 4.21。

4.23　硫代硫酸钠标准储备溶液[$c(Na_2S_2O_3)=0.1$ mol/L]

4.23.1　配制

称取 26 g 硫代硫酸钠和 1 g 无水碳酸钠,溶于 1 L 水中。缓缓煮沸 10 min,冷却,储存于棕色试剂瓶中,放置 14 d,倾取清液标定后使用。

4.23.2　标定

称取在 120 ℃烘至恒重的重铬酸钾 0.15 g,称准至 0.000 2 g,置于 500 mL 碘量瓶中,加入 25 mL 水和 2 g 碘化钾,摇动,使固体溶解后,加入 20 mL 盐酸溶液(4.16)或硫酸溶液(4.18)。立即盖上瓶塞,轻轻摇动后,置于暗处 10 min。加入 150 mL 水。用硫代硫酸钠溶液滴定。近终点时,加入 2 mL～3 mL 淀粉指示液,继续滴定至溶液由蓝色变为亮绿色。同时作空白试验。硫代硫酸钠标准储备溶液的浓度 c 按式(1)计算:

$$c=\frac{m}{49.03(V_1-V_2)}\times 10^3 \qquad (1)$$

式中:

c ——硫代硫酸钠标准储备溶液的浓度,单位为摩尔每升(mol/L);

m ——重铬酸钾的质量,单位为克(g);

V_1——试液滴定时硫代硫酸钠溶液的耗量,单位为毫升(mL);

V_2——空白滴定时硫代硫酸钠溶液的耗量,单位为毫升(mL);

49.03——$M(1/6K_2Cr_2O_7)$,单位为克每摩尔(g/mol)。

两次标得硫代硫酸钠溶液的浓度相差不应超过 0.000 2 mol/L。

4.24　硫代硫酸钠标准溶液[$c(Na_2S_2O_3)=0.02$ mol/L]

取新标定过的硫代硫酸钠标准储备溶液(4.23),用新煮沸并冷却的水准确稀释配制。

4.25　硫代硫酸钠标准溶液[$c(Na_2S_2O_3)=0.01$ mol/L]

配制方法同 4.24。

4.26　淀粉指示液(5 g/L):称取 1 g 可溶性淀粉,加入 10 mL 水,搅拌下注入 200 mL 沸水中,再微沸 2 min,冷却后,将清液倾入试剂瓶中备用。该溶液于使用前制备。

4.27　针形阀。

4.28　螺旋夹。

4.29　吸收器架:见图 1。

单位为毫米

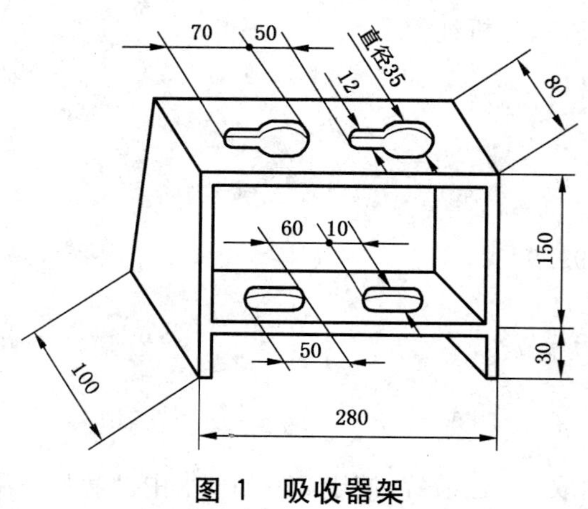

图 1　吸收器架

5 仪器

5.1 定量管:见图 2,容积及相应的尺寸见表 1,量管容积需预先测定,测定方法见附录 A。

5.2 稀释器:见图 3。

5.3 吸收器:见图 4,内附玻璃孔板,板上均匀分布有 20 个直径 0.5 mm～1 mm 的小孔。

表 1 定量管的容积尺寸

容积 mL	长度 mm	内径 mm
5	44	12
10	65	14
25	100	18
50	100	25
100	160	30
250	200	40
500	250	50

5.4 湿式气体流量计:分度值 0.01 L,示值误差±1%。

5.5 自动滴定仪或棕色酸式滴定管:量管容量 25 mL。

5.6 温度计:测量范围 0 ℃～50 ℃,分度值 0.5 ℃。

5.7 大气压力计:测量范围 80 kPa～106 kPa,分度值 0.01 kPa。

5.8 医用注射器:5 mL、10 mL、30 mL、50 mL 和 100 mL 各一支。为附录 B“天然气中硫化氢含量的快速测定方法”的取样仪器。应有良好的密封性,使用前应采用称量纯水的方法对注射器的容积进行校核。

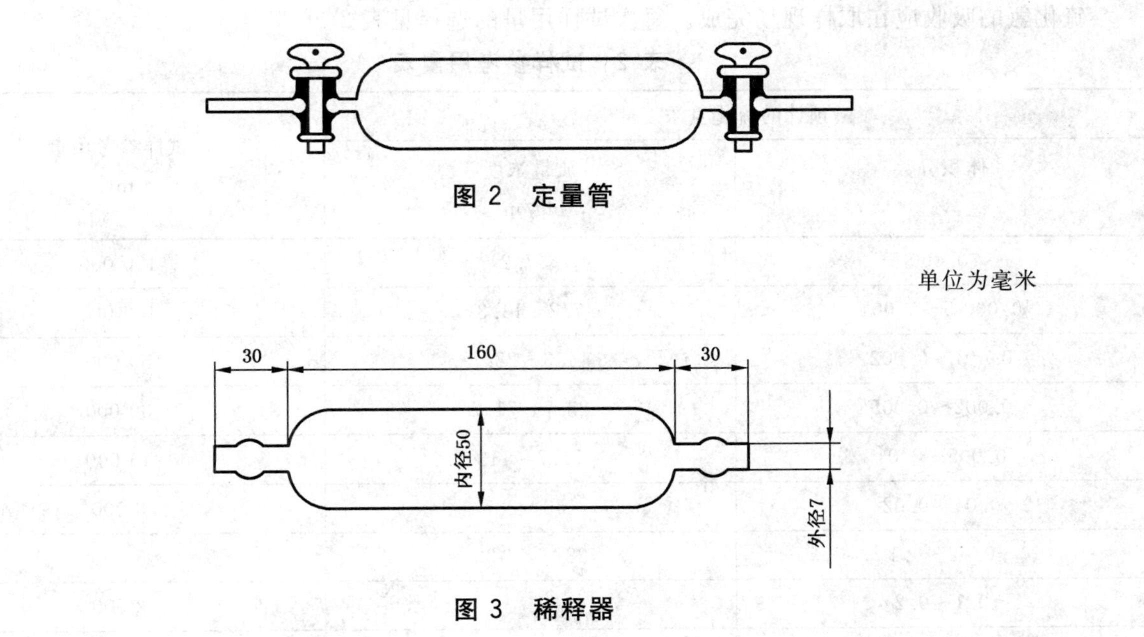

图 2 定量管

图 3 稀释器

单位为毫米

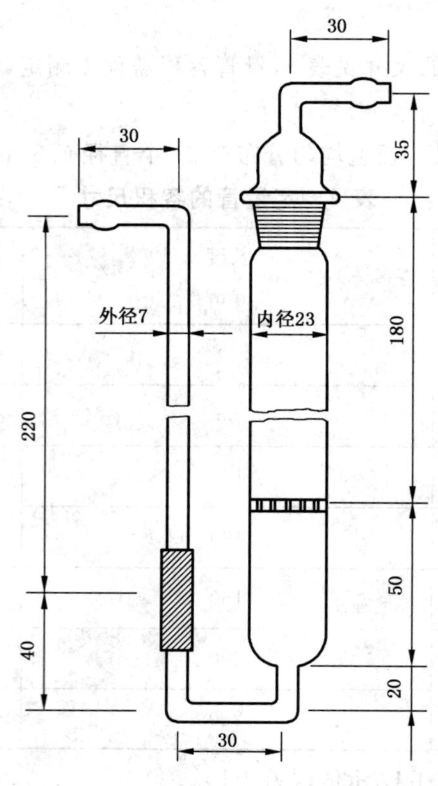

图4 吸收器

6 取样

6.1 一般规定

按 GB/T 13609 执行。

硫化氢剧毒,取样时的安全注意事项按 SY/T 6277 执行。

6.2 试样用量

硫化氢的吸收应在取样现场完成。每次试样用量的选择见表2。

表2 试样参考用量表

预计的硫化氢浓度		试样参考用量 mL
体积分数 %	质量浓度 mg/m^3	
<0.000 5	<7.2	150 000
0.000 5～0.001	7.2～14.3	100 000
0.001～0.002	14.3～28.7	50 000
0.002～0.005	28.7～71.7	30 000
0.005～0.01	71.7～143	15 000
0.01～0.02	143～287	8 000
0.02～0.1	287～1 430	5 000
0.1～0.2		2 500
0.2～0.5		1 000

表 2（续）

预计的硫化氢浓度		试样参考用量 mL
体积分数 %	质量浓度 mg/m^3	
0.5～1		500
1～2		250
2～5		100
5～10		50
10～20		25
20～50		10
50～100		5

6.3 取样步骤

6.3.1 硫化氢含量高于 0.5%的气体

用短节胶管依次将取样阀、定量管、转子流量计和碱洗瓶连接，打开定量管活塞，缓缓打开取样阀，使气体以 1 L/min～2 L/min 的流量通过定量管，待通气的气量达到 15 倍～20 倍定量容积后，依次关闭取样阀和定量管活塞。记录取样点的环境温度和大气压力。

也可按附录 B 中规定的步骤进行测定。

6.3.2 硫化氢含量低于 0.5%的气体

取样和吸收同时进行，见 7.1.2。

7 分析步骤

7.1 吸收

7.1.1 硫化氢含量高于 0.5%的气体

吸收装置见图 5。于吸收器中加入 50 mL 乙酸锌溶液，用洗耳球在吸收器入口轻轻地鼓动使一部分溶液进入玻璃孔板下部的空间。用洗耳球吹出定量管两端玻璃管中可能存在的硫化氢。用短节胶管将图中各部分紧密对接。打开定量管活塞，缓缓打开针形阀，以 300 mL/min～500 mL/min 的流量通氮气 20 min，停止通气。

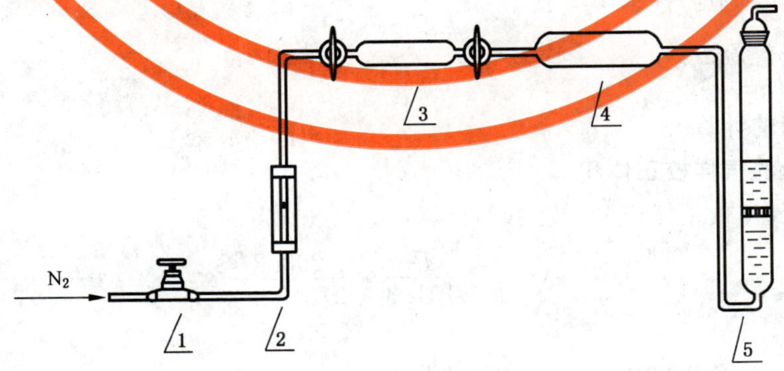

1——针形阀；
2——流量计；
3——定量管；
4——稀释器；
5——吸收器。

图 5 硫化氢含量高于 0.5%的吸收装置示意图

7.1.2 硫化氢含量低于0.5%的气体

吸收装置见图6。于吸收器中加入50 mL乙酸锌溶液，用洗耳球在吸收器入口轻轻地鼓动使一部分溶液进入玻璃孔板下部的空间。用短节胶管将各部分紧密对接。全开螺旋夹，缓缓打开取样阀，用待分析气经排空管充分置换取样导管内的气体。记录流量计读数，作为取样的初始读数。调节螺旋夹使气体以300 mL/min～500 mL/min的流量通过吸收器。吸收过程中分几次记录气体的温度。待通过表2中规定量的气样后，关闭取样阀。记录取样体积、气体平均温度和大气压力。

在吸收过程中应避免日光直射。

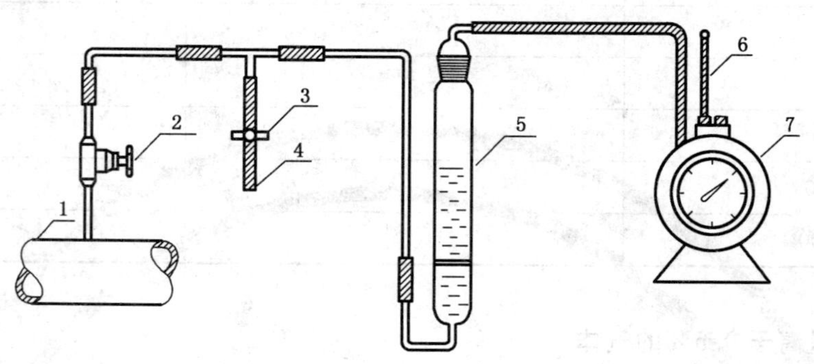

1——气体管道；

2——取样阀；

3——螺旋夹；

4——排空管；

5——吸收器；

6——温度计；

7——流量计。

图6 硫化氢含量低于0.5%的吸收装置示意图

7.2 滴定

取下吸收器，用吸量管加入10 mL（或20 mL）碘溶液(4.21)。硫化氢含量低于0.5%时应使用较低浓度的碘溶液(4.22)。再加入10 mL盐酸溶液(4.17)，装上吸收器头，用洗耳球在吸收器入口轻轻地鼓动溶液，使之混合均匀。为防止碘液挥发，不应吹空气鼓泡搅拌。待反应2 min～3 min后，将溶液转移进250 mL碘量瓶中，用硫代硫酸钠标准溶液(4.24)或(4.25)滴定，近终点时，加入1 mL～2 mL淀粉指示液，继续滴定至溶液蓝色消失。按同样的步骤作空白试验。

滴定应在无日光直射的环境中进行。

8 计算

8.1 气样校正体积的计算

8.1.1 定量管计量的气样校正体积

定量管计量时气样校正体积 V_n 按式(2)计算：

$$V_n = V\frac{P}{101.3}\times\frac{293.2}{273.2+t} \quad \cdots\cdots(2)$$

式中：

V_n——定量管计量的气样校正体积，单位为毫升(mL)；

V——定量管容积，单位为毫升(mL)；

P——取样点的大气压力，单位为千帕(kPa)；

t——取样点的环境温度，单位为摄氏度(℃)。

8.1.2 流量计计量的气样校正体积

流量计计量时气样校正体积 V_n 按式(3)计算：

$$V_n = V\frac{P - P_V}{101.3}\times\frac{293.2}{273.2+t} \quad\cdots\cdots(3)$$

式中：

V_n——定量管计量的气样校正体积，单位为毫升(mL)；

V——取样体积，单位为毫升(mL)；

P——取样时的大气压力，单位为千帕(kPa)；

P_V——温度 t 时水的饱和蒸气压，单位为千帕(kPa)；

t——气样平均温度，单位为摄氏度(℃)。

8.2 硫化氢含量的计算

质量浓度 ρ(g/m^3)按式(4)计算：

$$\rho = \frac{17.04c(V_1 - V_2)}{V_n}\times 10^3 \quad\cdots\cdots(4)$$

体积分数 φ(%)按式(5)计算：

$$\varphi = \frac{11.88c(V_1 - V_2)}{V_n}\times 100 \quad\cdots\cdots(5)$$

式中：

ρ——硫化氢质量浓度，单位为克每立方米(g/m^3)；

φ——硫化氢体积分数，%；

c——硫代硫酸钠标准溶液的浓度，单位为摩尔每升(mol/L)；

V_1——空白滴定时，硫代硫酸钠标准溶液耗量，单位为毫升(mL)；

V_2——样品滴定时，硫代硫酸钠标准溶液耗量，单位为毫升(mL)；

V_n——气样校正体积，单位为毫升(mL)；

17.04——$M(1/2\ H_2S)$，单位为克每摩尔(g/mol)；

11.88——在 20 ℃和 101.3 kPa 下的 $V_m(1/2\ H_2S)$，单位为升每摩尔(L/mol)。

取两个平行测定结果的算术平均值作为分析结果，所得结果大于或等于 1%时保留三位有效数值，小于 1%时保留两位有效数字。

9 精密度

9.1 重复性

在重复性条件下获得的两次独立测试结果的差值不超过表 3 给出的重复性限，超过重复性限的情况不超过 5%。

9.2 再现性

在再现性条件下获得的两次独立测试结果的差值不超过表 4 给出的再现性限，超过再现性限的情况不超过 5%。

表 3 重复性

硫化氢浓度		重复性限(较小测得值的) %
体积分数 %	质量浓度 mg/m^3	
≤0.000 5	≤7.2	20
0.000 5～0.005	7.2～72	10

表 3（续）

硫化氢浓度		重复性限(较小测得值的) %
体积分数 %	质量浓度 mg/m³	
0.005～0.01	72～143	8
0.01～0.1	143～1 434	6
0.1～0.5		4
0.5～50		3
≥50		2

表 4 再现性

硫化氢浓度 mg/m³	再现性限(较小测得值的) %
≤7.2	30
7.2～72	15
72～720	10

附 录 A
（规范性附录）
定量管容积的测定

A.1 原理

将定量管装满水，称量装入水的质量，计算定量管的容积。

A.2 测定步骤

将定量管干燥并抽真空后，于天平上称量(容积 5 mL～50 mL，精确至 0.02 g，容积 100 mL～500 mL，精确至 0.1 g)后，装满(包括活塞的旋塞通道)水，关闭入口活塞，于天平室内放置 2 h，关闭出口活塞，用滤纸条吸干出入口玻璃管中的水，再次称量，记录装入水的质量和天平室温度。

A.3 计算

定量管的容积 V(mL)按式(A.1)计算：

$$V=\frac{m}{\rho} \qquad \cdots\cdots\cdots\cdots(\text{A.1})$$

式中：

V——定量管的容积，单位为升(L)；

m——装入水的质量，单位为克(g)；

ρ——测定温度下水的密度，单位为克每毫升(g/mL)。

附 录 B
（规范性附录）
天然气中硫化氢含量的快速测定方法

B.1 适用范围

本方法适用于天然气中硫化氢含量的测定，测定范围：0.5%～100%。

B.2 方法提要

用过量的乙酸锌溶液吸收气样中的硫化氢，生成硫化锌沉淀。加入过量的碘溶液以氧化生成的硫化锌，剩余的碘用硫代硫酸钠标准溶液滴定。

B.3 取样

B.3.1 一般规定

按6.1的要求。

B.3.2 试样用量

硫化氢的吸收应在取样现场完成。每次试样用量的选择见表B.1。

表 B.1 试样用量选择表

预计的硫化氢浓度 %	试样用量 mL
0.5～5	≥100
5～10	50
10～20	25
20～50	10
50～100	5

B.3.3 样品吸收瓶的准备

吸收装置见图B.1。用一个250 mL锥形瓶作吸收瓶，向其中加入50 mL乙酸锌吸收液，用50 mL或100 mL注射器经紧靠弹簧夹1的胶管刺入，多次抽出吸收瓶3中的空气。每次抽出30 mL～50 mL空气，待抽出气体总量达到150 mL后，停止抽气。

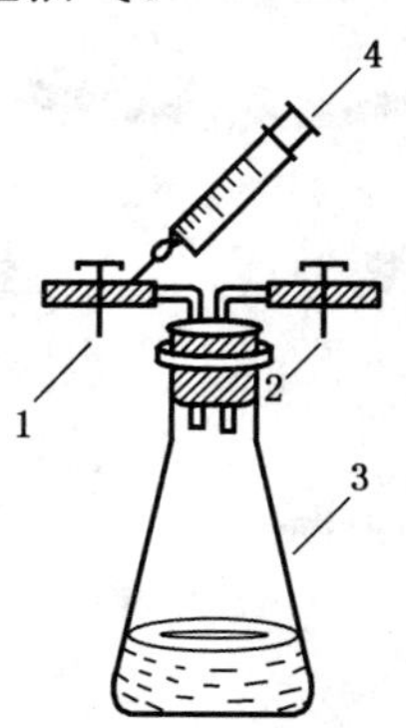

1、2——弹簧夹；
3——吸收瓶；
4——注射器。

图 B.1 硫化氢的吸收装置

B.3.4 取样步骤

用短节胶管依次将取样阀、干燥管和碱洗瓶连接，打开弹簧夹，缓缓打开取样阀，让其排放样品气，同时用洁净干燥的注射器取样。用气体样品冲洗注射器四次～五次后正式取样。取样时应让瓶内的气体压力将注射器芯子推到所需刻度，取好后立即注入（吸入）已抽真空的锥形瓶中。记录取样点的环境温度和大气压力。

B.4 分析步骤

B.4.1 吸收

强烈摇动吸收瓶 2 min～3 min，然后打开弹簧夹，吸入少量的空气，再强烈摇动吸收瓶 1 min，取下胶塞进行滴定。

B.4.2 滴定

用吸量管向吸收瓶中加入 10 mL（或 20 mL）碘溶液（4.21）。再加入 10 mL 盐酸溶液（4.17）摇匀。待反应 2 min～3 min 后，用硫代硫酸钠标准溶液（4.24）或（4.25）滴定，近终点时，加入 1 mL～2 mL 淀粉指示液，继续滴定至溶液蓝色消失。按同样的步骤作空白试验。

滴定应在无日光直射的环境中进行。

B.5 计算

计算按第 8 章的规定。

B.6 精密度

精密度符合第 9 章的要求。

ICS 75.060
E 24

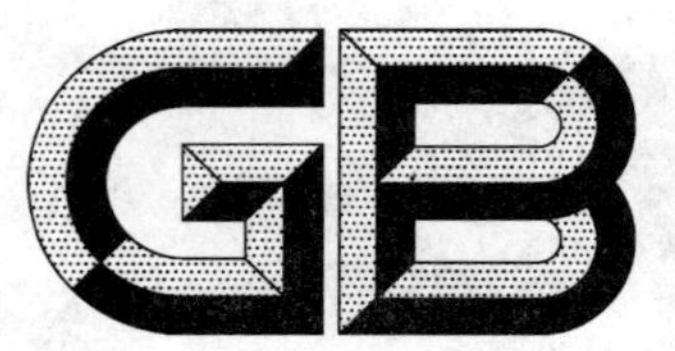

中华人民共和国国家标准

GB/T 11060.3—2010
代替 GB/T 18605.1—2001

天然气 含硫化合物的测定 第3部分:用乙酸铅反应速率双光路检测法测定硫化氢含量

Natural gas—Determination of sulfur compound—Part 3:Determination of hydrogen sulfide content by lead acetate reaction rate dual photo path method

2010-08-09 发布 2010-12-01 实施

中华人民共和国国家质量监督检验检疫总局
中国国家标准化管理委员会 发布

前　言

GB/T 11060《天然气　含硫化合物的测定》分为以下五个部分：

——第 1 部分：用碘量法测定硫化氢含量；

——第 2 部分：用亚甲蓝法测定硫化氢含量；

——第 3 部分：用乙酸铅反应速率双光路检测法测定硫化氢含量；

——第 4 部分：用氧化微库仑法测定总硫含量；

——第 5 部分：用氢解-速率计比色法测定总硫含量。

本部分为 GB/T 11060 的第 3 部分。

本部分是对 GB/T 18605.1—2001《天然气中硫化氢含量的测定　第 1 部分：醋酸铅反应速率双光路检测法》的修订。由于 GB/T 18605.1—2001 修改采用了 ASTM D 4084—1994《气态燃料中硫化氢分析的标准试验方法(醋酸铅反应速率法)》，而 ASTM D 4084—1994 已修订为 ASTM D 4084—2005，因此本部分修改采用 ASTM D 4084—2005《气态燃料中硫化氢分析的标准试验方法(醋酸铅反应速率法)》(英文版)。

本部分与 ASTM D 4084—2005 的主要差异是：

——本部分的名称由“气态燃料中硫化氢分析的标准试验方法(醋酸铅反应速率法)”改为“天然气　含硫化合物的测定　用乙酸铅反应速率双光路检测法测定硫化氢含量”；

——原标准中的计量单位均改用我国法定计量单位；

——ASTM D 4084—2005 中引用了国外有关标准，本部分的引用标准均采用我国相应的现行标准；

——为了与我国现行的《气体计量的标准参比条件》等相关标准保持一致，本部分将 ASTM D 4084—2005 中硫化氢的体积分数“在 25 ℃、101.3 kPa 下”换算成质量浓度的公式改为“在 20 ℃、101.3 kPa 下”换算成质量浓度的公式；

——本部分删除原标准中的第 14 章“关键字”。

本部分代替 GB/T 18605.1—2001《天然气中硫化氢含量的测定　第 1 部分：醋酸铅反应速率双光路检测法》。

本部分与 GB/T 18605.1—2001 的主要差异是：

——为了同系列标准一致，改变了标准名称；

——将原标准范围一章中“并且可通过手动或自动的体积稀释扩展到 100%”修改为“并且可通过手动或自动的体积稀释将测定范围扩展到较高浓度”；

——修改了原标准范围一章中有关安全方面要求的内容；

——改变了原标准第 5 章、第 6 章、第 9 章、第 10 章和第 11 章的顺序；

——修改了原标准 5.1 有关“乙酸溶液”的内容；

——将原标准中“醋酸铅”改为“乙酸铅”；

——增加了 6.5 和 11.3；

——取消了原标准 12.2 的注 1。

本部分由全国天然气标准化技术委员会提出。

本部分由全国天然气标准化技术委员会归口。

本部分起草单位：大庆油田工程有限公司、西南油气田分公司天然气研究院。

本部分主要起草人：熊良富、李飞雪、涂振权、李邵勇、何怀涛、易京华。

本部分所代替标准的历次版本发布情况为：

——GB/T 18605.1—2001。

天然气　含硫化合物的测定
第3部分：用乙酸铅反应速率双光路检测法测定硫化氢含量

1　范围

本部分规定了用乙酸铅反应速率法测定天然气中硫化氢含量的试验方法。

本部分适用于天然气中硫化氢(H_2S)含量的测定。空气无干扰。测定范围为 $0.1\times10^{-6}\sim16\times10^{-6}(\varphi)$，约相当于 0.1 mg/m³～22 mg/m³；并且可通过手动或自动的体积稀释将测定范围扩展到较高浓度。也适用于液化石油气(LPG)、天然气代用品和燃料气混合物中硫化氢含量的测定。

本部分不涉及与其应用有关的所有安全问题。在使用本部分前，使用者有责任制定相应的安全和保护措施，并明确其限定的适用范围。

2　规范性引用文件

下列文件中的条款通过 GB/T 11060 的本部分的引用而成为本部分的条款。凡是注日期的引用文件，其随后所有的修改单(不包括勘误的内容)或修改版均不适用于本部分，然而，鼓励根据本部分达成协议的各方研究是否可使用这些文件的最新版本。凡是不注日期的引用文件，其最新版本适用于本部分。

GB/T 5275　气体分析　校准用混合气体的制备　渗透法(GB/T 5275—2005，ISO 6349:1979，IDT)

GB/T 6682　分析实验室用水规格和试验方法(GB/T 6682—2008，ISO 3696:1987，MOD)

3　试验原理

使用比色分析法将未知样品与已知标准样品在分析仪器上的读数相比较来测定硫化氢。纯硫化氢作为基本标准物质，与无硫底气(该底气与要分析的气体类型相同)按一定体积比例混合，分析混合气体，从而得到一个已知的参比标准。当恒定流量的气体样品经润湿后从浸有乙酸铅的纸带上面流过时，硫化氢与乙酸铅反应生成硫化铅，纸带上出现棕黑色色斑。反应速率及产生的颜色变化速率与样品中硫化氢浓度成正比。由光学系统、光电检测器、对光电检测器信号进行一阶导数处理的装置以及一套收集一阶导数处理装置输出信号的系统组成分析仪。纸带颜色没有变化时，光电检测器输出电压 E 无变化，则一阶导数 dE/dt 为零。当样品中无硫化氢时，仪器读数自动归零。

4　意义和应用

本方法可有效地测定气态样品中硫化氢浓度，以检验产品气体中硫化氢的量是否在其该控制的范围内。本方法可进行硫化氢浓度的自动测量。

5　仪器和设备

5.1　体积计量装置：一个标有 10 L 刻度的圆筒(见图 1)，具有一个可移动的活塞，用于计量试验气体的体积。体积为 0.1 mL 和 0.5 mL 的气密型注射器，用于计量 100％的硫化氢。也可能使用其他体积的气密型注射器。

如果使用动态混合渗透管方法来制备参比样品，则不需要这些带刻度的装置。

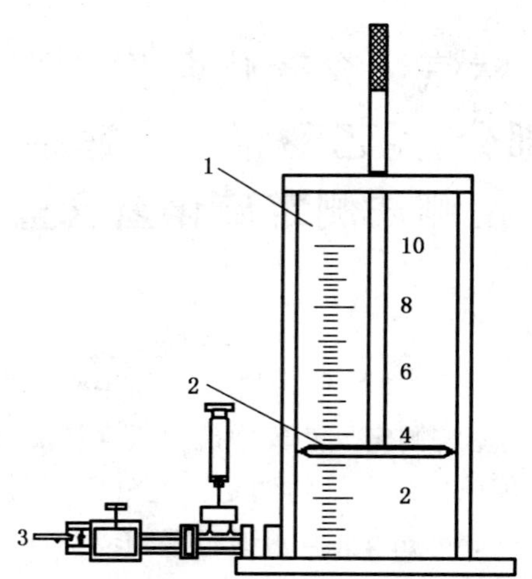

1——配气筒；

2——活塞；

3——稀释气体入口。

图 1 带活塞的参比标准样品配气筒

5.2 样品泵：一台可提供 8 mL/s 以上流量、压力为 70 kPa 的泵。与气体样品接触的部件既可以是铝制的也可以是聚四氟乙烯(PTFE)。很少使用不锈钢，但如果为了安全，可以用不锈钢。

5.3 带传感器的比色速率计：一种能测量最小的色度变化相当于气体样品中硫化氢浓度为 0.1×10^{-6} (φ)的装置，见图 2。

5.4 记录仪：一台具有 1 MΩ 或更高输入阻抗、满量程为 1 V～10 V 刻度可调的记录仪。也可用打印机或其他数字式记录设备记录反应传感器的输出信号。

6 试剂和材料

6.1 乙酸溶液(5%)：将 1 体积冰乙酸与 19 体积水混合配制成 5% 乙酸溶液。蒸馏水应符合 GB/T 6682规定的二级水的技术要求。

6.2 硫化氢：瓶装、纯度不低于 99.5%(φ)。也可采用 GB/T 5275 渗透管方法获得硫化氢混合物。如果为了安全，也可用加热一种固体产生硫化氢的方法来代替瓶装硫化氢。渗透管或压缩气瓶中硫化氢可燃，吸入、食入后对人体有害或致命。应在良好通风位置处理渗透管或压缩气瓶，且远离火花和明火。

注：硫化氢是一种剧毒气体。

6.3 稀释气体：化学纯或经纯化的气体。混合得到与要分析的样品气的相对密度相似的无硫气体。可用带活塞的 10 L 配气筒将纯气体混合配制成与样品气组成类似的气体混合物。通过活性炭和氢氧化钠石棉吸附剂洗涤后的管线气体是符合要求的。

6.4 乙酸铅纸带：用适当尺寸的纸带，用 5% 的乙酸铅浸泡并在无硫化氢条件下干燥。也可以购买与仪器配套的乙酸铅纸带。

6.5 硫化氢气体混合物：底气与被分析的气体类型相同或类似的混合物，从气体标准物质供应商获得。可以是基准标准气体，采用带活塞的 10 L 配气筒将其稀释配制成所需浓度的硫化氢标准气体，也可以是所需浓度的硫化氢标准气体。由于存在硫化氢降解的可能性，从气体标准物质供应商得到的硫化氢混合物应正确存储和在有效期内使用。如果存在差异，应由瓶装、纯度不低于 99.5%(φ)的硫化氢制备或采用渗透管方法获得。

7 取样

由于硫化氢的化学活性和吸附特性，应使用尽可能短的铝制或聚四氟乙烯取样导管直接将试验设备与样品源相连。样品流过系统的各种部件不能用铜制品。如果不能直接进样,可以使用铝制品、不锈钢或聚四氟乙烯取样器。取样器中的样品,要尽快分析,并且要在报告中注明是“取样器样品分析结果”和样品的存放时间。

注:用样品气充满新样品瓶,在一段时间内连续进行分析,检查记录结果以确定样品变化的速度。用样品气反复充装将使样品瓶达到平衡。在大气压力下 10 L 样品足够分析使用,且在 1 h 内组成变化不大。改变硫化氢的浓度,仪器响应慢,说明气路系统需要清洗,可使用异丙醇作为溶剂冲洗流动系统,使用前彻底干燥。由环境温度和压力变化引起的误差,可用分析时所用的参比标准样品来校正。参比标准样品的准备在第 11 章中描述。

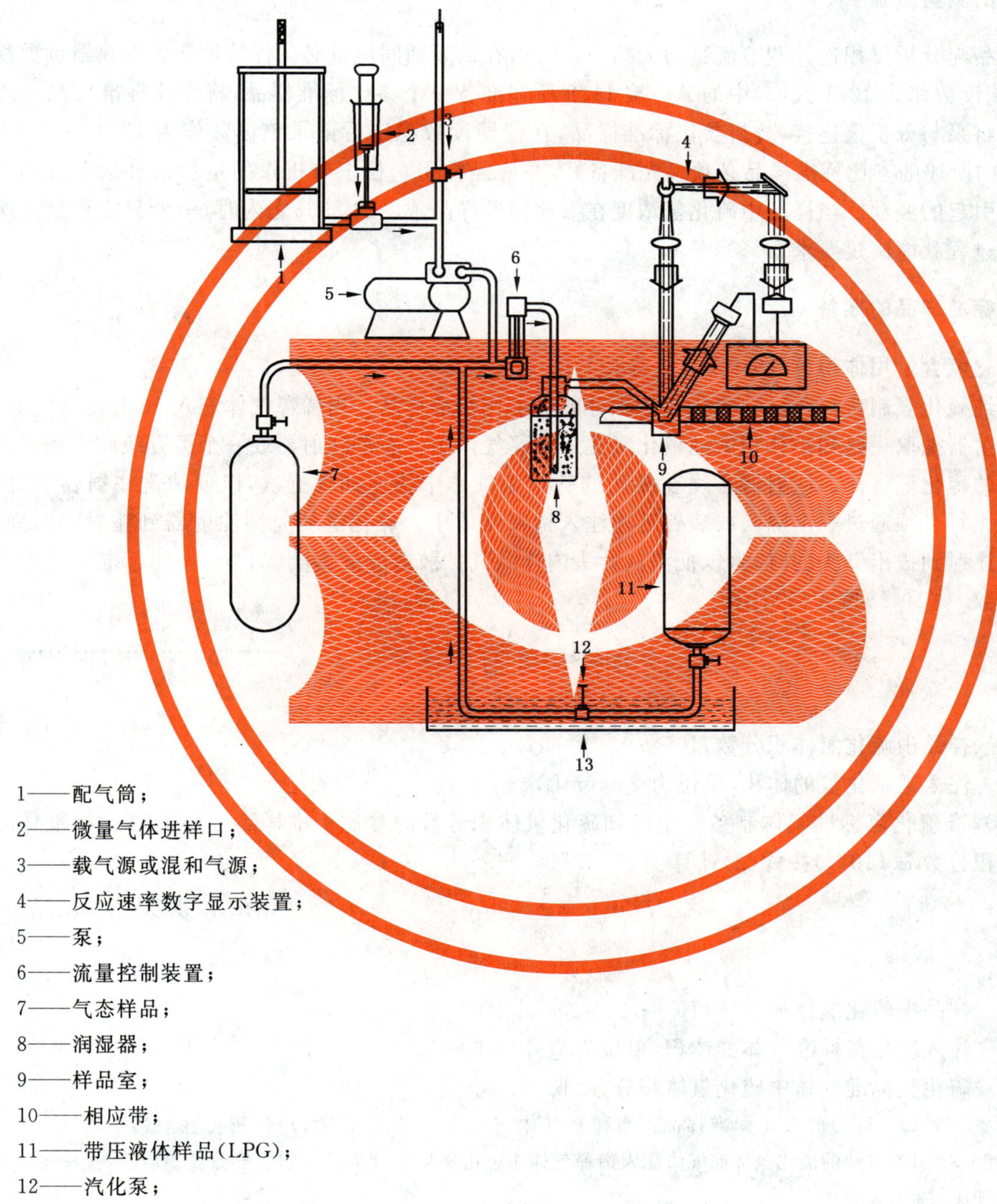

1——配气筒;
2——微量气体进样口;
3——载气源或混和气源;
4——反应速率数字显示装置;
5——泵;
6——流量控制装置;
7——气态样品;
8——润湿器;
9——样品室;
10——相应带;
11——带压液体样品(LPG);
12——汽化泵;
13——热水浴。

图 2 硫化氢测定系统示意图

8 仪器的准备

在润湿器中装入乙酸溶液至标志处。乙酸能把硫醇干扰降到最低限度。预计样品中硫化氢的含量范围来设置仪器的检测范围。连接进样泵并调节流量计流量为 8 mL/s。使稀释气体流过测定仪器，读取空白值，记录该空白值作为 12.1 式(3)中的 B。用活性炭吸收室内空气或稀释气体中的硫化氢，直到确保室内空气或稀释气体中不含硫化氢时，调节仪器的零点。

9 校准

准备好参比标准样品后，要立即在分析仪上测得其读数，记录该读数作为 12.1 式(3)中的 C。

10 样品的测量步骤

将样品与分析仪相连并调节流量为大约 8 mL/s，在试验期间流量必须保持恒定。在仪器读数稳定后，记录该读数作为 12.1 式(3)中的 A。按 11.2 所述准备一个参比标准样品，将参比标准样品与进样泵连接并将泵与分析仪连接，分析参比标准样品，在仪器读数稳定后记录该读数作为 12.1 式(3)中的 C。11.2 中所述的参比标准样品必须事先准备好，并应经常用它校正分析仪的量程以补偿温度和大气压力变化引起的波动。当样品中硫化氢浓度在参比标准样品浓度的 25%之内时，一天只需重复两次完整的校验过程就能满足要求。

11 参比标准样品的准备

11.1 硫化氢含量用体积分数 φ_S(10^{-6})表示。

11.2 用纯硫化氢制备一个已知硫化氢体积分数的参比标准样品。当稀释气体充入 10 L 配气筒时，用气密型注射器抽取一已知小体积的纯硫化氢注入稀释气体中。一个注射器或一个微升级阀可用来计量小体积量的硫化氢气体。注射器必须在流动的硫化氢气体中快速抽气五次，以便清洗注射器和针头。抽取的硫化氢必须通过一个隔膜或装置迅速注入稀释气体中。硫化氢从充满注射器到注射的时间，应相同于从注射到拔出针头的时间，以抵消从针头内样品气扩散造成的影响。10 L 参比标准样品中硫化氢体积分数 φ_S(10^{-6})按式(1)计算：

$$\varphi_S = \frac{V}{0.01} \qquad \cdots\cdots(1)$$

式中：

φ_S——样品中硫化氢体积分数，10^{-6}；

V——注入纯硫化氢的体积，单位为毫升(mL)。

11.3 用基准硫化氢标准气体制备一个已知硫化氢体积分数的参比标准样品。10 L 参比标准样品中硫化氢体积分数 φ_S(10^{-6})按式(2)计算：

$$\varphi_S = \frac{V}{\varphi} \times 10^6 \qquad \cdots\cdots(2)$$

式中：

φ_S——样品中硫化氢体积分数，10^{-6}；

V——注入硫化氢标准气体的体积，单位为毫升(mL)；

φ——硫化氢标准气体中硫化氢体积分数，10^{-6}。

例：制备 10×10^{-6}(φ_S)的参比标准样品。当稀释气体充入 10 L 配气筒时，用气密型注射器抽取 1.0 mL 的 $100\ 000\times10^{-6}$(φ)的硫化氢标准气体注入稀释气体中。由于增加针尖的体积会导致误差，在本操作中不能用泵抽注射器。

12 计算

12.1 未知样品中硫化氢体积分数 φ_X 按式(3)计算：

$$\varphi_X = \frac{(A-B)}{(C-B)} \times \varphi_S \qquad \cdots\cdots(3)$$

式中：

φ_X——未知样品中硫化氢体积分数，10^{-6}；

A——在环境温度和压力下测定未知样品的读数；

B——测定空白样的读数；

C——在环境温度和压力下测定参比标准样品的读数；

φ_S——参比标准样品中硫化氢的体积分数，10^{-6}。

12.2 硫化氢的体积分数换算为在 20 ℃、101.3 kPa 下的质量浓度 ρ(mg/m³)，按式(4)计算：

$$\rho = 1.417\varphi_X \qquad (4)$$

式中：

ρ——未知样品中硫化氢的质量浓度，单位为毫克每立方米(mg/m³)；

φ_X——未知样品中硫化氢的体积分数，10^{-6}。

在其他温度和压力时应作适当的校正。

13 精密度

13.1 重复性

在重复性条件下获得的两次独立测试结果的差值不超过图 3 所示的重复性限，超过重复性限的情况不超过 5%。

13.2 再现性

在再现性条件下获得的两次独立测试结果的差值不超过图 3 所示的再现性限，超过再现性限的情况不超过 5%。

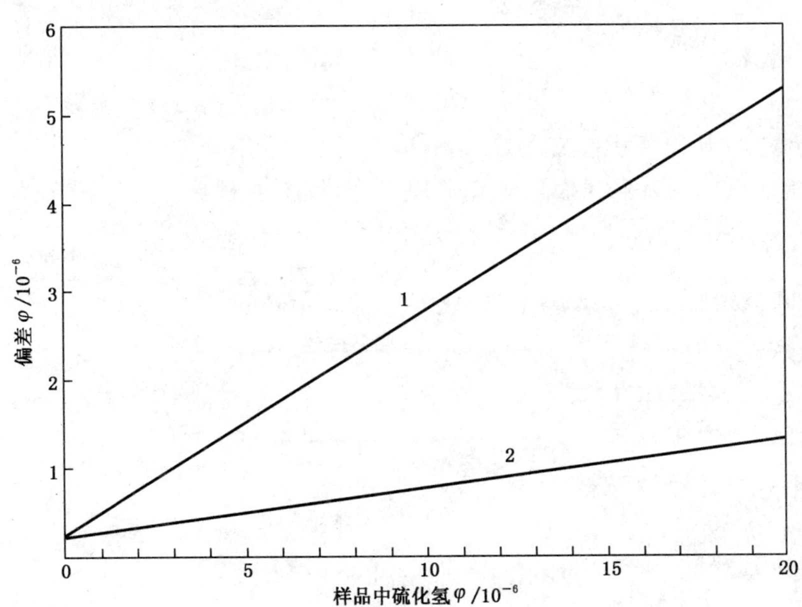

1——再现性限；

2——重复性限。

图 3 重复性和再现性

ICS 75.060
E 24

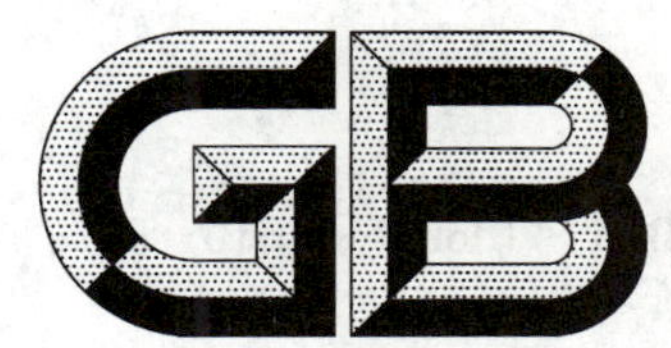

中华人民共和国国家标准

GB/T 11060.4—2010
代替 GB/T 11061—1997

天然气　含硫化合物的测定
第4部分:用氧化微库仑法测定总硫含量

Natural gas—Determination of sulfur compound—
Part 4: Determination of total sulfur content
by oxidative microcoulometry method

2010-08-09 发布　　　　2010-12-01 实施

中华人民共和国国家质量监督检验检疫总局
中国国家标准化管理委员会　发布

前　言

GB/T 11060《天然气　含硫化合物的测定》分为以下五个部分：

——第1部分：用碘量法测定硫化氢含量；

——第2部分：用亚甲蓝法测定硫化氢含量；

——第3部分：用乙酸铅反应速率双光路检测法测定硫化氢含量；

——第4部分：用氧化微库仑法测定总硫含量；

——第5部分：用氢解-速率计比色法测定总硫含量。

本部分为GB/T 11060的第4部分。

本部分是对GB/T 11061—1997《天然气中总硫的测定　氧化微库仑法》的修订，代替GB/T 11061—1997。

本部分与GB/T 11061—1997的主要技术差异是：

——为了同系列标准一致，改变了标准名称；

——将原标准第1章“主题内容和适用范围”改为“范围”；

——增加第2章“规范性引用文件”，其他章节号作相应的变化；

——在范围一章内增加了有关安全方面的要求；

——修改了原标准4.1有关“转化炉”内容；

——修改了原标准5.1有关“电解液配制”内容；

——修改了原标准5.5有关“转化炉温度控制”内容；

——修改了原标准5.7有关“开机准备”内容；

——在原标准第5章和第6章中增加了自动接通电解的微库仑仪的测定方法，即自动测量；原标准内容为手动接通电解的微库仑仪的测定方法，即手动测量；

——删除表1中的注。

本部分由全国天然气标准化技术委员会提出。

本部分由全国天然气标准化技术委员会归口。

本部分起草单位：西南油气田分公司天然气研究院、大庆油田工程有限公司。

本部分主要起草人：刘业孝、涂振权、罗勤、黄黎明、常宏岗、张娅娜。

本部分所代替标准的历次版本发布情况为：

—— GB 11061—1989、GB/T 11061—1997。

天然气 含硫化合物的测定 第4部分:用氧化微库仑法测定总硫含量

1 范围

本部分规定了用氧化微库仑法测定天然气中总硫的试验方法。

本部分适用于天然气中总硫含量的测定。测定范围 1 mg/m^3～1 000 mg/m^3,并且可通过稀释将测定范围扩展到较高浓度。

本部分不涉及与其应用有关的所有安全问题。在使用本部分前,使用者有责任制定相应的安全和保护措施,并明确其限定的适用范围。

2 规范性引用文件

下列文件中的条款通过 GB/T 11060 的本部分的引用而成为本部分的条款。凡是注日期的引用文件,其随后所有的修改单(不包括勘误的内容)或修改版均不适用于本部分,然而,鼓励根据本部分达成协议的各方研究是否可使用这些文件的最新版本。凡是不注日期的引用文件,其最新版本适用于本部分。

GB/T 13609 天然气的取样导则(GB/T 13609—1999 eqv ISO 10715:1997)

3 试验原理

含硫天然气在石英转化管中与氧气混合燃烧,硫转化成二氧化硫,随氮气进入滴定池与碘发生反应,消耗的碘由电解碘化钾得到补充。根据法拉第电解定律,由电解所消耗的电量计算出样品中硫的含量,并用标准样进行校正。

4 试剂

4.1 试验用水为重蒸馏水或去离子水。

4.2 冰乙酸:分析纯。

4.3 碘化钾:分析纯。

4.4 正丙硫醇或甲硫醚:化学纯或质量分数不低于98%。

4.5 二甲基二硫化物或噻吩:质量分数不低于98%。

4.6 无水乙醇:分析纯,无硫。

4.7 氧气:体积分数不低于99.9%。

4.8 氮气:体积分数不低于99.99%。

5 仪器

5.1 转化炉

带有三个独立加热段(燃烧段、预热段和出口段)或一个加热段(燃烧段)。

5.2 滴定池

池中插入一对电解电极和一对指示-参比电极。

5.3 微库仑计

当二氧化硫进入滴定池,使池中碘浓度降低时,能自动(或手动)接触电解,使碘恢复到原来水平,并能自动记录电解时间和电流，最后直接显示出硫含量。

微库仑计对 1 ng 硫应有明显响应。

5.4 流量控制器

5.5 电磁搅拌器

5.6 配气瓶

容积为 2 L～3 L 的圆底玻璃瓶，见图 1。瓶中置入 1 支～3 支聚四氟乙稀搅拌子。配气瓶的形状及尺寸是粗略的。

单位为毫米

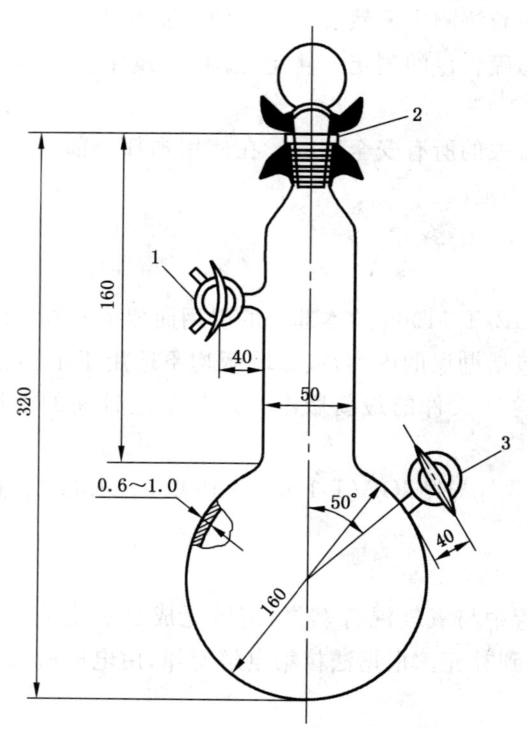

1——三向两通高真空活塞(内径 24/外径 32)；

2——19 号标准磨口；

3——直通高真空活塞(内径 24/外径 32)。

图 1 配气瓶

5.7 医用注射器

0.25 mL、1 mL、2 mL 和 5 mL 各一支。应有良好的密封性，使用前应采用称量纯水的方法对注射器的容积进行校核。

5.8 微量进样器

10 μL 一支。

5.9 容量瓶

25 mL 一个。

6 试验准备

6.1 配制电解液

称取 0.5 g 碘化钾，溶于 500 mL 水中，加入 5 mL 冰乙酸，加水稀释至 1 L，储存于棕色试剂瓶中。该电解液的有效期为三个月。

6.2 配气瓶的准备

6.2.1 测量容积

用蒸馏水和量筒测量。

6.2.2 设置取样口

将活塞 3 的塞芯取出，用细铅丝从一圆柱形橡皮塞的上部横向穿过。将铅丝两端拧在一起穿入活塞芯的孔中，用力拉铅丝，使橡皮塞进入孔中，其底端正好位于孔长的二分之一处。在拉紧橡皮塞的情况下，用利刀将孔外的橡皮塞割掉，使橡皮塞缩回孔中约 0.5 mm。

6.2.3 试漏

用氮气试漏，表压 40 kPa，稳压 4 h，压力不变，方可使用。

6.3 配制标准样

标准样可以是气体样品，也可以是液体样品，由操作者自己选择。

6.3.1 气体标准样的配制

用安瓿球称适量正丙硫醇或甲硫醚，称准至 0.1 mg，将其置于已知容积的干燥的配气瓶中，用真空泵将配气瓶抽至 3 kPa 以下，用力摇动气瓶，使安瓿球破裂，用氮气将气瓶充至表压 40 kPa 左右。按式(1)计算气体标准样中硫的含量。

$$S_0 = \frac{m \times w \times \frac{32.06}{M_r} \times 10^6 \times P_0}{V \times (P_0 + P_1)} \qquad \cdots\cdots (1)$$

式中：

S_0——气体标准样中硫的含量，单位为毫克每立方米（mg/m^3）；

m——称量硫化合物的质量，单位为毫克（mg）；

w——称量硫化合物的纯度，%；

M_r——称量硫化合物的相对分子质量；

P_0——配气时的大气压力，单位为千帕（kPa）；

V——配气瓶体积，单位为毫升（mL）；

P_1——配气时的压力表读数（表压），单位为千帕（kPa）。

气体标准样应现配现用，它的硫含量应与待测气体相当。

6.3.2 液体标准样的配制

于 25 mL 容量瓶中加入约 20 mL 无水乙醇，用微量进样器准确注入适量二甲基二硫化物或噻吩，再用无水乙醇稀释至刻度，摇匀。按式(2)计算液体标准样中硫的含量：

$$S_0 = \frac{V_1 \times \rho \times 32.06 \times n \times w \times 10^3}{M_r \times V_2} \qquad \cdots\cdots (2)$$

式中：

S_0——液体标准样中硫的质量浓度，单位为毫克每升（mg/L）；

V_1——二甲基二硫化物或噻吩的体积，单位为微升（μL）；

ρ——二甲基二硫化物或噻吩的密度，单位为千克每升（kg/L）；

n——二甲基二硫化物或噻吩分子中硫原子的个数；

w——二甲基二硫化物或噻吩的纯度，%；

M_r——二甲基二硫化物或噻吩的相对分子质量；

V_2——容量瓶体积，单位为毫升（mL）。

液体标准样的有效期为 14 d。

测定时，为使进入仪器的液体标准样中硫的含量与气样中硫的含量相当，可用移液管和容量瓶对液体标准样进行稀释。

6.4 仪器安装

按照说明书安装仪器，并接好氮气和氧气管线。以 WKL 型微库仑仪为例，见图 2。

6.5 转化炉温度控制

按仪器说明书要求控制转化炉燃烧段、预热段和出口段的温度（如果转化炉只有一个加热段，则只控制燃烧段温度)。

6.6 加电解液

每天试验前应向滴定池加入新鲜电解液,使液面高出电极 5 mm～10 mm。连续测定 4 h 后更换一次,也可根据试验情况随时更换。

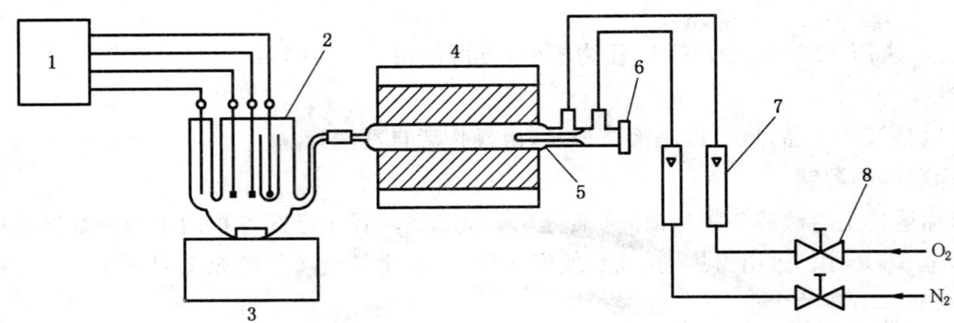

1——微库仑计;
2——滴定池;
3——电磁搅拌器;
4——转化炉;
5——石英转化管;
6——进样口;
7——流量计;
8——针形阀。

图 2 仪器安装图

6.7 开机准备

更换进样口上的硅橡胶垫,并将氮气和氧气流量分别调至仪器规定值。然后开启电磁搅拌器,调节搅拌速度,使电解液中产生轻微的旋涡。

6.8 检查参数

将电位计调到仪器规定值。按仪器说明书要求对所有操作参数进行检查。

6.9 测定硫的转化率

6.9.1 取样与进样

剧烈摇动气体标准样瓶 20 min～25 min,用气体标准样冲洗注射器四次～五次后正式取样。取样时应让瓶内的气体压力将注射器芯子推到所需刻度,然后插入仪器进样口,使每毫升样品在 5 s～7 s 内进完。进样量一般为 0.25 mL～5 mL。

对于液体标准样,进样体积须用差减法计算,具体作法如下:

用液体标准样冲洗微量进样器四次～五次后,吸取 2 μL～3 μL 液体标准样,排除气泡,将进样器芯子往后拉,让空气进入进样器,并使气泡与液柱的交界面刚好落在 1 μL 处,记录样品体积。然后将微量进样器插入仪器进样口,使每微升样品在 5 s～7 s 内进完,再次将进样器芯子往后拉,使气泡与液柱交界面仍落在 1 μL 处,再次记录样品体积,两次体积之差即为进样体积。

6.9.2 手动测量

6.9.2.1 滴定与读数

待电位指针向低电位方向偏移以后,反复接通、断开电解电流,使指针回到初始位置。读取微库仑计显示的硫含量。重复测定标准样至少三次,取平均值。

6.9.2.2 计算转化率

气体标准样及液体标准样均按式(3)计算硫的转化率:

$$F=\frac{W_0}{S_0 \times V_1} \times 100 \qquad (3)$$

式中：

F——硫的转化率，%；

W_0——测定读数，单位为纳克(ng)；

S_0——标准样中硫的含量，单位为毫克每立方米(气)或毫克每升(液)[mg/m^3(气)或 mg/L(液)]；

V_1——进样体积(气体标准样为校正体积)，单位为毫升(气)或微升(液)[mL(气)或 μL(液)]。

为了保证试验的准确性，应根据样品性质和仪器的状况，定期测定转化率。

转化率不应低于75%，否则应查明原因。

6.9.3 自动测量

将测定方式转换到校正系数状态，输入标准样的浓度和进样体积(气体标准样为校正体积)。按6.9.1的方法对标准样进行测定，仪器便显示出用硫标准样测得的转化率。当连续五次转化率的相对标准偏差≤2%时，可取这五次连续测量的平均值作为仪器测量用的转化率。

转化率不应低于75%，否则应查明原因。

7 试验步骤

7.1 取样

7.1.1 从天然气管线取样

取样按GB/T 13609执行。用待分析气体充分吹扫取样管线。利用待分析气体的压力冲洗注射器四次～五次后正式取样。

7.1.2 从气瓶取样

收到样品后应尽快分析。取样按6.9.1进行。

7.2 进样与测定

7.2.1 手动测量

按6.9.1及6.9.2的方法测定两次，取平均值，并记录室温和大气压力。

当样品中硫化氢含量高于仪器的测量范围，可将样品稀释后进行测定。测试报告中应说明稀释方法。

7.2.2 自动测量

将测定方式转换到样品测定状态，输入进样体积(校正体积)，按6.9.1的方法对样品进行测定，仪器就可显示出样品中总硫的浓度。重复测定样品两次，取平均值。

当样品中硫化氢含量高于仪器的测量范围，可将样品稀释后进行测定。测试报告中应说明稀释方法。

8 计算

8.1 体积换算

8.1.1 湿基气样的体积

湿基气样的体积换算按式(4)进行：

$$V_n = V\frac{P-P_V}{101.3}\times\frac{293.2}{273.2+t} \qquad \cdots\cdots(4)$$

式中：

V_n——气样计算体积，单位为毫升(mL)；

V——进样体积，单位为毫升(mL)；

P——分析进样时的大气压力，单位为千帕(kPa)；

P_V——温度 t 时水的饱和蒸气压，单位为千帕(kPa)；

t——分析进样时的室温，单位为摄氏度(℃)。

8.1.2 干基气样的体积

干基气样的体积换算按式(5)进行：

$$V_n = V\frac{P}{101.3} \times \frac{293.2}{273.2+t} \qquad \cdots\cdots(5)$$

式中：

V_n——气样计算体积，单位为毫升(mL)；

V——进样体积，单位为毫升(mL)；

P——分析进样时的大气压力，单位为千帕(kPa)；

t——分析进样时的室温，单位为摄氏度(℃)。

8.2 气样中总硫含量的计算

气样中总硫含量按式(6)计算：

$$S = \frac{W}{V_n \times F} \qquad \cdots\cdots(6)$$

式中：

S——气样中总硫含量，单位为毫克每立方米(mg/m^3)；

W——测定值，单位为纳克(ng)；

V_n——气样计算体积，单位为毫升(mL)；

F——硫的转化率，%。

9 精密度

在重复性条件下获得的两次独立测试结果的差值不超过表1给出的重复性限，超过重复性限的情况不超过5%。

表1 各浓度范围的重复性

单位为毫克每立方米

浓度范围	重复性限
1～14	0.57
14～100	4.2
100～200	9.2
200～600	20.9
600～1 000	27.6

ICS 75.060
E 24

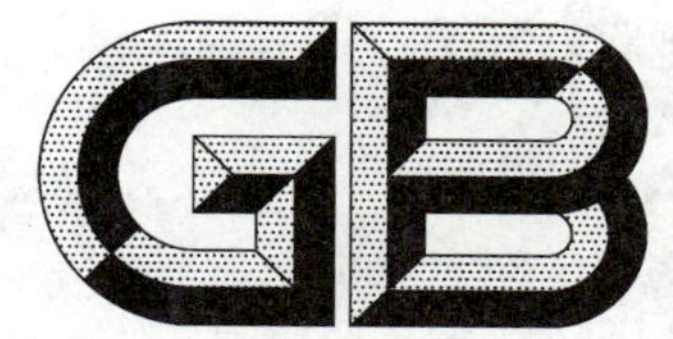

中华人民共和国国家标准

GB/T 11060.5—2010
代替 GB/T 19207—2003

天然气 含硫化合物的测定 第5部分:用氢解-速率计比色法测定总硫含量

Natural gas—Determination of sulfur compound—Part 5:Determination of total sulfur content by hydrogenolysis and rateometric colorimetry method

2010-08-09 发布 2010-12-01 实施

中华人民共和国国家质量监督检验检疫总局
中国国家标准化管理委员会 发布

前 言

GB/T 11060《天然气　含硫化合物的测定》分为以下五个部分：

——第 1 部分：用碘量法测定硫化氢含量；

——第 2 部分：用亚甲蓝法测定硫化氢含量；

——第 3 部分：用乙酸铅反应速率双光路检测法测定硫化氢含量；

——第 4 部分：用氧化微库仑法测定总硫含量；

——第 5 部分：用氢解-速率计比色法测定总硫含量。

本部分为 GB/T 11060 的第 5 部分。

本部分是对 GB/T 19207—2003《天然气中总硫的测定　氢解-速率计比色法》的修订。由于 GB/T 19207—2003 修改采用了 ASTM D 4468—85(2000)《气态燃料中总硫的标准试验方法　氢解-速率计比色法》，而 ASTM D 4468—1995 已修订为 ASTM D 4468—85(2006)，因此本部分修改采用 ASTM D 4468—85(2006)《气态燃料中总硫的标准试验方法　氢解-速率计比色法》(英文版)。

为了方便比较，在附录 A 中列出了本部分和 ASTM D 4468—85(2006)标准条款的对照一览表。

本部分与 ASTM D 4468—85(2006)的主要差异是：

——本部分的名称由"气态燃料中总硫的标准试验方法　氢解-速率计比色法"改为"天然气　含硫化合物的测定　用氢解-速率计比色法测定总硫含量"；

——将原标准第 1 章中"测定范围为(体积分数 φ)$0.001\times10^{-6}\sim20\times10^{-6}$，"改为"测定范围为 $0.1\times10^{-6}\sim20\times10^{-6}(\varphi)$，约相当于 0.1 mg/m^3～26 mg/m^3"；

——原标准中的计量单位均改用我国法定计量单位；

——ASTM D 4468—85(2006)中引用了国外有关标准，本部分的引用标准均采用我国相应的现行标准；

——为了与我国现行的《气体计量的标准参比条件》等相关标准保持一致，本部分将 ASTM D 4468—85(2006)中硫化合物的体积分数"在 25 ℃、101.3 kPa 下"换算成质量浓度的公式改为"在 20 ℃、101.3 kPa 下"换算成质量浓度的公式。并增加了将硫化合物的体积分数换算成总硫含量(mg/m^3)的计算公式；

——将原标准的精密度进行了编辑性修改。对天然气中的硫化合物含硫化氢和不含硫化氢时的精密度列表进行说明。

本部分代替 GB/T 19207—2003《天然气中总硫的测定　氢解-速率计比色法》。

本部分与 GB/T 19207—2003 的主要差异是：

——为了同系列标准一致，改变了标准名称；

——将原标准第 1 章中"测定范围为(体积分数 φ)$0.001\times10^{-6}\sim20\times10^{-6}$，"改为"测定范围为 $0.1\times10^{-6}\sim20\times10^{-6}(\varphi)$，约相当于 0.1 mg/m^3～26 mg/m^3"；

——将原标准中"流速"改为"流量"；

——将原标准中"硫化羰"改为"硫氧化碳"；

——将原标准 6.2 中"含硫化合物占参比标样的体积分数"改为"参比标样中含硫化合物的体积分数"；

——将原标准的精密度进行了文字性修改。将原标准中"天然气中的硫化合物仅为硫化氢和不仅为硫化氢时的精密度"改为"天然气中的硫化合物含硫化氢和不含硫化氢时的精密度"。

本部分的附录 A 为资料性附录。

本部分由全国天然气标准化技术委员会提出。

本部分由全国天然气标准化技术委员会归口。

本部分起草单位：大庆油田工程有限公司、西南油气田分公司天然气研究院。

本部分主要起草人：李飞雪、熊良富、张锐、杨帆、纪旭、孙代君、涂振权。

本部分所代替标准的历次版本发布情况为：

——GB/T 19207—2003。

天然气　含硫化合物的测定
第5部分：用氢解-速率计比色法测定总硫含量

1　范围

本部分规定了用氢解-速率计比色法测定天然气中总硫含量的试验方法。

本部分适用于天然气中总硫含量的测定，测定范围为 $0.1\times10^{-6}\sim20\times10^{-6}$ (φ)，约相当于 0.1 mg/m^3～26 mg/m^3；并且可通过稀释将测定范围扩展到较高浓度。本部分也可以作为精制产品如丙烷、丁烷、乙烷、乙烯质量控制的分析手段。

本部分不涉及与其应用有关的所有安全问题。在使用本部分前，使用者有责任制定相应的安全和保健措施，并明确其限定的适用范围。

2　规范性引用文件

下列文件中的条款通过 GB/T 11060 的本部分的引用而成为本部分的条款。凡是注日期的引用文件，其随后所有的修改单(不包括勘误的内容)或修改版均不适用于本部分，然而，鼓励根据本部分达成协议的各方研究是否可使用这些文件的最新版本。凡是不注日期的引用文件，其最新版本适用于本部分。

GB/T 6682　分析实验室用水规格和试验方法(GB/T 6682—2008，ISO 3696:1987，MOD)

3　试验原理

试样以恒定的速率进入氢解仪内的氢气流中，在 1 000 ℃或更高的温度下试样和氢气被热解，含硫化合物转化为硫化氢(H_2S)。硫化氢与乙酸铅的反应结果由比色反应速率计检测读出，单位为 10^{-6} (φ)。

4　试剂和材料

4.1　检测纸带：用浸渍乙酸铅的适当尺寸的分析滤纸。

4.2　乙酸(5%)：将1体积冰乙酸与19体积水混合配制成5%乙酸溶液。蒸馏水应符合 GB/T 6682 规定的二级水的技术要求。

4.3　气密型注射器：0.1 mL 及 0.5 mL 气密型注射器各一支，用于配制校准标样。注射器的体积测量精度为1%或更高。

4.4　带活塞的配气筒：10 L 聚丙烯圆筒，筒内有一个可自由移动的活塞，活塞上带有一个硅橡胶“○”形环，此环需用硅油润滑剂润滑。此筒用于按体积配制(10^{-6}，φ)参比标样或试样。

4.5　硫氧化碳(COS)：体积分数为99%的 COS 的标准样品瓶，在瓶出口接有一个针形阀。在针形阀连接约 60 cm 聚乙烯管，当管线用 COS 吹扫干净时，插入气密型注射器，从标准样品瓶抽出纯 COS，此操作应在良好的通风区域或在通风厨内进行。在采取了充分的气味控制措施时也可以使用其他硫化合物。若每分子硫化合物含有两个硫原子，可将取样体积减半。

4.6　氢气：体积分数不低于99.99%的无硫氢气。

注：在混有空气时，氢气有很宽的爆炸极限。

4.7 参比标样的载气：用与被分析气体类型相同或密度相近的无硫的瓶装气体(99.99%)作载气，或用校准流量计以建立正确流量标度的瓶装气体(99.99%)作载气。如7.5，将载气流加入到氢气流中，以试验载气的纯度。

4.8 吹扫气：不含硫的吹扫气，如氮气、二氧化碳或其他惰性气体。可以使用瓶装气。

5 仪器和设备

5.1 热解炉：一台能提供可调温度在900 ℃～1 300 ℃范围的炉子，炉中装有一根试样热解用的内径5 mm或更大的石英或陶瓷管，流动体系是碳氟化合物或对 H_2S 及其他含硫化合物呈惰性的其他材料，见图1。

5.2 H_2S 速率计：氢解产物所含 H_2S 与试样中的总硫成正比。当硫化铅形成时，浸有乙酸铅的纸带颜色会变暗，通过测定其反射比的变化速率来测定 H_2S 的浓度。可提供一阶导数输出的 H_2S 速率计电子仪的灵敏度足以测量至 $0.001\times10^{-6}(\varphi)$ 的 H_2S，见图2。

5.3 记录仪：满标度为 $0.1\times10^{-6}(\varphi)$ 及 $1.0\times10^{-6}(\varphi)$ 的记录仪。

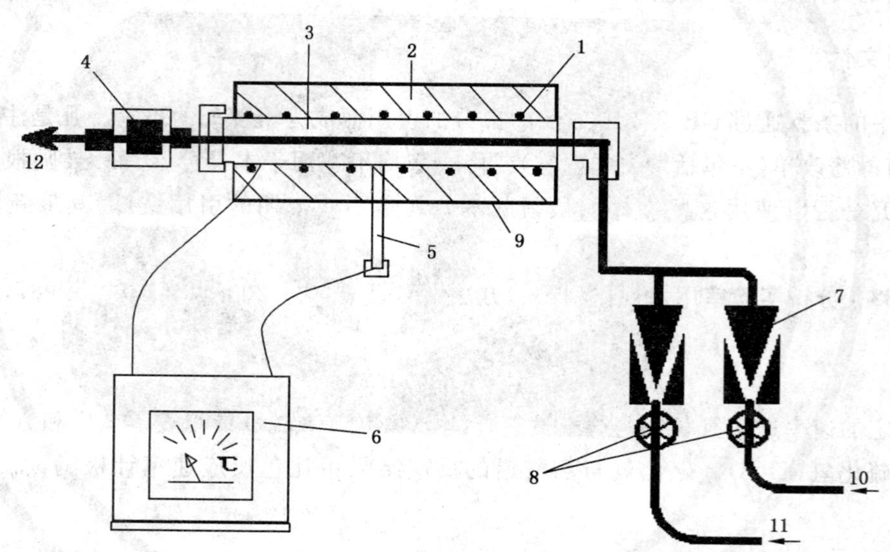

1——加热器；

2——绝缘体；

3——易装卸的陶瓷或石英反应管；

4——过滤器；

5——热电偶；

6——温控器；

7——转子流量计；

8——阀；

9——热解炉；

10——试样；

11——氢气；

12——气样进入硫化氢速率计。

图1 氢解流程图

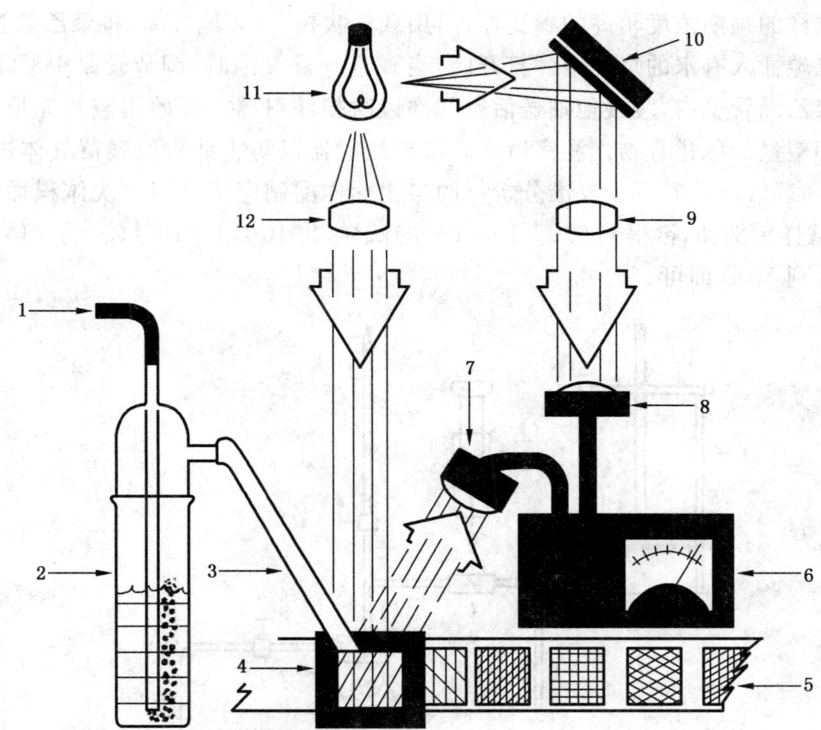

1——来自热解炉的试样；
2——润湿器；
3——润湿后的 H_2S 的试样；
4——样品室；
5——响应纸带；
6——变化速率指示计；
7——测量光电池；
8——参比光电池；
9、12——透镜；
10——反射镜；
11——钨丝灯。

图 2 硫化氢测定比色速率计

6 参比标样的配制

6.1 参比标样：参比标样是用标准物质通过体积计量来即时制备的，见图 3。这样试样的浓度改变最小。通常在 15 min 内参比标样浓度减少不到 1%。少量的纯净硫化合物可用气密型注射器来计量，稀释气体可用一个 10 L 并有一个可移动活塞的配气筒来计量。当用体积计量法配制立即使用的、以体积分数表示的试样时，在同一试验环境下，温度和压力的变化无须校正；若转换为质量单位，须进行温度和压力的校正。

6.2 准备 $1\times10^{-6}(\varphi)$ 的试样：加 10 μL(0.01 mL)的 COS 以制备一个 10 L 试样与载气的混合物。通过隔膜注射 COS 至 10 L 的充有载气的配气筒里，再用载气的涡动进行混合。用式(1)计算 10 L 混合物中含硫化合物所占体积。

$$V=\varphi_S\times10^{-2} \qquad \cdots\cdots(1)$$

式中：

V——含硫化合物的体积，单位为毫升(mL)；

φ_S——参比标样中含硫化合物的体积分数，10^{-6}。

注：式(1)只适用于气相物质。

准备一个比试样的预期浓度稍高的参比标样，用载气吹扫 10 L 配气筒，将聚乙烯管连接到 COS 标准样品瓶上并将末端插入有水的烧杯中。打开阀，当观察到冒气泡时，调节管路中 COS 的流量。将气密型注射器插入聚乙烯管壁内，缓慢地抽送活塞几次以吹扫注射器。开始用载气充填 10 L 配气筒，同时通过隔膜注入期望量的硫化合物。注完后立即拔出注射器以防止针头里残留气体进入流动气体内。当充至 10 L 时关闭载气。此时用于校准分析仪的参比标样配制完毕。用二次体积稀释可得到浓度小于 $1\times10^{-6}(\varphi)$ 的试样。例如，欲得到 $0.2\times10^{-6}(\varphi)$ 的试样，将 10 L $1\times10^{-6}(\varphi)$ 的气体排除至 2 L，然后再用稀释气体充满到 10 L 即可。

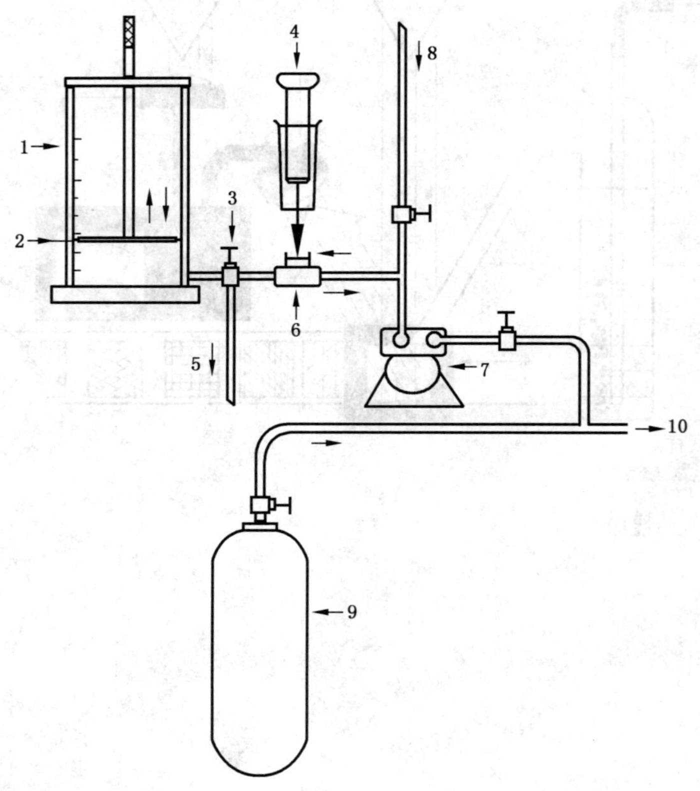

1——校准用配气筒；
2——活塞；
3——三通阀；
4——微量气体注射器；
5——废气排放口；
6——隔膜；
7——泵；
8——无硫载气源；
9——试样；
10——至热解炉流量计。

图 3 气体样品的流动系统及校准参考示意图

7 仪器的准备

7.1 打开炉子开关，升温并恒定至 1 000 ℃。若有噻吩存在，温度设为 1 300 ℃。

注：降低炉温可延长炉子的寿命。含噻吩的化合物在 1 000 ℃时转化率为 60%，在 1 300 ℃时为 100%。

7.2 在润湿器中加 30 mL 5%乙酸溶液，连接所有的流动系统的管线。用惰性气体吹扫所有的流动系统然后关闭阀。用检漏液检查所有的连接线是否漏气并检修漏气处。通入氢气，设定其流量为 200 mL/min 或更大，炉温调至(1 000±15)℃并恒温，试样的流量必须为氢气流量的 1/3 或更少，总流量可达到 500 mL/min。若试样中含有噻吩化合物，为使其完全转化，氢气流量设为 200 mL/min，并将炉温调至 1 300 ℃。

7.3 安装检测纸带开启硫化氢读出分析仪。

7.4 在无气流时调整分析仪指示器的零点或记录仪的零点，调零时灵敏度应置于最高档。

7.5 打开氢气气流，5 min 后注意零点位置的改变以试验氢气的纯度。若读数高出零点设定值的 4% 以上，应怀疑氢气源含硫并更换。

7.6 若零点的变化不超过 4%，在氢气流动状态下，重新调整零点，调零时灵敏度应置于最高档。

8 校准和标定

8.1 在氢气流量达到 200 mL/min 时，推进纸带至未曝光的区域并注意基线。

8.2 准备好参比标样。将参比标样与泵连接，将泵与分析仪连接。获得稳定读数时，记录此数值[10.1 式(2)中的 C]。推进纸带并通入含硫浓度接近未知试样预料浓度的参比标样(见 6.2)。调整试样流量为 65 mL/min，大约 4 min 以后，调整记录仪量程以便其显示为希望的响应值。响应值呈线性。准备好一个校准样品，例如 $0.8\times10^{-6}(\varphi)$，将记录仪量程调整到满标度的 80%，则满标度为 $1\times10^{-6}(\varphi)$，使任何低于 $1\times10^{-6}(\varphi)$ 的数值均能在分割成 100 份的刻度盘上直接读出。

9 试样的测定步骤

将试样与分析仪连接，调整其流量约 65 mL/min，此流量在试验过程中必须保持恒定。在响应值稳定后，记录读数[10.1 式(2)中的 A]，并应经常用参比标样校正分析仪的量程，以补偿温度和大气压变化引起的波动，当试样浓度不超过参比标样浓度的 25%时，每日重复进行两次完整的校准过程。

10 计算

10.1 未知试样中含硫化合物的体积分数 φ_X 按式(2)计算：

$$\varphi_X=\frac{(A-B)}{(C-B)}\times\varphi_S \qquad \cdots\cdots(2)$$

式中：

φ_X——未知试样中含硫化合物的体积分数；

A——在环境温度和压力下未知试样的读数；

B——空白样的读数；

C——在环境温度和压力下参比标样的读数；

φ_S——参比标样中含硫化合物的体积分数，10^{-6}。

10.2 含硫化合物的体积分数换算成 20 ℃、101.3 kPa 下的质量浓度 ρ(mg/m³)，对于硫氧化碳按式(3)计算：

$$\rho=2.49\varphi_X \qquad \cdots\cdots(3)$$

10.3 未知试样中总硫的体积分数转换成 20 ℃、101.3 kPa 下的质量浓度 ρ_S(mg/m³)按式(4)计算：

$$\rho_S=1.33\varphi_X \qquad \cdots\cdots(4)$$

在其他温度和压力时应作适当的校正。

11 精密度

11.1 天然气中的硫化合物含硫化氢时的精密度

11.1.1 重复性

在重复性条件下获得的两次独立测试结果的差值不超过表 1 给出的重复性限，超过重复性限的情况不超过 5%。

11.1.2 再现性

在再现性条件下获得的两次独立测试结果的差值不超过表1给出的再现性限，超过再现性限的情况不超过5%。

表1 硫化合物含硫化氢时的重复性和再现性

满标度范围（体积分数）φ 10^{-6}	重复性限 10^{-6}		再现性限 10^{-6}	
	手动	自动	手动	自动
1.0	0.014	0.017	0.050	0.141
0.1	0.002	0.002	0.006	0.008

11.2 天然气中硫化合物不含硫化氢时的精密度

11.2.1 重复性

在重复性条件下获得的两次独立测试结果的差值不超过表2给出的重复性限，超过重复性限的情况不超过5%。

11.2.2 再现性

在再现性条件下获得的两次独立测试结果的差值不超过表2给出的再现性限，超过再现性限的情况不超过5%。

表2 硫化合物不含硫化氢时的重复性和再现性

满标度范围（体积分数）φ 10^{-6}	重复性限 10^{-6}	再现性限 10^{-6}
1.0	0.16	0.26
0.1	0.051	0.082

附 录 A
（资料性附录）
本部分与 ASTM D 4468—85(2006)章条编号对照

表 A.1 给出了本部分与 ASTM D 4468—85(2006)章条编号对照一览表。

表 A.1 本部分与 ASTM D 4468—85(2006)章条编号对照一览表

本部分章条编号	对应的 ASTM 部分章条编号
1	1 和 4 的最后两句
3	3
4	6
5	5
6	9
7	7
8	8
9	10
10	11
11.1.1	12.1.1
11.1.2	12.1.2
11.2	12.1.3

ICS 75.140
E 43

中华人民共和国国家标准

GB/T 11147—2010
代替 GB/T 11147—1989

沥青取样法

Standard practice for sampling bituminous materials

2011-01-10 发布　　2011-05-01 实施

中华人民共和国国家质量监督检验检疫总局
中国国家标准化管理委员会　发布

前　言

本标准按照 GB/T 1.1—2009 给出的规则起草。

本标准代替 GB/T 11147—1989《石油沥青取样法》。与 GB/T 11147—1989 相比主要技术变化如下：

——将 1989 年版的中文名称《石油沥青取样法》改为本标准的《沥青取样法》。

——将 1989 年版的英文名称 Asphalt—Sampling method 改为本标准的英文名称。

——将 1989 年版的范围由石油沥青改为本标准的所有沥青材料(见第 1 章)。

——固体或半固体样品量由 1989 年版的 1～1.5 kg 改为本标准的 1 kg～2 kg(见 4.2)。

——1989 年版的盛样器一章中液体沥青包含乳化沥青，本标准中不包含(见 5.1.1)。

——从沥青贮罐中取样增加了取样阀法和底部进样取样器法(见 6.1.1.1,6.1.1.2)。

——从槽车、罐车、沥青洒布车中取样增加了在线取样(见 6.2.2)。

——非同批产品的取样数量一条中增加了批次可以明显分出时的取样(见 6.5.2.2)。

——从桶、袋、箱中取碎块或粉末状沥青的总样量由 1989 年版的 20 kg，改为本标准的 25 kg；用于检验的量由 1～1.5 kg 改为 1 kg～2 kg(见 6.6.1,6.6.2,1989 年版 12.1,12.2)。

——本标准在交货地点取样的规定中增加了“每次交货都要取足需要数量的沥青样品”和“取样可在卸料前按 6.1 规定取样，也可通过在运输贮罐的中间三分之一处加取样阀或其他取样装置取样”两条(见 6.7.2,6.7.3)。

——本标准在第 7 章中增加了“盛满样品的容器不能浸入溶剂中，也不能用浸透了溶剂的布擦拭，如果须清洁要用洁净的干布擦拭”(见 7.3)和“如果用标签牢固地贴在盛样器上做标识，要保证转移中不丢失，标签不能贴在盛样器上的盖子上。所有标识材料应在 200 ℃以上温度保存完好”(见 7.6)以及“对于质量仲裁用的沥青样品，由供需双方共同取样，取样后双方在密封上签字盖章。一份用于检验，一份留存备用”(见 7.7)的内容。

本标准使用重新起草法修改采用美国材料与试验协会标准 ASTM D140—01(2007 年确认)《沥青材料取样法》(英文版)。

本标准与 ASTM D140—01(2007 年确认)相比在结构上有较多调整，附录 A 中列出了本标准与 ASTM D140—01(2007 年确认)的章条编号对照一览表。

本标准与 ASTM D140—01(2007 年确认)相比编辑性修改如下：

删除所有括号中的非 SI 单位制，保留 SI 单位制(见正文)。

本标准与 ASTM D140—01(2007 年确认)相比主要技术变化如下：

——本标准删除了 ASTM D140—01“2 引用文件”一章的引用文件 ASTM D346《实验室分析用焦炭采取和制备试验法》，增加了规范性引用文件 SH/T 0229《固体和半固体石油沥青产品取样法》(见第 2 章)。修改是为了适应我国的技术条件。

——本标准删除了 ASTM D140—01“3 意义与应用”及“4 注意事项”两章，其相关内容经修改后合并放入增加的引言部分(见引言)。我国的标准起草结构中不允许包含意义与应用和注意事项两章，但其内容又比较重要，不适合删除，所以修改合并后放入引言部分。

——ASTM D140—01“8 样品的保护和存放”一章由放置在取样之前改为本标准的放置在取样之后(见第 7 章)。根据工作的先后顺序修改，更符合工作程序。

——本标准删除了 ASTM D140—01 的 9.1.2Thief 取样器、9.1.3Throw-away Container 取样器、10.2Dip 取样器、图 2、图 3、图 4 及其注；增加了底部进样取样器法(见 6.1.1.2)和上部进样取

样器法(见 6.1.1.3)。ASTM D140—01 的 9.1.2Thief 取样器、9.1.3Throw-away Container 取样器取样原理比较合理,但没有具体尺寸和结构示意图,不容易规范,所以按照其原理分别设计了底部进样取样器和上部进样取样器。10.2Dip 取样器结构复杂、使用范围窄,在我国没有应用实例且其他取样器已能满足取样工作,所以没有采纳。取样器取消后其相应的图和注也被取消。

——增加了质量仲裁试验时取样的操作(见 7.7)。采标标准中对质量仲裁试验的取样没有规定,但容易引起纠纷,为保护供需双方的利益和利于质量检查工作,特别增加此条。

——删除了第 17 章关键词。为适应我国标准起草的要求。

本标准由全国石油产品和润滑剂标准化技术委员会提出。

本标准由全国石油产品和润滑剂标准化技术委员会石油沥青分技术委员会归口。

本标准起草单位:中国石油化工股份有限公司齐鲁分公司胜利炼油厂。

本标准主要起草人:常玉艳、陈鹤玲、姚德宏。

引　言

大量种类和级别不同的沥青材料会交替装运、贮存在同一个容器中，可能发生这些容器被残渣、沉积物、清洗溶剂污染的机会。取样时还存在着许多不能严格代表材料性质或转移中被污染的情形，因此要求沥青生产者、运输者、用户和取样者在取样和处理这些材料时必须十分注意，防止样品被污染。应严格按照本取样法取样，使得取得的样品能表明材料的真实性质和状况，尽可能地代表所取材料的平均性能，从而有效避免由于取样原因造成的质量纠纷。

沥 青 取 样 法

警告：本标准未涉及有关使用的安全规定，如果需要，标准使用者有责任在使用前制定出适当的安全防护措施。

1 范围

本标准规定了所有沥青材料的取样方法。

本标准适用于所有沥青材料在生产、贮存或交货地点的取样。

2 规范性引用文件

下列文件对于本文件的应用是必不可少的。凡是注日期的引用文件，仅注日期的版本适用于本文件，凡是不注日期的引用文件，其最新版本(包括所有的修改单)适用于本文件。

SH/T 0229 固体和半固体石油沥青产品取样法

3 样品选择

为检查沥青质量，装运前在生产厂或贮存地取样；当不能在生产厂或贮存地取样时，在交货地点当时取样。

4 样品数量

4.1 液体沥青样品量

4.1.1 常规检验取样量为 1 L(乳化沥青 4 L)。

4.1.2 从贮罐中取样为 4 L。

4.1.3 从桶中取样为 1 L。

4.2 固体或半固体样品量

取样量为 1 kg～2 kg。

5 盛样器

5.1 盛样器的种类

5.1.1 液体沥青(不包括乳化沥青)或半固体沥青盛样器宜为具有密封盖的广口金属容器。

5.1.2 乳化沥青盛样器宜为具有密封盖的广口塑料容器。

5.1.3 碎沥青或粉末沥青盛样器宜为具有密封盖的广口金属容器，也可以用塑料袋，此塑料袋应有可靠的外包装。

5.2　盛样器的大小

根据取样量多少选择合适的盛样器。

6　取样方法

6.1　从沥青贮罐中取样

6.1.1　从不带搅拌的贮罐中取样(沥青为流体或经加热可变成流体)

应先关闭进料阀和出料阀,然后再取样。

6.1.1.1　取样阀法

贮罐允许安装取样阀取样,阀门要有简单、安全的入口,安装在贮罐的一侧。贮罐按高度三等分,第一个取样阀安装在贮罐的上三分之一处,但距贮罐顶不得小于 1 m,第二个取样阀安装在贮罐中部的三分之一处,第三个取样阀安装在贮罐的下三分之一处,且距罐底不得低于 1.1 m。取样阀的示意图如图 1 所示。

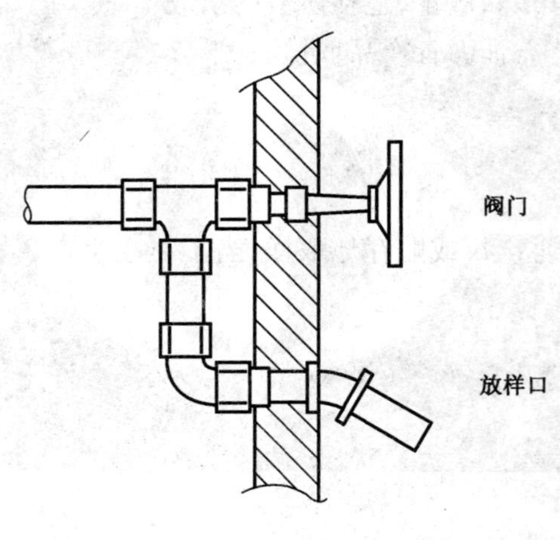

图 1　取样阀

依次从上、中、下取样阀取样,每个取样阀至少要放掉 4 L 沥青产品后方可取 1 L～4 L 样品。从贮罐中取出的上、中、下三个样品充分混合均匀后,取 1 L～4 L 进行所要求的检验。

6.1.1.2　底部进样取样器法(不适用于黏稠沥青)

在贮罐中投入底部进样取样器,依次按贮罐中实际液面高度的上、中、下位置各取样 1 L～4 L,取样器在每次取样后尽量倒净。从贮罐中取出的上、中、下三个样品充分混合均匀后,取 1 L～4 L 进行所要求的检验。底部进样取样器如图 2 所示。

6.1.1.3　上部进样取样器法

在贮罐中投入上部进样取样器,依次按贮罐中实际液面高度的上、中、下位置各取样 1 L～4 L,取样器在每次取样后尽量倒净。从贮罐中取出的上、中、下三个样品充分混合均匀后,取 1 L～4 L 进行所要求的检验。上部进样取样器如图 3 所示。

6.1.2　从有搅拌设备的贮罐中取样(沥青为流体或经加热可变成流体)

先将沥青充分搅拌均匀,再按 6.1.1.1、6.1.1.2、6.1.1.3 中的任一方法从罐中部取 1 L～4 L 样品进行所要求的检验。

6.2 从槽车、罐车、沥青洒布车中取样

6.2.1 当车上设有取样阀、顶盖、出料阀时，可从取样阀、顶盖、出料阀处取样。从取样阀取样要先放掉4 L沥青再取样；从顶盖处取样时，用取样器由该容器中部取样；从出料阀取样时，应在出料至约二分之一时取样。

6.2.2 也可以在出料线上安装一种如图4所示的可拆卸式在线取样装置，使用这种取样装置取样时要先放掉4 L沥青。

6.3 从油轮和驳船中取样

6.3.1 卸料前取样

对于流体沥青（包括经加热可变成流体的轻质沥青）在卸料前取样时，可以按6.1.1.2和6.1.1.3描述的方法取样。

6.3.2 装卸料时管线中取样

6.3.2.1 装卸料时可通过在泵的出口线上或在沥青靠重力流出的管线上加装一个取样装置方便地取样。在线取样装置如图4所示。取样装置伸入管线部分的管直径小于管线直径的八分之一，开口应面向沥青流向，通过安装一个阀门或旋塞控制取样。根据装卸料需要的时间，间隔均匀地取至少三个4 L样品。装卸料结束后将所取样品充分混合均匀再从中取出4 L样品进行所要求的检验。

单位为毫米

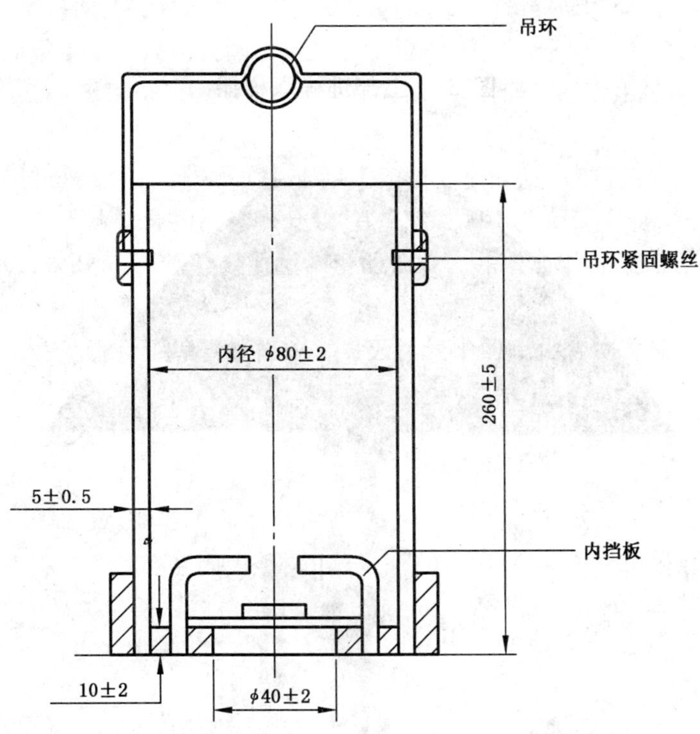

图2　底部进样取样器

单位为毫米

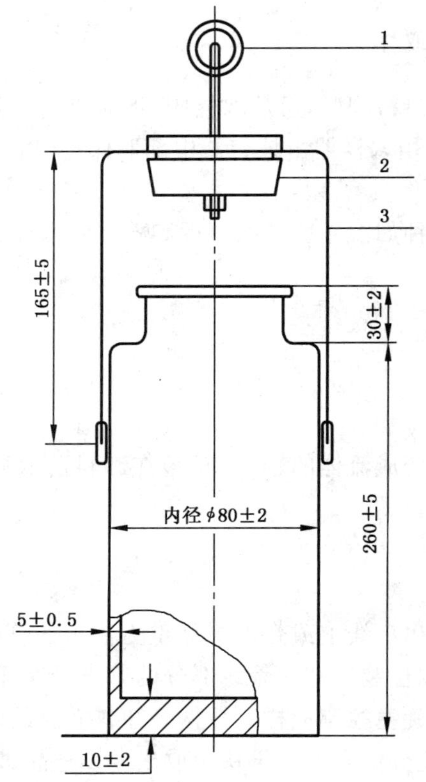

1——吊环；
2——聚四氟乙烯塞；
3——手柄。

图 3　上部进样取样器

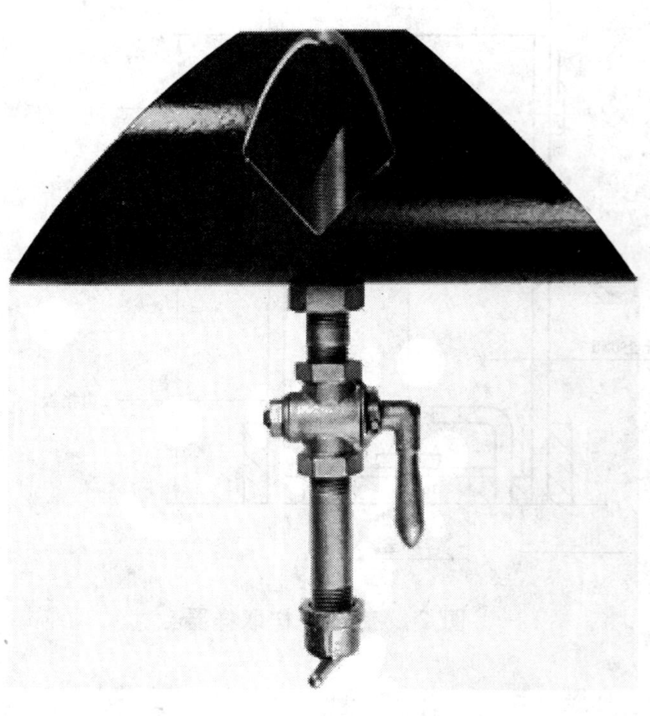

图 4　沥青在线取样装置

6.3.2.2 或者从容量 4 000 m^3 或稍小的油轮、驳船出口线直接取样，在整个装、卸料过程中，按装、卸料时间间隔均匀地取至少五个 4 L 样品，容量大于 4 000 m^3 时，至少要取十个 4 L 样品，装卸料结束后将这些样品充分混合均匀再从中取出 4 L 样品进行所要求的检验。

6.4 从桶中取样

按 6.5 的随机取样要求，从充分混合均匀后的桶中用取样器取 1 L 液体沥青。

6.5 半固体或未破碎的固体沥青的取样

6.5.1 取样方式

从桶、袋、箱中取样应在样品表面以下及容器侧面以内至少 75 mm 处采取。若沥青是可以打碎的，则用干净锤头打碎后取样，若沥青是软的，则用干净的适宜工具切割取样。

6.5.2 取样数量

6.5.2.1 同批产品的取样数量

当能确认是同一批生产的产品时，随机取一件按 6.5.1 规定取 4 kg 供检验用。

6.5.2.2 非同批产品的取样数量

当不能确认是同一批生产的产品或按同批产品要求取出的样品经检验不符合规范要求时，则应按随机取样原则选出若干件再按 6.5.1 规定取样，其件数等于总件的立方根。下面给出了不同装载件数所要取出的样品件数。当取样件数超过一件，每个样品重量应不少于 0.1 kg，这样取出的样品，经充分混合均匀后取出 4 kg 供检验用。

当不是一批产品且批次可以明显分出，从每一批次中取出 4 kg 样品供检验。

装载件数	选取件数
2～8	2
9～27	3
28～64	4
65～125	5
126～216	6
217～343	7
344～512	8
513～729	9
730～1 000	10
1 001～1 331	11

6.6 碎块或粉末状沥青的取样

6.6.1 散装贮存的沥青

散装贮存的碎块或粉末状固体沥青取样，应按 SH/T 0229 从散装不熔性固体石油产品中采取试样的方法操作。总样量应不少于 25 kg，再从中取出 1 kg～2 kg 供检验用。

6.6.2 桶、袋、箱装贮存的沥青

装在桶、袋、箱中的碎块或粉末状固体沥青，按 6.5 所述随机取样原则挑选出若干件，从每一件接近

中心处取至少 0.5 kg 样品，这样采集的总样量应不少于 25 kg，然后按 SH/T 0229 从散装不熔性固体石油产品中采取试样的方法执行四分法操作，从中取出 1 kg～2 kg 供检验用。

6.7 在交货地点取样

6.7.1 到达目的地、贮存地、使用地或卸货时应尽快取样。

6.7.2 每次交货都要取足需要数量的沥青样品。

6.7.3 取样可以在卸料前按 6.1 规定取样，也可以通过在运输贮罐的中间三分之一处加取样阀或其他取样装置取样。

6.7.4 所取样品中的一部分用于验收试验，其他样品留存以备第一次样品未通过检验时复查。

7 样品的保护和存放

7.1 盛样器应洁净、干燥，盖子配合严密。使用过的旧容器应洗刷干净，并满足上述要求，才可重复使用。

7.2 注意防止污染样品，装好样品后的盛样器应立即封口。

7.3 盛满样品的容器不能浸入溶剂中，也不能用浸透了溶剂的布擦拭，如果须清洁要用洁净的干布擦拭。

7.4 要妥善包装防止乳化沥青冻结，盛样器要盛满以避免在空气和乳液接触面结皮。

7.5 当须将样品从一个容器移入另一容器时，应符合本取样法要求。

7.6 盛样器装完样品、密封好并擦拭干净后，应用适宜的标记笔在盛样器上(不得在盖上)做出标识。如果用标签牢固地贴在盛样器上做标识，要保证转移中不丢失，标签不能贴在盛样器的盖子上。所有标识材料应在 200 ℃以上温度保存完好。

7.7 对于质量仲裁用的沥青样品，由供需双方共同取样，取样后双方在密封上签字盖章，一份用于检验，一份留存备用。

附 录 A
（资料性附录）
本标准与 ASTM D140—01(2007 年确认)相比的结构变化情况

本标准与 ASTM D140—01(2007 年确认)相比在结构上有较多调整,具体章条编号对照情况参见表 A.1。

表 A.1 本标准与 ASTM D140—01(2007 年确认)的具体章条编号对照情况

本标准章条编号	对应的 ASTM D140—01(2007 年确认)章条编号
引言	3,4
1	1.1
—	1.2
警告	1.3
2	2
3	5.1,5.2
4.1	6.1
4.1.1	6.1.1
4.1.2	6.1.2
4.1.3	6.1.3
4.2	6.2.1,6.2.2
5	7
5.1	7.1
5.1.1	7.1.1
5.1.2	7.1.2
5.1.3	7.1.3
5.2	7.2,7.2.1
6	—
6.1	9
6.1.1	9.1
6.1.1.1	9.1.1,9.1.1.1,9.1.1.2,9.1.4
6.1.1.2	9.1.2,9.1.1.1,9.1.1.2,9.1.4
6.1.1.3	9.1.3,9.1.1.1,9.1.1.2,9.1.4
6.1.2	9.2
6.2	10
6.2.1	10.1
—	10.2
6.2.2	10.3

表 A.1（续）

本标准章条编号	对应的 ASTM D140—01(2007 年确认)章条编号
6.3	11
6.3.1	11.1
—	11.2
6.3.2	12
6.3.2.1	12.1
6.3.2.2	12.2
6.4	13
6.5	14
6.5.1,6.5.2	14.1
6.6	15
6.6.1	15.1
6.6.2	15.2
6.7	16
6.7.1	16.1
6.7.2	16.2
6.7.3	16.3,16.3.1,16.3.2,16.3.3
6.7.4	16.4
—	17
7	8
7.1	8.1
7.2	8.2
7.3	8.3
7.4	8.4
7.5	8.5
7.6	8.6
7.7	—
附录 A	—

ICS 19.040
N 61

中华人民共和国国家标准

GB/T 11159—2010
代替 GB/T 11159—1989

低气压试验箱技术条件

Specifications for low air pressure test chambers

2010-12-01 发布 2011-05-01 实施

中华人民共和国国家质量监督检验检疫总局
中国国家标准化管理委员会 发布

前　言

本标准是“环境试验设备技术条件”系列标准。该系列标准由以下几项标准组成：

——GB/T 10586—2006　湿热试验箱技术条件

——GB/T 10587—2006　盐雾试验箱技术条件

——GB/T 10588—2006　长霉试验箱技术条件

——GB/T 10589—2008　低温试验箱技术条件

——GB/T 10590—2006　高低温/低气压试验箱技术条件

——GB/T 10591—2006　高温/低气压试验箱技术条件

——GB/T 10592—2008　高低温试验箱技术条件

——GB/T 11158—2008　高温试验箱技术条件

——GB/T 11159—2010　低气压试验箱技术条件

本标准代替 GB/T 11159—1989《低气压试验箱技术条件》。

本标准与 GB/T 11159—1989 的主要变化如下：

a)　增加了“术语和定义”一章；

b)　使用环境条件中扩大了大气压的范围(见 4.1)；

c)　试验箱气压规定值增加了 0.1 kPa 一值(见表 1)；

d)　增加了电绝缘强度的要求(见 5.3.1)。

本标准由中国机械工业联合会提出。

本标准由机械工业实验室仪器及设备标准化技术委员会归口。

本标准由重庆四达试验设备有限公司、无锡苏南试验设备有限公司、成都天宇试验设备有限公司、信息产业部电子第五研究所、湖南省计量检测研究院、机械工业仪器仪表综合技术经济研究所负责起草。

本标准主要起草人：陈云生、倪一明、金旭宾、邹苏阳、李庆先、冯晓升、金丽辉、熊知明、马林。

本标准所代替标准的历次版本发布情况为：

——GB/T 11159—1989。

低气压试验箱技术条件

1 范围

本标准规定了低气压试验箱(以下简称试验箱)的术语和定义、使用条件、技术要求、试验方法、检验规则及标志、包装、贮存。

本标准适用于对电工、电子产品及其他产品、零部件及材料进行低气压试验的试验箱。

2 规范性引用文件

下列文件中的条款通过本标准的引用而成为本标准的条款。凡是注日期的引用文件,其随后所有的修改单(不包括勘误的内容)或修订版均不适用于本标准,然而,鼓励根据本标准达成协议的各方研究是否可使用这些文件的最新版本。凡是不注日期的引用文件,其最新版本适用于本标准。

GB 191—2000 包装储运图示标志(eqv ISO 780:1997)

GB 14048.1—2006 低压开关设备和控制设备 第1部分:总则(mod IEC 60947-1:2001)

JB/T 9512—1999 气候环境试验设备与试验箱 噪声声功率级的测定

3 术语和定义

下列术语和定义适用于本标准。

3.1

试验箱 test chamber

其中某部分能满足规定的试验条件的密闭的箱体和空间。

3.2

气压设定值 air pressure setpoint

用试验箱控制装置设定的期望气压值。

3.3

气压标称值 achieved nominal value

按试验方法要求规定的气压值或需要预先确定的气压值。

3.4

实际气压 achieved air pressure

稳定后,试验箱工作空间内的气压。

3.5

气压稳定 air pressure stabilization

工作空间内气压达到气压设定值并维持在规定的容差范围内。

3.6

工作空间 working space

试验箱内能将规定的条件维持在规定容差范围内的部分。

3.7

气压变化率 air pressure rate of change

在工作空间测得的两个给定气压之间的转变率,以 kPa/min 为单位。

3.8

气压偏差 air pressure variation

稳定后,在任意时间间隔内,其气压的最高和最低值与气压标称值之差。

4 使用条件

4.1 环境条件

a) 温度:5 ℃～35 ℃;

b) 相对湿度:不大于 85%RH;

c) 大气压:80 kPa～106 kPa;

d) 周围无强烈振动,无腐蚀气体;

e) 无阳光直接照射或其他冷、热源直接辐射;

f) 周围无强烈气流,当周围空气需强制流动时,气流不应直接吹到箱体上;

g) 周围无干扰试验箱控制电路的磁场影响;

h) 周围无高浓度粉尘及腐蚀性物质。

4.2 供电条件

a) 交流电压:220 V±22 V 或 380 V±38 V;

b) 频率:50 Hz±0.5 Hz。

4.3 负载条件

试验箱的负载应同时满足下列条件:

a) 负载的总质量按每立方米工作室容积内放置不大于 80 kg;

b) 负载的总体积一般不大于工作室容积的 1/5,特殊情况下可适当增加。

5 技术要求

5.1 产品性能

试验箱性能项目及指标见表 1。

表 1 试验箱性能项目及指标

序号	性能项目	单位	规定值
1	气压等级	kPa	84、79.5、70、61.5、55、40、25、15、8、4、2、1、0.1
2	气压偏差	kPa	＞25 kPa 时:±2 kPa; 25 kPa≥气压＞2 kPa 时:±0.5 kPa; 2 kPa≥气压＞0.4 kPa 时:±0.1 kPa; 0.4 kPa≥气压≥0.1 kPa 时:±20%
3	气压变化率	kPa/min	≤10

5.2 产品结构及外观要求

5.2.1 试验箱内壁应使用不易氧化和耐腐蚀并具有一定机械强度的材料制造。

5.2.2 可配置能保持和连续监控低气压条件的辅助仪表和能自动记录气压的仪表。

5.2.3 应设有观察窗和照明装置。

5.2.4 箱体内管道连接处和门窗等应密封严密。

5.2.5 应有测试接线装置(或配有盲法兰)。

5.2.6 外观涂镀层应平整光滑、色泽均匀,不得有露底、起层、起泡或擦伤痕迹。

5.2.7 应有放置或悬挂样品的样品架。

5.3 安全和环境保护要求

5.3.1 电源接线端子对箱体金属外壳之间的绝缘电阻值应满足:冷态 2 MΩ 以上,并能承受 50 Hz 交流电压 1 500 V、施压时间 5 s 的耐电压试验。

5.3.2 保护接地端子应与试验箱外壳有良好的电气联接并能方便牢固地接线,应符合 GB 14048.1—

2006 的 7.1.9 的规定。

5.3.3 应有过电流、电源断相、欠压等保护及报警装置。

5.3.4 整机噪声的 A 计权声功率级不应大于 75 dB。

6 测试方法

6.1 主要测试仪器

气压测试仪器采用扩展不确定度不大于被测气压允许偏差 1/3 的气压表(计)。

6.2 测试条件

6.2.1 测试条件应满足 4.1、4.2 的要求。

6.2.2 测试在空载的条件下进行。

6.3 气压偏差测试方法

6.3.1 气压偏差测试点位置为试验箱的气压指示点。

6.3.2 测试程序为:在试验箱气压可调范围内,选取最低的试验气压标称值,使箱内的工作室空间从常压降至试验气压值,稳定 30 min 后,立即进行测试,每隔 1 min 测试 1 次,共测 30 次。

6.4 试验结果的计算与评定

6.4.1 在 30 min 测试数据中,其最高和最低值与气压标称值之差为试验箱在该标称值下的气压偏差。

6.4.2 以上计算结果均应符合表 1 的规定。

6.5 气压变化率测试方法

6.5.1 低气压测试点为试验箱的气压指示点。

6.5.2 在试验箱气压可调范围内选取最低的试验气压值,当试验箱开始降压时,记录从常压到试验气压的时间;然后使其试验箱开始升压,记录从试验气压升至常压的时间。

按式(1)和式(2)分别计算出升、降压的平均速率:

$$\overline{V_{降}}=\frac{|P_0-P|}{t_{降}} \qquad \cdots\cdots(1)$$

$$\overline{V_{升}}=\frac{|P_0-P|}{t_{升}} \qquad \cdots\cdots(2)$$

式中:

$\overline{V_{降}}$——降压平均变化速率,kPa/min;

$\overline{V_{升}}$——升压平均变化速率,kPa/min;

P_0——常压值,kPa;

P——试验气压值,kPa;

$t_{降}$——降压时间,min;

$t_{升}$——升压时间,min。

其结果应符合表 1 的规定。

6.6 安全保护性能测试方法

6.6.1 电源接线端子对箱体金属外壳之间的耐压试验,采用 5 kV 耐压测试仪,在 6.3 试验前进行,其结果应符合 5.3.1 的要求。

6.6.2 绝缘电阻及保护接地端子的测试,采用 500 V 准确度为 1.0 级绝缘电阻测量仪,在 6.3 试验前后各进行一次,其结果均应符合 5.3.1 和 5.3.2 的要求。

6.6.3 目视检查是否有过电流、电源断相、欠压等保护及报警装置,在试验过程中,如报警及保护装置每次均动作即符合要求。

6.7 噪声测试方法

试验箱整机噪声的测试按 JB/T 9512—1999 规定的方法进行,结果应符合 5.3.4 的规定。

6.8 外观涂镀层质量检查及判定方法

6.8.1 本检查在6.3～6.7的试验开始前及全部结束后各检查1次。

6.8.2 目视检查外观涂镀层，结果应符合5.2.6的要求。

7 检验规定

7.1 检验类别

试验箱检验分型式检验和出厂检验。

7.2 检验项目

型式检验和出厂检验的项目见表2。

表2 检验项目

序号	检验项目	技术要求章条号	试验方法章条号	型式检验	出厂检验
1	外观涂镀层质量检验	5.2.6	6.8	○	○
2	安全和保护装置检验	5.3.1～5.3.3	6.6	○	○
3	噪声	5.3.4	6.7	○	—
4	气压偏差	表1序号2	6.3、6.4	○	○
5	气压变化速率	表1序号3	6.5	○	○
注：有"○"者为应检验项目。					

7.3 型式检验

7.3.1 应进行型式检验的情形

a) 新产品试制定型鉴定；

b) 正式生产的产品在结构、材料、工艺、生产设备和管理等方面有较大改变，可能影响产品性能时；

c) 国家质量监督检验机构进行质量监督检验时；

d) 出厂试验结果与上次型式检验结果有较大差异时；

e) 产品停产一年以上再生产时；

f) 产品批量生产时，每两年至少一次的定期抽检。

7.3.2 抽样及判定规则

7.3.2.1 成批生产的试验箱，批量在20台以上时，抽检2台，不足20台时，抽检1台。

7.3.2.2 抽检样品的型式检验项目应全部合格，否则，对不合格项目加倍抽检。第二次抽检合格时，仅将第一次抽检不合格项目返修，检验合格后允许出厂；如第二次抽检样品中仍有一台不合格时，则认为该批产品不合格。如第二次抽检样品全部合格，则认为该批产品合格。

7.4 出厂检验

7.4.1 出厂检验由制造厂质量检验部门负责。

7.4.2 本检验在空载条件下进行。

7.4.3 检验项目见表2。

7.4.4 试验箱应逐台进行出厂检验，检验项目均应合格。

8 标志、包装、贮存

8.1 标志

8.1.1 试验箱的铭牌等标志，字迹应清晰耐久，固定牢靠。

8.1.2 铭牌内容应包括：

a) 产品型号、名称；

b) 重量；

c) 电压、频率及总功率；

d) 产品序号，制造日期；

e) 制造单位名称。

8.2 包装

8.2.1 包装箱的文字及标志应符合 GB 191—2000 的规定。

8.2.2 包装箱应牢固可靠。

8.2.3 包装箱应防雨淋、防潮气聚集。

8.2.4 试验箱的附件、备件和专用工具应单独包装，牢靠的固定在包装箱内。

8.2.5 试验箱的技术文件如装箱清单、产品使用说明书、产品合格证等应密封防潮，固定在包装箱内明显的地方。

8.3 贮存

8.3.1 试验箱的运输包装件应贮存在通风良好，无腐蚀性气体及化学药品的库房内。

8.3.2 贮存期长达一年以上的试验箱，应按出厂检验项目检验，合格后方可出厂。

ICS 77.140.70
H 44

中华人民共和国国家标准

GB/T 11263—2010
代替 GB/T 11263—2005

热轧H型钢和剖分T型钢

Hot-rolled H and cut T section steel

2010-12-23 发布　　2011-09-01 实施

中华人民共和国国家质量监督检验检疫总局
中国国家标准化管理委员会　发布

前　言

本标准按照 GB/T 1.1—2009 给出的规则起草。

本标准与日本 JIS G3192—2008《热轧型钢的形状、尺寸、重量及允许偏差》标准的一致性程度为非等效。

本标准代替 GB/T 11263—2005《热轧 H 型钢和剖分 T 型钢》。

本标准与 GB/T 11263—2005 相比主要变化如下：

——增加 H450×150、H475×150、H500×150、H625×200 四个系列型号和 H300×200 系列的 H298×201×9×14 规格。

——增加 HP 系列及厚度尺寸要求。

——调整截面面积、理论重量及截面特性参数等数值。

——H 型钢的尺寸、外形允许偏差中新增翼缘弯曲和翼缘腿端外缘钝化要求。

——取消了原附录 A 热轧 H 型钢常用钢种牌号及力学性能，附录 A 改为 H 型钢和剖分 T 型钢的缺陷焊补补充细则。

——附录 B 中更新了新增加的工字钢与 H 型钢型号及截面特性参数对比。

——增加了附录 C 超厚超重 H 型钢截面尺寸、截面面积、理论重量及截面特性。

本标准与 JIS G3192—2008 相比主要差异为：

——按宽翼缘、中翼缘、窄翼缘、薄壁将 H 型钢分为四个类别。

——增加薄壁类 19 个型号。

——增加 H450×150、H475×150、H500×150、H550×200、H550×300、H625×200、H650×300、H750×300、H850×300 及 H1000×300 等十个系列型号和其他 19 个规格。

——增加部分剖分 T 型钢型号系列。

——表 3 中，厚度 t_1 增加“小于 5 mm ”一栏，其允许偏差±0.5 mm；厚度 t_2 增加“小于 5 mm”一栏，其允许偏差±0.7 mm；新增翼缘腿端外缘钝化要求。

——增加技术要求、试验方法、检验规则、包装、标志、质量证明书的规定。

——取消原附录 A，增加附录 A H 型钢和剖分 T 型钢的缺陷焊补细则。

——增加附录 C，协议性超厚超重 H 型钢截面尺寸、截面面积、理论重量及截面特性。

本标准附录 A、附录 B、附录 C 均为资料性附录。

本标准由中国钢铁工业协会提出。

本标准由全国钢标准化技术委员会(SAC/TC 183)归口。

本标准起草单位：马鞍山钢铁股份有限公司、冶金工业信息标准研究院、莱芜钢铁集团有限公司、河北津西钢铁集团股份有限公司、江苏沪宁钢机股份有限公司、日照钢铁有限公司、中冶建筑研究总院有限公司、鞍山宝得钢铁有限公司。

本标准主要起草人：吴保桥、王丽敏、奚铁、冯超、杜传志、赵一臣、张保菊、吴明超、刘宝石、高继领、王洪新、吴眉庄、刘福宁、王克峰、刘涛。

本标准所代替标准的历次版本发布情况为：

——GB/T 11263—1998，GB/T 11263—2005。

热轧 H 型钢和剖分 T 型钢

1 范围

本标准规定了热轧 H 型钢和由热轧 H 型钢剖分的 T 型钢的订货内容、分类、代号、尺寸、外形、重量及允许偏差、技术要求、试验方法、检验规则、包装、标志、质量证明书。

本标准适用于热轧 H 型钢(以下简称 H 型钢)和由热轧 H 型钢剖分的 T 型钢。

2 规范性引用文件

下列文件对于本文件的应用是必不可少的。凡是注日期的引用文件，仅注日期的版本适用于本文件。凡是不注日期的引用文件，其最新版本(包括所有的修改单)适用于本文件。

GB/T 222 钢的成品化学成分允许偏差

GB/T 228.1 金属材料 拉伸试验 第1部分：室温试验方法(GB/T 228.1—2010，ISO 6892-1：2009，MOD)

GB/T 229 金属材料 夏比摆锤冲击试验方法(GB/T 229—2007，ISO 148-1：2006，MOD)

GB/T 232 金属材料 弯曲试验方法(GB/T 232—1999，eqv ISO 7438：1985(E))

GB/T 700 碳素结构钢

GB 712 船体用结构钢

GB/T 714 桥梁用结构钢

GB/T 1591 低合金高强度结构钢

GB/T 2101 型钢验收、包装、标志及质量证明书的一般规定

GB/T 2975 钢及钢产品力学性能试验取样位置及试样制备(GB/T 2975—2008，eqv ISO 377：1997)

GB/T 4171 耐候性结构钢

GB/T 4336 碳素钢和中低合金钢 火花源原子发射光谱分析方法(常规法)

GB/T 20066 钢和铁 化学成分测定用试样的取样和制样方法(GB/T 20066—2006，ISO 14284：1998，IDT)

3 订货内容

按本标准订货的合同应包含下列技术内容：

a) 产品名称及种类；

b) 牌号；

c) 本标准号；

d) 规格；

e) 交货长度；

f) 重量和数量；

g) 需方提出的其他特殊要求，如：特殊规格要求、特殊表面质量要求等内容。

4 分类、代号

4.1 H 型钢分为四类，其代号如下：

宽翼缘 H 型钢 HW(W 为 Wide 英文字头)

中翼缘 H 型钢 HM(M 为 Middle 英文字头)

窄翼缘 H 型钢 HN(N 为 Narrow 英文字头)

薄壁 H 型钢 HT(T 为 Thin 英文字头)

4.2 剖分 T 型钢分为三类，其代号如下：

宽翼缘剖分 T 型钢 TW(W 为 Wide 英文字头)

中翼缘剖分 T 型钢 TM(M 为 Middle 英文字头)

窄翼缘剖分 T 型钢 TN(N 为 Narrow 英文字头)

5 尺寸、外形、重量及允许偏差

5.1 尺寸及表示方法

5.1.1 H 型钢和剖分 T 型钢的截面图示及标注符号如图 1 和图 2 所示。

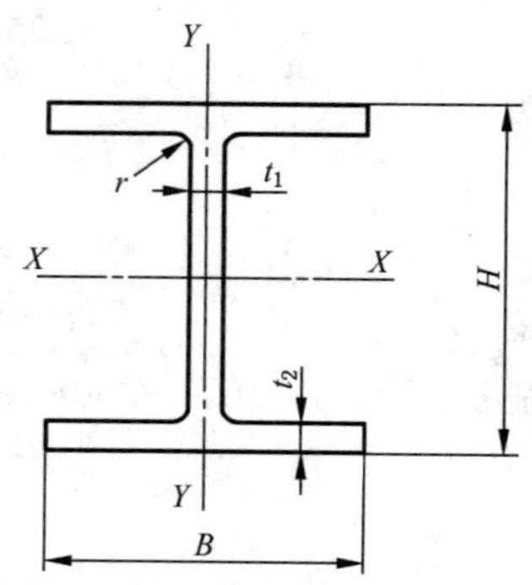

H——高度；

B——宽度；

t_1——腹板厚度；

t_2——翼缘厚度；

r——圆角半径。

图 1 H 型钢截面图

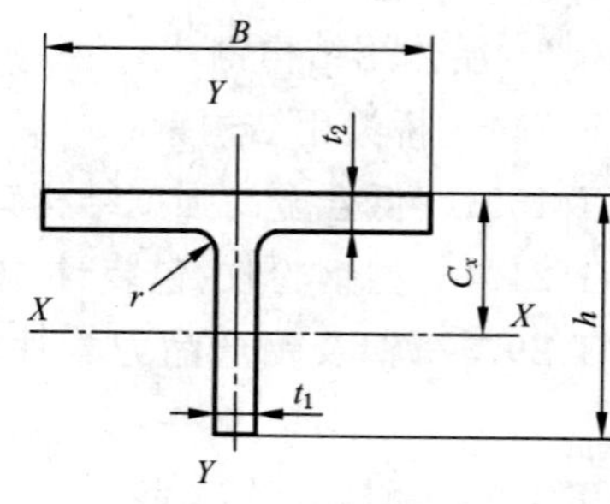

h——高度；

B——宽度；

t_1——腹板厚度；

t_2——翼缘厚度；

r——圆角半径；

C_x——重心。

图 2 剖分 T 型钢截面图

5.1.2 H 型钢和剖分 T 型钢的截面尺寸、截面面积、理论重量及截面特性参数应分别符合表 1 或表 2 的规定。根据需方要求，由供需双方协议可供应附录 C 或其他参数要求的产品。工字钢与 H 型钢型号截面特性参数对比表见附录 B。

5.1.3 H 型钢和剖分 T 型钢的交货长度应在合同中注明，通常定尺长度为 12 m，根据需方要求也可供应其他定尺长度产品。

表 1 H 型钢截面尺寸、截面面积、理论重量及截面特性

类别	型号（高度×宽度）/（mm×mm）	截面尺寸/mm					截面面积/cm^2	理论重量/（kg/m）	惯性矩/cm^4		惯性半径/cm		截面模数/cm^3	
		H	B	t_1	t_2	r			I_x	I_y	i_x	i_y	W_x	W_y
HW	100×100	100	100	6	8	8	21.58	16.9	378	134	4.18	2.48	75.6	26.7
	125×125	125	125	6.5	9	8	30.00	23.6	839	293	5.28	3.12	134	46.9
	150×150	150	150	7	10	8	39.64	31.1	1 620	563	6.39	3.76	216	75.1
	175×175	175	175	7.5	11	13	51.42	40.4	2 900	984	7.50	4.37	331	112
	200×200	200	200	8	12	13	63.53	49.9	4 720	1 600	8.61	5.02	472	160
		*200	204	12	12	13	71.53	56.2	4 980	1 700	8.34	4.87	498	167
	250×250	*244	252	11	11	13	81.31	63.8	8 700	2 940	10.3	6.01	713	233
		250	250	9	14	13	91.43	71.8	10 700	3 650	10.8	6.31	860	292
		*250	255	14	14	13	103.9	81.6	11 400	3 880	10.5	6.10	912	304
	300×300	*294	302	12	12	13	106.3	83.5	16 600	5 510	12.5	7.20	1 130	365
		300	300	10	15	13	118.5	93.0	20 200	6 750	13.1	7.55	1 350	450
		*300	305	15	15	13	133.5	105	21 300	7 100	12.6	7.29	1 420	466
	350×350	*338	351	13	13	13	133.3	105	27 700	9 380	14.4	8.38	1 640	534
		*344	348	10	16	13	144.0	113	32 800	11 200	15.1	8.83	1 910	646
		*344	354	16	16	13	164.7	129	34 900	11 800	14.6	8.48	2 030	669
		350	350	12	19	13	171.9	135	39 800	13 600	15.2	8.88	2 280	776
		*350	357	19	19	13	196.4	154	42 300	14 400	14.7	8.57	2 420	808
	400×400	*388	402	15	15	22	178.5	140	49 000	16 300	16.6	9.54	2 520	809
		*394	398	11	18	22	186.8	147	56 100	18 900	17.3	10.1	2 850	951
		*394	405	18	18	22	214.4	168	59 700	20 000	16.7	9.64	3 030	985
		400	400	13	21	22	218.7	172	66 600	22 400	17.5	10.1	3 330	1 120
		*400	408	21	21	22	250.7	197	70 900	23 800	16.8	9.74	3 540	1 170
		*414	405	18	28	22	295.4	232	92 800	31 000	17.7	10.2	4 480	1 530
		*428	407	20	35	22	360.7	283	119 000	39 400	18.2	10.4	5 570	1 930
		*458	417	30	50	22	528.6	415	187 000	60 500	18.8	10.7	8 170	2 900
		*498	432	45	70	22	770.1	604	298 000	94 400	19.7	11.1	12 000	4 370
	500×500	*492	465	15	20	22	258.0	202	117 000	33 500	21.3	11.4	4 770	1 440
		*502	465	15	25	22	304.5	239	146 000	41 900	21.9	11.7	5 810	1 800
		*502	470	20	25	22	329.6	259	151 000	43 300	21.4	11.5	6 020	1 840
HM	150×100	148	100	6	9	8	26.34	20.7	1 000	150	6.16	2.38	135	30.1
	200×150	194	150	6	9	8	38.10	29.9	2 630	507	8.30	3.64	271	67.6
	250×175	244	175	7	11	13	55.49	43.6	6 040	984	10.4	4.21	495	112

表 1（续）

类别	型号（高度×宽度）/（mm×mm）	截面尺寸/mm					截面面积/cm^2	理论重量/（kg/m）	惯性矩/cm^4		惯性半径/cm		截面模数/cm^3	
		H	B	t_1	t_2	r			I_x	I_y	i_x	i_y	W_x	W_y
HM	300×200	294	200	8	12	13	71.05	55.8	11 100	1 600	12.5	4.74	756	160
		*298	201	9	14	13	82.03	64.4	13 100	1 900	12.6	4.80	878	189
	350×250	340	250	9	14	13	99.53	78.1	21 200	3 650	14.6	6.05	1 250	292
	400×300	390	300	10	16	13	133.3	105	37 900	7 200	16.9	7.35	1 940	480
	450×300	440	300	11	18	13	153.9	121	54 700	8 110	18.9	7.25	2 490	540
	500×300	*482	300	11	15	13	141.2	111	58 300	6 760	20.3	6.91	2 420	450
		488	300	11	18	13	159.2	125	68 900	8 110	20.8	7.13	2 820	540
	550×300	*544	300	11	15	13	148.0	116	76 400	6 760	22.7	6.75	2 810	450
		*550	300	11	18	13	166.0	130	89 800	8 110	23.3	6.98	3 270	540
	600×300	*582	300	12	17	13	169.2	133	98 900	7 660	24.2	6.72	3 400	511
		588	300	12	20	13	187.2	147	114 000	9 010	24.7	6.93	3 890	601
		*594	302	14	23	13	217.1	170	134 000	10 600	24.8	6.97	4 500	700
HN	*100×50	100	50	5	7	8	11.84	9.30	187	14.8	3.97	1.11	37.5	5.91
	*125×60	125	60	6	8	8	16.68	13.1	409	29.1	4.95	1.32	65.4	9.71
	150×75	150	75	5	7	8	17.84	14.0	666	49.5	6.10	1.66	88.8	13.2
	175×90	175	90	5	8	8	22.89	18.0	1 210	97.5	7.25	2.06	138	21.7
	200×100	*198	99	4.5	7	8	22.68	17.8	1 540	113	8.24	2.23	156	22.9
		200	100	5.5	8	8	26.66	20.9	1 810	134	8.22	2.23	181	26.7
	250×125	*248	124	5	8	8	31.98	25.1	3 450	255	10.4	2.82	278	41.1
		250	125	6	9	8	36.96	29.0	3 960	294	10.4	2.81	317	47.0
	300×150	*298	149	5.5	8	13	40.80	32.0	6 320	442	12.4	3.29	424	59.3
		300	150	6.5	9	13	46.78	36.7	7 210	508	12.4	3.29	481	67.7
	350×175	*346	174	6	9	13	52.45	41.2	11 000	791	14.5	3.88	638	91.0
		350	175	7	11	13	62.91	49.4	13 500	984	14.6	3.95	771	112
	400×150	400	150	8	13	13	70.37	55.2	18 600	734	16.3	3.22	929	97.8
	400×200	*396	199	7	11	13	71.41	56.1	19 800	1 450	16.6	4.50	999	145
		400	200	8	13	13	83.37	65.4	23 500	1 740	16.8	4.56	1 170	174
	450×150	*446	150	7	12	13	66.99	52.6	22 000	677	18.1	3.17	985	90.3
		450	151	8	14	13	77.49	60.8	25 700	806	18.2	3.22	1 140	107
	450×200	*446	199	8	12	13	82.97	65.1	28 100	1 580	18.4	4.36	1 260	159
		450	200	9	14	13	95.43	74.9	32 900	1 870	18.6	4.42	1 460	187
	475×150	*470	150	7	13	13	71.53	56.2	26 200	733	19.1	3.20	1 110	97.8
		*475	151.5	8.5	15.5	13	86.15	67.6	31 700	901	19.2	3.23	1 330	119

表 1(续)

类别	型号(高度×宽度)/(mm×mm)	截面尺寸/mm					截面面积/cm²	理论重量/(kg/m)	惯性矩/cm⁴		惯性半径/cm		截面模数/cm³	
		H	B	t_1	t_2	r			I_x	I_y	i_x	i_y	W_x	W_y
HN	475×150	482	153.5	10.5	19	13	106.4	83.5	39 600	1 150	19.3	3.28	1 640	150
	500×150	*492	150	7	12	13	70.21	55.1	27 500	677	19.8	3.10	1 120	90.3
		*500	152	9	16	13	92.21	72.4	37 000	940	20.0	3.19	1 480	124
		504	153	10	18	13	103.3	81.1	41 900	1 080	20.1	3.23	1 660	141
	500×200	*496	199	9	14	13	99.29	77.9	40 800	1 840	20.3	4.30	1 650	185
		500	200	10	16	13	112.3	88.1	46 800	2 140	20.4	4.36	1 870	214
		*506	201	11	19	13	129.3	102	55 500	2 580	20.7	4.46	2 190	257
	550×200	*546	199	9	14	13	103.8	81.5	50 800	1 840	22.1	4.21	1 860	185
		550	200	10	16	13	117.3	92.0	58 200	2 140	22.3	4.27	2 120	214
	600×200	*596	199	10	15	13	117.8	92.4	66 600	1 980	23.8	4.09	2 240	199
		600	200	11	17	13	131.7	103	75 600	2 270	24.0	4.15	2 520	227
		*606	201	12	20	13	149.8	118	88 300	2 720	24.3	4.25	2 910	270
	625×200	*625	198.5	13.5	17.5	13	150.6	118	88 500	2 300	24.2	3.90	2 830	231
		630	200	15	20	13	170.0	133	101 000	2 690	24.4	3.97	3 220	268
		*638	202	17	24	13	198.7	156	122 000	3 320	24.8	4.09	3 820	329
	650×300	*646	299	10	15	13	152.8	120	110 000	6 690	26.9	6.61	3 410	447
		*650	300	11	17	13	171.2	134	125 000	7 660	27.0	6.68	3 850	511
		*656	301	12	20	13	195.8	154	147 000	9 100	27.4	6.81	4 470	605
	700×300	*692	300	13	20	18	207.5	163	168 000	9 020	28.5	6.59	4 870	601
		700	300	13	24	18	231.5	182	197 000	10 800	29.2	6.83	5 640	721
	750×300	*734	299	12	16	18	182.7	143	161 000	7 140	29.7	6.25	4 390	478
		*742	300	13	20	18	214.0	168	197 000	9 020	30.4	6.49	5 320	601
		*750	300	13	24	18	238.0	187	231 000	10 800	31.1	6.74	6 150	721
		*758	303	16	28	18	284.8	224	276 000	13 000	31.1	6.75	7 270	859
	800×300	*792	300	14	22	18	239.5	188	248 000	9 920	32.2	6.43	6 270	661
		800	300	14	26	18	263.5	207	286 000	11 700	33.0	6.66	7 160	781
	850×300	*834	298	14	19	18	227.5	179	251 000	8 400	33.2	6.07	6 020	564
		*842	299	15	23	18	259.7	204	298 000	10 300	33.9	6.28	7 080	687
		*850	300	16	27	18	292.1	229	346 000	12 200	34.4	6.45	8 140	812
		*858	301	17	31	18	324.7	255	395 000	14 100	34.9	6.59	9 210	939
	900×300	*890	299	15	23	18	266.9	210	339 000	10 300	35.6	6.20	7 610	687
		900	300	16	28	18	305.8	240	404 000	12 600	36.4	6.42	8 990	842
		*912	302	18	34	18	360.1	283	491 000	15 700	36.9	6.59	10 800	1 040

表 1（续）

类别	型号（高度×宽度）/(mm×mm)	截面尺寸/mm					截面面积/cm^2	理论重量/(kg/m)	惯性矩/cm^4		惯性半径/cm		截面模数/cm^3	
		H	B	t_1	t_2	r			I_x	I_y	i_x	i_y	W_x	W_y
HN	1 000×300	*970	297	16	21	18	276.0	217	393 000	9 210	37.8	5.77	8 110	620
		*980	298	17	26	18	315.5	248	472 000	11 500	38.7	6.04	9 630	772
		*990	298	17	31	18	345.3	271	544 000	13 700	39.7	6.30	11 000	921
		*1 000	300	19	36	18	395.1	310	634 000	16 300	40.1	6.41	12 700	1 080
		*1 008	302	21	40	18	439.3	345	712 000	18 400	40.3	6.47	14 100	1 220
HT	100×50	95	48	3.2	4.5	8	7.620	5.98	115	8.39	3.88	1.04	24.2	3.49
		97	49	4	5.5	8	9.370	7.36	143	10.9	3.91	1.07	29.6	4.45
	100×100	96	99	4.5	6	8	16.20	12.7	272	97.2	4.09	2.44	56.7	19.6
	125×60	118	58	3.2	4.5	8	9.250	7.26	218	14.7	4.85	1.26	37.0	5.08
		120	59	4	5.5	8	11.39	8.94	271	19.0	4.87	1.29	45.2	6.43
	125×125	119	123	4.5	6	8	20.12	15.8	532	186	5.14	3.04	89.5	30.3
	150×75	145	73	3.2	4.5	8	11.47	9.00	416	29.3	6.01	1.59	57.3	8.02
		147	74	4	5.5	8	14.12	11.1	516	37.3	6.04	1.62	70.2	10.1
	150×100	139	97	3.2	4.5	8	13.43	10.6	476	68.6	5.94	2.25	68.4	14.1
		142	99	4.5	6	8	18.27	14.3	654	97.2	5.98	2.30	92.1	19.6
	150×150	144	148	5	7	8	27.76	21.8	1 090	378	6.25	3.69	151	51.1
		147	149	6	8.5	8	33.67	26.4	1 350	469	6.32	3.73	183	63.0
	175×90	168	88	3.2	4.5	8	13.55	10.6	670	51.2	7.02	1.94	79.7	11.6
		171	89	4	6	8	17.58	13.8	894	70.7	7.13	2.00	105	15.9
	175×175	167	173	5	7	13	33.32	26.2	1 780	605	7.30	4.26	213	69.9
		172	175	6.5	9.5	13	44.64	35.0	2 470	850	7.43	4.36	287	97.1
	200×100	193	98	3.2	4.5	8	15.25	12.0	994	70.7	8.07	2.15	103	14.4
		196	99	4	6	8	19.78	15.5	1 320	97.2	8.18	2.21	135	19.6
	200×150	188	149	4.5	6	8	26.34	20.7	1 730	331	8.09	3.54	184	44.4
	200×200	192	198	6	8	13	43.69	34.3	3 060	1 040	8.37	4.86	319	105
	250×125	244	124	4.5	6	8	25.86	20.3	2 650	191	10.1	2.71	217	30.8
	250×175	238	173	4.5	8	13	39.12	30.7	4 240	691	10.4	4.20	356	79.9
	300×150	294	148	4.5	6	13	31.90	25.0	4 800	325	12.3	3.19	327	43.9
	300×200	286	198	6	8	13	49.33	38.7	7 360	1 040	12.2	4.58	515	105
	350×175	340	173	4.5	6	13	36.97	29.0	7 490	518	14.2	3.74	441	59.9
	400×150	390	148	6	8	13	47.57	37.3	11 700	434	15.7	3.01	602	58.6
	400×200	390	198	6	8	13	55.57	43.6	14 700	1 040	16.2	4.31	752	105

注 1：表中同一型号的产品，其内侧尺寸高度一致。

注 2：表中截面面积计算公式为：“$t_1(H-2t_2)+2Bt_2+0.858r^2$”。

注 3：表中“*”表示的规格为市场非常用规格。

表 2　剖分 T 型钢截面尺寸、截面面积、理论重量及截面特性

类别	型号（高度×宽度）/（mm×mm）	截面尺寸/mm					截面面积/cm^2	理论重量/（kg/m）	惯性矩/cm^4		惯性半径/cm		截面模数/cm^3		重心 C_x/cm	对应 H 型钢系列型号
		H	B	t_1	t_2	r			I_x	I_y	i_x	i_y	W_x	W_y		
TW	50×100	50	100	6	8	8	10.79	8.47	16.1	66.8	1.22	2.48	4.02	13.4	1.00	100×100
	62.5×125	62.5	125	6.5	9	8	15.00	11.8	35.0	147	1.52	3.12	6.91	23.5	1.19	125×125
	75×150	75	150	7	10	8	19.82	15.6	66.4	282	1.82	3.76	10.8	37.5	1.37	150×150
	87.5×175	87.5	175	7.5	11	13	25.71	20.2	115	492	2.11	4.37	15.9	56.2	1.55	175×175
	100×200	100	200	8	12	13	31.76	24.9	184	801	2.40	5.02	22.3	80.1	1.73	200×200
		100	204	12	12	13	35.76	28.1	256	851	2.67	4.87	32.4	83.4	2.09	
	125×250	125	250	9	14	13	45.71	35.9	412	1 820	3.00	6.31	39.5	146	2.08	250×250
		125	255	14	14	13	51.96	40.8	589	1 940	3.36	6.10	59.4	152	2.58	
	150×300	147	302	12	12	13	53.16	41.7	857	2 760	4.01	7.20	72.3	183	2.85	300×300
		150	300	10	15	13	59.22	46.5	798	3 380	3.67	7.55	63.7	225	2.47	
		150	305	15	15	13	66.72	52.4	1 110	3 550	4.07	7.29	92.5	233	3.04	
	175×350	172	348	10	16	13	72.00	56.5	1 230	5 620	4.13	8.83	84.7	323	2.67	350×350
		175	350	12	19	13	85.94	67.5	1 520	6 790	4.20	8.88	104	388	2.87	
	200×400	194	402	15	15	22	89.22	70.0	2 480	8 130	5.27	9.54	158	404	3.70	400×400
		197	398	11	18	22	93.40	73.3	2 050	9 460	4.67	10.1	123	475	3.01	
		200	400	13	21	22	109.3	85.8	2 480	11 200	4.75	10.1	147	560	3.21	
		200	408	21	21	22	125.3	98.4	3 650	11 900	5.39	9.74	229	584	4.07	
		207	405	18	28	22	147.7	116	3 620	15 500	4.95	10.2	213	766	3.68	
		214	407	20	35	22	180.3	142	4 380	19 700	4.92	10.4	250	967	3.90	
TM	75×100	74	100	6	9	8	13.17	10.3	51.7	75.2	1.98	2.38	8.84	15.0	1.56	150×100
	100×150	97	150	6	9	8	19.05	15.0	124	253	2.55	3.64	15.8	33.8	1.80	200×150
	125×175	122	175	7	11	13	27.74	21.8	288	492	3.22	4.21	29.1	56.2	2.28	250×175
	150×200	147	200	8	12	13	35.52	27.9	571	801	4.00	4.74	48.2	80.1	2.85	300×200
		149	201	9	14	13	41.01	32.2	661	949	4.01	4.80	55.2	94.4	2.92	
	175×250	170	250	9	14	13	49.76	39.1	1 020	1 820	4.51	6.05	73.2	146	3.11	350×250
	200×300	195	300	10	16	13	66.62	52.3	1 730	3 600	5.09	7.35	108	240	3.43	400×300
	225×300	220	300	11	18	13	76.94	60.4	2 680	4 050	5.89	7.25	150	270	4.09	450×300
	250×300	241	300	11	15	13	70.58	55.4	3 400	3 380	6.93	6.91	178	225	5.00	500×300
		244	300	11	18	13	79.58	62.5	3 610	4 050	6.73	7.13	184	270	4.72	
	275×300	272	300	11	15	13	73.99	58.1	4 790	3 380	8.04	6.75	225	225	5.96	550×300
		275	300	11	18	13	82.99	65.2	5 090	4 050	7.82	6.98	232	270	5.59	
	300×300	291	300	12	17	13	84.60	66.4	6 320	3 830	8.64	6.72	280	255	6.51	600×300
		294	300	12	20	13	93.60	73.5	6 680	4 500	8.44	6.93	288	300	6.17	
		297	302	14	23	13	108.5	85.2	7 890	5 290	8.52	6.97	339	350	6.41	

表 2（续）

类别	型号（高度×宽度）/（mm×mm）	截面尺寸/mm					截面面积/cm²	理论重量/（kg/m）	惯性矩/cm⁴		惯性半径/cm		截面模数/cm³		重心 C_x/cm	对应 H 型钢系列型号
		H	B	t_1	t_2	r			I_x	I_y	i_x	i_y	W_x	W_y		
TN	50×50	50	50	5	7	8	5.920	4.65	11.8	7.39	1.41	1.11	3.18	2.95	1.28	100×50
	62.5×60	62.5	60	6	8	8	8.340	6.55	27.5	14.6	1.81	1.32	5.96	4.85	1.64	125×60
	75×75	75	75	5	7	8	8.920	7.00	42.6	24.7	2.18	1.66	7.46	6.59	1.79	150×75
	87.5×90	85.5	89	4	6	8	8.790	6.90	53.7	35.3	2.47	2.00	8.02	7.94	1.86	175×90
		87.5	90	5	8	8	11.44	8.98	70.6	48.7	2.48	2.06	10.4	10.8	1.93	
	100×100	99	99	4.5	7	8	11.34	8.90	93.5	56.7	2.87	2.23	12.1	11.5	2.17	200×100
		100	100	5.5	8	8	13.33	10.5	114	66.9	2.92	2.23	14.8	13.4	2.31	
	125×125	124	124	5	8	8	15.99	12.6	207	127	3.59	2.82	21.3	20.5	2.66	250×125
		125	125	6	9	8	18.48	14.5	248	147	3.66	2.81	25.6	23.5	2.81	
	150×150	149	149	5.5	8	13	20.40	16.0	393	221	4.39	3.29	33.8	29.7	3.26	300×150
		150	150	6.5	9	13	23.39	18.4	464	254	4.45	3.29	40.0	33.8	3.41	
	175×175	173	174	6	9	13	26.22	20.6	679	396	5.08	3.88	50.0	45.5	3.72	350×175
		175	175	7	11	13	31.45	24.7	814	492	5.08	3.95	59.3	56.2	3.76	
	200×200	198	199	7	11	13	35.70	28.0	1 190	723	5.77	4.50	76.4	72.7	4.20	400×200
		200	200	8	13	13	41.68	32.7	1 390	868	5.78	4.56	88.6	86.8	4.26	
	225×150	223	150	7	12	13	33.49	26.3	1 570	338	6.84	3.17	93.7	45.1	5.54	450×150
		225	151	8	14	13	38.74	30.4	1 830	403	6.87	3.22	108	53.4	5.62	
	225×200	223	199	8	12	13	41.48	32.6	1 870	789	6.71	4.36	109	79.3	5.15	450×200
		225	200	9	14	13	47.71	37.5	2 150	935	6.71	4.42	124	93.5	5.19	
	237.5×150	235	150	7	13	13	35.76	28.1	1 850	367	7.18	3.20	104	48.9	7.50	475×150
		237.5	151.5	8.5	15.5	13	43.07	33.8	2 270	451	7.25	3.23	128	59.5	7.57	
		241	153.5	10.5	19	13	53.20	41.8	2 860	575	7.33	3.28	160	75.0	7.67	
	250×150	246	150	7	12	13	35.10	27.6	2 060	339	7.66	3.10	113	45.1	6.36	500×150
		250	152	9	16	13	46.10	36.2	2 750	470	7.71	3.19	149	61.9	6.53	
		252	153	10	18	13	51.66	40.6	3 100	540	7.74	3.23	167	70.5	6.62	
	250×200	248	199	9	14	13	49.64	39.0	2 820	921	7.54	4.30	150	92.6	5.97	500×200
		250	200	10	16	13	56.12	44.1	3 200	1 070	7.54	4.36	169	107	6.03	
		253	201	11	19	13	64.65	50.8	3 660	1 290	7.52	4.46	189	128	6.00	
	275×200	273	199	9	14	13	51.89	40.7	3 690	921	8.43	4.21	180	92.6	6.85	550×200
		275	200	10	16	13	58.62	46.0	4 180	1 070	8.44	4.27	203	107	6.89	

表 2（续）

类别	型号（高度×宽度）/（mm×mm）	截面尺寸/mm H	B	t_1	t_2	r	截面面积/cm^2	理论重量/（kg/m）	惯性矩/cm^4 I_x	I_y	惯性半径/cm i_x	i_y	截面模数/cm^3 W_x	W_y	重心 C_x/cm	对应H型钢系列型号
TN	300×200	298	199	10	15	13	58.87	46.2	5 150	988	9.35	4.09	235	99.3	7.92	600×200
		300	200	11	17	13	65.85	51.7	5 770	1 140	9.35	4.14	262	114	7.95	
		303	201	12	20	13	74.88	58.8	6 530	1 360	9.33	4.25	291	135	7.88	
	312.5×200	312.5	198.5	13.5	17.5	13	75.28	59.1	7 460	1 150	9.95	3.90	338	116	9.15	625×200
		315	200	15	20	13	84.97	66.7	8 470	1 340	9.98	3.97	380	134	9.21	
		319	202	17	24	13	99.35	78.0	9 960	1 160	10.0	4.08	440	165	9.26	
	325×300	323	299	10	15	12	76.26	59.9	7 220	3 340	9.73	6.62	289	224	7.28	650×300
		325	300	11	17	13	85.60	67.2	8 090	3 830	9.71	6.68	321	255	7.29	
		328	301	12	20	13	97.88	76.8	9 120	4 550	9.65	6.81	356	302	7.20	
	350×300	346	300	13	20	13	103.1	80.9	1 120	4 510	10.4	6.61	424	300	8.12	700×300
		350	300	13	24	13	115.1	90.4	1 200	5 410	10.2	6.85	438	360	7.65	
	400×300	396	300	14	22	18	119.8	94.0	1 760	4 960	12.1	6.43	592	331	9.77	800×300
		400	300	14	26	18	131.8	103	1 870	5 860	11.9	6.66	610	391	9.27	
	450×300	445	299	15	23	18	133.5	105	2 590	5 140	13.9	6.20	789	344	11.7	900×300
		450	300	16	28	18	152.9	120	2 910	6 320	13.8	6.42	865	421	11.4	
		456	302	18	34	18	180.0	141	3 410	7 830	13.8	6.59	997	518	11.3	

5.2 尺寸、外形及允许偏差

5.2.1 H型钢和剖分T型钢尺寸、外形及允许偏差应分别符合表3或表4的规定。根据需方要求，H型钢和剖分T型钢的尺寸、外形及允许偏差也可执行供需双方协议规定。

5.2.2 H型钢和剖分T型钢的切断面上不应有大于8 mm的毛刺。

5.2.3 H型钢和剖分T型钢不应有明显的扭转。

5.3 重量及允许偏差

5.3.1 H型钢和剖分T型钢应按理论重量交货(理论重量按密度为7.85 g/cm^3 计算)。经供需双方协商并在合同中注明，亦可按实际重量交货。

5.3.2 H型钢和剖分T型钢交货重量允许偏差应符合表5的规定。允许偏差的计算方法为实际重量与理论重量之差除以理论重量，以百分率表示。

5.4 规格表示方法

H型钢：H与高度 H 值×宽度 B 值×腹板厚度 t_1 值×翼缘厚度 t_2 值。

如：H596×199×10×15

剖分T型钢：T与高度 h 值×宽度 B 值×腹板厚度 t_1 值×翼缘厚度 t_2 值。

如：T207×405×18×28

表 3 H型钢尺寸、外形允许偏差

单位为毫米

项目			允许偏差	图示
高度 H（按型号）		<400	±2.0	
		≥400～<600	±3.0	
		≥600	±4.0	
宽度 B（按型号）		<100	±2.0	
		≥100～<200	±2.5	
		≥200	±3.0	
厚度	t_1	<5	±0.5	
		≥5～<16	±0.7	
		≥16～<25	±1.0	
		≥25～<40	±1.5	
		≥40	±2.0	
	t_2	<5	±0.7	
		≥5～<16	±1.0	
		≥16～<25	±1.5	
		≥25～<40	±1.7	
		≥40	±2.0	
长度		≤7 000	+60 0	
		>7 000	长度每增加 1 m 或不足 1 m 时，正偏差在上述基础上加 5 mm	
翼缘斜度 T		高度（型号）≤300	T≤1.0%B。但允许偏差的最小值为1.5 mm	
		高度（型号）>300	T≤1.2%B。但允许偏差的最小值为1.5 mm	
弯曲度（适用于上下、左右大弯曲）		高度（型号）≤300	≤长度的 0.15%	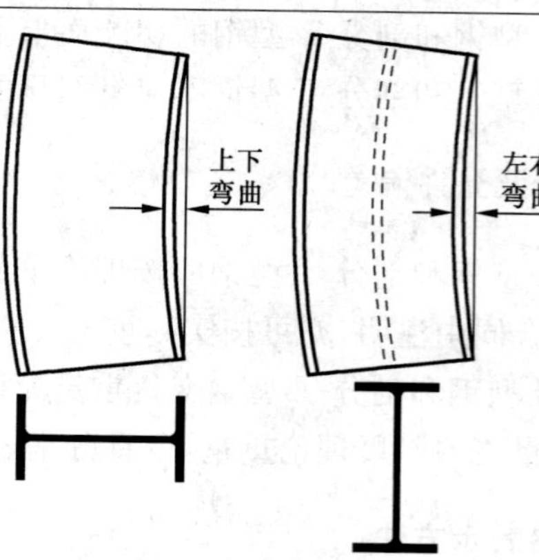 上下弯曲 左右弯曲
		高度（型号）>300	≤长度的 0.10%	
中心偏差 S		高度（型号）≤300 且宽度（型号）≤200	±2.5	$S=\frac{b_1-b_2}{2}$ 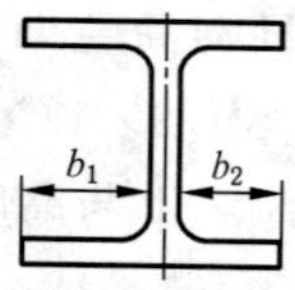
		高度（型号）>300 或宽度（型号）>200	±3.5	

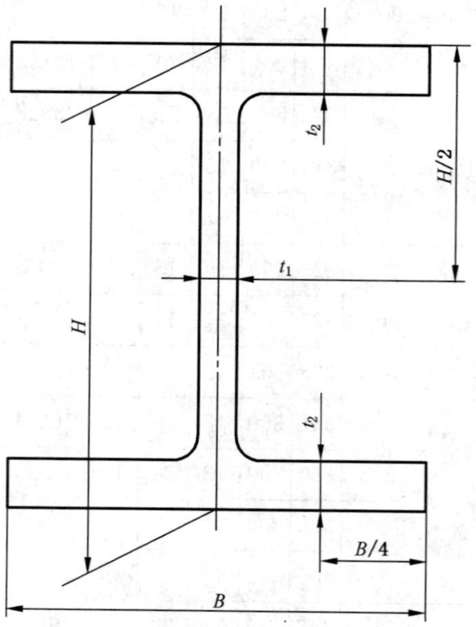

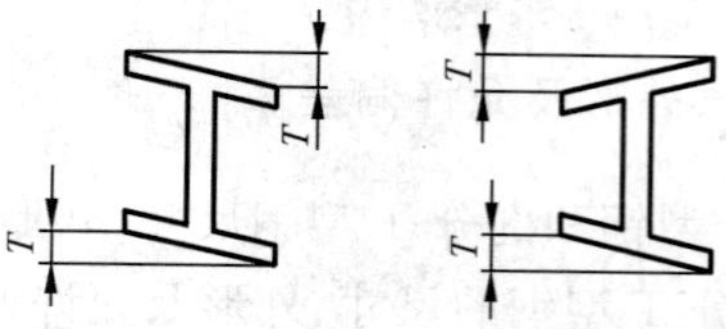

表 3（续）

单位为毫米

项目		允许偏差	图示
腹板弯曲 W	高度(型号)<400	≤2.0	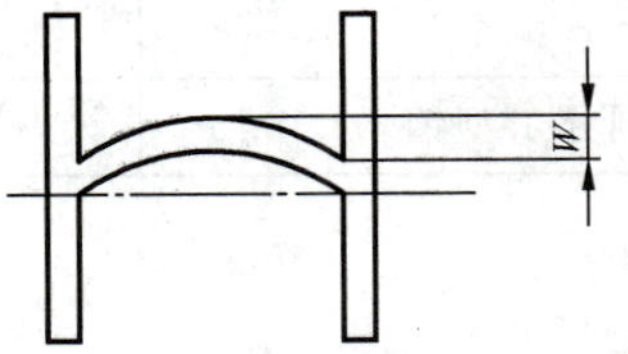
	≥400～<600	≤2.5	
	≥600	≤3.0	
翼缘弯曲 F	宽度 B≤400	≤1.5%b。但是，允许偏差值的最大值为 1.5 mm	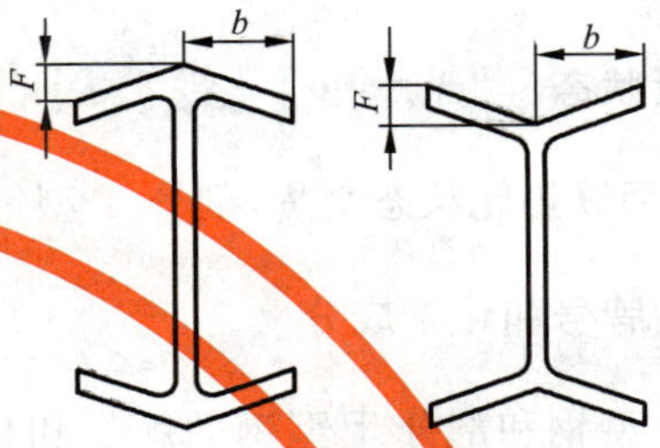
端面斜度 E		E≤1.6%(H 或 B)，但允许偏差的最小值为 3.0 mm	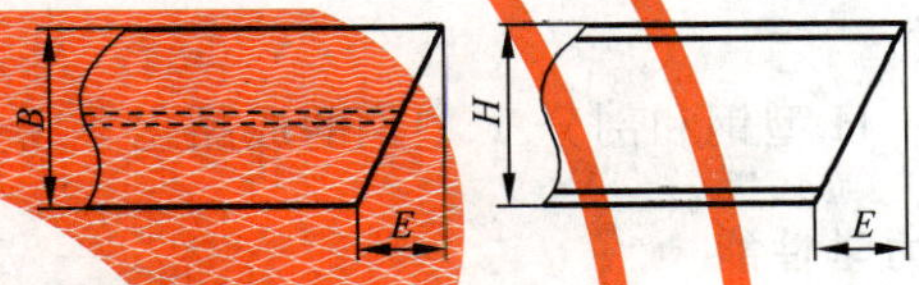
翼缘腿端外缘钝化		不得使直径等于 $0.18t_2$ 的圆棒通过	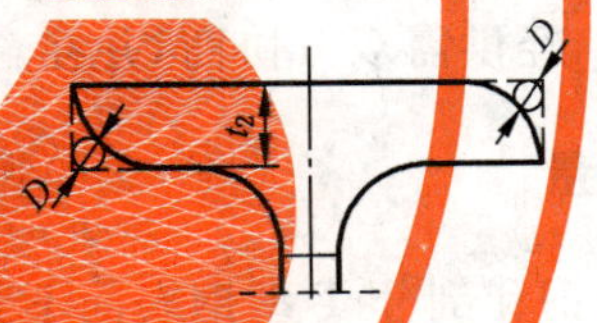

注 1：尺寸和形状的测量部位见图示。

注 2：弯曲度沿翼缘端部测量。

表 4　剖分 T 型钢尺寸、外形允许偏差

单位为毫米

项目		允许偏差	图示
高度 h（按型号）	<200	+4.0 −6.0	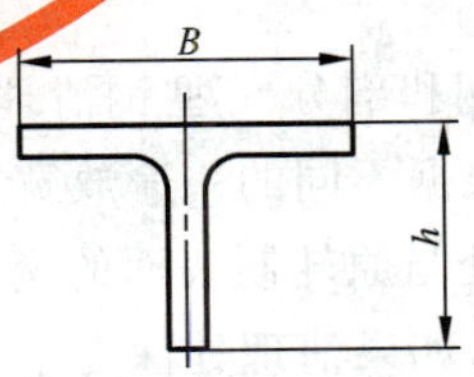
	≥200～<300	+5.0 −7.0	
	≥300	+6.0 −8.0	
翼缘弯曲 F′	连接部位	F′≤B/200 且 F′≤1.5	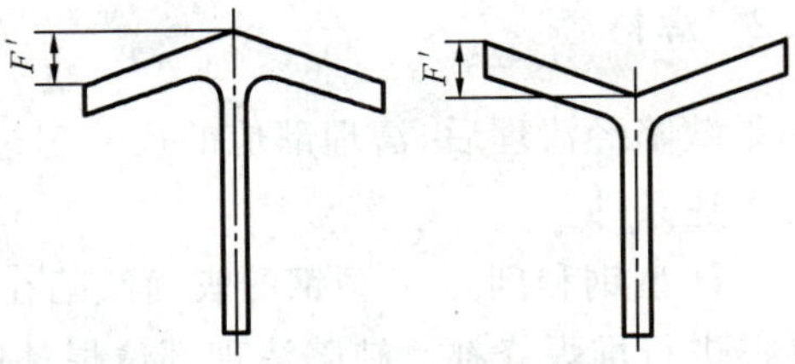
	一般部位　B≤150 B>150	F′≤2.0 $F' \leq \frac{B}{150}$	

注：其他部位的允许偏差，按对应 H 型钢规格的部位允许偏差。

表 5 H 型钢和剖分 T 型钢交货重量允许偏差

类别	重量允许偏差
H 型钢	每根重量偏差±6%，每批交货重量偏差±4%
剖分 T 型钢	每根重量偏差±7%，每批交货重量偏差±5%

6 技术要求

6.1 交货状态

H 型钢以热轧状态交货，剖分 T 型钢由热轧 H 型钢剖分而成。

6.2 钢的牌号和化学成分

6.2.1 H 型钢和剖分 T 型钢的牌号和化学成分(熔炼分析)，应符合 GB/T 700、GB 712、GB/T 714、GB/T 1591 或 GB/T 4171 的有关规定。经供需双方协商，并在合同中注明，也可按其他牌号和化学成分供货。

6.2.2 H 型钢和剖分 T 型钢的成品化学成分允许偏差应符合 GB/T 222 的规定。

6.3 力学性能

H 型钢和剖分 T 型钢的力学性能应符合 GB/T 700、GB 712、GB/T 714、GB/T 1591 或 GB/T 4171 的有关规定。经供需双方协商，并在合同中注明，也可按其他力学性能、工艺性能指标供货。

6.4 表面质量

6.4.1 H 型钢和剖分 T 型钢表面不允许有影响使用的裂缝、折叠、结疤、分层和夹杂。局部细小的裂纹、凹坑、凸起、麻点及刮痕等缺陷允许存在，但不应超出厚度尺寸允许偏差。

6.4.2 H 型钢和剖分 T 型钢表面的缺陷，允许用铲除、砂轮等机械方法修磨清理，并允许对缺陷进行焊补，焊补和焊补质量检验部分条款可参考附录 A 执行。清理、焊补应分别按 6.4.2.1 和 6.4.2.2 执行。

6.4.2.1 清理

a) H 型钢和剖分 T 型钢清理后，截面尺寸必须在允许偏差范围内。在征得用户同意的情况下，也可根据不同的用途放宽此限制。

b) 清理处与原轧制表面的交界面应圆滑无棱角。清理宽度不应小于清理深度的 5 倍。

c) 清理后如果清理处深度不超过规定的尺寸公差范围时，可不经焊补直接交货。

6.4.2.2 焊补

如果缺陷经清理后，清理部位的尺寸超过允许负偏差，则可以对缺陷清理的部位进行金属焊补，但应符合下述条件：

a) H 型钢和剖分 T 型钢的表面缺陷在焊补前应采取铲除或砂轮打磨等机械方法完全除净，然后进行堆焊修补。缺陷清理部位焊补后必须进行修磨，并保持与原轧制面一致；

b) 焊补前所去除的缺陷部分深度，必须小于被清理面厚度的 30%；

c) 焊补总面积必须小于 H 型钢或剖分 T 型钢总表面积的 2%，每个焊补处的最大面积必须小于

150 cm^2；

d) 焊补必须根据钢的牌号、采用适当的焊补工艺进行；

e) H 型钢和剖分 T 型钢的焊接外缘不应存在咬边及焊瘤。加强焊缝的焊波高度应至少高于原轧制表面 1.5 mm，用铲除或砂轮等机械方法清理加强焊缝焊波后，必须保证与原轧制表面同一高度；

f) 翼缘边缘上的缺陷可进行焊补，但焊补前从翼缘边缘向内测得的凹陷深度不应超过翼缘的公称厚度，并且最大深度不超过 12.5 mm。

7 试验方法

每批 H 型钢和剖分 T 型钢的检验项目、取样数量和试验方法应符合表 6 的规定。

表 6 检验项目、取样数量和试验方法

序号	检验项目	取样数量(个)	取样方法	试验方法
1	化学成分	1/每炉	GB/T 20066	按相应产品、牌号标准或 GB/T 4336
2	拉伸	1	GB/T 2975	GB/T 228.1
3	弯曲	1		GB/T 232
4	冲击	3		GB/T 229
5	表面质量	逐根	—	目视
6	尺寸、外形	逐根	—	量具
7	重量偏差	逐根或每批	—	称重

8 检验规则

8.1 检查和验收

8.1.1 H 型钢和剖分 T 型钢的检查和验收由供方质量监督部门进行。

8.1.2 供方应保证交货的钢材符合本标准要求或合同的规定，需方有权对本标准或合同所规定的任一检验项目进行检查和验收。

8.2 组批规则

H 型钢和剖分 T 型钢的组批按相应标准规定进行。

8.3 取样规则

H 型钢的拉伸、弯曲和冲击试验的取样部位、取样方法按 GB/T 2975 的规定执行，剖分 T 型钢按 H 型钢的规定进行取样。

8.4 复检规则

8.4.1 拉伸及弯曲试验如初验不合格，可采用以下两种方法之一进行复检：

8.4.1.1 从同件产品上另取双倍试样进行该不合格项目的复验。如复验结果都合格，则该批产品合格。若复验结果仍有一个试样不合格，则该件产品报废。此时应从同一批产品中另抽取两件产品各取一个试样进行复验，复验结果若有一个不合格，则该批产品为不合格品。

8.4.1.2 直接从同一批产品中另抽取双倍试样进行该不合格项目的复验。复验结果若有一个不合格，则该批产品为不合格品。

8.4.2 除本标准规定外，其他检验及复验规则应符合相应标准的规定。

8.4.3 供方有权对不合格的产品逐根取样检验，合格者仍可交货。

9 包装、标志及质量证明书

9.1 H型钢应采用轧或喷或贴等方式标志生产厂家名称或注册商标，标志应清晰明了。

9.2 H型钢和剖分T型钢可打包成捆交货也可单根交货。成捆交货的H型钢和剖分T型钢应符合表7规定。

9.3 除表7规定外，H型钢和剖分T型钢的包装、标志及质量证明书应符合GB/T 2101的规定。

表7 H型钢、H型钢桩和剖分T型钢成捆交货的包装规定

包装类别	每捆重量/kg	捆扎道次		同捆长度差/m
		长度≤12 m	长度＞12 m	
1	≤2 000	≥4	≥5	定尺长度允许偏差
2	＞2 000～≤4 000	≥3	≥4	≤2
3	＞4 000～≤5 000	≥3	≥4	无限定
4	＞5 000～≤10 000	≥5	≥6	无限定
注：长度大于24 m的H型钢可不成捆交货。				

附 录 A
（资料性附录）
H型钢剖分T型钢的缺陷焊补细则

A.1 焊补

A.1.1 焊补前焊条必须烘干，预热温度一般为350 ℃，时间为1 h；焊补时用短弧操作，以窄焊道为宜，焊补电流按中限控制，在焊补过程中基体金属应保持干燥。推荐采用低氢焊条。

A.1.2 对于屈服强度等级小于Q345的产品，焊补过程及焊后在静止的空气中冷却。

A.1.3 对于屈服强度等级为Q345的产品，当焊补的作业环境温度≤5 ℃时应增加焊前预热和焊后缓冷措施，焊前在焊补处周围100 mm范围内预热到100 ℃以上，焊后采用盖石棉布或木屑等措施缓冷。

A.1.4 对于Q345以上强度等级以及具有耐火、耐候等特殊性能要求的产品，当焊补的作业环境温度≤5 ℃时应增加焊前预热和焊后缓冷措施，焊前在焊补处周围100 mm范围内预热到150 ℃以上，焊接时层间温度<200 ℃，焊后采用盖石棉布或木屑等措施缓冷。

A.1.5 用砂轮打磨等合适的方法修磨焊补处，去除凸出的金属，使焊补处与轧制表面相平齐并且光滑。不得定点连续打磨，使表面发蓝变色。

A.2 焊补质量检验

A.2.1 目测焊补处外形，焊补处及热影响区应当平滑、美观，不得有表面裂纹、咬边、肉眼可见的气孔、夹渣等缺陷。如仍存在表面缺陷需将缺陷仔细清理干净再重新焊补。

A.2.2 可用钢直尺等测量工具检查焊补表面的平顺程度，焊补处应与轧制表面相平齐。焊缝和焊波清理后应保证与原轧制表面同一高度。

A.2.3 焊补处及热影响区应经磁粉探伤法检验，且须在焊补超过48 h后方可进行，不得有残留细微裂纹。若有残留细微裂纹应仔细清理干净再重新焊补。

A.2.4 焊补处同一部位返修次数不得超过2次。

A.2.5 每一焊补处应作详细的记录。内容一般包括：需焊补的产品钢种牌号、规格、批号；表面缺陷的类型和部位；是否采取预热、缓冷措施；焊条的牌号和规格；焊补后的质量检查；焊补操作者和检查人员的姓名（签名）；焊补日期等。

附　录　B
（资料性附录）
工字钢与 H 型钢型号及截面特性参数对比

按照截面积大体相近，并且绕 X 轴的抗弯强度不低于相应工字钢的原则，计算了标准中 H 型钢有关型号与新国标中工字钢的有关型号以及性能参数对比（见表 B.1），供有关人员使用 H 型钢时参考。

表 B.1　工字钢与 H 型钢型号及截面特性参数对比表

工字钢型号	H 型钢型号	H 型钢与工字钢性能参数对比					
		横截面积	抗弯强度	抗剪强度	抗弯刚度	惯性半径 i_x	惯性半径 i_y
Ⅰ10	H125×60	1.16	1.34	1.00	1.67	1.20	0.87
Ⅰ12	H125×60	0.94	0.90	0.76	0.94	1.00	0.81
	H150×75	1.00	1.22	1.04	1.53	1.23	1.02
Ⅰ12.6	H150×75	0.99	1.15	1.04	1.36	1.18	1.03
Ⅰ14	H175×90	1.06	1.35	1.35	1.70	1.26	1.19
Ⅰ16	H175×90	0.88	0.98	1.02	1.07	1.10	1.09
	H198×99	0.87	1.11	1.08	1.36	1.25	1.19
	H200×100	1.02	1.28	1.26	1.60	1.25	1.19
Ⅰ18	H200×100	0.87	0.98	1.03	1.09	1.12	1.12
	H248×124	1.04	1.50	1.58	2.08	1.41	1.41
Ⅰ20a	H248×124	0.90	1.17	1.30	1.46	1.28	1.33
	H250×125	1.04	1.34	1.49	1.68	1.28	1.33
Ⅰ20b	H248×124	0.81	1.11	1.24	1.38	1.31	1.37
	H250×125	0.93	1.27	1.42	1.59	1.31	1.37
Ⅰ22a	H250×125	0.88	1.03	1.15	1.17	1.16	1.22
	H298×149	0.97	1.37	1.45	1.86	1.38	1.42
Ⅰ22b	H250×125	0.79	0.98	1.10	1.11	1.18	1.24
	H298×149	0.88	1.30	1.39	1.77	1.41	1.45
	H300×150	1.01	1.48	1.59	2.02	1.41	1.45
Ⅰ24a	H298×149	0.85	1.11	1.23	1.38	1.27	1.36
Ⅰ24b	H298×149	0.78	1.06	1.18	1.32	1.30	1.38
Ⅰ25a	H298×149	0.84	1.05	1.23	1.26	1.22	1.37
	H300×150	0.96	1.20	1.40	1.44	1.22	1.37
Ⅰ25b	H298×149	0.76	1.00	1.13	1.20	1.25	1.37
	H300×150	0.87	1.14	1.29	1.37	1.25	1.37
	H346×174	0.98	1.51	1.74	2.08	1.46	1.62
Ⅰ27a	H346×174	0.96	1.32	1.61	1.68	1.33	1.55

工字钢型号	H 型钢型号	H 型钢与工字钢性能参数对比					
		横截面积	抗弯强度	抗剪强度	抗弯刚度	惯性半径 i_x	惯性半径 i_y
Ⅰ27b	H346×174	0.87	1.25	1.54	1.60	1.36	1.57
Ⅰ28a	H346×174	0.95	1.26	1.61	1.55	1.28	1.55
Ⅰ28b	H346×174	0.86	1.19	1.49	1.47	1.31	1.56
	H350×175	1.03	1.44	1.85	1.80	1.32	1.59
Ⅰ30a	H350×175	1.03	1.29	1.78	1.51	1.21	1.55
Ⅰ30b	H350×175	0.94	1.23	1.71	1.44	1.25	1.58
Ⅰ30c	H350×175	0.86	1.17	1.65	1.37	1.27	1.61
Ⅰ32a	H350×175	0.94	1.11	1.60	1.22	1.15	1.51
Ⅰ32b	H350×175	0.86	1.06	1.49	1.16	1.17	1.52
	H400×150	0.96	1.28	1.29	1.60	1.29	1.24
	H396×199	0.97	1.38	1.91	1.71	1.32	1.72
Ⅰ32c	H350×175	0.79	1.01	1.39	1.11	1.20	1.52
	H400×150	0.88	1.22	1.20	1.52	1.33	1.24
	H396×199	0.89	1.31	1.79	1.62	1.35	1.72
Ⅰ36a	H400×150	0.92	1.06	1.20	1.18	1.13	1.20
	H396×199	0.93	1.14	1.79	1.25	1.15	1.67
Ⅰ36b	H400×150	0.84	1.01	1.16	1.13	1.16	1.22
	H396×199	0.85	1.09	1.72	1.20	1.18	1.70
	H400×200	1.00	1.27	2.06	1.42	1.19	1.73
	H446×199	0.99	1.37	1.89	1.70	1.30	1.65
Ⅰ36c	H396×199	0.79	1.04	1.66	1.14	1.20	1.73
	H400×200	0.92	1.22	1.99	1.36	1.22	1.75
	H446×199	0.91	1.31	1.82	1.62	1.33	1.68
Ⅰ40a	H400×200	0.97	1.07	1.87	1.08	1.06	1.65
	H446×199	0.96	1.16	1.71	1.29	1.16	1.57
Ⅰ40b	H400×200	0.89	1.03	1.81	1.03	1.08	1.68
	H446×199	0.88	1.11	1.65	1.23	1.18	1.61

表 B.1（续）

工字钢型号	H 型钢型号	H 型钢与工字钢性能参数对比						工字钢型号	H 型钢型号	H 型钢与工字钢性能参数对比					
		横截面积	抗弯强度	抗剪强度	抗弯刚度	惯性半径				横截面积	抗弯强度	抗剪强度	抗弯刚度	惯性半径	
						i_x	i_y							i_x	i_y
I 40b	H450×200	1.01	1.28	1.94	1.44	1.19	1.63	I 50b	H596×199	0.91	1.15	1.36	1.37	1.23	1.36
I 40c	H400×200	0.82	0.98	1.75	0.98	1.11	1.72		H600×200	1.02	1.30	1.55	1.56	1.24	1.38
	H446×199	0.81	1.06	160	1.18	1.21	1.65	I 50c	H500×200	0.81	0.90	1.42	0.92	1.07	1.47
	H450×200	0.93	1.23	1.88	1.38	1.22	1.67		H506×201	0.93	1.05	0.70	1.10	1.09	1.51
I 45a	H450×200	0.93	1.02	1.64	1.02	1.05	1.53		H596×199	0.85	1.08	1.32	1.32	1.25	1.39
	H496×199	0.97	1.15	1.62	1.27	1.15	1.49	I 55a	H600×200	0.98	1.10	1.38	1.20	1.11	1.30
I 45b	H450×200	0.86	0.97	1.58	0.97	1.07	1.56	I 55b	H600×200	0.91	1.05	1.34	1.15	1.13	1.32
	H496×199	0.89	1.10	1.57	1.21	1.17	1.52	I 55c	H600×200	0.84	1.01	1.30	1.11	1.15	1.35
	H500×200	1.01	1.25	1.81	1.38	1.17	1.54	I 56a	H596×199	0.87	0.96	1.21	1.02	1.08	1.29
I 45c	H450×200	0.79	0.93	1.53	0.93	1.09	1.59		H600×200	0.97	1.08	1.38	1.15	1.09	1.31
	H496×199	0.82	1.05	1.52	1.16	1.19	1.54	I 56b	H606×201	1.02	1.19	1.55	1.29	1.13	1.35
	H500×200	0.93	1.19	1.75	1.33	1.19	1.56	I 56c	H600×200	0.83	0.99	1.24	1.06	1.13	1.32
	H596×199	0.98	1.43	1.63	1.89	1.39	1.47		H606×201	0.95	1.15	1.48	1.24	1.14	1.35
I 50a	H500×200	0.94	1.01	1.51	1.01	1.04	1.42	I 63a	H582×300	1.09	1.14	2.65	1.05	0.99	2.03
	H596×199	0.99	1.20	1.40	1.43	1.21	1.34	I 63b	H582×300	1.01	1.08	2.50	1.01	1.00	2.05
I 50b	H506×201	1.00	1.13	1.76	1.14	1.07	1.48	I 63c	H582×300	0.94	1.03	2.39	0.97	1.02	2.06

附　录　C
（资料性附录）
超厚超重 H 型钢截面尺寸、截面面积、理论重量及截面特性

表 C.1　超厚超重 H 型钢截面尺寸、截面面积、理论重量及截面特性

类别	型号（高度×宽度）in×in	截面尺寸/mm					截面面积/cm^2	理论重量/(kg/m)	惯性矩/cm^4		惯性半径/cm		截面模数/cm^3	
		H	B	t_1	t_2	r			I_x	I_y	i_x	i_y	W_x	W_y
W14	W14×16	375	394	17.3	27.7	15	275.5	216	71 140	28 250	16.07	10.13	3 794	1 434
		380	395	18.9	30.2	15	300.9	237	78 780	31 040	16.18	10.16	4 146	1 572
		387	398	21.1	33.3	15	334.6	262	89 410	35 020	16.35	10.23	4 620	1 760
		393	399	22.6	36.6	15	366.3	287	99 710	38 780	16.50	10.29	5 074	1 944
		399	401	24.9	39.6	15	399.2	314	110 200	42 600	16.62	10.33	5 525	2 125
		407	404	27.2	43.7	15	442.0	347	124 900	48 090	16.81	10.43	6 140	2 380
		416	406	29.8	48.0	15	487.1	382	141 300	53 620	17.03	10.49	6 794	2 641
		425	409	32.8	52.6	15	537.1	421	159 600	60 080	17.24	10.58	7 510	2 938
		435	412	35.8	57.4	15	589.5	463	180 200	67 040	17.48	10.66	8 283	3 254
		446	416	39.1	62.7	15	649.0	509	204 500	75 400	17.75	10.78	9 172	3 625
		455	418	42.0	67.6	15	701.4	551	226 100	82 490	17.95	10.85	9 939	3 947
		465	421	45.0	72.3	15	754.9	592	250 200	90 170	18.20	10.93	10 760	4 284
		474	424	47.6	77.1	15	808.0	634	274 200	98 250	18.42	11.03	11 570	4 634
		483	428	51.2	81.5	15	863.4	677	299 500	106 900	18.62	11.13	12 400	4 994
		498	432	55.6	88.9	15	948.1	744	342 100	119 900	19.00	11.25	13 740	5 552
		514	437	60.5	97.0	15	1 043	818	392 200	135 500	19.39	11.40	15 260	6 203
		531	442	65.9	106.0	15	1 149	900	450 200	153 300	19.79	11.55	16 960	6 938
		550	448	71.9	115.0	15	1 262	990	518 900	173 400	20.27	11.72	18 870	7 739
		569	454	78.0	125.0	15	1 386	1 086	595 700	196 200	20.73	11.90	20 940	8 645
W24	W24×12.75	635	329	17.1	31.0	13	303.4	241	214 200	18 430	26.57	7.79	6 746	1 120
		641	327	19.0	34.0	13	332.7	262	235 990	19 850	26.63	7.72	7 363	1 214
		647	329	20.6	37.1	13	363.6	285	260 700	22 060	26.78	7.79	8 059	1 341
		661	333	24.4	43.9	13	433.7	341	318 300	27 090	27.09	7.90	9 630	1 627
		679	338	29.5	53.1	13	529.4	415	399 800	34 300	27.48	8.05	11 780	2 030
		689	340	32.0	57.9	13	578.6	455	444 520	38 090	27.72	8.11	12 903	2 241
		699	343	35.1	63.0	13	634.8	498	494 700	42 580	27.92	8.19	14 150	2 483
		711	347	38.6	69.1	13	702.1	551	557 510	48 400	28.18	8.30	15 682	2 790
W36	W36×12	903	304	15.2	20.1	19	256.5	201	325 200	9 442	35.61	6.07	7 203	621.2
		911	304	15.9	23.9	19	285.7	223	376 800	11 220	36.32	6.27	8 273	738.5

表 C.1（续）

类别	型号（高度×宽度）in×in	截面尺寸/mm					截面面积/cm^2	理论重量/（kg/m）	惯性矩/cm^4		惯性半径/cm		截面模数/cm^3	
		H	B	t_1	t_2	r			I_x	I_y	i_x	i_y	W_x	W_y
W36	W36×12	915	305	16.5	25.9	19	303.5	238	406 400	12 290	36.59	6.36	8 883	805.6
		919	306	17.3	27.9	19	323.2	253	437 500	13 370	36.79	6.43	9 520	873.6
		923	307	18.4	30.0	19	346.1	271	471 600	14 520	36.91	6.48	10 218	945.8
		927	308	19.4	32.0	19	367.6	289	504 500	15 640	37.04	6.52	10 884	1 016
		932	309	21.1	34.5	19	398.4	313	548 200	17 040	37.10	6.54	11 765	1 103
	W36×16.5	912	418	19.3	32.0	24	436.1	342	624 900	39 010	37.85	9.46	13 700	1 867
		916	419	20.3	34.3	24	464.4	365	670 500	42 120	38.00	9.52	14 640	2 011
		921	420	21.3	36.6	24	493.0	387	718 300	45 280	38.17	9.58	15 600	2 156
		928	422	22.5	39.9	24	532.5	417	787 600	50 070	38.46	9.70	16 970	2 373
		933	423	24.0	42.7	24	569.6	446	846 800	53 980	38.56	9.73	18 150	2 552
		942	422	25.9	47.0	24	621.3	488	935 390	59 010	38.80	9.75	19 860	2 797
		950	425	28.4	51.1	24	680.1	534	1 031 000	65 560	38.94	9.82	21 710	3 085
		960	427	31.0	55.9	24	745.3	585	1 143 090	72 770	39.16	9.88	23 814	3 408
		972	431	34.5	62.0	24	831.9	653	1 292 000	83 050	39.41	9.99	26 590	3 854
		996	437	40.9	73.9	24	997.7	784	1 593 000	103 300	39.95	10.18	31 980	4 728
		1 028	446	50.0	89.9	24	1 231	967	2 033 000	133 900	40.64	10.43	39 540	6 003
W40	W40×12	970	300	16.0	21.1	30	282.8	222	407 700	9 546	37.97	5.81	8 405	636
		980	300	16.5	26.0	30	316.8	249	481 100	11 750	38.97	6.09	9 818	784
		990	300	16.5	31.0	30	346.8	272	553 800	14 000	39.96	6.35	11 190	934
		1 000	300	19.1	35.9	30	400.4	314	644 200	16 230	40.11	6.37	12 880	1 082
		1 008	302	21.1	40.0	30	445.1	350	723 000	18 460	40.30	6.44	14 350	1 223
		1 016	303	24.4	43.9	30	500.2	393	807 700	20 500	40.18	6.40	15 900	1 353
		1 020	304	26.0	46.0	30	528.7	415	853 100	21 710	40.17	6.41	16 728	1 428
		1 036	309	31.0	54.0	30	629.1	494	1 028 000	26 820	40.42	6.53	19 845	1 736
		1 056	314	36.0	64.0	30	743.7	584	1 246 100	33 430	40.93	6.70	23 600	2 130
	W40×16	982	400	16.5	27.1	30	376.8	296	618 700	28 850	40.52	8.75	12 600	1 443
		990	400	16.5	31.0	30	408.8	321	696 400	33 120	41.27	9.00	14 070	1 656
		1 000	400	19.0	36.1	30	472.0	371	812 100	38 480	41.48	9.03	16 240	1 924
		1 008	402	21.1	40.0	30	524.2	412	909 800	43 410	41.66	9.10	18 050	2 160
		1 012	402	23.6	41.9	30	563.7	443	966 510	45 500	41.41	8.98	19 101	2 264
		1 020	404	25.4	46.0	30	615.1	483	1 067 480	50 710	41.66	9.08	20 931	2 510
		1 030	407	28.4	51.1	30	687.2	539	1 202 540	57 630	41.83	9.16	23 350	2 832
		1 040	409	31.0	55.9	30	752.7	591	1 331 040	64 010	42.05	9.22	25 597	3 130

表 C.1（续）

类别	型号（高度×宽度）in×in	截面尺寸/mm					截面面积/cm^2	理论重量/(kg/m)	惯性矩/cm^4		惯性半径/cm		截面模数/cm^3	
		H	B	t_1	t_2	r			I_x	I_y	i_x	i_y	W_x	W_y
W40	W40×16	1 048	412	34.0	60.0	30	817.6	642	1 450 590	70 280	42.12	9.27	27 683	3 412
		1 068	417	39.0	70.0	30	953.4	748	1 731 940	85 110	42.62	9.45	32 433	4 082
		1 092	424	45.5	82.0	30	1 125.3	883	2 096 420	104 970	43.16	9.66	38 396	4 952
W44	W44×16	1 090	400	18.0	31.0	20	436.5	343	867 400	33 120	44.58	8.71	15 920	1 656
		1 100	400	20.0	36.0	20	497.0	390	1 005 000	38 480	44.98	8.80	18 280	1 924
		1 108	402	22.0	40.0	20	551.2	433	1 126 000	43 410	45.19	8.87	20 320	2 160
		1 118	405	26.0	45.0	20	635.2	499	1 294 000	49 980	45.14	8.87	23 150	2 468

ICS 47.020.40
U 24

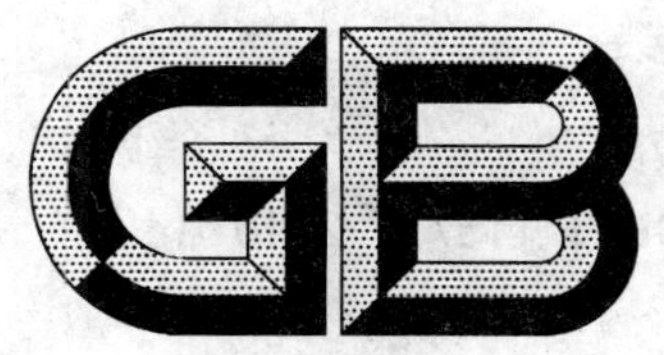

中华人民共和国国家标准

GB/T 11577—2010
代替 GB/T 11577—1989

船用集装箱紧固件

Container securing fitting for ships

2011-01-10 发布 2011-07-01 实施

中华人民共和国国家质量监督检验检疫总局
中国国家标准化管理委员会 发布

前　言

本标准代替 GB/T 11577—1989《船用集装箱紧固件》。

本标准与 GB/T 11577—1989 相比，主要有下列变化：

——增加了集装箱紧固件底座、转锁和堆锥的型式；

——调整了集装箱紧固件的强度、安全工作负荷、验证负荷和最小破断负荷等要求；

——修改了集装箱紧固件的铸钢材料的化学成分、力学性能和拉伸试验方法；

——采用了统一的法定计量单位制。

本标准由中国船舶工业集团公司提出。

本标准由全国船舶舾装标准化技术委员会(SAC/TC 129)归口。

本标准起草单位：昆山吉海实业公司、中国船舶工业集团公司第七〇八研究所、上海海浪船舶设备有限公司。

本标准主要起草人：丁寅清、戴兴良、汤建良、朱善桃、陈小剑、黄昊。

本标准所代替标准的历次版本发布情况为：

——GB/T 11577—1989。

船用集装箱紧固件

1 范围

本标准规定了船用集装箱紧固件(简称紧固件)的分类和标记、要求、试验方法、检验规则、标志、包装、贮存和运输等。

本标准适用于紧固件的设计、制造和验收。

2 规范性引用文件

下列文件中的条款通过本标准的引用而成为本标准的条款。凡是注日期的引用文件,其随后所有的修改单(不包括勘误的内容)或修订版均不适用于本标准,然而,鼓励根据本标准达成协议的各方研究是否可使用这些文件的最新版本。凡是不注日期的引用文件,其最新版本适用于本标准。

GB/T 699—1999 优质碳素结构钢

GB/T 700—2006 碳素结构钢

GB 712—2000 船体用结构钢

GB/T 1591—2008 低合金高强度结构钢

GB/T 3077—1999 合金结构钢

GB/T 6414 铸件 尺寸公差与机械加工余量

GB/T 8923—1988 涂装前钢材表面锈蚀等级和除锈等级

GB/T 12362 钢质模锻件 公差与机械加工余量

CB/Z 343 船用配件热浸镀锌

3 分类和标记

3.1 分类

3.1.1 紧固件的分类及型式见表 1。

表 1 紧固件的分类及型式

分类			安全工作负荷 SWL	验证负荷 PL	最小破断负荷 BL	参考质量/kg	图示
名称	代号	型式	kN				
底座	AA-1A	45°燕尾槽单式	拉伸 200、250	拉伸 300、375	拉伸 400、500	4.9	
	AA-1B	55°燕尾槽单式					
	AA-2A	45°燕尾槽横向双式				8.2	
	AA-2B	55°燕尾槽横向双式					

表 1（续）

分类			安全工作负荷 *SWL*	验证负荷 *PL*	最小破断负荷 *BL*	参考质量/kg	图示
名称	代号	型式	kN				
底座	AA-3A	45°燕尾槽纵向双式	拉伸 200、250	拉伸 300、375	拉伸 400、500	10.8	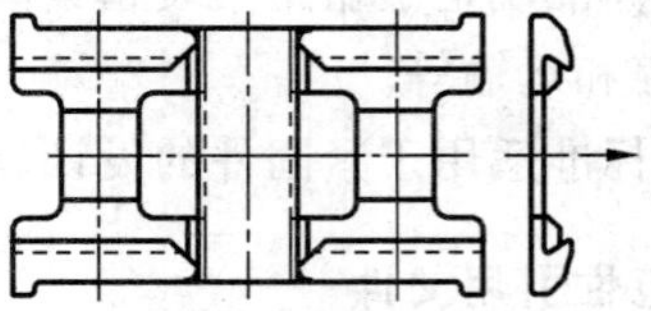
	AA-3B	55°燕尾槽纵向双式					
	AB-1	埋入板型插孔单式	拉伸 250	拉伸 375	拉伸 500	9.1	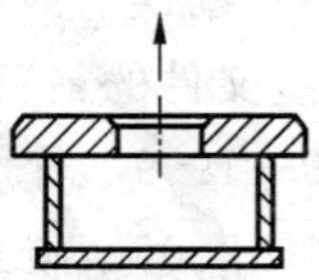
	AB-2	埋入板型插孔横向双式				24.3	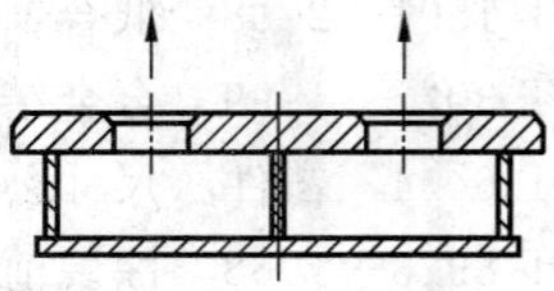
	AB-3	埋入板型插孔纵向双式				26	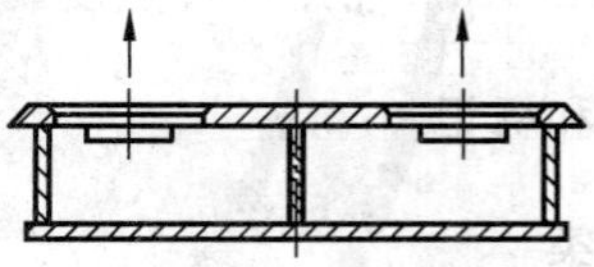
	AB-4	埋入板型插孔四式				60.7	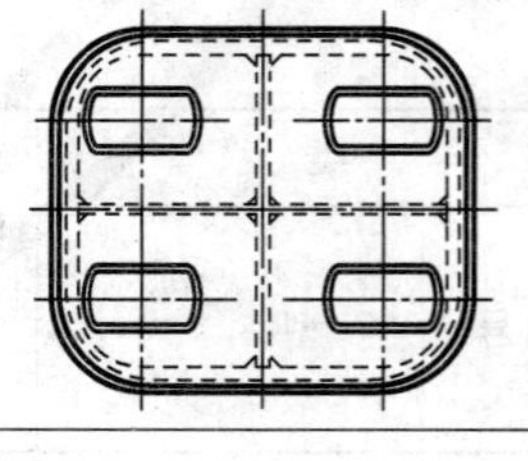
	AC-1	埋入碗型插孔单式	拉伸 250	拉伸 375	拉伸 500	5.4	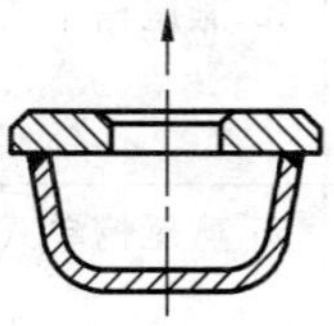
	AC-2	埋入碗型插孔横向双式				13.5	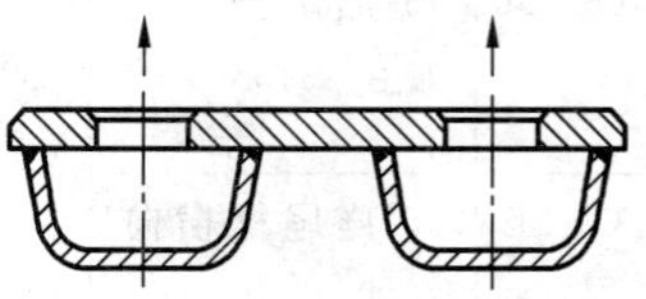

表 1（续）

分类			安全工作负荷 SWL	验证负荷 PL	最小破断负荷 BL	参考质量/kg	图示
名称	代号	型式	kN				
底座	AC-3	埋入碗型插孔纵向双式	拉伸 250	拉伸 375	拉伸 500	17.5	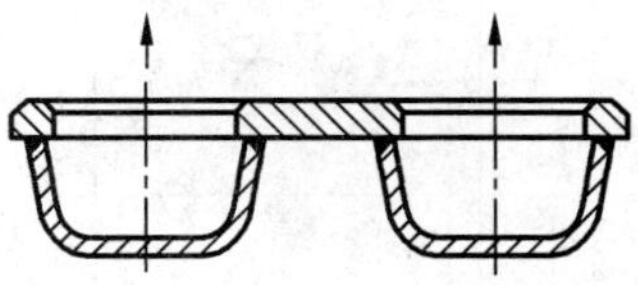
	AC-4	埋入碗型插孔四式				50	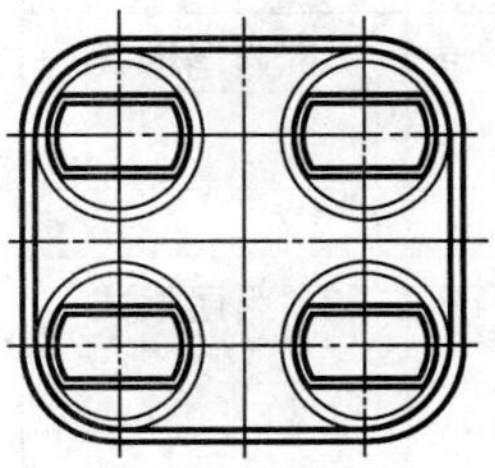
	AD-1	立式插孔单式	拉伸 250；剪切 210	拉伸 375；剪切 315	拉伸 500；剪切 420	9.0	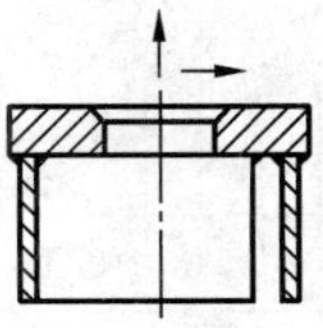
	AD-2	立式插孔横向双式				17.6	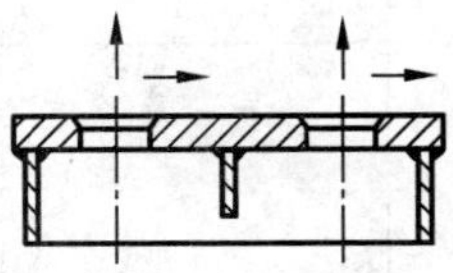
	AD-3	立式插孔纵向双式				21.7	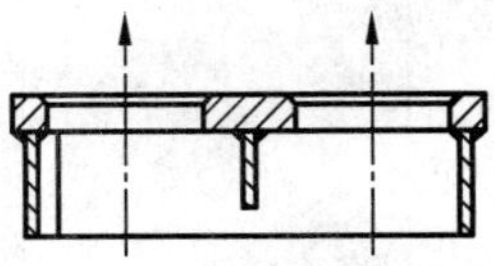
	AE-1	凸出方孔单式	剪切 210	剪切 315	剪切 420	3.5	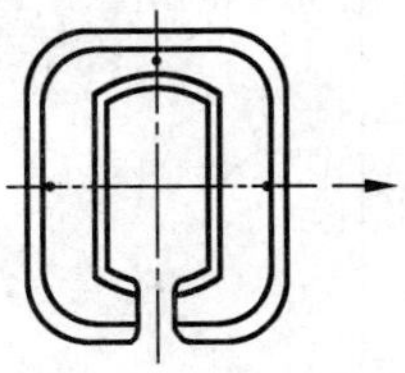
	AE-2	凸出方孔横向双式				12.9	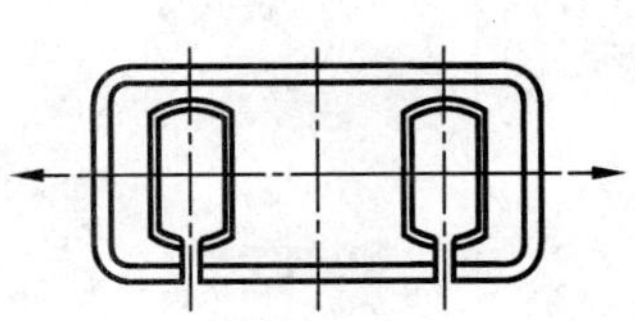

表 1（续）

<table>
<tr><th colspan="3">分　　类</th><th>安全工作负荷
SWL</th><th>验证负荷
PL</th><th>最小破断负荷
BL</th><th rowspan="3">参考质量/
kg</th><th rowspan="3">图　　示</th></tr>
<tr><th rowspan="2">名称</th><th rowspan="2">代号</th><th rowspan="2">型　　式</th><th colspan="3"></th></tr>
<tr><th colspan="3">kN</th></tr>
<tr><td>底座</td><td>AE-3</td><td>凸出方孔纵向双式</td><td>剪切
210</td><td>剪切
315</td><td>剪切
420</td><td>9.8</td><td>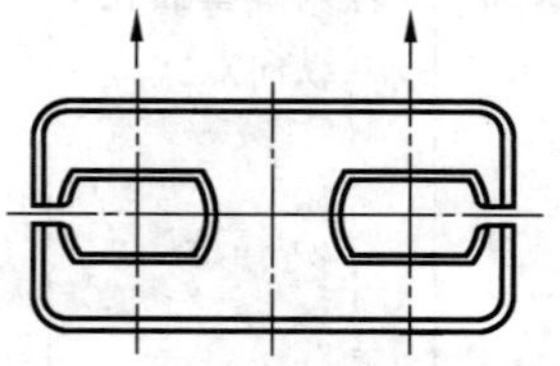</td></tr>
<tr><td rowspan="5">转锁</td><td>BA-1A</td><td>45°燕尾槽式</td><td rowspan="2">拉伸
200、
250；
剪切
150、
210</td><td rowspan="2">拉伸
300、
375；
剪切
225、
315</td><td rowspan="2">拉伸
400、
500；
剪切
300、
420</td><td rowspan="2">7.4</td><td rowspan="2">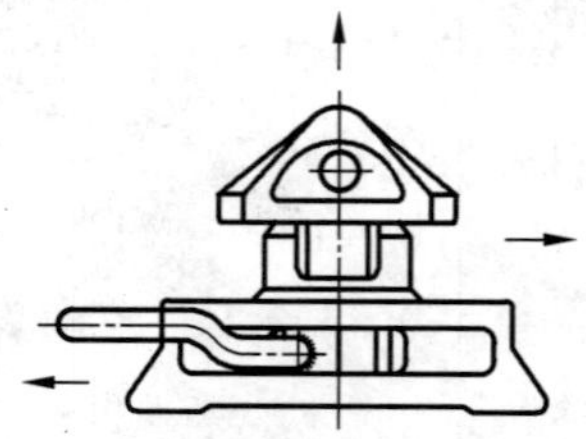</td></tr>
<tr><td>BA-1B</td><td>55°燕尾槽式</td></tr>
<tr><td>BB-1</td><td>分体式</td><td rowspan="3">拉伸
250；
剪切
210</td><td rowspan="3">拉伸
375；
剪切
315</td><td rowspan="3">拉伸
500；
剪切
420</td><td>6.4</td><td>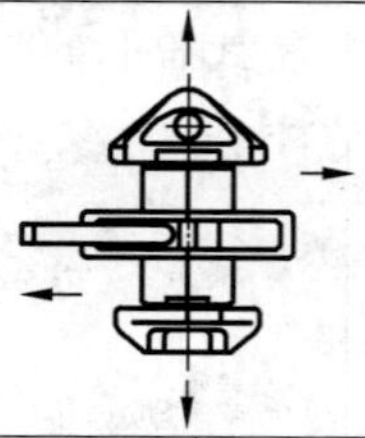</td></tr>
<tr><td>BC-1</td><td>整体式</td><td>6.2</td><td>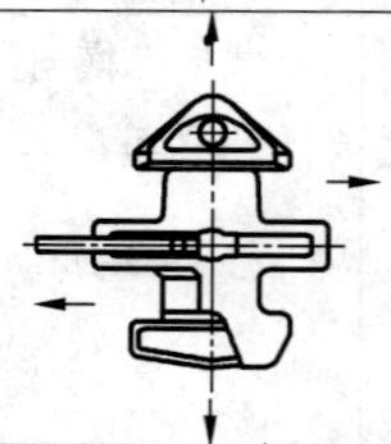</td></tr>
<tr><td>BD-1</td><td>半自动式</td><td>7.0</td><td>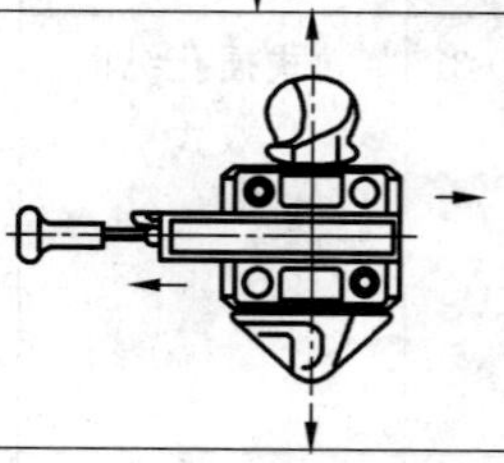</td></tr>
<tr><td rowspan="2">桥型连接器</td><td>CA-1</td><td>普通式</td><td rowspan="2">拉伸
50</td><td rowspan="2">拉伸
75</td><td rowspan="2">拉伸
100</td><td>6.4</td><td>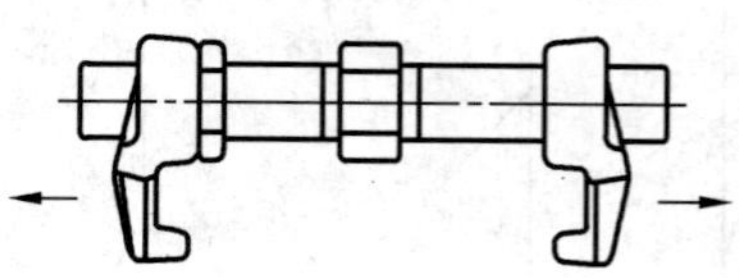</td></tr>
<tr><td>CB-1</td><td>带挡板式</td><td>6.6</td><td>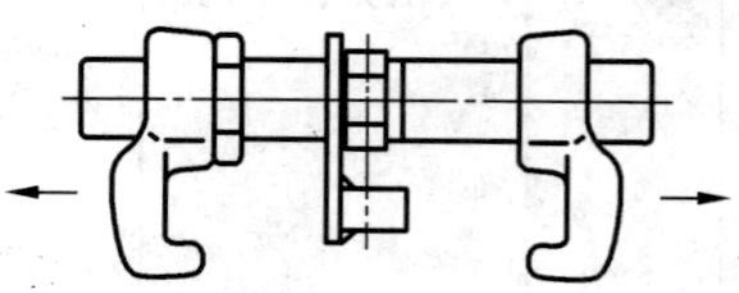</td></tr>
</table>

表 1（续）

分类			安全工作负荷 *SWL*	验证负荷 *PL*	最小破断负荷 *BL*	参考质量/kg	图示
名称	代号	型　式	kN				
桥型连接器	CC-1	座式	拉伸 150	拉伸 225	拉伸 300	8.5	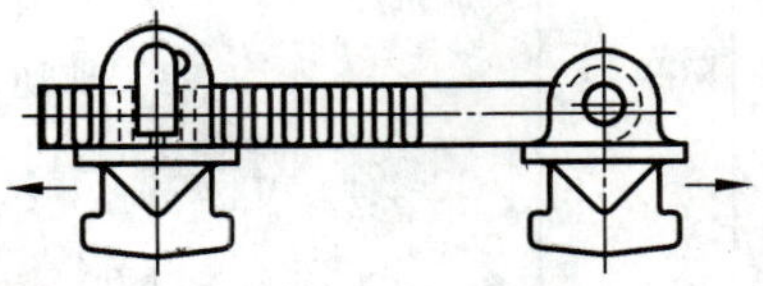
堆锥	DA-1	中间层单式				3.5	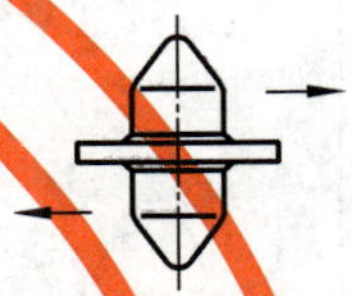
	DA-2	中间层横向双式				10.2	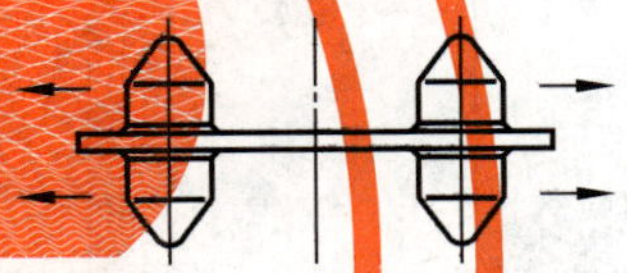
	DA-3	中间层纵向双式				10.5	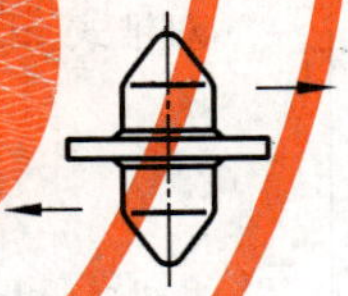
	DB-1	底层单式	剪切 210	剪切 315	剪切 420	3.0	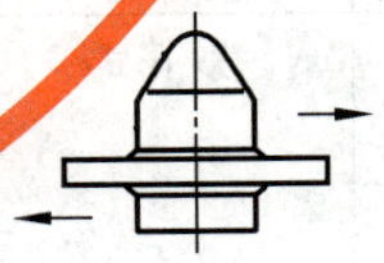
	DB-2	底层横向双式				8.8	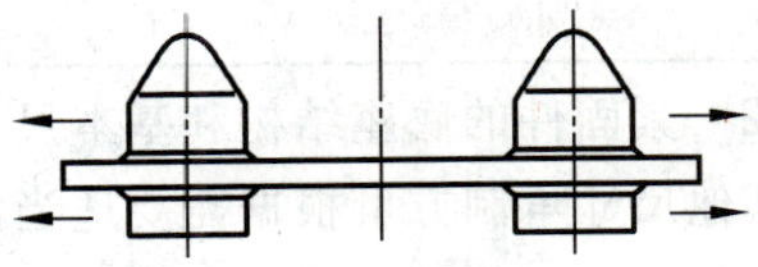
	DB-3	底层纵向双式				9.1	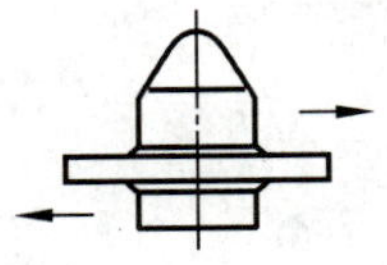

表 1（续）

分类			安全工作负荷 SWL	验证负荷 PL	最小破断负荷 BL	参考质量/kg	图示
名称	代号	型式	kN				
堆锥	DC-1	自动锁式	拉伸 250；剪切 210	拉伸 375；剪切 315	拉伸 500；剪切 420	3.8	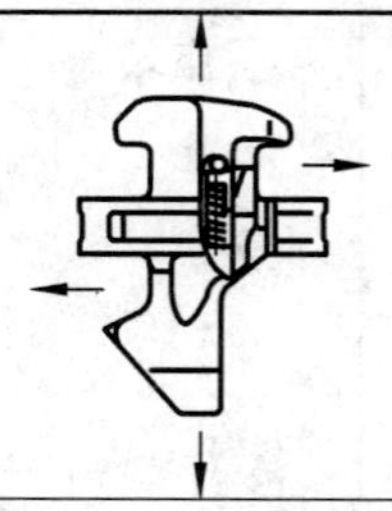
	DD-1	悬挂式	剪切 210	剪切 315	剪切 420	4.0	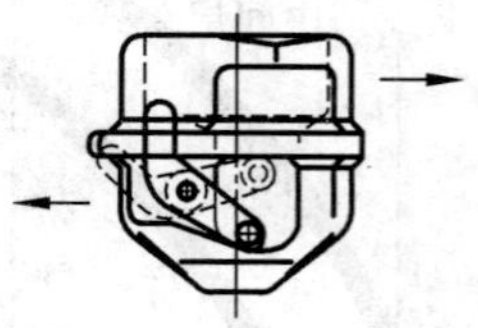
高度补偿器（脚座）	EA-1	单锥式	抗压 500	抗压 750	抗压 1 000	13.5	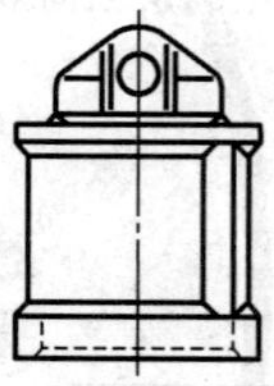
	EB-1	双锥式				14.3	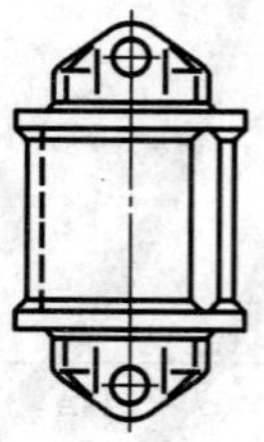
	EC-1	双孔式				10.1	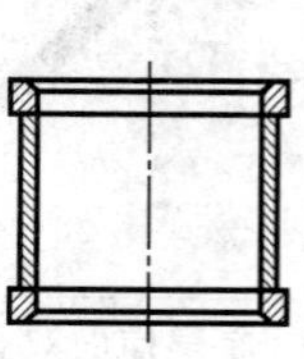

3.1.2　紧固件的底座结构和基本尺寸见图 1～图 17。图中方框内的尺寸与集装箱装载有关，不应更改，其他尺寸承制方可根据需要适当调整。

单位为毫米

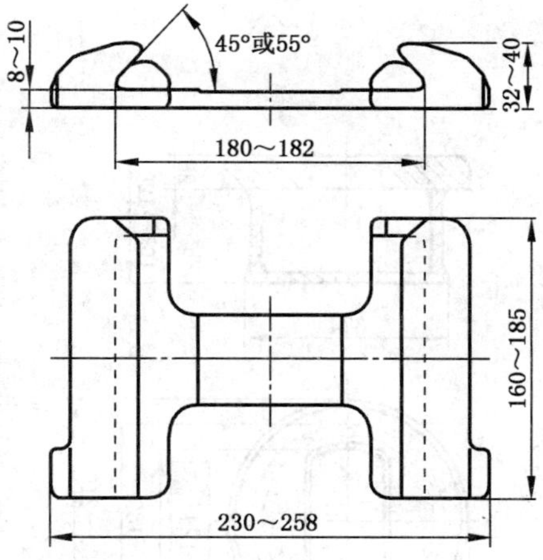

图 1 **AA-1** 燕尾槽单式底座

单位为毫米

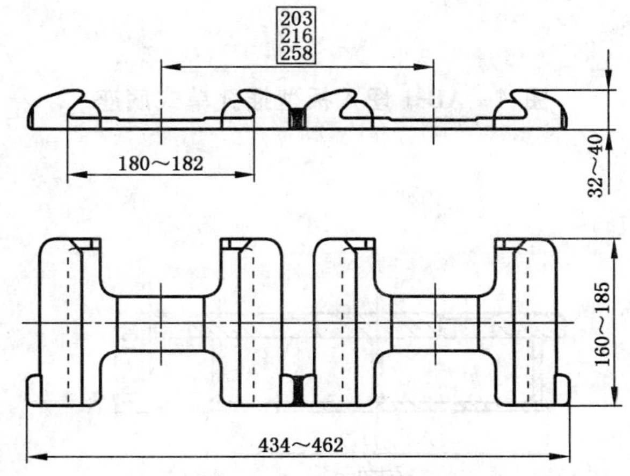

图 2 **AA-2** 燕尾槽横向双式底座

单位为毫米

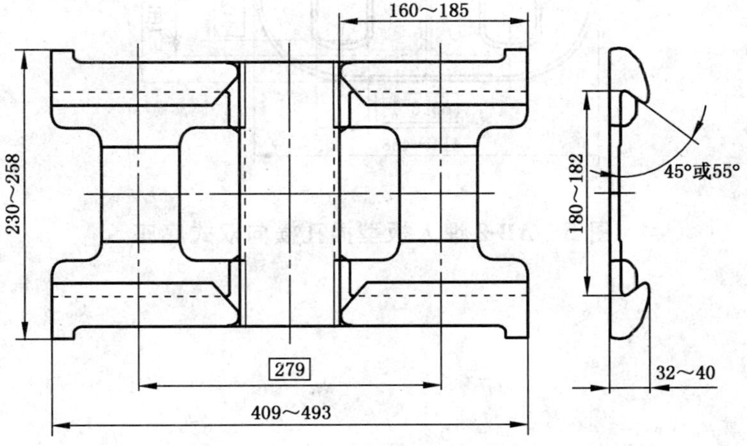

图 3 **AA-3** 燕尾槽纵向双式底座

单位为毫米

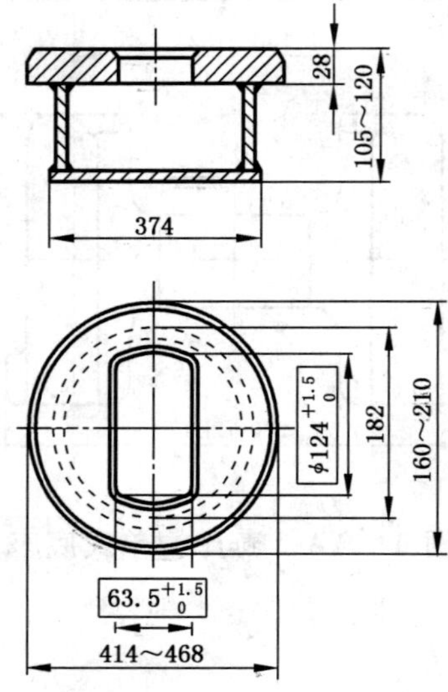

图 4 AB-1 埋入板型插孔单式底座

单位为毫米

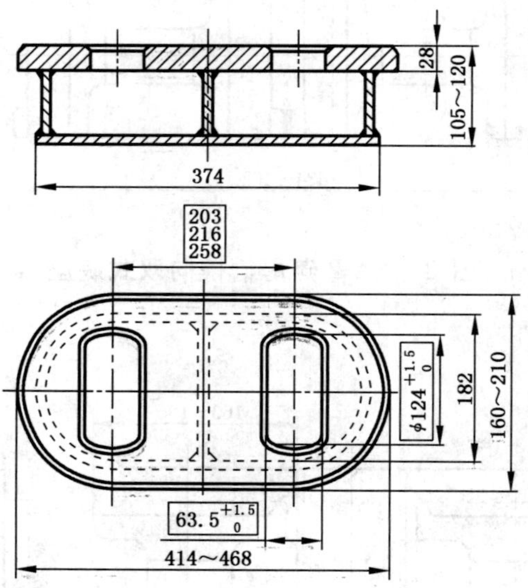

图 5 AB-2 埋入板型插孔横向双式底座

单位为毫米

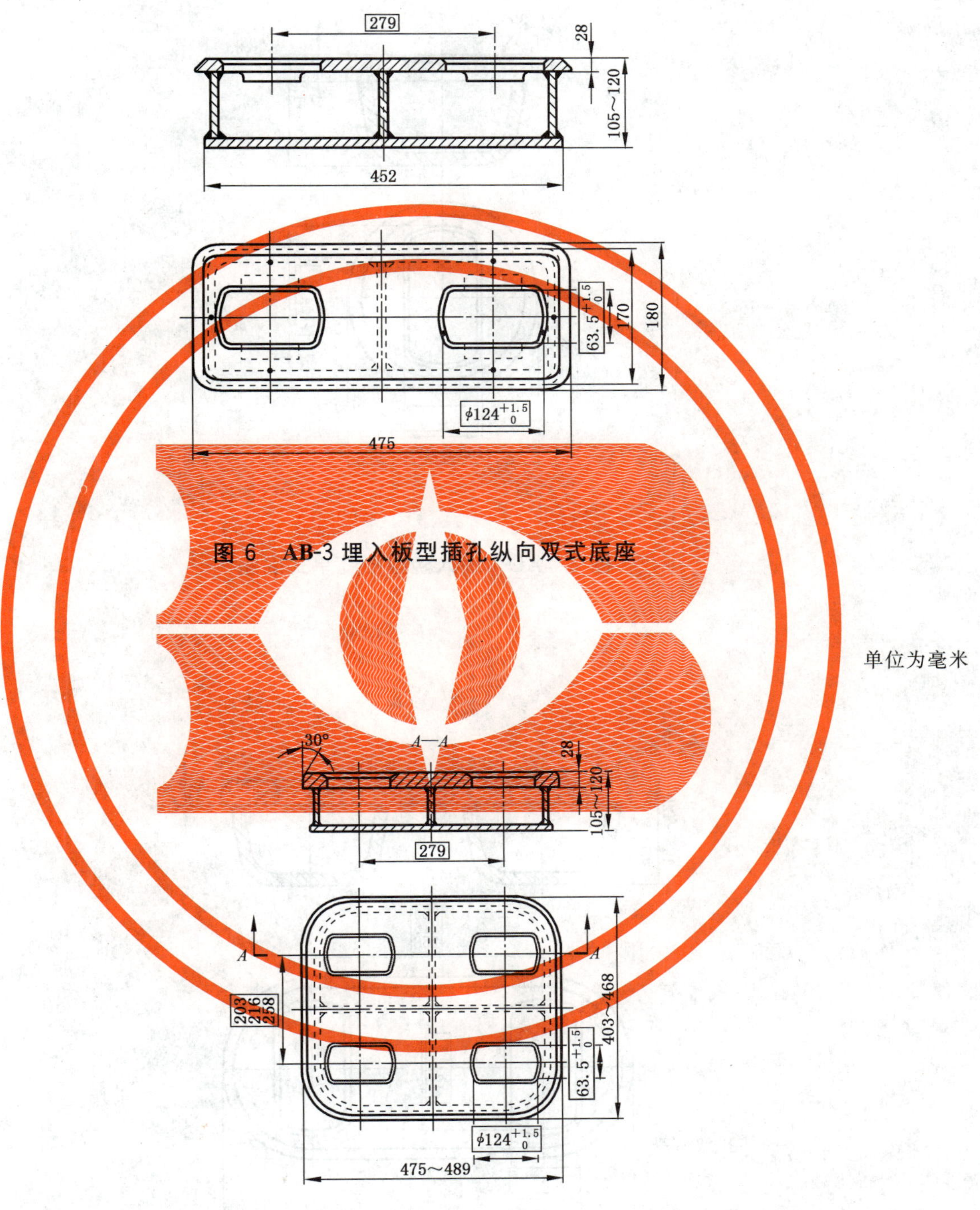

图 6　**AB**-3 埋入板型插孔纵向双式底座

单位为毫米

图 7　**AB**-4 埋入板型插孔四式底座

单位为毫米

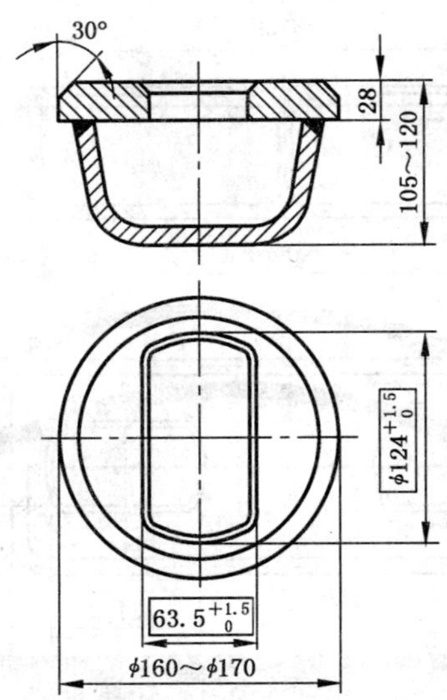

图 8 AC-1 埋入碗型插孔单式底座

单位为毫米

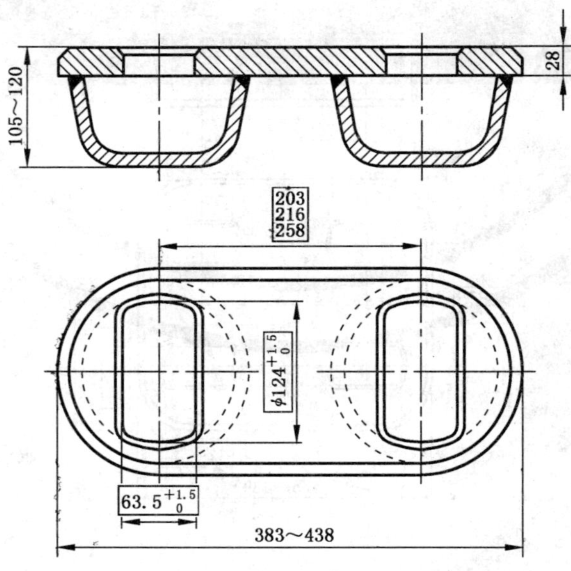

图 9 AC-2 埋入碗型插孔横向双式底座

单位为毫米

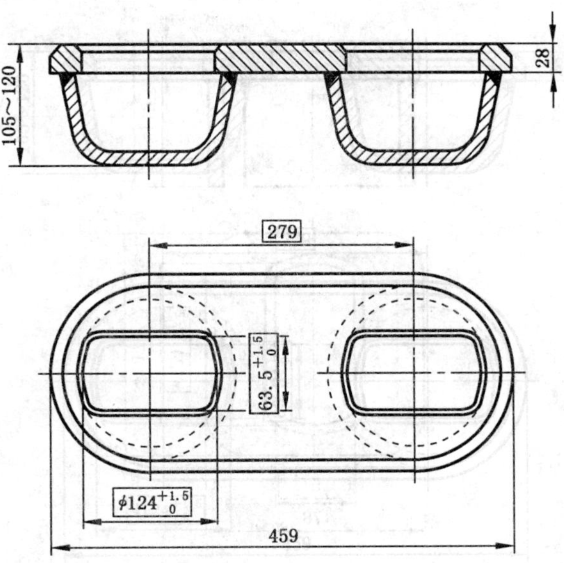

图 10　AC-3 埋入碗型插孔纵向双式底座

单位为毫米

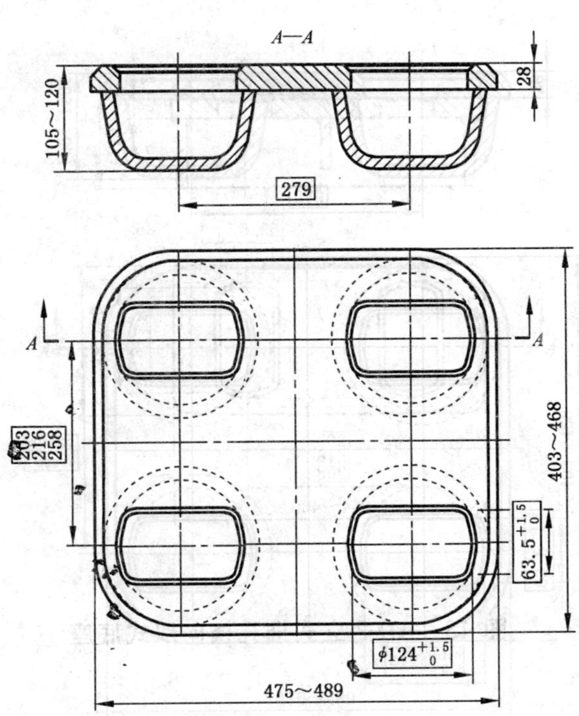

图 11　AC-4 埋入碗型插孔四式底座

单位为毫米

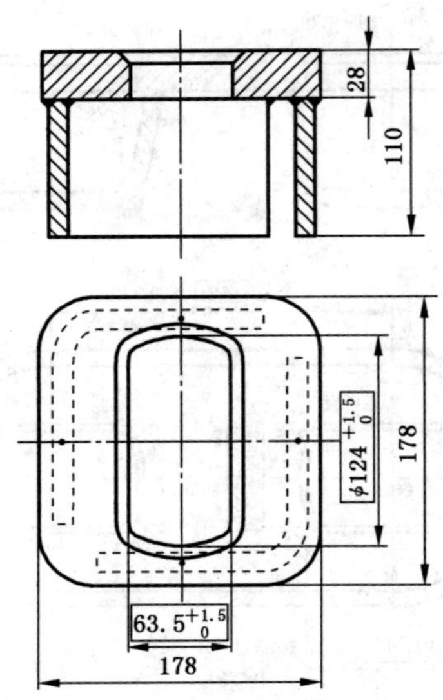

图 12 AD-1 立式插孔单式底座

单位为毫米

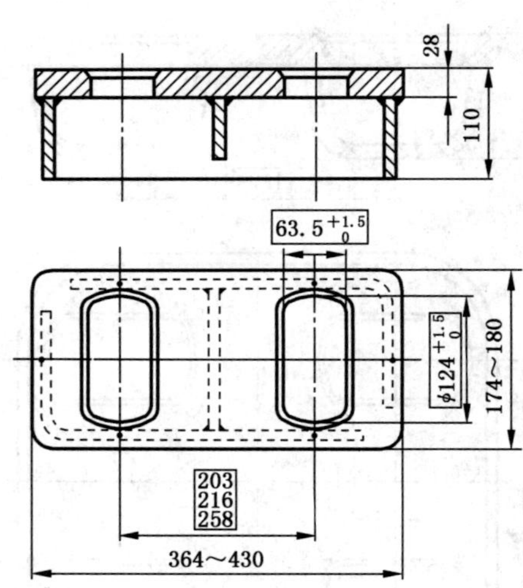

图 13 AD-2 立式插孔横向双式底座

单位为毫米

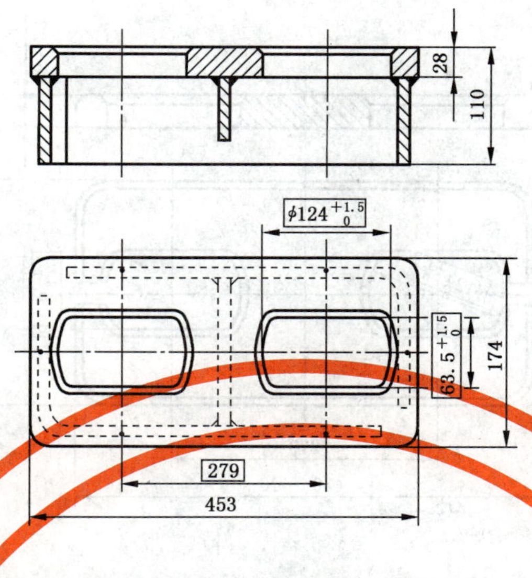

图 14 AD-3 立式插孔纵向双式底座

单位为毫米

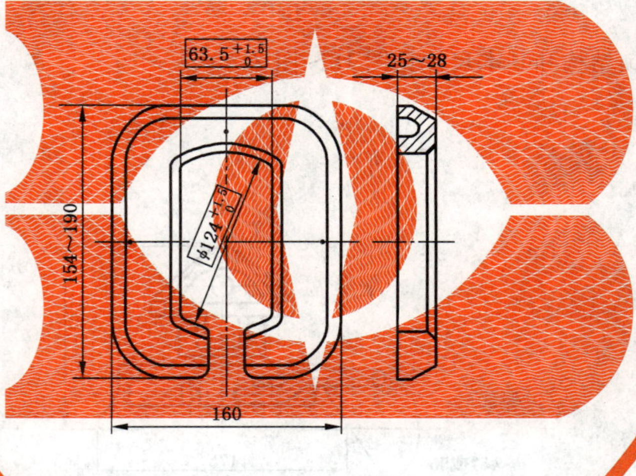

图 15 AE-1 凸出方孔单式底座

单位为毫米

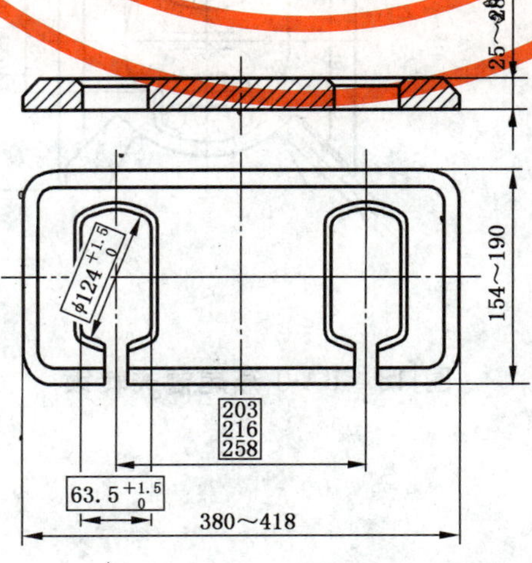

图 16 AE-2 凸出方孔横向双式底座

单位为毫米

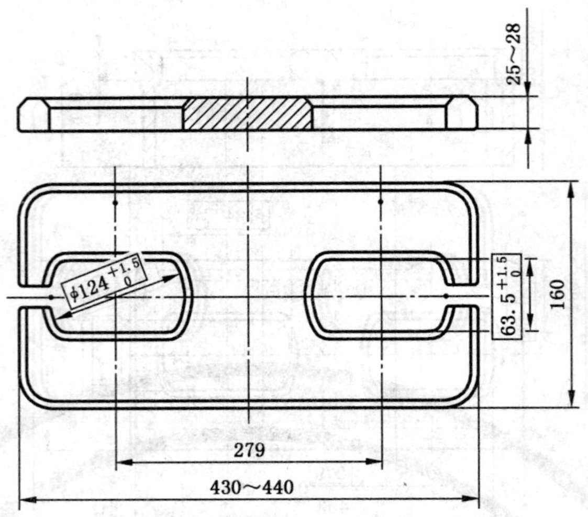

图 17 AE-3 凸出方孔纵向双式底座

3.1.3 紧固件的转锁结构和基本尺寸见图 18～图 21。

单位为毫米

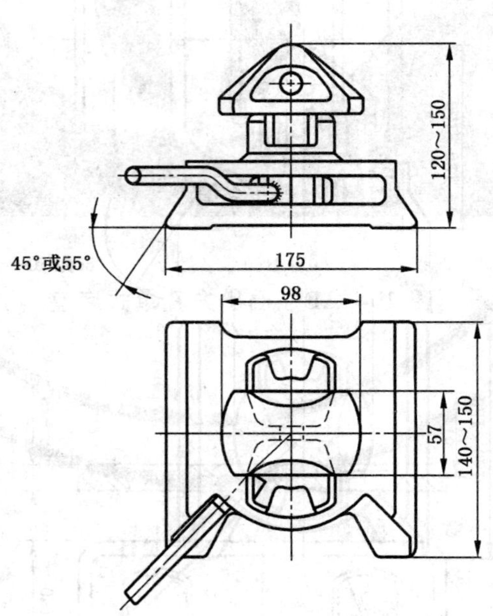

图 18 BA-1 燕尾槽式转锁

单位为毫米

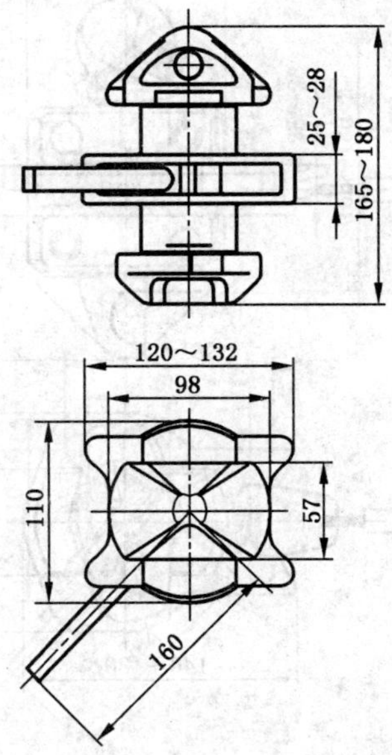

图 19 **BB-1** 分体式转锁

单位为毫米

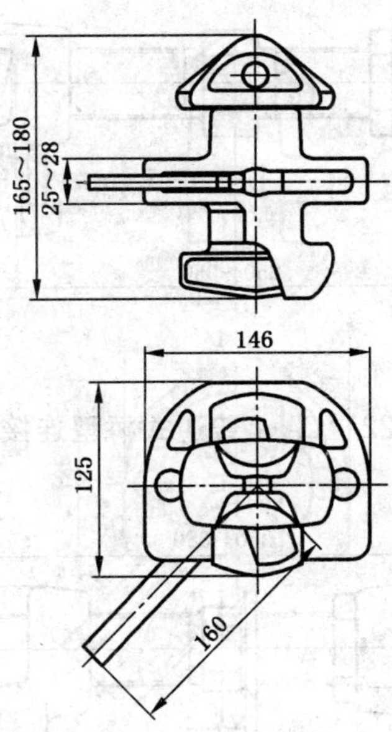

图 20 **BC-1** 整体式转锁

单位为毫米

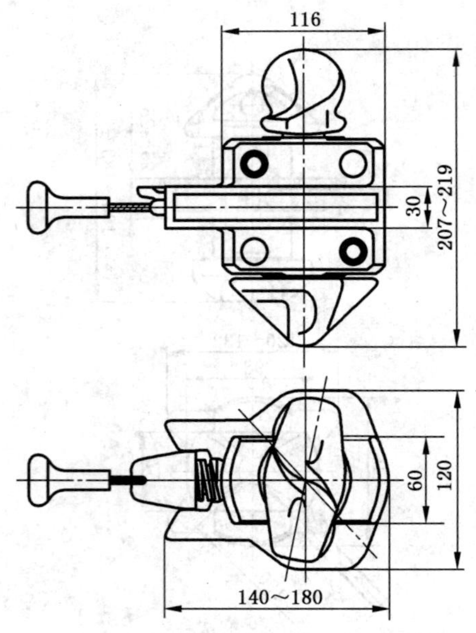

图 21 BD-1 半自动式转锁

3.1.4 紧固件的桥型连接器结构和基本尺寸见图 22～图 24。

单位为毫米

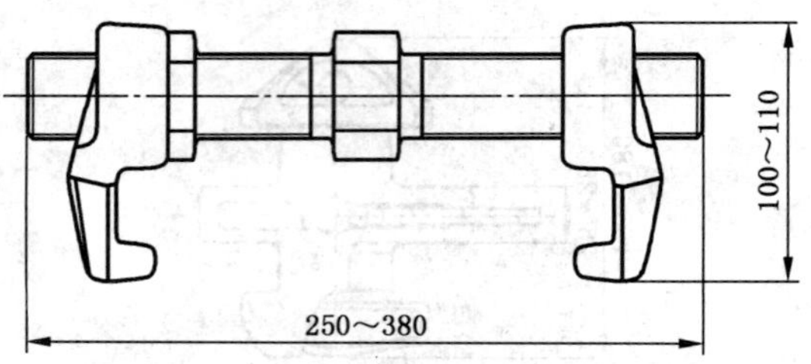

图 22 CA-1 普通式桥型连接器

单位为毫米

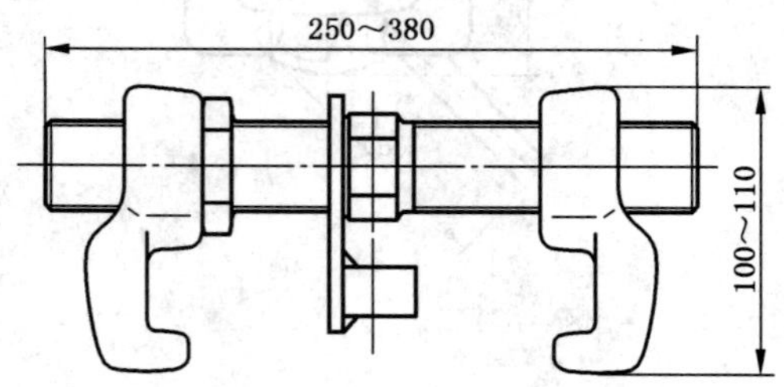

图 23 CB-1 带挡板式桥型连接器

单位为毫米

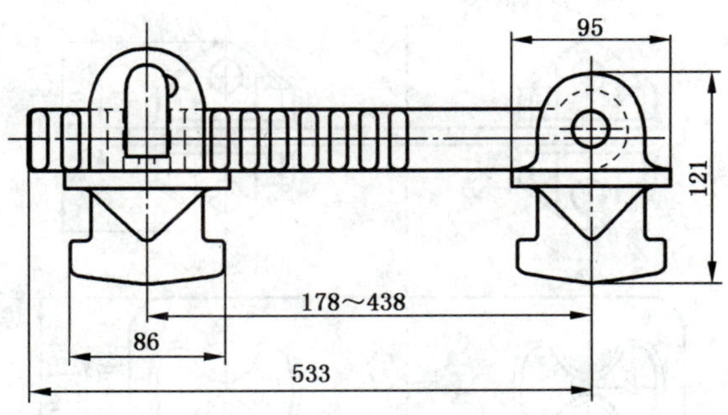

图 24 CC-1 座式桥型连接器

3.1.5 紧固件的堆锥结构和基本尺寸见图 25～图 32。

单位为毫米

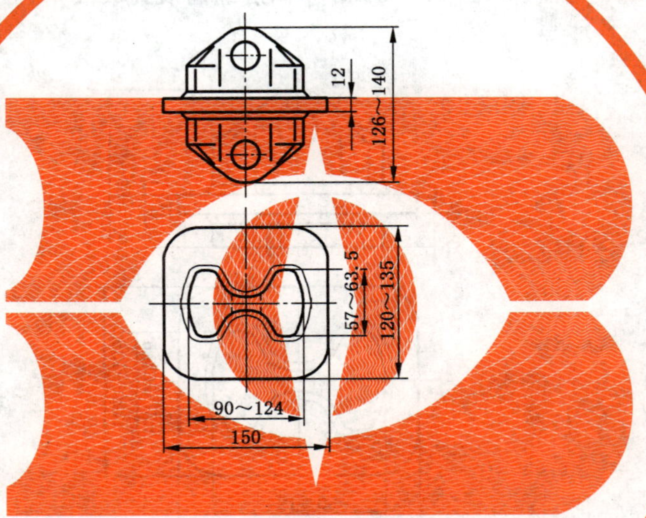

图 25 DA-1 中间层单式堆锥

单位为毫米

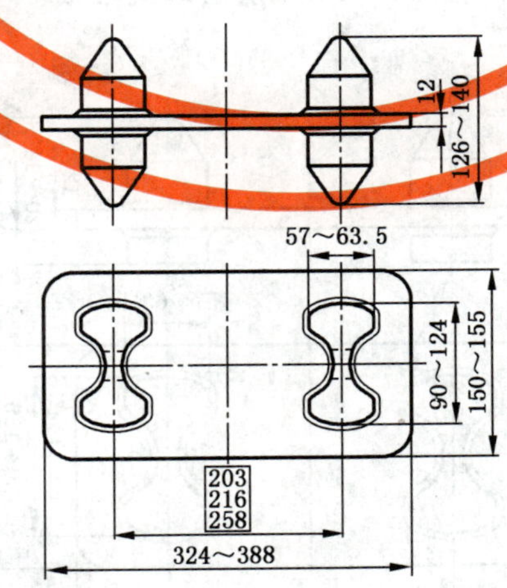

图 26 DA-2 中间层横向双式堆锥

单位为毫米

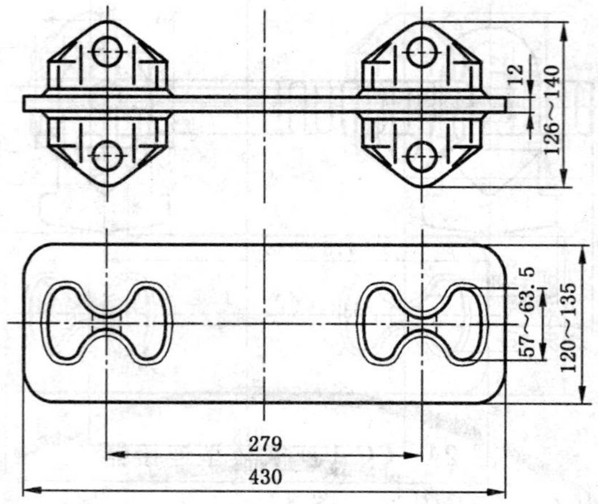

图 27 **DA-3** 中间层纵向双式堆锥

单位为毫米

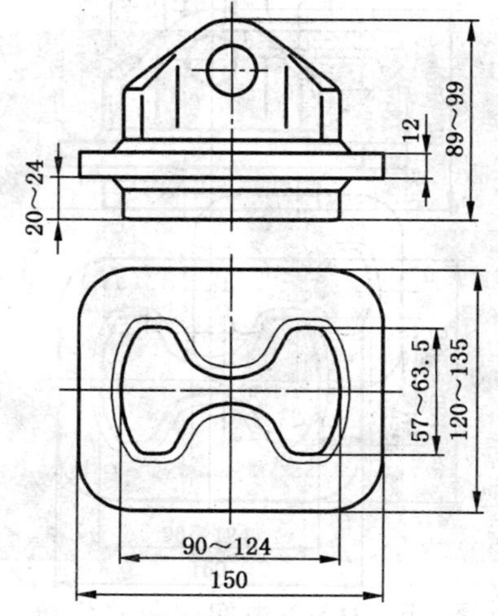

图 28 **DB-1** 底层单式堆锥

单位为毫米

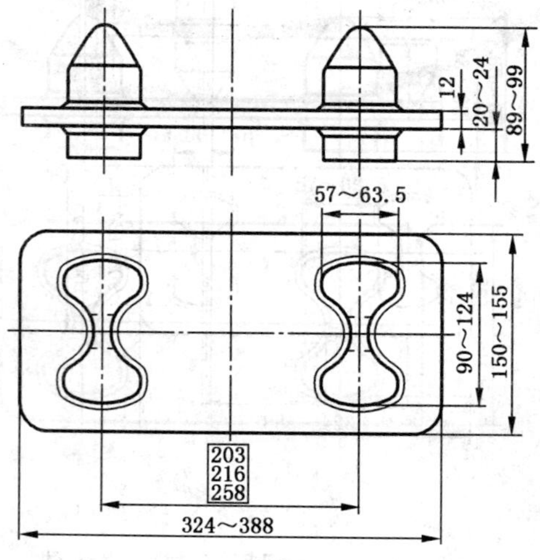

图 29 **DB-2** 底层横向双式堆锥

单位为毫米

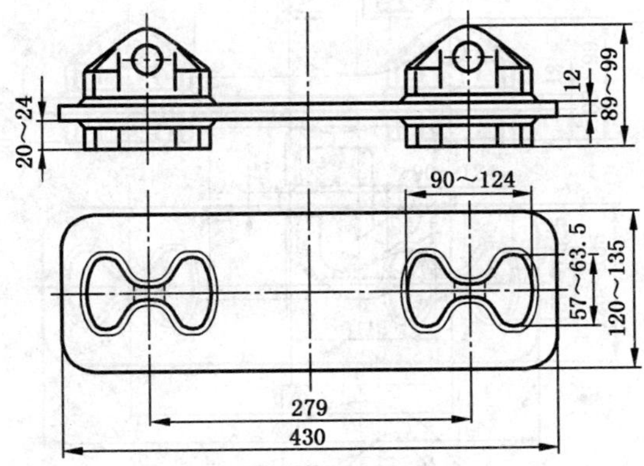

图 30 DB-3 底层纵向双式堆锥

单位为毫米

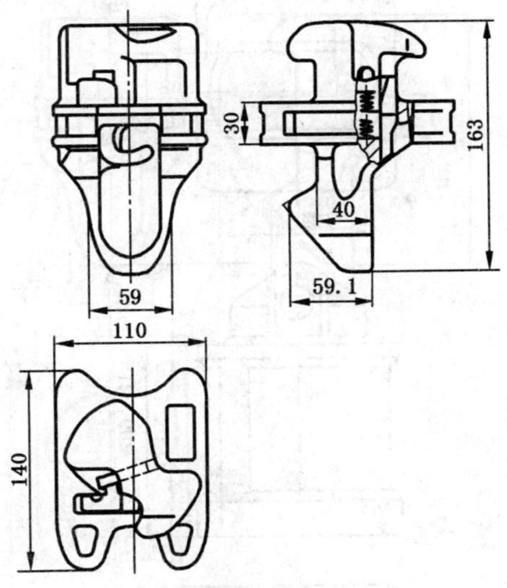

图 31 DC-1 自动锁式堆锥

单位为毫米

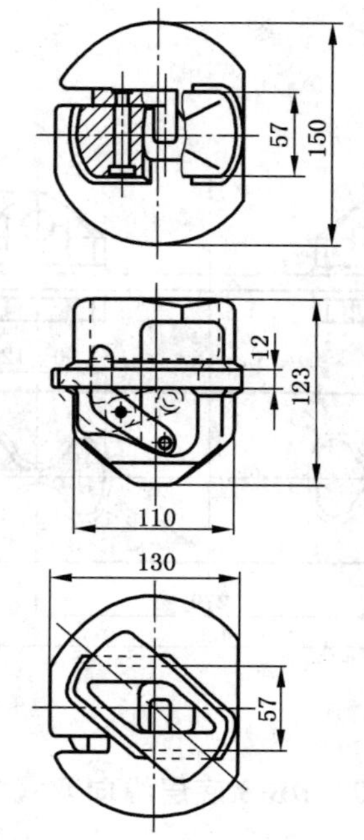

图 32 DD-1 悬挂式堆锥

3.1.6 紧固件的高度补偿器结构和基本尺寸见图 33～图 35。

单位为毫米

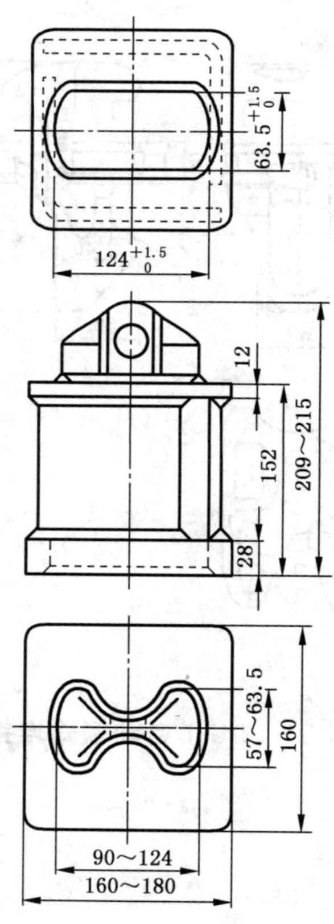

图 33 EA-1 单锥式高度补偿器

单位为毫米

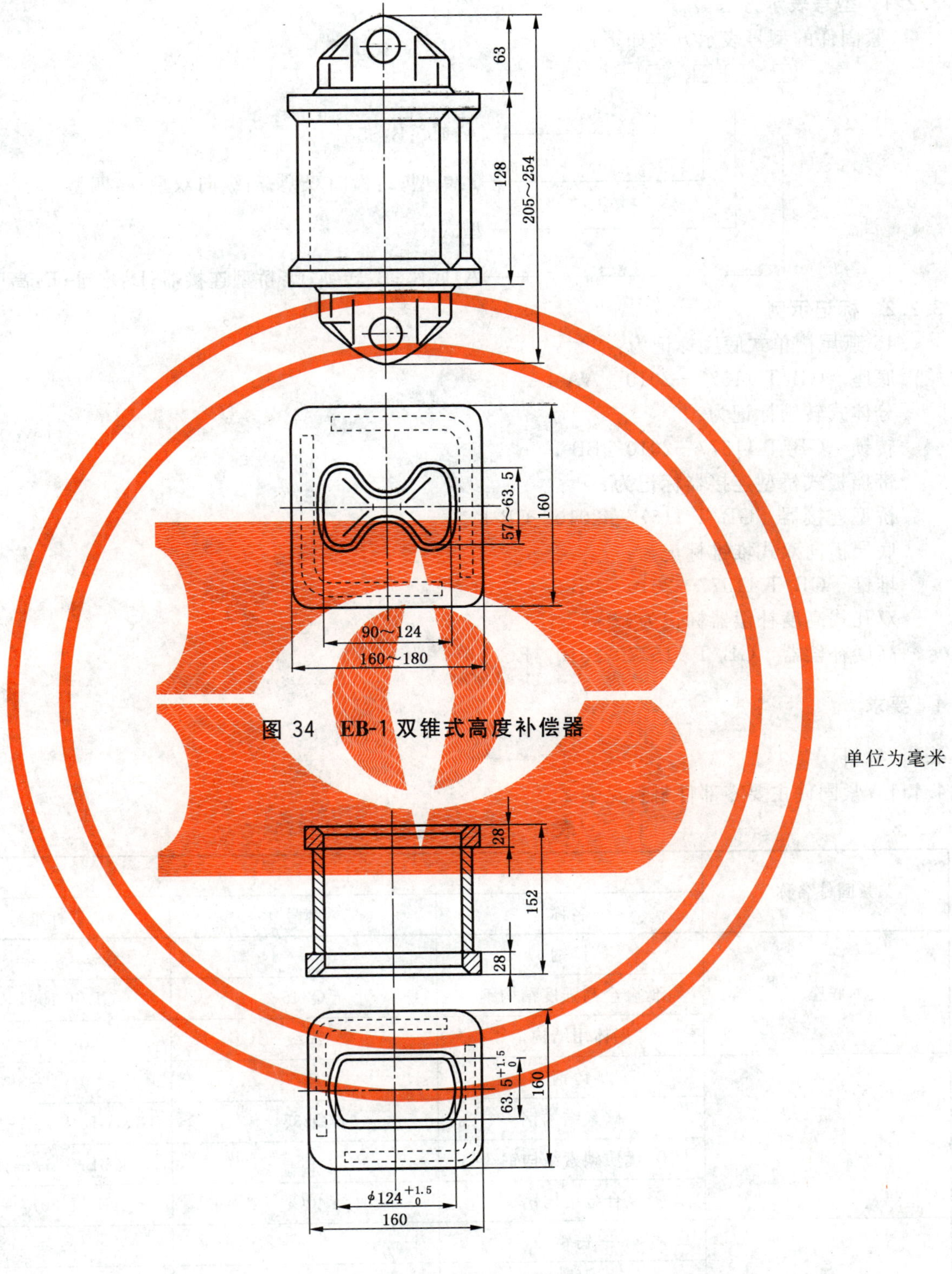

图 34 EB-1 双锥式高度补偿器

单位为毫米

图 35 EC-1 双孔式高度补偿器

3.2 标记

3.2.1 型号表示方法

紧固件的型号表示方法如下：

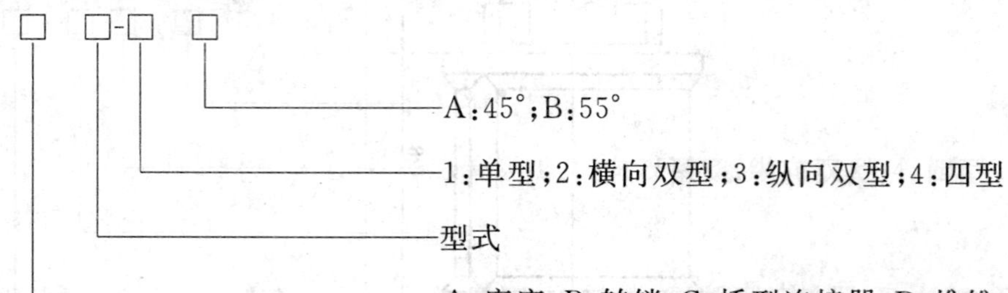

3.2.2 标记示例

45°燕尾槽单式底座标记为：

底座　GB/T 11577—2010　AA-1A

分体式转锁标记为：

转锁　GB/T 11577—2010　BB-1

带挡板式桥型连接器标记为：

桥型连接器　GB/T 11577—2010　CB-1

底层横向双式堆锥标记为：

堆锥　GB/T 11577—2010　DB-2

双孔式高度补偿器标记为：

高度补偿器　GB/T 11577—2010　EC-1

4 要求

4.1 材料

4.1.1 紧固件主要零部件材料见表 2。

表 2　紧固件主要零部件材料

紧固件名称	材料		
	名称	牌号	标准号
底座	铸钢	—	—
	低合金高强度结构钢	Q345	GB/T 1591—2008
	船体用结构钢	A 级	GB 712—2000
转锁	铸钢	—	—
	碳素结构钢	Q235	GB/T 700—2006
	优质碳素结构钢	45	GB/T 699—1999
	合金结构钢	40Cr	GB/T 3077—1999
桥型连接器	铸钢	—	—
	碳素结构钢	Q235	GB/T 700—2006
	优质碳素结构钢	45	GB/T 699—1999
	合金结构钢	40Cr	GB/T 3077—1999
中间层堆锥 底层堆锥	铸钢	—	—
	低合金高强度结构钢	Q345	GB/T 1591—1994

表 2（续）

紧固件名称	材料		
	名称	牌号	标准号
自动锁堆锥	铸钢	—	—
	优质碳素结构钢	45	GB/T 699—1999
悬挂式堆锥	铸钢	—	—
高度补偿器	铸钢	—	—
	低合金高强度结构钢	Q345	GB/T 1591—1994

4.1.2　紧固件铸钢的化学成分和力学性能应符合表 3 和表 4 的要求。

表 3　铸钢件的化学成分

名称	化学成分/%									
	C	Si	Mn	P	S	残余元素				
						Cr	Ni	Mo	Cu	总含量
焊接件	0.16～0.25	0.5～0.6	1.00～1.30	≤0.04	≤0.04	≤0.30	≤0.4	≤0.15	≤0.30	≤0.80
非焊接件	0.35～0.5	0.3～0.6	0.6～1.0	≤0.04	≤0.04	≤1.2	—	≤0.3	—	

表 4　铸钢件的力学性能

名称	屈服强度 R_{eH}	抗拉强度 R_m [a]	伸长率 A_s/%	断面收缩率 Z/%
	N/mm²			
焊接件	≥275	≥485	≥18	≥30
非焊接件	≥340	≥569	≥12	≥20

[a] 抗拉强度的上限应不超过表 4 所列要求加 150 N/mm²。

4.2　外观质量

4.2.1　铸件表面清砂后应光顺，无裂纹、粘砂、氧化皮、气孔、缩孔、热裂和冷隔等缺陷。

4.2.2　锻件不应有裂纹和折叠等缺陷，飞边应打磨，表面应光顺。

4.2.3　焊接件的焊缝表面应平整，无裂纹、夹渣、焊瘤和气孔等缺陷。

4.3　尺寸和公差

4.3.1　紧固件的尺寸和公差应符合图 1～图 35 的要求。

4.3.2　紧固件未注的尺寸公差应符合 GB/T 6414 和 GB/T 12362 的要求。

4.4　表面防护

4.4.1　热浸镀锌的紧固件，其浸层厚度应不小于 65 μm，其浸锌工艺应符合 CB/Z 343 的要求。

4.4.2　涂漆表面的紧固件应按 GB/T 8923—1988 中的 Sa2 级或 St2 级进行除锈处理，除锈后应涂防锈底漆两道，干膜厚度应不小于 100 μm。

4.4.3　紧固件的旋转部件的表面应涂润滑油脂。

4.5　强度

4.5.1　紧固件在分别承受表 1 中规定的验证负荷（*PL*）后，不应有永久变形，可转动部位应能正常转动。

4.5.2　紧固件在分别承受表 1 中规定的最小破断负荷（*BL*）后，不应断裂。

5　试验方法

5.1　材料

用检查材料合格证和质量保证书的方法来检验紧固件的材料。结果应符合 4.1 的要求。

5.2 外观

用目测的方法检查紧固件的外观质量。结果应符合 4.2 的要求。

5.3 尺寸

用常规量具检查紧固件的尺寸。结果应符合 4.3 的要求。

5.4 表面防护

5.4.1 用测量仪测量热浸镀锌的浸层厚度。结果应符合 4.4.1 的要求。

5.4.2 用抛丸或工具除锈,除锈后用照片比对检查;用测厚仪测量漆膜厚度。结果应符合 4.4.2 的要求。

5.4.3 检查紧固件旋转部件表面应符合 4.4.3 的要求。

5.5 强度

5.5.1 验证负荷

验证负荷试验按下列步骤进行:

a) 将试件按表 1 简图中的受力方向安装在专用工装中与拉力试验机连接;

b) 开机使试件承受 10%的安全工作负荷(*SWL*)的预紧拉力;

c) 在试件与工装连接的相应表面上作出标记,并以两标记之间的距离作为长度变化的测量基准;

d) 继续加载至规定的验证负荷(*PL*)值,保持 5 min,然后卸载至预紧拉力;

e) 测量长度变形量,结果应符合 4.5.1 的规定。

5.5.2 破断负荷

达到验证负荷(*PL*)值后继续加载至规定的最小破断负荷(*BL*)后卸载。结果应符合 4.5.2 的规定。

6 检验规则

6.1 检验分类

紧固件的检验分为型式检验和出厂检验。

6.2 型式检验

6.2.1 检验时机

紧固件有下列情况之一时,应进行型式检验:

a) 首次生产或转厂生产时;

b) 结构、材料或工艺有较大变化,足以影响产品性能或质量时;

c) 产品长期停产后,恢复生产时;

d) 检验部门提出要求时。

6.2.2 检验项目

紧固件型式检验项目和顺序见表 5。

表 5 检验项目表

序号	检验项目	型式检验	出厂检验	要求的章条号	试验方法的章条号
1	材料	●	●	4.1	5.1
2	外观	●	●	4.2	5.2
3	尺寸	●	●	4.3	5.3
4	表面防护	●	●	4.4	5.4
5	验证负荷	●	●	4.5.1	5.5.1
6	破断负荷	●	—	4.5.2	5.5.2
注:●必检项目;—协商检验项目。					

6.2.3 检验样品数量

每种紧固件型式检验的样品数量至少为两件。

6.2.4 判定规则

紧固件所有检验样品的全部检验项目符合要求，则判定型式检验合格。若有一个样品个别项目不符合要求时，可加倍取样进行复验，若复验全部项目检验合格，则判定紧固件型式检验合格。若复验仍有不符合要求，则判定紧固件型式检验不合格。

6.3 出厂检验

6.3.1 检验项目

紧固件出厂检验项目和顺序见表5。

6.3.2 检验样品数量

a) 以50件紧固件作为一个抽检批，不足50件时按一批进行检验；

b) 外观应逐件检验；

c) 其他检验项目按每个抽检批的2%进行。

6.3.3 判定规则

紧固件的外观经检验符合要求时，则判定该产品外观检验合格，若其中某个产品有一个项目不符合要求，允许返修后复验。若复验仍不符合要求，则判该件产品外观不合格。

紧固件的尺寸和强度试验符合要求时，判该批紧固件尺寸和强度合格。若有一件样品任一项目不符合要求时，应加倍抽检复验。复验中仍有一件样品一个项目不符合要求，则判该批紧固件抽样阶段不合格。应对该批产品进行逐件检验，将不合格品剔除。

以上两项均合格，则判该产品合格。

7 标志

紧固件上应标志下列内容：

a) 制造厂名称或标记；

b) 产品名称或代号；

c) 产品批次号；

d) 检验部门要求的认可标记。

8 包装、贮存和运输

8.1 包装

8.1.1 紧固件可用木箱或铁箱包装。

8.1.2 装箱时，紧固件产品应排列整齐，封箱牢固。箱内应附有装箱单和产品合格证。

8.2 贮存

紧固件应存放在通风、干燥、没有腐蚀性气体的仓库中。

8.3 运输

紧固件在运输过程中或装卸时，应防止撞击和雨淋。

ICS 73.020
D 10

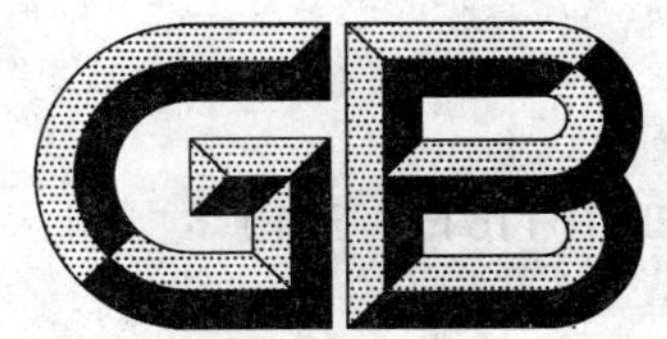

中华人民共和国国家标准

GB/T 11615—2010
代替 GB/T 11615—1989

地热资源地质勘查规范

Geologic exploration standard of geothermal resources

2010-11-10 发布　　　　2011-02-01 实施

中华人民共和国国家质量监督检验检疫总局
中国国家标准化管理委员会　发布

前　言

本标准代替 GB/T 11615—1989《地热资源地质勘查规范》。

本标准与 GB/T 11615—1989 相比主要变化如下：

——根据实际需要，将术语和定义的条款由 13 条增至 34 条；

——将地热资源/储量分为地热流体可开采量和地热储量（热储存量）两类，地热流体可开采量又进一步分为验证的、探明的、控制的和推断的四类；

——将地热资源勘查划分为地热资源调查、预可行性勘查、可行性勘查及开采四个阶段，并在各阶段的具体工作内容上作了相应的补充；

——将地热资源勘查的最大深度规定在 4 000 m 以内；

——对深部地球物理勘查方法的应用部分，增加了较为成熟的非地震的地球物理勘探方法如电磁测深及微动测深等；

——对地热钻井孔斜、井深误差、岩屑录井、钻井冲洗液、测井、洗井、地质编录等提出了新要求；

——将地热回灌列入了地热勘查工作的内容，规定了回灌工程部署原则、工程控制要求及回灌试验的质量要求；

——明确地热动态监测应贯穿地热资源勘查、开采的全过程，对各勘查阶段的监测网点数量提出了要求；

——对地热资源计算方法部分作了较大的修改并作为本标准的附录 C；

——增加了地热资源开发利用评价，细分为地热资源开发可行性评价和开发利用环境影响评价；

——增加了地球化学温标、地热资源评价方法等内容。

本标准的附录 B 和附录 G 为规范性附录，附录 A、附录 C、附录 D、附录 E 和附录 F 为资料性附录。

本标准由中华人民共和国国土资源部提出。

本标准由全国国土资源标准化技术委员会归口。

本标准起草单位：国土资源部储量司、中国矿业联合会地热开发管理专业委员会、北京市地质工程勘察院。

本标准起草人：宾德智、刘延忠、郑克棪、陈培钧、刘久荣、陈红。

本标准所代替标准的历次版本发布情况为：

——GB/T 11615—1989。

地热资源地质勘查规范

1 范围

本标准规定了地热资源(不包括通过热泵技术开采利用的浅层地热能)地质勘查工作的定义、总则、基本工作内容、勘查工程控制程度与勘查工作质量要求、地热资源/储量计算与评价、地热流体质量评价、地热资源开发利用评价及勘查资料整理与报告编写要求等。

本标准适用于地热资源地质勘查工作部署和地热资源地质勘查报告的验收、评审备案、地热资源/储量登记统计。

2 规范性引用文件

下列文件中的条款通过本标准的引用而成为本标准的条款。凡是注日期的引用文件,其随后所有的修改单(不包括勘误的内容)或修订版均不适用于本标准,然而,鼓励根据本标准达成协议的各方研究是否可使用这些文件的最新版本。凡是不注日期的引用文件,其最新版本适用于本标准。

GB 5084—2005 农田灌溉水质标准

GB 5749—2006 生活饮用水卫生标准

GB 8537—1995 饮用天然矿泉水

GB 8978—1996 污水综合排放标准

GB 11607—1989 渔业水质标准

3 术语和定义

下列术语和定义适用于本标准。

3.1

地热 geothermal

地球内部所储存的热量。

3.2

地热资源 geothermal resources

能够经济地被人类所利用的地球内部的地热能、地热流体及其有用组分。目前可利用的地热资源主要包括:天然出露的温泉、通过热泵技术开采利用的浅层地热能、通过人工钻井直接开采利用的地热流体以及干热岩体中的地热资源。

3.3

地热资源勘查 geothermal resources exploration

为查明某一地区的地热资源而进行的地质、地球物理、地球化学综合调查以及钻探与试验、取样测试、动态监测等地质工作。根据勘查工作程度,可分为调查、预可行性勘查、可行性勘查和开采等阶段。

3.4

地热资源评价 geothermal resources assessment

在综合分析地热资源勘查成果的基础上,运用合理方法对地热资源蕴藏量、可采量及质量进行的计算与评价。

3.5

地热流体质量 quality of geothermal fluid

地热流体的物理性质、化学成分、微生物指标及其能量品位。

3.6

地热异常区　geothermal anomalous area

又称地热区，地表放热量或大地热流值显著高于大陆地壳热流平均值的地区。在实际工作中，通常指具有某种地表热显示或一定深度内赋存有开发利用前景的热储分布地区。

3.7

地热系统　geothermal system

构成相对独立的热能储存、运移、转换的系统。按地质环境和能量传递方式可划分为对流型地热系统和传导型地热系统。

3.8

地热田　geothermal field

经地质勘查或研究证实，赋存有一定数量和质量并可供经济开发利用的地热资源的地区。

注：一般与地热异常区相对应，其规模可从几平方千米至数百或上千平方千米不等。理想的地热田具有热源、储热层（热储）和盖层三个要素。

3.9

地热储　geothermal reservoir

简称热储（heat reservoir），埋藏于地下、具有有效空隙和渗透性的地层、岩体或构造带，其中储存的地热流体可供开发利用。

3.9.1

层状热储　stratified reservoir

以传导热为主、分布面积大并具有有效空隙和渗透性的地层构成的热储。泛指沉积盆地型热储。

3.9.2

带状热储　zoned reservoir

以对流传热为主、平面上呈条带状延伸、具有有效空隙和渗透性的断裂带构成的热储。

3.10

盖层　cap rock

覆盖在热储之上的不透水或弱透水岩层的总称。在层状热储中，通常将覆盖在主要热储或开发利用热储之上的地层通称之为主要热储的盖层。

3.11

热源　heat source

供给热储中岩石和地热流体热的来源，可以是现代岩浆活动形成的岩浆房，也可以是来自地壳深部的热传导或来自沟通深部热源的现代活动性断裂带的热对流。

3.12

地热增温率　geothermal gradient

也称地温梯度，地球不受大气温度影响的地层温度随深度增加的增长率。通常用恒温带以下每深入地下 100 m 所增加的地温值来表示。

3.13

地热储量　geothermal reserves

在当前经济技术可行的勘查深度内，经过勘查工作，一定程度上查明储存于热储岩石及其空隙中的地热流体所赋存的地热资源量。

3.14

可开采量　exploitable reserves

经勘查或经开采验证的在当前开采经济技术条件下能够从热储中开采出来的那部分储量，是地热储量的一部分。通常是在热田勘查、开采和监测的基础上，考虑到可持续开发，经拟合计算允许每年合理开采的地热流体量。依据勘查、开采程度不同，分为：验证的、探明的、控制的和推断的可开采量。

3.15

地热流体　geothermal fluid

包括地热水和地热蒸气，以及少量的非凝性气体，但不包括天然的碳氢化合物可燃气体。

3.16

干度　steam fraction

高温地热的两相流体中蒸气含量占水汽总流量的质量百分比。

3.17

试井　well testing

地热井成井后的产量试验，需测定井产量、静压力、动压力、压力降、流体温度和流体质量等。

3.18

有效空隙率　effective porosity

地热流体贮存空间(连通性孔隙、裂隙)体积占热储总体积的比率。

3.19

渗透性　permeability

地质体可以让流体渗透、透过的能力。一般以渗透率，即压力梯度为1时，动力粘滞系数为1的液体在介质中的渗透速度来表示其能力的大小。

3.20

热导率　heat conductivity

物质传递分子运动热能的能力。沿热传导方向单位厚度物质当两壁温差为1 ℃时，单位时间内所通过的热量。

3.21

比热　specific heat

即比热容的简称。单位质量的物质当温度升高1 ℃时所吸收的热量或降低1 ℃时所释放出的热量。

3.22

容积压缩系数　volumetric compressibility factor

地热流体受压缩而缩小的体积与其原体积之比率。

3.23

弹性释水系数　elasticity releasable factor

因地热流体开采造成热储压力下降，使受容积压缩系数控制的那部分地热流体逐渐得以膨胀释放的能力。

3.24

渗透联系　permeable linking

不同地区或不同热储层之间热流体的运移、沟通能力。

3.25

井产量　well production

单个地热井的热流体产率。

3.26

压(力)头　pressure head

又称承压水位和测压水头，是地热流体普遍具有的通性，作用于单位面积上的压力(P)与地热流体单位体积质量(R)的比值(P/R)。实际工作中，通常以固定点(井口或地面)为基准进行测定，水头高出基准点以+压力表示，低于基准点以深度表示。为便于比较，则以海平面为零点，进行统一换算。

3.27

静压力　static pressure

地热井在非井试条件下的闭井流体压力。

3.28

动压力　dynamic pressure

地热井在井试时带有压力下降的流体压力。

3.29

压力降　pressure drawdown

地热井在井试条件下静压力与动压力之差,相当于抽水试验的降深。

3.30

单位产量　specific capacity

每米压力降的热流体产量。

3.31

地热回灌　geothermal reinjection

为保持热储压力、充分利用能源和减少地热流体直接排放对环境的污染,对经过利用(降低了温度)的地热流体通过地热井重新注回热储,也可利用其他清洁水源进行回灌。

3.32

热储工程　reservoir engineering

涉及热储性质的工程数据和为取得这些数据需进行的测试和研究,包括地热井井试、动态拟合、热储模型和回灌等。

3.33

概念模型　conceptual model

对地热田包括热储、盖层、热源和热传递、流体运动等要素的几何及物理形态的简化描述。

3.34

热储模型　reservoir modeling

在掌握热田机制和开采生产的全系列工程测试数据的基础上,建立的类比、统计、解析、数值法等模型,以拟合热储生产的历史和现状条件,为地热资源规划、利用、管理和保护等服务。

4　总则

4.1　本标准涉及的地热资源勘查为水热型地热资源勘查,尚不包括干热岩型、岩浆型地热资源勘查和通过热泵换热技术开采利用的浅层地热资源勘查。

4.2　地热资源勘查评价的目的是为开发与保护地热资源提供资源/储量及其所必须的地质资料,以减少开发风险、取得地热资源开发利用最大的社会经济效益和环境效益,并最大限度地保持资源的可持续利用。

4.3　地热资源勘查评价的重点是在查明地热地质背景的前提下,确定地热资源可开发利用的地区及合理的开发利用深度;查明热储的岩性、空间分布、空隙率、渗透性、产能及其与断裂构造的密切程度;查明热储盖层岩性、厚度变化、对热储的封闭情况及其地热增温率;查明地热流体的温度、赋存状态、物理性质与化学组份,并对其利用方向做出评价;查明地热流体动力场特征、补径排条件,计算评价地热资源/储量,提出地热资源可持续开发利用的建议。

4.4　地热资源勘查分为地热资源调查、预可行性勘查、可行性勘查及开采四个阶段。大、中型地热资源勘查项目分阶段进行,地热地质条件简单的中、小型或单个地热井勘查项目可合并进行。

4.5　地热资源勘查工作应有效地应用航卫片图像解译、地质调查、地球物理、地球化学、地热钻井、产能测试、分析化验、动态监测等方法技术进行综合性勘查。地热钻井,尤其是深部地热钻井应在地球物理勘查工作的基础上进行。

4.6　地热勘查钻井,应按照“探采结合”的原则进行布置和施工。地热勘查孔有条件成井的,应按地热生产井钻井技术要求成井,完井后转为生产井利用;地热生产井应按地质勘查孔的技术要求进行钻井施工，取全取准各项钻井地质及地热参数资料，做好地质编录，为地热田地质研究和资源的开发与保护提供地质资料。

4.7 经过勘查的地热田或边采边探已形成一定开采规模的地热开采区，应及时总结分析勘查资料，对地热资源/储量进行计算评价，提出相应的地热资源勘查评价报告，为科学制定地热资源开发利用规划或方案提供依据。

对已投入规模化开采的地热田或地热集中开采区，宜每隔五年依据开采动态资料对其可开采量进行核实评价，为资源管理保护、确保资源可持续利用提供依据。

4.8 经勘查评价的地热资源/储量，地热流体可开采量依据地质勘查可靠程度分为：验证的、探明的、控制的和推断的四级（见表1）。

表1 地热资源/储量分类简表

勘查阶段		开采	可行性勘查	预可行性勘查	调查
地热资源/储量分类	地热流体可开采量	验证的	探明的	控制的	推断的
	地热储量	热储存量			

5 地热资源勘查内容与要求

5.1 地热资源勘查内容

5.1.1 地质研究

5.1.1.1 研究地热田的地层、构造、岩浆（火山）活动及地热显示等特点，确定热储、盖层、控热构造、热储类型及不同类型地热田勘查工作重点。

5.1.1.2 对地热田周边及相关地区，应进行必要的地质调查和地球物理、地球化学勘查，研究地热田形成的地质背景及地热流体的动力场、温度场和循环途径。

5.1.1.3 对地表热显示及井（孔）温度进行系统调查，确定地热异常区范围，分析研究热异常区形成的原因和条件。

5.1.1.4 查明地热田的范围、热储、盖层、地热流体通道及地热田的边界条件，确定地热田的地热地质模型。

5.1.1.5 研究地热资源形成的地质环境条件及开发地热资源对地质环境可能造成的影响。

5.1.2 地温场研究

5.1.2.1 查明地热田不同地段、不同深度的地温变化，确定恒温带深度、热储盖层的地热增温率和热储的温度，研究勘查深度内的地温场特征，圈定地热田范围。

5.1.2.2 利用地热增温率或地球化学温标估算热储温度（参见附录A），并对热田成因、控热构造和热源做出分析推断。

5.1.3 热储研究

查明各热储的岩性、厚度、埋深、分布、相互关系及其边界条件，测定各热储的空隙率、有效空隙率、弹性释水系数、渗透系数、压力传导系数、压力水头高度等参数，详细研究主要热储或近期具有开发利用价值热储的渗透性、地热流体的产量、温度、压力及其变化，为地热资源/储量计算提供依据。

5.1.4 地热流体研究

5.1.4.1 查明地热流体的温度、相态、排放时的汽、水比例（蒸汽干度）、非凝气体成分，为地热资源的开发利用与环境影响评价提供依据。

5.1.4.2 测定地热流体的物理性质与化学成分、微生物含量、同位素组成、有用组分及有害成分，评价地热流体的可能利用方向。

5.1.4.3 测量各地热井（孔）地热流体的压力、产量特征，研究地热流体与大气降水、常温地下水和不同热储间地热流体的相互关系，分析地热流体的来源、储集、运移、排泄条件。

5.1.4.4 研究地热流体的温度、压力、产量及化学组分的动态变化。

5.2 不同勘查阶段工作要求

5.2.1 地热资源调查阶段

以分析研究区内已有的地质、航卫片图像地质解译、地球物理、地球化学、放射性调查以及地热资源勘查开发资料为主。开展调查的范围可根据需要确定。重点对地热天然露头(泉)和地热井开展野外调查,依据地热资源勘查研究程度的不同,预测调查区的地热资源量,提交地热资源调查报告或开发利用前景分析报告,确定地热资源重点勘查开发前景区,为国家或地区地热资源勘查远景规划提供依据。

5.2.2 地热资源预可行性勘查阶段

选定在有地热资源开发前景但又存在一定风险的地区进行地热资源预可行性勘查。包括下述内容:

a) 对选定的有开发前景的地热显示区(热泉等)或隐伏地热异常区,根据地热资源勘查要求与区域地热地质条件确定合理的勘查范围;

b) 采用地质调查、地球物理、地球化学等勘查方法,初步查明地热田及其外围的地层、构造、岩浆(火山)活动情况,地温异常范围,地热流体的天然排放量、温度、物理性质和化学成分,圈定地热资源有利开发的范围,确定进一步勘查地段;

c) 按热田勘查类型的不同,投入少量的控制性地热钻井工程,初步查明地热田的地层结构,地热增温率,热储的埋藏深度、岩性、厚度与分布,地热流体温度、压力和化学组分,并通过井产能测试,初步了解热储的渗透性、井的热流体产率、温度等;

d) 利用地热钻井测试资料及经验参数,采用热储法、比拟法等方法计算地热储量、地热流体可开采量,对地热资源开发利用前景做出评价,提出地热资源预可行性勘查报告,为地热资源试采及进一步勘查与开发远景规划的制定提供依据。

5.2.3 地热资源可行性勘查阶段

结合地热资源开发规划或开发工程项目要求,在地热资源预可行性勘查阶段选定的地区或开发工程所选定的地段上进行。勘查范围可以是一个地热田,也可以是划定的拟开采地区。应进行下述工作:

a) 详细进行地温调查,地质及地球物理、地球化学勘查,基本查明勘查区的地层结构、岩浆岩分布与主要控热构造,各热储的岩性、厚度、分布、埋藏条件及其相互关系;

b) 选择代表性地段进行地热钻探或探采结合钻井工程,查明其地层结构、热储及其盖层的地热增温率;主要热储特征(渗透性、有效空隙率等)、地热流体温度、压力、产量及化学组分等;

c) 进行地热群井生产性测试,了解井间干扰情况及流体动力场变化特征,为确定合理的开采生产井群布局提供可靠依据;

d) 对地热流体动态(开采量、水头压力、水温、水质)进行长期观测研究,掌握其年内或多年动态特征;

e) 根据多个地热钻井(孔)测试资料、年动态监测及经验参数,采用热储法、比拟法、解析法、数值法,详细计算勘查区内的地热储量、地热流体可开采量,提出地热资源勘查报告,其成果满足地热资源开采设计的需要。

5.2.4 地热资源开采阶段

对已规模化开采地热资源的地热田或地区,应结合开采中出现的问题与地热资源管理的需要,加强开采动态监测、采灌测试、热储工程与地热田水、热均衡研究,每5年对地热流体可开采量及开采后对环境的影响进行重新评价,为地热资源合理利用、有效保护和可持续开发提供依据。应进行下述工作:

a) 综合分析区内已有的地质、水文地质、地热地质、深部地热钻井及地球物理勘查资料,详细查明地热田或研究区内的地质构造、岩浆活动,热储岩性、厚度、分布范围及其埋藏条件,建立准确的地热地质概念模型;

b) 全面分析地表热显示及井孔测温资料，详细查明区内的地热增温率、勘查深度内地温场的空间变化规律，准确确定热储温度；

c) 对地热流体动态（开采量、水头压力、水温、水质）进行长期观测研究，定期普测全区地热流体压力、温度、化学组分变化，分析不同储层和主要开采热储层的开采量变化及其引起的地热流体压力、温度、水质动态变化规律，建立评价区热储渗流模型与地球化学模型；

d) 依据热储特征、地热田开发的实际需要与可能，对热储进行回灌试验研究，查明回灌对地温场与渗流场的影响，确定最佳的回灌地段、层位、采灌比、采灌井的合理布局及保持地热田持续开发利用的采灌强度；

e) 建立地热资源地理管理信息系统与地热资源评价的数学模型，主要利用地热勘查、采灌试验及多年动态监测资料，采用数值法、解析法、统计分析法与热储法，计算验证地热流体可开采量、地热储量并做出评价，提出相应时段的地热资源/储量报告，其成果应满足地热资源持续开发与科学管理的需要。

5.3 不同类型地热田勘查重点

5.3.1 高温地热田

通过地质调查圈定地热异常分布范围，对区内新构造运动与岩浆活动的进行研究，开展深部地球物理、地球化学勘查，查明热源、热通道及其与热储、载热流体的关系。

5.3.2 地压型地热田

应查明热储的空间展布、封闭条件及形成机理；查明地热流体温度、压力及其伴生气体（通常有CO_2和可燃气体）组分和特征，对热储资源做出综合评价。

5.3.3 主要受断裂构造控制呈带状分布的地热田

应研究控制或影响地热资源分布的主要断裂构造的形态、规模、产状、力学性质及其组合关系。在地质调查的基础上，结合地球物理、地球化学勘查圈定地热异常区或地热田的边界。宜在断裂交汇部位及主要控热断裂构造的上盘并沿断裂构造延伸方向布置地热钻井查明其条件，通过沿断裂线上的群井降压试验参数评价地热田的地热流体可开采量。对于受断裂构造控制的天然温泉则以多年流量动态观测资料评价其可开采量。

5.3.4 呈层状分布的盆地型地热田

宜通过地质调查（主要是深井测温调查）了解可能的地热异常区；依据重力、磁法、电法和地震等地球物理勘探方法，查明松散地层的沉积厚度或隐伏基岩埋藏深度、主要断裂构造分布，确定地热资源勘查范围；通过点上的深部地球物理勘探，详细了解深部地层结构、主要热储埋深；依据地热井钻探验证结果及取得的新认识，开展外围地区勘查，逐步扩大勘查范围；主要依据采灌测试、开采动态监测资料评价地热流体可开采量。勘查工作应详细研究地层结构及地温梯度随深度、地层的变化，划分热储和盖层。着重研究各热储层岩性、厚度、分布及重要断裂构造对热储的渗透性、地热流体温度的控制性影响，确定主要热储，划分地热流体富集区（带）。

6 勘查工程控制程度要求

6.1 地热田勘查类型划分与热田规模、地热资源分级

6.1.1 根据我国已知地热田特征，按地热田的温度、热储形态、规模和构造的复杂程度，将地热田勘查类型划分为两类六型（见表2）。

6.1.2 地热田规模按可开采热（电）能的大小分为大、中、小三型（见表3）。

6.1.3 地热资源按温度分为高温、中温、低温三级（见表4）。

表 2 地热勘查类型

类	型	主要特征
高温地热田（Ⅰ）	Ⅰ-1	热储呈层状，岩性和厚度变化不大或呈规则变化，地质构造条件比较简单
	Ⅰ-2	热储呈带状，受构造断裂及岩浆活动的控制，地质构造条件比较复杂
	Ⅰ-3	地热田兼有层状热储和带状热储特征，彼此存在成生关系，地质构造条件复杂
中低温地热田（Ⅱ）	Ⅱ-1	热储呈层状，分布面广，岩性、厚度稳定或呈规则变化，构造条件比较简单
	Ⅱ-2	热储呈带状，受构造断裂控制，地热田规模较小，地面多有温、热泉出露
	Ⅱ-3	地热田兼有层状热储和带状热储特征，彼此存在成生关系，地质构造条件比较复杂

表 3 地热田规模分级

地热田规模	高温地热田		中、低温地热田	
	电 能/MW	保证开采年限/年	热 能/MW	保证开采年限/年
大型	＞50	30	＞50	100
中型	10～50	30	10～50	100
小型	＜10	30	＜10	100

表 4 地热资源温度分级

温度分级		温度(t)界限/℃	主要用途
高温地热资源		$t \geqslant 150$	发电、烘干、采暖
中温地热资源		$90 \leqslant t < 150$	烘干、发电、采暖
低温地热资源	热水	$60 \leqslant t < 90$	采暖、理疗、洗浴、温室
	温热水	$40 \leqslant t < 60$	理疗、洗浴、采暖、温室、养殖
	温水	$25 \leqslant t < 40$	洗浴、温室、养殖、农灌
注：表中温度是指主要储层代表性温度。			

6.2 勘查工程控制程度

6.2.1 地质调查

依据地热田规模、勘查类型及勘查工作阶段的不同，选用相应比例尺的地形地质底图进行地热资源的地质调查（见表 5）。

表 5 地热资源勘查控制程度

控制程度		调查阶段	预可行性勘查阶段	可行性勘查阶段	开采阶段
地质调查工作比例尺	小型	1/5 万	1/2.5 万	≥1/1 万	≥1/1 万
	中型	1/10 万	1 /5 万	≥1/2.5 万	≥1/2.5 万
	大型	1/20 万	1 /10 万	≥1/5 万	≥1/5 万
钻探孔及生产井单孔可控制面积/(km^2/孔)	Ⅰ-1 型	—	10.0～20.0	5.0～10.0	＜5.0
	Ⅰ-2 型	—	1.0～2.0	0.5～1.0	＜0.5
	Ⅰ-3 型	—	5.0～10.0	2.5～5.0	＜2.5
	Ⅱ-1 型	—	20.0～30.0	10.0～20.0	＜10.0
	Ⅱ-2 型	—	2.0～3.0	1.0～2.0	＜1.0
	Ⅱ-3 型	—	10.0～20.0	5.0～10.0	＜5.0
注：同一类型地热田钻探，构造条件复杂，具有多层热储者取小值；构造条件比较简单者取大值。					

6.2.2 地球物理勘查

地热资源调查阶段以收集区域地球物理勘查资料为主;可(预可)行性勘查阶段以面积物探为主,勘查区应等于或略大于地质调查的范围,物探工作测线应垂直主要构造走向,精测剖面应通过拟定地热钻井部位,勘查深度应大于拟钻地热井的深度;开采阶段,可根据开采地热资源布井的需要,进行点上的勘查或重点地段的补充性勘查。工作量应满足相应比例尺物探精度和勘查深度的要求。

6.2.3 地球化学勘查

对勘查区的温泉和其他地热显示、已有深井,选择代表性地热流体样品作化学全分析和同位素测试;对地面泉华和钻井岩芯的水热蚀变,采集代表性岩样作岩石化学全分析和等离子体光谱及质谱分析或光谱半定量分析。采样密度随勘查阶段的深入应加密和增加检测项目。

上述水和岩石的化学分析结果,应进行地球化学分类和计算,包括:流体类型、特征组分、组分比率、地球化学温标、水/岩平衡、同位素地球化学等方面。

6.2.4 地热钻探

6.2.4.1 地热钻探工程部署原则:

a) 在充分收集分析研究已有地质、地球物理、地球化学勘查资料的基础上,选择地热资源勘查开发代表性地段部署地热钻探工程;
b) 以查明主要热储的类型、分布、埋藏条件、渗透性、地热流体质量、温度及压力,地热井的生产能力大小为重点;
c) 勘查深度可根据主要热储类型、埋藏深度、当前的开采技术经济条件和市场需要确定,对于天然出露的带状热储类型,勘查深度一般控制在 1 000 m 内;隐伏的盆地型层状热储,勘查深度一般不超过 4 000 m;
d) 地热勘查应实行"探采结合"的原则,地热地质勘查钻孔能成井开采利用的,应按成井技术要求实施;地热开采井的钻井地质编录、测井、完井试验与地质资料收集整理除按成井技术要求实施外,还应按地质勘查要求,取全取准各项地热地质资料。

6.2.4.2 钻探工程控制要求。可参照表 5 选用。

6.2.5 地热回灌

6.2.5.1 地热回灌工程部署原则:

a) 地热回灌宜在可行性勘查的后期或开采阶段布置。可行性勘查阶段以回灌试验为主,开采阶段以生产性回灌为主;
b) 地热回灌适用于热储渗透性好、地热储量大、地热流体补给有限,以利用热能为主的盆地型层状热储分布区;
c) 地热回灌采用未受污染的原水回灌,回灌不得对热储造成污染;
d) 地热流体矿化度高、地热水头逐年下降并已具备自流回灌条件的地热田或地热开采地区,应积极推进回灌,实行"采灌结合"的均衡开采模式;
e) 实行统一开采的地热田,可行性勘查阶段应建立地热采灌结合的试验区,确定井的采灌能力、采灌强度及采(灌)井合理间距与布置方案。

6.2.5.2 回灌工程控制要求:

a) 地热回灌井应结合地热开采井布置,视回灌试验结果、回灌井的回灌能力及维持开采区采/灌平衡的需要确定回灌井数量;
b) 回灌井与开采井应保持一定的间距,其间距应在分析地质构造、热储性质、回灌量、开采和回灌水温差等的基础上确定,应避免发生回灌水未达到增温目标而提前进入开采井;
c) 回灌井与开采井的深度、井结构相同。宜采取同层回灌模式,以维持开采热储的压力;特殊情况下可以实行异层回灌。

7 勘查工作质量要求

7.1 航卫片解译

7.1.1 航卫片解译主要用于判断下列地热地质问题：

a) 地貌、地层、地质构造基本轮廓及地热区隐伏构造；
b) 地表泉点、泉群和地热溢出带、地表热显示位置；
c) 地面水热蚀变带的分布范围；
d) 深部温度场空间展布及高温异常。

7.1.2 航卫片解译应先于地质调查工作，以航空像片解译为主，必要时结合航空红外测量或结合卫星图像解译。解译结果均应对主要地层界线、断裂构造等进行实地路线检验，或与地面地质、物化探工作结合进行。

7.1.3 宜用不同时间、不同波段的航卫片影像进行综合解译。注意航卫片的质量，收集不同地质体的光谱特征，建立地质、地热地质的直接和间接解译标志。利用计算机进行图像处理。

7.1.4 宜用大比例尺航片。用航空立体镜结合计算机解译并用立体成图仪成图。

7.1.5 提交相应比例尺的解译图及文字说明。

7.2 地质调查

7.2.1 地质调查应在充分利用航卫片解译和区域地质调查资料的基础上进行，其主要任务是：

a) 实地验证航卫片解译的疑难点；
b) 查明地热田的地层及岩性特征、地质构造、岩浆活动与新构造活动情况、了解地热田形成的地质背景与构造条件；
c) 查明地表热显示的类型、分布及规模，地热异常带(区)与地质构造的关系。

7.2.2 地质调查范围应包括相关的构造单元。带状热储应包括地热异常带(区)及地热田可能的控热构造边界；层状热储应根据可能的开采范围适当扩大，包括关系比较密切的地区。

7.2.3 地热地质调查精度按相同比例尺的地质调查规范要求实行，在有相应比例尺地质底图的基础上进行地热地质调查，观测点的密度可适当放宽。应以地表热显示、深部钻井地质调查为重点。

7.3 地球化学调查

7.3.1 地热资源勘查各阶段宜进行地球化学调查，采用多种地球化学调查方法，包括地热流体特有组分(F、SiO_2、B、H_2S 等)调查分析、氡气测量等，确定地热异常分布范围。

7.3.2 具代表性的地热流体，宜采集地球化学样品，并适当采取部分常温地下水、地表水及大气降水样品作为对照，分析彼此的差异和关系。样品采集方法、要求遵照本规范附录 B。

7.3.3 测定代表性地热流体、常温地下水、地表水、大气降水中稳定同位素和放射性同位素，推断地热流体的成因与年龄。

7.3.4 计算地热流体中 Na/K、Cl/B、Cl/F、Cl/SiO_2 等组分的重量克分子比率，并进行水岩平衡计算，分析地热流体中矿物质的来源及其形成的条件。

7.3.5 对地表岩石和地热钻井岩芯中的水热蚀变矿物进行取样鉴定，分析推断地热活动特征及其演化历史。

7.3.6 地球化学调查图件比例尺与地质调查比例尺一致。

7.4 地球物理勘查

7.4.1 地球物理勘查宜在地热资源预可行性勘查和可行性勘查阶段进行，勘查范围应包括相关的构造单元并结合地热钻井井位的确定进行。

7.4.2 地球物理勘查初步查明以下地热地质问题：

a) 圈定地热异常范围、热储的空间分布和地热田边界；
b) 圈定隐伏岩浆岩及其蚀变带；

c) 确定基底起伏及隐伏断裂的空间展布；

d) 确定勘查区的地层结构、热储层的埋藏深度和地热流体的可能富集(区)带。

7.4.3 地球物理勘查方法根据地热田的地质条件和被探测体的物性特征进行选择。除使用常规的电法、磁法、重力方法外，还可选择分辨率较高或探测深度较大的人工地震、电磁测深(如大地电磁测深、可控源音频大地电磁测深、连续大地电磁剖面法、瞬变电磁法)及微动测深等(见表6)。

表6 不同类型地热田地球物理勘查方法

勘查阶段		地热资源调查	预可行性勘查	可行性勘查
热田勘查类型	层状热储	收集区域航卫片(含红外)、航磁、重力等物探资料以及地温、地震活动性等资料	1/10万重磁面积测量，1/10万电磁测深或电测深面积测量	1/5万重磁面积测量，1/5万电磁测深或电测深面积测量、微动测深及人工地震剖面测量
	带状热储		1/5万重磁面积测量，1/5万浅层测温，1/5万电磁测深或电测深面积测量	1/2.5万重磁面积测量，1/2.5万电磁测深或电测深面积测量，土壤汞、氡气测量，人工地震剖面测量

7.4.4 利用地温测量圈定地热异常区；利用重力法确定勘查区基底起伏及断裂构造的空间展布；利用磁法确定岩浆岩体的分布及蚀变带位置；利用电磁测深(或电测深)及微动测深确定热储深度与范围；利用可控源音频大地电磁测深确定断裂构造和热异常；利用土壤汞、氡气测量确定浅埋藏的活动断裂构造；利用地震勘探较准确地圈定地层结构、热储埋深及断裂位置与产状。

7.4.5 地球物理勘查应严格执行各类地球物理勘查工作规范，取全取准各项观测数据，不合质量要求的资料不得参与地质解译推断。

7.4.6 地球物理勘查资料解译推断应遵循“从已知到未知、从定性到定量、综合解译与反演解译”的原则，采用计算机技术提高地质解译质量。

7.5 地热钻探

7.5.1 地热钻探孔设计、施工、钻进中的地质编录与完井的各种测试应满足查明地热田的地层结构、地质构造、岩性、地温变化、热储的渗透性、地热流体压力及其物理性质和化学组分，取得代表性计算参数的需要。

7.5.2 地热田内存在多层热储时，应分别查明各热储层的温度、地热流体压力、产能及其物理化学性质。对拟投入开发利用的地热钻井，应对井的表层管和技术管进行严格固井，表层套管下入深度、口径应满足抽水泵外径和地热井长期开采的要求，固井水泥应上返至井口；下部技术套管下至热储一定深度内，固井水泥应填满套管与孔壁间的环状间隙，以保持套管稳定和严格封闭热储以上含水层位，防止不同水质储层相互串层沟通而造成污染。对技术套管超过1 000 m且地层比较稳定的，固井水泥填入高度可小于技术套管长度，但不得小于500 m，并需在其顶部再压入水泥，其垂向厚度不少于100 m。

7.5.3 除专门设计的定向井外，地热钻井应保持垂直，相应深度的井斜控制为：深度300 m内(开采井泵室段)不大于1°，1 000 m内不大于3°，2 000 m内不大于7°，2 000 m以上终孔不大于10°；井深误差不大于1/1 000。

7.5.4 地热地质钻井口径应满足取样、测井及完井试验的要求；探采结合井还应满足设计产量、安装相应开采设备的要求；观测井终孔口径一般不小于91 mm。

7.5.5 在已有取心钻孔控制的地区，地热钻井一般采取无心钻进，但应做好全孔岩屑录井与地质编录，岩屑录井样品采集间距(2～5)m；对代表性井段应采取岩石磨片样和化学分析样，进行室内鉴定和准确定名；对中、高温地热田，还应特别注意水热蚀变岩芯或岩屑的采样和鉴定。对尚无取心钻井控制的地区、代表性井段或地层判别有疑难的地区，应适当取心。每一个地热田，应根据地热田规模建立代表性的地热钻井地层实物地质资料标准剖面。

7.5.6 地热钻井过程中应合理使用冲洗液，盖层可根据地层情况采用不同密度、粘度、失水率的泥浆作为冲洗液，钻遇热储层后宜采用清水或无固相稀泥浆作为冲洗液。考虑热储层的压力条件，尽量采用近平衡钻进，以防堵塞和污染热储层。

7.5.7 地热钻井在下管前和完钻后，应进行地球物理测井，不得漏测井段。测井项目应包括：电阻率、自然电位、天然放射性、井温、井径、井斜、声波（密度）等项；钻遇热储层顶、底板及终孔时，应进行测温，测温前停钻时间不少于 24 h。严重漏失井段测温的停钻时间应适当延长。

7.5.8 地热钻井的地质观测与编录：

a） 采集岩屑或岩芯样品，应仔细观测记录其岩石成分、不同成分岩屑所占比例及其随钻进深度的变化，判定地层的岩石名称及变层的深度并保留代表性岩屑样品；

b） 在钻进的目的层段，应注意观测冲洗液性能及漏失量变化、详细记录钻进过程中的涌水、井喷、漏水、涌砂、逸气、掉块、塌孔、放空、缩径等现象及出现时的井深和层位，测定涌水、井喷的高度、涌水量、温度及冲洗液的漏失量等，对井段的热储特性、地热流体赋存部位进行预估；

c） 应系统测定井口冲洗液出口和入口的温度变化并做好记录，对储、盖层界面进行判断。

7.5.9 对用于开采（回灌）的地热井，完井后，应做好井口保护，完善井口装置，包括：安装控制阀门、流量计、温度计、压力计等，以确保流体产量、温度、压力、水位监测的需要。

7.6 地热井产能测试

7.6.1 地热井完井产能测试

地热井完井后应进行产能测试，测试前应做好洗井工作。洗井应依据热储渗透条件及埋深、孔内情况，采用适宜的机械或化学方法清除孔内及热储层段井壁的泥浆、岩屑、岩粉等堵塞物，达到流体中悬浮物含量小于 1/20 000（质量比），流体产量与压力下降保持相对稳定（前后比较变化小于 10%）。

7.6.2 地热井产能测试

包括降压试验、放喷试验和回灌试验等，各类地热勘探孔与开采（回灌）井都应进行测试，通过测试取得地热流体压力、产量、温度、采灌量比及热储层的渗透性等参数。

7.6.3 低温地热井降压试验

依据勘查的需要，分为单井、多井和群井降压试验。

7.6.3.1 单井试验：宜做三次降压的稳定流或非稳定流试验，最大一次降压的延续时间不少于 48 h，单位产量小于 10 $m^3/d \cdot m$ 及流体压力持续下降的，应适当延长试验时间。试验期间宜采用井下压力计测量压力变化，条件不具备只能从孔口测量水位（压）时，应同时测得孔内地热流体温度，换算准确反映压力的水头。测试资料应满足确定流体运动方程，计算储层渗透系数、有效空隙度或弹性释水系数、压力传导系数，评价单井合理产量的要求。

7.6.3.2 多井试验：指带有一个或多个观测孔的主孔降压试验，在地热田可行性勘查阶段中采用，宜做（1～2）次降压的稳定流或非稳定流试验，最大一次降压的延续时间不少于 120 h。试验资料除满足单井试验的各项要求外，还应能确定降压影响半径、井间干扰系数等参数。

7.6.3.3 群井试验：指在同一热储内，在两个或两个以上地热井中同时进行的降压试验，在地热田可行性勘查阶段或开采阶段中采用，结合地热资源开采方案进行。应做一次最大降压的稳定流或非稳定流试验，降压试验流量尽量接近井的拟开采量，延续时间不少于 240 h。试验资料要求能确定地热流体动力场的变化及其边界条件，为资源计算与评价、确定合理开采方案提供资料。

7.6.4 中、高温地热井放喷试验

分为单井放喷试验和群井放喷试验。

7.6.4.1 单井放喷试验：可先用端压法测算单井的热潜力。准确测定则应在井口进行汽、水分离，分别测定不同压力下的汽、水流量和温度，并测定分离蒸汽中的不凝结气体含量，确定单井的热焓和热流体产量，绘制井口压力、产量与温度、流量和时间的关系曲线。试验延续时间不少于 360 h。

7.6.4.2 群井放喷试验：在多个生产井同时放喷并在外围设立一定数量观测井的试验。在中、高温地热田可行性勘查阶段及热储工程研究中采用，宜结合试验性生产进行，试验延续时间不少于一个月。试

验要求在井口进行汽、水分离，分别测定不同压力下汽、水量与温度，分离蒸汽中非凝气体含量，了解各生产井在干扰状态下的产量，为评价地热总产量及热储的潜力提供依据。

7.6.5 地热回灌试验

7.6.5.1 地热回灌试验在地热田可行性勘查及开采阶段中采用。试验应准确测定回灌井的回灌量、压力随时间的变化、回灌影响范围及影响区内热储温度、地热流体温度、压力、产量和化学组分变化等，为确定合理回灌方案提供依据。

7.6.5.2 回灌试验应布设一定数量的观测井(选择相邻地热井)，试验前实测回灌井和观测井的井温及地热流体的温度、压力及化学组分；试验期间(包括回灌期间及停灌后)应定期监测其变化并分析这些变化与灌(采)量变化的关系，应用无害示踪剂进行示踪试验，测定回灌流体的运移途径、速度；停灌后仍应定期监测回灌井，观测井压力、地温的变化，以及相邻开采井地热流体的温度、压力及化学组分的变化，直至相对稳定。

7.6.5.3 回灌试验分为同井分层回灌试验、对井回灌试验、群井生产性回灌试验：

a) 同井分层回灌试验：在同一地热井穿越有两个以上热储且水质条件相同或相近的条件下采用，主要热储用于开采，次要热储用于回灌；

b) 对井回灌试验：一个地热井开采，另一个地热井进行回灌的试验。开采井与回灌井距离宜大于2倍的开采影响半径；

c) 群井生产性回灌试验：在地热田内可选择适宜的回灌场地进行多井集中回灌，或为适应原有采(灌)井布局的需要，在地热田不同部位进行分散回灌。回灌量与地热田的开采量保持一定比例。

7.6.5.4 地热回灌试验宜与地热开发利用结合进行，在实行冬季采暖的地区，可结合冬季采暖进行一个采暖期的回灌试验(不含停灌后的观测时间)，以评价采灌区温度场的年际变化及其对维持采灌区持续开采的影响。

7.6.5.5 回灌水源应为地热供暖或温室供热降温后未受污染的地热原水，防止回灌对热储造成污染。

7.6.5.6 对回灌水源应采取过滤措施，以防机械堵塞；采取隔氧措施，以防止生物和化学堵塞；定期采取回扬或采(灌)井功能对换措施，以利清除堵塞物，恢复其回灌能力。

7.6.5.7 在回灌试验期间可进行示踪试验，研究开采井和回灌井之间的水力联系和回灌对开采井出水温度的影响。

7.7 地热流体与岩土实验分析

7.7.1 在地热勘查中，应系统采取水、气、岩土等样品进行分析鉴定，获取热储及地热流体的有关参数。各类样品按下述要求采取：

a) 地热流体全分析：各勘查阶段的全部地热井和代表性泉点均应采取；

b) 气体分析：凡有气体逸出的地热井(泉)均应采取；中高温地热井应采用井下压力采样器取样；

c) 微量元素、放射性元素(U、Ra、Rn)、毒性成分的分析：按每个储层采样，预可行性勘查阶段各取(1～2)个，可行性勘查阶段各取(3～5)个，开采阶段各取(5～7)个；

d) 稳定同位素：可行性勘查阶段可取(1～2)个，开采阶段可取(2～3)个；

e) 放射性同位素：可行性勘查阶段每层热储各取(3～5)个，开采阶段每层热储各取(5～7)个；

f) 岩土分析样：采集典型热储和盖层岩样及包含水热蚀变的岩土样品。

7.7.2 地热流体化学成分全分析项目包括：主要阴离子(HCO_3^{-1}、Cl^{-1}、SO_4^{-2}、CO_3^{-2})、阳离子(K^{+1}、Na^{+1}、Ca^{+2}、Mg^{+2})、微量元素和特殊组分(F、Br、I、SiO_2、B、H_2S、Al、Pb、Cs、Fe、Mn、Li、Sr、Cu、Zn 等)、放射性元素(U、Ra、Rn)及总 α、总 β 放射性、pH 值、溶解性总固体、硬度、耗氧量等。对高温热田应增加 Hg、As、Sb、Bi 的测试，对温泉和浅埋热储应视情况增加污染指标如酚、氰等的分析，并根据不同用途增加相关分析项目。

7.7.3 同位素分析：一般测定稳定同位素 D(H^2、^{18}O、^{34}S)和放射性同位素 T(H^3、^{14}C)。

7.7.4 气体分析：应尽可能包括：H_2S、CO_2、O_2、N_2、CO、NH_4、CH_4、He、Ar 等。

7.7.5 岩、土分析鉴定：依据地热田的实际情况有选择的进行。

a) 热储及代表性盖层的物理、水理性质测定。项目包括：密度、比热、热导率、渗透率、空隙率等；

b) 地层地质信息测定。包括：同位素年龄、古地磁、微体古生物、化石、孢粉、重矿物、岩石磨片与岩石化学等测定和鉴定，确定其地层时代和岩性；

c) 岩石薄片鉴定水热蚀变矿物并研究其演化过程，如发现矿物包体则可进行包体测温；

d) 测定岩石中铀、钍、钾-40 放射性含量，计算产热量及形成区域热异常的背景。

7.8 动态监测

7.8.1 动态监测应贯穿地热资源勘查、开采的全过程。拟投入勘查开采的地热田，应及早建立地热流体的动态监测系统，掌握地热流体的天然动态与开采动态。对已开发的地热田应在已有观测网的基础上，根据热田资源评价及控制开采压力下降漏斗范围的需要进行调整和加强，保持动态监测的连续性，为地热资源评价、地热田管理、研究与地热田开发有关的环境地质问题提供基础资料。

7.8.2 监测点的布设应能控制地热田各热储层的自然动态规律及开采引起的动态变化。预可行性勘查阶段，应选择(1～2)个代表性地热井(泉)进行监测，了解地热田的天然动态规律；可行性勘查阶段，应对地热田的各热储层分别设立(2～3)个动态监测点，了解地热田各热储的动态差异及其变化规律；开采阶段应在已有监测点网的基础上，适当增加监测点(对于集中开采的层状热储，可按(3～5)点/100 km^2 的比例布置)，控制地热田不同构造部位的动态变化。

7.8.3 监测内容包括：地热流体压力、产量、温度及化学成分。监测频率可根据不同动态类型而定。地热流体压力、温度监测宜每月(2～3)次；地热流体产量监测与流体压力监测同步进行，并按日历年(月)统计地热田总产量的变化：地热流体化学成分监测，宜每年 2 次。

7.8.4 各动态监测井应准确测定井口标高及井位坐标，各项动态监测资料应及时进行分析，编制年鉴或存入数据库。

7.8.5 对已投入开采的地热田，应按年度对热田的动态监测成果进行系统分析，着重分析热田开采量、回灌量与地热田热储压力的变化，提出年度动态监测报告，为热田管理与开采总量调整提供依据。

8 地热资源/储量计算与评价

8.1 计算原则

8.1.1 地热资源/储量的计算，应分别计算热储中的地热储量、储存的地热流体量、地热流体可开采量及其可利用的热能量。地热流体可开采量还应依据勘查程度的差别，分别确定为验证的、探明的、控制的和推断的级别。

8.1.2 地热资源/储量计算，应以地热地质勘查资料为依据，在综合分析热储的空间分布、边界条件和渗透特征，研究地热流体的补给和运移规律，研究地热的成因、热传导方式、地温场特征，并建立地热系统概念模型的基础上进行。

8.1.3 计算方法或计算模型应符合实际，模型的建立与计算方法的采用，应随勘查工作程度的提高，依据新的勘查和动态监测资料进行更新和改进。在开采阶段，模型的更新和计算周期宜小于 5 年。

8.1.4 勘查开发程度高、规模大、已实行采/灌结合的地热田，尤其是城市地区的地热田，应开展热储工程研究，建立数值模型，并据此提出地热资源可持续开发利用的方案与资源优化管理模式。

8.1.5 对实行边采边探的地热田或地热开采地区，在形成一定开采规模后，应及时分析研究地热资源勘查开发成果，计算相应勘查阶段的地热资源储量。

8.2 计算参数要求

地热资源/储量计算参数应尽可能通过试验和测试取得。对难于通过测试得到的参数或勘查工作程度较低时，可采用经验值。应取得下列参数。

8.2.1 地热井参数：地热井位置、深度、揭露热储厚度、生产能力、温度、水头压力、流体化学成分等。

8.2.2 热储几何参数:热储面积、顶板深度、底板深度和热储厚度等。

8.2.3 热储物理性质:热储温度、水头压力、岩石的密度、比热、热导率和压缩系数等。

8.2.4 热流体性质:热流体单位质量的体积、密度、热焓、动力粘滞系数、运动粘滞系数和压缩系数等。

8.2.5 热储渗透性和贮存流体能力的参数:渗透率、渗透系数、传导系数、弹性释水系数(贮存系数)、空隙率、有效空隙率等。

8.2.6 监测资料:地热井的生产量、温度、水头压力、化学成分随时间的变化。

8.2.7 热储的边界条件:边界的位置、热力学和流体动力学特征等。

参数的分布应能控制地热田或勘查区的特征。在建立数值模型时,如实测资料不充分,可通过模型反求热储的参数。

8.3 计算方法要求

8.3.1 地热资源/储量计算应建立在地热田概念模型的基础上,根据地热地质条件和研究程度的不同,选择相应的方法进行。概念模型应能反映地热田的热源、储层和盖层、储层的渗透性、内外部边界条件、地热流体的补给、运移等特征。

8.3.2 地热资源/储量计算重点是地热流体可开采量(包括可利用的热能量)。计算方法依据地热地质条件及地热田勘查研究程度的不同进行选择。预可行性勘查阶段可采用地表热流量法、热储法、比拟法;可行性勘查阶段除采用热储法及比拟法外,还可依据部分地热井试验资料采用解析法;开采阶段应依据勘查、开发及监测资料,采用统计分析法、热储法或数值法等计算。

8.3.3 一个地热田或地热勘查区的地热资源/储量计算,应采用两种以上的方法计算、比较和验证。

8.3.4 对单个地热开采井,应依据井产能测试资料按井流量方程计算单井的稳定产量,或以抽水试验资料采用内插法确定。计算使用的压力降低值一般不大于0.3 MPa,最大不大于0.5 MPa,年压力下降速率不大于0.02 MPa。

8.3.5 对以井采为主并开采多年的地热田,应以统计法为主计算地热流体可开采量,以地热田内代表性监测井多年水头压力保持稳定或一定时限内可趋于稳定条件下的地热田开采总量,作为其可开采量。对暂不能保持水头压力稳定的地热田,可以地热田内代表性监测井保持一定水头压力年降速条件下的地热田开采量作为一定时限内的可开采量。

8.3.6 对已实施地热回灌或采(灌)结合开发的地热田,可采用统计分析法、热储法或数值法计算其保持水头压力、热(量)均衡条件下的合理开采强度作为其可开采量。

8.3.7 对单独开采的地热天然露头(泉),应依据泉流量实测和动态观测资料,采用泉流量衰减方程计算可开采量或取历年泉最低流量值作为其可开采量。

地热资源/储量具体计算方法要求,参见附录C、附录D。

8.4 地热资源/储量可靠性评价

8.4.1 地热资源/储量可靠性评价

地热资源/储量可靠性评价分为:地热单井评价和地热田或地热开采地区评价。

8.4.2 地热单井评价

8.4.2.1 按8.3.4计算确定单井的稳定产量。

8.4.2.2 依据确定的单井稳定产量或行政管理部门批准的单井允许开采量,按相关公式估算其开采权益保护范围。对盆地型地热田,可按单井允许开采量开采100年、消耗15%左右地热储量,采用式(1)估算地热井开采对热储的影响半径(R),视其为单井开采权益保护半径。

$$R=\sqrt{\frac{36\ 500Qf}{0.15H\pi}} \qquad \cdots\cdots(1)$$

式中:

Q——地热井产量,单位为立方米每日(m^3/d);

f——水比热/热储岩石比热的比值,介于3～5之间;

H——热储层厚度，单位为米(m)；

R——地热井开采100年排出热量对热储的影响半径，单位为米(m)。

对有一定补给的地热田，可按影响半径公式计算开采影响半径，再考虑可能的井间干扰，适当增大一定的距离，确定为其开采的合理井距及其权益保护范围。

对于已进行全地热田可开采量评价的地热田或开采区，则可按行政管理部门认可的单井开采量占全热田或开采区可开采量的比例确定其开采权益保护范围及其应尽的义务。

8.4.3 地热田或地热开采地区评价

8.4.3.1 依据地热田的地热地质条件、勘查开发利用程度、地热动态，确定地热储量及不同勘查程度地热流体可开采量(见表7)。

表7 地热资源/储量查明程度

类别		验证的	探明的	控制的	推断的
单泉		多年动态资料	年动态资料	调查实测资料	文献资料
单井		多年动态预测值	产能测试内插值	实际产能测试	试验资料外推
地热田	钻井控制程度	满足开采阶段要求	满足可行性阶段要求	满足预可行性阶段要求	其他目的勘查孔
	开采程度	全面开采	多井开采	个别井开采	自然排泄
	动态监测	5年以上	不少于1年	短期监测或偶测值	偶测值
	计算参数依据	勘查测试、多年开采与多年动态	多井勘查测试及经验值	个别井勘查、物探推测和经验值	理论推断和经验值
	计算方法	数值法、统计分析法等	解析法、比拟法等、	热储法、比拟法、热排量统计法等	热储法及理论推断

8.4.3.2 依据地热流体可开采量所采出的热量，按(2)式计算地热田的产能(热能或电能)。

$$W_t = 4.1868Q(t - t_0) \quad \cdots\cdots(2)$$

式中：

W_t——热功率，单位为千瓦(kW)；

Q——地热流体可开采量，单位为升每秒(L/s)；

t——地热流体温度，单位为摄氏度(℃)；

t_0——当地年平均气温，单位为摄氏度(℃)；

4.186 8——单位换算系数。

地热流体年开采累计可利用的热能量按(3)式估算。

$$\sum W_t = 86.4DW_t/K \quad \cdots\cdots(3)$$

式中：

$\sum W_t$——开采一年可利用的热能，单位为兆焦(MJ)；

D——全年开采日数(按24 h换算的总日数)，单位为天(d)；

W_t——式(2)计算得出的热功率值，单位为千瓦(kW)；

86.4——单位换算系数；

K——热效比(按燃煤锅炉的热效率0.6计算)。

8.4.3.3 计算地热流体年(或100年)可开采量所能采出的热量占热储中储存热量及地热流体中储存热量的密度，估计地热资源的开发潜力并比较计算结果的一致性。

8.4.3.4 依据资源条件及资源开发的技术经济条件，确定合理的开采方案，并预测地热田的温度场、渗流场、流体化学成分等的变化趋势。

9 地热流体质量评价

9.1 一般要求

地热流体质量评价应与地热资源/储量计算和评价同时进行，以提供地热资源的质量品位，作为地热资源开发的基础和依据。

地热流体质量评价应依据不同用途按有关的国家标准或行业标准进行综合评价。

地热流体质量评价应在井(泉)试验现场和定期对代表性地热流体采样进行全分析及微生物检测的基础上进行，其评价指标包括地热流体的物理性质、化学成分、微生物含量等。

9.2 地热流体不同用途评价

9.2.1 理疗热矿水评价：地热流体通常含有某些特有的矿物质(化学)成分，可作为理疗热矿水开发利用，可参考附录E对其属于何种类型的理疗热矿水做出评价。

9.2.2 饮用天然矿泉水评价：地热流体符合饮用天然矿泉水界限指标及限量指标的，可依据GB 8537—1995饮用天然矿泉水标准进行评价。

9.2.3 生活饮用水评价：地热流体可作为生活饮用水源的，应根据GB 5749—2006做出评价。

9.2.4 农业灌溉用水评价：低温地热流体(水)在用于采暖供热等目的后排放的废弃水，一般可用于农田灌溉，遵照GB 5084—2005对其是否适于农田灌溉做出评价。

9.2.5 渔业用水评价：低温地热水用于水产养殖的，遵照GB 11607—1989对其是否符合水产养殖做出评价。

9.3 地热流体中有用矿物组分评价

中高温地热流体中通常含有高浓度的矿物质，有的为热卤矿物水，可从中提取工业利用的成分，如碘(>20 mg/L)、溴(> 50 mg/L)、铯(>80 mg/L)、锂(>25 mg/L)、铷(> 200 mg/L)、锗(>5 mg/L)等，有的还可生产食盐、芒硝等，对达到工业利用可提取有用元素最低含量标准的，可参照《矿产工业要求参考手册》予以评价。

9.4 地热流体腐蚀性评价

9.4.1 对地热流体中因含有氯根、硫酸根、游离二氧化碳和硫化氢等组分而对金属有一定的腐蚀性，可通过挂片试验等测定其腐蚀率，对其腐性做出评价。

9.4.2 可参照工业上用腐蚀系数来衡量地热流体(水)的腐蚀性：

若腐蚀系数 $K_k>0$，称为腐蚀性水；

腐蚀系数 $K_k<0$，并且 $K_k+0.050\ 3Ca^{2+}>0$，称为半腐蚀性水；

腐蚀系数 $K_k<0$，并且 $K_k+0.050\ 3Ca^{2+}<0$，称为非腐蚀性水；

腐蚀性系数的计算见(4)式和(5)式：

对酸性水 $$K_k=1.008(rH^{+}+rAl^{3+}+rFe^{2+}+rMg^{2+}-rHCO_3^{-}-rCO_3^{2-}) \qquad (4)$$

对碱性水 $$K_k=1.008(rMg^{2+}-rHCO_3^{-}) \qquad (5)$$

式中：

r——离子含量的每升毫克当量(毫摩尔)数。

9.5 地热流体结垢评价

9.5.1 对地热流体中所含二氧化硅、钙和铁等组分因温度变化而产生结垢，可通过试验，评价其结垢程度。

9.5.2 可参照工业上用锅垢总量 H_0(mg/L)来衡量地热流体的结垢性：

若锅垢总量 $H_0<125$，称为锅垢很少的地热流体；

锅垢总量 $H_0=125\sim250$，称为锅垢少的地热流体；

锅垢总量 $H_0=250\sim500$，称为锅垢多的地热流体；

锅垢总量 $H_0\geqslant500$，称为锅垢很多的地热流体。

锅垢总量的计算：

$$H_0 = S + C + 36r\mathrm{Fe}^{2+} + 17r\mathrm{Al}^{3+} + 20r\mathrm{Mg}^{2+} + 59r\mathrm{Ca}^{2+} \quad \cdots\cdots\cdots\cdots(6)$$

式中：

S——地热流体中的悬浮物含量，单位为毫克每升(mg/L)；

C——胶体含量 $C=SiO_2+Fe_2O_3+Al_2O_3$，单位为毫克每升(mg/L)；

r——离子含量的每升毫克当量数。

9.5.3 碳酸钙结垢构趋势判断

9.5.3.1 对氯离子含量高(超过25%摩尔当量)的地热流体，可采用拉申指数(LI)判断碳酸钙的结垢趋势和腐蚀性程度。拉申指数(LI)按式(7)计算：

$$\mathrm{LI} = \frac{\mathrm{CL} + \mathrm{SO_4}}{\mathrm{ALK}} \quad \cdots\cdots\cdots\cdots(7)$$

式中：

CL——氯化物或卤化物浓度；

SO_4——硫酸盐浓度；

ALK——总碱度。

三项均以等当量的 $CaCO_3$，单位为毫克每升(mg/L)表示；

当LI>0.5，不结垢，有腐蚀性；

LI<0.5，可能结垢，没有腐蚀性；

0.5<LI>3.0 有轻腐蚀性；

3.0<LI>10.0 有强腐蚀性。

9.5.3.2 当地热流体中氯离子含量较低(<25%摩尔当量)时，可根据雷兹诺指数(RI)定性估计地热流体碳酸钙的结垢趋势。雷兹诺指数(RI)按式(8)和式(9)计算：

$$\mathrm{RI} = 2\mathrm{pH_s} - \mathrm{pH_a} \quad \cdots\cdots\cdots\cdots(8)$$

$$\mathrm{pH_s} = -\lg[\mathrm{Ca^{2+}}] - \lg[\mathrm{ALK}] + \mathrm{Ke} \quad \cdots\cdots\cdots\cdots(9)$$

式中：

RI——雷兹诺指数；

pH_s——计算出的 pH 值；

pH_a——地热流体实测的 pH 值；

$[Ca^{2+}]$——地热流体中钙离子的摩尔浓度；

[ALK]——总碱度，即重碳酸根 HCO_3^{-1} 离子摩尔浓度；

Ke——常数(当总固形物 200 mg/L～6 000 mg/L 时，取值 1.8～2.6 之间，温度大于 100 ℃取低值，低于 50 ℃取高值)；

当RI<4.0，结垢非常严重；

RI=4.0～5.0，结垢严重；

RI=5.0～6.0，结垢中等；

RI=6.0～7.0，结垢轻微；

RI>7.0，不结垢。

10 地热资源开发利用评价

10.1 地热资源开发可行性评价

10.1.1 考虑当前地热资源开采技术的可能及经济的合理性对其开发的可行性做出评价。

10.1.2 依据地热井可能的成井深度，区别地热资源开采的经济性，分为：

最经济的，成井深度一般小于 1 000 m；

经济的，成井深度一般 1 000 m～3 000 m；

有经济风险的，成井深度大于 3 000 m。

10.1.3　依据地热流体温度，评价可能的利用范围（参见表 4）。

10.1.4　依据地热井的地热流体单位产量大小，确定适宜开采地区，分为：

适宜开采区：地热井地热流体单位产量大于 50 $m^3/d \cdot m$；

较适宜开采区：地热井地热流体单位产量 50～5 $m^3/d \cdot m$；

不适宜开采区：地热井地热流体单位产量小于 5 $m^3/d \cdot m$。

10.1.5　依据地热流体化学组分的含量，确定可作为矿泉开发的利用方向和方式（见表 8）。

10.1.6　依据地热流体可开采量及其产能，评价其可开发利用的规模。中、低温地热资源用于采暖、供生活热水、温泉洗浴、理疗、农业温室、水产养殖等的规模进行估计（见表 9 和参照附录 F）。

10.2　地热资源开发利用环境影响评价

10.2.1　地热利用的节能和减排效果估算可参照附录 F。

表 8　不同质地热流体的利用方向、方式与排放要求

<table>
<tr><th rowspan="2">溶解性总固体含量/(mg/L)</th><th colspan="2">利用方向</th><th colspan="2">利用方式</th><th rowspan="2">排放要求</th></tr>
<tr><th>达到生活饮用水或饮用矿泉水标准</th><th>达到理疗矿水水质标准</th><th>理疗洗浴</th><th>其　他</th></tr>
<tr><td><1 000</td><td>饮用及生产矿泉水</td><td>理疗洗浴、采暖、农业等</td><td>直接利用</td><td>直接利用</td><td>医用处理后排放，其他回灌</td></tr>
<tr><td>1 000～3 000</td><td>专用矿泉水</td><td>理疗洗浴、采暖等</td><td>直接利用</td><td>间接利用</td><td rowspan="3">直接利用处理后排放，间接利用回灌</td></tr>
<tr><td>3 000～10 000</td><td></td><td>理疗洗浴、采暖等</td><td>直接利用</td><td>间接利用</td></tr>
<tr><td>>10 000</td><td></td><td>理疗洗浴、采暖等</td><td>直接利用</td><td>间接利用</td></tr>
<tr><td colspan="6">注：本表参考北京、福州等地的地热开发利用现状统计资料确定。</td></tr>
</table>

表 9　地热供暖、供热、理疗、洗浴等耗水(热)量参考标准

项　　目	供暖	供生活热水	温泉洗浴	理疗	农业温室	水产养殖
单　　位	W/m^2	m^3/(年·人)	m^3/(人·次)	m^3/(床位·年)	W/m^2	$m^3/(m^2 \cdot 年)$
标　　准	50	15～20	0.3～0.5	100	80	5～7

10.2.2　地热流体排放对环境影响的评价：

a)　高温地热流体中通常含有 CO_2、H_2S 等非凝气体，应评价其对大气可能造成的污染，提出污染防治建议；

b)　废地热流体的直接排放会造成热污染和其中有害组分对地表水、地下水水质的污染，应遵循 GB 8978—1996 评价其排放对环境的影响。

10.2.3　地面沉降评价：

a)　对于新生界松散沉积层及半成岩热储层，应对开采地热流体可能产生的地面沉降做出评价，针对可能出现的问题，提出相应的防治措施建议；

b)　上覆松散层厚度小的岩溶热储或基岩热储层，应对开采地热流体可能引发的地面变形破坏（塌陷或沉降等）做出评价，针对问题提出相应的防治措施建议。

10.2.4　其他地质环境影响评价：

a)　地热地质景观保护性评价。地热流体长期开发，有可能导致热田及其周边地区的地热显示、地热景观的消失和天然温泉的锐减，应做出保护性评价，保护代表性的地热自然景观；

b)　海水入侵可能性评价。对沿海地区开采地热流体可能引起的海水入侵进行评价，确定合理的开采方式和开采量，防止海水入侵对热田的破坏和影响；

c) 浅层地下水源保护性评价。对于与浅层含水层有较密切水力联系的地区开采地热流体,可能引起上覆含水层水质、水量的变化进行评价,确定热储合理开采量及浅层地下水源保护对策。

11 资料整理与报告编写要求

11.1 资料整理要求

11.1.1 应对地热资源勘查工作取得的各项资料,包括:地质调查、地球物理与地球化学勘查、地热钻井、地球物理测井、试井、地热流体化学分析、岩土测试、动态监测及开采利用的历史与现状等资料进行分类整理、编目、造册、存档备查。

11.1.2 对代表性地热天然露头及全部地热钻井(勘探孔和开采井)资料,按建立地理信息系统的要求,确定地理坐标位置,建立相应的数据库。

11.1.3 对地热钻井取得的实物地质资料(岩芯、岩屑等)应进行整理,建立标准地质剖面保存;有重要地质意义的地热钻井实物资料(岩芯、岩屑)应予以长期保存。

11.2 报告编写要求

11.2.1 地热资源勘查工作完成后,应及时编写与勘查阶段相适应的勘查报告。

11.2.2 地热资源勘查报告依据实际需要可分为:单井地热勘查报告、地热田(区)地热资源勘查评价报告。

11.2.3 单井地热资源勘查报告:指为单个地热井开发单位提供利用的地热井勘查报告,主要依据单井勘查成果评价其可开采量及开采保护区范围,为资源的开发管理提供依据。报告内容一般包括:前言;区域地热地质条件;地热井地质及地球物理测井;井产能测试与可开采量评价;流体质量评价;经济与环境影响评价、开采保护区论证;结论与开发利用建议等。

11.2.4 地热田(区)地热资源勘查评价报告:指一个独立的地热田或具有一定开采规模的地区,为总结地热资源勘查、开采与多年动态监测成果资料而编写的报告,是地热资源统计、规划、开发管理的主要依据。依据勘查工作程度的不同,可分为:预可行性勘查报告、可行性勘查报告和地热资源勘查报告等,报告编写提纲及附图、附表具体要求见附录G。

附 录 A
（资料性附录）
地球化学温标

对温泉和地热井都可以利用地球化学温标来估算热储温度，预测地热田潜力。

各种地球化学温标建立的基础是地热流体与矿物在一定温度下达到化学平衡，在随后地热流体温度降低时，这一平衡仍予保持。

选用各种化学成分、气体成分和同位素组成而建立的地热温标类型很多，下面介绍的各种温标都是根据实验计算或热动力平衡推导的公式，而对统计归纳类的温标公式未作推荐。

A.1 二氧化硅地热温标

A.1.1 无蒸汽损失的石英温标

热水中的二氧化硅是由热水溶解石英所形成，这部份热水在其达到取样点（泉口或井口）时没有沸腾，可选用式(A.1)计算：

$$t=\frac{1\,309}{5.19-\lg C_1}-273.15 \qquad \text{(A.1)}$$

A.1.2 最大蒸汽损失的石英温标

如溶解石英的这部份热水达到取样点时已发生了沸腾闪蒸，则可选用式(A.2)计算：

$$t=\frac{1\,522}{5.75-\lg C_1}-273.15 \qquad \text{(A.2)}$$

A.1.3 非晶质二氧化硅温标

如果热水溶解了非晶质二氧化硅，则可选用式(A.3)计算：

$$t=\frac{731}{4.52-\lg C_1}-273.15 \qquad \text{(A.3)}$$

上述计算公式适用温度 0～250 ℃。

式中：

t——热储温度，单位为摄氏度(℃)；

C_1——热水中溶解的 H_4SiO_4 形式的 SiO_2 含量，单位为毫克每升(mg/L)。

当 pH 大于 8.5 时，水中 SiO_2 总量不全以 H_4SiO_4 的形式存在，这时：

$$H_4SiO_4 \leftrightarrows H^+ + H_3SiO_4^-$$

为此，要计算出 H_4SiO_4 形式中的 SiO_2 含量。

$$\sum SiO_2 = H_4SiO_4 + H_3SiO_4^-$$

$$K_{H_4SiO_4}=\frac{[H^+][H_3SiO_4^-]}{[H_4SiO_4]}$$

平衡常数 K 随温度变化。$H^+=10^{-pH}$，H^+ 亦受温度控制。

当温度为 20 ℃时，$\lg K_{H_4SiO_4}=-10.01$；

当温度为 25 ℃时，$\lg K_{H_4SiO_4}=-9.91$；

然后根据计算式：

$$K_{H_4SiO_4}=\frac{[10^{-pH}][(\Sigma SiO_2-C_{H_4SiO_4}]}{[C_{H_4SiO_4}]}$$

算出溶解的 H_4SiO_4 形式的 SiO_2 含量（即 $C_{H_4SiO_4}$）。

在使用 SiO_2 温标公式时，应考虑下列因素：

a) 当水沸腾时，水中 SiO_2 随蒸汽闪蒸而浓度增大、应采用式(A.2)；

b) 取样之前可能发生 SiO_2 聚合和沉淀作用，为此应试算非晶质 SiO_2 温度，如有勘探钻孔时，应与采样时的实测温度进行对比，以验证是否发生了这种聚合或沉淀；

c) 取样之后，随温度降低在样品运输和保存期间可能发生 SiO_2 聚合作用，当水中 SiO_2 浓度大于 115 mg/L 时，取样时需作稀释处理；

d) 除石英之外，应注意其它硅酸盐对水中 SiO_2 的控制；

e) 当 pH 大于 8.5 时，应先进行水中 H_4SiO_4 形式的 SiO_2 含量的计算；

f) 温标公式不适用于已受稀释的热水；

g) 对 pH 远小于 7 的酸性水不适用。

A.2 钾镁地热温标

热储温度可用式(A.4)计算：

$$t=\frac{4\ 410}{13.95-\lg(C_2^2/C_3)}-273.15 \qquad \cdots\cdots(A.4)$$

式中：

C_2——水中钾的浓度，单位为毫克每升(mg/L)；

C_3——水中镁的浓度，单位为毫克每升(mg/L)。

该式代表不太深处热储层中的热动力平衡条件，适用于中低温地热田。

A.3 钾钠地热温标

A.3.1 根据水岩平衡和热动力方程推导的计算公式：

$$t=\frac{1\ 390}{1.75-\lg(C_2/C_4)}-273.15 \qquad \cdots\cdots(A.5)$$

式中：

C_4——水中钠的浓度，单位为毫克每升(mg/L)。

A.3.2 在具备钠长石与钾长石平衡的条件下，可应用下列诸式：

温度 $t>150$ ℃，可应用公式(A.6)或公式(A.7)：

$$t=\frac{1\ 217}{\lg(C_4/C_2)+1.48}-273.15 \qquad \cdots\cdots(A.6)$$

或 $$t=\frac{885.6}{\lg(C_4/C_2)+0.857\ 3}-273.15 \qquad \cdots\cdots(A.7)$$

温度 $25<t<250$ ℃可应用公式(A.8)：

$$t=\frac{933}{\lg(C_4/C_2)+0.933}-273.15 \qquad \cdots\cdots(A.8)$$

温度 $250<t<350$ ℃可应用公式(A.9)：

$$t=\frac{1\ 319}{\lg(C_4/C_2)+1.699}-273.15 \qquad \cdots\cdots(A.9)$$

各式不适用于 pH 远小于 7 的酸性水、富钙的热水(如出现钙华)及发生了混合的热水。

附 录 B
（规范性附录）
地热流体分析样品的采集与保存方法

正确的样品采集与保存方法是保障地热流体分析质量的必要前提。针对地热流体不同于一般地下水的特殊性质和特殊要求，需遵循本采集与保存方法。

B.1 采集点的选定及野外测试

泉水应优先选择在温度最高处采样，样品采集应靠近主泉口、集中冒气泡处或泉的主流带、流动但又不湍急的部位。应避免在静滞的水池中采集。低温喷泉或自流井的采样，应使用清洁器具将主流导出一部分采集。低温热水钻孔的采样应在抽水经过一段时间后（即至少相当于抽出井筒贮水体积 2～3 倍的水量后）方可采集。

中、高温地热井最理想的是在井下定深采集分析样品。定深取样器是密封的，取样器提出地面后需冷却至环境温度后再启开，并当即测定样品的 pH 值、温度、电导率和总碱度。自喷井的采样若没有定深取样器，则应使用井口汽水分离器，分别测定汽和水的流量，记录分离温度和压力，并分别采集热水和蒸汽冷凝水样品，现场测 H_2S，以取得原始地热流体的实际成分。

每一采样点都应现场测定流体温度、pH 值，描述流体的外观物理性质。泉口有大量气体冒出者，应现场测定碱度或 CO_2 和 HCO_3 含量，条件许可时还应现场测定 Eh 值、电导率、NH_4 与 H_2S 的含量。

B.2 不同分析项目的采样要求

B.2.1 原样流体样

原样流体样指流体样采集后不添加任何保护剂。这类流体样可采集在硬质细口磨口玻璃瓶（下称玻璃瓶）或没有添加剂的本色聚乙烯塑料瓶或桶（下称塑料桶）中，采样体积 1 500 mL～2 000 mL。可将瓶置于水面以下灌装或用塑料管或胶皮管引流至瓶中。瓶口应留出 10 mL 左右的空间，然后将瓶盖密封。测定流体中 SiO_2、B 的原样，应用塑料瓶采集，体积 200 mL。

原样流体样供测定流体中所有阴离子、绝大多数阳离子、硬度、碱度、固形物、消耗氧、pH 值及物理性质。

B.2.2 酸化流体样

B.2.2.1 盐酸酸化流体样：

a) 以两个容积分别为 1 500 mL 和 500 mL 的塑料桶采集流体样后，在采样现场分别往流体样中加入 5 mL 和 3 mL(1+1)HCl，摇匀、密封。分别供测定流体中 U、Ra 及微量元素；

b) 总 α、总 β 测定：用 2 500 mL～5 000 mL 塑料桶采样（视矿化度高低决定取样量），每 1 000mL 流体样中加入(1+1)HCl 4 mL。

B.2.2.2 硝酸酸化流体样：

用塑料桶采样 500 mL，样品中加入适量(1+1)硝酸（HNO_3），使 pH≤2 为宜，供测定金属离子及微量元素。对温度较高的地热流体，用作 Ca、Mg 分析的样品。

B.2.3 碱化流体样

用 500 mL 玻璃瓶，在样品中加入 2 g 固体氢氧化钠（NaOH），摇匀，使 pH>11，并尽量在低温条件下保存，于 24 h 内送检，供测定酚、氰。

B.2.4 稀释流体样

中、高温地热井或显示点测定 SiO_2 的流体样，为防止高浓度 SiO_2 的聚合或沉淀，宜在取样现场将流体样用无硅蒸馏水作 1∶10 的稀释处理，采样体积 50 mL～100 mL，瓶口密封。

B.2.5 浓缩萃取流体样

中、高温地热流体铝的分析样品宜野外萃取。萃取方法:取 400 mL 过滤后的流体样置入 500 mL 的梨形分液漏斗中加 5 mL、20%浓度的盐酸羟胺(NH_2OH-HCl)溶液,使溶液中的 Fe^{3+} 变为 Fe^{2+},以避免对萃取的干扰。加入 15 mL、1%浓度的邻菲罗啉($C_{12}H_8N_2$-H_2O)溶液,如果样品中有 Fe^{2+} 则溶液变成红色(邻菲罗啉亚铁),摇匀静置 30 min。加 5 mL、1% 8-羟基喹啉(C_9H_7NO),测溶液的pH 值,滴加(1+1)NH_4OH 调整溶液的 pH 值,使由酸性到碱性,并使处于 pH 值等于 8～8.5 之间,这对铝的氰合物最稳定。滴入的 NH_4OH 可先浓后稀,如滴入过量,则再滴 HCl 将 pH 调节好。再加20 mL 甲基异丁基甲酮($C_6H_{12}O$),摇匀萃取 1 min,静置,使其充分分离后,排去下层溶液,将表层甲基异丁基甲酮溶液装入干燥小瓶密封,代表浓缩了 20 倍的 Al 测定样品。

B.2.6 现场固定流体样

B.2.6.1 测定 H_2S(总硫)的流体样,用 50 mL 玻璃瓶,在样品中加入 10 mL、20%醋酸锌溶液和 1 mL、1 mol/L NaOH,摇匀、密封。对 H_2S 含量较低的地热流体可适当加大取样量,减少醋酸锌溶液加入量。

B.2.6.2 测定 Hg 的流体样,可用 100 mL 玻璃瓶或塑料瓶,加入体积含量 1%HNO_3 和 0.01%重铬酸钾,摇匀、密封。

B.2.6.3 测定 Fe^{2+} 的流体样需防止采样后氧化为 Fe^{3+},在 250 mL 样瓶内先加入 1∶1 H_2SO_4 2.5 mL,硫酸铵$(NH_4)_2SO_4$ 0.5 g,瓶口密封,可保存 30 天。

B.2.7 测定 Rn 气流体样

用预先抽成真空的专用玻璃扩散器,采样时将扩散器置于流体下(至少将水平进口管置流体下),打开水平进口的弹簧夹,至流体被吸入 100 mL 刻度时,关闭弹簧夹,记入取样月、日、时、分。如果没有专用扩散器,可采用 500 mL 玻璃瓶装满(不留空隙)密封,同时记下取样的月、日、时、分,立即送实验室测定。

B.2.8 气体样品

B.2.8.1 逸出气体试样的采取均利用排水集气法。方法有二:

a) 集气管取样法:取样装置见图 B.1a)所示。取样前,将连在集气管上的漏斗(1)沉入水中,直至水面升到弹簧夹(5)以上,关闭弹簧夹(5),然后将事先注入压力瓶(3)中的水注入集气管(2)中,待集气管被水充满后,关闭弹簧夹(6、7),并注意切勿使管中留有气泡,然后将压力瓶(3)灌满水(注意勿使空气经压力瓶进入集气管中),将压力瓶垂直放在水中或低于集气管的地方,再将漏斗(1)移至逸出气体的气泡出露处,打开弹簧夹(5、7),这时气泡即沿漏斗进入集气管中。当集气管中的水被排尽后,关闭弹簧夹(5、7),再从水中取出全套装置;

b) 普通玻璃瓶取样法:取样装置见图 B.1b)。由玻璃瓶(容积 100 mL～300 mL)及漏斗组成,漏斗上配有橡皮塞,其中心部位有一孔,可插入漏斗,边缘则带有一缺口作为排水口。取样前,先在水面下使玻璃瓶被水充满,然后倒转玻璃瓶,使瓶口朝下,并检查瓶中是否留有气泡,然后将带塞漏斗在水面下插入玻璃瓶中(注意漏斗也不应留有气泡)。将装置移至气泡出露处,待瓶中水被排尽后,在水面下取出漏斗,同时用瓶塞塞好玻璃瓶,再将玻璃瓶自水中取出,并立即用蜡密封瓶口,将瓶倒放在木箱中运往实验室。应注意玻璃瓶中一定要留有少量水,以保证瓶中气体不致逸出或空气进入瓶中,最好是在封瓶前,使瓶中气压高于大气压力,以避免空气进入瓶中。

B.2.8.2 地热流体中溶解气体的采集专用容器(图 B.2)

在 500 mL 玻璃瓶的橡皮塞中有三根紫铜管,一根插入瓶底(1),一根齐于瓶塞(2),一根下接一个球胆(3)。瓶塞外部之管均接胶管并有螺旋夹。取样时打开橡皮管(1、2)的螺旋夹使流体由体由管(1)导入瓶中,空气由管(2)导出,待溢流几分钟后关闭螺旋夹,将各接口用蜡密封。尽快送实验室,对溶解气体进行分离和测定。

B.2.9 卫生指标测定样

流体样要用经灭菌处理的500 mL广口磨口玻璃瓶采取，采取时不需用流体样洗瓶，严防污染。采样后瓶内应略留有一定空间，及时密封，低温保存，并及时送往卫生防疫站检验。

B.2.10 同位素测定样

测定流体中放射性同位素T(H^3)的样品，用500 mL玻璃瓶，取满流体样品，不留空隙，密封。

测定流体中稳定同位素D(H^2)和O^{18}的流体样，用50 mL～100 mL玻璃瓶或塑料瓶，取满样品，尽量在流体液面以下加盖密封，不留空隙。

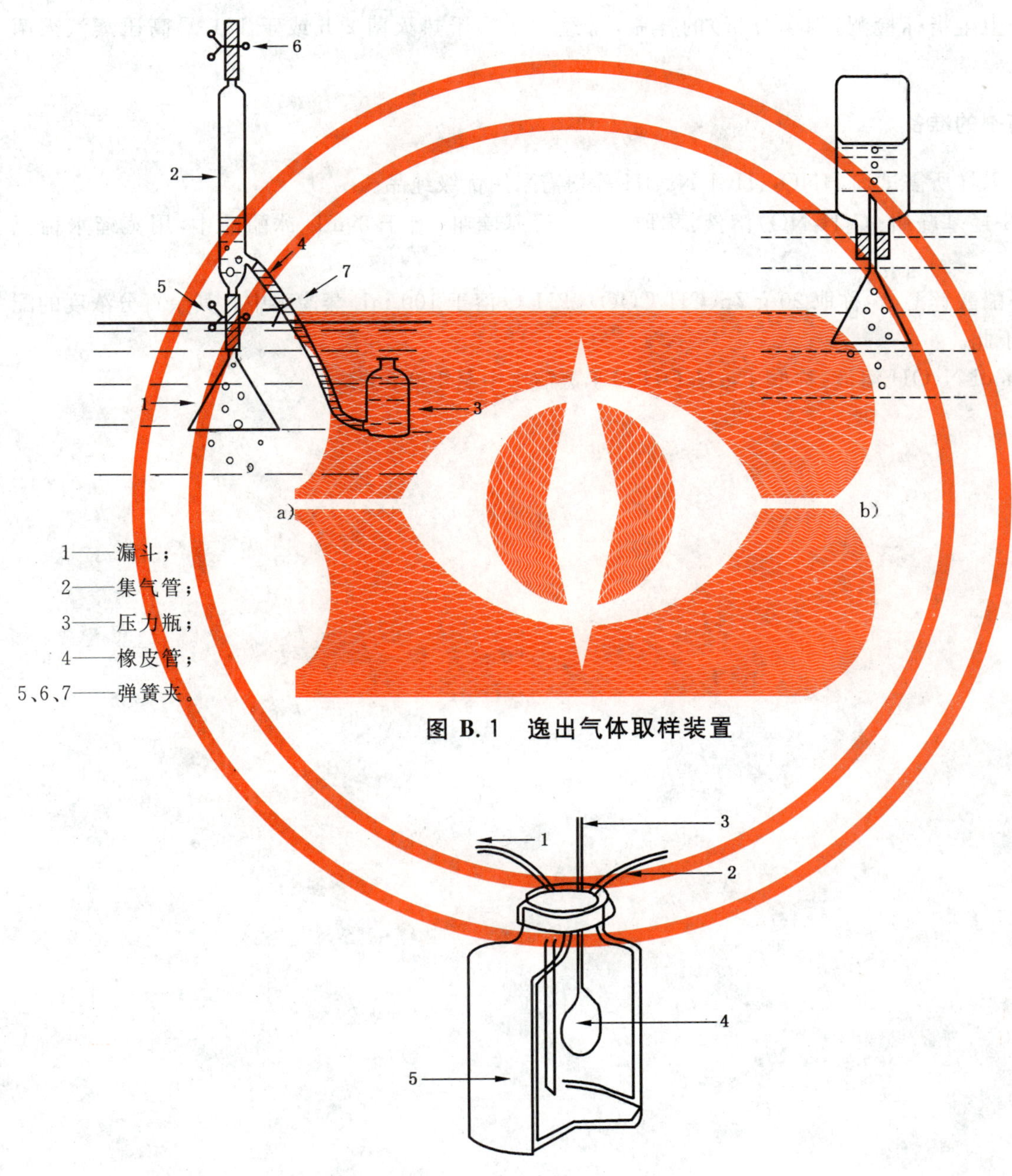

1——漏斗；

2——集气管；

3——压力瓶；

4——橡皮管；

5、6、7——弹簧夹。

图B.1 逸出气体取样装置

1、2、3——真空橡皮管；

4——球胆；

5——玻璃瓶。

图B.2 地热流体中气体采集专用容器

B.3 采样容器洗涤要求

B.3.1 新启用的玻璃瓶或塑料瓶应先用10%HNO_3溶液浸泡一昼夜后，再分别选用不同的洗涤方法进行清洗。

B.3.2 玻璃瓶采样前先用10%HCl洗涤后再用自来水冲洗。

B.3.3 塑料瓶采样前先用10%HCl或HNO_3洗涤，也可用NaOH或Na_2CO_3洗涤后，再用自来水冲洗。

B.3.4 洗净的取样容器(细菌分析样瓶除外)在现场取样时应先用待取水样洗涤(2～3)次。

B.3.5 用于卫生指标检测(细菌分析)的样瓶，需经160 ℃干热灭菌2 h或于121 ℃高压蒸汽灭菌15 min。

B.4 添加药剂的准备

B.4.1 各种采样所需试剂HNO_3、HCl、NaOH等均需采用优级纯品。

B.4.2 1%8-羟基喹啉(C_9H_7NO)溶液：称取2 g 8-羟基喹啉，溶于5 mL冰醋酸中，用蒸馏水稀至200 mL。

B.4.3 20%醋酸锌溶液：称取20 g $Zn(CH_3COO)_2 2H_2O$溶于100 mL蒸馏水中。其余百分浓度的配制方法类似于此。

B.4.4 1 mmol NaOH溶液：称取4 g NaOH溶于蒸馏水中至100 mL。

附　录　C
（资料性附录）
地热资源/储量计算方法

C.1　计算参数的确定

地热资源/储量计算的参数应尽可能通过试验和测试取得。对于难于通过测试得到的参数或勘查工作程度较低时，可采用经验值。应取下列参数：

C.1.1　地热井参数：综合钻孔地质编录和试井资料，取得地热井的位置、深度、揭露热储厚度、强渗透段位置、生产能力、温度、压力、化学成分等资料。

C.1.2　热储几何参数，包括热储面积和热储厚度：

a)　面积：带状热储的面积一般按地热异常区或同一深度地热等温线所圈定的范围确定；层状热储的面积依据地热田的构造边界和同一深度的地温等值线所圈定的范围确定。如果工作任务仅涉及地热田的部分范围，应按勘查工作控制的实际面积计算；

b)　热储厚度：应依据钻孔资料，结合地球物理勘探资料确定热储顶板深度和底板深度，依据近期开采技术水平和经济合理性确定计算的基础深度，然后计算基础深度之内的热储厚度。

C.1.3　热储物理性质，包括热储温度、压力、岩石的密度、比热和热导率等：

a)　热储温度：有条件时应通过地热井内温度剖面的测量取得热储顶板温度、底板温度和热储不同深度的温度。在资料不充分时，可以通过地温梯度推测热储的温度，也可以用地球化学温标计算热储温度。据此，可以取得热储不同部位的温度分布情况；

b)　热储压力：应通过地热井的试井资料取得热储的压力分布情况；

c)　岩石的密度、比热和热导率：有条件时应通过试验、测试得到。在勘查程度较低时，可取经验值（表 C.1）。

表 C.1　几种常见岩石的比热、密度和热导率

岩石名称	比热/[J/(kg·℃)]	密度/(kg/m^3)	热导率/[W/(m·℃)]
花岗岩	794	2 700	2.721
石灰岩	920	2 700	2.010
砂岩	878	2 600	2.596
钙质砂（含水率 43%）	2 215	1 670	0.712
干石英砂（中-细粒）	794	1 650	0.264
石英砂（含水率 8.3%）	1 003	1 750	0.586
砂质粘土（含水率 15%）	1 379	1 780	0.921
空气（常压）	1 003	1.29	0.023
冰	2 048	920	2.219
水（平均）	4 180	1 000	0.599

C.1.4　热流体性质，包括热流体的单位质量的体积、相对密度、热焓、动力粘滞系数、运动粘滞系数等：

a)　相态、单位质量的体积、相对密度、热焓：这些参数与地热流体所处的温度和压力有关。在地热流体的含盐量不大，且不含非凝气体时，这些参数可从表 C.2 查得或求得；否则需要适当修正；

表 C.2 饱和蒸汽表

温度/℃	压力/Pa	水的密度/(kg/m³)	蒸汽密度/(kg/m³)	水的热焓/(kJ/kg)	蒸汽热焓/(kJ/kg)
0	0.006 108	999.8	0.004 847	−0.04	2 501.6
5	0.008 718	1 000.0	0.006 795	21.01	2 510.7
10	0.012 270	999.7	0.009 396	41.99	2 519.9
15	0.017 039	999.2	0.012 82	62.94	2 529.1
20	0.023 37	998.3	0.017 29	83.86	2 538.2
25	0.031 66	997.1	0.023 04	104.77	2 547.3
30	0.042 41	995.1	0.030 37	125.66	2 556.4
35	0.056 22	994.1	0.039 61	146.56	2 565.4
40	0.073 75	992.2	0.051 16	167.45	2 574.4
45	0.095 82	990.2	0.065 46	188.35	2 583.3
50	0.123 35	988.0	0.083 02	209.26	2 592.2
55	0.157 41	985.7	0.104 4	230.17	2 601.0
60	0.199 20	983.1	0.130 2	251.09	2 609.7
65	0.250 1	980.5	0.161 2	272.02	2 618.4
70	0.311 6	977.7	0.198 2	292.97	2 626.9
75	0.385 5	974.7	0.241 9	313.94	2 635.4
80	0.473 6	971.6	0.293 3	334.92	2 643.8
85	0.578 0	968.4	0.353 5	355.92	2 652.0
90	0.701 1	965.1	0.423 5	376.94	2 660.1
95	0.845 3	961.7	0.504 5	397.99	2 668.1
100	1.013 3	958.1	0.597 7	419.06	2 676.0
105	1.208 0	954.5	0.704 6	440.17	2 683.7
110	1.432 7	950.7	0.826 5	461.32	2 691.3
115	1.690 6	946.8	0.965 0	482.50	2 698.7
120	1.985 4	942.8	1.122	503.72	2 706.0
125	2.321 0	938.7	1.298	524.99	2 713.0
130	2.701 3	934.6	1.497	546.31	2 719.9
135	3.131	930.3	1.719	567.68	2 726.6
140	3.614	925.9	1.967	589.10	2 733.1
145	4.155	921.4	2.242	610.60	2 739.3
150	4.760	916.8	2.548	632.15	2 745.4
155	5.433	912.1	2.886	653.78	2 751.2
160	6.181	907.3	3.260	675.47	2 756.7
165	7.008	902.3	3.671	697.25	2 762.0

表 C.2(续)

温度/℃	压力/Pa	水的密度/(kg/m³)	蒸汽密度/(kg/m³)	水的热焓/(kJ/kg)	蒸汽热焓/(kJ/kg)
170	7.920	897.3	4.123	719.12	2 767.1
175	8.924	892.2	4.618	741.07	2 771.8
180	10.027	886.9	5.160	763.12	2 776.3
185	11.233	881.5	5.752	785.26	2 780.4
190	12.551	876.0	6.397	807.52	2 784.3
195	13.987	870.4	7.100	829.88	2 787.8
200	15.549	864.7	7.864	852.37	2 790.9
205	17.243	858.8	8.694	874.99	2 793.8
210	19.077	852.8	9.593	897.74	2 796.2
215	21.060	846.7	10.57	920.63	2 798.3
220	23.198	840.4	11.62	943.67	2 799.9
225	25.501	833.9	12.76	966.89	2 801.2
230	27.976	827.3	14.00	990.26	2 802.0
235	30.632	820.6	15.33	1 013.8	2 802.3
240	33.478	813.6	16.76	1 037.6	2 802.2
245	36.523	806.5	18.31	1 061.6	2 801.6
250	39.776	799.2	19.99	1 085.8	2 800.4
255	43.246	791.7	21.79	1 110.2	2 798.7
260	46.943	783.9	23.73	1 134.9	2 796.4
265	50.877	776.0	25.83	1 159.9	2 793.5
270	55.058	767.8	28.10	1 185.2	2 789.9
275	59.496	759.3	30.55	1 210.9	2 785.5
280	64.202	750.5	33.19	1 236.8	2 780.4
285	69.186	741.5	36.06	1 263.2	2 774.5
290	74.461	732.1	39.16	1 290.0	2 767.6
295	80.037	722.4	42.53	1 317.3	2 759.8
300	85.927	712.2	46.19	1 345.0	2 751.0

b) 两相热流体的热焓：两相热流体，其热(焓)的计算公式为：

$$h = h_g X_g + h_l X_l \qquad \text{(C.1)}$$

式中：

h——水汽混合物的热焓，单位为千焦每千克(kJ/kg)；

h_g——气体的热焓，单位为千焦每千克(kJ/kg)；

h_l——水的热焓，单位为千焦每千克(kJ/kg)；

X_g——气体的质量分数；

X_l——水的质量分数。

c） 粘滞系数：地热流体的运动粘滞系数主要取决于温度的高低，受压力变化的影响比较小。蒸汽的运动粘滞系数远大于水的运动粘滞系数。动力粘滞系数和运动粘滞系数之间的关系为：

$$\mu=\eta\cdot\rho \qquad \text{(C.2)}$$

式中：

μ——动力粘滞系数，单位为千克每米秒[kg/(m·s)]；

η——运动粘滞系数，单位为平方米每秒(m^2/s)；

ρ——水的密度，单位为千克每立方米(kg/m^3)。

表C.3中列出了压力为1 bar、50 bar、100 bar、200 bar、300 bar和400 bar时水的运动粘滞系数。

表C.3 压力为1 bar～400 bar时水(蒸汽)的运动粘滞系数

温度/℃	运动粘滞系数/(10^{-6} m^2/s)					
	1 bar	50 bar	100 bar	200 bar	300 bar	400 bar
0.01	1.79	1.78	1.76	1.73	1.71	1.68
5	1.52	1.51	1.50	1.48	0.46	1.44
10	1.31	1.30	1.29	1.28	1.27	0.25
15	1.14	1.13	1.13	1.12	1.11	1.10
20	1.00	1.00	1.00	0.99	0.98	0.98
25	0.89	0.89	0.89	0.88	0.88	0.87
30	0.80	0.80	0.80	0.79	0.79	0.79
35	0.72	0.72	0.72	0.72	0.72	0.71
40	0.66	0.66	0.66	0.65	0.65	0.65
45	0.60	0.60	0.60	0.60	0.60	0.60
50	0.55	0.55	0.55	0.55	0.55	0.55
55	0.51	0.51	0.51	0.51	0.51	0.51
60	0.47	0.47	0.47	0.48	0.48	0.48
65	0.44	0.44	0.44	0.44	0.44	0.44
70	0.41	0.41	0.41	0.41	0.42	0.42
75	0.39	0.39	0.39	0.39	0.39	0.39
80	0.37	0.37	0.37	0.37	0.37	0.37
85	0.34	0.35	0.35	0.35	0.35	0.35
90	0.33	0.33	0.33	0.33	0.33	0.33
95	0.31	0.31	0.31	0.31	0.31	0.31
100	20.82	0.30	0.30	0.30	0.30	0.30
105	21.44	0.28	0.28	0.28	0.28	0.29
110	22.07	0.27	0.27	0.27	0.27	0.27
115	22.71	0.26	0.26	0.26	0.26	0.26
120	23.36	0.25	0.25	0.25	0.25	0.25
125	24.02	0.24	0.24	0.24	0.24	0.24
130	24.69	0.23	0.23	0.23	0.23	0.23

表 C.3（续）

温度/℃	运动粘滞系数/(10^{-6} m^2/s)					
	1 bar	50 bar	100 bar	200 bar	300 bar	400 bar
135	**25.37**	0.22	0.22	0.22	0.22	0.23
140	**26.06**	0.21	0.21	0.21	0.22	0.22
145	**26.76**	0.21	0.21	0.21	0.21	0.21
150	**27.47**	0.20	0.20	0.20	0.20	0.20
155	**28.19**	0.19	0.19	0.20	0.20	0.20
160	**28.69**	0.19	0.19	0.19	0.19	0.19
165	**29.67**	0.18	0.18	0.18	0.19	0.19
170	**30.42**	0.18	0.18	0.18	0.18	0.18
175	**31.18**	0.17	0.17	0.18	0.18	0.18
180	**31.95**	0.17	0.17	0.17	0.17	0.17
185	**32.74**	0.17	0.17	0.17	0.17	0.17
190	**33.53**	0.16	0.16	0.16	0.17	0.17
195	**34.33**	0.16	0.16	0.16	0.16	0.16
200	**35.15**	0.16	0.16	0.16	0.16	0.16
205	**35.97**	0.15	0.15	0.15	0.16	0.16
210	**36.81**	0.15	0.15	0.15	0.15	0.15
215	**37.65**	0.15	0.15	0.15	0.15	0.15
220	**38.50**	0.14	0.15	0.15	0.15	0.15
225	**39.37**	0.14	0.14	0.14	0.14	0.15
230	**40.24**	0.14	0.14	0.14	0.14	0.15
235	**41.13**	0.14	0.14	0.14	0.14	0.14
240	**42.02**	0.14	0.14	0.14	0.14	0.14
245	**42.93**	0.13	0.14	0.14	0.14	0.14
250	**43.84**	0.13	0.13	0.13	0.14	0.14
255	**44.77**	0.13	0.13	0.13	0.13	0.14
260	**45.70**	0.13	0.13	0.13	0.13	0.13
265	**46.65**	**0.72**	0.13	0.13	0.13	0.13
270	**47.60**	**0.75**	0.13	0.13	0.13	0.13
275	**48.57**	**0.77**	0.13	0.13	0.13	0.13
280	**49.54**	**0.80**	0.13	0.13	0.13	0.13
285	**50.53**	**0.82**	0.12	0.13	0.13	0.13
290	**51.52**	**0.85**	0.12	0.12	0.13	0.13
295	**52.53**	**0.87**	0.12	0.12	0.13	0.13
300	**53.54**	**0.90**	0.12	0.12	0.12	0.13

注：黑体数值为气体状态的运动粘滞系数。

C.1.5 热储渗透性和贮存流体能力的参数，包括空隙率、有效空隙率、渗透率、渗透系数、导水系数、弹性释放率、弹性释放系数(贮存系数)等：

a) 空隙率和有效空隙率：空隙率可以通过实验室测定，通过地球物理测井数据估算。有效空隙率可以通过试井资料计算；

b) 渗透率、渗透系数、导水系数：渗透率、渗透系数、导水系数是表示热储渗透性的参数，它们之间的关系为：

$$k=\frac{\mu}{\rho g}K \quad \cdots\cdots (C.3)$$

$$T=KM \quad \cdots\cdots (C.4)$$

式中：

k——渗透率，单位为平方米(m^2)；

K——渗透系数，单位为米每秒(m/s)；

μ——热流体动力粘滞系数，单位为千克每米秒[kg/(m·s)]；

ρ——流体的密度，单位为千克每立方米(kg/m^3)；

g——重力加速度，9.8 m/s^2；

T——导水系数，单位为平方米每秒(m^2/s)；

M——热储厚度，单位为米(m)。

c) 弹性释放率、弹性释放系数：是表示热储贮存能力的参数。流体的相态不同，热储的贮存机理不同，其贮存能力存在很大的差别。贮存液态水的承压热储的弹性释放率和弹性释水系数为：

$$s=\rho_w(\phi C_w+(1-\phi)C_r) \quad \cdots\cdots (C.5)$$

$$S=s\cdot H \quad \cdots\cdots (C.6)$$

式中：

s——热储的弹性释放率，单位为米的负一次幂(m^{-1})；

ρ_w——热流体的密度，单位为千克每立方米(kg/m^3)；

ϕ——热储空隙度，无量纲；

C_w——流体的压缩系数，单位为帕的负一次幂(Pa^{-1})；

C_r——热储岩石的压缩系数，单位为帕的负一次幂(Pa^{-1})；

S——热储的弹性释水系数，无量纲；

H——热储的厚度，单位为米(m)。

d) 渗透系数、渗透率、导水系数、弹性释放率和弹性释水系数可通过单孔或多孔试井资料求得；

e) 采用稳定流试井资料可以求得渗透系数、渗透率和流体传导系数。当热储可以看作是等厚、均质、各向同性的无限承压含水层时，并且初始水头水平(各处压力相同)时，计算公式为：

$$\Delta p=\frac{Qg}{2\pi KM}\ln\frac{r_1}{r_w} \quad \cdots\cdots (C.7)$$

式中：

Δp——试井达到稳定状态时生产井和观测井之间的压力差，单位为帕(Pa)；

Q——流量，单位为千克每秒(kg/s)；

g——重力加速度，9.8m/s^2；

K——渗透系数，单位为米每秒(m/s)；

M——热储厚度，单位为米(m)；

r_1——观测井和生产井之间的距离，单位为米(m)；

r_w——生产井出水段的半径，单位为米(m)。

对于单孔试井，可以用影响半径的经验公式和式(C.4)迭代求得渗透系数，然后求出渗透率、导水系数。如果试验时有一个或多个观测孔同时观测压力的变化，可以采用观测孔压力的观测资料计算这些参数。如果试验井周围有其他井正在生产或回灌，或在试验井周围存在直线的阻流或补给边界时，可以采用迭加原理计算这些参数；

f) 采用非稳定流试井资料可以求得热储的渗透系数、渗透率、导水系数、弹性释放率和弹性释水系数。同样，当热储可以看作是等厚、均质、各向同性的无限含水层，并且各处初始压力相同，流体的生产量可以认为不变时，可采用非稳定流泰斯公式计算热储的渗透系数、渗透率、导水系数、弹性释放率和弹性释水系数；

$$\Delta p=\frac{Qg}{4\pi T}\int_{\frac{r^2S}{4Tt}}^{\infty}\frac{e^{-u}}{u}du \qquad (C.8)$$

$$u=\frac{r^2S}{4Tt} \qquad (C.9)$$

当径向距离比较小，试验延续时间比较长时，Δp-$\lg t$ 曲线将出现直线段，这时：

$$\Delta p=\frac{2.30Qg}{4\pi T}\lg\frac{2.25Tt}{r_w{}^2S} \qquad (C.10)$$

在式(C.8)、式(C.9)和式(C.10)中：

Δp——生产井的压力降低，单位为帕(Pa)；

g——重力加速度，9.8 m/s²；

S——弹性释水系数，无量纲；

T——导水系数，单位为平方米每秒(m²/s)；

Q——流量，单位为千克每秒(kg/s)；

r——生产井出水段的半径，单位为米(m)；

t——时间，单位为秒(s)；

u——参变量。

在实际应用中可采用标准曲线法，也可采用半对数法对试井资料进行解译；

g) 在具有较长地热田监测资料的情况下，可以通过监测资料反求热储参数，在建立地热田的数值模型时，如果实测资料不充分，可通过模型反求参数。

C.1.6 监测资料：包括地热井的生产量、温度、压力、化学成分随时间变化的资料，专门监测井的温度、压力随时间的变化情况。

C.1.7 热储的边界条件：包括边界的位置、热力学和流体动力学特征等。可以通过地质调查、钻井地质、地球物理勘探、地球化学勘探和试井等资料分析热储的边界条件。

C.2 计算方法

C.2.1 地表热流量法(Surface heat flux method)

地表热流量法是根据地热田地表散发的热量估算地热资源量。该方法宜在勘查程度低、无法用热储法计算地热资源的情况下使用。

地热田向外散发的热量包括通过岩石传导散发到空气中的热量和通过温泉、热泉和喷气孔等散发的热量可按式(C.11)计算：

$$Q=p_t=(p_1+p_2)t \qquad (C.11)$$

式中：

Q——定时间段散发的热量，单位为焦(J)；

p_t——单位时间地热田散发的热量，单位为瓦(W)；

p_1——单位时间通过岩石传导散发到空气中的热量，单位为瓦(W)；

p_2——单位时间温泉、热泉和喷气孔等散发的热量，单位为瓦(W)；

t——计算时间段，单位为秒(s)。

通过岩石传导散发到空气中的热量可以依据大地热流值的测定来估算。

温泉和热泉散发的热量可根据泉的流量和温度进行估算。

C.2.2 热储法(Volumetric method)

主要用于计算热储中储存的热量,估计热田地热资源的潜力,可按下式计算:

$$Q = Q_r + Q_w \qquad \cdots\cdots (C.12)$$

$$Q_r = Ad\rho_r c_r (1-\varphi)(t_r - t_0) \qquad \cdots\cdots (C.13)$$

$$Q_L = Q_1 + Q_2 \qquad \cdots\cdots (C.14)$$

$$Q_1 = A\varphi d \qquad \cdots\cdots (C.15)$$

$$Q_2 = ASH \qquad \cdots\cdots (C.16)$$

$$Q_w = Q_L c_w \rho_w (t_r - t_0) \qquad \cdots\cdots (C.17)$$

式中:

Q——热储中储存的热量,单位为焦(J);

Q_r——岩石中储存的热量,单位为焦(J);

Q_L——热储中储存的水量,单位为立方米(m^3);

Q_1——截止到计算时刻,热储孔隙中热水的静储量,单位为立方米(m^3);

Q_2——水位降低到目前取水能力极限深度时热储所释放的水量,单位为立方米(m^3);

Q_w——水中储存的热量,单位为焦(J);

A——计算区面积,单位为平方米(m^2);

d——热储厚度,单位为米(m);

ρ_r——热储岩石密度,单位为千克每立方米(kg/m^3);

c_r——热储岩石比热,单位为焦每千克摄氏度[J/(kg·℃)];

φ——热储岩石的空隙度,无量纲;

t_r——热储温度,单位为摄氏度(℃);

t_0——当地年平均气温,单位为摄氏度(℃);

ρ_w——地热水密度,单位为千克每立方米(kg/m^3);

S——导水系数,无量纲;

H——计算起始点以上高度,单位为米(m);

c_w——水的比热,单位为焦每千克摄氏度[J/(kg·℃)]。

采用热储法计算地热资源应首先确定地热田的面积(或计算区范围)和计算/评价的基准面深度。地热田的面积最好依据热储的温度划定。地热田温度的下限标准应根据当地的地热可能用途而定,或根据规划的利用方式来确定。在勘查程度比较低,对热储温度的分布不清楚时,可以采用浅层温度异常范围、地温梯度异常范围大致圈定地热田的范围,也可以采用地球物理勘探方法圈定地热田的范围。计算/评价的下限深度应根据当地的经济发展状况、地热资源的开采技术条件、地热利用的经济效益等因素综合考虑。

计算/评价范围确定之后,应根据热储的几何形状(顶板埋深、底板埋深和厚度)、温度、空隙度的空间变化,以及勘查程度的高低将计算/评价范围划分成若干个子区,为每个子区的各项参数分别赋值,然后计算出每个子区的热储存量、地热水储存量。最后,把各子区的计算结果累加就得到了地热田(或计算区)的热储存量和地热水储存量。

C.2.3 解析模型法(Analytical method)

在勘查程度比较低,可用资料比较少时,可以采用解析法计算地热井或地热田的地热流体可开采量。

当热储可以概化为均质、各向同性、等厚、各处初始压力相等的无限(或存在直线边界)的承压含水层时,可以采用非稳定流泰斯公式计算单井的开采量、水位(压力)随开采时间的变化量,从而计算出在给定的压力允许降深下地热流体的可开采量，对单井的地热流体可开采量进行评价。

当地热田中有多个地热井时，可以采用叠加原理计算在给定压力允许下降值下地热流体可开采量。

C.2.4 统计分析法(Statistical methods)

具有多年动态监测资料的地热田，可用统计分析法建立的统计模型预测地热田在定(变)量开采条件下的压力(水位)变化趋势，并确定一定降深条件下的可开采量。可采用的统计分析法包括相关分析、回归分析、时间序列分析等方法。宜采用压力(水位)降低值和开采量之间建立的相关统计模型对地热田进行预测。用于预测的模型应具有较高的相关系数，预测的时限不应超过实际监测资料的时段长度。

C.2.5 数值模型法(Numerical modeling)

在地热田的勘查程度比较高，并且具有一定时期的开采历史，具有比较齐全的监测资料时，应建立地热田的数值模拟模型，用以计算/评价地热储量，并作为地热田管理的工具。

C.2.5.1 控制方程

描述地热水系统中水和热量均衡的基本方程可以写为：

$$\frac{\mathrm{d}}{\mathrm{d}t}\iiint_V M^{(\kappa)}\,\mathrm{d}V = \iint_\Gamma F^{(\kappa)}\,\vec{n}\,\mathrm{d}\Gamma + \iiint_V q^{(\kappa)}\,\mathrm{d}V \qquad \text{(C.18)}$$

其中 κ 表示不同的计算量。当 $\kappa=1$ 时表示水，$\kappa=2$ 时表示空气，$\kappa=3$ 时表示热量。式中的第一项表示热储中物质/热量的变化，第二项表示通过边界流入(或流出)热储的物质/热量，第三项表示物质/热量的源汇项。

在上式中物质的变化量($\kappa=1,2$ 时)可以表示为：

$$M^{(\kappa)} = \phi\sum_{\beta=l,g} S_\beta \rho_\beta X_\beta^{(\kappa)} \qquad \text{(C.19)}$$

热量的变化量由岩石和流体两部分热量的变化组成，可以表示为：

$$M^{(3)} = (1-\phi)\rho_r c_r T + \phi\sum_{\beta s=l,g} S_\beta \rho_\beta u_\beta \qquad \text{(C.20)}$$

边界上物质的流入(流出)量包括各种相态流入(流出)量的总和：

$$F^{(\kappa)} = \sum_{\beta=l,g} F_\beta^{(\kappa)} \qquad \text{(C.21)}$$

其中各相态边界上的流入(流出)量为：

$$F_\beta^{(\kappa)} = -k\frac{k_{r\beta}}{\mu_\beta}\rho_\beta X_\beta^{(\kappa)}(\nabla P_\beta - \rho_\beta g) - \delta_{\beta g} D_{va}\rho_\beta \nabla X_\beta^{(\kappa)} \qquad \text{(C.22)}$$

式(C.18)中的最后一项只与气相有关，表示因气体的扩散而引起的物质的增加或减少。

边界上热量的流入(流出)包括热量的对流和传导：

$$F^{(3)} = -K\nabla T + \sum_{\beta=l,g}^{\kappa=1,2} h_\beta^{(\kappa)} F_\beta^{(\kappa)} \qquad \text{(C.23)}$$

在式(C.18)～式(C.23)中：

c_r——岩石固体骨架的比热，单位为焦每千克摄氏度[J/(kg·℃)]；

D_{va}——蒸汽和空气混合物的扩散系数；

$F^{(\kappa)}$——物质或热量在计算区边界上的流入或流出量；

$F_\beta^{(\kappa)}$——计算量 κ 相 β 在计算区边界上的流入或流出量；

g——重力加速度，9.8 m/s²；

$h_\beta^{(\kappa)}$——计算量 κ 相 β 的比焓；

k——绝对渗透系数，单位为米每秒(m/s)；

K——岩石和流体的综合体的热导率，瓦每米摄氏度[W/(m·℃)]；

$k_{r\beta}$——相 β 的相对渗透系数，无量纲；

$M^{(\kappa)}$——物质或热量在计算区内储存量的变化；

$M^{(3)}$——计算区内热储存量的变化，单位为焦(J)；

n——与边界的正交方向，无量纲；

P_β——相β的压力，为相对基准面的压力和毛细压力的和，即，$P_\beta = P + P_{cap,\beta}$，单位为帕(Pa)；

P——相对基准面的压力，单位为帕(Pa)；

$P_{cap,\beta}$——相β的毛细压力，单位为帕(Pa)；

$q^{(\kappa)}$——物质或热量在计算区内的源汇项；

S_β——流体相β的饱和度，无量纲；

t——时间，单位为秒(s)；

T——温度，单位为摄氏度(℃)；

u_β——计算量κ相β的比内能，单位为焦每千克(J/kg)；

V——计算区；

$X_\beta^{(\kappa)}$——计算量κ相β的质量分数，无量纲；

$\delta_{\beta g}$——气相的扩散系数；

β——热流体的相态，($\beta=1$时为液态，$\beta=g$时为气态)；

ϕ——孔隙度，无量纲；

Γ——计算区边界；

κ——标识变量，$\kappa=1$时表示地热水，当$\kappa=2$时表示空气，$\kappa=3$时表示热量；

μ_β——相β的动力粘滞系数，单位为千克每米秒[kg/(m·s)]；

ρ_r——岩石固体骨架的密度，单位为千克每立方米(kg/m^3)；

ρ_β——计算量κ相β的密度，单位为千克每立方米(kg/m^3)。

C.2.5.2 数值模型的资料要求

数值模型的求解方法主要包括有限差分法、有限单元法和边界元法等。

首先，应查明研究区的地质构造，掌握热储和盖层的岩性、空间分布，掌握地热水的补给条件、水动力特征，掌握地热田内温度的分布和变化规律，分析地热系统的热源以及热传递方式。还要收集地热试井、回灌试验资料，掌握热储的渗透率、空隙度、贮存系数等参数，测量热储和盖层的热导率、密度、比热等参数。收集地热田的监测资料，包括地热田的开发历史、开采量，开采井和专门监测井的压力、温度和水化学变化情况。

C.2.5.3 建立数值模型

建立数值模型的基本步骤为：

a) 建立概念模型：综合分析收集的资料，对地热田的地质条件进行概化，建立概念模型。概念模型应反映热储和盖层的分布规律、地热水的补给来源、地热系统的热源、重要的热流体和热传递通道、流体动力特征。宜概化为三维模型；
b) 地质体的剖分：在概念模型的基础上，把模拟的地质体剖分为若干单元体(也称为网格剖分)，应根据模型的求解方法、计算程序的要求确定网格剖分方式，可剖分为立方体、长方体、棱柱体等，单元体的大小宜根据勘探程度、资料的多少确定，在集中开采区、压力变化显著处网格应相对密集，在地热田的外围和压力变化不明显处网格可以相对稀疏；
c) 进行天然状态的模拟：天然状态模拟是对地热田未进行开发之前的压力、温度、热流体的流动状态和热传导情况进行模拟；
d) 开采状态的模拟：根据地热田的监测资料，对地热田开采状态下的压力和温度进行拟合，又称为参数识别或模型校正。参数识别的方法有直接解法和间接解法两种。由于直接解法的稳定性差，可采用间接解法进行参数识别。具体做法是逐步调整模型参数，使模型的计算结果尽可能地逼近实际监测资料。控制观测井压力的观测值与模拟计算值的拟合误差应小于拟合计算期间水位变化值的10%；在压力变化较小时，压力拟合误差应小于1.0 m水柱高度。这样，最终得到一个可以用来预测地热田对未来开采的反映的模型。

C.2.5.4 利用数值模型进行地热储量计算

经过校正的模型就可以认为是在当前勘探程度下可靠的模型，就可以用之预测地热田对将来开采的反映。应选择多个可能的地热田管理方案，计算各方案对地热田带来的长期反映，包括压力场和温度场的变化趋势，预测可能带来的不利影响，预测为了保持稳定开采量是否需要开凿新井以及新井的位置，预测回灌的效果和可能引起的地热田冷却。然后根据各开采方案结果的比较，提出推荐的地热田管理方案，提出地热水的可开采量和可开采的热量。

利用地热系统的数值模型还可以计算地热田的热储存量和热流体储存量。

C.2.6 比拟法(Analogue method)

比拟法又称类比法，即利用已知地热田的地热资源量来推算地热地质条件相似的地热田的地热资源量，或者用同一地热田内已知地热资源量的部分来推算其他部分的地热资源量。

类比应是在地热的储藏、分布条件相似的两者之间进行的，否则类比的结果与实际情况可能会存在很大的差异。

附 录 D
（资料性附录）
地热常用量代号和单位名称

表 D.1 地热常用量代号和单位名称

序号	常用量		代号	原用单位		国际单位		附 注
				名称	符号	名称	符号	
1	长度	长	$l(L)$	千米（公里） 米 厘米 毫米 微米	km m cm mm μm	米	m	1 km=10^3 m 1 m=10^2 cm 1 m=10^3 mm 1 mm=10^3 μm
		宽	b					
		高	h					
		厚度	d					
		半径	$r(R)$					
		直径	$d(D)$					
		距离	s					
2	面积		A	平方公里 平方米	km^2 m^2	平方米	m^2	
3	体积	体积（容积）	V	立方米 升 毫升	m^3 L mL	立方米	m^3	1 m^3=10^3 L 1 L=10^3 mL
		气体体积	V_n	立方米	m^3			
4	时间		$t(T)$	年 日（天） （小）时 分 秒	a d h min s	秒	s	
5	速度		v,u	公里/小时 米/秒	km/h m/s	米每秒	m/s	
6	质量（重量）		m	吨 公斤（千克） 克 毫克	t kg g mg	千克	kg	1 t=10^3 kg 1 kg=10^3 g 1 g=10^3 mg
7	密度（容重）		ρ	吨/米^3 公斤/米^3 克/厘米^3	t/m^3 kg/m^3 g/cm^3	千克每立方米	kg/m^3	
8	流量	体积流量	q Q	米^3/日	m^3/d	米^3/秒 升/秒	m^3/s L/s	
				米^3/时	m^3/h			
				升/秒	L/s			
		质量流量	q_m Q_m	吨/日	t/d	千克每秒	kg/s	
				吨/时	t/h			
				公斤/秒	kg/s			

表 D.1（续）

序号	常用量	代号	原用单位		国际单位		附　注
			名称	符号	名称	符号	
9	力 重力	F W	吨	t	牛(顿)	N	1 kg=9.8 N
			公斤	kg			
			克	g			
10	压强	P	吨/米^2 公斤/厘米^2 大气压 毫米汞柱 巴	t/m^2 kg/cm^2 atm mmHg Bar	帕斯卡	Pa	1 Pa=1 N/m^2 1 kg/cm^2=9.806 65×10^4 Pa 1 mmHg=133.322 4 Pa 1 Bar=10^5 Pa
	正应力	σ					
	切应力	τ					
11	功	$w(A)$	公斤米 焦耳	kg·m J	焦(耳) 千焦 兆焦	J kJ MJ	1 kg·m=9.8 J 1 kJ=10^3 J 1 MJ=10^6 J 1 cal=4.18 J
	能量	$E(w)$	焦耳	J			
	热量	Q	卡 千卡	cal kcal			
	电能	W	千瓦小时	kWh			
12	功率	P	瓦 千瓦	W kW	瓦 千瓦 兆瓦	W kW MW	1 MW=10^6 W 1 kW=10^3 W
13	温度 热力学	T	开氏度	K	开氏度 摄氏度	K ℃	1 K=1 ℃ ℃=5/9(1 ℉−32)
	温度 摄氏	t	摄氏度	℃			
	温度 华氏		华氏度	℉			
14	地温梯度	$\Delta T/\Delta h$	度/100 米	℃/100 m	度每米	℃/100 m	
15	热容	C	卡/度	cal/℃	焦每开耳文 焦每摄氏度	J/K J/℃	1 cal/℃=4.18 J/K
16	比热	c	卡/(克·度)	cal/(g·℃)	焦每千克开 焦每千克度	J/(kg·K) J/(kg·℃)	1 cal/(g·℃)=4 186.8 J/(kg·K)
17	热导率	K	卡/(厘米·秒·度) 千卡/(米·秒·度)	cal/(cm·s·℃) kcal/(m·s·℃)	瓦特每米开 瓦特每米度	W/(m·K) W/(m·℃)	1 cal/(cm·s·℃)=418.68 W/(m·K)
18	热扩散率	α	厘米^2/秒 米^2/时	cm^2/s m^2/h	平方米每秒	m^2/s	
19	渗透率	k	达西 毫达西	D mD	平方米	m^2	1 达西=10^{-12} m^2
20	渗透系数	K	米/日 米/秒	m/d m/s	米每秒	m/s	

表 D.1（续）

序号	常用量	代号	原用单位		国际单位		附　注
			名称	符号	名称	符号	
21	导水系数	T	平方米/秒	m^2/s	平方米每秒	m^2/s	
22	贮水系数	S	无量纲				
23	运动粘滞系数	η	平方米/秒	m^2/s	平方米每秒	m^2/s	
24	动力粘滞系数	μ	厘泊	cP	千克每米秒	kg/(m·s)	$1\ cP=10^{-3}\ N\cdot s/m^2$
25	压缩系数	C	平方米/公斤	m^2/kg	1/帕	Pa^{-1}	

附　录　E
（资料性附录）
理疗热矿泉水水质标准

理疗热矿水水质标准见表E.1。

表E.1　理疗热矿水水质标准　　单位为毫克每升

成　份	有医疗价值浓度	矿水浓度	命名矿水浓度	矿水名称
二氧化碳	250	250	1 000	碳酸水
总硫化氢	1	1	2	硫化氢水
氟	1	2	2	氟水
溴	5	5	25	溴水
碘	1	1	5	碘水
锶	10	10	10	锶水
铁	10	10	10	铁水
锂	1	1	5	锂水
钡	5	5	5	钡水
偏硼酸	1.2	5	50	硼水
偏硅酸	25	25	50	硅水
氡/(Bq/L)	37	47.14	129.5	氡水
温度/℃	≥34			温水
矿化度	<1 000			淡水
注：本表依据GB/T 13727—1992《天然矿泉水地质勘探规范》(附录B医疗矿泉水水质标准)，略作修改，主要是取消了锰、偏砷酸、偏磷酸、镭等4个意义不明或对人体有害的矿水类型。				

附　录　F
(资料性附录)
地热水利用的节煤减排量及居室采暖面积估算表

地热利用的节煤量,减排量、节省污染治理费用及居室采暖面积分别按表 F.1、表 F.2、表 F.3、表 F.4、表 F.5 所列方法计算。

表 F.1　地热水开采一年所获热量与之相当的节煤量

考虑热效率折算后的热能	节煤量(M)
10^9 J	M(t/a)
ΣW_t	计算式 $M=\Sigma W_t \div 4.1868 \div 7$

表 F.2　地热水开采一年相当节煤量的减排量

项目	二氧化碳(CO_2)	二氧化硫(SO_2)	氮氧化物(NO_x)	悬浮质粉尘	煤灰碴[a]
单位	t/a	t/a	t/a	t/a	t/a
计算式	(1)=2.386M	(2)=1.7%M	(3)=0.6%M	(4)=0.8%M	(5)=0.1%M
项目	二氧化碳 CO_2	二氧化硫 SO_2	氮氧化物 NO_x	悬浮质粉尘	煤灰碴[a]
[a] 煤灰碴不属于大气排放,属于固体废物排放。					

表 F.3　节省治理费用

二氧化碳 CO_2	二氧化硫 SO_2	氮氧化物 NO_x	悬浮质粉尘	煤灰碴
0.1 元/kg[b]	1.1 元/kg	2.4 元/kg	0.8 元/kg	运输费
[b] 清洁开发机制 CDM 国际碳汇市场价格略低于此价。				

表 F.4　无调峰设施的地热水居室采暖面积估算表

利用温度 (t_1-t_0)/℃	采暖面积/m^2				
	1 000 m^3/d	1 250 m^3/d	1 500 m^3/d	1 750 m^3/d	2 000 m^3/d
10	9 692	12 115	14 536	16 961	19 384
20	19 384	24 230	29 076	33 922	38 768
30	29 076	36 345	43 614	50 883	58 152
40	38 768	48 460	58 152	67 844	77 536
50	48 460	60 575	72 690	84 805	96 920
60	58 152	72 690	87 228	101 766	116 304
70	67 844	84 805	101 766	118 727	135 688
80	77 536	96 920	116 304	135 688	155 072
注:计算式:$F=E_n/Q_f$;$E_n=48.46Q(t_1-t_0)$ 式中:E_n——热水产能(W),Q_f——居室采暖热指标(W/m^2)表中取值为 50 W/m^2,Q——地热水水量(m^3/d),t_1——地热水采暖进水温度(℃),t_0——地热水采暖排水温度(℃)。					

表 F.5 加用调峰负荷占供热总量30%的地热水居室采暖面积估算表

利用温度 (t_1-t_0)/℃	采暖面积/m^2				
	1 000 m^3/d	1 250 m^3/d	1 500 m^3/d	1 750 m^3/d	2 000 m^3/d
10	13 845	17 307	20 766	24 230	27 691
20	27 691	34 614	41 537	48 460	55 383
30	41 537	54 778	62 306	72 690	83 074
40	55 383	69 228	83 074	96 920	110 766
50	69 228	86 536	103 843	121 150	138 457
60	83 074	103 843	124 611	145 380	166 149
70	96 920	121 150	145 380	169 610	193 840
80	110 766	138 457	166 149	193 840	221 531

附　录　G
（规范性附录）
地热资源勘查报告编写提纲及附图附表要求

地热资源勘查报告是地热资源勘查的阶段性或最终成果，是地热资源统计登记、开发利用规划与管理的主要依据，报告内容应能反映地热资源勘查的主要成果，遵照下列 G.1、G.2、G.3 要求编制。

G.1　报告编写提纲

报告编写提纲包括以下内容：

1　前言
2　地热地质研究程度及勘查工作质量评述
3　区域地热地质条件
4　地热田(区)地热地质条件
4.1　地热田(区)边界条件
4.2　热储特征及其埋藏条件
4.3　地热流体流场特征及动态
4.4　地温场特征
5　地热流体化学特征
5.1　地热流体化学组分特征
5.2　地热流体化学组分动态变化
5.3　同位素化学与地热田成因分析
6　地热资源计算与评价
6.1　热储模型
6.2　主要计算参数
6.3　地热储量计算
6.4　地热流体可开采量计算与评价
7　地热流体质量评价
8　地热资源开发利用与保护
9　结论

G.2　报告主要附图

报告主要附图包括：

a)　勘查区实际材料图；
b)　区域地质图(对隐伏地热田编制前新生界地质图)；
c)　地热田(区)地质图(对隐伏热田编前新生界地质图)；
d)　地热田地热资源开采条件分区图；
e)　地热田地温分布图或一定深度内的地温等值线图；
f)　地热流体化学图；
g)　地热井(泉)动态曲线图；
h)　各地热井综合地质柱状图。

G.3　报告主要附表

地热勘查过程中取得的各项测试数据应系统整理，列表成册，与勘查报告内容有关的，应作为报告的附表，一般包括：

a） 地热流体、岩土化学成分（含同位素）及物理性质分析成果汇总表；

b） 岩矿鉴定成果表；

c） 地热井试验（含回灌）成果资料汇总表；

d） 地热井测温资料汇总表；

e） 地热井（泉）动态观测资料汇总表；

f） 地热流体历年开采（回灌）量统计表。

凡与报告密切有关而报告本身未作详细论述的物化探报告、各种专题研究报告等，可作为报告附件提交。

参 考 文 献

[1] GB/T 13727—1992 天然矿泉水地质勘探规范
[2] 矿产工业要求参考手册[G].全国矿产储量委员会办公室.北京:地质出版社,1987.

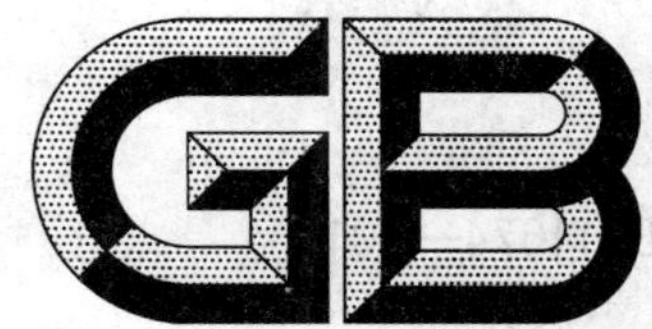

中华人民共和国国家标准

GB 11674—2010

食品安全国家标准
乳清粉和乳清蛋白粉

National food safety standard

Whey powder and whey protein powder

2010-03-26 发布　　　　2010-12-01 实施

中华人民共和国卫生部　发布

前　言

本标准对应于国际食品法典委员会(CAC)的标准 Codex Stan 289—1995(Revision 2003，Amendment 2006)Standard for Whey Powders，本标准与 Codex Stan 289—1995(Revision 2003，Amendment 2006)的一致性程度为非等效。

本标准代替 GB 11674—2005《乳清粉卫生标准》。

本标准与 GB 11674—2005 相比，主要变化如下：

——标准名称改为《乳清粉和乳清蛋白粉》；

——修改了“范围”的描述；

——明确了“术语和定义”；

——“理化指标”中的产品类别改为脱盐乳清粉、非脱盐乳清粉、乳清蛋白粉；

——增加了乳糖指标；

——删除了脂肪指标；

——删除了酸度(以乳酸计)指标；

——删除了铁(Fe)指标；

——“污染物限量”直接引用 GB 2762 的规定；

——“真菌毒素限量”直接引用 GB 2761 的规定；

——删除“兽药残留”指标；

——修改了“微生物指标”的表示方法；

——增加了对营养强化剂的要求。

本标准所代替标准的历次版本发布情况为：

——GB 11674—1989、GB 11674—2005。

食品安全国家标准

乳清粉和乳清蛋白粉

1 范围

本标准适用于脱盐乳清粉、非脱盐乳清粉、浓缩乳清蛋白粉、分离乳清蛋白粉等产品。

2 规范性引用文件

本标准中引用的文件对于本标准的应用是必不可少的。凡是注日期的引用文件，仅所注日期的版本适用于本标准。凡是不注日期的引用文件，其最新版本(包括所有的修改单)适用于本标准。

3 术语和定义

3.1 乳清 whey

以生乳为原料，采用凝乳酶、酸化或膜过滤等方式生产奶酪、酪蛋白及其他类似制品时，将凝乳块分离后而得到的液体。

3.2 乳清粉 whey powder

以乳清为原料，经干燥制成的粉末状产品。

3.2.1 脱盐乳清粉 demineralized whey powder

以乳清为原料，经脱盐、干燥制成的粉末状产品。

3.2.2 非脱盐乳清粉 non-demineralized whey powder

以乳清为原料，不经脱盐，经干燥制成的粉末状产品。

3.3 乳清蛋白粉 whey protein powder

以乳清为原料，经分离、浓缩、干燥等工艺制成的蛋白含量不低于25%的粉末状产品。

4 技术要求

4.1 原料要求

4.1.1 乳清：由符合GB 19301要求的生乳为原料生产乳制品而得到的乳清。

4.1.2 其他原料：应符合相应的安全标准和/或有关规定。

4.2 感官要求：应符合表1的规定。

表1 感官要求

项　目	要　求	检验方法
色泽	具有均匀一致的色泽。	取适量试样置于50 mL烧杯中，在自然光下观察色泽和组织状态。闻其气味，用温开水漱口，品尝滋味。
滋味、气味	具有产品特有的滋味、气味，无异味。	
组织状态	干燥均匀的粉末状产品、无结块、无正常视力可见杂质。	

4.3 理化指标：应符合表2的规定。

表 2 理化指标

项 目		指 标			检验方法
		脱盐乳清粉	非脱盐乳清粉	乳清蛋白粉	
蛋白质/(g/100 g)	≥	10.0	7.0	25.0	GB 5009.5
灰分/(g/100 g)	≤	3.0	15.0	9.0	GB 5009.4
乳糖/(g/100 g)	≥	61.0		—	GB 5413.5
水分/(g/100 g)	≤	5.0		6.0	GB 5009.3

4.4 **污染物限量**:应符合 GB 2762 的规定。

4.5 **真菌毒素限量**:应符合 GB 2761 的规定。

4.6 **微生物限量**:应符合表 3 的规定。

表 3 微生物限量

项 目	采样方案[a]及限量(若非指定,均以 CFU/g 表示)				检验方法
	n	c	m	M	
金黄色葡萄球菌	5	2	10	100	GB 4789.10 平板计数法
沙门氏菌	5	0	0/25 g	—	GB 4789.4

[a] 样品的分析及处理按 GB 4789.1 和 GB 4789.18 执行。

4.7 食品添加剂和营养强化剂

4.7.1 食品添加剂和营养强化剂质量应符合相应的安全标准和有关规定。

4.7.2 食品添加剂和营养强化剂的使用应符合 GB 2760 和 GB 14880 的规定。

ICS 47.020.70
U 65

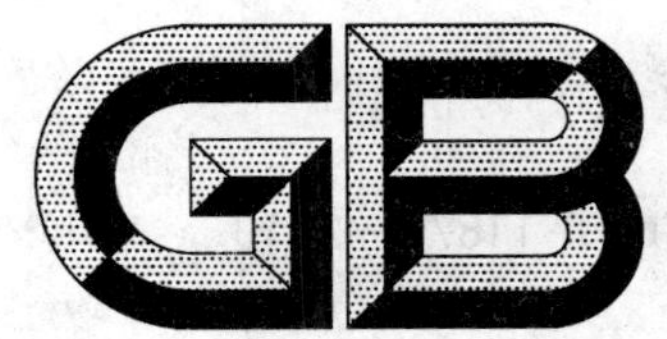

中华人民共和国国家标准

GB/T 11875—2010
代替 GB/T 11875—1989

船用航向变化率指示器

Marine rate of turn indicators

2010-09-02 发布　　2010-12-01 实施

中华人民共和国国家质量监督检验检疫总局
中国国家标准化管理委员会　发布

前言

本标准代替 GB/T 11875—1989《船用航向变化率指示器通用技术条件》。

本标准与 GB/T 11875—1989 相比主要变化如下：

——标准名称由“船用航向变化率指示器通用技术条件”改为“船用航向变化率指示器”；

——增加了仪器的组成(4.1)；

——增加了仪器的功能(4.3)；

——增加了仪器的设计(4.4)；

——环境适应性、电磁兼容性及噪声试验方法采用 IEC 60945:2002(5.6～5.14)；

——删除了霉菌要求及试验方法；

——增加了贮存要求(7.3)。

本标准由中国船舶工业集团公司提出。

本标准由全国海洋船标准化技术委员会航海仪器分技术委员会(SAC/TC 12/SC 5)归口。

本标准起草单位：九江中船仪表有限责任公司。

本标准主要起草人：于广昌、卢新民、丁华、肖宁、段德智、张洪斌、郭玉芳。

本标准所代替标准的历次版本发布情况为：

——GB/T 11875—1989。

船用航向变化率指示器

1 范围

本标准规定了船用航向变化率指示器(以下简称指示器)技术要求、试验方法及检验规则、标志、包装和贮存等。

本标准适用于指示器的设计、制造和验收。

2 规范性引用文件

下列文件中的条款通过本标准的引用而成为本标准的条款。凡是注日期的引用文件,其随后所有的修改单(不包括勘误的内容)或修订版均不适用于本标准,然而,鼓励根据本标准达成协议的各方研究是否可使用这些文件的最新版本。凡是不注日期的引用文件,其最新版本适用于本标准。

GB/T 191 包装储运图示标志(GB/T 191—2008,ISO 789:1997,MOD)

GB 4208—2008 外壳防护等级(IP 代码)(IEC 60529:2001,IDT)

GB/T 13384 机电产品包装通用技术条件

IEC 60945:2002 海上导航和无线电通信设备与系统 一般要求 测试方法和要求的测试结果

3 术语和定义

下列术语和定义适用于本标准。

3.1

航向变化率指示器 marine rate of turn indicators

利用陀螺仪信号并指示出船舶向左舷或向右舷转弯角速率的仪器。指示器可以是单独的设备,也可以是其他相关设备的组成部分。

4 要求

4.1 组成

指示器应由下列部分组成:

a) 陀螺仪;

b) 控制箱;

c) 指示仪表。

4.2 外观

4.2.1 不应出现漆层脱落、材料龟裂、零部件变形和锈蚀现象。

4.2.2 零部件不应受到机械损伤和破坏,紧固件不应松动和脱落。

4.3 功能

指示器应具有下列功能:

a) 检测功能,按压检测按钮时指示灯亮表示陀螺仪工作正常;

b) 手动和遥控启动功能,采用遥控时,手动开关置于“关”的位置;

c) 输出信号(模拟)接口,应能满足与其他设备接口的功能;

d) 船舶向左舷或向右舷转弯时指示器具有角速度显示功能,并应有照明调光装置。

4.4 设计

4.4.1 指示仪表

4.4.1.1 指示仪表刻度应清晰，表面无明显划伤。

4.4.1.2 指示仪表应设有中心零位的模拟式显示，如果采用圆形刻度盘显示，则零位应在最上方。

4.4.1.3 指示仪表零点两侧，每侧的刻度长度应不小于 120 mm，指示器显示灵敏度应确保表示 1°/min，航向变化率的刻度线长度应不少于 4 mm。

4.4.1.4 刻度盘的线性量程应不小于 30°/min。零点两侧以 1°/min 为刻度单位，每 10 个刻度单位的刻线应标出相应的数字。10°/min 刻度线应明显长于 5°/min 刻度线，5°/min 的刻度线应明显长于 1°/min 的刻度线。刻度线和数字与刻度盘底色应有明显差异。

4.4.2 安装

指示器内的导线要成束敷设，活动部分应有保护措施。导线端头应具有与接线图相符的耐久性标记。

4.4.3 材料

指示器的外购件、原材料应具有合格证明书，并应采用耐久、滞燃、耐潮和耐霉的材料。

4.5 性能

4.5.1 一般要求

4.5.1.1 船舶向左转弯应在零点左侧指示，向右转弯应在零点右侧指示。

4.5.1.2 可以配备附加的线性量程刻度盘。

4.5.1.3 刻度盘照明应可从全暗到最亮连续调节。

4.5.1.4 指示器的阻尼时间常数应是可变的，工作期间可在 0～10 s 的范围内调节。

4.5.1.5 指示器接通电源后准备时间应不大于 2 min。

4.5.1.6 指示器应具有显示正常工作的指示灯。

4.5.2 电源变化

电源在额定电压 220/380×(1±10%)V 及额定频率 50×(1±6%)Hz 的范围内波动时，指示器的航向变化率指示值变化应在 0.5°/min 的范围内。

4.5.3 精确度

4.5.3.1 一般规定

下列性能指标适用于船舶转弯时船速低于 10 kn 的航行条件。

4.5.3.2 灵敏度

指示器的灵敏度为 0.1°/min。

4.5.3.3 速率误差

指示器的航向变化率指示值与船舶实际航向变化率的偏差应不大于 0.5°/min 加上航向变化率指示值的 5%。

4.5.3.4 零位重复性

指示器在逐次启动后，指示仪表中心零位的重复性精度为 0.3°/min。

4.6 环境适应性

4.6.1 环境温度

−15 ℃～55 ℃。

4.6.2 湿热

温度为(40±3)℃，湿度为 93%±3%。

4.6.3 振动

指示器在频率 2 Hz ～13.2 Hz，振幅±1 mm；频率 13.2 Hz ～100 Hz，加速度 7 m/s² 的振动条件下，应符合 4.2 的要求。

4.6.4 摇摆

指示器在下述环境条件下应能正常工作：

横摇：幅值为±5°，周期为 25 s；

纵摇：幅值为±1°，周期为 20 s。

4.6.5 外壳防护

安装在驾驶室、舵机舱的指示器应符合 GB 4208—2008 中 IP23 的要求。

4.6.6 盐雾

指示器按 IEC 60945:2002 中 8.12 的规定进行试验时，零部件表面应没有严重的腐蚀现象。

4.7 电磁兼容性

指示器应符合 IEC 60945:2002 中相关条款的要求。

4.8 安全性

指示器的外壳应可靠接地，并有明显的接地标志；当电源端不接地时，对仪器的外露导电部件应采取保护接地。

4.9 噪声

噪声功率峰值应不超过 60 dB(A)。

4.10 介电强度

指示器无飞弧现象，绝缘件无显著发热和试验电压无突然下降的现象。

4.11 绝缘电阻

在正常试验大气条件下，指示器电源进线端与箱体间的冷态绝缘电阻值应大于 10 MΩ，热态绝缘电阻不应低于 2 MΩ。

5 试验方法

5.1 外观检查

通过目视和使用量具、仪表等测量，结果应符合 4.2、4.5.1 的要求。

5.2 电源变化

在电源按表 1 规定的参数波动下进行试验 15 min，试验结果应符合 4.5.2 的要求。

表 1

电压对额定值的变化量/%	频率对额定值的变化量/%
+10	+6
+10	−6
−10	+6
−10	−6

5.3 灵敏度

指示器安装在速率转台上，陀螺仪输入轴与转台轴平行，开机并校正电气零位输出小于 2mV。

a) 转台正向旋转，角速度分别为 0.1°/min、0.2°/min、……、1°/min 共 10 个，其间隔为 0.1°/min；

b) 转台反向旋转时，角速度按 5.3a)规定取值；

c) 记录正反向旋转时各个角速度值对应的输出电压值，若输出电压随角速度增加而增加，即指示器有 0.1°/min 的灵敏度。

试验结果应符合 4.5.3.2 的要求。

5.4 速率误差

在 5.3 的安装状态下，调整转台速率为±30°/min，对照指示表头读数，应在±(30°±2°)的范围内。试验结果应符合 4.5.3.3 的要求。

5.5 零位重复性

开机 30 min 后，在指示仪表中心零位处进行观察，并调整零位值 U_{01}，记录零位 U_{01}，停机 30 min，再开机 30 min，记录零位 U_{02}，停机 30 min，再开机 30 min，记录零位 U_{03}，共 3 次，记录 3 个零位电压值 $U_{01}\sim U_{03}$。

测得的 3 个零位值，其中任何两个数之差应不大于 0.3°/min。

试验结果应符合 4.5.3.4 的要求。

5.6 温度

5.6.1 高温

按 IEC 60945:2002 中 8.2.2 的规定进行，试验结果应符合 4.2 和 4.6.1 的规定。

5.6.2 低温

按 IEC 60945:2002 中 8.4.2 的规定进行，试验结果应符合 4.2 和 4.6.1 的规定。

5.7 湿热

按 IEC 60945:2002 中 8.3 的规定进行，试验结果应符合 4.2 和 4.6.2 的规定。

5.8 振动

按 IEC 60945:2002 中 4.4.2 的规定进行，试验结果应符合 4.2 和 4.6.3 的规定。

5.9 摇摆

指示器安装在静止水平的摇摆台上，接通电源，使指示器处于工作状态，然后启动摇摆台。横摇幅值为±5°，周期为 25 s，纵摇幅值为±1°、周期为 20 s；持续时间不少于 30 min，试验结果应符合 4.6.4 的要求。

5.10 外壳防护

按 GB 4208—2008 中的 IP23 的规定进行试验，试验结果应符合 4.6.5 的要求。

5.11 盐雾

指示器按 IEC 60945:2002 中 8.12 的规定进行试验。试验结果应符合 4.6.6 的规定。

5.12 电磁兼容性

按 IEC 60945:2002 中的规定进行，试验结果应符合 4.7 的要求。

5.13 安全性

通过目测和操作检验安全性的符合性。试验结果符合 4.8 的规定。

5.14 噪声

按 IEC 60945:2002 中 11.1.2 的规定进行，试验结果应符合 4.9 的要求。

5.15 介电强度

试验装置的频率为 45 Hz～62 Hz，功率不小于 2.5 kVA。

将被试仪器的旁路电容、印刷线路板、半导体等低压元件断开后，将载流部分用裸导线连起来，载流部分与壳体间加压，试验起始电压为 250 V，然后以 100 V/s 的速度升压。将电压升到 2 000 V，在此值保持 1 min 后，以同样的速度降压至 250 V 后，断开试验电源。试验结果符合 4.10 的要求。

5.16 绝缘电阻

用 500 V 兆欧表测量指示器电源输入端与箱体间的绝缘电阻，热态绝缘电阻必须在指示器正常工作 2 h 后进行，测量结果应符合 4.11 的要求。

6 检验规则

6.1 检验分类

指示器的检验可分为型式检验和出厂检验。

6.2 型式检验

6.2.1 检验项目

型式检验项目按表2。

6.2.2 检验数量

提交型式检验的产品应从出厂检验合格的产品中任意抽取1台,型式检验各项目应在抽取的产品上进行。

6.2.3 检验周期

型式检验只有在下列情况时才进行：

a) 新产品试制；

b) 产品提请船检局型式认可；

c) 设计、工艺或所用重要材料作重大改变；

d) 产品批量生产后,累计100台时。

6.2.4 合格判据

在试验过程中,如有某一项目不合格时,允许排除故障,重新进行该试验及该项有关的试验,合格后再继续进行其他项目的试验,如果故障不能排除,将终止此台其他项目的试验,则另抽取加倍数量的产品重新进行该项及该项试验有关的试验,合格后对加倍抽取数量中的1台产品补做其他项目的试验,若仍有不合格,则判定该批型式检验不合格。

6.3 出厂检验

6.3.1 检验项目

指示器出厂检验项目按表2。

表2 检验项目和顺序

序号	检验项目	检验类别		要求章条号	检验方法章条号
		型式检验	出厂检验		
1	外观	●	●	4.2、4.5.1	5.1
2	电源变化	●	●	4.5.2	5.2
3	灵敏度	●	●	4.5.3.2	5.3
4	速率误差	●	●	4.5.3.3	5.4
5	零位重复性	●	●	4.5.3.4	5.5
6	温度	●	—	4.2、4.6.1	5.6
7	湿热	●	—	4.2、4.6.2	5.7
8	振动	●	—	4.2、4.6.3	5.8
9	摇摆	●	—	4.6.4	5.9
10	外壳防护	●	—	4.6.5	5.10
11	盐雾	●	—	4.6.6	5.11
12	电磁兼容	●	—	4.7	5.12
13	安全性	●	●	4.8	5.13
14	噪声	●	—	4.9	5.14
15	介电强度	●	●	4.10	5.15
16	绝缘电阻	●	●	4.11	5.16
注：●为必检项目；—为不检项目。					

6.3.2 检验数量

出厂检验为逐套产品检验。

6.3.3 合格判据

出厂检验项目全部符合要求时，判定产品出厂检验合格。检验中若有一项不符合要求，在排除故障后，复验可只检验与维修、换件有关的项目和未进行的项目，复验符合要求，仍可判定产品为合格。若复验不符合要求，则判定该产品出厂检验不合格。

7 标志、包装、贮存

7.1 标志

7.1.1 产品标志

指示器（包括部件）在易见部位装有仪器名称标牌，并应有下列标志：

a) 船检标记；

b) 制造厂名称；

c) 产品型号及名称；

d) 出厂日期及编号。

7.1.2 包装标志

指示器应具有以下包装标志：

a) 制造厂名称；

b) 产品型号及名称；

c) 包装箱外形尺寸和毛重；

d) 收发货单位的名称和地址；

e) “防潮”、“小心轻放”、“不可倒置”等警示语和图形，应符合 GB/T 191 的规定。

7.2 包装

7.2.1 指示器（包括部件）的包装应符合 GB/T 13384 的规定。

7.2.2 包装箱内应附有相应的随机文件，如：装箱清单、产品合格证、使用说明书以及有关图纸等。

7.3 贮存

指示器（包括部件）应存放在环境温度 −5 ℃～35 ℃，相对湿度不大于 75%，清洁、通风良好的库房内，空气中不应含有腐蚀性气体，当贮存时间超过 1 年，应每隔 6 个月通电 1 次。

ICS 47.020.70
U 65

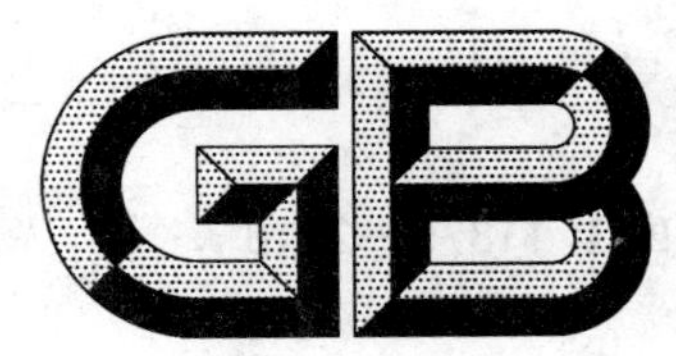

中华人民共和国国家标准

GB/T 11877—2010
代替 GB/T 11877—1999

船用陀螺罗经组合操舵仪

Marine autopilot with gyro compass

2010-09-02 发布　　　　2010-12-01 实施

中华人民共和国国家质量监督检验检疫总局
中国国家标准化管理委员会　发布

前 言

本标准代替 GB/T 11877—1999《船用陀螺罗经组合操舵仪技术条件》。

本标准与 GB/T 11877—1999 相比，主要变化如下：

——标准名称由“船用陀螺罗经组合操舵仪技术条件”改为“船用陀螺罗经组合操舵仪”；

——修改并增加了术语和定义的内容（第 3 章）；

——修改了组成要求[4.1b)、4.1e)]；

——修改了功能要求（4.3.2）；

——增加了对外信息输出要求（4.3.7）；

——删除了性能要求中的舵角复示器刻度精度和艏向指示器刻度精度要求；

——修改了报警、转舵范围、防水性、倾斜和摇摆要求等（4.3.8、4.4.1、4.6.3、4.6.4、4.6.6）；

——删除了霉菌的要求和相关的试验条款；

——修改了安全、安全距离、防水试验、倾斜和摇摆试验、安全距离试验等（4.8、4.10、5.11.3、5.11.4、5.11.6、5.15）；

——增加了油温高、滤器堵塞、罗经报警试验（5.2.5、5.2.6）；

——修改了标记和识别、包装、运输和贮存（第 7 章、第 8 章）。

本标准由中国船舶工业集团公司提出。

本标准由全国海洋船标准化技术委员会航海仪器分技术委员会（SAC/TC 12/SC 5）归口。

本标准起草单位：九江中船仪表有限责任公司。

本标准主要起草人：沈红星、丁华、肖宁、段德智、张洪斌、郭玉芳。

本标准所代替标准的历次版本发布情况为：

——GB 11877—1989，GB/T 11877—1999。

船用陀螺罗经组合操舵仪

1 范围

本标准规定了船用陀螺罗经组合操舵仪(以下简称组合操舵仪)的要求、试验方法和检验规则等。

本标准适用于组合操舵仪的设计、制造和验收。

2 规范性引用文件

下列文件中的条款通过本标准的引用而成为本标准的条款。凡是注日期的引用文件,其随后所有的修改单(不包括勘误的内容)或修订版均不适用于本标准,然而,鼓励根据本标准达成协议的各方研究是否可使用这些文件的最新版本。凡是不注日期的引用文件,其最新版本适用于本标准。

GB 4208 外壳防护等级(IP 代码)(GB 4208—2008,IEC 60529:2001,IDT)

GB/T 4300—2007 船舶与海上技术 船用陀螺罗经(ISO 8728:1997,IDT)

GB/T 13384 机电产品包装通用技术条件

CB/T 3973—2005 船舶与海上技术 磁罗经在船上的定位

IEC 60945:2002 海上导航和无线电通信设备及系统 一般要求 测试方法和要求的测试结果

IEC 61162-1 海上导航和无线电通信设备及系统 数字接口 第1部分:单发送器和多接收器

3 术语和定义

下列术语和定义适用于本标准。

3.1

船用陀螺罗经组合操舵仪 marine autopilot with gyro compass

一种将陀螺罗经与操舵装置组合为一体,通过陀螺罗经获取航向信号控制舵机,能使船舶自动保持预定方向的艏向控制系统。

3.2

艏向 heading

通过真子午线的垂直平面与通过船舶艏艉基准线的垂直平面之间的水平角。它是由真北(000°)起按顺时针方向旋转 360°来测量。

3.3

自动操舵 automatic steering

使船舶自动地稳定在给定航向上航行的操舵方式。

3.4

随动操舵 follow-up steering

使舵机按给定舵角指令转舵的操舵方式。

3.5

简易操舵 on-off steering

使舵机按给定转向转舵的操舵方式。

3.6

跟踪误差 tracing error

组合操舵仪在随动的工作状态下,稳态时的给定舵角和实际舵角的差值,是衡量随动操纵精度的指标。

3.7

舵角指示误差　rudder angle error in indication

组合操舵仪在工作状态下，舵角复示器的读数和舵角发送器的读数之间的差值。

3.8

平均转舵速度　average rudder rate

舵叶从一舷满舵到另一舷满舵所转过角度除以该段时间的商值。

4　要求

4.1　组成

组合操舵仪一般应包括下列装置：

a)　航向信号处理器，包括航向指示器；

b)　航向预置装置；

c)　自动操舵装置；

d)　调节装置；

e)　转换装置(带操舵状态指示器)；

f)　报警装置；

g)　陀螺罗经。

4.2　外观

4.2.1　设备外观不应出现漆层脱落、材料龟裂、零件变形和锈蚀等现象。

4.2.2　零部件不应受机械损伤和破坏，紧固件不应松动和脱落。

4.3　功能

4.3.1　组合操舵仪应能实现自动、手动(包括随动、简易操舵)方式及其相互转换，并有相应标牌和操舵方式显示。应可在任何舵位改变操舵方式，并且只需通过一个或两个手动控制就可在3 s内完成。

4.3.2　组合操舵仪应能在各种条件下，从自动操舵转换到手动操舵。

4.3.3　组合操舵仪应能避免不同操舵方式和操舵部位同时操纵。

4.3.4　组合操舵仪装置的照明亮度应可以调节。

4.3.5　组合操舵仪操作和调节开关的数量应尽可能少，并能防止危及设备和航向安全的操作。

4.3.6　组合操舵仪应有适当的调节控制装置，使操舵仪适应因天气和船舶操纵性能变化所产生的影响。

4.3.7　组合操舵仪应能对外输出操舵仪的各种工作信息(应包含操纵部位、操纵方式、通道及机组选择状态、给定舵角、实际舵角、报警等信息)。

4.3.8　组合操舵仪应具有电源失电、泵电机过载、断相和航向偏差(预设限制的范围为5°～15°)超过允许值时的视觉和听觉报警功能。当接受来自舵机液压系统失油压、低液位、油温高、滤器堵塞等传感器和罗经报警的电信号时，应能发出视觉和听觉报警。报警装置应满足下列要求：

a)　有独立电源或蓄电池供电；

b)　有消音功能，但视觉信号在故障排除之前不应消失，并不影响下个报警的视觉和听觉报警；

c)　用于故障报警的视觉显示一般为红色，对可稍缓采取措施的报警则可用黄色。

4.4　性能

4.4.1　转舵范围

组合操舵仪的转舵范围为左35°至右35°，并应设舵角限位装置。

4.4.2　航向指示器指示误差

航向指示器的指示偏离罗经航向应不大于0.5°。

4.4.3 **操舵灵敏度**

4.4.3.1 组合操舵仪自动操舵灵敏度值应不大于0.5°航向。

4.4.3.2 组合操舵仪随动操舵灵敏度值应不大于1°舵角。

4.4.4 **电源变化**

组合操舵仪在表1所示电压和频率波动的情况下应能正常工作。

表1 电源变化

电　源	项　目	
	电压变化(额定电压)/%	频率变化(额定频率)/%
交流	+10 +10	+6 −6
	−10 −10	+6 −6
直流	+10 −20	—
蓄电池	+30 −25	—

4.4.5 **跟踪误差**

随动跟踪误差不应大于1°舵角。

4.4.6 **舵角指示误差**

操舵仪舵角指示误差不应大于1°舵角,零位误差不应大于0.5°舵角。

4.4.7 **平均转舵速度**

舵机转舵速度为2.5°/s~5.0°/s时,在随动状态下,舵跟踪应平稳无振荡。

4.4.8 **航向稳定度**

组合操舵仪航行在经济航速时,经过适当调整各参数后应满足下列稳定度要求:

a) 在0~3级海况时,船舶航向稳定度不大于1°;

b) 在4~5级海况时,船舶航向稳定度不大于3°。

4.4.9 **航向偏差预置值**

航向偏差预置值应以最大2°的增量至少在10°~15°范围内设置。

4.5 **接口**

与其他设备连接的数字接口宜符合IEC 61162-1的要求。要求各设备对同一信号的读数或指示一致。

4.6 **环境适应性**

4.6.1 **温度**

组合操舵仪安装在驾驶室、舵机舱的仪器温度从−15 ℃~55 ℃变化,安装在露天甲板的仪器温度从−25 ℃~70 ℃变化时,应符合4.4.3的要求。

4.6.2 **湿热**

组合操舵仪在温度为40 ℃±2 ℃,湿度为(93±3)%时,应符合4.2和4.4.3的要求;电源输入端对地绝缘电阻应不小于1 MΩ。

4.6.3 **倾斜**

组合操舵仪在横倾±22.5°,纵倾±10°的条件下,应符合4.4.3的要求。

4.6.4 摇摆

组合操舵仪在横摇±22.5°,周期10 s;纵摇±10°,周期6 s的条件下,应符合4.4.3的要求。

4.6.5 振动

组合操舵仪在频率2 Hz ～13.2 Hz,振幅±1 mm;频率13.2 Hz ～100 Hz,加速度7 m/s^2 的振动条件下,应符合4.2.2及4.4.3的要求。

4.6.6 外壳防护

4.6.6.1 安装在驾驶室、舵机舱的仪器应符合IP23的要求。

4.6.6.2 安装在露天甲板的仪器应符合IP45的要求。

4.6.7 盐雾

组合操舵仪按IEC 60945:2002中8.12的规定进行试验时,零部件表面应没有严重的腐蚀现象。

4.7 电磁兼容性

4.7.1 传导发射

组合操舵仪应符合IEC 60945:2002图2的要求。

4.7.2 辐射发射

组合操舵仪应符合IEC 60945:2002中9.3.3规定的要求。

4.7.3 敏感度

组合操舵仪按IEC 60945:2002中第10章的规定进行试验时,应符合4.4.3的要求。

4.8 安全

组合操舵仪应符合IEC 60945:2002中4.6.1安全条款的规定。

4.9 噪声

组合操舵仪工作时产生的噪声功率峰值应不超过60 dB(A)。

4.10 安全距离

组合操舵仪各分仪器对磁罗经的最小安全距离应符合CB/T 3973—2005中相关条款的规定。

4.11 介电强度

在正常大气压条件下,组合操舵仪各组成部分(主罗经除外)应能承受与下列条件相应的介电强度试验1 min,而无击穿、闪烁现象。

当额定电压不大于60 V时,试验电压为500 V;

当额定电压大于60 V时,试验电压为2 000 V。

4.12 绝缘电阻

在正常大气压条件下,组合操舵仪的热态绝缘电阻不应低于2 MΩ。各组成部分的冷态绝缘电阻不应低于10 MΩ。

4.13 基准线标记

组合操舵仪操纵台壳体上应有艏艉基准线的标记。

4.14 陀螺罗经

陀螺罗经应符合GB/T 4300—2007中规定的要求。

5 试验方法

5.1 目测和记录

对组合操舵仪的设备组成、外观质量和具备的功能进行目测并记录结果。结果应符合4.1、4.2、4.3.1～4.3.7、4.4.1、4.4.2和4.13的要求。

5.2 报警

5.2.1 电源失电

将启动箱中的电源开关断开,结果应符合4.3.8的要求。

5.2.2 泵电机过载

在组合操舵仪处于工作状态时，使启动箱中热继电器的吸合电流小于负载电流。结果应符合 4.3.8 的要求。

5.2.3 断相

在组合操舵仪处于工作状态时，断开三相泵电机中的任一相。结果应符合 4.3.8 的要求。

5.2.4 偏航

在组合操舵仪处于自动工作状态时，设置航向修正旋钮，使航向变化值大于设定的偏航范围。结果应符合 4.3.8 的要求。

5.2.5 失油压、低液位、油温高、滤器堵塞

在组合操舵仪处于工作状态时，分别使失油压、低液位、油温高、滤器堵塞传感器发出信号。结果应符合 4.3.8 的要求。

5.2.6 罗经报警

在组合操舵仪处于工作状态时，使陀螺罗经发出报警信号。结果应符合 4.3.8 的要求。

5.3 操舵灵敏度

5.3.1 自动操舵灵敏度

组合操舵仪处于自动工作状态，在最高灵敏度状态下，向左或向右缓慢转动航向模拟发生器（专用试验设备），给出航向信号，直至组合操舵仪末级元件动作，测记航向值；然后反向转动航向模拟发生器，直至组合操舵仪末级元件反向动作，测记航向值。两航向值之差的 1/2，即为自动操舵灵敏度。

试验结果应符合 4.4.3.1 的要求。

5.3.2 随动操舵灵敏度

组合操舵仪处于随动工作状态，向左或向右转动舵轮或旋钮，直至组合操舵仪末级元件动作，再反向转动舵轮或旋钮，直至组合操舵仪末级元件反向动作。舵轮或旋钮反向转过指令舵角值的 1/2，即为随动操舵灵敏度。

试验结果应符合 4.4.3.2 的要求。

5.4 电源变化

启动陀螺罗经，待陀螺罗经稳定后，组合操舵仪处于自动操舵或随动操舵工作状态，按表 1 所列 3 种条件下各运行 5 min，试验过程中操舵灵敏度应符合 4.4.3 的要求，组合操舵仪系统和报警装置工作正常。试验结果符合 4.4.4 的要求。

5.5 跟踪误差

组合操舵仪在随动工作状态下，转动舵轮或旋钮，给出 0°、±5°、±10°、±20°、±30°舵令，观察舵轮或旋钮在上述位置时舵角反馈值与上述指令值之差。试验结果应符合 4.4.5 的要求。

5.6 舵角指示误差

组合操舵仪随动工作状态下，转动舵轮或旋钮，给出 0°、±5°、±10°、±20°、±30°舵令，观察舵轮或旋钮在上述位置时舵角指示器示值与舵角发送器示值之差。试验结果应符合 4.4.6 的要求。

5.7 平均转舵速度

转动舵轮，测量舵叶从一舷 30°连续转至另一舷满舵所需时间，取 3 次所测量时间的平均值，舵叶转过的角度与平均值的商值即为转舵速度。试验结果应符合 4.4.7 的要求。

5.8 航向稳定度

船舶以经济航速航行，组合操舵仪处在自动操舵工作状态。

在 0～3 级海况，航向稳定状态下，用 *X-Y* 自动记录仪分别记下船舶在顶浪、顺浪、旁侧浪航行时的航向变化曲线，时间每次不小于 10 min，则航向稳定度应为上述的航向变化曲线与稳定航向的直线所围成面积之和除以测试时间。

在 4～5 级海况，航向稳定状态下，用 *X-Y* 自动记录仪分别记下船舶在顶浪、顺浪、旁侧浪航行时的航向变化曲线,时间每次不小于 10 min,则航向稳定度应为上述的航向变化曲线与稳定航向的直线所围成面积之和除以测试时间。

若不具备 X-Y 自动记录仪,可按下列方法进行测试,即定时(如 5 s)测记航向值(15~20)min,按公式(1)和公式(2)计算。

$$\delta=\sqrt{\left(\sum_{i=1}^{n}\varphi_i^2-n\bar{\varphi}^2\right)/n} \qquad \cdots\cdots(1)$$

$$\bar{\varphi}=\left(\sum_{i=1}^{n}\varphi_i\right)/n \qquad \cdots\cdots(2)$$

式中:

δ——航向稳定度;

n——测记次数;

φ_i——第 i 次测记的航向值,单位为度(°)。

结果应符合 4.4.8 的要求。

5.9 航向偏差预置值

调节组合操舵仪上的航向设定装置,结果应符合 4.4.9 的要求。

5.10 接口

组合操舵仪与其他设备进行信号传输时,分别读取各连接设备的读数或指示,结果应符合 4.5 的要求。

5.11 环境适应性

5.11.1 温度

5.11.1.1 高温

高温试验按 IEC 60945:2002 中 8.2.2 的规定进行,结果应符合 4.6.1 的要求。

5.11.1.2 低温

低温试验按 IEC 60945:2002 中 8.4.2 的规定进行,结果应符合 4.6.1 的要求。

5.11.2 湿热

湿热试验按 IEC 60945:2002 中 8.3 的规定进行,结果应符合 4.6.2 的要求。

5.11.3 倾斜

将组合操舵仪中各仪器按实际安装方式单个、若干个或全部安装在试验台上,使组合操舵仪处于自动工作状态。

倾斜试验按横倾±22.5°,纵倾±10°进行,各通电工作 15 min,结果应符合 4.6.3 的要求。

5.11.4 摇摆

将组合操舵仪中各仪器按实际安装方式单个、若干个或全部安装在试验台上,使组合操舵仪处于自动工作状态。

摇摆试验按横摇±22.5°,周期 10 s;纵摇±10°,周期 6 s 进行,各摇摆 25 min。结果应符合 4.6.4 的要求。

5.11.5 振动

振动试验按 IEC 60945:2002 中 8.7 的规定进行。结果应符合 4.6.5 的要求。

5.11.6 外壳防护

安装在驾驶室、舵机舱的仪器按 GB 4208 的规定进行试验,结果应符合 4.6.6.1 的要求。

安装在露天甲板的仪器按 GB 4208 的规定进行试验,结果应符合 4.6.6.2 的要求。

5.11.7 盐雾

盐雾试验按 IEC 60945:2002 中 8.12 的规定进行,结果应符合 4.6.7 的要求。

5.12 电磁兼容性

5.12.1 传导发射

启动陀螺罗经,待陀螺罗经稳定后,组合操舵仪处于工作状态,按 IEC 60945:2002 中 9.2 的规定进行传导发射试验。结果应符合 4.7.1 的要求。

5.12.2 辐射发射

启动陀螺罗经,待陀螺罗经稳定后,组合操舵仪处于工作状态,按 IEC 60945:2002 中 9.3 的规定进行辐射发射试验。结果应符合 4.7.2 的要求。

5.12.3 敏感度

启动陀螺罗经,待陀螺罗经稳定后,组合操舵仪处于工作状态,按 IEC 60945:2002 中第 10 章的规定进行敏感度试验。结果应符合 4.7.3 的要求。

5.13 安全

通过目测检验组合操舵仪的安全性,结果应符合 4.8 的要求。

5.14 噪声

启动陀螺罗经,待陀螺罗经稳定后,组合操舵仪处于工作状态,按 IEC 60945:2002 中 11.1.2 的规定进行噪声试验。结果应符合 4.9 的要求。

5.15 安全距离

磁罗经和操舵仪间的最小安全距离按 CB/T 3973—2005 中 5.2 的规定进行,结果应符合 4.10 的要求。

5.16 介电强度

试验电源的频率为 45 Hz～62 Hz 之间任一频率,功率不小于 0.5 kVA。将被试仪器的旁路电容、印制线路板、半导体等低压元件及主罗经断开后,将所有载流部分用裸导线连接好,在载流部件与壳体之间施加试验电压。试验起始电压为 250 V,对额定电压高于 60 V 的仪器将电压升到 2 000 V;对额定电压低于等于 60 V 的仪器将电压升到 500 V,在此值保持 1 min 后,断开试验电源。

结果应符合 4.11 的要求。

5.17 绝缘电阻

组合操舵仪所属各部件单独经过介电强度试验后,各自将所有载流部分用裸导线连接好,用兆欧表测量载流部分对壳体的绝缘电阻。额定电压不高于 60 V 时,兆欧表电压为 2 倍额定电压,最低 250 V;额定电压高于 60 V 时,兆欧表电压为 500 V;额定电压高于 660 V 时,兆欧表电压为 1 000 V。

结果应符合 4.12 的要求。

5.18 系泊试验

组合操舵仪的系泊试验在船上安装后进行。

试验按 4.1、4.2、4.3、4.4.1～4.4.7、4.5、4.10、4.12、4.13 的要求及相应的试验方法进行。

5.19 航行试验

组合操舵仪经系泊试验合格后,按 4.4.8 要求和 5.8 的试验方法进行航行试验。

5.20 陀螺罗经

陀螺罗经试验按 GB/T 4300—2007 中相关规定进行,结果应符合 4.14 的要求。

6 检验规则

6.1 检验分类

组合操舵仪的检验分型式检验和出厂检验。

6.2 型式检验

6.2.1 检验项目

型式检验项目按表 2 进行。

表 2 检(试)验项目和顺序

序号	检验项目	检验类别		要求章条号	检验方法章条号
		型式检验	出厂检验		
1	组成	●	●	4.1	5.1
2	外观	●	●	4.2	
3	功能	●	●	4.3.1～4.3.7	
4	报警	●	●	4.3.8	5.2
5	转舵范围	●	●	4.4.1	5.1
6	航向指示误差	●	●	4.4.2	
7	操舵灵敏度	●	●	4.4.3	5.3
8	电源变化	●	●	4.4.4	5.4
9	跟踪误差	●	●	4.4.5	5.5
10	舵角指示误差	●	●	4.4.6	5.6
11	转舵速度	●	●	4.4.7	5.7
12	航向稳定度	—	—	4.4.8	5.8
13	航向偏差预置	●	—	4.4.9	5.9
14	接口	●	●	4.5	5.10
15	环境适应性	●	—	4.6	5.11
16	电磁兼容	●	—	4.7	5.12
17	安全	●	—	4.8	5.13
18	噪音	●	—	4.9	5.14
19	安全距离	—	—	4.10	5.15
20	介电强度	●	—	4.11	5.16
21	绝缘电阻	●	●	4.12	5.17
22	基准线标记	●	●	4.13	5.1
23	陀螺罗经	●	—	4.14	5.20
注：●为必检项目；—为不检项目。					

6.2.2 检验周期

型式检验在下列之一情况下进行：

a) 新产品试制时；

b) 当设计、工艺和材料的改变影响主要性能时；

c) 当成批生产的年产量大于25套或累计生产80套时。

6.2.3 抽样方案与合格判据

6.2.3.1 提交型式检验的操舵仪，应从出厂检验合格的产品中任意抽取1套。所有检验项目均符合要求，判操舵仪型式检验合格。在检验过程中若某项不合格，应查明原因，故障排除后，重新进行该项检验及与该项有关的项目检验，检验合格后再继续进行其余项目的检验。若复验所有检验项目均符合要求，仍判操舵仪型式试验合格，若仍有不符合要求的项目，则判操舵仪型式检验不合格。如果故障不能排除，则抽取加倍数量的操舵仪，重新进行该项检验及与该项检验有关的项目检验，对加倍抽取数量中的1台做其他项目的检验，若复验所有检验项目均符合要求，仍判操舵仪型式检验合格，若仍有不符合要求的项目,则判操舵仪型式检验不合格。

6.2.3.2 在同一系列产品中,可挑选其中有代表性的一个型号的产品做型式检验,合格后就认为该系列产品的型式检验合格。

6.3 出厂检验

6.3.1 检验条件

出厂检验由制造厂产品质量检验部门检验产品合格后交船检部门进行船检。提交检验的产品应按产品技术文件所规定的程序调试好,并附有相应的调试记录。

6.3.2 检验项目

出厂检验项目按表2进行。

6.3.3 检验数量

出厂检验为逐套产品检验。

6.3.4 合格判据

出厂检验项目全部符合要求时,判定产品出厂检验合格。检验中若有1项不符合要求,在排除故障后,复验可只检验与维修、换件有关的项目和未进行的项目,复验符合要求,仍可判定产品为合格。若复验不符合要求,则判定该产品出厂检验不合格。

7 标记和识别

每套组合操舵仪都应有下列标记:

——制造商名;

——设备进行型式检验的类型号或型号;

——设备序列号;

——与磁罗经的安全距离(安装在驾驶室中的设备)。

8 包装、运输和贮存

8.1 包装应符合 GB/T 13384 的规定。并提供产品合格证和资料,使主管船员有效地对设备进行操作和维修。

8.2 运输过程中应按包装外标识放置,并采取适当的防护措施,如防震、防火、防雨、加固等。

8.3 应贮存在环境温度−5 ℃~35 ℃,相对湿度不大于75%,清洁、通风良好的库房内,空气中不应含有腐蚀性气体。当贮存时间超过1年时,应每隔6个月通电一次。

ICS 13.280
F 70

中华人民共和国国家标准

GB 11930—2010
代替 GB 11930—1989

操作非密封源的辐射防护规定

Radiation protection regulations for handling unsealed source

2010-11-10 发布　　2011-09-01 实施

中华人民共和国国家质量监督检验检疫总局
中国国家标准化管理委员会　发布

前　言

本标准的4.1.1、5.1.1、7.1.1、9为强制性的，其余为推荐性的。

本标准代替GB 11930—1989《操作开放型放射性物质的辐射防护规定》。

本标准与GB 11930—1989相比，主要改变如下：

——增加了“术语和定义”；

——对原标准整体框架结构与具体技术内容作了修订；

——原3.1“一般原则”增加了剂量限制、辐射防护最优化、纵深防御及相关要求；

——增加了辐射工作场所分级要求、事故预防与应急等章条；

——删除了原标准“安全管理”章条；

——删除了原标准附录B辐射防护机构或人员的主要职责(参考件)；

——对原标准表A.1工作场所常规监测的内容与周期格式作了修订。

本标准的附录A是资料性附录。

本标准由中国核工业集团公司提出。

本标准由全国核能标准化技术委员会(SAC/TC 58)归口。

本标准起草单位：中国原子能科学研究院、核工业标准化研究所。

本标准主要起草人：许昌恒、张鑫。

本标准所代替标准的历次版本发布情况为：

——GB 11930—1989。

操作非密封源的辐射防护规定

1 范围

本标准规定了操作非密封源的辐射防护原则与要求。

本标准适用于放射性同位素生产和应用中操作非密封源的实验室活动;其他操作非密封源的活动可参照使用。

2 规范性引用文件

下列文件对于本文件的应用是必不可少的。凡是注日期的引用文件,仅注日期的版本适用于本文件。凡是不注日期的引用文件,其最新版本(包括所有的修改单)适用于本文件。

GB 5294 职业照射个人监测规范 外照射监测

GB 8999 电离辐射监测质量保证一般规定

GB 11217 核设施流出物监测的一般规定

GB 11806 放射性物质安全运输规程

GB 14500 放射性废物管理规定

GB 18871—2002 电离辐射防护与辐射源安全基本标准

HJ/T 61—2001 辐射环境监测技术规范

3 术语和定义

下列术语和定义适用于本标准。

3.1

非密封源 unsealed source

不满足密封源定义中所列条件的源。密封源的定义是:密封在包壳里的或紧密地固结在覆盖层里并呈固体形态的放射性物质。密封源的包壳或覆盖层应具有足够的强度,使源在设计的使用条件和磨损条件下,以及在预计的事件条件下,均能保持密封性能,不会有放射性物质泄露出来。

3.2

包容 containment

防止放射性物质穿过确定的边界向外界转移或扩散的方法或实体结构,即使在一般事故情况下,这类方法或实体结构也能阻止放射性物质的外泄达到不可接受的程度。

3.3

密闭屏障 confinement barrier

由一道或多道实体屏障连同相应的辅助设备(包括通风设备)所构成的系统,该系统能有效地限制或防止正常和异常条件下放射性物质向外界的释放。

3.4

控制区 controlled area

在辐射工作场所划分的一种区域,在这种区域内要求或可能要求采取专门的防护手段和安全措施,以便:

a) 在正常工作条件下控制正常照射或防止污染扩散;

b) 防止潜在照射或限制其程度。

3.5

监督区　supervised area

未被确定为控制区、通常不需要采取专门防护手段和安全措施，但要不断检查其职业照射条件的任何区域。

3.6

模拟试验　mock-up experiment

在某实验进行之前为验证某些参数、训练操作技术等目的而进行的实验。也可指辐射事故发生后为确定受照人员的剂量而进行的与事故条件相似的实验。

3.7

冷试验　cold testing

用非放射性物质(有时亦可用示踪量的放射性物质)代替强放射性物质对某种方法、过程、仪器或设备所进行的试验。

3.8

热试验　hot testing

在正常工作条件下，按预期的放射性水平对某种方法、过程、仪器和设备所进行的试验。

3.9

任务(操作)监测　task (operational) monitoring

旨在为特定的任务(操作)提供有关操作管理的即时决策或辐射防护最优化所需的相关资料而进行的一种非常规性监测。

3.10

特殊监测　special monitoring

在怀疑或缺乏足够的信息来说明工作场所的安全状况是否得到控制的情况下所进行的一种调查性测量，旨在为弄清某些问题和确定下一步要采取的办法提供详细的信息。

4　一般原则

4.1　剂量限制

4.1.1　对从事非密封源操作的辐射工作人员受到的正常照射应加以限制，应对操作非密封源的实践活动所产生的公众照射加以限制，剂量限值、表面污染控制水平、以及剂量约束值的确定均应遵循 GB 18871—2002 的要求。

4.1.2　宜根据国家标准、防护与安全最优化的原则制定管理限值、参考水平等。这些值可包括：

a)　某项实践活动中的个人剂量控制目标值；

b)　放射性核素最大操作量和存放量；

c)　工作场所各操作区的辐射水平或表面污染程度；

d)　正常情况下邻近地区的辐射水平，工作场所空气中放射性核素浓度；

e)　正常情况下工作箱内气溶胶浓度和辐射水平；

f)　流出物的放射性活度浓度和总活度；

g)　判定安全与防护设施应更换或维修的有关参数等。

4.2　辐射防护最优化

4.2.1　操作非密封源应使防护与安全最优化，使得该实践活动在考虑了经济和社会因素之后，个人受照剂量的大小、受照射的人数以及受照射的可能性均保持在可合理达到的尽量低水平。

4.2.2　在防护与安全最优化过程中应综合考虑一切与操作有关的因素，采取定性、定量的分析手段及适当、可行的方法。

4.2.3　确定最优化的防护与安全措施时应全面考虑可供利用的防护与安全选择以及照射的性质、剂量大小和可能性。

4.2.4 执行与最优化相关的准则，采取预防事故和减轻事故后果的措施，从而限制受照射的大小及受照射的可能性。

4.2.5 对各类人员所受剂量进行严格控制的措施至少应包括：

a) 在选用非密封源时，选用的非密封源放射性核素的活度尽量小、毒性尽可能的低；

b) 尽可能用密闭型操作代替非密封操作；

c) 提高工作人员的操作熟练程度，缩短操作时间；

d) 尽可能增加操作距离；

e) 确定最优化的防护与安全措施。

4.3 纵深防御

4.3.1 为防止可能发生辐射事故，减轻事故的后果，对操作非密封源的实践活动，应运用与其潜在照射的大小和可能性相适应的多重(即纵深防御)防护与安全措施。

4.3.2 采取的多重防护与安全措施主要包括连锁(装置)、包容、密闭屏障等，以确保当上一层次的防御措施失效时，可由下一层次的防御措施予以弥补或纠正。

5 安全操作

5.1 一般要求

5.1.1 为开展辐射防护管理工作并对职业照射进行控制，非密封源工作场所应实行严格的分区、分级管理，分区、分级管理的措施，应遵循 GB 18871—2002 的要求。

5.1.2 宜在辐射工作场所的醒目位置悬挂(张贴)辐射警告标志，人员通行和放射性物质传递的路线应严格执行相关规定，防止发生交叉污染。应制定严格的辐射防护规程和操作程序。

5.1.3 操作非密封源的单位应制定辐射防护大纲并对其实施和评价负全面责任。单位应设立相应的安全与防护机构(或专、兼职安全与防护人员)，并用文件的形式明确规定其职责。

5.1.4 应建立安全与防护培训制度，培植和保持工作人员良好的安全文化素养，自觉遵守规章制度，掌握辐射防护基本原则、防护基本知识及辐射防护技能。

5.1.5 辐射工作人员对某些操作程序必要时应事先进行模拟试验、冷试验、热试验，当熟练掌握操作技能后方可正式开展工作。

5.1.6 如果操作过程中发现异常情况，应及时报告，并分析原因，采取措施，防止重复发生类似事件。

5.1.7 应定期检查工作场所各项防护与安全措施的有效性，针对不安全因素制定相应的补救措施，并认真落实，确保工作场所处在良好的运行状态。

5.1.8 在原有设施条件下开展新工作(包括工艺流程的重大改变和提高放射性核素日等效最大操作量)，如果计划操作的放射性核素种类、操作量、操作方式以及防护设施和设备的要求超出原设计规范，应事先向主管部门提交防护与安全分析报告，经主管部门审查批准后方可进行。

5.1.9 如进行存在临界安全问题的操作，应同时遵守国家有关临界安全的规定。

5.2 操作条件

5.2.1 非密封源的操作应根据所操作的放射性物质的量和特性，选择符合安全与防护要求的条件，尽可能在通风柜、工作箱或手套箱内进行。

5.2.2 操作过程中所用的设备、仪器、仪表、器械和传输管道等应符合安全与防护要求。吸取液体的操作应使用合适的负压吸液器械，防止放射性液体溅出、溢出，造成污染。储存放射性溶液的容器应由不易破裂的材料制成。

5.2.3 有可能造成污染的操作步骤，应在铺有塑料或不锈钢等易去除污染的工作台面上或搪瓷盘内进行。

5.2.4 操作中使用的容器，必要时应在其外面加一个能足以容纳其全部放射性溶液的不易破裂的套桶。

5.2.5 操作易燃易爆物质，或操作中使用高温、高电压和高气压设备时，应有可靠的防止过热或超压的保护措施，并遵守国家有关安全规定。

5.2.6 伴有强外照射的操作，应尽可能缩短操作时间，利用合适的屏蔽或使用长柄操作机械等防护措施。

5.2.7 若需要进行开启密闭工作箱门放入或取出物品及其他危险性较大的操作时，应采取安全与防护措施，并在防护人员监督下进行。

5.2.8 进行污染设备检修时，应当事先拟出计划。主要的工作内容及采取的防护措施，经现场防护人员审查同意并落实辐射防护措施后方可进行。

5.3 个人防护

5.3.1 辐射工作人员应熟练掌握安全与防护技能，取得相应资质。

5.3.2 辐射工作人员应根据实际需要配备适用、足够和符合标准的个人防护用具(器械、衣具)，并掌握其性能和使用方法。个人防护用具应有备份，均应妥善保管，并应对其性能进行定期检验。

5.3.3 辐射工作场所应具备适当的防护手段与安全措施，做好个人防护工作。

5.3.4 在伴有外照射的工作场所，应做好个人外照射防护，包括β外照射防护。

5.3.5 在任何情况下均不允许用裸露的手直接接触放射性物质或进行污染物件的操作。

5.3.6 辐射工作场所应根据所操作非密封源的特点配备适当的医学防护用品和急救药品箱，供处理事故时使用。严重污染事件的医学处理应在医学防护人员的指导下进行。

6 辐射防护监测

6.1 一般要求

6.1.1 操作非密封源的单位应具备相应的辐射防护监测能力，配备合格的辐射防护人员及相关的设备，制定相应的辐射监测计划。编写辐射监测计划应执行 GB 8999、GB 11217、GB 5294、HJ/T 61—2001 的相关规定。

6.1.2 应记录和保存辐射监测数据，建立档案。记录监测结果时应同时记录测量条件、测量方法和测量仪器、测量时间和测量人姓名等。

6.1.3 应定期对辐射监测结果进行评价，提出改进辐射防护工作的建议，并应将监测与评价的结果向审管部门报告；如发现有异常情况应及时报告。

6.1.4 对于非常规性的特殊操作，为了加强操作管理、实现安全与防护最优化，应开展与任务(操作)相关的监测。

6.1.5 在新设施运行阶段、当设施或程序有了重大变更，或有可能出现异常情况时应进行特殊监测。

6.2 个人监测

6.2.1 操作非密封源的辐射工作人员的个人监测应遵循 GB 18871—2002 的要求，除了必要的个人外照射监测外，应特别注意采用合适的方法做好个人内照射监测。

6.2.2 在个人监测中要按照监测计划开展皮肤污染监测、手部剂量监测。

6.2.3 对于参加大检修或特殊操作而有可能造成体内污染的工作人员，操作前后均应接受内照射监测。必要时应依据分析结果进行待积有效剂量的估算。

6.2.4 个人剂量档案应妥善保存，保存时间应不少于个人停止放射工作后 30 年。

6.3 工作场所监测

6.3.1 应依据非密封源的特点和操作方式，做好工作场所监测，包括剂量率水平、空气中放射性核素浓度和表面污染水平等内容。

6.3.2 工作场所监测的内容和频度根据工作场所内辐射水平及其变化和潜在照射的可能性与大小进行确定。附录 A 给出了一种可供参考的工作场所常规监测的内容与周期。

6.4 流出物监测

6.4.1 放射性流出物的排放限值应按 GB 18871—2002 的相关规定执行，应经过审管部门批准，应对有关放射性核素成分、浓度和总活度等进行监测，实施受控排放。

6.4.2 乙、丙级工作场所一般可以用定期取样测量的方法对气态流出物进行监测；对于甲级工作场所，其气态流出物年排放量可能达到容许排放限值或排放量的显著份额的，需进行在线连续监测。

6.5 环境监测

6.5.1 操作非密封源的单位应根据流出物中放射性核素的种类、性质和数量，排放形式及环境条件确定环境监测项目、范围和周期，应确保能及时发现环境中放射性水平的变化趋势和异常情况。

6.5.2 估计一次排放的放射性核素活度较高时，应立即进行环境监测。监测应持续到结果调查清楚时为止。

7 放射性废物管理

7.1 一般要求

7.1.1 放射性废物的管理应遵循 GB 18871—2002、GB 14500 的相关规定，进行优化管理。

7.1.2 应从源头控制、减少放射性废物的产生，防止污染扩散。

7.1.3 应分类收储废物，采取有效方法尽可能进行减容或再利用，努力实现废物最小化。

7.1.4 应做好废物产生、处理、处置(包括排放)的记录，建档保存。

7.2 放射性废液

7.2.1 操作非密封源的单位，一般应建立放射性废液处理系统，确保产生的废液得到妥善处理。不得将放射性废液排入普通下水道，相关控制应遵循 GB 18871—2002 的要求；不允许利用生活污水下水系统洗涤被放射性污染的物品；不允许用渗井排放废液。

7.2.2 废液应妥善地收集在密闭的容器内。盛装废液的容器，除了其材质应不易吸附放射性物质外，还应采取适当措施保证在容器万一破损时其中的废液仍能收集处理。遇有强外照射时，废液收集地点应有外照射防护措施。

7.2.3 经过处理的废液在向环境排放前，应先送往监测槽逐槽分析，符合排放标准后方可排放。

7.2.4 使用少量或短寿命放射性核素的单位，可设立采取衰变方法进行放射性废液处理处置系统，该系统应有足够的防渗漏能力。

7.3 放射性固体废物

7.3.1 产生放射性固体废物较多的单位应当建立固体废物暂存库，确保储存的废物可回取。

7.3.2 操作非密封源的单位产生的废物(包括废弃的放射源)，应按要求送指定的废物库暂存。送贮的废物应符合送贮条件。

7.3.3 对于半衰期短的废物可用放置衰变的办法，待放射性物质衰变到清洁解控水平后作普通废物处理，以尽可能减少放射性废物的数量。

7.4 放射性废气排放

7.4.1 对工作场所放射性废气或气溶胶的排放系统，应经常检查其净化过滤装置的有效性。

7.4.2 凡预计会产生大量放射性废气或气溶胶而可能污染环境的一次性操作，亦应采取有效的防护与安全措施和监测手段。

8 事故预防和应急

8.1 应采取适当的防护与安全措施，尽可能减少或防止由于人为错误或其他原因导致的事故和事件，并有效减轻事故和事件的后果。

8.2 操作非密封源的单位，应当分析可能发生的事故和风险，制定相应的应急预案，做好应急准备，并报审管部门备案。

8.3 发生事故(事件)后,应按照报告程序及时向审管部门报告。不缓报、瞒报、谎报或漏报。

8.4 对于因事故受到伤害的人员,应配合医疗单位进行应急救援和治疗。

9 非密封放射源的管理

9.1 操作非密封源的单位应配备专(兼)职人员负责放射性物质的管理,应建立非密封放射源的账目(如交收账、库存账、消耗账),并建立登记保管、领用、注销和定期检查制度。

9.2 非密封放射源应存放在具备防火、防盗等安全防范措施的专用贮存场所妥善保管,不得将其与易燃、易爆及其他危险物品放在一起。

9.3 辐射工作场所贮存的非密封放射源数量应符合防护与安全的要求,对于不使用的非密封放射源应及时贮存在专用贮存场所。

9.4 贮存非密封放射源的保险橱和容器在使用前应经过检漏。容器外应贴有明显的标签(注明元素名称、理化状态、射线类型、活度水平、存放起始时间和存放负责人等)。

9.5 存放非密封放射源的库房应采取安保措施,严防被盗、丢失。

9.6 应定期清点非密封放射源的种类、数量,做到账物相符。工作人员如发现异常情况应按相关规定及时报告。

9.7 应做好非密封放射源的领用和注销工作,领用人一般应做到:

a) 掌握辐射防护基本知识;

b) 履行登记手续;按期归还;

c) 不允许擅自转借;

d) 用毕办理注销手续。

非密封源在陆地、水上和空中任何方式的运输,应符合 GB 11806 的规定。

附 录 A
（资料性附录）
操作非密封源工作场所常规监测的内容与周期

A.1 操作非密封源工作场所常规监测的内容与周期如表A.1所示。

表 A.1 工作场所常规监测的内容与周期

工作场所级别	表面放射性污染	气载放射性核素的浓度	工作场所辐射水平
甲	2周	1周	2周
乙	4周	2周	2周
丙	8周	4周	4周

ICS 83.080;83.080.20
G 32

中华人民共和国国家标准

GB/T 12008.2—2010
代替 GB/T 12008.2—1989

塑料　聚醚多元醇
第2部分:规格

Plastics—Polyether polyols—Part 2:Specification

2010-09-26 发布　　2011-08-01 实施

中华人民共和国国家质量监督检验检疫总局
中国国家标准化管理委员会　发布

前　言

GB/T 12008《塑料　聚醚多元醇》共分为7个部分：

——第1部分：命名系统；

——第2部分：规格；

——第3部分：羟值的测定；

——第4部分：钠和钾的测定；

——第5部分：酸值的测定；

——第6部分：不饱和度的测定；

——第7部分：黏度的测定。

本部分为GB/T 12008的第2部分，代替GB/T 12008.2—1989《聚醚多元醇规格》。

本部分与GB/T 12008.2—1989相比主要差异如下：

——修改了范围内容(1989年版的1，本版的1)；

——取消了6205产品；

——增加了113E、210、220X、330E、348H、330X、360H、310、403、8305产品；

——修改了产品要求(1989年版的4，本版的4)；

——增加了试验方法中色度测定的引用标准(本版的5.2)；

——规定了试验方法中羟值、不饱和度和黏度测定的仲裁方法(本版的5.3、5.8和5.9)；

——修改了试验方法中黏度测定的引用标准(1989年版的5.6，本版的5.9)；

——修改了试验方法中钠和钾的测定规定(1989年版的5.7，本版的5.4和5.5)；

——修改了试验方法中不饱和度测定的引用标准(1989年版的5.8，本版的5.8)；

——增加了检验分类与检验项目(本版的6.1)；

——修改了抽样方案(1989年版的6.1，本版的6.2.2)；

——修改了组批规则(1989年版的6.2，本版的6.2.1)；

——修改了判定规则和复验规则(1989年版的6.3和6.5，本版的6.3)；

——取消了前版使用单位的验收要求(1989年版的6.4)；

——修改了贮存期(1989年版的7.4，本版的7.4)；

——取消了附录A“黏度的测定”(1989年版的附录A)；

——取消了附录B“不饱和值的测定”(1989年版的附录B)；

——增加了资料性附录A；

——增加了规范性附录B。

本部分的附录A为规范性附录，附录B为资料性附录。

本部分由中国石油和化学工业协会提出。

本部分由全国塑料标准化技术委员会塑料树脂通用方法和产品分会(SAC/TC 15/SC 4)归口。

本部分负责起草单位：中国石化集团资产经营管理有限公司上海高桥分公司。

本部分参加起草单位：中国石化集团资产经营管理有限公司天津石化分公司、江苏省化工研究所有限公司、江苏钟山化工有限公司、国家合成树脂质量监督检验中心。

本部分主要起草人：徐清、宋虹霞、罗宏、陆巍、徐一东、刘蓉、戚莉、杜新蕾、赵平。

本部分所代替标准的历次版本发布情况为：

——GB/T 12008.2—1989。

塑料 聚醚多元醇
第2部分:规格

1 范围

GB/T 12008的本部分规定了聚醚多元醇113E、210、220、220X、330E、348H、330、330X、360H、310、403、6305、8305的要求、试验方法、检验规则及标志、包装、运输、贮存等。

本部分适用于由多元醇与环氧丙烷,(或)多元醇与环氧丙烷、环氧乙烷在催化剂作用下开环聚合制得的聚醚多元醇113E、210、220、220X、330E、348H、330、330X、360H、310、403、6305、8305。

2 规范性引用文件

下列文件中的条款通过GB/T 12008的本部分的引用而成为本部分的条款。凡是注日期的引用文件,其随后所有的修改单(不包括勘误的内容)或修订版均不适用于本部分,然而,鼓励根据本部分达成协议的各方研究是否可使用这些文件的最新版本。凡是不注日期的引用文件,其最新版本适用于本部分。

GB/T 605—2006 化学试剂 色度测定通用方法(eqv ISO 6353-1:1982)

GB/T 6678—2003 化工产品采样总则

GB/T 6680—2003 液体化工产品采样通则

GB/T 6682—1992 分析试验室用水规格和试验方法(ISO 3696:1987,MOD)

GB/T 12008.1—2009 塑料 聚醚多元醇 第1部分:命名系统

GB/T 12008.3—2009 塑料 聚醚多元醇 第3部分:羟值的测定

GB/T 12008.4—2009 塑料 聚醚多元醇 第4部分:钠和钾的测定

GB/T 12008.5—2010 塑料 聚醚多元醇 第5部分:酸值的测定

GB/T 12008.6—2010 塑料 聚醚多元醇 第6部分:不饱和度的测定

GB/T 12008.7—2010 塑料 聚醚多元醇 第7部分:黏度的测定

GB/T 22295—2008 透明液体颜色测定方法(加德纳色度)(ASTM D 1544-2004,MOD)

GB/T 22313—2008 塑料 用于聚氨酯生产的聚醚多元醇 水含量的测定(ISO 14897:2002,IDT)

3 主要代表产品

聚醚多元醇按GB/T 12008.1—2009进行分类和命名,本部分适用的聚醚多元醇主要产品及其主要用途如表1所示。

注:聚醚多元醇按GB/T 12008.1—2009进行分类和命名得到的规格与以前所使用规格的对照参见附录A。

表1 主要代表产品及其主要用途

分类	规格	主要用途
单羟基聚醚多元醇	113E	制备硬泡硅油、纺织硅油等主要原料
二羟基聚醚多元醇	210	聚氨酯弹性体、粘合剂主要原料
	220	聚氨酯弹性体、粘合剂主要原料
	220X	聚氨酯弹性体、粘合剂主要原料

表 1（续）

分类	规格	主要用途
三羟基聚醚多元醇	330E	聚氨酯软质材料主要原料
	348H	高活性、冷熟化聚氨酯材料主要原料
	330	聚氨酯软泡、防水涂料等主要原料
	330X	聚氨酯软泡、涂料、粘合剂等主要原料
	360H	高回弹聚氨酯材料主要原料
	310	聚氨酯涂料等主要原料
四羟基聚醚多元醇	403	聚氨酯硬质泡沫材料主要原料
六羟基聚醚多元醇	6305	聚氨酯硬质泡沫材料主要原料
八羟基聚醚多元醇	8305	聚氨酯硬质泡沫材料主要原料

4 要求

4.1 外观

无悬浮物，无机械杂质的均匀黏稠液体。

4.2 技术要求

4.2.1 单羟基聚醚多元醇技术要求应符合表 2 规定。

表 2 单羟基聚醚多元醇技术要求

规格	等级	色度 黑曾单位[a] ≤	羟值（以消耗的 KOH 量计） mg/g	酸值（以消耗的 KOH 量计） mg/g ≤	水分（质量分数） % ≤	钠 mg/kg ≤	钾 mg/kg ≤	不饱和度 mol/kg ≤	黏度 mPa·s （25 ℃）	pH 值
113E	优等品	100	42.0～48.0	0.10	0.10	8	8	0.60	—	—
	合格品	200	41.5～48.5	0.15	0.15	10	10	0.55	—	—

[a] 黑曾单位为铂-钴色号俗称的“号”，例如：100 黑曾单位即为 100 号。

4.2.2 二羟基聚醚多元醇技术要求应符合表 3 规定。

表 3 二羟基聚醚多元醇技术要求

规格	等级	色度 黑曾单位[a] ≤	羟值（以消耗的 KOH 量计） mg/g	酸值（以消耗的 KOH 量计） mg/g ≤	水分（质量分数） % ≤	钠 mg/kg ≤	钾 mg/kg ≤	不饱和度 mol/kg ≤	黏度 mPa·s （25 ℃）	pH 值
210	优等品	50	109～115	0.05	0.05	5	5	0.04	100～200	5.0～7.0
	合格品	100	105～119	0.08	0.08	8	8	0.04	100～200	5.0～7.0
220	优等品	50	54.5～57.5	0.05	0.05	5	5	0.04	270～370	5.0～7.0
	合格品	100	54.0～58.0	0.08	0.08	8	8	0.04	270～370	5.0～7.0
220X	优等品	30	54.5～57.5	0.05	0.05	—	—	0.015	270～370	5.0～8.0
	合格品	80	54.0～58.0	0.05	0.05	—	—	0.02	270～370	5.0～8.0

[a] 黑曾单位为铂-钴色号俗称的“号”，例如：100 黑曾单位即为 100 号。

4.2.3 三羟基聚醚多元醇技术要求应符合表 4 规定。

表 4　三羟基聚醚多元醇技术要求

规格	等级	色度 黑曾单位[a] ≤	羟值(以消耗的KOH量计) mg/g	酸值(以消耗的KOH量计) mg/g ≤	水分(质量分数) % ≤	钠 mg/kg ≤	钾 mg/kg ≤	不饱和度 mol/kg ≤	黏度 mPa·s (25 ℃)	pH值
330E	优等品	50	54.5～57.5	0.05	0.05	3	3	0.05	400～600	5.0～7.0
	合格品	100	54.0～58.0	0.08	0.08	5	5	0.07	400～600	5.0～7.0
348H	优等品	50	33.5～36.5	0.05	0.05	3	3	0.06	800～1 000	5.0～7.0
	合格品	100	33.0～37.0	0.08	0.08	5	5	0.08	800～1 000	5.0～7.0
330	优等品	50	54.5～57.5	0.05	0.05	3	3	0.05	400～600	5.0～7.0
	合格品	100	54.0～58.0	0.08	0.08	5	5	0.07	400～600	5.0～7.0
330X	优等品	50	54.5～57.5	0.05	0.05	—	—	0.015	550～750	5.0～8.0
	合格品	80	54.0～58.0	0.05	0.05	—	—	0.02	550～750	5.0～8.0
360H	优等品	50	26.5～29.5	0.08	0.05	5	5	0.08	1 100～1 300	5.0～7.0
	合格品	150	26.0～30.0	0.08	0.08	8	8	0.10	1 000～1 300	5.0～7.0
310	优等品	50	163～173	0.08	0.10	5	5	—	200～400	5.0～7.0
	合格品	100	158～178	0.10	0.12	10	10	—	200～400	5.0～7.0

[a] 黑曾单位为铂-钴色号俗称的"号",例如:100 黑曾单位即为 100 号。

4.2.4　四羟基聚醚多元醇技术要求应符合表 5 规定。

表 5　四羟基聚醚多元醇技术要求

规格	等级	色度 黑曾单位[a] ≤	羟值(以消耗的KOH量计) mg/g	酸值(以消耗的KOH量计) mg/g ≤	水分(质量分数) % ≤	钠 mg/kg ≤	钾 mg/kg ≤	不饱和度 mol/kg ≤	黏度 mPa·s (25 ℃)	pH值
403	优等品	100	745～775	—	0.07	—	—	—	45 000～55 000	10.0～12.0
	合格品	150	740～780	—	0.10	—	—	—	40 000～60 000	10.0～12.0

[a] 黑曾单位为铂-钴色号俗称的"号",例如:100 黑曾单位即为 100 号。

4.2.5　六羟基聚醚多元醇技术要求应符合表 6 规定。

表 6　六羟基聚醚多元醇技术要求

规格	等级	色度 GD号 ≤	羟值(以消耗的KOH量计) mg/g	酸值(以消耗的KOH量计) mg/g ≤	水分(质量分数) % ≤	钠 mg/kg ≤	钾 mg/kg ≤	不饱和度 mol/kg ≤	黏度 mPa·s (25 ℃)	pH值
6305	优等品	5	475～495	0.10	0.10	50	50	—	4 000～6 500	5.0～8.0
	合格品	7	470～500	0.15	0.15	50	50	—	4 000～6 500	5.0～8.0

4.2.6　八羟基聚醚多元醇技术要求应符合表 7 规定。

表 7 八羟基聚醚多元醇技术要求

规格	等级	色度 GD 号 ≤	羟值(以消耗的 KOH 量计) mg/g	酸值(以消耗的 KOH 量计) mg/g ≤	水分(质量分数) % ≤	钠 mg/kg ≤	钾 mg/kg ≤	不饱和度 mol/kg ≤	黏度 mPa·s (25 ℃)	pH 值
8305	优等品	10	425～445	0.10	0.10	50	50	—	6 000～7 000	8.5～11.0
	合格品	12	420～450	0.15	0.15	50	50	—	5 000～7 000	8.5～11.0

5 试验方法

5.1 外观的测定

将 50 mL 试样装入 50 mL 比色管中，在透射光条件下从侧面目测。

5.2 色度的测定

铂-钴色号采用 GB/T 605—2006 中规定的方法进行测定，加德纳色度采用 GB/T 22295—2008 中规定的方法进行测定。

5.3 羟值的测定

采用 GB/T 12008.3—2009 中规定的方法进行测定，以方法 A 为仲裁法。

5.4 钠的测定

采用 GB/T 12008.4—2009 中规定的方法进行测定。

5.5 钾的测定

采用 GB/T 12008.4—2009 中规定的方法进行测定。

5.6 酸值的测定

采用 GB/T 12008.5—2010 中规定的方法进行测定。

5.7 水分的测定

采用 GB/T 22313—2008 中规定的方法进行测定。

5.8 不饱和度的测定

采用 GB/T 12008.6—2010 中规定的方法进行测定，以方法 A 为仲裁法。

5.9 黏度的测定

采用 GB/T 12008.7—2010 中规定的方法进行测定，以方法 A 为仲裁法。

5.10 pH 值的测定

按附录 B 中规定的方法进行测定。

6 检验规则

6.1 检验分类与检验项目

聚醚多元醇产品的检验为出厂检验，本部分 4.1、4.2 所有的项目均为出厂检验项目。

6.2 组批规则与抽样方案

6.2.1 组批规则

聚醚多元醇以每生产一釜或混合均匀的同一贮槽产品为一批对产品进行组批。

产品以批为单位进行检验和验收。

6.2.2 抽样方案

采样单元数按 GB/T 6678—2003 的规定。采样方法按 GB/T 6680—2003 中的规定进行。取样容器应干燥、清洁，总取样量不得少于 250 mL。将取得的样品分装入干燥、清洁的两个采样瓶中密封，贴上标签，注明：产品名称、规格、批号、生产日期、取样时间，一瓶供检验，另一瓶密封后保存备查。

6.3 判定规则和复验规则

6.3.1 判定规则

聚醚多元醇应由生产厂的质量检验部门按照本部分规定的试验方法进行检验，依据检验结果和本部分中的要求对产品作出质量判定。

产品出厂时，每批产品应附有产品质量证明书，质量证明书上应注明产品名称、规格、等级、批号、分析日期、检验人员、检验结果、执行标准和生产厂名称等，并盖有出厂检验章。

6.3.2 复验规则

检验结果若某项指标不符合本部分要求时，应重新取样对该项目进行复验。以复验结果作为该批产品的质量判定依据。

7 标志、包装、运输、贮存

7.1 标志

聚醚多元醇产品的包装容器上应有清晰、牢固的标志。标志内容可包括：产品名称、规格、等级、净含量、生产日期、批号、标准号、生产厂名称和厂址等。

7.2 包装

聚醚多元醇产品包装容器为清洁干燥过的油漆镀内膜铁桶，包装容器盖要严格密封，并有外封盖，桶装产品每桶净含量 200 kg，也可采用其他型式的清洁包装容器。每批产品应附有质量证明书。

7.3 运输

聚醚多元醇为非危险品。在运输过程中应防止雨淋和玷污，应小心轻放，防止和坚硬物体相撞而漏损。

7.4 贮存

聚醚多元醇产品应贮存在通风、干燥、阴凉处。产品在符合本部分规定的包装、运输和贮存条件下，自生产之日起贮存期为1年。

附 录 A
（资料性附录）
主要代表产品新旧规格的对照

A.1 表A.1给出了聚醚多元醇按GB/T 12008.1—2009进行分类和命名得到的规格与以前所使用规格的对照。

表 A.1

分 类	规 格	国内代表产品
单羟基聚醚多元醇	113E	GR-110E、F-6
二羟基聚醚多元醇	210	GE-210、TDiol-1000、N-210(PPG1000)
	220	GE-220、TDiol-2000、ZSN-220(PPG2000)、N-220
	220X	GE-220A、TDiol-2000B、ZS-D560、ZS-D561
三羟基聚醚多元醇	330E	GEP-560S、TEP-565B、ZS-2801、ZS-2802
	348H	GEP-330N、TEP-330N、ZS-1618A
	330	GMN-3050、TMN-3050、ZSN-330、N-330
	330X	GMN-3050A、TMD-3000
	360H	GEP-828、TEP-3600、ZS-6281
	310	GE-310、TMN-1000、N-310
四羟基聚醚多元醇	403	GR-403、TAE-300、N-403
六羟基聚醚多元醇	6305	GR-635S、N-635S、N-635A
八羟基聚醚多元醇	8305	GR-835G、ZS-835

附 录 B
（规范性附录）
pH 值的测定

B.1 试剂和溶液

除非另有说明，仅使用分析纯试剂。试验用水应符合 GB/T 6682—1992 中三级水规格。

B.1.1 异丙醇水溶液(现用现配制)：将异丙醇与水以体积比 10∶6 混合；

B.1.2 氢氧化钠溶液：0.01 mol/L；

B.1.3 盐酸溶液：0.01 mol/L；

B.1.4 pH 缓冲液；

B.1.5 KCl 填充液和电极存放液。

B.2 仪器

B.2.1 pH 计：精确至 0.01；

B.2.2 磁力搅拌器；

B.2.3 天平：精确至 0.1 g。

B.3 分析步骤

B.3.1 用"两点校准"校准 pH 电极，用 pH 值为 6.86 的 pH 缓冲液校准第一点，再选用与估计被测溶液接近的 pH 缓冲液校准第二点，用这两种 pH 缓冲液校准 pH 电极，将温度补偿旋钮调至缓冲液的温度处或仪器自动温度补偿，显示斜率为 90%～100%说明电极状态好可使用，如斜率大于 100%检查校准的 pH 缓冲液，如斜率为 85%～90%电极需要清洁，如小于 85%，电极需要调节或更换。

B.3.2 称取(10.0±0.1)g 试料于一个 100 mL 烧杯中。

B.3.3 在另一个 100 mL 烧杯中加入 60 mL 异丙醇水溶液，放入搅拌转子，插入 pH 电极，开启搅拌，滴加氢氧化钠溶液(B.1.2)或盐酸溶液(B.1.3)调节 pH 值，静止 1 min，使 pH 值的读数稳定为 7.0。

B.3.4 将(B.3.3)的异丙醇水溶液倒入(B.3.2)的烧杯中，插入 pH 电极，搅拌 5 min 使试样完全溶解，静止 1 min，读取 pH 值。

B.3.5 取两次测定的算术平均值为测定结果，两测定值之差大于 0.1 时，应重新测定。

B.3.6 测定完毕，用水清洗电极，清洗干净后，浸入 KCl 电极存放液中。

B.4 试验报告

试验报告主要包括以下内容：

a） 标明引用本部分；

b） 完整鉴别样品所需的所有细节；

c） 检测结果，保留小数点后 1 位；

d） 本部分未规定的可能对结果产生影响的任何因素和细节；

e） 试验日期。

ICS 83.080.20
G 31

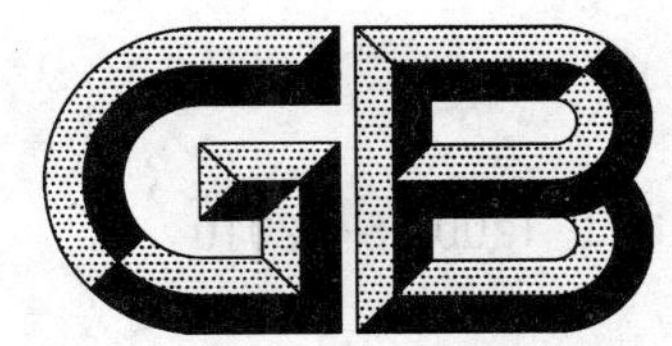

中华人民共和国国家标准

GB/T 12008.5—2010
代替 GB/T 12008.5—1989

塑料 聚醚多元醇 第5部分:酸值的测定

Plastics—Polyether polyols— Part 5:Determination of acidity as acid number

2010-09-26 发布

2011-08-01 实施

中华人民共和国国家质量监督检验检疫总局
中国国家标准化管理委员会 发布

前　言

GB/T 12008《塑料　聚醚多元醇》共分为 7 个部分：

——第 1 部分：命名系统；

——第 2 部分：规格；

——第 3 部分：羟值的测定；

——第 4 部分：钠和钾的测定；

——第 5 部分：酸值的测定；

——第 6 部分：不饱和度的测定；

——第 7 部分：黏度的测定。

本部分为 GB/T 12008 的第 5 部分，修改采用 ASTM D 7253—2006《聚氨酯原材料标准试验方法　聚醚多元醇酸值的测定》。

本部分与 ASTM D 7253—2006 相比主要进行了如下技术性修改：

——将 ASTM D 7253—2006 第 12 章“精密度和偏倚”作为资料性附录 A；

——删除关键词，加入试验报告。

为了便于使用，本标准还做了下列编辑性修改：

——修改了标准名称；

——删除了 ASTM D 7253—2006 的前言，增加了我国标准前言；

——将第 2 章“引用文件”改为“规范性引用文件”；

——将第 3 章“术语”改为“术语和定义”。

本部分代替 GB/T 12008.5—1989《聚醚多元醇中酸值测定方法》。

本部分与 GB/T 12008.5—1989 相比主要变化：

——更改了标准名称；

——标准滴定溶液为氢氧化钾-甲醇溶液（1989 年版的 5.1，本版的 8.4）；

——试样用异丙醇溶解（1989 年版的 7.2，本版的 9.1）。

本部分的附录 A 为资料性附录。

本部分由中国石油和化学工业协会提出。

本部分由全国塑料标准化技术委员会塑料树脂通用方法和产品分会（SAC/TC 15/SC 4）归口。

本部分负责起草单位：江苏省化工研究所有限公司。

本部分参加起草单位：中国石化集团资产经营管理有限公司上海高桥分公司、中国石化集团资产经营管理有限公司天津石化分公司、江苏钟山化工有限公司、国家合成树脂质量监督检验中心。

本部分主要起草人：刘蓉、周芩楠、陈凤秋、戚莉、杜新蕾、王建东。

本部分所代替标准的历次版本发布情况为：

——GB/T 12008.5—1989。

塑料　聚醚多元醇
第5部分：酸值的测定

1　范围

1.1　GB/T 12008 的本部分规定的试验方法用于测定聚醚多元醇中的酸性成分，结果以酸值表示。典型的酸值(以消耗的 KOH 量计)范围为 0～0.1 mg/g。

1.2　本部分未涉及与使用有关联的任何安全问题。在使用前，使用者有责任建立适宜的安全和健康措施并确定管理限制的适用范围。

2　规范性引用文件

下列文件中的条款通过 GB/T 12008 的本部分的引用而成为本部分的条款。凡是注日期的引用文件，其随后所有的修改单(不包括勘误的内容)或修订版均不适用于本部分，然而，鼓励根据本部分达成协议的各方研究是否可使用这些文件的最新版本。凡是不注日期的引用文件，其最新版本适用于本部分。

ASTM D 883　塑料相关术语

ASTM E 691　采用实验室间研究确定检测方法的精密度

3　术语和定义

ASTM D 883 确立的以及下列术语和定义适用于本部分。

3.1

酸值　acid number

中和 1 g 试样中的酸性物质所需的氢氧化钾毫克数。

4　原理

试样溶解于异丙醇中，以酚酞为指示剂，室温下用 0.02 mol/L 的氢氧化钾-甲醇标准滴定溶液滴定至颜色变化(粉色)指示的终点。

注：选用酚酞为指示剂是因为已公布的羟值测定方法包括酸值校正。对于一些特殊的酸也可选用其他指示剂，溴百里酚蓝指示剂(滴定终点为绿色)适用于强酸(pKa′s＜～4)。百里酚酞指示剂(滴定终点为蓝色)适用于弱酸(pKa′s＞～7)。

5　重要性和应用

本部分试验方法适用于产品检验和科研的质量控制。酸值表示多元醇和酸中和反应的程度。用这一方法测得的同一批次试样酸值，可作为校正因子用于羟值的计算。

6　干扰

深色试样会干扰或妨碍本方法的使用。

7　仪器

7.1　滴定管：10 mL，手动或自动。

7.2　量筒：100 mL。

7.3 天平:精确至 0.1 mg。

7.4 锥形瓶:至少 250 mL。

7.5 搅拌棒。

8 试剂和材料

8.1 试剂纯度:氢氧化钾为优级纯,异丙醇、甲醇为分析纯。

8.2 异丙醇。

8.3 酚酞指示液:1 g 酚酞溶于 100 mL 甲醇中。

8.4 氢氧化钾-甲醇标准滴定溶液:c(KOH)=0.02 mol/L

配制和标定 0.02 mol/L 氢氧化钾-甲醇溶液[每 1 000 mL 甲醇溶液含 1.32 g 氢氧化钾(85%),用邻苯二甲酸氢钾标定]。

9 步骤

9.1 在锥形瓶中(7.4)加入(100±20)mL 异丙醇(8.2)和 1 mL 酚酞指示液(8.3)。

9.2 用 0.02 mol/L 氢氧化钾-甲醇标准滴定溶液(8.4)滴至浅粉红色,并保持 30 s。

9.3 称取 50 g~60 g 试料于上述锥形瓶中,记录试料的质量,精确至 0.1 g。

9.4 搅或摇动锥形瓶中的溶液至试料完全溶解。

9.5 用 0.02 mol/L 氢氧化钾-甲醇标准滴定溶液,滴定试料溶液至浅粉红色,保持 30 s 为终点。记录耗用的体积。

10 结果的计算与表示

10.1 试样酸值 C,以消耗的 KOH 量计,单位为 mg/g,按式(1)计算:

$$C=\frac{A\times N\times 56.1}{W} \qquad (1)$$

式中:

A——滴定试料消耗的氢氧化钾-甲醇标准滴定溶液的体积,单位为毫升(mL);

N——氢氧化钾-甲醇标准滴定溶液的浓度,单位为摩尔每升(mol/L);

56.1——氢氧化钾摩尔质量的数值,单位为克每摩尔(g/mol);

W——试料质量,单位为克(g)。

11 报告

报告结果(以消耗的 KOH 量计)准确至 0.001 mg/g。

12 精密度和偏倚

本标准暂无相关的精确度数据。

注:本标准所采用国外先进标准 ASTM D 7253—2006 精密度数据参见附录 A。

13 试验报告

试验报告应包括下列内容:

a) 标明引用本部分;

b) 完整鉴别样品所需的所有细节;

c) 试验结果(以消耗的 KOH 量计)的表示方法,以 mg/g 表示;

d) 本部分未规定的操作步骤细节和可能对结果产生影响的任何因素;

e) 试验日期。

附　录　A
（资料性附录）
精密度和偏倚

A.1　概述

表 A.1 是用循环法在 7 个实验室于 2005 年依据 ASTM E 691 得到的数据。在这一研究中所有实验室用颜色指示终点滴定得到数据。所用的试样均是同一来源，单独的样本由所测实验室制备。每一试验结果均为两次测定的平均值。每个实验室对每个样品不在同一天做重复试验。（声明——对 A.2.1～A.2.3 中 r 和 R 的解释，仅给出了本试验方法大约精密度的有效方法。表 A.1 并没有严格应用于物质的接收或拒绝，由于这些数据对这一循环法是特殊的，并不代表其他批次、条件、材料或实验室。这一方法的使用者可以用 ASTM E 691 研究方法的原理，得到针对他们的实验室和材料或者实验室间的数据。A.2.1～A.2.3 的原理对这些数据是有确实依据的。）

表 A.1　根据 ASTM E 691 酸值（以消耗的 KOH 量计）循环法数据　单位为毫克每克

物质	平均值	S_r[a]	S_R[b]	r[c]	R[d]	n[e]
1	0.026	0.001	0.005	0.003	0.013	7
2	0.015	0.001	0.005	0.004	0.014	7
3	0.016	0.002	0.005	0.005	0.013	7
4	0.105	0.001	0.008	0.004	0.022	6

[a] S_r：重复性标准差；
[b] S_R：再现性标准差；
[c] r：重复性限；
[d] R：再现性限；
[e] n：提供有效实验数据的实验室数。

A.2　精密度

A.2.1　重复性（r）——比较由同一操作员、使用相同的设备、在同一天内、同一被测物质的平行测定结果。两个平行测定结果差值如果大于对应的 r 值，则判定这两个数据不同。

A.2.2　再现性（R）——比较对同一被测物质、由不同的操作员、使用不同的设备、在不同的实验室、不同日期得到的两个结果，每个都为平行测定的平均值。两个测定结果差值如果大于对应的 R 值，则判定这两个数据不同。

A.2.3　根据 A.2.1 和 A.2.2 进行判断，置信度为 95%。

ICS 83.080;83.080.01
G 31

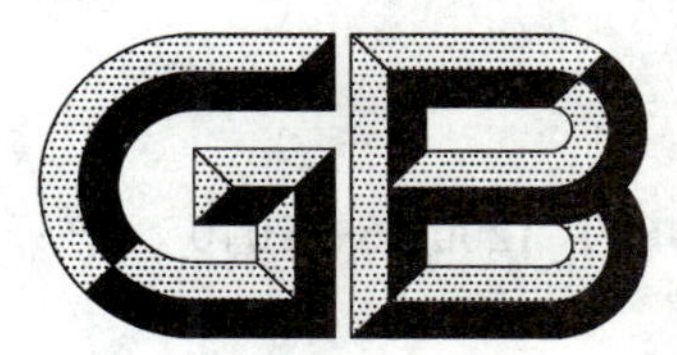

中华人民共和国国家标准

GB/T 12008.6—2010
代替 GB/T 12008.7—1992

塑料 聚醚多元醇 第6部分:不饱和度的测定

Plastics—Polyether polyols—Part 6:Determination of degree of unsaturation

2010-09-26 发布

2011-08-01 实施

中华人民共和国国家质量监督检验检疫总局
中国国家标准化管理委员会
发布

前　言

GB/T 12008《塑料　聚醚多元醇》共分为 7 个部分：

——第 1 部分：命名系统；

——第 2 部分：规格；

——第 3 部分：羟值的测定；

——第 4 部分：钠和钾的测定；

——第 5 部分：酸值的测定；

——第 6 部分：不饱和度的测定；

——第 7 部分：黏度的测定。

本部分为 GB/T 12008 的第 6 部分，修改采用 ASTM D 4671—2005《聚氨酯原材料标准试验方法：多元醇不饱和度的测定》，对 ASTM D 4671—2005 进行了如下修改：

——高容量法试样和试剂用量减半；

——第 2 章规范性引用文件中的 ASTM 标准改为我国国家标准；

——删除 ASTM D 4671—2005 术语，增加了“不饱和度”和 GB/T 2035—2008 中确立的术语；

——将 ASTM D 4671—2005 的第 17 章作为本部分的附录 A。

本部分对 ASTM D 4671—2005 的结构进行了如下修改：

——根据我国国家标准编写规定，将 5.1 和 6.1 的部分内容放入范围中；

——将第 1 章的部分内容并入第 4 章；

——将 ASTM D 4671—2005 的第 7～11 章作为我国标准的第 7 章，将 ASTM D 4671—2005 的第 12～15 章作为我国标准的第 8 章；

——增加了第 9 章试验报告，加入 ASTM D 4671—2005 第 16 章的相关内容。

本部分代替 GB/T 12008.7—1992《聚醚多元醇中不饱和度的测定》，与 GB/T 12008.7—1992 相比主要差异如下：

——更改了标准名称；

——高容量试剂法试样和试剂用量比原方法减半（1992 年版的 6.2，本版的 7.3.2）；

——增加低容量试剂法。

本部分的附录 A 为资料性附录。

本部分由中国石油和化学工业协会提出。

本部分由全国塑料标准化技术委员会塑料树脂通用方法和产品分会（SAC/TC 15/SC 4）归口。

本部分负责起草单位：江苏省化工研究所有限公司。

本部分参加起草单位：中国石化集团资产经营管理有限公司上海高桥分公司、中国石化集团资产经营管理有限公司天津石化分公司、江苏钟山化工有限公司、国家合成树脂质量监督检验中心。

本部分主要起草人：刘蓉、周芩楠、徐一东、陆巍、戚莉、杜新蕾、王永桂。

本部分所代替标准的历次版本发布情况为：

——GB/T 12008.7—1992。

塑料 聚醚多元醇
第6部分:不饱和度的测定

1 范围

GB/T 12008的本部分规定了测定聚醚多元醇不饱和度的方法。

本部分适用于聚醚多元醇不饱和度的测定。可用于质量控制和科学研究,但不适用于分子中不饱和部分与羰基、羧基或腈基相连的化合物。

本部分未涉及与使用有关联的任何安全问题。在使用前,使用者有责任建立适宜的安全和健康措施并确定管理限制的适用范围。

2 规范性引用文件

下列文件中的条款通过GB/T 12008的本部分的引用而成为本部分的条款。凡是注日期的引用文件,其随后所有的修改单(不包括勘误的内容)或修订版均不适用于本部分,然而,鼓励根据本部分达成协议的各方研究是否可使用这些文件的最新版本。凡是不注日期的引用文件,其最新版本适用于本部分。

GB/T 2035—2008 塑料术语及其定义(ISO 472:1999,IDT)

GB/T 12008.5—2010 塑料 聚醚多元醇 第5部分:酸值的测定

3 术语和定义

GB/T 2035—2008确立的以及下列术语和定义适用于本部分。

3.1

不饱和度 unsaturation

化合物或聚合物中碳-碳双键的含量。

4 原理

试样中的碳-碳不饱和化合物在甲醇溶液中与乙酸汞-甲醇反应生成乙酸汞甲氧基化合物和乙酸。用氢氧化钾的醇标准滴定溶液滴定生成的乙酸,从而计算出不饱和度。由于生成不溶性的氧化汞,在过量的乙酸汞存在下,酸不能被滴定,加入溴化钠将过量的乙酸汞转化成不影响测定的溴化汞。本方法基于酸式滴定,对酚酞指示剂,如果样品不呈中性,应适当调整。试验中应注意除去二氧化碳,它会被当成酸来滴定而给出错误结果。

聚醚多元醇不饱和度的测定有以下两种方法:

方法A:高容量试剂法——用25 mL 0.1 mol/L的乙酸汞甲醇溶液和15 g或更多样品,指示剂确定显色终点。推荐用于测定低不饱和度(低于0.01 mol/kg)的多元醇。

方法B:低容量试剂法——用2 mL 0.05 mol/L的乙酸汞甲醇溶液和1 g或更少样品,电位滴定指示终点。

5 应用

由于环氧丙烷中不饱和化合物所产生的副反应会生成少量单羟基聚合物,这些不饱和聚合物降低了官能度和分子量,聚合物整体分子量的分布变宽。

6 干扰

由于分子中不饱和部分与羰基、羧基或腈基相连的化合物的反应产物易于水解生成碱性汞盐，体系应无水。尽管低浓度丙酮的存在使终点不明显，但影响不大。样品中应不含无机盐尤其是卤化物，因为即使少量的盐也能使乙酸汞与不饱和化合物反应失效。

7 方法 A——高容量试剂法

7.1 仪器

7.1.1 移液管：25 mL。

7.1.2 锥形瓶：250 mL，带玻璃塞。

7.1.3 天平：容量 1 000 g，精确至 0.1 g。

7.1.4 滴定管：50 mL。

7.2 试剂

除非另有说明，仅使用分析纯试剂。

7.2.1 乙酸汞-甲醇溶液：40 g/L。

将 40 g 乙酸汞[$Hg(C_2H_3O_2)_2$]溶于足量甲醇配成 1 L 溶液，加足量冰乙酸，使 25 mL 的试剂空白滴定消耗 1 mL～10 mL 0.05 mol/L 氢氧化钾-乙醇标准滴定溶液，通常加 3 滴或 4 滴冰乙酸就足够了。溶液需每周配制，使用前过滤。

7.2.2 氢氧化钾-乙醇标准滴定溶液：$c(KOH)=0.05$ mol/L。

将氢氧化钾溶于乙醇配制 0.05 mol/L 溶液，用基准邻苯二甲酸氢钾标定。

7.2.3 溴化钠。

7.3 步骤

7.3.1 按 GB/T 12008.5—2010 测试样的酸值 C。

7.3.2 用移液管(7.1.1)吸取 25 mL 乙酸汞-甲醇溶液(7.2.1)于每个锥形瓶(7.1.2)中，空白和样品均做平行样。留两个做空白，其他的每个锥形瓶称 15 g 试料(精确至 0.1 g)。塞好瓶塞，摇匀后与空白一起在室温下放置 30 min，并偶尔摇动。加入 4 g～5 g 溴化钠(7.2.3)，摇匀，加 0.5 mL 酚酞指示液，立即用 0.05 mol/L 的氢氧化钾-乙醇标准滴定溶液(7.2.2)滴定至粉红色并保持至少 15 s 为终点，记下试料消耗的标准滴定溶液的体积 D，空白消耗的标准滴定溶液的体积 E。试料消耗的 0.05 mol/L 的氢氧化钾-乙醇标准滴定溶液的体积不能超过 50 mL。

7.4 结果的计算与表示

试样不饱和度 U，以摩尔每千克(mol/kg)表示，按式(1)计算：

$$U=\frac{(D-E)\times N}{W}-\frac{C}{56.1} \qquad \cdots\cdots(1)$$

式中：

D——滴定试料消耗的 0.05 mol/L 的氢氧化钾-乙醇标准滴定溶液的体积，单位为毫升(mL)；

E——滴定空白消耗的 0.05 mol/L 的氢氧化钾-乙醇标准滴定溶液的体积，单位为毫升(mL)；

N——氢氧化钾-乙醇标准滴定溶液的浓度，单位为摩尔每升(mol/L)；

C——试样酸值(以消耗的 KOH 量计)，单位为毫克每克(mg/g)；

W——试料的质量，单位为克(g)；

56.1——氢氧化钾摩尔质量的数值，单位为克每摩尔(g/mol)。

7.5 精密度

同一人员所作的平行结果之差不大于 0.002。

8 方法 B——低容量试剂法

8.1 仪器

8.1.1 移液管:2 mL。

8.1.2 自动滴定仪:能测定酸式终点,配一个 5 mL 滴定管。

8.1.3 用于自动滴定仪的复合、玻璃、pH 电极。

8.1.4 分析天平:精确至 0.1 mg。

8.1.5 滴定容器:容量 100 mL。

8.2 试剂

除非另有说明,仅使用分析纯试剂。

8.2.1 甲醇。

8.2.2 乙酸汞-甲醇溶液:c=0.05 mol/L。

将 16 g 乙酸汞[$Hg(C_2H_3O_2)_2$]溶于 1 L 甲醇溶液,加足量冰乙酸,使 2 mL 的试剂空白消耗 0.5 mL～1 mL 0.05 mol/L 氢氧化钾-甲醇标准滴定溶液,通常需要加几滴冰乙酸。溶液需每周配制,使用前过滤。

8.2.3 氢氧化钾-甲醇标准滴定溶液:c(KOH)=0.05 mol/L。

将氢氧化钾溶于甲醇配制 0.05 mol/L 溶液。用基准邻苯二甲酸氢钾标定。

8.2.4 盐酸-甲醇标准滴定溶液:c(HCl)=0.05 mol/L。

将浓盐酸加到甲醇溶液中配制 0.05 mol/L 溶液。这会使试剂中引入少于 0.5% 的水分。用 0.05 mol/L氢氧化钾-甲醇标准滴定溶液标定。

8.2.5 溴化钠。

8.3 步骤

8.3.1 如果已知试样的不饱和度不大于 0.033 mol/kg,称约 1 g(精确至 0.1 mg)试料。如果试样的不饱和度未知,用 1 g 试样测出其不饱和度的近似值,用 0.033 除以样品不饱和度的近似值计算出所需的试料质量,单位为克(g)。

8.3.2 加入 2 mL 乙酸汞-甲醇溶液(8.2.2),摇动至试料完全溶解。盖上表面皿静置至少 30 min。加入 50 mL 甲醇(8.2.1),再加入 0.25 g 溴化钠(8.2.5)。

8.3.3 在自动滴定仪(8.1.2)上,用 0.05 mol/L 的氢氧化钾-甲醇标准滴定溶液(8.2.3)滴定至终点。

8.3.4 不加样品,按同样步骤做空白试验。

8.3.5 不加乙酸汞按以上步骤制备样品,测定多元醇的酸度或碱度用于校正结果。用 0.05 mol/L 氢氧化钾-甲醇标准滴定溶液滴至电位终点。如果待测溶液已经过了酸性终点,用 0.05 mol/L 盐酸-甲醇标准滴定溶液(8.2.4),重复这一步骤测碱度。

8.4 结果的计算与表示

8.4.1 试样酸度 A,以摩尔每千克(mol/kg)表示,按式(2)计算:

$$A=\frac{V_A \times N(\mathrm{KOH})}{W_A} \qquad \cdots\cdots(2)$$

式中:

V_A——中和试料消耗的 0.05 mol/L 氢氧化钾-甲醇标准滴定溶液的体积,单位为毫升(mL);

N(KOH)——氢氧化钾-甲醇标准滴定溶液的浓度,单位为摩尔每升(mol/L);

W_A——试料的质量,单位为克(g)。

8.4.2 试样碱度 B,以摩尔每千克(mol/kg)表示,按式(3)计算:

$$B=\frac{V_B \times N(\mathrm{HCl})}{W_B} \qquad \cdots\cdots(3)$$

式中：

V_B——中和试料消耗的0.05 mol/L盐酸-甲醇标准滴定溶液的体积，单位为毫升(mL)；

$N(HCl)$——盐酸-甲醇标准滴定溶液的浓度，单位为摩尔每升(mol/L)；

W_B——试料的质量，单位为克(g)。

8.4.3 试样的不饱和度U，以摩尔每千克(mol/kg)表示，按式(4)计算：

$$U=\frac{(V_S-V_b)\times N(KOH)}{W}-A+B \qquad \cdots\cdots(4)$$

式中：

V_S——滴定试料消耗的0.05 mol/L氢氧化钾-甲醇标准滴定溶液的体积，单位为毫升(mL)；

V_b——滴定空白消耗的0.05 mol/L氢氧化钾-甲醇标准滴定溶液的体积，单位为毫升(mL)；

W——试料的质量，单位为克(g)；

A——试样酸度，单位为摩尔每千克(mol/kg)；

B——试样碱度，单位为摩尔每千克(mol/kg)。

8.5 精密度

由于尚未得到实验室间试验数据，故本试验方法的精密度不确定。

注：ASTM D 4671-2005精密度数据参见附录A。

9 试验报告

试验报告应包括下列内容：

a) 标明引用本部分；

b) 完整鉴别样品所需的所有细节；

c) 选用的试验方法；

d) 检测结果，为平行样的平均值，单位为mol/kg，准确至0.001 mol/kg；

e) 本部分未规定的操作步骤细节和可能对结果产生影响的任何因素；

f) 试验日期。

附 录 A
（资料性附录）
低容量法精密度

A.1 精密度

表A.1是用循环法于1997年依据ASTM E180得到的。数据涉及7个实验室、6种样品（见表A.2）。每一试验结果为同一天两次独立测定的平均值。每个实验室对每个样品不在同一天做重复试验。

注：对A.1.1～A.1.3中r和R的解释，仅给出了本试验方法大约精密度的有效方法。表A.1的数据不能严格应用于物质的接收或拒绝，由于这些数据对这一循环法是特殊的，并不代表其他批次、条件、材料或实验室。这一方法的使用者可以用ASTM E180研究方法的原理，得到针对他们的实验室和材料或者实验室间的数据。对这些数据A.1.1～A.1.3的原理是有效的。

表 A.1 依据 ASTM E180 得到的循环法不饱和度数据

样品	平均值 mol/kg	S_r	S_R	r	R	n
A	0.000 7	0.001 1	0.000 6	0.003 1	0.001 7	6
B	0.072 8	0.001 1	0.003 3	0.003 1	0.009 2	6
C	0.036 2	0.000 4	0.001 5	0.001 1	0.004 2	5
D	0.023 1	0.000 8	0.000 7	0.002 2	0.002 0	6
E	0.023 1	0.001 4	0.012 6	0.003 9	0.035 4	6
F	0.035 0	0.000 4	0.001 0	0.001 1	0.002 8	6
G	0.124 0	0.001 8	0.003 7	0.005 0	0.010 4	5

S_r：重复性标准差；
S_R：再现性标准差；
r：重复性限（$2.8\times S_r$）；
R：再现性限（$2.8\times S_R$）；
n：提供有效数据的实验室数。

表 A.2 用于循环法样品的描述

样品	描述	环氧丙烷 %	浓度 g/mol
A	聚环氧四氟乙烯二醇	—	1 000
B	聚环氧丙烷三醇	14	5 100
C	聚环氧丙烷二醇	—	2 000
D	聚环氧丙烷三醇	10	2 850
E	含端氨基的聚环氧丙烷（官能度为4）	40	570
F	聚环氧丙烷三醇	19	4 700
G	聚环氧丙烷二醇	—	4 000

A.1.1 重复性r：同一个分析员使用同一仪器，在同一天对同一样品测得的两个平行结果，如果差值大

于对应的 r 值，则结果判定为不同。

A.1.2 再现性 R：同一物质由不同的分析人员，使用不同的仪器，在不同的实验室，不在同一天，对材料作的测定的结果平均值的差值大于对应的 R 值，则结果判定为不同。

A.1.3 根据 A.1.1 和 A.1.2 得出的判断的置信度为 95%。

参 考 文 献

[1] ASTM E180 工业化学制品的分析和试验的ASTM的方法的精确度的测定.

ICS 83.080
G 31

中华人民共和国国家标准

GB/T 12008.7—2010
代替 GB/T 12008.8—1992

塑料 聚醚多元醇 第7部分:黏度的测定

Plastics—Polyether polyols—Part 7:Determination of viscosity

[ISO 3219:1993(E),Plastics—Polymers/resins in the liquid state or as emulsions or dispersions—Determination of viscosity using a rotational viscometer with defined shear rate,NEQ]

2010-09-26 发布 2011-08-01 实施

中华人民共和国国家质量监督检验检疫总局
中国国家标准化管理委员会
发布

前　言

GB/T 12008《塑料　聚醚多元醇》共分为7个部分：

——第1部分：命名系统；

——第2部分：规格；

——第3部分：羟值的测定；

——第4部分：钠和钾的测定；

——第5部分：酸值的测定；

——第6部分：不饱和度的测定；

——第7部分：黏度的测定。

本部分为GB/T 12008的第7部分，与ASTM D4878：2003《聚氨酯原材料的标准测试方法：多元醇中黏度测定》和ISO 3219：1993《塑料　液态或乳液态或分散体系聚合物/树脂　用旋转黏度计在规定剪切速率下黏度的测定》的一致性程度均为非等效。

本部分代替GB/T 12008.8—1992《聚醚多元醇的黏度测定》。

本部分与GB/T 12008.8—1992相比主要差异如下：

——更改了标准名称；

——修改了范围；

——增加了方法B；

本部分附录A为规范性附录。

本部分由中国石油和化学工业协会提出。

本部分由全国塑料标准化技术委员会塑料树脂通用方法和产品分会(SAC/TC 15/SC 4)归口。

本部分负责起草单位：中国石化集团资产经营管理有限公司上海高桥分公司。

本部分参加起草单位：江苏省化工研究所有限公司、中国石化集团资产经营管理有限公司天津石化分公司、江苏省钟山化工有限公司、国家合成树脂质量监督检验中心。

本部分主要起草人：徐一东、陆巍、刘蓉、刘晓燕、杜新蕾、戚莉、王建东。

本部分所代替标准的历次版本发布情况为：

——GB/T 12008.8—1992。

塑料 聚醚多元醇
第7部分:黏度的测定

1 范围

GB/T 12008 的本部分规定了聚醚多元醇黏度的测定方法。

方法 A 为 Brookfield 黏度方法。本测试方法适用于在 25 ℃或 50 ℃时测定黏度范围为(10～10^5)mPa·s 的聚醚多元醇的黏度。同时还能适用于能溶解于乙酸正丁酯的更加黏稠样品的黏度测定。

方法 B 为旋转式黏度方法。本测试方法适用于在 25 ℃时测定黏度范围为(10～10^6)mPa·s 的聚醚多元醇的黏度。

2 规范性引用文件

下列文件中的条款通过 GB/T 12008 的本部分的引用而成为本部分的条款。凡是注日期的引用文件,其随后所有的修改单(不包括勘误的内容)或修订版均不适用于本部分,然而,鼓励根据本部分达成协议的各方研究是否可使用这些文件的最新版本。凡是不注日期的引用文件,其最新版本适用于本部分。

GB 3102.3 力学的量和单位

3 方法 A——Brookfield 黏度方法

3.1 原理

聚醚多元醇的黏度是在(25±0.1)℃时测定转子以恒定速度在液体中旋转的扭矩来测定的。黏度在 50 ℃仍超过 10^5 mPa·s 的样品将用乙酸正丁酯(或是其他溶剂)溶解,并在(25±0.1)℃时测定其黏度。

3.2 仪器

3.2.1 恒温浴,使用能控制温度的恒温浴。水、水和甘油或者油等可作为加热介质,恒温浴需要有加热、搅拌和温控设备。

3.2.2 恒温浴和样品的温度计,分度值为 0.1 ℃,作为标准使用应精确至 0.01 ℃。

3.2.3 Brookfield 黏度计或具备相同性能的其他黏度计。样品应用标准的方法加热或溶解以保持测试的黏度低于 10^5 mPa·s,这样就可以在不同实验室相同条件下重现测试。

3.3 试剂

乙酸正丁酯,化学纯。

3.4 样品准备

3.4.1 许多多元醇是吸湿性的,因此在取样过程中应尽量少地暴露在大气湿气中。

3.4.2 均匀样品的制备在黏度测试中是最主要的。应避免温度分布不均匀、出现气泡和存在微量杂质。树脂不易在既定的温度下制备得很均匀,因此,在测定黏度前样品应充分混合均匀,并在若干位置测定样品的温度。

3.5 仪器准备

把黏度计放置在支架上。在支架底部调节支撑腿直到气泡位于黏度计水平仪的中间位置,装上(3.7)所述的适用于样品黏度范围的转子。

3.6 温度选择

液体样品，黏度在 25 ℃时低于 10^5 mPa·s 应在这个温度测定。如果样品满足从 25 ℃加热到 50 ℃ 的要求，并且样品黏度仍低于 10^5 mPa·s，样品可在 50 ℃时测定。如果样品黏度在 50 ℃时超过 10^5 mPa·s，样品可以用乙酸正丁酯(70%或 35%固含量)溶解，此时，溶液的黏度在 25 ℃测定。

3.7 转子和转速选择

3.7.1 建议根据黏度计使用说明书选择合适转子和转速。对于非牛顿型液体，改变这些因素会导致得出的结果产生变化。

3.7.2 选取的转子和转速组合要使黏度计的扭矩处于中间位置。

3.7.3 为了削弱某些类型的非牛顿型因素，应选用(3.7.2)给出的最低可能转速。

3.7.4 如果以上这两个建议有冲突，则优先选择(3.7.2)给出的要求。

3.8 步骤

3.8.1 将足够的能达到黏度计转子标记线的样品放入烧杯或是适宜的容器中，用表面皿盖住烧杯，放入能浸没样品的恒温浴中。在不产生气泡的情况下不时地搅拌。在烧杯的不同位置测定温度，确保温度达到均匀。

3.8.2 在整个样品的温度达到既定温度 10 min 后，装上黏度计转子并使样品达到转子标记线。在装转子时要非常小心，避免产生气泡。如果发现有气泡，卸下转子，将其浸没在样品中，搅拌直至气泡消失，重新装上转子。

3.8.3 开启测定开关，待黏度计显示数据稳定后直接读数，关闭测定开关，停止测定。

3.8.4 重复上述步骤，进行 3 次黏度测定。对于每次重复测定，可能的话应采用新试料，取 3 次读数的算术平均值，并精确至个位。

4 方法 B——旋转黏度法

4.1 原理

本测试方法规定了聚醚多元醇采用具有标准几何结构的旋转黏度计在规定的剪切速率下黏度测定的一般原则。依据本测试方法进行黏度测定是由确定剪切力和剪切速率之间的关系构成的。根据本实验方法采用不同仪器得到的结果是可比的，并且既可以调节测试仪器也可以控制剪切力。

黏度 η 用式(1)定义：

$$\eta=\tau/\dot{\gamma} \qquad (1)$$

式中：

τ ——剪切力；

$\dot{\gamma}$ ——剪切速率。

根据国际单位制(SI)，黏度的单位为毫帕斯卡秒(mPa·s)。

1 mPa·s=0.001 N·s/m^2

注 1：符号与 GB 3102.3 一致。

注 2：如果黏度依赖于测定所用剪切速率，即 $\eta=f(\dot{\gamma})$，液体被称为呈非牛顿性。液体所具有的黏度与剪切速率无关则称为呈牛顿性。

4.2 仪器

4.2.1 旋转黏度计

4.2.1.1 测量系统

测量系统应包括两个刚性对称的同轴表面，其间放入待测黏度的流体。其中一个表面再以恒定角速度下旋转，而另一表面则保持静止，测量系统应能确定每次测量的剪切速率。

扭矩测量装置应与其中一个表面连接，这样可以测定为克服液体的黏滞阻力所需的扭矩。

适宜的测量系统为同轴圆筒系统。

测量系统的尺寸应满足附录A规定的条件，其被设计成可保证对所有测量类型和所有通用型号基础仪器形体相似的流动区域。

4.2.1.2 基础仪器

基础仪器应设计成能安装可供选择的转子和定子，以形成一系列规定的旋转频率（逐步地或连续地变化），并且能测定与之对应的扭矩，反之亦然（即：产生一个规定的扭矩并测量与之对应的旋转频率）。

仪器的扭矩测定精度应在满刻度计数的2%内，在仪器的正常工作范围内，仪器的旋转频率精度应在测定值的2%以内。黏度测定的重复性应在±2%。

注：就所使用的不同测量系统和旋转频率来说，大多数商品仪器都有一个黏度测量范围，其最低限度为$(10\sim10^6)$mPa·s。

不同仪器的剪切速率的范围差别很大，应根据所需测量的黏度和剪切速率的范围来选择一个特定的基础仪器和适合的测量系统。

4.2.2 温度控制装置

液体循环浴的温度或电加热器的温度在(0～50)℃范围内时，应能保持恒定在±0.2 ℃，在超过这个温度范围时，应能保持恒定在±0.5 ℃。

更精确的测量则需要更高的准确度（如±0.1 ℃）。

4.2.3 温度计

温度计的准确度应为±0.05 ℃。

4.3 取样

样品不应含有任何可见杂质和气泡。

如样品易吸潮或含有任何挥发性成分，应密闭样品容器以使对黏度的任何影响减至最低程度。

4.4 试验条件

4.4.1 校准

黏度计应定期校准，例如通过测量扭矩参数或采用已知黏度的标准流体（牛顿型流体）。如果在方法的精确度范围内连接标准立体的测定点的最佳直线不通过坐标系的原点，应根据制造商的说明书更彻底地检查操作步骤和仪器。

用于校准的标准流体的黏度应在待测样品的黏度范围内。

4.4.2 试验温度

由于黏度与温度相关，应在相同的温度下进行对比测定。

注：在测量期间热被释放到样品中。牛顿型流体在绝热试验条件下，热分散速率由$\eta\cdot\dot{\gamma}$（单位为W/m^3）给出，并且可能引起样品温度升高。

4.4.3 剪切速率的选择

对于所有牛顿型流体产品是有利的，而在非牛顿型产品的情况下，推荐根据所使用的基础仪器允许的旋转频率（或者固定剪切力仪器的情况下的扭矩）的设置和程序，采用尽可能多的剪切速率（至少4个）和较宽的剪切速率范围来进行测量，以便于绘出黏度对剪切速率的综合标绘图。

为了能比较由不同仪器测定的黏度，推荐从以下数据组成的系列中选择剪切速率。

1.00 s^{-1}　2.50 s^{-1}　6.30 s^{-1}　16.0 s^{-1}　40.0 s^{-1}　100 s^{-1}　250 s^{-1}

或

1.00 s^{-1}　2.50 s^{-1}　5.00 s^{-1}　10.0 s^{-1}　25.0 s^{-1}　50.0 s^{-1}　100 s^{-1}

以及以这些值乘以或除以100的数据。

如果给定的基础仪器不容许选择这些值，则应从黏度曲线上选择剪切速率值。

对于非牛顿型流体，测定应从剪切速率逐渐增加开始，即增加速率直至达到最大速率，然后降低速率，再于降低的剪切速率下进一步测定。

如果在增加和降低剪切速率下的读数呈无规则变化，可以取两个读数的平均值。

4.4.4 步骤

除非所测产品的测试标准另有规定，应进行3次测定，每次应用同一样品的新试料。

如果特殊产品的黏度需要在不同温度下测定，只要所选的测量系统的尺寸适宜，应使用样品的同一试料在每个温度下测定黏度曲线(事实上，黏度随温度的变化意味着可能需要改变测量系统)。对于每次重复测定，应采用新试料，并且从升温开始测定黏度，接着降温测定黏度。

测定前，黏度计中的试料应有充分的时间以达到所需温度。

4.5 结果表示

使用仪器附带的操作手册或明细表或计算图给出的关系计算黏度 η，以 mPa·s 表示。计算3次测定结果的算术平均值。

当表述黏度值时，在括号内给出黏度测定所用的温度，数值精确至个位，例如式(2)：

$$\eta(23\ ℃)=4\ 250\ \text{mPa}\cdot\text{s} \qquad (2)$$

当采用不同温度和剪切速率测定黏度时，用坐标曲线表示这些关系。

5 试验报告

报告应包含如下内容：

a) 标明采用本部分；

b) 完整鉴别样品所需的所有细节；

c) 测试温度；

d) 如样品是被溶解的，则注明固含量和溶剂；

e) 黏度计型号；

f) 旋转速度；

g) 转子型号；

h) 黏度测定结果，以 mPa·s 为单位。

附 录 A
（规范性附录）
同轴圆筒黏度计

A.1 系统特性

测量系统包括一个杯(即封底的外筒)和一个悬锤(即如图 A.1 所示的带轴的内筒悬锤)可以作为转子,而杯作为定子,反之亦可。

A.2 计算方法

剪切力 τ 和剪切速率 $\dot{\gamma}$ 在同轴圆筒旋转黏度计的环状截面上不是常数,而是从里到外降低(Searle 型)或与之相反(Conette 型)。此外,$\dot{\gamma}$ 的变化也依赖于测试材料的流变性。

作为"表观"值计算 τ 和 $\dot{\gamma}$ 是非常方便的。表观值不会发生在测量系统本身的表面(即:在外半径 r_e 或内半径 r_i),而是发生在一定距离的环形区域内。其表现为(理论和经验两者)以式(A.2)和式(A.3)叙述计算的表观值 τ_{rep} 和 $\dot{\gamma}_{rep}$。其非常近似地描述了局限幂律指数范围为 0.3～2 的流体的流动特性。

剪切力以 Pa 表示,根据在内筒(即在半径 r_i)或外筒(即在半径 r_e)测量的扭矩 M 采用式(A.1)和式(A.2)计算。这两个半径以米表示:

$$\tau_i = \frac{M}{2\pi L r_i^2 C_L} \quad \tau_e = \frac{M}{2\pi L r_e^2 C_L} \qquad \text{(A.1)}$$

$$\tau_{rep} = \frac{\tau_i + \tau_e}{2} = \frac{1+\delta^2}{2\delta^2} \times \tau_i = \frac{1+\delta^2}{2} \times \tau_e = \frac{1+\delta^2}{2\delta^2} \times \frac{M}{2\pi L r_i^2 C_L} \qquad \text{(A.2)}$$

式中:

M——扭矩,单位为牛顿米(N·m);

δ——外筒与内筒半径之比;

L——内筒长度,单位为米(m);

C_L——用于计算测量系统底表面扭矩效应的底部效应校正系数(该校正系数依赖于测量系统的几何结构和流体的流变性,而且对于每一个测量系统的几何结构类型都应进行实验测定)。

表观剪切速率以弧度每秒表示,按式(A.3)计算:

$$\dot{\gamma}_{rep} = w \times \frac{1+\delta^2}{\delta^2 - 1} \qquad \text{(A.3)}$$

式中:

w——角速度,单位为弧度每秒(rad/s)。

如果旋转频率 n 以转每分表示则:

$$w = \frac{2\pi n}{60} = 0.104\,7n$$

A.3 标准几何结构(见图 A.1)

与一个给定黏度计配套的测量系统类型的尺寸应根据以下比值,以保证对所有的操作和基础仪器形体相似的流动区域:

$\delta=\frac{r_e}{r_i}=1.0847$

$\frac{L}{r_i}=3$

$\frac{L'}{r_i}=1$

$\frac{L''}{r_i}=1$

$\frac{r_\delta}{r_i}=0.3$

$\alpha=120°$

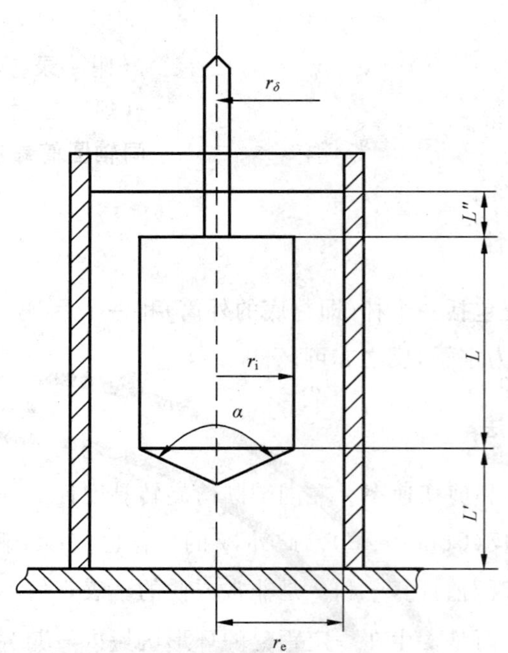

δ——外筒与内筒半径之比；

L——内筒长度；

L'——内筒的底边与外筒底部的距离；

L''——轴插入部分的长度；

r_i——内筒半径；

r_e——外筒半径；

r_δ——轴半径；

α——内筒底部圆锥顶角。

注 1：内筒底部的圆锥应能轻易插入装满待测液体的杯筒中，并且不能形成气泡。

注 2：同轴圆筒系统需要精确地调整内外筒的轴线。

图 A.1 同轴圆筒系统标准几何结构

样品的体积(V)只与半径 r_i 有关，由式(A.4)给出：

$$V=8.17r_i^3 \quad \cdots\cdots(A.4)$$

对于具有这种标准几何结构的测量系统，底部效益校正系统 C_L 与半径 r_i 无关，对牛顿型流体：

$$C_L=1.10$$

可作为一个经验值。对于非牛顿型流体，C_L 不是常数，但与剪切速率 $\dot{\gamma}$ 和流体的流变性有关。

注：对于细薄流体的剪切，在一定剪切速率下 C_L 可以达到 1.2。对于黏塑性流体存在一个塑变值，在低剪切速率下 C_L 值可达 1.28。

采用 $C_L=1.10$(牛顿型流体)，$\delta^2=1.17657$ 和 $\tau_{rep}=0.925\tau_i=1.086\tau_\delta$，如果表观剪切力 τ_{rep} 以帕斯卡表示，扭矩 M 以牛顿米表示，表观剪切速率 $\dot{\gamma}_{rep}$ 和角速度 w 以弧度每秒表示，内径 r_i 以米表示，而旋转频率以每分表示，则得到式(A.5)和式(A.6)：

$$\tau_{rep}=0.0446\times\frac{M}{r_i^3} \quad \cdots\cdots(A.5)$$

$$\dot{\gamma}_{rep}=12.33w=1.291\,n \quad \cdots\cdots(A.6)$$

A.4 其他几何结构

如果由于任何原因导致无法使用标准几何结构，也可以选择其他尺寸的测量系统。为了使用 A.2

给出的计算方法，应满足以下条件：

$$\delta=\frac{r_e}{r_i}\leqslant 1.2$$

$$\frac{L}{r_i}\geqslant 3$$

$$\frac{L'}{r_i}\geqslant 1$$

$$90^\circ\leqslant\alpha\leqslant 150^\circ$$

底部效应校正系数 C_L 与具有标准几何结构的 C_L 有所不同(通常较高)。

注：选择窄环(如 $\delta\leqslant 1.2$)，可保证简单且容易量化的表观黏度非常接近，其显示为在对应的剪切速率下表观黏度值与真值仅有微小差异(≤3.5%)。对于标准的几何结构，通常误差更小。

A.5 结果处理

在具有线性刻度的矩形坐标系内，绘制从仪器读取的扭矩与对应的旋转频率 n 的平面图。绘出一条经过坐标原点的光滑曲线，读取曲线上扭矩和旋转频率值并且用以下公式将它们转化为对应的剪切力和剪切速率值：

式(A.2)或式(A.5)用于剪切力 τ；

式(A.3)或式(A.6)用于剪切速率 $\dot{\gamma}$。

如有可能，选择这些 τ 或 $\dot{\gamma}$ 值以形成一个几何级数，这些量对应为曲线 $\tau=f(\dot{\gamma})$。

如果该曲线为通过原点的直线，黏度可以表示为由斜率给出的单值，即任意一对值($\tau,\dot{\gamma}$)的比率 $\tau/\dot{\gamma}$。

如果曲线为非线性，可以读取 τ 和 $\dot{\gamma}$ 的对应值，并且将比值 $\tau/\dot{\gamma}$ 绘成对应 τ 或 $\dot{\gamma}$ 的剪切力-黏度或剪切速率-黏度[黏度函数 $\eta(\tau)$ 或 $\eta(\dot{\gamma})$]曲线。

ICS 83.080.20
G 31

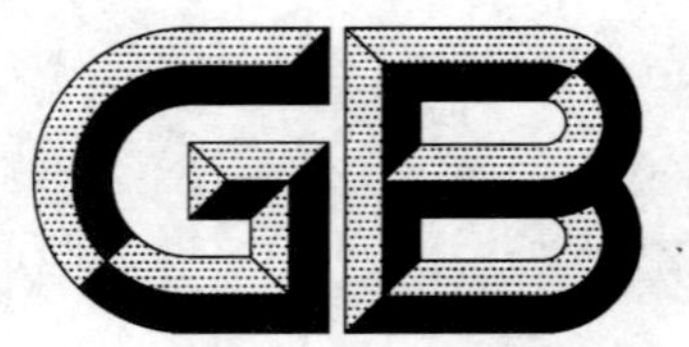

中华人民共和国国家标准

GB/T 12010.2—2010
代替 GB/T 12010.3～12010.7—1989

塑料　聚乙烯醇材料(PVAL)
第2部分:性能测定

**Plastic—Poly (vinyl alcohol) (PVAL) materials—
Part 2: Determination of properties**

(ISO 15023-2:2003,MOD)

2010-09-02 发布　　2011-05-01 实施

中华人民共和国国家质量监督检验检疫总局
中国国家标准化管理委员会　发布

前　言

GB/T 12010《塑料　聚乙烯醇材料(PVAL)》共分为8个部分：

——第1部分：命名系统和分类基础；

——第2部分：性能测定；

——第3部分：规格；

——第4部分：pH值测定；

——第5部分：平均聚合度测定；

——第6部分：粒度的测定；

——第7部分：氢氧化钠含量测定；

——第8部分：透明度测定。

本部分为GB/T 12010的第2部分，修改采用ISO 15023-2:2003《塑料　聚乙烯醇(PVAL)材料　第2部分：性能测定》(英文版)。

在附录F中列出了本部分章条编号与ISO 15023-2:2003章条编号的对照一览表。

考虑到我国国情，在采用ISO 15023-2:2003时，本部分做了一些修改。有关技术性差异已编入正文中并在它们所涉及的条款的页边空白处用垂直单线标识。在附录G中给出了这些技术性差异及其原因的一览表以供参考。

为便于使用，对于ISO 15023-2:2003本部分还做了下列编辑性修改：

——把"ISO 15023-2:2003的本部分"改成"GB/T 12010的本部分"或"本部分"；

——用小数点"."代替作为小数点的逗号","；

——删除了ISO 15023-2:2003的前言；

——增加了我国标准本部分的前言。

本部分代替GB/T 12010.3—1989《聚乙烯醇树脂粘度测定方法》、GB/T 12010.4—1989《聚乙烯醇树脂挥发分测定方法》、GB/T 12010.5—1989《聚乙烯醇树脂残留乙酸根(或醇解度)测定方法》、GB/T 12010.6—1989《聚乙烯醇树脂乙酸钠含量测定方法》、GB/T 12010.7—1989《聚乙烯醇树脂灰分测定方法》。

本部分与GB/T 12010.3～12010.7—1989的主要差异如下：

——挥发分测定条件改为定时测定(GB/T 12010.4—1989，本版的附录A)；

——乙酸钠的测定增加了电导法(GB/T 12010.6—1989，本版的附录B)；

——乙酸钠的测定计算过程中不减扣氢氧化钠(GB/T 12010.6—1989，本版的附录B)；

——灰分测定为计算法(GB/T 12010.7—1989，本版的附录C)；

——醇解度的测定，样品加热溶解时取消回流(GB/T 12010.5—1989，本版的附录D)；

——黏度的测定增加了斜管落球法(GB/T 12010.3—1989，本版的附录E)；

——黏度的测定曲线改为浓度对黏度自然对数曲线(GB/T 12010.3—1989，本版的附录E)。

本部分的附录A、附录B、附录C、附录D和附录E为规范性附录，附录F、附录G为资料性附录。

本部分由中国石油和化学工业协会提出。

本部分由全国塑料标准化技术委员会塑料树脂通用方法和产品分会(SAC/TC 15/SC 4)归口。

本部分负责起草单位：中国石化集团四川维尼纶厂。

本部分参加起草单位：国家合成树脂质量监督检验中心、湖南省湘维有限公司、云南云维股份有限公司。

本部分主要起草人：严红、蒲利均、李彬、卢家云、秦庆伟、王建东、王永桂、唐松乔、朱泽礼、冷革辉。

本部分所代替标准的历次版本发布情况为：

——GB/T 12010.3—1989、GB/T 12010.4—1989、GB/T 12010.5—1989、GB/T 12010.6—1989、GB/T 12010.7—1989。

塑料　聚乙烯醇材料(PVAL)
第2部分:性能测定

1　范围

GB/T 12010的本部分规定了聚乙烯醇材料的性能测定方法。

本部分适用于醇解度大于70%(摩尔分数)的聚乙烯醇材料的性能测定。

除了GB/T 12010.1所规定的命名性能——醇解度和黏度外,本部分还包括常用于规定聚乙烯醇材料的其他性能。

2　规范性引用文件

下列文件中的条款通过GB/T 12010的本部分的引用而成为本部分的条款。凡是注日期的引用文件,其随后所有的修改单(不包括勘误的内容)或修订版均不适用于本部分,然而,鼓励根据本部分达成协议的各方研究是否可使用这些文件的最新版本。凡是不注日期的引用文件,其最新版本适用于本部分。

GB/T 601　化学试剂　标准滴定溶液的制备

GB/T 603　化学试剂　试验方法中所用制剂及制品的制备

GB/T 6682—2008　分析实验室用水规格和试验方法(ISO 3696:1987,MOD)

GB/T 12010.4—2010　塑料　聚乙烯醇材料(PVAL)　第4部分:pH值测定

GB/T 12010.5—2010　塑料　聚乙烯醇材料(PVAL)　第5部分:平均聚合度测定

GB/T 12010.6—2010　塑料　聚乙烯醇材料(PVAL)　第6部分:粒度的测定

GB/T 12010.7—2010　塑料　聚乙烯醇材料(PVAL)　第7部分:氢氧化钠含量测定

GB/T 12010.8—2010　塑料　聚乙烯醇材料(PVAL)　第8部分:透明度测定

JJG 1002　旋转黏度计

3　性能测定

3.1　本部分所使用的水,在没有注明其他要求时,均符合GB/T 6682的三级水。试验方法中使用的标准溶液、制剂和制品均为分析纯,除注明外均按GB/T 601、GB/T 603制备。

3.2　本部分规定的性能及其测定条件见表1。

表1　性能与测定条件

性　　能	方　　法	单　　位	测定条件
挥发分含量	附录A	%	105 ℃,3 h
乙酸钠含量	附录B	%	滴定法或电导法
灰分含量	附录C	%	
醇解度(数值以摩尔分数计)	附录D	%	滴定法
黏度	附录E	mPa·s	旋转黏度计或斜管落球黏度计
pH值	GB/T 12010.4—2010	1	pH计
粒度	GB/T 12010.6—2010	%	筛分法

表 1（续）

性　　能	方　　法	单　　位	测定条件
氢氧化钠含量	GB/T 12010.7—2010	%	滴定法
平均聚合度	GB/T 12010.5—2010	1	奥氏黏度计
透明度	GB/T 12010.8—2010	%	分光光度计

附　录　A
（规范性附录）
挥发分含量的测定

A.1　范围

本附录规定了聚乙烯醇材料挥发分含量的测定方法。

A.2　原理

计算试样在 105 ℃条件下加热 3 h 的质量损失。

A.3　方法

A.3.1　仪器

A.3.1.1　恒温箱：能保持(105±2)℃恒定。

A.3.1.2　称量瓶：60 mm×30 mm；材质为玻璃、铝，最好是不锈钢。

A.3.1.3　天平：感量 0.001 g。

A.3.1.4　干燥器：硅胶为干燥剂。

A.3.2　操作步骤

将称量瓶(和瓶盖)放入(105±2)℃的恒温箱中，加热 1 h 后，置于干燥器中冷却至室温，称量，准确至 0.001 g(m_0)。将 5 g 左右的树脂试样均匀地铺在称量瓶底部，盖上瓶盖，称量，准确至 0.001 g(m_1)。放入温度为(105±2)℃的恒温箱中(取下瓶盖并放在恒温箱中)，加热 3 h(±5 min)，取出，在干燥器中冷却至室温，称量，准确至 0.001 g(m_2)。

注：H 型聚乙烯醇树脂试样称样量约为 2 g。

A.4　结果表示

挥发分含量以质量分数 w_{vm} 计，数值以%表示，按式(A.1)计算：

$$w_{vm}=\frac{m_1-m_2}{m_1-m_0}\times 100 \qquad \text{(A.1)}$$

式中：

m_0——称量瓶的质量的数值，单位为克(g)；

m_1——称量瓶与试样的质量的数值，单位为克(g)；

m_2——加热后称量瓶与试样的质量的数值，单位为克(g)。

计算两次测定结果的算术平均值，结果保留至小数点后 2 位。

A.5　试验报告

试验报告包括以下内容：

a)　标明 GB/T 12010.2；

b)　完整标识试样的详细说明；

c)　测定结果；

d)　各单次测定结果；

e)　测定日期。

附　录　B
（规范性附录）
乙酸钠含量的测定

B.1　范围

本附录规定了聚乙烯醇材料乙酸钠含量的测定方法。乙酸钠含量是通过化学滴定法或者电导法测定的。添加剂有干扰，所以，这些方法不适用于含有添加剂的聚乙烯醇材料。

B.2　原理

B.2.1　滴定法

将试样溶解在水中，以次甲基蓝和二甲基黄混合溶液为指示剂，用盐酸滴定，然后计算乙酸钠的含量。

B.2.2　电导法

测量试样水溶液的电导率，通过电导率与乙酸钠浓度的曲线关系，测定乙酸钠的含量。

B.3　滴定法（仲裁法）

B.3.1　试剂

B.3.1.1　盐酸标准滴定溶液：$c(\mathrm{HCl})=0.1\ \mathrm{mol/L}$。

B.3.1.2　次甲基蓝＋二甲基黄混合指示剂：1＋1。

注：次甲基蓝与二甲基黄均为0.1%乙醇溶液。

B.3.2　仪器

B.3.2.1　三角烧瓶：500 mL，具塞。

B.3.2.2　量筒：200 mL，分度值为2 mL。

B.3.2.3　滴定管：50 mL，分度值为0.1 mL。

B.3.3　操作步骤

B.3.3.1　称取约5 g试样，准确至0.001 g；放入三角烧瓶中，加入200 mL水，加热溶解。

B.3.3.2　待试样溶解后，冷却，加入15滴～20滴次甲基蓝＋二甲基黄混合指示剂，然后用0.1 mol/L的盐酸标准滴定溶液滴定至终点。终点时，溶液的颜色由绿色变为淡紫色。做空白试验。

注：醇解度低的试样有时可能使溶液变混浊。一旦发生，一边轻轻搅拌一边慢慢冷却，或者用3∶1的水/甲醇混合溶液代替水溶液。

B.3.4　结果表示

乙酸钠含量以质量分数 w_{NaAc} 计，数值以%表示，按式（B.1）计算：

$$w_{\mathrm{NaAc}}=\frac{(v_1-v_0)\times c\times 0.082\ 03}{m}\times 100 \quad \cdots\cdots(\mathrm{B.1})$$

式中：

v_1——滴定试样消耗的盐酸标准滴定溶液的体积的数值，单位为毫升（mL）；

v_0——滴定空白消耗的盐酸标准滴定溶液的体积的数值，单位为毫升（mL）；

c——盐酸标准滴定溶液的浓度的准确数值，单位为摩尔每升（mol/L）；

0.082 03——乙酸钠的摩尔质量除以1 000，单位为克每摩尔（g/mol）；

m——试样的质量的数值，单位为克（g）。

计算两次测定结果的算术平均值，结果保留至小数点后2位。

注：若试样中存在氢氧化钠时，应注意其对测定乙酸钠含量的影响；但乙酸钠用于灰分计算时，不考虑氢氧化钠对测定乙酸钠含量的影响。

B.4 电导法

B.4.1 试剂

B.4.1.1 乙酸钠：试剂纯。

B.4.2 仪器

B.4.2.1 三角烧瓶：100 mL，具塞。

B.4.2.2 量筒：100 mL，分度值为1 mL。

B.4.2.3 电导仪。

B.4.2.4 温度计：分度值为0.1 ℃。

B.4.2.5 容量瓶：100 mL。

B.4.3 操作步骤

称取0.5 g试样，准确至0.001 g，置于三角烧瓶中，加入50 mL水，加热溶解。冷至室温，将其转移到100 mL的容量瓶中，用水稀释至刻度。于电导仪的测量皿中，倒入约50 mL试液，在(30±0.1)℃的条件下测其电导率。

注：醇解度低的试样有时可能使溶液变混浊。一旦发生，可一边轻轻搅拌一边慢慢冷却。

B.4.4 校正曲线

B.4.4.1 配制浓度在适当范围的乙酸钠溶液4份或5份，测其电导率。

B.4.4.2 对电导率与其对应的乙酸钠浓度(g/100 mL)作图，绘制校正曲线。

B.4.5 结果表示

乙酸钠含量以质量分数w_{NaAc}计，数值以%表示，按式(B.2)计算：

$$w_{NaAc}=\frac{\rho_{NaAc}}{m}\times 100 \qquad \text{(B.2)}$$

式中：

ρ_{NaAc}——由校正曲线上查出的试液中乙酸钠的浓度的数值，单位为克每百毫升(g/100 mL)；

m——试样的质量的数值，单位为克(g)。

计算两次测定结果的算术平均值，结果保留至小数点后2位。

B.5 试验报告

试验报告包括以下内容：

a) 标明GB/T 12010.2；

b) 完整标识试样的详细说明；

c) 测定结果；

d) 各单次测定结果；

e) 测定日期。

附 录 C
（规范性附录）
灰分含量的测定

C.1 范围

本附录规定了聚乙烯醇材料灰分的测定方法。

C.2 原理

根据所测定的乙酸钠含量计算灰分，以氧化钠表示。

C.3 计算

灰分含量以质量分数 w_{Ash} 计，数值以%表示，按式（C.1）计算：

$$w_{Ash} = w_{NaAc} \times 0.378 \quad \cdots\cdots\cdots(C.1)$$

式中：

w_{NaAc}——乙酸钠含量的数值，%；

0.378——乙酸钠的质量换算为氧化钠的质量的系数。

计算平行测定结果的算术平均值，结果保留至小数点后2位。

C.4 试验报告

试验报告包括以下内容：

a） 标明 GB/T 12010.2；

b） 完整标识试样的详细说明；

c） 测定结果；

d） 各单次测定结果；

e） 测定日期。

附 录 D
（规范性附录）
醇解度（残留乙酸根）的测定

D.1 范围

本附录规定了聚乙烯醇材料醇解度（残留乙酸根）的测定方法。本方法适用于不含添加剂、填充剂、染料和其他可能干扰本方法测定的物质。当这些干扰物存在时，必须用合同各方所认可的方法分离干扰物。本方法适用于醇解度大于70%（摩尔分数）的聚乙烯醇材料。

D.2 术语和定义

D.2.1 醇解度

聚乙烯醇材料中乙烯醇单元的摩尔分数，单位为%，由式（D.1）给定：

$$\text{醇解度}=\frac{\text{乙烯醇单元含量}}{\text{乙烯醇单元含量}+\text{乙酸乙烯单元含量}}\times 100 \qquad \cdots\cdots\cdots\cdots(\text{D.1})$$

D.3 原理

将试样溶解在水中，加入定量氢氧化钠与聚乙烯醇材料中残留的乙酸根反应，再加定量硫酸中和剩余的氢氧化钠，过量的硫酸用氢氧化钠标准滴定溶液滴定，计算残留乙酸根的含量和醇解度。

D.4 试剂

D.4.1 氢氧化钠标准滴定溶液：$c(NaOH)=0.1\ mol/L, 0.5\ mol/L$。

D.4.2 硫酸标准滴定溶液：$c(1/2H_2SO_4)=0.1\ mol/L, 0.5\ mol/L$。

D.4.3 盐酸标准滴定溶液：$c(HCl)=0.1\ mol/L, 0.5\ mol/L$。

D.4.4 酚酞溶液：10 g/L 乙醇（90%）溶液。

D.5 仪器

D.5.1 三角烧瓶：500 mL；具塞。

D.5.2 滴定管：50 mL，分度值为0.1 mL。

D.5.3 量筒：200 mL，分度值为1 mL。

D.5.4 溶解设备：能加热搅拌。

D.5.5 天平：感量为0.001 g。

D.6 操作步骤

D.6.1 按表D.1的规定称取试样，准确至0.001 g，放入三角烧瓶中。

D.6.2 加入200 mL水和3滴酚酞溶液，若显粉红色，则加入0.1 mol/L硫酸5 mL。置于溶解设备中，加热至试样完全溶解，同时敞开三角烧瓶，让挥发性有机物逸出。

D.6.3 将溶液冷却至室温，用氢氧化钠标准滴定溶液滴定至粉红色。准确加入25.00 mL表D.1所规定的氢氧化钠标准滴定溶液，盖上三角烧瓶，摇匀。在室温下放置2 h以上（或者回流煮沸30 min）。

D.6.4 加入25.00 mL浓度与所用氢氧化钠标准滴定溶液浓度相同的硫酸或盐酸，盖上三角烧瓶，摇匀。

D.6.5 用相同浓度的氢氧化钠标准滴定溶液滴定过量的硫酸或盐酸至粉红色终点。

D.6.6 按照D.6.2至D.6.5步骤分别做空白试验。

表D.1 试样量和所用标准溶液浓度

醇解度估计值(摩尔分数)/%	试样量/g	标准滴定溶液浓度/(mol/L)
醇解度≥97	3	0.1
90≤醇解度<97	3	0.5
80≤醇解度<90	2	0.5
70≤醇解度<80	1	0.5

D.7 结果表示

醇解度以摩尔分数 H 计,数值以%表示,按式(D.2)、式(D.3)、式(D.4)计算:

$$x_1=\frac{(v_1-v_0)\times c\times 0.060\,05}{m\times\left(1-\frac{w_{\mathrm{vm}}+w_{\mathrm{NaAc}}}{100}\right)}\times 100 \qquad \text{(D.2)}$$

$$x_2=\frac{44.05x_1}{60.05-0.42x_1} \qquad \text{(D.3)}$$

$$H=100-x_2 \qquad \text{(D.4)}$$

式中:

x_1——残留乙酸根所对应的乙酸的含量的数值,以质量分数计,%;

x_2——残留乙酸根的含量的数值,以摩尔分数计,%;

v_1——滴定试样消耗的氢氧化钠标准滴定溶液的体积的数值,单位为毫升(mL);

v_0——滴定空白消耗的氢氧化钠标准滴定溶液的体积的数值,单位为毫升(mL);

c——所用氢氧化钠标准溶液的浓度的准确数值,单位为摩尔每升(mol/L);

0.060 05——乙酸的摩尔质量除以1 000,单位为克每摩尔(g/mol);

m——试样的质量的数值,单位为克(g);

w_{vm}——聚乙烯醇树脂中挥发分含量的数值,以质量分数计,%;

w_{NaAc}——聚乙烯醇树脂中乙酸钠含量的数值,以质量分数计,%;

44.05——聚乙烯醇树脂链节的摩尔质量,单位为克每摩尔(g/mol);

60.05——乙酸的摩尔质量,单位为克每摩尔(g/mol);

0.42——根据以下方程转换的系数:

$$x_1=\frac{60.05x_2}{86.09x_2+(100-x_2)\times 44.05} \qquad \text{(D.5)}$$

式中:

86.09——乙酸乙烯的摩尔质量,单位为克每摩尔(g/mol)。

计算两次测定结果的算术平均值,结果保留至小数点后2位。

D.8 试验报告

试验报告包括以下内容:

a) 标明GB/T 12010.2;

b) 完整标识试样的详细说明;

c) 测定结果;

d) 各单次测定结果;

e) 测定日期。

附　录　E
（规范性附录）
黏度的测定

E.1　范围

本附录规定了用旋转黏度计或斜管落球黏度计测定聚乙烯醇材料4%水溶液的黏度的方法。

E.2　原理

配制浓度分别在4%两侧一定范围内的聚乙烯醇树脂溶液三份，测定其黏度，通过浓度与黏度自然对数关系曲线查出浓度为4%的聚乙烯醇树脂溶液的黏度。

E.3　旋转黏度计法

E.3.1　仪器

E.3.1.1　旋转黏度计：符合JJG 1002。

E.3.1.2　三角烧瓶：500 mL。

E.3.1.3　烧杯：300 mL，直径大于65 mm。

E.3.1.4　恒温水浴：能保持(20.0±0.1)℃恒定。

E.3.1.5　称量瓶：60 mm×30 mm；材质为玻璃或铝，最好是不锈钢。

E.3.1.6　干燥箱：能保持(105±2)℃恒定。

E.3.1.7　干燥器：硅胶为干燥剂。

E.3.1.8　水浴：能使用沸水和放称量瓶。

E.3.2　操作步骤

E.3.2.1　试样溶解

E.3.2.1.1　称取至少15 g的试样三份，准确至0.001 g。分别放入三角烧瓶中。

E.3.2.1.2　加水配制成浓度分别为3.8%、4.0%和4.2%的溶液，所需水按式(E.1)计算：

$$m_{\mathrm{w}}=\frac{m_0\times(100-w_{\mathrm{vm}})}{c}-m_0 \quad \cdots\cdots\cdots\cdots(\mathrm{E}.1)$$

式中：

m_{w}——所加水的质量的数值，单位为克(g)；

m_0——试样的质量的数值，单位为克(g)；

w_{vm}——试样的挥发分含量的数值，%；

c——配制浓度。

E.3.2.1.3　加热使试样完全溶解，然后冷却至20 ℃左右，排尽溶液中的气体。

注：醇解度低的试样有时可能引起溶液混浊，如果发生混浊，一边轻轻搅拌，一边慢慢冷却。

E.3.2.2　黏度测定

E.3.2.2.1　将试液放入(20.0±0.1)℃恒温水浴中恒温。

E.3.2.2.2　连接转子和黏度计，确保转子垂直。

E.3.2.2.3　向试筒内注入试液，接入黏度计。试液要确保浸至黏度计轴标线下侧。

E.3.2.2.4　试液温度恒定为(20.0±0.1)℃时，开启黏度计，当读数稳定时读数。

E.3.2.2.5　重复测定另外两份试液。

E.3.2.3 试液准确浓度的测定

E.3.2.3.1 把预先清洗干净的称量瓶放入温度为(105±2)℃的干燥箱中，至少干燥 1 h。然后放入干燥器中冷却至室温，称量，准确至 0.001 g。

E.3.2.3.2 吸取约 5 g 所配制的试液于称量瓶中，称量，准确至 0.001 g。

E.3.2.3.3 将其放在沸水浴上蒸发至干，然后放入温度为(105±2)℃的干燥箱中，至少干燥 4 h。

E.3.2.3.4 干燥后，放在干燥器中冷却至室温，称量，准确至 0.001 g。

E.3.2.3.5 重复测定另外两个试液。

E.3.2.4 计算

每份试液的准确浓度以质量分数 c_s 计，数值以%表示，按式(E.2)计算：

$$c_s = \frac{m_2 - m_3}{m_1 - m_3} \times 100 \qquad \text{(E.2)}$$

式中：

m_1——烘干前试液和称量瓶的质量的数值，单位为克(g)；

m_2——烘干后试液和称量瓶的质量的数值，单位为克(g)；

m_3——称量瓶的质量的数值，单位为克(g)。

E.4 斜管落球法

E.4.1 仪器

E.4.1.1 三角烧瓶：300 mL。

E.4.1.2 恒温水浴：能保持(20.0±0.1)℃恒定。

E.4.1.3 斜管落球黏度计：钢球下坠时间大于 10 s。

E.4.1.4 干燥箱：能够保持(105±2)℃恒定。

E.4.1.5 干燥器：硅胶干燥剂。

E.4.1.6 秒表：分值 0.1 s。

E.4.2 操作步骤

E.4.2.1 试样溶解

按 E.3.2.1 配制三份试液。

E.4.2.2 黏度测定

E.4.2.2.1 试液倒入黏度计中，将其温度调至(20.0±0.1)℃温度。

E.4.2.2.2 用秒表测定钢球从上标线落至下标线所需时间，准确至 0.1 s。

E.4.2.3 试液准确浓度的测定

按 E.3.2.3 和 E.3.2.4 测定每份试液的准确浓度。

E.4.2.4 结果计算

每份试液的黏度以 η 计，数值以毫帕秒(mPa·s)表示，按式(E.3)计算：

$$\eta = k \times (\rho_1 - \rho_2) \times t \qquad \text{(E.3)}$$

式中：

ρ_1——钢球在 20 ℃时的密度的数值，单位为克每立方厘米(g/cm³)；

ρ_2——浓度为 4%的聚乙烯醇树脂水溶液在 20 ℃时的密度的数值，单位为克每立方厘米(g/cm³)；（正常情况为 1.008 g/cm³）；

t——钢球下落时间的数值，单位为秒(s)；

k——黏度计校正常数，按式(E.4)计算：

$$k = \eta_0 / (\rho_1 - \rho_3) \times t \qquad \text{(E.4)}$$

式中：

η_0——校正黏度计的标准溶液在20℃时的绝对黏度的数值，单位为毫帕秒（mPa·s）；

ρ_1——钢球在20 ℃时的密度的数值，单位为克每立方厘米（g/cm³）；

ρ_3——校正黏度计的标准溶液在20℃时的密度的数值，单位为克每立方厘米（g/cm³）；

t——钢球下落时间的数值，单位为秒（s）。

注：标准溶液为已知黏度的纯牛顿体溶液，校正时，钢球从上标线到下标线下落的时间大于10 s。

E.5 结果表示

以各试液所测的黏度自然对数值为横坐标、浓度为纵坐标绘制曲线，查出浓度为4%的黏度自然对数；计算出聚乙烯醇树脂试样的黏度，单位为mPa·s。

计算两次测定结果的算术平均值，结果保留至小数点后2位。

E.6 试验报告

试验报告包括以下内容：

a) 标明GB/T 12010.2；

b) 完整标识试样的详细说明；

c) 测定结果；

d) 各单次测定结果；

e) 测定日期。

附 录 F
（资料性附录）
GB/T 12010 的本部分章条编号与 ISO 15023-2:2003 章条编号对照

表 F.1 给出了 GB/T 12010 的本部分章条编号与 ISO 15023-2:2003 章条编号对照一览表。

表 F.1 GB/T 12010 的本部分章条编号与 ISO 15023-2:2003 章条编号对照

本部分章条编号	对应的国际标准章条编号
1	1
2	2
3	3
3.1	—
3.2	—
附录 A	附录 A
A.1	A.1
A.2	A.2
A.3	A.3
A.3.1	A.3.1
A.3.1.1	A.3.1.1
A.3.1.2	A.3.1.2
A.3.1.3	A.3.1.3
A.3.1.4	A.3.1.4
A.3.2	A.3.2
A.4	A.4
A.5	A.5
附录 B	附录 B
B.1	B.1
B.2	B.2
B.2.1	B.2.1
B.2.2	B.2.2
B.3	B.3
B.3.1	B.3.1
B.3.1.1	B.3.1.1
B.3.1.2	B.3.1.2
B.3.2	B.3.2
B.3.2.1	B.3.2.1
B.3.2.2	B.3.2.2
B.3.2.3	B.3.2.3

表 F.1（续）

本部分章条编号	对应的国际标准章条编号
B.3.3	B.3.3
B.3.3.1	B.3.3 第二段
B.3.3.2	B.3.3 第四、五段
B.3.4	B.3.4
B.4	B.4
B.4.1	B.4.1
B.4.1.1	B.4.1.1
B.4.2	B.4.2
B.4.2.1	B.4.2.1
B.4.2.2	B.4.2.2
B.4.2.3	B.4.2.3
B.4.2.4	B.4.2.4
B.4.2.5	B.4.2.5
B.4.3	B.4.3
B.4.4	B.4.4
B.4.4.1	B.4.4 第一段
B.4.4.2	B.4.4 第二段
B.4.5	B.4.5
B.5	B.5
附录 C	附录 C
C.1	C.1
C.2	C.2
C.3	C.3
C.4	C.4
附录 D	附录 D
D.1	D.1
D.2	D.2
D.2.1	D.2.1
D.3	D.3
D.4	D.4
D.4.1	D.4.1 和 D.4.2
D.4.2	D.4.3 和 D.4.4
D.4.3	D.4.3 和 D.4.4
D.4.4	D.4.5
D.5	D.5

表 F.1（续）

本部分章条编号	对应的国际标准章条编号
D.5.1	D.5.1
D.5.2	D.5.2
D.5.3	D.5.3
D.5.4	D.5.4
D.5.5	D.5.5
D.6	D.6
—	D.6.1
D.6.1	D.6.2
D.6.2	D.6.3
D.6.3	D.6.4
D.6.4	D.6.5
D.6.5	D.6.6
D.6.6	D.6.7
D.7	D.7
D.8	D.8
附录 E	附录 E
E.1	E.1
E.2	E.2
E.3	E.3
E.3.1	E.3.1
E.3.1.1	E.3.1.1
E.3.1.2	E.3.1.2
E.3.1.3	E.3.1.3
E.3.1.4	E.3.1.4
E.3.1.5	E.3.1.5
E.3.1.6	E.3.1.6
E.3.1.7	E.3.1.7
E.3.1.8	E.3.1.8
E.3.2	E.3.2
—	E.3.2.1
E.3.2.1	E.3.2.2
E.3.2.1.1	E.3.2.2.1
E.3.2.1.2	E.3.2.2.2
E.3.2.1.3	E.3.2.2.3
E.3.2.2	E.3.2.3

表 F.1（续）

本部分章条编号	对应的国际标准章条编号
E.3.2.2.1	E.3.2.3.1
E.3.2.2.2	E.3.2.3.2
E.3.2.2.3	E.3.2.3.3
E.3.2.2.4	E.3.2.3.4
E.3.2.2.5	E.3.2.3.5
E.3.2.3	E.3.2.4
E.3.2.3.1	E.3.2.4.1
E.3.2.3.2	E.3.2.4.2
E.3.2.3.3	E.3.2.4.3
E.3.2.3.4	E.3.2.4.4
E.3.2.3.5	E.3.2.4.5
E.3.2.4	E.3.2.5
—	E.3.2.5.1
—	E.3.2.5.2
E.4	E.4
E.4.1	E.4.1
E.4.1.1	E.4.1.1
E.4.1.2	E.4.1.2
E.4.1.3	E.4.1.3
E.4.1.4	E.4.1.4
E.4.1.5	E.4.1.5
E.4.1.6	E.4.1.6
E.4.2	E.4.2
—	E.4.2.1
E.4.2.1	E.4.2.2
E.4.2.2	E.4.2.3
E.4.2.2.1	E.4.2.3.1
E.4.2.2.2	E.4.2.3.2
E.4.2.3	E.4.2.4
E.4.2.4	E.4.2.5
E.5	E.5
E.6	E.6

附 录 G
（资料性附录）
GB/T 12010 的本部分与 ISO 15023-2:2003 技术性差异及其原因

表 G.1 给出了 GB/T 12010 的本部分与 ISO 15023-2:2003 的技术性差异及其原因的一览表。

表 G.1 GB/T 12010 的本部分与 ISO 15023-2:2003 技术性差异及其原因

本部分的章条编号	技术性差异	原 因
2	删除 ISO 976:1996;ISO 6587:1992;ISO 8130-1:1992;ISO 12058-1:1997;ISO 15023-1:2001。 增加 GB/T 601;GB/T 603;GB/T 6682;GB/T 12010.4—2010; GB/T 12010.5—2010; GB/T 12010.6—2010;GB/T 12010.7—2010;GB/T 12010.8—2010;JJG 1002	按 GB/T 20001 标准要求编写
3	增加了“本部分所使用的水，在没有注明其他要求时，均符合 GB/T 6682 的三级水。试验方法中使用的标准溶液、制剂和制品，除注明外均按 GB/T 601、GB/T 603 制备”。表 1 中增加了氢氧化钠含量、平均聚合度和透明度三项性能	按 GB/T 1.1 要求编写。氢氧化钠含量、平均聚合度和透明度是表征聚乙烯醇树脂的常用性能
A.3.2	增加“H 型聚乙烯醇树脂试样称样量约为 2 g”	高碱醇解法生产的聚乙烯醇树脂产品的表观密度较小，需减量才能完成试验
B.2.1 B.3.1.2	用次甲基蓝和二甲基黄混合指示剂代替甲基橙指示剂	甲基橙作指示剂，终点难判定
B.3.3.1	用 200 mL 代替 150 mL	试样在加热溶解过程中有水分损失，200 mL 溶解更合适
B.3.3.2	删除“甲基橙作指示剂”	甲基橙作指示剂终点判定不准确
B.3.4	增加“注：若试样中存在氢氧化钠时，应注意其对测定乙酸钠含量的影响；但乙酸钠用于灰分计算时，不考虑氢氧化钠对测定乙酸钠含量的影响。”	目前我国还存在氢氧化钠含量较高的聚乙烯醇树脂产品，氢氧化钠对本方法有影响
D.3	用“将试样溶解在水中，加入定量氢氧化钠与聚乙烯醇材料中残留的乙酸根反应，再加定量硫酸中和剩余的氢氧化钠，过量的硫酸用氢氧化钠标准滴定溶液滴定，计算残留乙酸根的含量和醇解度”代替“用氢氧化钠滴定测定残存乙酸根，然后由 100 减去残存乙酸根含量，得出醇解度，单位为摩尔分数”	原理表述更准确
D.6.2	增加“若显粉红色，则加入 0.1 mol/L 硫酸 5 mL”	我国部分聚乙烯醇树脂溶解显碱性
D.6.3	增加“用表 D.1 所规定的氢氧化钠标准滴定溶液滴定至粉红色”；用“或者回流煮沸 30 min”代替“或回流煮沸”	调节试液的酸度，提高方法的准确性；让方法更具有可操作性

表 G.1（续）

本部分的章条编号	技术性差异	原　　因
E.2	用黏度自然对数代替黏度	黏度自然对数更准确
E.3	用旋转黏度计代替 Brookfield 黏度计。 删除有关 Brookfield 黏度计的参数表	扩大黏度计的选用范围
E.3.2.2.2	用"连接转子和黏度计，确保转子垂直"代替"烧杯仍放在水浴中，将所选的转子按照与液面大约成 45 度的角度插入溶液。转子调垂直，与黏度计的转轴相连接。检查转子垂直，溶液浸至黏度计的轴标线下侧"	与现行操作差异过大，难以操作
E.3.2.2.3	增加"向试筒内注入试液，接入黏度计。试液要确保浸至黏度计轴标线下侧"	
E.3.2.2.4	用"试液温度恒定在(20.0±0.1)℃时，开启黏度计，当读数稳定时读数"代替"开启仪器，在所选转速下测定，观察表针，当读数稳定时，锁针，关闭电机，读数"	
E.5	用黏度自然对数代替黏度	黏度自然对数更准确

ICS 83.080.20
G 31

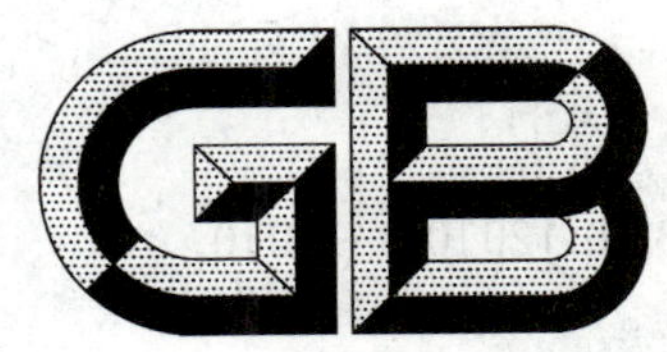

中华人民共和国国家标准

GB/T 12010.3—2010
代替 GB/T 12010.2—1989

塑料　聚乙烯醇材料(PVAL)
第3部分:规格

Plastic—Poly(vinyl alcohol)(PVAL) materials—
Part 3:Specification

2010-09-02 发布　　　　2011-05-01 实施

中华人民共和国国家质量监督检验检疫总局
中国国家标准化管理委员会　发布

前　言

GB/T 12010《塑料　聚乙烯醇材料(PVAL)》共分为8个部分：

——第1部分：命名系统和分类基础；

——第2部分：性能测定；

——第3部分：规格；

——第4部分：pH值测定；

——第5部分：平均聚合度测定；

——第6部分：粒度的测定；

——第7部分：氢氧化钠含量测定；

——第8部分：透明度测定。

本部分为GB/T 12010的第3部分。

本部分代替GB/T 12010.2—1989《聚乙烯醇树脂规格》。

本部分与GB/T 12010.2—1989的主要差异如下：

——取消了产品型号(1989版的3)；

——对产品规格进行了调整(1989版的4,本版的3.2)；

——取消了乙酸钠项目(1989版的4,本版的3.2)；

——部分调整了挥发分指标(1989版的4,本版的3.2)；

——增加了纯度指标(本版的3.2)；

——修改了检验规则、标志、包装、运输、贮存的内容(1989版的7,本版的5、6、7)。

本部分的附录A为资料性附录。

本部分由中国石油和化学工业协会提出。

本部分由全国塑料标准化技术委员会塑料树脂通用方法和产品分会(SAC/TC 15/SC 4)归口。

本部分负责起草单位：中国石化集团四川维尼纶厂。

本部分参加起草单位：国家合成材料质量监督检验中心、湖南省湘维有限公司、云南云维股份有限公司。

本部分主要起草人：严红、蒲利均、李彬、卢家云、秦庆伟、王建东、王永桂、唐松乔、朱泽礼、冷革辉。

本部分所代替标准的历次版本发布情况为：

——GB/T 12010.2—1989。

塑料　聚乙烯醇材料(PVAL)
第3部分:规格

1　范围

GB/T 12010的本部分规定了部分聚乙烯醇材料产品的要求、试验方法、检验规则、包装、标志、贮存和运输。

本部分适用于非纤维用聚乙烯醇材料。

2　规范性引用文件

下列文件中的条款通过GB/T 12010的本部分的引用而成为本部分的条款。凡是注日期的引用文件,其随后所有的修改单(不包括勘误的内容)或修订版均不适用于本部分,然而,鼓励根据本部分达成协议的各方研究是否可使用这些文件的最新版本。凡是不注日期的引用文件,其最新版本适用于本部分。

GB/T 191　包装储运图示标志

GB/T 6678—2003　化工产品采样总则

GB/T 6679　固体化工产品采样通则

GB/T 8170　数值修约规则与极限数值的表示和判定

GB/T 12010.2—2010　塑料　聚乙烯醇材料(PVAL)　第2部分:性能测定(ISO 15023-2:2003,MOD)

GB/T 12010.4—2010　塑料　聚乙烯醇材料(PVAL)　第4部分:pH值测定

3　要求

3.1　外观

聚乙烯醇材料产品为白色或微黄色絮状、片状、颗粒状、粉状固体。

3.2　性能指标

聚乙烯醇材料产品性能指标应符合表1要求。

表1　性能指标

规格	等级	项目					
		醇解度(摩尔分数)/%	黏度/(mPa·s)	挥发分含量/% ≤	灰分含量/% ≤	pH值	纯度/% ≥
086-03	优等品	85.0～87.0	3.4～4.2	5.0	0.4	5～7	93.5
	合格品	84.0～88.0	3.0～5.0	5.0	0.5	4～7	91.5
088-05	优等品	87.0～89.0	4.5～6.0	5.0	0.5	5～7	93.5
	合格品	86.0～90.0	4.5～6.5	7.0	0.7	5～7	91.5
098-05	优等品	98.0～99.0	5.0～6.5	5.0	0.5	5～7	93.5
	合格品	98.0～99.8	4.5～7.0	7.0	0.7	5～7	91.5
088-08	优等品	87.0～89.0	8.0～10.0	5.0	0.5	5～7	93.5
	合格品	86.0～90.0	8.0～11.0	7.0	0.7	5～7	91.5

表 1(续)

规格	等级	项　目					
		醇解度(摩尔分数)/%	黏度/(mPa·s)	挥发分含量/% ≤	灰分含量/% ≤	pH 值	纯度/% ≥
098-08	优等品	98.0～99.0	9.0～11.0	5.0	0.5	5～7	93.5
	合格品	98.0～99.8	8.0～12.0	7.0	0.7	5～7	91.5
088-20	优等品	87.0～89.0	20.5～24.5	5.0	0.4	5～7	93.5
	合格品	86.0～90.0	20.0～26.0	7.0	0.7	5～7	91.5
092-20	优等品	91.0～93.0	21.0～27.0	5.0	0.5	5～7	93.5
	合格品	90.0～94.0	20.0～28.0	7.0	0.7	5～7	91.5
094-27	优等品	94.0～96.0	22.0～28.0	5.0	0.5	5～7	93.5
	合格品	94.0～96.0	21.0～29.0	7.0	0.7	5～7	91.5
096-27	优等品	96.0～98.0	23.0～29.0	5.0	0.5	5～7	93.5
	合格品	96.0～98.0	22.0～30.0	7.0	0.7	5～7	91.5
100-27	优等品	99.0～100.0	22.0～28.0	5.0	0.7	—	93.5
	合格品	99.0～100.0	22.0～30.0	7.0	1.0	—	91.5
088-35	优等品	87.0～89.0	29.0～34.0	5.0	0.3	5～7	93.5
	合格品	86.0～90.0	28.0～35.0	7.0	0.5	5～7	91.5
092-35	优等品	91.0～93.0	30.0～36.0	5.0	0.3	5～7	93.5
	合格品	90.0～94.0	29.0～37.0	7.0	0.5	5～7	91.5
100-35	优等品	99.0～100.0	35.0～43.0	5.0	0.7	5～7	93.5
	合格品	99.0～100.0	35.0～43.0	7.0	1.0	5～7	91.5
088-50	优等品	87.0～89.0	45.0～55.0	5.0	0.3	5～7	93.5
	合格品	86.0～90.0	44.0～56.0	7.0	0.5	5～7	91.5
098-60	优等品	98.0～99.0	58.0～68.0	5.0	0.5	5～7	93.5
	合格品	98.0～99.0	56.0～69.0	7.0	0.7	5～7	91.5
100-60	优等品	99.0～100.0	58.0～68.0	5.0	0.7	5～7	93.5
	合格品	99.0～100.0	56.0～69.0	7.0	1.0	5～7	91.5
100-70	优等品	99.0～100.0	68.0～78.0	5.0	0.7	5～7	93.5
	合格品	99.0～100.0	68.0～80.0	7.0	1.0	5～7	91.5
100-27H	优等品	99.0～100.0	22.0～28.0	6.5	2.5	7～10	86.5
	合格品	99.0～100.0	22.0～28.0	8.0	2.8	7～10	84.5
100-31H	优等品	99.0～100.0	28.0～34.0	6.5	2.5	7～10	86.5
	合格品	99.0～100.0	28.0～34.0	8.0	2.8	7～10	84.5
100-37H	优等品	99.0～100.0	34.0～40.0	6.5	2.5	7～10	86.5
	合格品	99.0～100.0	34.0～40.0	8.0	2.8	7～10	84.5
100-50H	优等品	99.0～100.0	45.0～55.0	6.5	2.5	7～10	86.5
	合格品	99.0～100.0	45.0～55.0	8.0	2.8	7～10	84.5
100-60H	优等品	99.0～100.0	55.0～65.0	6.5	2.5	7～10	86.5
	合格品	99.0～100.0	55.0～65.0	8.0	2.8	7～10	84.5

注：新旧规格的对照参见附录 A。

4 试验方法

4.1 醇解度的测定

按 GB/T 12010.2—2010 中附录 D 的规定进行。

4.2 黏度的测定

按 GB/T 12010.2—2010 中附录 E 的规定进行。仲裁时，选用 Brookfield 黏度计。

4.3 挥发分含量的测定

按 GB/T 12010.2—2010 中附录 A 的规定进行。

4.4 灰分含量的测定

按 GB/T 12010.2—2010 中附录 C 的规定进行。

4.5 pH 值的测定

按 GB/T 12010.4—2010 的规定进行。

4.6 纯度的测定

聚乙烯醇材料纯度的质量分数以 w_P 计，数值以%表示，按式(1)计算：

$$w_P = 100 - (w_{vm} + w_{Ash}/0.378) \qquad (1)$$

式中：

w_{vm}——挥发分含量的数值，%；

w_{Ash}——灰分含量的数值，%。

计算结果保留到小数点后 2 位。

5 检验规则

5.1 检验分类与检验项目

表 1 所列项目均为型式检验项目，其中醇解度、黏度、挥发分含量、灰分含量和纯度项目为出厂检验项目。

正常情况下，每月至少进行一次型式检验。有下列情况之一时，也应进行型式检验：

a) 更新关键生产工艺；

b) 主要原料有变化；

c) 停产又恢复生产；

d) 出厂检验结果与上次型式检验结果有较大差异；

e) 合同规定。

5.2 组批规则与抽样方案

5.2.1 组批规则

在原材料、生产工艺不变的条件下，连续生产同一规格的聚乙烯醇材料为一生产批，若干个生产批构成一个检验批的时间通常不超过一周。

5.2.2 抽样方案

试验所需的样品数和样品量按 GB/T 6678—2003 中 7.6 规定执行。对于混合样品量，如试验对所需的样品量有技术要求时，则按相关规定执行，若无技术要求时，样品量不应少于 500 g。在取样有困难，或者试验项目对此忽略时，混合样品量可按交货时有关双方之间的协议来规定。样品的采集和制备按 GB/T 6679 规定进行，原样混合缩分到试验需要量，并将其分成两份。

5.3 判定规则和复验规则

5.3.1 判定规则

聚乙烯醇材料产品必须经质量检验部门进行检验，生产厂应保证所有出厂产品符合本部分的要求。每批出厂的产品应附有一定格式的质量证明书，其内容包括：产品名称、规格、生产厂名称、批号或生产日期和本部分编号等。

检验结果的判定按 GB/T 8170 中修约值比较法进行。

产品分为优等品、合格品，产品质量按本部分之要求逐项考核，按检验结果最低一项判定等级。

5.3.2 复验规则

检验结果如果有一项不符合本部分的要求，应重新加倍采取样品进行检验。以复验结果作为该批产品的质量判定依据。

6 标志

聚乙烯醇材料产品包装上应有明显、牢固的标志，标明生产厂名称、厂址、产品名称、型号、商标、批号(或生产日期)、等级、净重和本部分编号以及符合 GB/T 191 规定的“怕晒”、“怕雨”和“禁用手钩”标志等。

7 包装、运输和贮存

7.1 包装

产品用不易破损、防潮的塑料编织袋、纸塑复合袋和其他包装材料包装，包装规格及净重可按用户的要求确定。

7.2 运输

聚乙烯醇材料为非危险品。产品在装卸时应防止刮破或摔坏包装。在运输过程中，应防潮、防雨、防晒。

7.3 贮存

产品应贮存于干燥、通风良好的室内，勿靠近暖气或其他热源存放。防止潮湿，防止日光下暴晒，严禁与挥发的化学药品、染料混放，以避免吸附变质。

附 录 A
（资料性附录）
聚乙烯醇材料规格对照表

GB/T 12010 的本部分聚乙烯醇材料规格与现有产品规格对照如表 A.1 所示。

表 A.1 聚乙烯醇材料规格对照表

GB/T 12010.1—2010	GB/T 12010.1—1989	GB/T 12010.1—2010	GB/T 12010.1—1989
086-03	04-86	092-35	20-92
088-05	05-88	100-35	20-99
098-05	05-99	088-50	24-88
088-08	10-88	098-60	24-99
098-08	10-99	100-60	24-99
088-20	17-88	100-70	26-99
092-20	17-92	100-27H	17-99H
094-27	17-95	100-31H	19-99H
096-27	17-97	100-37H	20-99H
100-27	17-99	100-50H	22-99H
088-35	20-88	100-60H	24-99H

参 考 文 献

[1] GB/T 12010.1—2008 塑料 聚乙烯醇材料(PVAL) 第1部分:命名系统和分类基础

ICS 83.080
G 31

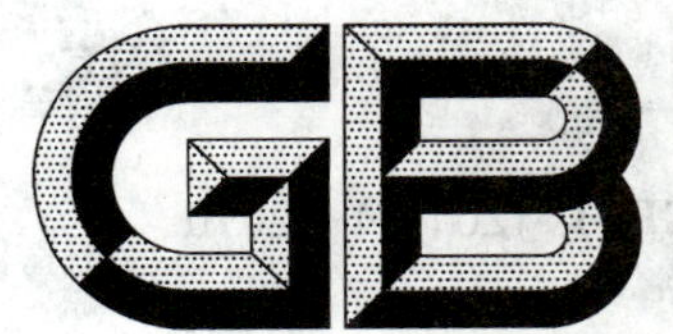

中华人民共和国国家标准

GB/T 12010.4—2010
代替 GB/T 12010.8—1989

塑料　聚乙烯醇材料(PVAL)
第4部分:pH值测定

Plastic—Poly(vinyl alcohol)(PVAL) materials—
Part 4:Determination for pH value

2010-09-02 发布　　2011-05-01 实施

中华人民共和国国家质量监督检验检疫总局
中国国家标准化管理委员会　发布

前　言

GB/T 12010《塑料　聚乙烯醇材料(PVAL)》共分为8个部分：

——第1部分：命名系统和分类基础；

——第2部分：性能测定；

——第3部分：规格；

——第4部分：pH值测定；

——第5部分：平均聚合度测定；

——第6部分：粒度的测定；

——第7部分：氢氧化钠含量测定；

——第8部分：透明度测定。

本部分为GB/T 12010的第4部分，与JIS K6726:1994(2003年确认)《聚乙烯醇的试验方法》(日文版)的一致性程度为非等效。

本部分代替GB/T 12010.8—1989《聚乙烯醇树脂　pH值测定方法》。

本部分与GB/T 12010.8—1989相比主要变化如下：

——增加了引用文件(本版的第2章)；

——提高了酸度计的精度(1989版的5.1，本版的5.1)；

——提高了天平的精度(1989版的5.7，本版的5.2)；

——取消了加热回流溶解试样(1989版的6.1，本版的6.1)；

——试样称样量由12 g调整为15 g(1989版的6.1，本版的6.1)。

本部分由中国石油和化学工业协会提出。

本部分由全国塑料标准化技术委员会塑料树脂通用方法和产品分会(SAC/TC 15/SC 4)归口。

本部分负责起草单位：湖南省湘维有限公司。

本部分参加起草单位：中国石化集团四川维尼纶厂、云南云维股份有限公司、国家合成树脂质量监督检验中心。

本部分主要起草人：舒晓艳、唐松乔、阳小陆、朱泽礼、严红、蒲利均、王建东、王琰。

本部分所代替的历次版本发布情况为：

——GB/T 12010.8—1989。

塑料　聚乙烯醇材料(PVAL)
第4部分:pH值测定

1　范围

GB/T 12010的本部分规定了用酸度计测定聚乙烯醇材料水溶液pH值的方法。

本部分适用于测定醇解度大于70%(摩尔分数)的聚乙烯醇材料4%水溶液的pH值。

2　规范性引用文件

下列文件中的条款通过GB/T 12010的本部分的引用而成为本部分的条款。凡是注日期的引用文件,其随后所有的修改单(不包括勘误的内容)或修订版均不适用于本部分,然而,鼓励根据本部分达成协议的各方研究是否可使用这些文件的最新版本。凡是不注日期的引用文件,其最新版本适用于本部分。

GB/T 603　化学试剂　试验方法中所用制剂及制品的制备

GB/T 6682　分析实验室用水规格和试验方法

GB/T 9724　化学试剂　pH值测定通则

JJG 119—2005　实验室pH(酸度)计

3　原理

将规定的指示电极和参比电极浸入同一被测溶液中,构成一原电池,其电动势与溶液的pH值有关,通过测量原电池的电动势即可得出溶液的pH值。

4　试剂

本部分所用的试剂和水,没有特别说明时,均指分析纯试剂和GB/T 6682中的三级水。

4.1　邻苯二甲酸盐标准缓冲溶液,按GB/T 9724配制。

4.2　磷酸盐标准缓冲溶液,按GB/T 9724配制。

4.3　硼酸盐标准缓冲溶液,按GB/T 9724配制。

4.4　无二氧化碳水,按GB/T 603配制。

5　仪器

5.1　酸度计:应符合JJG 119—2005的4.7中“0.02级”的要求。

5.2　天平:精确至0.001 g。

5.3　三角烧瓶:500 mL。

5.4　烧杯:100 mL。

5.5　溶解设备:能加热搅拌。

5.6　温度计:精确至1 ℃。

6　操作步骤

6.1　4%聚乙烯醇水溶液的配制

6.1.1　称取试样约15 g,准确至0.001 g,放入500 mL的三角烧瓶中。

6.1.2 按式(1)计算需加入水的质量，加水调制。

$$m=\frac{m_0\times(100-w)}{4}-m_0 \quad \cdots\cdots(1)$$

式中：

m_0——称取试样质量的数值，单位为克(g)；

m——加水量的数值，单位为克(g)；

w——试样挥发分含量的数值，%；

4——以%表示的规定溶液浓度的数值。

6.1.3 将试样加热溶解完全，冷却至室温，得到试液，待用。

注：试样溶解前、后试液质量应保持一致。

6.2 测定

6.2.1 按酸度计使用说明书，用标准缓冲溶液(4.1或4.2或4.3)校正酸度计。

6.2.2 取50 mL试液(6.1)放在烧杯中，将电极插入，小心摇动使其均匀，待读数稳定后记录pH值。

6.2.3 试验后应立即用水仔细清洗电极。

注：冲洗电极后用干净滤纸将电极底部水滴轻轻地吸干，注意勿用滤纸去擦电极，以免电极带静电，导致读数不稳，甚至损坏电极。

7 结果表示

取平行测定结果的算术平均值为测定结果，结果精确至小数点后1位。

两次平行测定结果(pH值)的绝对差值不大于0.3。

8 试验报告

试验报告包括下列各项：

a) 注明采用本国家标准；

b) 被测试样的完整鉴别细节；

c) 所用仪器类型和型号；

d) 测定结果；

e) 试验人员；

f) 试验日期。

ICS 83.080
G 31

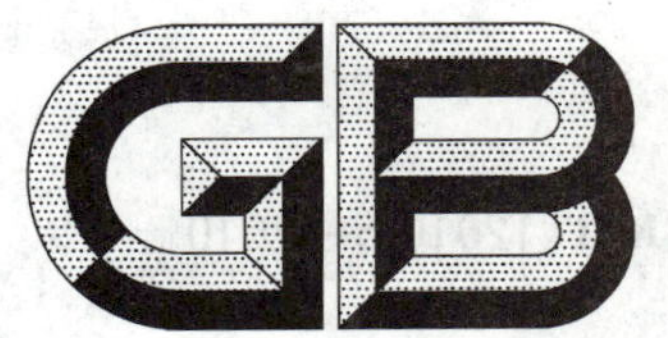

中华人民共和国国家标准

GB/T 12010.5—2010
代替 GB/T 12010.9—1989

塑料 聚乙烯醇材料(PVAL) 第5部分:平均聚合度测定

Plastic—Poly (vinyl alcohol) (PVAL) materials— Part 5: Determination for average polymerization degree

2010-09-02 发布

2011-05-01 实施

中华人民共和国国家质量监督检验检疫总局
中国国家标准化管理委员会 发布

前　言

GB/T 12010《塑料　聚乙烯醇材料(PVAL)》共分为8个部分：

——第1部分：命名系统和分类基础；

——第2部分：性能测定；

——第3部分：规格；

——第4部分：pH值测定；

——第5部分：平均聚合度测定；

——第6部分：粒度的测定；

——第7部分：氢氧化钠含量测定；

——第8部分：透明度测定。

本部分为GB/T 12010的第5部分，与JIS K6726:1994(2003年确认)《聚乙烯醇试验方法》(日文版)的一致性程度为非等效。

本部分代替GB/T 12010.9—1989《聚乙烯醇树脂平均聚合度测定方法》。

本部分与GB/T 12010.9—1989相比主要变化如下：

——增加了引用文件(本版的第2章)；

——将30 ℃时水在奥氏黏度计内流经时间由(100±10)s调整至(100±20)s(1989版的4.12，本版的5.1)；

——增加了对醇解度达到97%(摩尔分数)以上聚乙烯醇材料的预处理(本版的6.1)；

——对高碱、低碱醇解聚乙烯醇试样的称样量进行了统一(1989版的5，本版的6.2)。

本部分由中国石油和化学工业协会提出。

本部分由全国塑料标准化技术委员会塑料树脂通用方法和产品分会(SAC/TC 15/SC 4)归口。

本部分负责起草单位：湖南省湘维有限公司。

本部分参加起草单位：中国石化集团四川维尼纶厂、云南云维股份有限公司、国家合成树脂质量监督检验中心。

本部分主要起草人：唐松乔、舒晓艳、阳小陆、朱泽礼、严红、李彬、冷革辉、王永桂、王琰。

本部分所代替标准的历次版本发布情况为：

——GB/T 12010.9—1989。

塑料 聚乙烯醇材料(PVAL)
第5部分:平均聚合度测定

1 范围

GB/T 12010的本部分规定了用奥氏黏度计测定聚乙烯醇材料水溶液特性黏度并由特性黏度计算聚乙烯醇材料平均聚合度的方法。

本部分适用于测定醇解度大于70%(摩尔分数)的聚乙烯醇材料的平均聚合度。

2 规范性引用文件

下列文件中的条款通过GB/T 12010的本部分的引用而成为本部分的条款。凡是注日期的引用文件,其随后所有的修改单(不包括勘误的内容)或修订版均不适用于本部分,然而,鼓励根据本部分达成协议的各方研究是否可使用这些文件的最新版本。凡是不注日期的引用文件,其最新版本适用于本部分。

GB/T 603 化学试剂 试验方法中所用制剂及制品的制备

GB/T 6682 分析实验室用水规格和试验方法

3 原理

测定聚乙烯醇水溶液的特性黏度,计算出聚乙烯醇材料的平均聚合度。

4 试剂

本部分所用的试剂和水,没有特别说明时,均指分析纯试剂和GB/T 6682中的三级水。

本部分所用的制剂和制品,除注明外均按GB/T 603配制。

4.1 甲醇。

4.2 氢氧化钠溶液:$c(NaOH)=12.5$ mol/L。

称取500 g氢氧化钠,溶于水,稀释至1 000 mL。

4.3 酚酞:10 g/L乙醇溶液。

5 仪器

5.1 奥氏黏度计:规格见图1,材质为硬质玻璃。

注:在30 ℃时,水从A刻度线至B刻度线流经时间应在(100±20)s之内。

5.2 玻璃砂芯漏斗:P_{100}号烧结玻璃。

5.3 布氏漏斗:直径100 mm。

5.4 抽滤瓶:1 L。

5.5 烘箱:能保持(105±2)℃。

5.6 秒表:精确至0.1 s。

5.7 恒温水浴:(30.0±0.1)℃。

5.8 移液管:10 mL。

5.9 干燥器:以硅胶作干燥剂。

5.10 烧杯:500 mL。

5.11 蒸发皿：容量 60 mL～100 mL。
5.12 水浴锅：精确至 1 ℃。
5.13 三角烧瓶：100 mL、500 mL。
5.14 溶解设备：能加热搅拌。
5.15 称量瓶：60 mm×30 mm。
5.16 天平：精确至 0.000 1 g。
5.17 天平：精确至 0.1 g。

单位为毫米

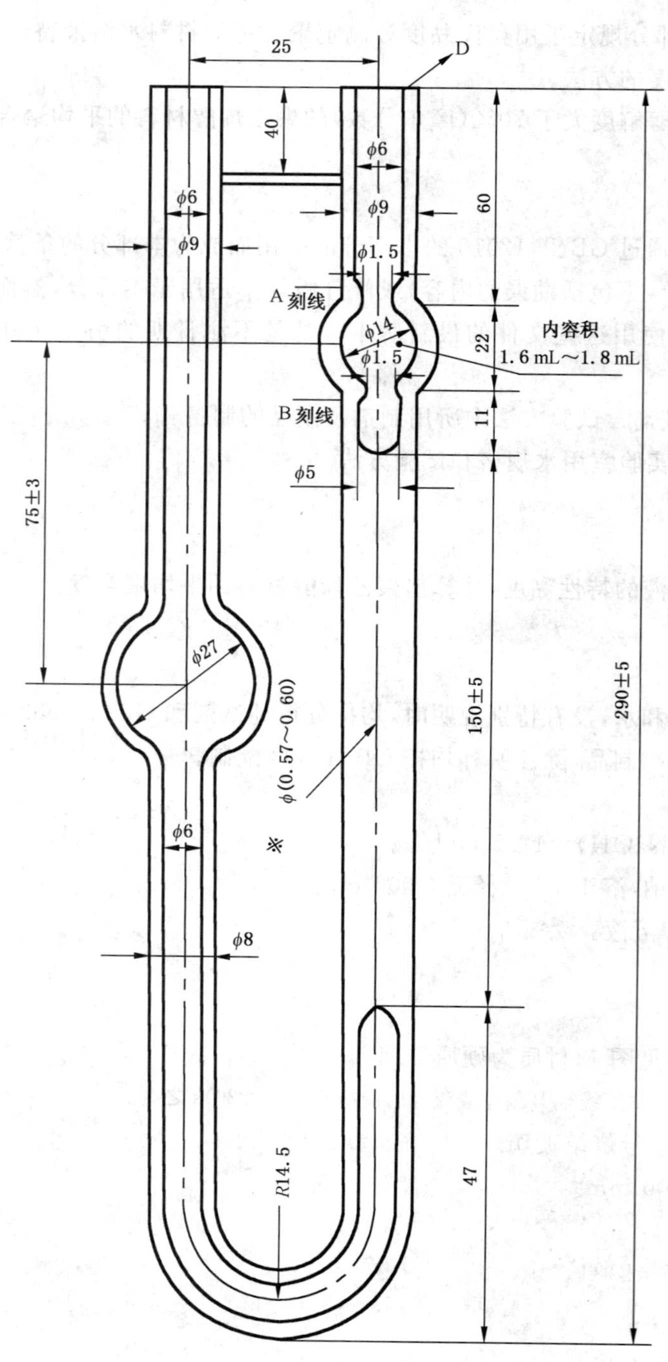

注：① 凡带有※号的尺寸要求十分精确；
② 在 30 ℃下水的流经时间应在(100±20)s 以内。

图 1 奥氏黏度计

6 操作步骤

6.1 试样处理

6.1.1 称取试样 10 g,准确至 0.1 g,置于 500 mL 三角烧瓶中,加入 200 mL 甲醇(4.1)后,对于醇解度达到 97%(摩尔分数)以上的试样加 3 mL 的氢氧化钠溶液(4.2),醇解度小于 97%(摩尔分数)的试样加 10 mL 的氢氧化钠溶液(4.2),加入后混合均匀。

6.1.2 将试样(6.1.1)放入(40±2)℃水浴中加热 1 h。

6.1.3 将加热后的试样(6.1.2)用铺好滤布的布氏漏斗过滤,并用甲醇(4.1)洗净试样,除去氢氧化钠及醋酸钠(洗涤液用水稀释一倍后用酚酞检验无碱性反应)。转移至表面皿,在(105±2)℃的温度范围内干燥 1 h。

注:对醇解度大于 99.8%(摩尔分数)的聚乙烯醇,称取试样 3 g,精确至 0.1 g,移入 500 mL 烧杯中,加入 200 mL 水搅拌,放置 15 min,然后进行水洗。将放置的试样用铺好滤布的布氏漏斗过滤,全脱水后,用 500 mL 水,分(3～4)次洗涤试样,尽量将氢氧化钠及醋酸钠洗净,抽干。

6.2 试样溶解

称取按 6.1 处理的试样 3 g,准确至 0.1 g,放入 500 mL 烧杯中,加水约 300 mL,放在溶解设备上加热溶解,待试样全部溶解后,冷却至室温。用 P_{100} 玻璃砂芯漏斗过滤,用干燥磨口三角烧瓶接收滤液;将三角烧瓶放在(30.0±0.1)℃恒温水浴中恒温至少 10 min,试液保持恒温待用。

6.3 试液浓度测定

6.3.1 预先将称量瓶洗净,放入(105±2)℃的恒温干燥箱中,加热干燥 1 h 以上,再放入干燥器中冷却至室温后,称量,准确至 0.000 1 g。

6.3.2 用 10 mL 移液管准确吸取试液(6.2)10 mL 置于已称量的称量瓶内(6.3.1),将称量瓶放入(105±2)℃的恒温干烘箱内干燥 4 h 以上,取出放入干燥器内冷却至室温,称量,准确至 0.000 1 g。

6.3.3 按式(1)计算试液的浓度:

$$\rho=\frac{m\times 1\ 000}{V} \qquad (1)$$

式中:

ρ——试液的浓度的数值,单位为克每升(g/L);

m——试液蒸发后的试样的质量的数值,单位为克(g);

V——30 ℃时 10 mL 移液管的容积的数值,单位为毫升(mL)。

6.4 试液黏度测定

将干燥、洗净的黏度计安装在(30.0±0.1)℃恒温水浴内,使毛细管保持铅直方向。用 10 mL 移液管准确吸取 10 mL 试液(6.2)放入黏度计内,放置 5 min～10 min。用胶管连接好毛细管的一侧 D 处(见图 1),然后用吸耳球把试液吸入毛细管 A 刻度以上,让其自然下落,测定其弯月面从 A 刻度到 B 刻度的流经时间。反复测定,直到 3 次测定结果之间的差值不超过 0.2 s,取平均值作为试液的流经时间。

6.5 空白试验

用 10 mL 移液管移取 10 mL 与试液同温度的水放入黏度计内,按 6.4 的步骤测定水从 A 刻度到 B 刻度的流经时间,反复测定,直到 3 次测定结果之间的差值不超过 0.2 s,取其平均值作为水的流经时间。

7 结果表示

平均聚合度 $\overline{P_A}$ 按式(2)、式(3)、式(4)计算:

$$\lg \overline{P_A}=1.613\times \lg \frac{[\eta]\times 10^4}{8.29} \qquad (2)$$

$$[\eta]=\frac{2.303\times \lg\eta_r}{\rho} \quad\cdots\cdots(3)$$

$$\eta_r=\frac{t}{t_0} \quad\cdots\cdots(4)$$

式中：

$[\eta]$——聚乙烯醇溶液的特性黏度的数值，单位为升每克(L/g)；

η_r——相对黏度的数值；

ρ——试液浓度的数值，单位为克每升(g/L)；

t——试液的流经时间的数值，单位为秒(s)；

t_0——水的流经时间的数值，单位为秒(s)；

1.613——常数；

8.29——常数。

取平行测定结果的算术平均值为测定结果，聚合度数值修约至十位。

两次平行测试结果的绝对差值不大于50。

8 试验报告

试验报告包括下列各项：

a) 注明采用本国家标准；

b) 被测试样的完整鉴别细节；

c) 所用仪器类型和型号；

d) 测定结果；

e) 试验人员；

f) 试验日期。

ICS 83.080
G 31

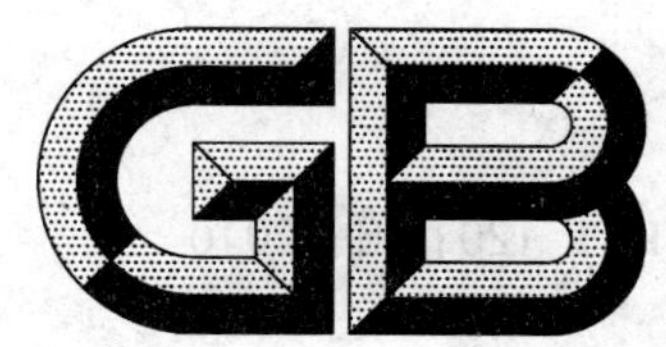

中华人民共和国国家标准

GB/T 12010.6—2010
代替 GB/T 12010.10—1989

塑料　聚乙烯醇材料(PVAL)
第6部分:粒度的测定

Plastic—Poly (vinyl alcohol) (PVAL) materials—
Part 6: Determination for particle size

2010-09-02 发布　　2011-05-01 实施

中华人民共和国国家质量监督检验检疫总局
中国国家标准化管理委员会　发布

前　言

GB/T 12010《塑料　聚乙烯醇材料(PVAL)》共分为8个部分:

——第1部分:命名系统和分类基础;

——第2部分:性能测定;

——第3部分:规格;

——第4部分:pH值测定;

——第5部分:平均聚合度测定;

——第6部分:粒度的测定;

——第7部分:氢氧化钠含量测定;

——第8部分:透明度测定。

本部分为GB/T 12010的第6部分,与JIS K 6726:1994(2003年确认)《聚乙烯醇试验方法》(日文版)的一致性程度为非等效。

本部分代替GB/T 12010.10—1989《聚乙烯醇树脂粒度测定方法》。

本部分与GB/T 12010.10—1989相比主要变化如下:

——增加了引用文件(本版的第2章);

——取消了对试验筛个数和孔径的具体要求(1989版的5.1,本版的5.1);

——提高了天平的精度(1989版的5.4,本版的5.4);

——试样称样量做了调整(1989版的6.1,本版的6.1)。

本部分由中国石油和化学工业协会提出。

本部分由全国塑料标准化技术委员会塑料树脂通用方法和产品分会(SAC/TC 15/SC 4)归口。

本部分负责起草单位:湖南省湘维有限公司。

本部分参加起草单位:中国石化集团四川维尼纶厂、云南云维股份有限公司、国家合成树脂质量监督检验中心。

本部分主要起草人:唐松乔、朱泽礼、舒晓艳、阳小陆、蒲利均、李彬、王建东、赵平。

本部分所代替标准的历次版本发布情况为:

——GB/T 12010.10—1989。

塑料　聚乙烯醇材料(PVAL)
第6部分:粒度的测定

1　范围

GB/T 12010的本部分规定了聚乙烯醇材料粒度的测定方法。

本部分适用于测定醇解度大于70%(摩尔分数)的聚乙烯醇材料的粒度和粒度分布。

2　规范性引用文件

下列文件中的条款通过GB/T 12010的本部分的引用而成为本部分的条款。凡是注日期的引用文件,其随后所有的修改单(不包括勘误的内容)或修订版均不适用于本部分,然而,鼓励根据本部分达成协议的各方研究是否可使用这些文件的最新版本。凡是不注日期的引用文件,其最新版本适用于本部分。

GB/T 6003.1—1997　金属丝编织网试验筛

3　术语和定义

下列术语和定义适用于本部分。

3.1

筛留物　sieving remainder

筛分后留在筛子上的聚乙烯醇材料。

4　原理

将规定量的聚乙烯醇材料置于标准筛上,通过机械振动进行筛分,测量每个筛子上的筛留物的质量分数。

5　仪器

5.1　标准筛:直径200 mm、深度45 mm、符合GB/T 6003.1—1997的试验筛(附有筛盖和筛底盘)。可根据用户实际需要,选择标准筛的个数和每个筛子的孔径。

5.2　辅助装置:清理筛子用的适宜的刷子,收集样品用的容器。

5.3　振筛机:振动数(200～300)次/min,拍击次数约150次/min。其他性能相同的类似设备也可使用。

5.4　天平:精确至0.1 g。

5.5　秒表。

6　操作步骤

6.1　称取试样100 g,准确至0.1 g,置于最上层标准筛上。将标准筛牢固地装在振筛机上,启动振筛机,同时开始记录时间,振动15 min停机,连同底盘一起取下。

6.2　振动完后,将每个筛子上的筛留物刷下,称取每个标准筛筛留物质量,准确至0.1 g。

7　结果表示

粒度以留在第i层标准筛上聚乙烯醇材料筛留物的质量分数w_i计,数值以%表示,按式(1)计算:

$$w_i = \frac{m_i}{m} \times 100 \qquad \cdots\cdots(1)$$

式中：

m_i——留在第 i 层标准筛上的聚乙烯醇材料筛留物的质量的数值，单位为克(g)；

m——试样质量的数值，单位为克(g)。

取平行测定结果的算术平均值为测定结果，结果保留至小数点后1位。

8 试验报告

试验报告包括下列各项：

a) 注明采用本国家标准；

b) 被测试样的完整鉴别细节；

c) 所用仪器类型和型号；

d) 测定结果；

e) 试验人员；

f) 试验日期。

ICS 33.080
G 31

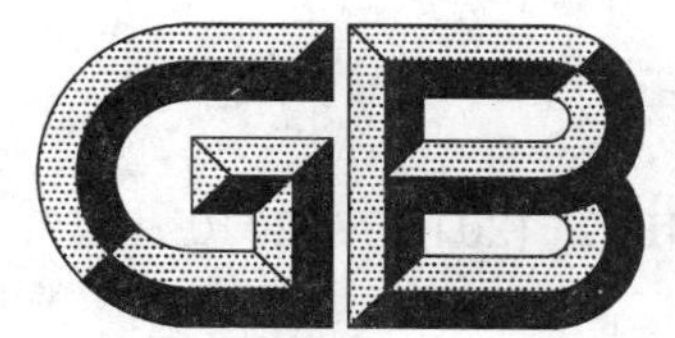

中华人民共和国国家标准

GB/T 12010.7—2010
代替 GB/T 12010.11—1989

塑料 聚乙烯醇材料(PVAL) 第7部分:氢氧化钠含量测定

Plastics—Poly (vinyl alcohol) (PVAL) materials—Part 7: Determination for sodium hydroxide contents

2010-09-02 发布 2011-05-01 实施

中华人民共和国国家质量监督检验检疫总局
中国国家标准化管理委员会 发布

前　言

GB/T 12010《塑料　聚乙烯醇材料(PVAL)》共分为8个部分：

——第1部分：命名系统和分类基础；

——第2部分：性能测定；

——第3部分：规格；

——第4部分：pH值测定；

——第5部分：平均聚合度测定；

——第6部分：粒度的测定；

——第7部分：氢氧化钠含量测定；

——第8部分：透明度测定。

本部分为GB/T 12010的第7部分，与JIS K 6726：1994(2003年确认)《聚乙烯醇试验方法》(日文版)的一致性程度为非等效。

本部分代替GB/T 12010.11—1989《聚乙烯醇树脂氢氧化钠含量测定方法》，与GB/T 12010.11—1989相比主要变化如下：

——增加了引用文件(本版的第2章)；

——提高了滴定管精度(1989版的5.3，本版的5.3)；

——试样称样量由(4～5)g，调整为3 g(1989版的6，本版的6)；

——取消了加热回流溶解试样(1989版的6，本版的6)。

本部分由中国石油和化学工业协会提出。

本部分由全国塑料标准化技术委员会塑料树脂通用方法和产品分会(SAC/TC 15/SC 4)归口。

本部分负责起草单位：湖南省湘维有限公司。

本部分参加起草单位：中国石化集团四川维尼纶厂、云南云维股份有限公司、国家合成树脂质量监督检验中心。

本部分主要起草人：朱泽礼、舒晓艳、唐松乔、阳小陆、严红、李彬、冷革辉、王建东、王永桂。

本部分所代替标准的历次版本发布情况为：

——GB/T 12010.11—1989。

塑料 聚乙烯醇材料(PVAL) 第7部分:氢氧化钠含量测定

1 范围

GB/T 12010 的本部分规定了用滴定法测定聚乙烯醇材料中氢氧化钠含量的方法。

本部分适用于测定醇解度大于 70%(摩尔分数)的聚乙烯醇材料中氢氧化钠的含量。

2 规范性引用文件

下列文件中的条款通过 GB/T 12010 的本部分的引用而成为本部分的条款。凡是注日期的引用文件,其随后所有的修改单(不包括勘误的内容)或修订版均不适用于本部分,然而,鼓励根据本部分达成协议的各方研究是否可使用这些文件的最新版本。凡是不注日期的引用文件,其最新版本适用于本部分。

GB/T 601 化学试剂 标准滴定溶液的制备

GB/T 603 化学试剂 试验方法中所用制剂及制品的制备

GB/T 6682 分析实验室用水规格和试验方法

3 原理

将试样溶解于水中,加入过量硫酸与试样中的氢氧化钠中和,再用氢氧化钠标准滴定溶液滴定过量的硫酸,计算得到试样中氢氧化钠的含量。反应方程式为:

$$2NaOH + H_2SO_4 = Na_2SO_4 + 2H_2O$$

4 试剂

本部分所用的试剂和水,没有特别说明时,均指分析纯试剂和 GB/T 6682 中的三级水。

本部分所用的标准溶液、制剂和制品,除注明外均按 GB/T 601、GB/T 603 配制。

4.1 硫酸标准滴定溶液:$c\left(\frac{1}{2}H_2SO_4\right)=0.1\ mol/L$。

4.2 氢氧化钠标准滴定溶液:$c(NaOH)=0.1\ mol/L$。

4.3 酚酞溶液:10 g/L 乙醇溶液。

5 仪器

5.1 天平:精确至 0.001 g。

5.2 三角烧瓶:500 mL。

5.3 滴定管:10 mL,精确至 0.05 mL。

5.4 量筒(量杯):200 mL。

5.5 溶解设备:能加热搅拌。

6 操作步骤

称取试样 3 g,准确至 0.001 g,移入 500 mL 三角烧瓶内,加入 200 mL 水,加入 1 滴~2 滴酚酞溶液(4.3),准确加入 5.00 mL 硫酸标准滴定溶液(4.1),将三角烧瓶放入溶解设备中,加热使试样完全溶解。待试样溶解后,取出三角烧瓶,冷却后用氢氧化钠标准滴定溶液(4.2)滴定至试液呈粉红色,以 30 s

不褪色为终点，同时做空白试验。

7 结果表示

氢氧化钠含量以质量分数 w 计，数值以%表示，按式(1)计算：

$$w=\frac{[(V_0-V_1)/1\ 000]cM}{m}\times 100 \quad \cdots\cdots(1)$$

式中：

V_0——滴定空白消耗的氢氧化钠标准滴定溶液体积的数值，单位为毫升(mL)；

V_1——滴定试样消耗的氢氧化钠标准滴定溶液体积的数值，单位为毫升(mL)；

c——氢氧化钠标准滴定溶液浓度的准确数值，单位为摩尔每升(mol/L)；

m——试样的质量的数值，单位为克(g)；

M——氢氧化钠的摩尔质量的数值，单位为克每摩尔(g/mol)(M=40.00)。

取平行测定结果的算术平均值为测定结果，结果精确至小数点后2位。

两次平行测定结果的绝对差值不大于0.02%。

8 试验报告

试验报告包括下列各项：

a) 注明采用本国家标准；

b) 被测试样的完整鉴别细节；

c) 所用仪器类型和型号；

d) 测定结果；

e) 试验人员；

f) 试验日期。

ICS 83.080
G 31

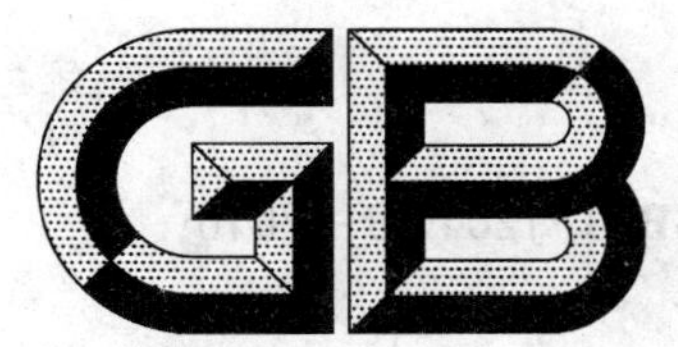

中华人民共和国国家标准

GB/T 12010.8—2010
代替 GB/T 12010.12—1989

塑料　聚乙烯醇材料(PVAL)
第8部分:透明度测定

**Plastic—Poly (vinyl alcohol)(PVAL)materials—
Part 8:Determination for transparency**

2010-09-02 发布　　　　2011-05-01 实施

中华人民共和国国家质量监督检验检疫总局
中国国家标准化管理委员会　发布

前　言

GB/T 12010《塑料　聚乙烯醇材料(PVAL)》共分为8个部分：

——第1部分：命名系统和分类基础；

——第2部分：性能测定；

——第3部分：规格；

——第4部分：pH值测定；

——第5部分：平均聚合度测定；

——第6部分：粒度的测定；

——第7部分：氢氧化钠含量测定；

——第8部分：透明度测定。

本部分为GB/T 12010的第8部分，与JIS K6726：1994(2003年确认)《聚乙烯醇试验方法》(日文版)的一致性程度为非等效。

本部分代替GB/T 12010.12—1989《聚乙烯醇树脂透明度测定方法》。

本部分与GB/T 12010.12—1989相比主要变化如下：

——增加了引用文件(本版的第2章)；

——提高了天平的精度(1989版的3.3，本版的4.2)；

——试样称样量由12 g调整为15 g(1989版的4.1，本版的5.1)。

本部分由中国石油和化学工业协会提出。

本部分由全国塑料标准化技术委员会塑料树脂通用方法和产品分会(SAC/TC 15/SC 4)归口。

本部分负责起草单位：湖南省湘维有限公司。

本部分参加起草单位：中国石化集团四川维尼纶厂、云南云维股份有限公司、国家合成树脂质量监督检验中心。

本部分主要起草人：舒晓艳、阳小陆、朱泽礼、唐松乔、蒲利均、严红、冷革辉、王永桂、赵平。

本部分所代替标准的历次版本发布情况为：

——GB/T 12010.12—1989。

塑料 聚乙烯醇材料(PVAL)
第8部分:透明度测定

1 范围

GB/T 12010的本部分规定了用分光光度计测定非纤维用聚乙烯醇材料水溶液透明度的方法。

本部分适用于测定醇解度大于70%(摩尔分数)的聚乙烯醇材料4%水溶液的透明度。

2 规范性引用文件

下列文件中的条款通过GB/T 12010的本部分的引用而成为本部分的条款。凡是注日期的引用文件,其随后所有的修改单(不包括勘误的内容)或修订版均不适用于本部分,然而,鼓励根据本部分达成协议的各方研究是否可使用这些文件的最新版本。凡是不注日期的引用文件,其最新版本适用于本部分。

GB/T 6682 分析实验室用水规格和试验方法

JJG 178 紫外、可见、近红外分光光度计

3 原理

用分光光度计测量430 nm光波通过光程为20 mm、浓度为4%的聚乙烯醇材料水溶液的透光率。

4 仪器

4.1 分光光度计:带有光程为20 mm的比色皿,并满足JJG 178。

4.2 天平:精确至0.001 g。

4.3 三角烧瓶:500 mL。

4.4 溶解设备:能加热搅拌。

4.5 恒温水浴:(30.0±0.1)℃。

5 操作步骤

试验用水应至少符合GB/T 6682中三级水规格。

5.1 4%聚乙烯醇水溶液的配制

5.1.1 称取试样约15 g,准确至0.001 g,放入500 mL的三角烧瓶中。

5.1.2 按式(1)计算需加入水的质量,加水调制。

$$m=\frac{m_0\times(100-w)}{4}-m_0 \qquad \cdots\cdots(1)$$

式中:

m_0——称取试样质量的数值,单位为克(g);

m——加水量的数值,单位为克(g);

w——试样挥发分含量的数值,%;

4——以%表示的规定溶液浓度的数值。

5.1.3 将试样加热溶解完全,冷却至室温,然后置于(30.0±0.1)℃水浴中恒温30 min,使试液中的气泡消失,待用。

注:试样溶解前、后试液质量应保持不变。

5.2 比色

5.2.1 按照仪器使用说明书准备好分光光度计。

5.2.2 选择 20 mm 比色皿,以水作参比,用分光光度计于 430 nm 处测定试液(5.1.3)的透光率。

6 结果表示

以透光率的百分数表示聚乙烯醇溶液的透明度。

取平行测定结果的算术平均值为测定结果,结果精确至小数点后一位。

两次平行测定结果的绝对差值不大于 1.0%。

7 试验报告

试验报告包括下列各项:

a) 注明采用本国家标准;

b) 被测试样的完整鉴别细节;

c) 所用仪器类型和型号;

d) 测定结果;

e) 试验人员;

f) 试验日期。

ICS 27.010
F 01

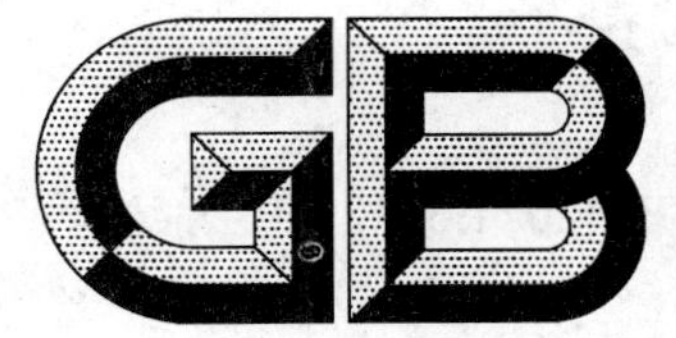

中华人民共和国国家标准

GB 12021.3—2010
代替 GB 12021.3—2004

房间空气调节器能效限定值及能效等级

The minimum allowable value of the energy efficiency and energy efficiency grades for room air conditioners

2010-02-26 发布　　2010-06-01 实施

中华人民共和国国家质量监督检验检疫总局
中国国家标准化管理委员会　发布

前言

本标准的第4章是强制性的，其余是推荐性的。

本标准废除GB 12021.3—2004《房间空气调节器能效限定值及能源效率等级》。

本标准与GB 12021.3—2004相比，主要变化如下：

——对产品的能效限定值进行了修改(第4章)；

——对产品的能效等级指标进行了修改(第5章)。

本标准由国家发展和改革委员会资源节约和环境保护司提出。

本标准由全国能源基础与管理标准化技术委员会合理用电分技术委员会归口。

本标准起草单位：中国标准化研究院、北京工业大学、青岛海尔空调有限公司、珠海格力电器股份有限公司、广东美的集团股份有限公司、艾默生环境优化技术(苏州)、国际铜业协会(中国)、上海日立电器有限公司、中国电器科学研究院、中国家用电器研究院、苏州三星电子有限公司、广州志高空调有限公司。

本标准主要起草人：成建宏、李红旗、高保华、黄辉、缪雄伟、王贻任、赵恒谊、周易、陈伟升、王若虹、李燕、于红梅、林岷。

本标准所代替标准的历次版本发布情况为：

——GB 12021.3—1989；

——GB 12021.3—2000；

——GB 12021.3—2004。

房间空气调节器能效限定值及能效等级

1 范围

本标准规定了房间空气调节器(以下简称:空调器)的能效限定值、节能评价值、能效等级的判定方法、试验方法及检验规则。

本标准适用于采用空气冷却冷凝器、全封闭型电动机-压缩机,制冷量在 14 000 W 及以下,气候类型为 T_1 的空调器。

本标准不适用于移动式、转速可控型、多联式空调机组。

2 规范性引用文件

下列文件中的条款通过本标准的引用而成为本标准的条款。凡是注日期的引用文件,其随后所有的修改单(不包括勘误的内容)或修订版均不适用于本标准,然而,鼓励根据本标准达成协议的各方研究是否可使用这些文件的最新的版本。凡是不注日期的引用文件,其最新版本适用于本标准。

GB/T 7725—2004 房间空气调节器

3 术语和定义

下列术语和定义适用于本标准。

3.1

空调器能效限定值 the minimum allowable values of energy efficiency of air conditioner

在额定工况条件下,空调器制冷运行时,空调器所允许的最低能效比。

3.2

空调器节能评价值 the evaluating values of energy conservation of air conditioner

在额定工况条件下,空调器制冷运行时,节能型空调器所允许的最低能效比。

3.3

空调器能效等级 energy efficiency grade of air conditioner

依据空调器能效比的大小确定,分成 1、2、3 三个等级,1 级表示能效最高。

3.4

额定能效等级 rated energy efficiency grade of air conditioner

空调器出厂时,由生产厂家按照本标准规定注明的空调器能效等级。

4 能效限定值

空调器的能效比实测值应大于或等于表 1 的规定值。

表 1 空调器能效限定值

类型	额定制冷量(CC) W	能效比(EER) W/W
整体式		2.90
分体式	CC≤4 500	3.20
	4 500<CC≤7 100	3.10
	7 100<CC≤14 000	3.00

5 能效等级的判定方法

根据产品的实测能效比，查表2，判定该产品的能效等级，此能效等级不应低于该产品的额定能效等级。

表2 空调器能效等级指标

W/W

类　型	额定制冷量(CC)	能效等级		
		1	2	3
整体式		3.30	3.10	2.90
分体式	CC≤4 500 W	3.60	3.40	3.20
	4 500 W<CC≤7 100 W	3.50	3.30	3.10
	7 100 W<CC≤14 000 W	3.40	3.20	3.00

6 节能评价值

空调器的节能评价值为表2中能效等级的2级。

7 试验方法

能效比的测试方法按照GB/T 7725—2004的相关规定执行。

能效比实测值保留两位小数。

8 检验规则

8.1 能效限定值应作为空调器出厂检验的抽检项目。

8.2 针对同型号、同批次产品，抽取一台样品，测试产品的能效比。若不满足规定要求，再抽取二台样品，实测值均应满足规定要求，否则判定该批次产品为不合格。

9 能效等级标注

9.1 生产厂家应根据本标准的要求和测试结果，确定产品的额定能效等级。

9.2 生产厂家应在其产品的出厂文件上注明该产品的额定能效等级、所依据的标准号。

ICS 35.040
L 71

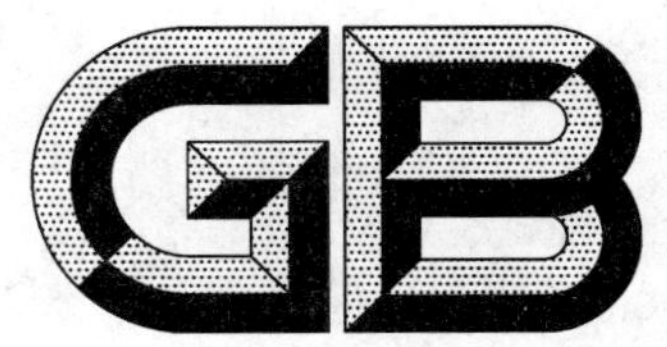

中华人民共和国国家标准

GB 12041.1—2010
代替 GB 12041—2001

信息技术　汉字编码字符集(基本集)
48 点阵字型　第 1 部分:宋体

Information technology—Chinese ideogram coded character set (basic set)—48 dot matrix font—Part 1:Song Ti

2011-01-10 发布　　　　2011-12-01 实施

中华人民共和国国家质量监督检验检疫总局
中国国家标准化管理委员会　发布

前　言

GB 12041 的本部分除字表 1 区～11 区外的全部技术内容为强制性。

GB 12041《信息技术　汉字编码字符集(基本集)　48 点阵字型》分为如下 4 部分：

——第 1 部分：宋体；

——第 2 部分：黑体；

——第 3 部分：楷体；

——第 4 部分：仿宋体。

本部分为 GB 12041 的第 1 部分。

本部分规定的 48 点阵汉字字型是以《第一批异体字整理表》、《简化字总表》、《印刷通用汉字字表》和《现代汉字通用字表》(见参考文献)为依据，按照现行汉字字形整理原则而设计。

本部分代替 GB 12041—2001《信息技术　汉字编码字符集(基本集)　48 点阵字型　宋体》，与 GB 12041—2001 相比，主要变化如下：

——为了进一步提高字型质量和保证标准间的协调统一，对 01 区的数学符号错误进行了修正；

——对 03 区、10 区的字符错误、小写英文字母偏离基准线错误进行了修正；

——对 04 区、05 区日文假名/片假名部分字符进行了重新设计；

——对不符合修改后的汉字字型规范的一些汉字也进行了修正。

本部分的附录 A 和附录 B 是规范性附录。

本部分由中华人民共和国工业和信息化部提出。

本部分由全国信息技术标准化技术委员会(SAC/TC 28)归口。

本部分起草单位：中国电子技术标准化研究所、第二炮兵装备研究院第四研究所。

本部分起草人：代红、周济萍、熊涛、翟广臣、王永平、魏勋、戴涌。

本部分历次版本发布情况为：

——GB/T 12041—1989；

——GB 12041—2001。

引　　言

有关字型数据的授权转让使用事宜,字型标准数据的维护、更新及修订工作,统一由归口单位负责。

地　　址:北京市东城区安定门东大街1号(北京市1101信箱)
邮　　编:100007
电　　话:64007689　84029173
传　　真:64007681
E-mail:daihong@cesi.ac.cn

信息技术　汉字编码字符集(基本集)
48点阵字型　第1部分:宋体

1　范围

本部分规定了GB 2312—1980中图形字符的48点阵宋体字型。

本部分适用于各种电子信息产品、各种数字化产品,也可用于其他有关设备。

2　规范性引用文件

下列文件中的条款通过GB 12041的本部分的引用而成为本部分的条款。凡是注日期的引用文件,其随后所有的修改单(不包括勘误的内容)或修订版均不适用于本部分,然而,鼓励根据本部分达成协议的各方研究是否可使用这些文件的最新版本。凡是不注日期的引用文件,其最新版本适用于本部分。

GB 2312—1980　信息交换用汉字编码字符集　基本集

3　术语和定义

下列术语和定义适用于GB 12041的本部分。

3.1

字形　glyph

一种可辨认的抽象的图形符号,它不依赖于任何特定的设计。

3.2

字型　font

具有同一基本设计的字形图像的集合,如:宋体。

3.3

点阵字型　dot matrix font

以点的集合来表现图形字符的(型)形。

3.4

字序　character order

图形字符在集合中按一定规则排列的次序。

4　汉字图形字符

本部分根据GB 2312—1980的规定,相应提供了:

01～09区　　外文字母及其他图形字符682个;

16～55区　　第一级汉字3 755个;

56～87区　　第二级汉字3 008个;

另外在8区27位至32位补充了6个字符;10区01位至94位补充了94个半字图形字符;11区01位至32位补充了32个汉语拼音的半字字符,见附录A。

本部分共提供图形字符7 577个。

5　标准数据的管理

为加强对信息技术产品用汉字字型与字模标准数据的管理,保证本部分在实施中数据的一致性和正确性，有关字型数据的授权转让使用事宜，字型标准数据的维护、更新及修订工作，统一由归口单位负责。

6 点阵字型的表示方法

6.1 栅格

栅格由若干条等距离的垂直线与水平线相交叉而形成。

本部分规定的是48点阵字型，其栅格是横向48格，纵向48格。每个方格的中心定为点的中心位置。

栅格仅对构成点阵的各点进行定位，48点阵栅格图如图1所示。

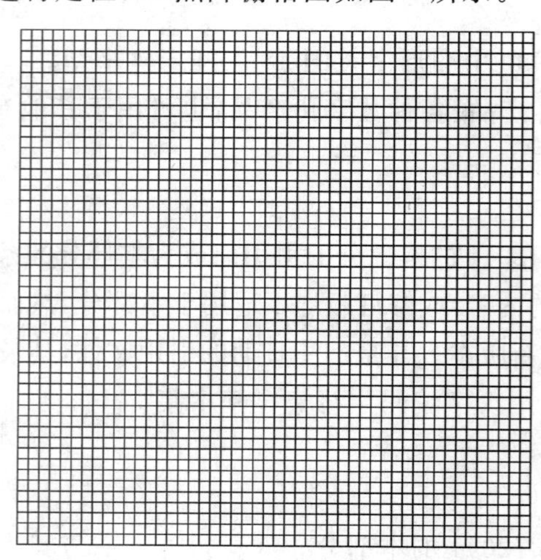

图1 48点阵栅格图

6.2 点

点是构成点阵字型的最小单位，以圆形表示，它是位于各方格内的黑色区域。

6.3 点阵字样

汉字点阵字型的字样，由置于栅格内的若干个点的集合来表示。汉字“永”的48点阵字样如图2所示。

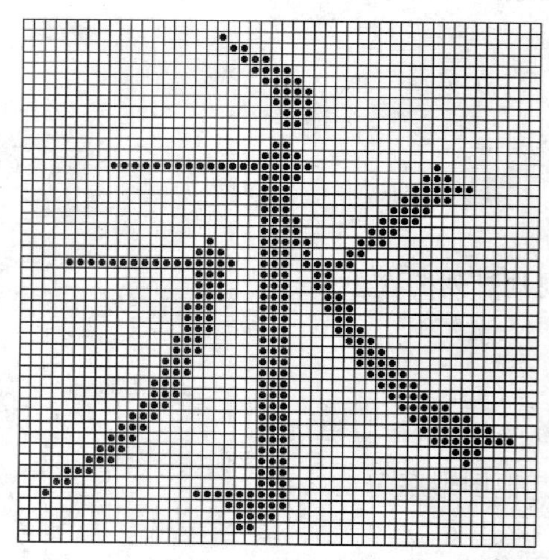

图2 48点阵汉字“永”的字样

6.4 字型数据

48点阵字型数据的表示，见附录B。

6.5 点阵字型表

本部分提供了GB 2312—1980规定的7 445个汉字/图形字符及补充的132个图形字符的48点阵字型。

本部分点阵字型列表如下：

1区	0	1	2	3	4	5	6	7	8	9	10	11	12	13	14	15	16	17	18	19
010			、	。	・	ˉ	ˇ	¨	〃	々	—	～	‖	…	‘	’	“	”	〔	〕
012	〈	〉	《	》	「	」	『	』	〖	〗	【	】	±	×	÷	∶	∧	∨	∑	∏
014	∪	∩	∈	∷	√	⊥	∥	∠	⌒	⊙	∫	∮	≡	≌	≈	∽	∝	≠	≮	≯
016	≤	≥	∞	∵	∴	♂	♀	°	′	″	℃	＄	¤	￠	￡	‰	§	№	☆	★
018	○	●	◎	◇	◆	□	■	△	▲	※	→	←	↑	↓	〓					

2区	0	1	2	3	4	5	6	7	8	9	10	11	12	13	14	15	16	17	18	19
020																		⒈	⒉	⒊
022	⒋	⒌	⒍	⒎	⒏	⒐	⒑	⒒	⒓	⒔	⒕	⒖	⒗	⒘	⒙	⒚	⒛	⑴	⑵	⑶
024	⑷	⑸	⑹	⑺	⑻	⑼	⑽	⑾	⑿	⒀	⒁	⒂	⒃	⒄	⒅	⒆	⒇	①	②	③
026	④	⑤	⑥	⑦	⑧	⑨	⑩			㈠	㈡	㈢	㈣	㈤	㈥	㈦	㈧	㈨	㈩	
028		Ⅰ	Ⅱ	Ⅲ	Ⅳ	Ⅴ	Ⅵ	Ⅶ	Ⅷ	Ⅸ	Ⅹ	Ⅺ	Ⅻ							

3区	0	1	2	3	4	5	6	7	8	9	10	11	12	13	14	15	16	17	18	19
030		！	＂	＃	￥	％	＆	＇	（	）	＊	＋	，	－	．	／	０	１	２	３
032	４	５	６	７	８	９	：	；	＜	＝	＞	？	＠	Ａ	Ｂ	Ｃ	Ｄ	Ｅ	Ｆ	Ｇ
034	Ｈ	Ｉ	Ｊ	Ｋ	Ｌ	Ｍ	Ｎ	Ｏ	Ｐ	Ｑ	Ｒ	Ｓ	Ｔ	Ｕ	Ｖ	Ｗ	Ｘ	Ｙ	Ｚ	［
036	＼	］	＾	＿	｀	ａ	ｂ	ｃ	ｄ	ｅ	ｆ	ｇ	ｈ	ｉ	ｊ	ｋ	ｌ	ｍ	ｎ	ｏ
038	ｐ	ｑ	ｒ	ｓ	ｔ	ｕ	ｖ	ｗ	ｘ	ｙ	ｚ	｛	｜	｝	￣					

4区	0	1	2	3	4	5	6	7	8	9	10	11	12	13	14	15	16	17	18	19
040		ぁ	あ	ぃ	い	ぅ	う	ぇ	え	ぉ	お	か	が	き	ぎ	く	ぐ	け	げ	こ
042	ご	さ	ざ	し	じ	す	ず	せ	ぜ	そ	ぞ	た	だ	ち	ぢ	っ	つ	づ	て	で
044	と	ど	な	に	ぬ	ね	の	は	ば	ぱ	ひ	び	ぴ	ふ	ぶ	ぷ	へ	べ	ぺ	ほ
046	ぼ	ぽ	ま	み	む	め	も	ゃ	や	ゅ	ゆ	ょ	よ	ら	り	る	れ	ろ	ゎ	わ
048	ゐ	ゑ	を	ん																

5区	0	1	2	3	4	5	6	7	8	9	10	11	12	13	14	15	16	17	18	19
050		ァ	ア	ィ	イ	ゥ	ウ	ェ	エ	ォ	オ	カ	ガ	キ	ギ	ク	グ	ケ	ゲ	コ
052	ゴ	サ	ザ	シ	ジ	ス	ズ	セ	ゼ	ソ	ゾ	タ	ダ	チ	ヂ	ッ	ツ	ヅ	テ	デ
054	ト	ド	ナ	ニ	ヌ	ネ	ノ	ハ	バ	パ	ヒ	ビ	ピ	フ	ブ	プ	ヘ	ベ	ペ	ホ
056	ボ	ポ	マ	ミ	ム	メ	モ	ャ	ヤ	ュ	ユ	ョ	ヨ	ラ	リ	ル	レ	ロ	ヮ	ワ
058	ヰ	ヱ	ヲ	ン	ヴ	ヵ	ヶ													

6区	0	1	2	3	4	5	6	7	8	9	10	11	12	13	14	15	16	17	18	19
060		Α	Β	Γ	Δ	Ε	Ζ	Η	Θ	Ι	Κ	Λ	Μ	Ν	Ξ	Ο	Π	Ρ	Σ	Τ
062	Υ	Φ	Χ	Ψ	Ω									α	β	γ	δ	ε	ζ	η
064	θ	ι	κ	λ	μ	ν	ξ	ο	π	ρ	σ	τ	υ	φ	χ	ψ	ω			
066																				
068																				

7区	0	1	2	3	4	5	6	7	8	9	10	11	12	13	14	15	16	17	18	19
070		А	Б	В	Г	Д	Е	Ё	Ж	З	И	Й	К	Л	М	Н	О	П	Р	С
072	Т	У	Ф	Х	Ц	Ч	Ш	Щ	Ъ	Ы	Ь	Э	Ю	Я						
074										а	б	в	г	д	е	ё	ж	з	и	й
076	к	л	м	н	о	п	р	с	т	у	ф	х	ц	ч	ш	щ	ъ	ы	ь	э
078	ю	я																		

8区	0	1	2	3	4	5	6	7	8	9	10	11	12	13	14	15	16	17	18	19
080		ā	á	ǎ	à	ē	é	ě	è	ī	í	ǐ	ì	ō	ó	ǒ	ò	ū	ú	ǔ
082	ù	ǖ	ǘ	ǚ	ǜ	ü	ê	ɑ	ḿ	ń	ň	ǹ	ɡ					ㄅ	ㄆ	ㄇ
084	ㄈ	ㄉ	ㄊ	ㄋ	ㄌ	ㄍ	ㄎ	ㄏ	ㄐ	ㄑ	ㄒ	ㄓ	ㄔ	ㄕ	ㄖ	ㄗ	ㄘ	ㄙ	ㄚ	ㄛ
086	ㄜ	ㄝ	ㄞ	ㄟ	ㄠ	ㄡ	ㄢ	ㄣ	ㄤ	ㄥ	ㄦ	ㄧ	ㄨ	ㄩ						
088																				

9区	0	1	2	3	4	5	6	7	8	9	10	11	12	13	14	15	16	17	18	19
090					─	━	│	┃	┄	┅	┆	┇	┈	┉	┊	┋	┌	┍	┎	┏
092	┐	┑	┒	┓	└	┕	┖	┗	┘	┙	┚	┛	├	┝	┞	┟	┠	┡	┢	┣
094	┤	┥	┦	┧	┨	┩	┪	┫	┬	┭	┮	┯	┰	┱	┲	┳	┴	┵	┶	┷
096	┸	┹	┺	┻	┼	┽	┾	┿	╀	╁	╂	╃	╄	╅	╆	╇	╈	╉	╊	╋
098																				

10区	0	1	2	3	4	5	6	7	8	9	10	11	12	13	14	15	16	17	18	19
100		!	"	#	¥	%	&	'	(	)	*	+	,	-	.	/	0	1	2	3
102	4	5	6	7	8	9	:	;	<	=	>	?	@	A	B	C	D	E	F	G
104	H	I	J	K	L	M	N	O	P	Q	R	S	T	U	V	W	X	Y	Z	[
106	\	]	^	_	`	a	b	c	d	e	f	g	h	i	j	k	l	m	n	o
108	p	q	r	s	t	u	v	w	x	y	z	{	|	}	¯					

11区	0	1	2	3	4	5	6	7	8	9	10	11	12	13	14	15	16	17	18	19
110		ā	á	ǎ	à	ē	é	ě	è	ī	í	ǐ	ì	ō	ó	ǒ	ò	ū	ú	ǔ
112	ù	ǖ	ǘ	ǚ	ǜ	ü	ê	ɑ	ḿ	ń	ň	ǹ	ɡ							
114																				
116																				
118																				

16区	0	1	2	3	4	5	6	7	8	9	10	11	12	13	14	15	16	17	18	19
160	—	啊	阿	埃	挨	哎	唉	哀	皑	癌	蔼	矮	艾	碍	爱	隘	鞍	氨	安	俺
162	按	暗	岸	胺	案	肮	昂	盎	凹	敖	熬	翱	袄	傲	奥	懊	澳	芭	捌	扒
164	叭	吧	笆	八	疤	巴	拔	跋	靶	把	耙	坝	霸	罢	爸	白	柏	百	摆	佰
166	败	拜	稗	斑	班	搬	扳	般	颁	板	版	扮	拌	伴	瓣	半	办	绊	邦	帮
168	梆	榜	膀	绑	棒	磅	蚌	镑	傍	谤	苞	胞	包	褒	剥					

17区	0	1	2	3	4	5	6	7	8	9	10	11	12	13	14	15	16	17	18	19
170		薄	雹	保	堡	饱	宝	抱	报	暴	豹	鲍	爆	杯	碑	悲	卑	北	辈	背
172	贝	钡	倍	狈	备	惫	焙	被	奔	苯	本	笨	崩	绷	甭	泵	蹦	迸	逼	鼻
174	比	鄙	笔	彼	碧	蓖	蔽	毕	毙	毖	币	庇	痹	闭	敝	弊	必	辟	壁	臂
176	避	陛	鞭	边	编	贬	扁	便	变	卞	辨	辩	辫	遍	标	彪	膘	表	鳖	憋
178	别	瘪	彬	斌	濒	滨	宾	摈	兵	冰	柄	丙	秉	饼	炳					

18区	0	1	2	3	4	5	6	7	8	9	10	11	12	13	14	15	16	17	18	19
180		病	并	玻	菠	播	拨	钵	波	博	勃	搏	铂	箔	伯	帛	舶	脖	膊	渤
182	泊	驳	捕	卜	哺	补	埠	不	布	步	簿	部	怖	擦	猜	裁	材	才	财	睬
184	踩	采	彩	菜	蔡	餐	参	蚕	残	惭	惨	灿	苍	舱	仓	沧	藏	操	糙	槽
186	曹	草	厕	策	侧	册	测	层	蹭	插	叉	茬	茶	查	碴	搽	察	岔	差	诧
188	拆	柴	豺	搀	掺	蝉	馋	谗	缠	铲	产	阐	颤	昌	猖					

19区	0	1	2	3	4	5	6	7	8	9	10	11	12	13	14	15	16	17	18	19
190		场	尝	常	长	偿	肠	厂	敞	畅	唱	倡	超	抄	钞	朝	嘲	潮	巢	吵
192	炒	车	扯	撤	掣	彻	澈	郴	臣	辰	尘	晨	忱	沉	陈	趁	衬	撑	称	城
194	橙	成	呈	乘	程	惩	澄	诚	承	逞	骋	秤	吃	痴	持	匙	池	迟	弛	驰
196	耻	齿	侈	尺	赤	翅	斥	炽	充	冲	虫	崇	宠	抽	酬	畴	踌	稠	愁	筹
198	仇	绸	瞅	丑	臭	初	出	橱	厨	躇	锄	雏	滁	除	楚					

20区	0	1	2	3	4	5	6	7	8	9	10	11	12	13	14	15	16	17	18	19
200		础	储	矗	搐	触	处	揣	川	穿	椽	传	船	喘	串	疮	窗	幢	床	闯
202	创	吹	炊	捶	锤	垂	春	椿	醇	唇	淳	纯	蠢	戳	绰	疵	茨	磁	雌	辞
204	慈	瓷	词	此	刺	赐	次	聪	葱	囱	匆	从	丛	凑	粗	醋	簇	促	蹿	篡
206	窜	摧	崔	催	脆	瘁	粹	淬	翠	村	存	寸	磋	撮	搓	措	挫	错	搭	达
208	答	瘩	打	大	呆	歹	傣	戴	带	殆	代	贷	袋	待	逮					

21区	0	1	2	3	4	5	6	7	8	9	10	11	12	13	14	15	16	17	18	19
210		怠	耽	担	丹	单	郸	掸	胆	旦	氮	但	惮	淡	诞	弹	蛋	当	挡	党
212	荡	档	刀	捣	蹈	倒	岛	祷	导	到	稻	悼	道	盗	德	得	的	蹬	灯	登
214	等	瞪	凳	邓	堤	低	滴	迪	敌	笛	狄	涤	翟	嫡	抵	底	地	蒂	第	帝
216	弟	递	缔	颠	掂	滇	碘	点	典	靛	垫	电	佃	甸	店	惦	奠	淀	殿	碉
218	叼	雕	凋	刁	掉	吊	钓	调	跌	爹	碟	蝶	迭	谍	叠					

22区	0	1	2	3	4	5	6	7	8	9	10	11	12	13	14	15	16	17	18	19
220		丁	盯	叮	钉	顶	鼎	锭	定	订	丢	东	冬	董	懂	动	栋	侗	恫	冻
222	洞	兜	抖	斗	陡	豆	逗	痘	都	督	毒	犊	独	读	堵	睹	赌	杜	镀	肚
224	度	渡	妒	端	短	锻	段	断	缎	堆	兑	队	对	墩	吨	蹲	敦	顿	囤	钝
226	盾	遁	掇	哆	多	夺	垛	躲	朵	跺	舵	剁	惰	堕	蛾	峨	鹅	俄	额	讹
228	娥	恶	厄	扼	遏	鄂	饿	恩	而	儿	耳	尔	饵	洱	二					

23区	0	1	2	3	4	5	6	7	8	9	10	11	12	13	14	15	16	17	18	19
230		贰	发	罚	筏	伐	乏	阀	法	珐	藩	帆	番	翻	樊	矾	钒	繁	凡	烦
232	反	返	范	贩	犯	饭	泛	坊	芳	方	肪	房	防	妨	仿	访	纺	放	菲	非
234	啡	飞	肥	匪	诽	吠	肺	废	沸	费	芬	酚	吩	氛	分	纷	坟	焚	汾	粉
236	奋	份	忿	愤	粪	丰	封	枫	蜂	峰	锋	风	疯	烽	逢	冯	缝	讽	奉	凤
238	佛	否	夫	敷	肤	孵	扶	拂	辐	幅	氟	符	伏	俘	服					

24区	0	1	2	3	4	5	6	7	8	9	10	11	12	13	14	15	16	17	18	19
240		浮	涪	福	袱	弗	甫	抚	辅	俯	釜	斧	脯	腑	府	腐	赴	副	覆	赋
242	复	傅	付	阜	父	腹	负	富	讣	附	妇	缚	咐	噶	嘎	该	改	概	钙	盖
244	溉	干	甘	杆	柑	竿	肝	赶	感	秆	敢	赣	冈	刚	钢	缸	肛	纲	岗	港
246	杠	篙	皋	高	膏	羔	糕	搞	镐	稿	告	哥	歌	搁	戈	鸽	胳	疙	割	革
248	葛	格	蛤	阁	隔	铬	个	各	给	根	跟	耕	更	庚	羹					

25区	0	1	2	3	4	5	6	7	8	9	10	11	12	13	14	15	16	17	18	19
250		埂	耿	梗	工	攻	功	恭	龚	供	躬	公	宫	弓	巩	汞	拱	贡	共	钩
252	勾	沟	苟	狗	垢	构	购	够	辜	菇	咕	箍	估	沽	孤	姑	鼓	古	蛊	骨
254	谷	股	故	顾	固	雇	刮	瓜	剐	寡	挂	褂	乖	拐	怪	棺	关	官	冠	观
256	管	馆	罐	惯	灌	贯	光	广	逛	瑰	规	圭	硅	归	龟	闺	轨	鬼	诡	癸
258	桂	柜	跪	贵	刽	辊	滚	棍	锅	郭	国	果	裹	过	哈					

26区	0	1	2	3	4	5	6	7	8	9	10	11	12	13	14	15	16	17	18	19
260		骸	孩	海	氦	亥	害	骇	酣	憨	邯	韩	含	涵	寒	函	喊	罕	翰	撼
262	捍	旱	憾	悍	焊	汗	汉	夯	杭	航	壕	嚎	豪	毫	郝	好	耗	号	浩	呵
264	喝	荷	菏	核	禾	和	何	合	盒	貉	阂	河	涸	赫	褐	鹤	贺	嘿	黑	痕
266	很	狠	恨	哼	亨	横	衡	恒	轰	哄	烘	虹	鸿	洪	宏	弘	红	喉	侯	猴
268	吼	厚	候	后	呼	乎	忽	瑚	壶	葫	胡	蝴	狐	糊	湖					

27区	0	1	2	3	4	5	6	7	8	9	10	11	12	13	14	15	16	17	18	19
270		弧	虎	唬	护	互	沪	户	花	哗	华	猾	滑	画	划	化	话	槐	徊	怀
272	淮	坏	欢	环	桓	还	缓	换	患	唤	痪	豢	焕	涣	宦	幻	荒	慌	黄	磺
274	蝗	簧	皇	凰	惶	煌	晃	幌	恍	谎	灰	挥	辉	徽	恢	蛔	回	毁	悔	慧
276	卉	惠	晦	贿	秽	会	烩	汇	讳	诲	绘	荤	昏	婚	魂	浑	混	豁	活	伙
278	火	获	或	惑	霍	货	祸	击	圾	基	机	畸	稽	积	箕					

28区	0	1	2	3	4	5	6	7	8	9	10	11	12	13	14	15	16	17	18	19
280		肌	饥	迹	激	讥	鸡	姬	绩	缉	吉	极	棘	辑	籍	集	及	急	疾	汲
282	即	嫉	级	挤	几	脊	己	蓟	技	冀	季	伎	祭	剂	悸	济	寄	寂	计	记
284	既	忌	际	妓	继	纪	嘉	枷	夹	佳	家	加	荚	颊	贾	甲	钾	假	稼	价
286	架	驾	嫁	歼	监	坚	尖	笺	间	煎	兼	肩	艰	奸	缄	茧	检	柬	碱	硷
288	拣	捡	简	俭	剪	减	荐	槛	鉴	践	贱	见	键	箭	件					

29区	0	1	2	3	4	5	6	7	8	9	10	11	12	13	14	15	16	17	18	19
290		健	舰	剑	饯	渐	溅	涧	建	僵	姜	将	浆	江	疆	蒋	桨	奖	讲	匠
292	酱	降	蕉	椒	礁	焦	胶	交	郊	浇	骄	娇	嚼	搅	铰	矫	侥	脚	狡	角
294	饺	缴	绞	剿	教	酵	轿	较	叫	窖	揭	接	皆	秸	街	阶	截	劫	节	桔
296	杰	捷	睫	竭	洁	结	解	姐	戒	藉	芥	界	借	介	疥	诫	届	巾	筋	斤
298	金	今	津	襟	紧	锦	仅	谨	进	靳	晋	禁	近	烬	浸					

30区	0	1	2	3	4	5	6	7	8	9	10	11	12	13	14	15	16	17	18	19
300		尽	劲	荆	兢	茎	睛	晶	鲸	京	惊	精	粳	经	井	警	景	颈	静	境
302	敬	镜	径	痉	靖	竟	竞	净	炯	窘	揪	究	纠	玖	韭	久	灸	九	酒	厩
304	救	旧	臼	舅	咎	就	疚	鞠	拘	狙	疽	居	驹	菊	局	咀	矩	举	沮	聚
306	拒	据	巨	具	距	踞	锯	俱	句	惧	炬	剧	捐	鹃	娟	倦	眷	卷	绢	撅
308	攫	抉	掘	倔	爵	觉	决	诀	绝	均	菌	钧	军	君	峻					

31区	0	1	2	3	4	5	6	7	8	9	10	11	12	13	14	15	16	17	18	19
310		俊	竣	浚	郡	骏	喀	咖	卡	咯	开	揩	楷	凯	慨	刊	堪	勘	坎	砍
312	看	康	慷	糠	扛	抗	亢	炕	考	拷	烤	靠	坷	苛	柯	棵	磕	颗	科	壳
314	咳	可	渴	克	刻	客	课	肯	啃	垦	恳	坑	吭	空	恐	孔	控	抠	口	扣
316	寇	枯	哭	窟	苦	酷	库	裤	夸	垮	挎	跨	胯	块	筷	侩	快	宽	款	匡
318	筐	狂	框	矿	眶	旷	况	亏	盔	岿	窥	葵	奎	魁	傀					

32区	0	1	2	3	4	5	6	7	8	9	10	11	12	13	14	15	16	17	18	19
320		馈	愧	溃	坤	昆	捆	困	括	扩	廓	阔	垃	拉	喇	蜡	腊	辣	啦	莱
322	来	赖	蓝	婪	栏	拦	篮	阑	兰	澜	谰	揽	览	懒	缆	烂	滥	琅	榔	狼
324	廊	郎	朗	浪	捞	劳	牢	老	佬	姥	酪	烙	涝	勒	乐	雷	镭	蕾	磊	累
326	儡	垒	擂	肋	类	泪	棱	楞	冷	厘	梨	犁	黎	篱	狸	离	漓	理	李	里
328	鲤	礼	莉	荔	吏	栗	丽	厉	励	砾	历	利	傈	例	俐					

33区	0	1	2	3	4	5	6	7	8	9	10	11	12	13	14	15	16	17	18	19
330		痢	立	粒	沥	隶	力	璃	哩	俩	联	莲	连	镰	廉	怜	涟	帘	敛	脸
332	链	恋	炼	练	粮	凉	梁	粱	良	两	辆	量	晾	亮	谅	撩	聊	僚	疗	燎
334	寥	辽	潦	了	撂	镣	廖	料	列	裂	烈	劣	猎	琳	林	磷	霖	临	邻	鳞
336	淋	凛	赁	吝	拎	玲	菱	零	龄	铃	伶	羚	凌	灵	陵	岭	领	另	令	溜
338	琉	榴	硫	馏	留	刘	瘤	流	柳	六	龙	聋	咙	笼	窿					

34区	0	1	2	3	4	5	6	7	8	9	10	11	12	13	14	15	16	17	18	19
340		隆	垄	拢	陇	楼	娄	搂	篓	漏	陋	芦	卢	颅	庐	炉	掳	卤	虏	鲁
342	麓	碌	露	路	赂	鹿	潞	禄	录	陆	戮	驴	吕	铝	侣	旅	履	屡	缕	虑
344	氯	律	率	滤	绿	峦	挛	孪	滦	卵	乱	掠	略	抡	轮	伦	仑	沦	纶	论
346	萝	螺	罗	逻	锣	箩	骡	裸	落	洛	骆	络	妈	麻	玛	码	蚂	马	骂	嘛
348	吗	埋	买	麦	卖	迈	脉	瞒	馒	蛮	满	蔓	曼	慢	漫					

35区	0	1	2	3	4	5	6	7	8	9	10	11	12	13	14	15	16	17	18	19
350		谩	芒	茫	盲	氓	忙	莽	猫	茅	锚	毛	矛	铆	卯	茂	冒	帽	貌	贸
352	么	玫	枚	梅	酶	霉	煤	没	眉	媒	镁	每	美	昧	寐	妹	媚	门	闷	们
354	萌	蒙	檬	盟	锰	猛	梦	孟	眯	醚	靡	糜	迷	谜	弥	米	秘	觅	泌	蜜
356	密	幂	棉	眠	绵	冕	免	勉	娩	缅	面	苗	描	瞄	藐	秒	渺	庙	妙	蔑
358	灭	民	抿	皿	敏	悯	闽	明	螟	鸣	铭	名	命	谬	摸					

36区	0	1	2	3	4	5	6	7	8	9	10	11	12	13	14	15	16	17	18	19
360		摹	蘑	模	膜	磨	摩	魔	抹	末	莫	墨	默	沫	漠	寞	陌	谋	牟	某
362	拇	牡	亩	姆	母	墓	暮	幕	募	慕	木	目	睦	牧	穆	拿	哪	呐	钠	那
364	娜	纳	氖	乃	奶	耐	奈	南	男	难	囊	挠	脑	恼	闹	淖	呢	馁	内	嫩
366	能	妮	霓	倪	泥	尼	拟	你	匿	腻	逆	溺	蔫	拈	年	碾	撵	捻	念	娘
368	酿	鸟	尿	捏	聂	孽	啮	镊	镍	涅	您	柠	狞	凝	宁					

37区	0	1	2	3	4	5	6	7	8	9	10	11	12	13	14	15	16	17	18	19
370		拧	泞	牛	扭	钮	纽	脓	浓	农	弄	奴	努	怒	女	暖	虐	疟	挪	懦
372	糯	诺	哦	欧	鸥	殴	藕	呕	偶	沤	啪	趴	爬	帕	怕	琶	拍	排	牌	徘
374	湃	派	攀	潘	盘	磐	盼	畔	判	叛	乓	庞	旁	耪	胖	抛	咆	刨	炮	袍
376	跑	泡	呸	胚	培	裴	赔	陪	配	佩	沛	喷	盆	砰	抨	烹	澎	彭	蓬	棚
378	硼	篷	膨	朋	鹏	捧	碰	坯	砒	霹	批	披	劈	琵	毗					

38区	0	1	2	3	4	5	6	7	8	9	10	11	12	13	14	15	16	17	18	19
380		啤	脾	疲	皮	匹	痞	僻	屁	譬	篇	偏	片	骗	飘	漂	瓢	票	撇	瞥
382	拼	频	贫	品	聘	乒	坪	苹	萍	平	凭	瓶	评	屏	坡	泼	颇	婆	破	魄
384	迫	粕	剖	扑	铺	仆	莆	葡	菩	蒲	埔	朴	圃	普	浦	谱	曝	瀑	期	欺
386	栖	戚	妻	七	凄	漆	柒	沏	其	棋	奇	歧	畦	崎	脐	齐	旗	祈	祁	骑
388	起	岂	乞	企	启	契	砌	器	气	迄	弃	汽	泣	讫	掐					

39区	0	1	2	3	4	5	6	7	8	9	10	11	12	13	14	15	16	17	18	19
390		恰	洽	牵	扦	钎	铅	千	迁	签	仟	谦	乾	黔	钱	钳	前	潜	遣	浅
392	谴	堑	嵌	欠	歉	枪	呛	腔	羌	墙	蔷	强	抢	橇	锹	敲	悄	桥	瞧	乔
394	侨	巧	鞘	撬	翘	峭	俏	窍	切	茄	且	怯	窃	钦	侵	亲	秦	琴	勤	芹
396	擒	禽	寝	沁	青	轻	氢	倾	卿	清	擎	晴	氰	情	顷	请	庆	琼	穷	秋
398	丘	邱	球	求	囚	酋	泅	趋	区	蛆	曲	躯	屈	驱	渠					

40区	0	1	2	3	4	5	6	7	8	9	10	11	12	13	14	15	16	17	18	19
400		取	娶	龋	趣	去	圈	颧	权	醛	泉	全	痊	拳	犬	券	劝	缺	炔	瘸
402	却	鹊	榷	确	雀	裙	群	然	燃	冉	染	瓤	壤	攘	嚷	让	饶	扰	绕	惹
404	热	壬	仁	人	忍	韧	任	认	刃	妊	纫	扔	仍	日	戎	茸	蓉	荣	融	熔
406	溶	容	绒	冗	揉	柔	肉	茹	蠕	儒	孺	如	辱	乳	汝	入	褥	软	阮	蕊
408	瑞	锐	闰	润	若	弱	撒	洒	萨	腮	鳃	塞	赛	三	叁					

41区	0	1	2	3	4	5	6	7	8	9	10	11	12	13	14	15	16	17	18	19
410		伞	散	桑	嗓	丧	搔	骚	扫	嫂	瑟	色	涩	森	僧	莎	砂	杀	刹	沙
412	纱	傻	啥	煞	筛	晒	珊	苫	杉	山	删	煽	衫	闪	陕	擅	赡	膳	善	汕
414	扇	缮	墒	伤	商	赏	晌	上	尚	裳	梢	捎	稍	烧	芍	勺	韶	少	哨	邵
416	绍	奢	赊	蛇	舌	舍	赦	摄	射	慑	涉	社	设	砷	申	呻	伸	身	深	娠
418	绅	神	沈	审	婶	甚	肾	慎	渗	声	生	甥	牲	升	绳					

42区	0	1	2	3	4	5	6	7	8	9	10	11	12	13	14	15	16	17	18	19
420		省	盛	剩	胜	圣	师	失	狮	施	湿	诗	尸	虱	十	石	拾	时	什	食
422	蚀	实	识	史	矢	使	屎	驶	始	式	示	士	世	柿	事	拭	誓	逝	势	是
424	嗜	噬	适	仕	侍	释	饰	氏	市	恃	室	视	试	收	手	首	守	寿	授	售
426	受	瘦	兽	蔬	枢	梳	殊	抒	输	叔	舒	淑	疏	书	赎	孰	熟	薯	暑	曙
428	署	蜀	黍	鼠	属	术	述	树	束	戍	竖	墅	庶	数	漱					

43区	0	1	2	3	4	5	6	7	8	9	10	11	12	13	14	15	16	17	18	19
430		恕	刷	耍	摔	衰	甩	帅	栓	拴	霜	双	爽	谁	水	睡	税	吮	瞬	顺
432	舜	说	硕	朔	烁	斯	撕	嘶	思	私	司	丝	死	肆	寺	嗣	四	伺	似	饲
434	巳	松	耸	怂	颂	送	宋	讼	诵	搜	艘	擞	嗽	苏	酥	俗	素	速	粟	僳
436	塑	溯	宿	诉	肃	酸	蒜	算	虽	隋	随	绥	髓	碎	岁	穗	遂	隧	祟	孙
438	损	笋	蓑	梭	唆	缩	琐	索	锁	所	塌	他	它	她	塔					

44区	0	1	2	3	4	5	6	7	8	9	10	11	12	13	14	15	16	17	18	19
440		獭	挞	蹋	踏	胎	苔	抬	台	泰	酞	太	态	汰	坍	摊	贪	瘫	滩	坛
442	檀	痰	潭	谭	谈	坦	毯	袒	碳	探	叹	炭	汤	塘	搪	堂	棠	膛	唐	糖
444	倘	躺	淌	趟	烫	掏	涛	滔	绦	萄	桃	逃	淘	陶	讨	套	特	藤	腾	疼
446	誊	梯	剔	踢	锑	提	题	蹄	啼	体	替	嚏	惕	涕	剃	屉	天	添	填	田
448	甜	恬	舔	腆	挑	条	迢	眺	跳	贴	铁	帖	厅	听	烃					

45区	0	1	2	3	4	5	6	7	8	9	10	11	12	13	14	15	16	17	18	19
450		汀	廷	停	亭	庭	挺	艇	通	桐	酮	瞳	同	铜	彤	童	桶	捅	筒	统
452	痛	偷	投	头	透	凸	秃	突	图	徒	途	涂	屠	土	吐	兔	湍	团	推	颓
454	腿	蜕	褪	退	吞	屯	臀	拖	托	脱	鸵	陀	驮	驼	椭	妥	拓	唾	挖	哇
456	蛙	洼	娃	瓦	袜	歪	外	豌	弯	湾	玩	顽	丸	烷	完	碗	挽	晚	皖	惋
458	宛	婉	万	腕	汪	王	亡	枉	网	往	旺	望	忘	妄	威					

46区	0	1	2	3	4	5	6	7	8	9	10	11	12	13	14	15	16	17	18	19
460		巍	微	危	韦	违	桅	围	唯	惟	为	潍	维	苇	萎	委	伟	伪	尾	纬
462	未	蔚	味	畏	胃	喂	魏	位	渭	谓	尉	慰	卫	瘟	温	蚊	文	闻	纹	吻
464	稳	紊	问	嗡	翁	瓮	挝	蜗	涡	窝	我	斡	卧	握	沃	巫	呜	钨	乌	污
466	诬	屋	无	芜	梧	吾	吴	毋	武	五	捂	午	舞	伍	侮	坞	戊	雾	晤	物
468	勿	务	悟	误	昔	熙	析	西	硒	矽	晰	嘻	吸	锡	牺					

47区	0	1	2	3	4	5	6	7	8	9	10	11	12	13	14	15	16	17	18	19
470		稀	息	希	悉	膝	夕	惜	熄	烯	溪	汐	犀	檄	袭	席	习	媳	喜	铣
472	洗	系	隙	戏	细	瞎	虾	匣	霞	辖	暇	峡	侠	狭	下	厦	夏	吓	掀	锨
474	先	仙	鲜	纤	咸	贤	衔	舷	闲	涎	弦	嫌	显	险	现	献	县	腺	馅	羡
476	宪	陷	限	线	相	厢	镶	香	箱	襄	湘	乡	翔	祥	详	想	响	享	项	巷
478	橡	像	向	象	萧	硝	霄	削	哮	嚣	销	消	宵	淆	晓					

48区	0	1	2	3	4	5	6	7	8	9	10	11	12	13	14	15	16	17	18	19
480		小	孝	校	肖	啸	笑	效	楔	些	歇	蝎	鞋	协	挟	携	邪	斜	胁	谐
482	写	械	卸	蟹	懈	泄	泻	谢	屑	薪	芯	锌	欣	辛	新	忻	心	信	衅	星
484	腥	猩	惺	兴	刑	型	形	邢	行	醒	幸	杏	性	姓	兄	凶	胸	匈	汹	雄
486	熊	休	修	羞	朽	嗅	锈	秀	袖	绣	墟	戌	需	虚	嘘	须	徐	许	蓄	酗
488	叙	旭	序	畜	恤	絮	婿	绪	续	轩	喧	宣	悬	旋	玄					

49区	0	1	2	3	4	5	6	7	8	9	10	11	12	13	14	15	16	17	18	19
490		选	癣	眩	绚	靴	薛	学	穴	雪	血	勋	熏	循	旬	询	寻	驯	巡	殉
492	汛	训	讯	逊	迅	压	押	鸦	鸭	呀	丫	芽	牙	蚜	崖	衙	涯	雅	哑	亚
494	讶	焉	咽	阉	烟	淹	盐	严	研	蜒	岩	延	言	颜	阎	炎	沿	奄	掩	眼
496	衍	演	艳	堰	燕	厌	砚	雁	唁	彦	焰	宴	谚	验	殃	央	鸯	秧	杨	扬
498	佯	疡	羊	洋	阳	氧	仰	痒	养	样	漾	邀	腰	妖	瑶					

50区	0	1	2	3	4	5	6	7	8	9	10	11	12	13	14	15	16	17	18	19
500		摇	尧	遥	窑	谣	姚	咬	舀	药	要	耀	椰	噎	耶	爷	野	冶	也	页
502	掖	业	叶	曳	腋	夜	液	一	壹	医	揖	铱	依	伊	衣	颐	夷	遗	移	仪
504	胰	疑	沂	宜	姨	彝	椅	蚁	倚	已	乙	矣	以	艺	抑	易	邑	屹	亿	役
506	臆	逸	肄	疫	亦	裔	意	毅	忆	义	益	溢	诣	议	谊	译	异	翼	翌	绎
508	茵	荫	因	殷	音	阴	姻	吟	银	淫	寅	饮	尹	引	隐					

51区	0	1	2	3	4	5	6	7	8	9	10	11	12	13	14	15	16	17	18	19
510		印	英	樱	婴	鹰	应	缨	莹	萤	营	荧	蝇	迎	赢	盈	影	颖	硬	映
512	哟	拥	佣	臃	痈	庸	雍	踊	蛹	咏	泳	涌	永	恿	勇	用	幽	优	悠	忧
514	尤	由	邮	铀	犹	油	游	酉	有	友	右	佑	釉	诱	又	幼	迂	淤	于	盂
516	榆	虞	愚	舆	余	俞	逾	鱼	愉	渝	渔	隅	予	娱	雨	与	屿	禹	宇	语
518	羽	玉	域	芋	郁	吁	遇	喻	峪	御	愈	欲	狱	育	誉					

52区	0	1	2	3	4	5	6	7	8	9	10	11	12	13	14	15	16	17	18	19
520		浴	寓	裕	预	豫	驭	鸳	渊	冤	元	垣	袁	原	援	辕	园	员	圆	猿
522	源	缘	远	苑	愿	怨	院	曰	约	越	跃	钥	岳	粤	月	悦	阅	耘	云	郧
524	匀	陨	允	运	蕴	酝	晕	韵	孕	匝	砸	杂	栽	哉	灾	宰	载	再	在	咱
526	攒	暂	赞	赃	脏	葬	遭	糟	凿	藻	枣	早	澡	蚤	躁	噪	造	皂	灶	燥
528	责	择	则	泽	贼	怎	增	憎	曾	赠	扎	喳	渣	札	轧					

53区	0	1	2	3	4	5	6	7	8	9	10	11	12	13	14	15	16	17	18	19
530		铡	闸	眨	栅	榨	咋	乍	炸	诈	摘	斋	宅	窄	债	寨	瞻	毡	詹	粘
532	沾	盏	斩	辗	崭	展	蘸	栈	占	战	站	湛	绽	樟	章	彰	漳	张	掌	涨
534	杖	丈	帐	账	仗	胀	瘴	障	招	昭	找	沼	赵	照	罩	兆	肇	召	遮	折
536	哲	蛰	辙	者	锗	蔗	这	浙	珍	斟	真	甄	砧	臻	贞	针	侦	枕	疹	诊
538	震	振	镇	阵	蒸	挣	睁	征	狰	争	怔	整	拯	正	政					

54区	0	1	2	3	4	5	6	7	8	9	10	11	12	13	14	15	16	17	18	19
540		帧	症	郑	证	芝	枝	支	吱	蜘	知	肢	脂	汁	之	织	职	直	植	殖
542	执	值	侄	址	指	止	趾	只	旨	纸	志	挚	掷	至	致	置	帜	峙	制	智
544	秩	稚	质	炙	痔	滞	治	窒	中	盅	忠	钟	衷	终	种	肿	重	仲	众	舟
546	周	州	洲	诌	粥	轴	肘	帚	咒	皱	宙	昼	骤	珠	株	蛛	朱	猪	诸	诛
548	逐	竹	烛	煮	拄	瞩	嘱	主	著	柱	助	蛀	贮	铸	筑					

55区	0	1	2	3	4	5	6	7	8	9	10	11	12	13	14	15	16	17	18	19
550		住	注	祝	驻	抓	爪	拽	专	砖	转	撰	赚	篆	桩	庄	装	妆	撞	壮
552	状	椎	锥	追	赘	坠	缀	谆	准	捉	拙	卓	桌	琢	茁	酌	啄	着	灼	浊
554	兹	咨	资	姿	滋	淄	孜	紫	仔	籽	滓	子	自	渍	字	鬃	棕	踪	宗	综
556	总	纵	邹	走	奏	揍	租	足	卒	族	祖	诅	阻	组	钻	纂	嘴	醉	最	罪
558	尊	遵	昨	左	佐	柞	做	作	坐	座										

56区	0	1	2	3	4	5	6	7	8	9	10	11	12	13	14	15	16	17	18	19
560		亍	丌	兀	丐	廿	卅	丕	亘	丞	鬲	孬	噩	丨	禺	丿	匕	乇	夭	爻
562	卮	氐	囟	胤	馗	毓	睾	鼗	丶	亟	鼐	乜	乩	亓	芈	孛	啬	嘏	仄	厍
564	厝	厣	厥	厮	靥	赝	匚	叵	匦	匮	匾	赜	卦	卣	刂	刈	刎	刭	刳	刿
566	剀	剌	剞	剡	剜	蒯	剽	劂	劁	劐	劓	冂	罔	亻	仃	仉	仂	仨	仡	仫
568	仞	伛	仳	伢	佤	仵	伥	伧	伉	伫	佞	佧	攸	佚	佝					

57区	0	1	2	3	4	5	6	7	8	9	10	11	12	13	14	15	16	17	18	19
570		佟	佗	伲	伽	佶	佴	侑	侉	侃	侏	佾	佻	侪	佼	侬	侔	俦	俨	俪
572	俅	俚	俣	俜	俑	俟	俸	倩	偌	俳	倬	倏	倮	倭	俾	倜	倌	倥	倨	偾
574	偃	偕	偈	偎	偬	偻	傥	傧	傩	傺	僖	儆	僭	僬	僦	僮	儇	儋	仝	氽
576	佘	佥	俎	龠	汆	籴	兮	巽	黉	馘	冁	夔	勹	匍	訇	匐	凫	夙	兕	亠
578	兖	亳	衮	袤	亵	脔	裒	禀	嬴	蠃	羸	冫	冱	冽	冼					

58区	0	1	2	3	4	5	6	7	8	9	10	11	12	13	14	15	16	17	18	19
580		凇	冖	冢	冥	讠	讦	讧	讪	讴	讵	讷	诂	诃	诋	诏	诎	诒	诓	诔
582	诖	诘	诙	诜	诟	诠	诤	诨	诩	诮	诰	诳	诶	诹	诼	诿	谀	谂	谄	谇
584	谌	谏	谑	谒	谔	谕	谖	谙	谛	谘	谝	谟	谠	谡	谥	谧	谪	谫	谮	谯
586	谲	谳	谵	谶	卩	卺	阝	阢	阡	阱	阪	阽	阼	陂	陉	陔	陟	陧	陬	陲
588	陴	隈	隍	隗	隰	邗	邛	邝	邙	邬	邡	邴	邳	邶	邺					

59区	0	1	2	3	4	5	6	7	8	9	10	11	12	13	14	15	16	17	18	19
590		邸	邰	郏	郅	邾	郐	郄	郇	郓	郦	郢	郜	郗	郛	郫	郯	郾	鄄	鄢
592	鄞	鄣	鄱	鄯	鄹	酃	酆	刍	奂	劢	劬	劭	劾	哿	勐	勖	勰	叟	燮	矍
594	廴	凵	凼	鬯	厶	弁	畚	巯	坌	垩	垡	塾	墼	壅	壑	圩	圬	圪	圳	圹
596	圮	圯	坜	圻	坂	坩	垅	坫	垆	坼	坻	坨	坭	坶	坳	垭	垤	垌	垲	埏
598	垧	垴	垓	垠	埕	埘	埚	埙	埒	垸	埴	埯	埸	埤	埝					

60区	0	1	2	3	4	5	6	7	8	9	10	11	12	13	14	15	16	17	18	19
600		堋	堍	埽	埭	堀	堞	堙	塄	堠	塥	塬	墁	墉	墚	墀	馨	鼙	懿	艹
602	艽	艿	芏	芊	芨	芄	芎	芑	芗	芙	芫	芸	芾	芰	苈	苊	苣	芘	芷	芮
604	苋	苌	苁	芩	芴	芡	芪	芟	苄	苎	芤	苡	茉	苷	苤	茏	茇	苜	苴	苒
606	苘	茌	苻	苓	茑	茚	茆	茔	茕	苠	苕	茜	荑	荛	荜	茈	莒	茼	茴	茱
608	莛	荞	茯	荏	荇	荃	荟	荀	茗	荠	茭	茺	茳	荦	荥					

61区	0	1	2	3	4	5	6	7	8	9	10	11	12	13	14	15	16	17	18	19
610		荨	茛	荩	荬	荪	荭	荮	莰	荸	莳	莴	莠	莪	莓	莜	莅	荼	莶	莩
612	荽	莸	荻	莘	莞	莨	莺	莼	菁	萁	菥	菘	堇	萘	萋	菝	菽	菖	萜	萸
614	萑	萆	菔	菟	萏	萃	菸	菹	菪	菅	菀	萦	菰	菡	葜	葑	葚	葙	葳	蒇
616	蒈	葺	蒉	葸	萼	葆	葩	葶	蒌	蒎	萱	葭	蓁	蓍	蓐	蓦	蒽	蓓	蓊	蒿
618	蒺	蓠	蒡	蒹	蒴	蒗	蓥	蓣	蔌	甍	蔸	蓰	蔹	蔟	蔺					

62区	0	1	2	3	4	5	6	7	8	9	10	11	12	13	14	15	16	17	18	19
620		蕖	蔻	蓿	蓼	蕙	蕈	蕨	蕤	蕞	蕺	瞢	蕃	蕲	蕻	薤	薨	薇	薏	蕹
622	薮	薜	薅	薹	薷	薰	藓	藁	藜	藿	蘧	蘅	蘩	蘖	蘼	廾	弈	夼	奁	耷
624	奕	奚	奘	匏	尢	尥	尬	尴	扌	扪	抟	抻	拊	拚	拗	拮	挢	拶	挹	捋
626	捃	掭	揶	捱	捺	掎	掴	捭	掬	掊	捩	掮	掼	揲	揸	揠	揿	揄	揞	揎
628	摒	揆	掾	摅	摁	搋	搛	搠	搌	搦	搡	摞	撄	摭	撖					

63区	0	1	2	3	4	5	6	7	8	9	10	11	12	13	14	15	16	17	18	19
630		摺	撷	撸	撙	撺	擀	擐	擗	擤	擢	攉	攥	攮	弋	忒	甙	弑	卟	叱
632	叽	叩	叨	叻	吒	吖	吆	呋	呒	呓	呔	呖	呃	吡	呗	呙	吣	吲	咂	咔
634	呷	呱	呤	咚	咛	咄	呶	呦	咝	哐	咭	哂	咴	哒	咧	咦	哓	哔	呲	咣
636	哕	咻	咿	哌	哙	哚	哜	咩	咪	咤	哝	哏	哞	唛	哧	唠	哽	唔	哳	唢
638	唣	唏	唑	唧	唪	啧	喏	喵	啉	啭	啁	啕	唿	啐	唼					

64区	0	1	2	3	4	5	6	7	8	9	10	11	12	13	14	15	16	17	18	19
640		唷	啖	啵	啶	啷	唳	唰	啜	喋	嗒	喃	喱	喹	喈	喁	喟	啾	嗖	喑
642	啻	嗟	喽	喾	喔	喙	嗪	嗷	嗉	嘟	嗑	嗫	嗬	嗔	嗦	嗝	嗄	嗯	嗥	嗲
644	嗳	嗌	嗍	嗨	嗵	嗤	辔	嘞	嘈	嘌	嘁	嘤	嘣	嗾	嘀	嘧	嘭	噘	嘹	噗
646	嘬	噍	噢	噙	噜	噌	噔	嚆	噤	噱	噫	噻	噼	嚅	嚓	嚯	囔	囗	囝	囡
648	囵	囫	囹	囿	圄	圊	圉	圜	帏	帙	帔	帑	帱	帻	帼					

65区	0	1	2	3	4	5	6	7	8	9	10	11	12	13	14	15	16	17	18	19
650		帷	幄	幔	幛	幞	幡	岌	屺	岍	岐	岖	岈	岘	岙	岑	岚	岜	岵	岢
652	岽	岬	岫	岱	岣	峁	岷	峄	峒	峤	峋	峥	崂	崃	崧	崦	崮	崤	崞	崆
654	崛	嵘	崾	崴	崽	嵬	嵛	嵯	嵝	嵫	嵋	嵊	嵩	嵴	嶂	嶙	嶝	豳	嶷	巅
656	彳	彷	徂	徇	徉	後	徕	徙	徜	徨	徭	徵	徼	衢	彡	犭	犰	犴	犷	犸
658	狃	狁	狎	狍	狒	狨	狯	狩	狲	狴	狷	猁	狳	猃	狺					

66区	0	1	2	3	4	5	6	7	8	9	10	11	12	13	14	15	16	17	18	19
660		狻	猗	猓	猡	猊	猞	猝	猕	猢	猹	猥	猬	猸	猱	獐	獍	獗	獠	獬
662	獯	獾	舛	夥	飧	夤	夂	饣	饧	饨	饩	饪	饫	饬	饴	饷	饽	馀	馄	馇
664	馊	馍	馐	馑	馓	馔	馕	庀	庑	庋	庖	庥	庠	庹	庵	庾	庳	赓	廒	廑
666	廛	廨	廪	膺	忄	忉	忖	忏	怃	忮	怄	忡	忤	忾	怅	怆	忪	忭	忸	怙
668	怵	怦	怛	怏	怍	怩	怫	怊	怿	怡	恸	恹	恻	恺	恂					

67区	0	1	2	3	4	5	6	7	8	9	10	11	12	13	14	15	16	17	18	19
670		恪	恽	悖	悚	悭	悝	悃	悒	悌	悛	惬	悻	悱	惝	惘	惆	惚	悴	愠
672	愦	愕	愣	惴	愀	愎	愫	慊	慵	憬	憔	憧	憷	懔	懵	忝	隳	闩	闫	闱
674	闳	闵	闶	闼	闾	阃	阄	阆	阈	阊	阋	阌	阍	阏	阒	阕	阖	阗	阙	阚
676	丬	爿	戕	氵	汔	汜	汊	沣	沅	沐	沔	沌	汨	汩	汴	汶	沆	沩	泐	泔
678	沭	泷	泸	泱	泗	沲	泠	泖	泺	泫	泮	沱	泓	泯	泾					

68区	0	1	2	3	4	5	6	7	8	9	10	11	12	13	14	15	16	17	18	19
680		洹	洧	洌	浃	浈	洇	洄	洙	洎	洫	浍	洮	洵	洚	浏	浒	浔	洳	涑
682	浯	涞	涠	浞	涓	涔	浜	浠	浼	浣	渚	淇	淅	淞	渎	涿	淠	渑	淦	淝
684	淙	渖	涫	渌	涮	渫	湮	湎	湫	溲	湟	溆	湓	湔	渲	渥	湄	滟	溱	溘
686	滠	漭	滢	溥	溧	溽	溻	溷	滗	溴	滏	溏	滂	溟	潢	潆	潇	漤	漕	滹
688	漯	漶	潋	潴	漪	漉	漩	澉	澍	澌	潸	潲	潼	潺	濑					

69区	0	1	2	3	4	5	6	7	8	9	10	11	12	13	14	15	16	17	18	19
690		濉	澧	澹	澶	濂	濡	濮	濞	濠	濯	瀚	瀣	瀛	瀹	瀵	灏	灞	宀	宄
692	宕	宓	宥	宸	甯	骞	搴	寤	寮	褰	寰	蹇	謇	辶	迓	迕	迥	迮	迤	迩
694	迦	迳	迨	逅	逄	逋	逦	逑	逍	逖	逡	逵	逶	逭	逯	遄	遑	遒	遐	遨
696	遘	遢	遛	暹	遴	遽	邂	邈	邃	邋	彐	彗	彖	彘	尻	咫	屐	屙	孱	屣
698	屦	羼	弪	弩	弭	艴	弼	鬻	屮	妁	妃	妍	妩	妪	妣					

70区	0	1	2	3	4	5	6	7	8	9	10	11	12	13	14	15	16	17	18	19
700		妗	姊	妫	妞	妤	姒	妲	妯	姗	妾	娅	娆	姝	娈	姣	姘	姹	娌	娉
702	娲	娴	娑	娣	娓	婀	婧	婊	婕	娼	婢	婵	胬	媪	媛	婷	婺	媾	嫫	媲
704	嫒	嫔	媸	嫠	嫣	嫱	嫖	嫦	嫘	嫜	嬉	嬗	嬖	嬲	嬷	孀	尕	尜	孚	孥
706	孳	孑	孓	孢	驵	驷	驸	驺	驿	驽	骀	骁	骅	骈	骊	骐	骒	骓	骖	骘
708	骛	骜	骝	骟	骠	骢	骣	骥	骧	纟	纡	纣	纥	纨	纩					

71区	0	1	2	3	4	5	6	7	8	9	10	11	12	13	14	15	16	17	18	19
710		纭	纰	纾	绀	绁	绂	绉	绋	绌	绐	绔	绗	绛	绠	绡	绨	绫	绮	绯
712	绱	绲	缍	绶	绺	绻	绾	缁	缂	缃	缇	缈	缋	缌	缏	缑	缒	缗	缙	缜
714	缛	缟	缡	缢	缣	缤	缥	缦	缧	缪	缫	缬	缭	缯	缰	缱	缲	缳	缵	幺
716	畿	巛	甾	邕	玎	玑	玮	玢	玟	珏	珂	珑	玷	玳	珀	珉	珈	珥	珙	顼
718	琊	珩	珧	珞	玺	珲	琏	琪	瑛	琦	琥	琨	琰	琮	琬					

72区	0	1	2	3	4	5	6	7	8	9	10	11	12	13	14	15	16	17	18	19
720		琛	琚	瑁	瑜	瑗	瑕	瑙	瑷	瑭	瑾	璜	璎	璀	璁	璇	璋	璞	璨	璩
722	璐	璧	瓒	璺	韪	韫	韬	杌	杓	杞	杈	杩	枥	枇	杪	杳	枘	枧	杵	枨
724	枞	枭	枋	杷	杼	柰	栉	柘	栊	柩	枰	栌	柙	枵	柚	枳	柝	栀	柃	枸
726	柢	栎	柁	柽	栲	栳	桠	桡	桎	桢	桄	桤	梃	栝	桕	桦	桁	桧	桀	栾
728	桊	桉	栩	梵	梏	桴	桷	梓	桫	棂	楮	棼	椟	椠	棹					

73区	0	1	2	3	4	5	6	7	8	9	10	11	12	13	14	15	16	17	18	19
730		椤	棰	椋	椁	楗	棣	椐	楱	椹	楠	楂	楝	榄	楫	榀	榘	楸	椴	槌
732	榇	榈	槎	榉	楦	楣	楹	榛	榧	榻	榫	榭	槔	榱	槁	槊	槟	榕	槠	榍
734	槿	樯	槭	樗	樘	橥	槲	橄	樾	檠	橐	橛	樵	檎	橹	樽	樨	橘	橼	檑
736	檐	檩	檗	檫	猷	獒	殁	殂	殇	殄	殒	殓	殍	殚	殛	殡	殪	轫	轭	轱
738	轲	轳	轵	轶	轸	轷	轹	轺	轼	轾	辁	辂	辄	辇	辋					

74区	0	1	2	3	4	5	6	7	8	9	10	11	12	13	14	15	16	17	18	19
740		辍	辎	辏	辘	辚	軎	戋	戗	戛	戟	戢	戡	戥	戤	戬	臧	瓯	瓴	瓿
742	甏	甑	甓	攴	旮	旯	旰	昊	昙	杲	昃	昕	昀	炅	曷	昝	昴	昱	昶	昵
744	耆	晟	晔	晁	晏	晖	晡	晗	晷	暄	暌	暧	暝	暾	曛	曜	曦	曩	贲	贳
746	贶	贻	贽	赀	赅	赆	赈	赉	赇	赍	赕	赙	觇	觊	觋	觌	觎	觏	觐	觑
748	牮	犟	牝	牦	牯	牾	牿	犄	犋	犍	犏	犒	挈	挲	掰					

75区	0	1	2	3	4	5	6	7	8	9	10	11	12	13	14	15	16	17	18	19
750		搿	擘	耄	毪	毳	毽	毵	毹	氅	氇	氆	氍	氕	氘	氙	氚	氡	氩	氤
752	氪	氲	攵	敕	敫	牍	牒	牖	爰	虢	刖	肟	肜	肓	肼	朊	肽	肱	肫	肭
754	肴	肷	胧	胨	胩	胪	胛	胂	胄	胙	胍	胗	朐	胝	胫	胱	胴	胭	脍	脎
756	胲	胼	朕	脒	豚	脶	脞	脬	脘	脲	腈	腌	腓	腴	腙	腚	腱	腠	腩	腼
758	腽	腭	腧	塍	媵	膈	膂	膑	滕	膣	膪	臌	朦	臊	膻					

76区	0	1	2	3	4	5	6	7	8	9	10	11	12	13	14	15	16	17	18	19
760		臁	膦	欤	欷	欹	歃	歆	歙	飑	飒	飓	飕	飙	飚	殳	彀	毂	觳	斐
762	齑	斓	於	旆	旄	旃	旌	旎	旒	旖	炀	炜	炖	炝	炻	烀	炷	炫	炱	烨
764	烊	焐	焓	焖	焯	焱	煳	煜	煨	煅	煲	煊	煸	煺	熘	熳	熵	熨	熠	燠
766	燔	燧	燹	爝	爨	灬	焘	煦	熹	戾	戽	扃	扈	扉	礻	祀	祆	祉	祛	祜
768	祓	祚	祢	祗	祠	祯	祧	祺	禅	禊	禚	禧	禳	忑	忐					

77区	0	1	2	3	4	5	6	7	8	9	10	11	12	13	14	15	16	17	18	19
770		怼	恝	恚	恧	恁	恙	恣	悫	愆	愍	慝	憩	憝	懋	懑	戆	肀	聿	沓
772	泶	淼	矶	矸	砀	砉	砗	砘	砑	斫	砭	砜	砝	砹	砺	砻	砟	砼	砥	砬
774	砣	砩	硎	硭	硖	硗	砦	硐	硇	硌	硪	碛	碓	碚	碇	碜	碡	碣	碲	碹
776	碥	磔	磙	磉	磬	磲	礅	磴	礓	礤	礞	礴	龛	黹	黻	黼	盱	眄	眍	盹
778	眇	眈	眚	眢	眙	眭	眦	眵	眸	睐	睑	睇	睃	睚	睨					

78区	0	1	2	3	4	5	6	7	8	9	10	11	12	13	14	15	16	17	18	19
780		睢	睥	睿	瞍	睽	瞀	瞌	瞑	瞟	瞠	瞰	瞵	瞽	町	畀	畎	畋	畈	畛
782	畲	畹	疃	罘	罡	罟	詈	罨	罴	罱	罹	羁	罾	盍	盥	蠲	钅	钆	钇	钋
784	钊	钌	钍	钏	钐	钔	钗	钕	钚	钛	钜	钣	钤	钫	钪	钭	钬	钯	钰	钲
786	钴	钶	钷	钸	钹	钺	钼	钽	钿	铄	铈	铉	铊	铋	铌	铍	铎	铐	铑	铒
788	铕	铖	铗	铙	铘	铛	铞	铟	铠	铢	铤	铥	铧	铨	铪					

79区	0	1	2	3	4	5	6	7	8	9	10	11	12	13	14	15	16	17	18	19
790		铩	铫	铮	铯	铳	铴	铵	铷	铹	铼	铽	铿	锃	锂	锆	锇	锉	锊	锍
792	锎	锏	锒	锓	锔	锕	锖	锘	锛	锝	锞	锟	锢	锪	锫	锩	锬	锱	锲	锴
794	锶	锷	锸	锼	锾	锿	镂	锵	镄	镅	镆	镉	镌	镎	镏	镒	镓	镔	镖	镗
796	镘	镙	镛	镞	镟	镝	镡	镢	镤	镥	镦	镧	镨	镩	镪	镫	镬	镯	镱	镲
798	镳	锺	矧	矬	雉	秕	秭	秣	秫	稆	嵇	稃	稂	稞	稔					

80区	0	1	2	3	4	5	6	7	8	9	10	11	12	13	14	15	16	17	18	19
800		稹	稷	穑	黏	馥	穰	皈	皎	皓	皙	皤	瓞	瓠	甬	鸠	鸢	鸨	鸩	鸪
802	鸫	鸬	鸲	鸱	鸶	鸸	鸷	鸹	鸺	鸾	鹁	鹂	鹄	鹆	鹇	鹈	鹉	鹋	鹌	鹎
804	鹑	鹕	鹗	鹚	鹛	鹜	鹞	鹣	鹦	鹧	鹨	鹩	鹪	鹫	鹬	鹱	鹭	鹳	疒	疔
806	疖	疠	疝	疬	疣	疳	疴	疸	痄	疱	疰	痃	痂	痖	痍	痣	痨	痦	痤	痫
808	痧	瘃	痱	痼	痿	瘐	瘀	瘅	瘌	瘗	瘊	瘥	瘘	瘕	瘙					

81区	0	1	2	3	4	5	6	7	8	9	10	11	12	13	14	15	16	17	18	19
810		瘛	瘼	瘢	瘠	癀	瘭	瘰	瘿	瘵	癃	瘾	瘳	癍	癞	癔	癜	癖	癫	癯
812	翊	竦	穸	穹	窀	窆	窈	窕	窦	窠	窬	窨	窭	窳	衤	衩	衲	衽	衿	袂
814	袢	裆	袷	袼	裉	裢	裎	裣	裥	裱	褚	裼	裨	裾	裰	褡	褙	褓	褛	褊
816	褴	褫	褶	襁	襦	襻	疋	胥	皲	皴	矜	耒	耔	耖	耜	耠	耢	耥	耦	耧
818	耩	耨	耱	耋	耵	聃	聆	聍	聒	聩	聱	覃	顸	颀	颃					

82区	0	1	2	3	4	5	6	7	8	9	10	11	12	13	14	15	16	17	18	19
820		颉	颌	颍	颏	颔	颚	颛	颞	颟	颡	颢	颥	颦	虍	虔	虬	虮	虿	虺
822	虼	虻	蚨	蚍	蚋	蚬	蚝	蚧	蚣	蚪	蚓	蚩	蚶	蛄	蚵	蛎	蚰	蚺	蚱	蚯
824	蛉	蛏	蚴	蛩	蛱	蛲	蛭	蛳	蛐	蜓	蛞	蛴	蛟	蛘	蛑	蜃	蜇	蛸	蜈	蜊
826	蜍	蜉	蜣	蜻	蜞	蜥	蜮	蜚	蜾	蝈	蜴	蜱	蜩	蜷	蜿	螂	蜢	蝽	蝾	蝻
828	蝠	蝰	蝌	蝮	螋	蝓	蝣	蝼	蝤	蝙	蝥	螓	螯	螨	蟒					

83区	0	1	2	3	4	5	6	7	8	9	10	11	12	13	14	15	16	17	18	19
830		蟆	螈	螅	螭	螗	螃	螫	蟥	螬	螵	螳	蟋	蟓	螽	蟑	蟀	蟊	蟛	蟪
832	蟠	蟮	蠖	蠓	蟾	蠊	蠛	蠡	蠹	蠼	缶	罂	罄	罅	舐	竺	竽	笈	笃	笄
834	笕	笊	笫	笏	筇	笸	笪	笙	笮	笱	笠	笥	笤	笳	笾	笞	筘	筚	筅	筵
836	筌	筝	筠	筮	筻	筢	筲	筱	箐	箦	箧	箸	箬	箝	箨	箅	箪	箜	箢	箫
838	箴	篑	篁	篌	篝	篚	篥	篦	篪	簌	篾	篼	簏	簖	簋					

84区	0	1	2	3	4	5	6	7	8	9	10	11	12	13	14	15	16	17	18	19
840		簞	簪	簦	簸	籟	籀	臾	舁	舂	舄	臬	衄	舡	舢	舣	舭	舯	舨	舫
842	舸	舻	舳	舴	舾	艄	艉	艋	艏	艚	艟	艨	衾	袅	袈	裘	裟	襞	羝	羟
844	羧	羯	羰	羲	籼	敉	粑	粝	粜	粞	粢	粲	粼	粽	糁	糇	糌	糍	糈	糅
846	糗	糨	艮	暨	羿	翎	翕	翥	翡	翦	翩	翮	翳	糸	絷	綦	綮	繇	纛	麸
848	麴	赳	趄	趔	趑	趱	赧	赭	豇	豉	酊	酐	酎	酏	酤					

85区	0	1	2	3	4	5	6	7	8	9	10	11	12	13	14	15	16	17	18	19
850		酢	酡	酰	酩	酯	酽	酾	酲	酴	酹	醌	醅	醐	醍	醑	醢	醣	醪	醭
852	醮	醯	醵	醴	醺	豕	鹾	趸	跫	踅	蹙	蹩	趵	趿	趼	趺	跄	跖	跗	跚
854	跞	跎	跏	跛	跆	跬	跷	跸	跣	跹	跻	跤	踉	跽	踔	踝	踟	踬	踮	踣
856	踯	踺	蹀	踹	踵	踽	踱	蹉	蹁	蹂	蹑	蹒	蹊	蹰	蹶	蹼	蹯	蹴	躅	躏
858	躔	躐	躜	躞	豸	貂	貊	貅	貘	貔	斛	觖	觞	觚	觜					

86区	0	1	2	3	4	5	6	7	8	9	10	11	12	13	14	15	16	17	18	19
860		觥	觫	觯	訾	謦	靓	雩	雳	雯	霆	霁	霈	霏	霎	霪	霭	霰	霾	龀
862	龃	龅	龆	龇	龈	龉	龊	龌	黾	鼋	鼍	隹	隼	隽	雎	雒	瞿	雠	銎	銮
864	鋈	錾	鍪	鏊	鎏	鐾	鑫	鱿	鲂	鲅	鲆	鲇	鲈	稣	鲋	鲎	鲐	鲑	鲒	鲔
866	鲕	鲚	鲛	鲞	鲟	鲠	鲡	鲢	鲣	鲥	鲦	鲧	鲨	鲩	鲫	鲭	鲮	鲰	鲱	鲲
868	鲳	鲴	鲵	鲶	鲷	鲺	鲻	鲼	鲽	鳄	鳅	鳆	鳇	鳊	鳋					

87区	0	1	2	3	4	5	6	7	8	9	10	11	12	13	14	15	16	17	18	19
870		鳌	鳍	鳎	鳏	鳐	鳓	鳔	鳕	鳗	鳘	鳙	鳜	鳝	鳟	鳢	靼	鞅	鞑	鞒
872	鞔	鞯	鞫	鞣	鞲	鞴	骱	骰	骷	鹘	骶	骺	骼	髁	髀	髅	髂	髋	髌	髑
874	魅	魃	魇	魉	魈	魍	魑	飨	餍	餮	饕	饔	髟	髡	髦	髯	髫	髻	髭	髹
876	鬈	鬏	鬓	鬟	鬣	麽	麾	縻	麂	麇	麈	麋	麒	鏖	麝	麟	黛	黜	黝	黠
878	黟	黢	黩	黧	黥	黪	黯	鼢	鼬	鼯	鼹	鼷	鼽	鼾	齄					

附　录　A
(规范性附录)
字符补充的说明

本部分是以 GB 2312—1980 为依据制定的。根据使用需要，在 GB 2312—1980 修订之前，在本部分中对字符暂作如下补充。

08-27 至 08-32　补充 ɑ ḿ ń ň ǹ ɡ。

10-01 至 10-94　补充 94 个半字图形的字符，其排列顺序与 GB 2312—1980 表 1 中第 03 区一一对应，字形宽度为对应第 03 区字形宽度的 1/2。

11-01 至 11-32　补充汉语拼音 ɑ、e、i、o、u、ü 的四声半字字符和 ê、ɑ、ḿ、ń、ň、ǹ、ɡ 的半字字符，排列顺序与本部分第 8 区 01 位至 32 位的 32 个字符一一对应，字形宽度为相应第 8 区字形宽度的 1/2。

附　录　B
（规范性附录）
48 点阵字型数据

B.1　48 点阵字型数据的表示

本部分中，图形字符的字型可由点阵数据来表示。每个字型的点阵数据为 48×48（横行点数×纵列点数），共 2 304 个二进制位，288 个字节。

B.2　48 点阵字型数据的记录格式

48 点阵字型数据的 288 个字节排列次序是以 0 字节开始至 287 字节结束，均用十六进制表示，每行 6 个字节，记录格式如下：

行数	列数																
	0	1	2	3	4	5	6	7	……	40	41	42	43	44	45	46	47
0	0 字节								……	5 字节							
1 2 3 4 ⋮ 46																	
47	282 字节								……	287 字节							

B.3　48 点阵字型数据举例

长 19-04

00 00 00 00 00 00
00 08 00 00 00 00
00 0F 80 00 00 00
00 0F 00 00 00 00
00 0E 00 00 00 00
00 0E 00 00 40 00
00 0E 00 00 E0 00
00 0E 00 01 FC 00
00 0E 00 03 F0 00
00 0E 00 07 C0 00
00 0E 00 0F 80 00
00 0E 00 1E 00 00
00 0E 00 78 00 00
00 0E 00 F0 00 00

治 54-46

00 00 00 00 00 00
00 00 00 00 00 00
02 00 00 08 00 00
01 80 00 0E 00 00
00 E0 00 0F 80 00
00 70 00 1F 00 00
00 78 00 1E 00 00
00 38 00 3C 00 00
00 38 00 38 00 00
00 30 80 70 00 00
00 00 80 70 00 00
00 01 80 E0 00 00
00 01 01 C0 10 00
00 01 01 C0 0C 00

久 30-35

00 00 00 00 00 00
00 00 20 00 00 00
00 00 38 00 00 00
00 00 3E 00 00 00
00 00 3C 00 00 00
00 00 38 00 00 00
00 00 78 00 00 00
00 00 70 00 00 00
00 00 70 00 00 00
00 00 E0 06 00 00
00 00 E0 0F 00 00
00 00 FF FF 80 00
00 01 C0 0F 00 00
00 01 C0 0E 00 00

安 16-18

00 00 00 00 00 00
00 00 20 00 00 00
00 00 18 00 00 00
00 00 0E 00 00 00
00 00 07 00 00 00
00 00 07 80 00 00
00 00 03 C0 00 00
00 00 03 C0 00 00
00 00 01 C0 00 00
01 00 01 80 00 40
01 00 00 00 00 E0
03 FF FF FF FF F0
03 00 00 00 00 F8
07 00 00 00 00 E0

00 0E 03 C0 00 00
00 0E 07 00 00 00
00 0E 1C 00 00 00
00 0E 38 00 00 00
00 0E E0 00 00 00
00 0F 80 00 00 00
00 0E 00 00 00 40
00 0E 00 00 00 E0
00 0E 00 00 01 F0
7F FF FF FF FF F8
00 0E 01 00 00 00
00 0E 01 00 00 00
00 0E 01 80 00 00
00 0E 01 80 00 00
00 0E 00 C0 00 00
00 0E 00 C0 00 00
00 0E 00 60 00 00
00 0E 00 60 00 00
00 0E 00 30 00 00
00 0E 00 38 00 00
00 0E 00 1C 00 00
00 0E 00 1E 00 00
00 0E 00 8F 00 00
00 0E 03 07 80 00
00 0E 0E 03 C0 00
00 0E 38 01 F0 00
00 0E F0 00 FC 00
00 0F C0 00 7F 00
00 1F 80 00 3F C0
00 3F 00 00 1F F8
00 1E 00 00 07 FE
00 0C 00 00 01 C0
00 08 00 00 00 80
00 00 00 00 00 00

20 03 03 80 07 00
18 03 07 00 03 80
0E 02 06 00 01 C0
07 06 0C 00 00 E0
07 86 18 00 00 70
03 84 7F FF FF F8
03 8C 3F FC 00 3C
03 0C 1F 80 00 3C
00 0C 0E 00 00 3C
00 18 04 00 00 1C
00 18 00 00 00 18
00 18 00 00 00 00
00 30 08 00 00 C0
00 30 0E 00 01 E0
00 30 0F FF FF F0
00 60 0E 00 01 E0
00 60 0E 00 01 C0
00 E0 0E 00 01 C0
00 E0 0E 00 01 C0
01 C0 0E 00 01 C0
3F C0 0E 00 01 C0
07 C0 0E 00 01 C0
01 C0 0E 00 01 C0
01 C0 0E 00 01 C0
01 C0 0E 00 01 C0
01 C0 0E 00 01 C0
01 C0 0E 00 01 C0
03 C0 0F FF FF C0
03 C0 0E 00 01 C0
03 C0 0E 00 01 C0
03 C0 0E 00 01 C0
01 80 0C 00 01 80
00 00 00 00 00 00
00 00 00 00 00 00

00 03 80 0E 00 00
00 03 80 1C 00 00
00 07 00 1C 00 00
00 06 00 1C 00 00
00 0E 00 38 00 00
00 0C 00 38 00 00
00 18 00 38 00 00
00 38 00 7C 00 00
00 30 00 74 00 00
00 60 00 E4 00 00
00 C0 00 E6 00 00
01 80 01 C6 00 00
02 00 01 C6 00 00
00 00 03 83 00 00
00 00 03 83 00 00
00 00 07 03 80 00
00 00 07 01 80 00
00 00 0E 01 C0 00
00 00 1C 00 C0 00
00 00 1C 00 E0 00
00 00 38 00 70 00
00 00 70 00 70 00
00 00 E0 00 38 00
00 01 C0 00 3C 00
00 03 80 00 1E 00
00 0F 00 00 0F 00
00 1C 00 00 0F C0
00 78 00 00 07 F0
00 E0 00 00 03 FE
03 80 00 00 01 F0
0E 00 00 00 00 E0
70 00 00 00 00 40
00 00 00 00 00 00
00 00 00 00 00 00

0F 00 08 00 01 C0
1E 00 0E 00 01 80
1E 00 0F 80 03 00
0C 00 1E 00 02 00
00 00 1E 00 00 00
00 00 1C 00 00 00
00 00 3C 00 00 00
00 00 38 00 00 10
00 00 38 00 00 38
00 00 70 00 00 7C
7F FF FF FF FF FE
00 00 E0 01 C0 00
00 00 E0 01 C0 00
00 00 C0 01 C0 00
00 01 C0 03 80 00
00 01 80 03 80 00
00 03 80 03 80 00
00 03 00 07 00 00
00 06 00 07 00 00
00 07 C0 0E 00 00
00 00 7C 0E 00 00
00 00 0F 9C 00 00
00 00 01 F8 00 00
00 00 00 7E 00 00
00 00 00 EF 80 00
00 00 01 C3 E0 00
00 00 07 80 F8 00
00 00 1E 00 7E 00
00 00 78 00 3F 00
00 01 E0 00 1F 80
00 0F 80 00 0F 80
00 FC 00 00 07 80
3F C0 00 00 03 00
00 00 00 00 00 00

参 考 文 献

[1] 第一批异体字整理表. 中华人民共和国文化部，中国文字改革委员会. 1955 年 12 月 22 日.

[2] 简化字总表. 中国文字改革委员会，中华人民共和国文化部，中华人民共和国教育部. 1964 年 3 月 7 日(1986 年 10 月 10 日国家语言文字工作委员会重新发表).

[3] 印刷通用汉字字形表. 中华人民共和国文化部，中国文字改革委员会. 1965 年 1 月 30 日.

[4] 现代汉语通用字表. 国家语言文字工作委员会，中华人民共和国新闻出版署. 1988 年 3 月 25 日.

ICS 37.020
N 30

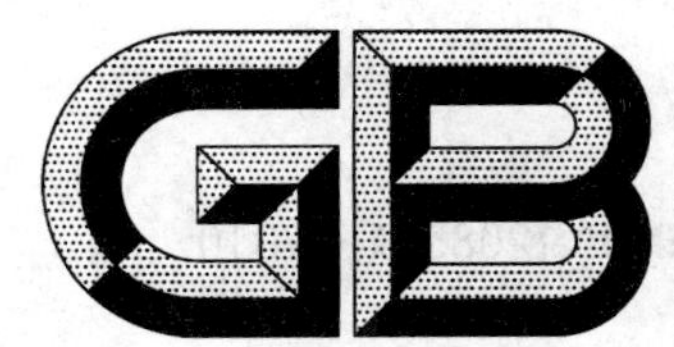

中华人民共和国国家标准

GB/T 12085.1—2010
代替 GB/T 12085.1—1989

光学和光学仪器　环境试验方法
第1部分：术语、试验范围

Optics and optical instruments—Environmental test methods—Part 1:Definitions,extent of testing

(ISO 9022-1:1994,MOD)

2011-01-14 发布　　　　2011-05-01 实施

中华人民共和国国家质量监督检验检疫总局
中国国家标准化管理委员会　发布

前 言

GB/T 12085《光学和光学仪器 环境试验方法》分为以下16个部分：

——第1部分：术语、试验范围；

——第2部分：低温、高温、湿热；

——第3部分：机械作用力；

——第4部分：盐雾；

——第5部分：低温、低气压综合试验；

——第6部分：砂尘；

——第7部分：滴水、淋雨；

——第8部分：高压、低压、浸没；

——第9部分：太阳辐射；

——第10部分：振动(正弦)与高温、低温综合试验；

——第11部分：长霉；

——第12部分：污染；

——第13部分：冲击、碰撞或自由跌落与高温、低温综合试验；

——第14部分：露、霜、冰；

——第15部分：宽带随机振动(数字控制)与高温、低温综合试验；

——第16部分：弹跳或恒加速度与高温、低温综合试验。

本部分为GB/T 12085的第1部分。

本部分修改采用ISO 9022-1:1994《光学和光学仪器 环境试验方法 第1部分:术语、试验范围》。

本部分与ISO 9022-1:1994的主要差异如下：

——删除国际标准的序言和前言；

——根据ISO 9022-1第1章及我国标准用语习惯对标准范围作了重新编写；

——“国际标准本部分”一词改为“本部分”。

本部分代替GB/T 12085.1—1989《光学和光学仪器 环境试验方法 术语、试验范围》,与GB/T 12085.1—1989的主要差异为：

——修改了光学部件、零件的定义；

——增加了条件试验的工作状态；

——增加了试验顺序条的编号；

——修改了变量温差的计量单位；

——增加了环境试验的标记名称,修改了相应标准号的编写；

——修改了附录A中的相关内容。

本部分的附录A为资料性附录。

本部分由中国机械工业联合会提出。

本部分由全国光学和光子学标准化技术委员会(SAC/TC 103)归口。

本部分起草单位:宁波永新光学股份有限公司、上海理工大学。

本部分主要起草人:曾丽珠、章慧贤、冯琼辉、张燕珂。

本部分所代替标准的历次版本发布情况为：

——GB/T 12085.1—1989。

光学和光学仪器　环境试验方法
第1部分：术语、试验范围

1　范围

本部分规定了环境试验方法的术语和定义、试验程序及环境试验标记。

本部分适用于光学仪器、装有光学零部件的仪器和光学零部件。

2　术语和定义

下列术语和定义适用于本部分。

2.1

环境试验　environmental test

模拟试样在装配、贮存运输和使用期间承受严重气候、力学、生物和化学的环境影响的试验。

2.2

光学仪器　optical instrument

应用光学原理达到观察、测量、记录和分析等目的，由光学系统和其他系统所组成的仪器。

2.3

光学部件　optical assembly

由数个零件组成的功能部件，至少其中一个具有光学功能。

2.4

零件(光学仪器中的)　component

一般由一件或者一种材料组成的最小单元。

2.5

代表性样品　representative sample

仅几何形状与所代表的零件不同的一块光学或金属材料。

2.6

试验样品　specimen

被试验的光学仪器、装有光学零部件的仪器和光学零部件或它们的代表性样品，简称试样。

2.7

试验　test

测定和评价各种应用参数对试样基本特性的影响的过程。

2.8

条件试验　conditioning

试样暴露在一种试验环境下，以便确定这种条件对试样的影响。条件试验分外部试验(例如：所采用的方法和严酷等级)和内部影响(例如：位移或温度变化)。

2.8.1

条件试验方法　conditioning method

试样在暴露期间受到的单一或综合环境影响的过程。例如："冲击"或"湿热"。

2.8.2

严酷等级　degree of severity

严酷等级是一种参数，包括试验的各个单独量值。

例如：温度、湿度和暴露时间等。

2.8.3

工作状态 state of operation

在条件试验过程中,试样一般有三种工作状态。

2.8.3.1

工作状态0 state of operation 0

试样置于由制造商提供的正常储存箱内的状态。

2.8.3.2

工作状态1 state of operation 1

试样无包装保护,电源未被接通的待工作状态。

2.8.3.3

工作状态2 state of operation 2

试样在试验期间是处于工作状态的。工作状态的方式应在有关标准中规定,工作期间应检查试样功能是否符合要求。

2.9

检验 examinations and tests

对试样的特性和功能进行测定,以便于评价。检验的手段有三种:目视检查、功能试验和测量。

2.9.1

目视检查 visual examination

用人眼进行检查。

2.9.2

功能试验 function test

功能能力的试验。

2.9.3

测量 measurement

通过与某一规定值进行比较,而对某一个物理量的值进行客观的测定。

2.10

评价 evaluation

初始检测、中间检测和最后检测所测得的结果与所规定的偏差值进行比较后做出的判定。

2.11

有关标准 relevant specification

试样和试验所必需的全部数据的汇编文件,这应由合同双方达成协议。

2.12

大气环境条件 ambiant atmospheric conditions

温度:15 ℃~35 ℃;

相对湿度:30%~75%。

3 试验程序

3.1 试验顺序

如果有关标准无另外的规定,试验应按3.2~3.8的顺序进行。其中预处理、初始检测、恢复和最后检测应尽可能在稳定的大气环境条件中进行。

3.2 预处理(试样制备)

使试样处于初始检测和条件试验所需的状态。例如:试样表面的清洁、试样内部的干燥、干燥剂的更换、易蚀部位的涂防护材料等。需调节试样温度与环境温度的差值在 3 K 之内。

3.3 初始检测

预处理后，试样按有关标准进行检测。内容包括试样损伤的目视检查，比如光学零件表面划痕或者其他材料的裂痕，这些损伤会影响试样的功能。

3.4 条件试验

初始检测后，试样按有关标准中所规定的严酷等级和工作状态进行试验。

3.5 中间检测（仅适用于工作状态 2）

在条件试验期间按有关标准进行检测。

3.6 恢复

使试样处于最后检测所需的状态。例如：调节温度与预处理温度差值在 3 K 之内。

3.7 最后检测

试样经恢复后按有关标准进行检测。

3.8 评价

对试样能否符合有关标准的规定作出判定。

4 环境试验标记

环境试验标记如下所示：

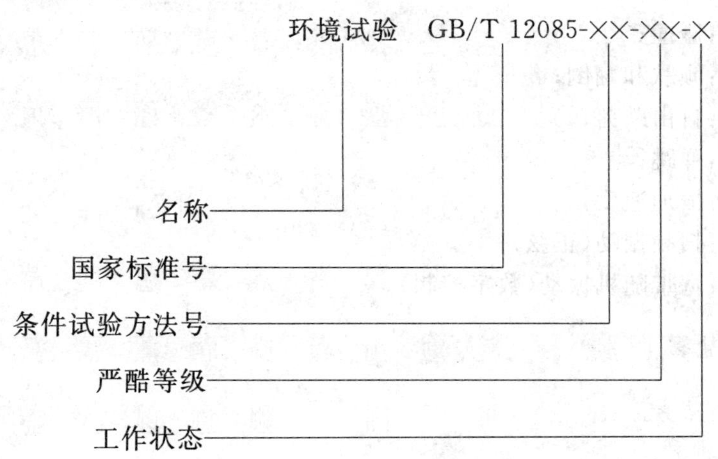

附　录　A
（资料性附录）
各试验项目和相应的条件试验方法一览表

A.1　GB/T 12085.2 低温、高温、湿热

条件试验方法 10:低温;
条件试验方法 11:高温;
条件试验方法 12:湿热;
条件试验方法 13:凝露;
条件试验方法 14:温度渐变;
条件试验方法 15:温度突变;
条件试验方法 16:循环湿热。

A.2　GB/T 12085.3 机械作用力

条件试验方法 30:冲击;
条件试验方法 31:碰撞;
条件试验方法 32:倾跌和翻倒;
条件试验方法 33:自由跌落;
条件试验方法 34:弹跳;
条件试验方法 35:恒加速度;
条件试验方法 36:扫频振动(正弦);
条件试验方法 37:宽带随机振动(数字控制)。

A.3　GB/T 12085.4 盐雾

条件试验方法 40:盐雾。

A.4　GB/T 12085.5 低温、低气压综合试验

条件试验方法 50:包括霜和露的低温、低气压综合试验;
条件试验方法 51:不包括霜和露的低温、低气压综合试验。

A.5　GB/T 12085.6 砂尘

条件试验方法 52:喷尘。

A.6　GB/T 12085.7 滴水、淋雨

条件试验方法 72:滴水;
条件试验方法 73:恒定的雨;
条件试验方法 74:加风速的雨。

A.7　GB/T 12085.8 高压、低压、浸没

条件试验方法 80:内高压;
条件试验方法 81:内低压;

条件试验方法 82:浸没。

A.8　GB/T 12085.9 太阳辐射

条件试验方法 20:太阳辐射。

A.9　GB/T 12085.10 振动(正弦)与高温、低温综合试验

条件试验方法 61:振动(正弦)与高温综合试验;
条件试验方法 62:振动(正弦)与低温综合试验。

A.10　GB/T 12085.11 长霉

条件试验方法 85:长霉。

A.11　GB/T 12085.12 污染

条件试验方法 86:基本的润肤剂材料和人造手汗;
条件试验方法 87:试验室试剂;
条件试验方法 88:工业用物资;
条件试验方法 89:飞行器、船舰和地面运输器的燃料及有关物资。

A.12　GB/T 12085.13 冲击、碰撞或自由跌落与高温、低温综合试验

条件试验方法 64:冲击与高温综合试验;
条件试验方法 65:碰撞与高温综合试验;
条件试验方法 66:冲击与低温综合试验;
条件试验方法 67:碰撞与低温综合试验;
条件试验方法 68:自由跌落与高温综合试验;
条件试验方法 69:自由跌落与低温综合试验。

A.13　GB/T 12085.14 露、霜、冰

条件试验方法 75:露;
条件试验方法 76:霜及其融化过程;
条件试验方法 77:冰覆盖及其解冻过程。

A.14　GB/T 12085.15 宽带随机振动(数字控制)与高温、低温综合试验

条件试验方法 70:宽带随机振动与高温综合试验;
条件试验方法 71:宽带随机振动与低温综合试验。

A.15　GB/T 12085.16 弹跳或恒加速度与高温、低温综合试验

条件试验方法 57:弹跳与高温综合试验;
条件试验方法 58:弹跳与低温综合试验;
条件试验方法 59:恒加速度与高温综合试验;
条件试验方法 60:恒加速度与低温综合试验。

ICS 37.020
N 30

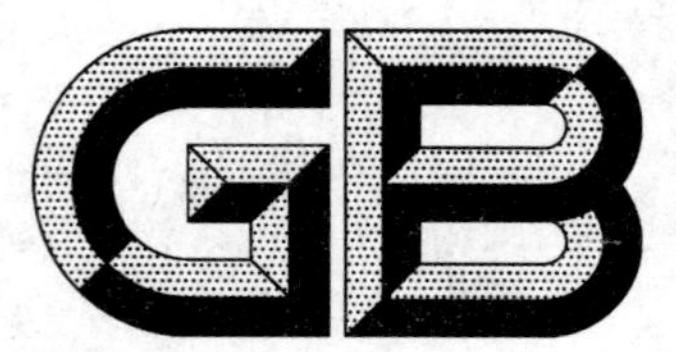

中华人民共和国国家标准

GB/T 12085.2—2010
代替 GB/T 12085.2—1989

光学和光学仪器 环境试验方法 第2部分:低温、高温、湿热

Optics and optical instruments—Environmental test methods—Part 2:Cold,heat,humidity

(ISO 9022-2:2002,MOD)

2011-01-14 发布

2011-05-01 实施

中华人民共和国国家质量监督检验检疫总局
中国国家标准化管理委员会 发布

前　言

GB/T 12085《光学和光学仪器　环境试验方法》分为以下 16 个部分：

——第 1 部分：术语、试验范围；

——第 2 部分：低温、高温、湿热；

——第 3 部分：机械作用力；

——第 4 部分：盐雾；

——第 5 部分：低温、低气压综合试验；

——第 6 部分：砂尘；

——第 7 部分：滴水、淋雨；

——第 8 部分：高压、低压、浸没；

——第 9 部分：太阳辐射；

——第 10 部分：振动(正弦)与高温、低温综合试验；

——第 11 部分：长霉；

——第 12 部分：污染；

——第 13 部分：冲击、碰撞或自由跌落与高温、低温综合试验；

——第 14 部分：露、霜、冰；

——第 15 部分：宽带随机振动(数字控制)与高温、低温综合试验；

——第 16 部分：弹跳或恒加速度与高温、低温综合试验。

本部分为 GB/T 12085 的第 2 部分。

本部分修改采用 ISO 9022-2:2002《光学和光学仪器　环境试验方法　第 2 部分：低温、高温、湿热》。

本部分与 ISO 9022-2:2002 的主要差异如下：

——删除国际标准的序言和前言；

——根据 ISO 9022-2 第 1 章及我国标准用语习惯对标准范围作了重新编写；

——“国际标准本部分”一词改为“本部分”。

本部分代替 GB/T 12085.2—1989《光学和光学仪器　环境试验方法　低温、高温、湿热》，与 GB/T 12085.2—1989 的主要差异为：

——修改了变量温差的计量单位；

——合并范围与试验目的；

——增加了试验条件中试样安装的箱(室)条款，并增加了注的相关内容；

——增加了条件试验的悬置段编号及标题；

——增加了条件试验方法 10、11、16 的严酷等级分级数；

——增加了条件试验方法 10、11、12、13、14、15 的工作状态种数；

——修改并增加了条件试验方法 11 在同一试验室温度及同一工作状态下的不同暴露时间；

——修改了条件试验方法 12 的暴露时间；

——增加了条件试验方法 10、15、16 的选择工作状态 2 时的相关说明规定；

——修改了条件试验方法 10、15、16 选择工作状态 2 时的相应严酷条件范围；

——取消了工作状态 1 的包装类型的说明；

——增加了环境试验的标记名称，修改了相应标准号的编写。

本部分由中国机械工业联合会提出。

本部分由全国光学和光子学标准化技术委员会(SAC/TC 103)归口。

本部分起草单位:宁波永新光学股份有限公司、上海理工大学。

本部分主要起草人:曾丽珠、章慧贤、冯琼辉、叶慧。

本部分所代替标准的历次版本发布情况为:

——GB/T 12085.2—1989。

光学和光学仪器　环境试验方法
第2部分：低温、高温、湿热

1　范围

本部分规定了低温、高温、湿热试验的试验条件、试验程序及环境试验标记。

本部分适用于光学仪器、装有光学零部件的仪器和光学零部件。

本试验目的是研究试样的光学、热学、化学及电学等特性受到温度和湿度影响的变化程度。

2　规范性引用文件

下列文件中的条款通过GB/T 12085的本部分的引用而成为本部分的条款。凡是注日期的引用文件，其随后所有的修改单(不包括勘误的内容)或修订版均不适用于本部分，然而，鼓励根据本部分达成协议的各方研究是否可使用这些文件的最新版本。凡是不注日期的引用文件，其最新版本适用于本部分。

GB/T 12085.1　光学和光学仪器　环境试验方法　第1部分：术语、试验范围(GB/T 12085.1—2010，ISO 9022-1:1994，MOD)

3　试验条件

3.1　试样暴露在内部有调节气压或装备有空气循环的试验箱(室)。

3.2　试验箱(室)有效工作空间中各处温度应均匀，并应和控制点的数值一致，试验箱(室)壁上和顶上的凝结水不得滴落到试样上。

3.3　散热试样试验时，应在相应的标准中规定温度传感器的定位安装位置和数量。

4　条件试验

4.1　总则

试样的各个部分都达到试验箱(室)的温度3 K之内开始试验。对散热试样，在温度稳定的试验箱(室)内试样的温度变化在每小时不超过1 K时作为开始(或终止)暴露周期的时间(条件试验方法14或15)。试样的温度达到稳定的最后1 h作为暴露周期的最初1 h。

4.2　恒应力状态

4.2.1　总则

试样在恒应力状态暴露期间，温度变化应十分缓慢以防止试样损坏。用条件试验方法11或12时，温度变化阶段应保持最大的相对湿度，并在有关标准中说明试样上是否允许出现凝露。

4.2.2　条件试验10方法：低温

条件试验方法10低温的严酷等级按表1。

表1

严酷等级	01	02	03	04	05	06	07	08	09	10
试验箱(室)温度/℃	0±3	−10±3	−15±3	−20±3	−25±3	−30±3	−35±3	−40±3	−55±3	−65±3
暴露时间/h	16									
工作状态	0或1或2[a]									0或1

[a] 当选用工作状态2、严酷等级09时，应按有关标准的规定进行试验。

4.2.3 条件试验方法 11:高温

条件试验方法 11 高温的严酷等级按表 2。

表 2

严酷等级	01	02	03	04	05	06	07	08
试验箱(室)温度/℃	10±2	40±2	55±2	63±2	70±2	85±2	70±2	85±2
相对湿度%	<40							
暴露时间/h	16				6	6	2	2
工作状态	0 或 1 或 2					0 或 1	0 或 1 或 2	0 或 1

4.2.4 条件试验方法 12:湿热

条件试验方法 12 湿热的严酷等级按表 3。

表 3

严酷等级	01	02	03	04	05	06	07
气候条件	40 ℃±2 ℃, 相对湿度:90%～95%					55 ℃±2 ℃, 相对湿度:90%～95%	
暴露时间	24 h	4 d	10 d	21 d	56 d	6 h	16 h
工作状态	0 或 1 或 2[a]						

[a] 工作状态 2 仅适用于暴露时间的最后 4 h。

4.2.5 条件试验方法 13:凝露

条件试验方法 13 凝露的严酷等级按表 4。

表 4

严酷等级		01	02	03	04	05	06
气候条件	温度/℃	40±2					
	相对湿度/%	≈100(包括浸湿试样)					
暴露时间		6 h	16 h	2 d	4 d	8 d	16 d
工作状态		0 或 1 或 2[a]					

[a] 工作状态 2 仅适用于暴露时间的最后 4 h。

4.3 循环暴露条件

4.3.1 总则

当运用条件方法 14 和 15 时,试验箱(室)的温差 3 K 之内。在如表 5 所示试验箱(室)内温度 t_1 和 t_2 持续时间终止时,试样的温度将达到温差 3 K 之内。如果由于大尺寸的试样,该要求不能达到,则应预先测试所需的持续时间。

当运用条件方法 15 时,仅在 t_2 这一温度时,才允许进行中间存储。

4.3.2 条件试验方法 14:温度渐变

条件试验方法 14 温度渐变的严酷等级按表 5 和图 1。

表 5

严酷等级		01	02	03	04	05	06	07	08	09
试验箱(室)温度/℃	t_2	40±2	55±2	70±2	55±2	63±2	70±2	70±2	70±2	85±2
	t_1	−10±3	−25±3	−25±3	−40±3	−35±3	−40±3	−50±3	−65±3	−65±3

表 5（续）

温差/K	50	80	95	95	98	110	120	135	150
循环次数	5								
在 t_1 和 t_2 时的持续时间/h	≥2.5（试样温度应达到试验箱（室）温差 3 K 以内），散热试样按 4.1 的规定								
试验温度变化率	0.2 K/min～2 K/min								
工作状态	0 或 1 或 2[a]								
[a] 工作状态 2、严酷等级 04～09 时，应在有关标准给予说明。									

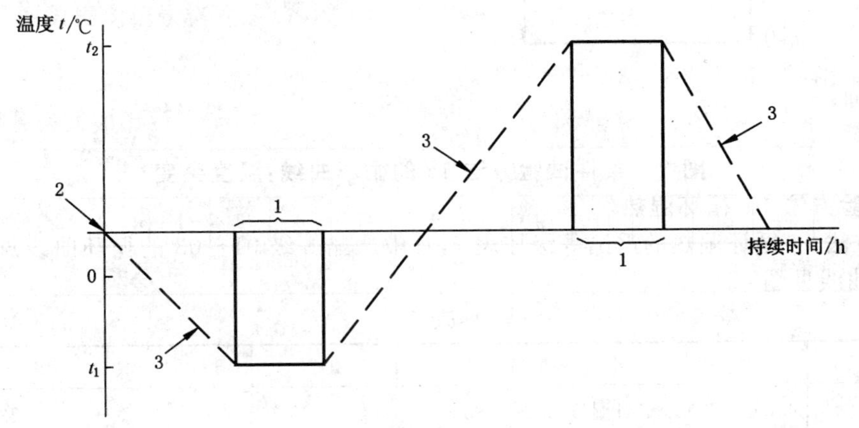

1——持续时间；

2——大气环境条件；

3——0.2 K/min～2 K/min。

图 1　条件试验方法 14 的循环曲线（温度渐变）

4.3.3　条件试验方法 15：温度突变

条件试验方法 15 温度突变的严酷等级按表 6 和图 2。

表 6

严酷等级		01	02	03	04	05
试验箱（室）温度/℃	t_2	20±2	40±2	55±2	70±2	70±2
	t_1	−10±2	−25±2	−40±3	−55±3	−65±3
温差/K		30	65	95	125	135
循环次数		5				
在 t_1 和 t_2 时的持续时间/h		≥2.5（试样温度应达到试验箱（室）温差 3 K 以内），散热试样按本部分 4.1 的规定				
温度变化容许的时间		10 kg 以下的试样，最大为 20 s。超过 10 kg 的试样最大为 10 min，但越小越好。 温度变化的实际时间应在试验中说明。温度变化的实际时间应在试验报告中说明				
工作状态		0 或 1 或 2[a]				
[a] 工作状态 2 应在有关标准给予说明。						

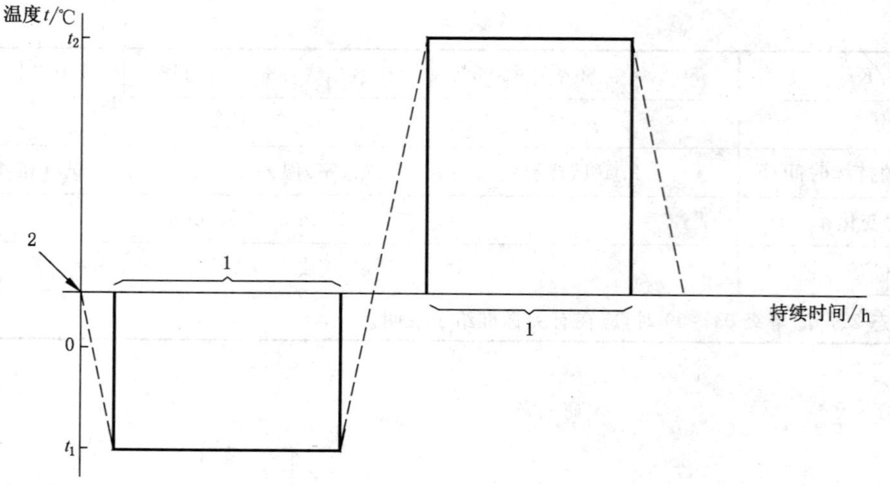

1——持续时间；

2——大气环境条件。

图 2　条件试验方法 15 的循环曲线：温度突变

4.3.4　条件试验方法 16：循环湿热

条件试验方法 16 循环湿热的严酷等级按表 7，其中严酷等级 01～03 的循环曲线见图 3，严酷等级 04～07 的循环曲线见图 4。

表 7

<table>
<tr><td>严酷等级</td><td>01</td><td>02[a]</td><td>03[a]</td><td>04[b]</td><td>05[b]</td><td>06[b]</td><td>07[b]</td></tr>
<tr><td>循环的气候条件</td><td colspan="3">23 ℃±2 ℃，相对湿度 80%～85%
40 ℃±2 ℃，相对湿度 90%～95%
（包括浸湿试样）</td><td colspan="2">23 ℃±2 ℃
55 ℃±2 ℃</td><td colspan="2">23 ℃±2 ℃
70 ℃±2 ℃</td></tr>
<tr><td>循环次数</td><td>5</td><td>10</td><td>20</td><td>5</td><td>10</td><td>5</td><td>10</td></tr>
<tr><td rowspan="2">工作状态</td><td colspan="3">0 或 1 或 2[c]</td><td colspan="4">0 或 1</td></tr>
<tr><td colspan="3">0 或 1 或 2</td><td colspan="4">0 或 1</td></tr>
<tr><td colspan="8">a 试验程序参照图 3。
b 试验程序和相对湿度参照图 4。
c 工作状态 2 只对每一个循环的第 15 h～19 h 而言。</td></tr>
</table>

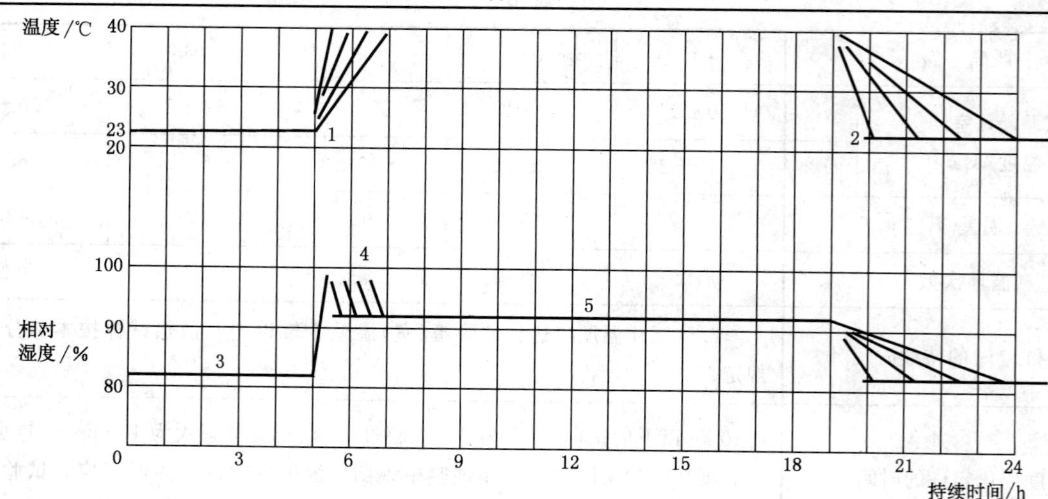

1——调至温度为 40 ℃±2 ℃、相对湿度为 90%～95%；

2——调至温度为 23 ℃±2 ℃、相对湿度为 80%～85%；

3——80～85；

4——浸湿；

5——90～95。

图 3　条件试验 16 方法：循环湿热，循环曲线（严酷等级 01～03）

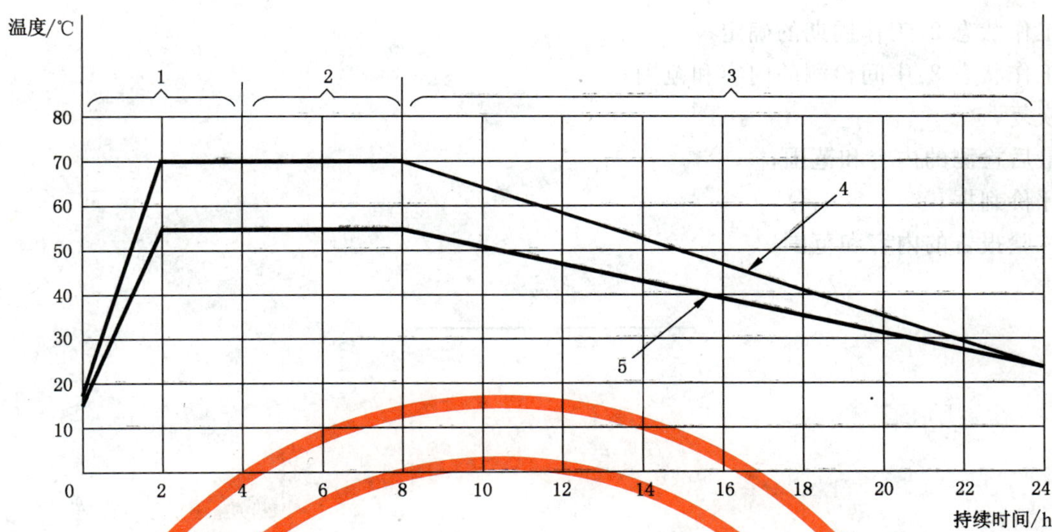

1——相对湿度≥85%；

2——相对湿度 90%～95%；

3——相对湿度≥85%，无浸湿；

4——06 和 07；

5——04 和 05。

图 4　条件试验 16 方法：循环湿热，循环曲线（严酷等级 04～07）

5　试验程序

5.1　总则

试验应符合相关标准和 GB/T 12085.1 的要求。

5.2　预处理

采用条件试验方法 14 和 15 时，大尺寸试样预处理的持续时间应在试验报告中说明。

6　环境试验标记

环境试验标记应符合 GB/T 12085.1 的规定。

示例：光学仪器抗温度渐变环境试验，条件方法 14 低温、严酷等级 02、工作状态 1 的标记为：

环境试验 GB/T 12085-14-02-1

7　有关标准应包括的内容

a)　环境试验标记；

b)　试样数量；

c)　散热试样试验时，温度传感器的数量、位置及安装方法；

d)　条件试验方法 10、严酷等级 09 或 10 时，工作状态 2 说明测定一个置于开放的冷箱或冷箱外的试样的条件需求，以及防止试样结霜或露的条件要求；

e)　选择条件试验方法 12 时是否允许凝露；

f)　选择条件试验方法 14、严酷等级 04～09 时：选择工作状态 2 的理由；

g)　条件试验方法 15：试验报告中应记录 10 kg 以上的试样所需的实际温度渐变时间；在所有的严酷等级下选择工作状态 2 的说明；

h)　选择条件试验方法 16、严酷等级 04～07 时，应写明图 4 以外的相对湿度值；

i)　预处理；

j)　初始检测的内容和范围；

k) 工作状态 2:工作周期的确定;
l) 工作状态 2:中间检测的内容和范围;
m) 恢复;
n) 最后检测的内容和范围;
o) 评价判据;
p) 试验报告的内容和范围。

ICS 37.020
N 30

中华人民共和国国家标准

GB/T 12085.3—2010
代替 GB/T 12085.3—1989

光学和光学仪器　环境试验方法　第3部分:机械作用力

Optics and optical instruments—Environmental test methods—Part 3:Mechanical stresses

(ISO 9022-3:1998,MOD)

2011-01-14 发布　　2011-05-01 实施

中华人民共和国国家质量监督检验检疫总局
中国国家标准化管理委员会　发布

前言

GB/T 12085《光学和光学仪器 环境试验方法》分为以下 16 个部分：

——第 1 部分：术语、试验范围；

——第 2 部分：低温、高温、湿热；

——第 3 部分：机械作用力；

——第 4 部分：盐雾；

——第 5 部分：低温、低气压综合试验；

——第 6 部分：砂尘；

——第 7 部分：滴水、淋雨；

——第 8 部分：高压、低压、浸没；

——第 9 部分：太阳辐射；

——第 10 部分：振动(正弦)与高温、低温综合试验；

——第 11 部分：长霉；

——第 12 部分：污染；

——第 13 部分：冲击、碰撞或自由跌落与高温、低温综合试验；

——第 14 部分：露、霜、冰；

——第 15 部分：宽带随机振动(数字控制)与高温、低温综合试验；

——第 16 部分：弹跳或恒加速度与高温、低温综合试验。

本部分为 GB/T 12085 的第 3 部分。

本部分修改采用 ISO 9022-3:1998《光学和光学仪器 环境试验方法 第 3 部分：机械作用力》。

本部分与 ISO 9022-3:1998 的主要差异如下：

——删除国际标准的前言；

——根据 ISO 9022-3 第 1 章及我国标准用语习惯作了重新编写；

——“本国际标准”一词改为“本部分”。

本部分代替 GB/T 12085.3—1989《光学和光学仪器 环境试验方法 机械作用力》，与GB/T 12085.3—1989 的主要差异为：

——合并了范围与试验目的；

——增加了试验条件的条件方法及引用的国家标准列表；

——修改了加速度值，明确了加速度倍数；

——增加了条件试验方法 30、31、32、33、34、35、36、37 的工作状态种数；

——修改了条件试验方法倾跌和跌落高度及碰撞次数允许偏差；

——增加了条件试验方法 35 的严酷等级级数；

——修改条件试验方法 37 的名称；

——将附录 A 典型应用实例放入标准正文中；

——增加了条件试验方法 36 的悬置段编号；

——增加了试验程序；

——增加了环境试验的标记名称，修改了相应标准号的编写。

本部分由中国机械工业联合会提出。

本部分由全国光学和光子学标准化技术委员会(SAC/TC 103)归口。

本部分起草单位:宁波永新光学股份有限公司、上海理工大学。

本部分主要起草人:曾丽珠、章慧贤、冯琼辉、张燕珂。

本部分所代替标准的历次版本发布情况为:

——GB/T 12085.3—1989。

光学和光学仪器　环境试验方法
第3部分:机械作用力

1　范围

本部分规定了机械作用力试验的试验条件、条件试验及环境试验标记。

本部分适用于光学仪器、装有光学零部件的仪器和光学零部件。

本试验目的是研究试样的光学、热学、力学、化学及电学等特性受到机械作用力影响的变化程度。

2　规范性引用文件

下列文件中的条款通过GB/T 12085的本部分的引用而成为本部分的条款。凡是注日期的引用文件,其随后所有的修改单(不包括勘误的内容)或修订版均不适用于本部分,然而,鼓励根据本部分达成协议的各方研究是否可使用这些文件的最新版本。凡是不注日期的引用文件,其最新版本适用于本部分。

GB/T 12085.1　光学和光学仪器　环境试验方法　第1部分:术语、试验范围(GB/T 12085.1—2010, ISO 9022-1:1994, MOD)

GB/T 2423.10　电工电子产品环境试验　第2部分:试验方法　试验Fc:振动(正弦)(GB/T 2423.10—2008,IEC 60068-2-6:1995,IDT)

GB/T 2423.15　电工电子产品环境试验　第2部分:试验方法　试验Ca和导则:稳态加速度(GB/T 2423.15—2008,IEC 60068-2-7:1986 IDT)

GB/T 2423.5　电工电子产品环境试验　第二部分:试验方法　试验Ea和导则:冲击(GB/T 2423.5—1995,idt IEC 60068-2-27:1987)

GB/T 2423.6　电工电子产品环境试验　第二部分:试验方法　试验Eb和导则:碰撞(GB/T 2423.6—1995,idt IEC 60068-2-29:1987)

GB/T 2423.7　电工电子产品环境试验　第二部分:试验方法　试验Ec和导则:倾跌与翻倒(主要用于设备型样品)(GB/T 2423.7—1995,idt IEC 60068-2-31:1982)

GB/T 2423.8　电工电子产品环境试验　第2部分:试验方法　试验Ed和导则:自由跌落(GB/T 2423.8—1995,idt IEC 60068-2-32:1990)

GB/T 2423.43　电工电子产品环境试验　第2部分:试验方法　振动、冲击和类似动力学试验样品的安装(GB/T 2423.43—2008,IEC 60068-2-47:2005,IDT)

GB/T 2423.39　电工电子产品环境试验　第2部分:试验方法　试验Ee:弹跳(GB/T 2423.39—2008,IEC 60068-2-55:1987,MOD)

GB/T 2423.56　电工电子产品环境试验　第2部分:试验方法　试验Fh:宽带随机振动(数字控制)和导则(GB/T 2423.56—2006,IEC 60068-2-64:1993,IDT)

3　试验条件

试验将在环绕大气条件下按GB/T 12085.1及表1所列国家标准执行,试样按GB/T 2423.43安置在试验装置上(冲击机、加速装置或电磁震荡器)。

注:采用的自由落体加速度g值取整数近似为10 m/s^2。

表 1

章条	条件试验方法	国家标准
4.1	30:冲击	GB/T 2423.5
4.2	31:碰撞	GB/T 2423.6
4.3	32:倾跌和翻倒	GB/T 2423.7
4.4	33:自由跌落	GB/T 2423.8
4.5	34:弹跳	GB/T 2423.39
4.6	35:恒加速度	GB/T 2423.15
4.7	36:扫频振动(正弦)	GB/T 2423.10
4.8	37:宽带随机振动(数字控制)	GB/T 2423.56

4 条件试验

4.1 条件方法 30:冲击

条件试验方法 30 冲击的严酷等级按表 2。试验采用半正弦冲击波并在三个轴线方向均受到三次冲击。

表 2

<table>
<tr><td colspan="2">严酷等级</td><td>01</td><td>02</td><td>03</td><td>04</td><td>05</td><td>06</td><td>07</td><td>08[a]</td></tr>
<tr><td rowspan="2">加速度</td><td>m/s^2</td><td>100</td><td>150</td><td>300</td><td>300</td><td>500</td><td>500</td><td>1 000</td><td>5 000</td></tr>
<tr><td>g 的倍数</td><td>10</td><td>15</td><td>30</td><td>30</td><td>50</td><td>50</td><td>100</td><td>500</td></tr>
<tr><td colspan="2">冲击持续时间/ms</td><td>6</td><td>11</td><td>6</td><td>18</td><td>3</td><td>11</td><td>6</td><td>1</td></tr>
<tr><td colspan="2">工作状态</td><td colspan="8">0 或 1 或 2</td></tr>
<tr><td colspan="10">注：优先选用“02、03、05”严酷等级。</td></tr>
<tr><td colspan="10">[a] 适用于零件和部件的试验。对成套光学仪器,在加速度 500 g_n 时冲击的持续时间为 0.5 ms。</td></tr>
</table>

4.2 条件试验方法 31:碰撞

条件试验方法 31 碰撞的严酷等级按表 3。

表 3

<table>
<tr><td colspan="2">严酷等级</td><td>01</td><td>02</td><td>03</td><td>04</td><td>05</td><td>06</td><td>07</td><td>08</td></tr>
<tr><td rowspan="2">加速度</td><td>m/s^2</td><td>100</td><td>100</td><td>100</td><td>100</td><td>250</td><td>250</td><td>400</td><td>400</td></tr>
<tr><td>g 的倍数</td><td>10</td><td>10</td><td>10</td><td>10</td><td>25</td><td>25</td><td>40</td><td>40</td></tr>
<tr><td colspan="2">冲击持续时间/ms</td><td>6</td><td>6</td><td>16</td><td>16</td><td>6</td><td>6</td><td>6</td><td>6</td></tr>
<tr><td rowspan="2">三个轴线方向的冲击</td><td>次数</td><td>1 000</td><td>4 000</td><td>1 000</td><td>4 000</td><td>1 000</td><td>4 000</td><td>1 000</td><td>4 000</td></tr>
<tr><td>次数偏差</td><td colspan="8">±10</td></tr>
<tr><td colspan="2">工作状态</td><td colspan="8">0 或 1 或 2</td></tr>
</table>

4.3 条件试验方法 32:倾跌和翻倒

条件试验方法 32 倾跌和翻倒的严酷等级按表 4。

表 4

<table>
<tr><td colspan="2">严酷等级</td><td>01[a]</td><td>02[a]</td><td>03[a]</td><td>04[b]</td></tr>
<tr><td rowspan="2">倾跌的高度</td><td>mm</td><td>25</td><td>50</td><td>100</td><td>翻倒</td></tr>
<tr><td>允许偏差/mm</td><td colspan="3">±5</td><td>—</td></tr>
<tr><td colspan="2">工作状态</td><td colspan="4">0 或 1</td></tr>
<tr><td colspan="6">[a] 试样的四个底角、四条底边各跌一次。
[b] 试样的四个底边各翻倒一次。</td></tr>
</table>

4.4 条件试验方法 33:自由跌落

条件试验方法 33 自由跌落的严酷等级按表 5,适用于在正常贮存条件下带包装的光学仪器,试样跌落次数为 2 次。若要增加跌落次数则应在有关标准中指明跌落次数,推荐选用的跌落次数为:10、20、50。

表 5

严酷等级		01	02	03	04	05	06
跌落高度	mm	25	50	100	250	500	1 000
	允许偏差/mm	±5			±10		
工作状态		0 或 1					
带包装的试样质量[a]/kg		>500	≤500	≤200	≤100	≤50	≤20
注:贮存容器不作为外包装。							
[a] 选择严酷等级的建议。							

4.5 条件试验方法 34:弹跳

条件试验方法 34 弹跳的严酷等级按表 6。

试验应按 GB/T 2423.39 规定进行:弹跳工作台的双振幅为 25.5 mm±0.5 mm,频率为 4.75 Hz±0.05 Hz。

表 6

严酷等级		01	02	03
暴露时间	min	15	60	180
	允许偏差	±10%		
工作状态		0 或 1		
注:优先选用"02"严酷等级。暴露时间应均匀分配给每个所需暴露表面。				

4.6 条件试验方法 35:恒加速度

条件试验方法 35 恒加速度的严酷等级按表 7。

表 7

严酷等级		01	02	03	04	05	06
加速度	m/s^2	50	100	200	500	1 000	2 000
	g 的倍数	5	10	20	50	100	200
沿各轴线方向暴露时间/s		>10[a]					
工作状态		0 或 1 或 2					
[a] 在达到标称的转数后开始计暴露时间。							

4.7 条件试验方法 36:扫频振动(正弦)

4.7.1 总则

条件试验方法 36 扫频振动(正弦)的严酷等级按表 8(大位移振幅的振动不强调用于光学仪器)。在特殊情况下参照 GB/T 2423.10 中表 4 或图 1。

4.7.2 扫频振动(正弦)试验

条件试验方法 36 的扫频振动(正弦)的严酷等级按表 8,典型应用见表 9。

表 8

严酷等级		01	02	03	04	05	06	07	08	09	10
位移/mm		0.035	0.075	0.15	0.15	0.15	0.15	0.35	0.35	0.35	1.0
加速度	m/s^2	5	10	20	20	—	20	50	50	50	—
	g 的倍数	0.5	1	2	2	—	2	5	5	5	—
各轴上每频带的频率周期数[a]	10 Hz～55 Hz	—	—	—	—	5	—	—	—	—	20
	10 Hz～150 Hz	—	—	20	—	—	—	5	—	—	—
	10 Hz～500 Hz	2	—	—	10	—	—	—	10	—	—
	10 Hz～2 000 Hz	—	2	—	—	—	10	—	—	10	—
工作状态		0 或 1 或 2									

[a] 规定的频率周期数的扫描速率应为每分钟 1 个倍频程。

表 9

频带/Hz	应用举例
10～55	装在船和舰艇上的或大型旋转机附近用的和一般工业用的仪器
10～150	一般工业用和地面车辆上用的仪器
10～500	一般航空用和特殊应用的地面(如有轨车辆)的设备
10～2 000	高速飞行器和导弹上的装备以及类似气垫船的特殊车辆设备

4.7.3 特性频率的振动疲劳试验

特性频率的振动疲劳试验按表 10。除 4.7.2 规定的不能执行之外，试样按表 10 规定时间沿每根轴线进行振动。如要根据试样位置决定特性频率，则该频率应在有关标准中规定。若使用一个以上特性频率，则暴露时间应分配给每一个频率，并在有关标准中作出规定。

表 10

加速度		从表 8 中选择		
特性频率的暴露时间	min	10	30	90
	允许偏差	±10%		

4.8 条件试验方法 37：宽带随机振动(数字控制)

条件试验方法 37 宽带随机振动(数字控制)的严酷等级按表 11～表 13。

表 11～表 13 规定的总的条件试验时间与相关标准中规定的条件耗费是相等的。

表 11

严酷等级		01	02	03	04
加速度平方频谱密度/g^2/Hz		0.02	0.05	0.2	0.2
均方根加速度[a]/g		1.6	2.6	5.1	5.1
频率范围(f_1～f_2)/Hz		20 ～ 150			
沿各轴的条件试验时间	min	10	10	10	30
	允许偏差	±10%			
工作状态		0 或 1 或 2			

[a] 这些值与矩形频谱有关。

表 12

严酷等级		11	12	13	14	15
加速度平方频谱密度 g^2/Hz		0.005	0.01	0.05	0.05	0.05
均方根加速度[a]/g		1.6	2.2	4.9	4.9	4.9
频率范围(f_1~f_2)/Hz		20~500				
沿各轴的条件试验时间	min	10	10	10	30	90
	允许偏差	±10%				
工作状态		0 或 1 或 2				
[a] 这些值与矩形频谱有关。						

表 13

严酷等级		21	22	23	24	25[a]	26[a]
加速度平方频谱密度/g_n^2/Hz		0.001	0.01	0.01	0.05	0.02	0.05
均方根加速度[b]/g		1.4	4.5	4.5	10	6.3	10
频率范围(f_1~f_2)/Hz		20~2 000					
沿各轴的条件试验时间	min	10	10	30	30	90	90
	允许偏差	±10%					
工作状态		0 或 1 或 2					
[a] 用于导弹和喷气飞行器。 [b] 这些值与矩形频谱有关。							

5 试验程序

试验应符合相关标准和 GB/T 12085.1 的要求。

6 环境试验标记

环境试验标记应符合 GB/T 12085.1 的规定。

示例:光学仪器抗冲击环境试验,条件方法 30、严酷等级 01、工作状态 1 的标记为:

环境试验 GB/T 12085-30-01-1

7 有关标准应包括的内容

a) 环境试验标记;

b) 试样数量;

c) 数据要求按表 1;

d) 条件试验方法 30 和 31:暴露的轴线和方向;

e) 条件试验方法 32:给出倾斜的边和试验次数;

f) 条件试验方法 33:条件试验前后的包装条件、试验次数及暴露的边和角、表面数;

g) 条件试验方法 34:待暴露的表面;

h) 条件试验方法 35:试样暴露的轴线;

i) 条件试验方法 36 和 37:试样暴露的轴线;

j) 条件试验方法 36:规定每个特性频率的暴露时间,适合试样安装部位的特性频率;

k) 预处理;

l) 初始检测的内容和范围；

m) 工作状态 2 工作周期的确定；

n) 工作状态 2 中间检测的内容和范围；

o) 恢复；

p) 最后检测的内容和范围；

q) 评价判据；

r) 试验报告的内容和范围。

ICS 37.020
N 30

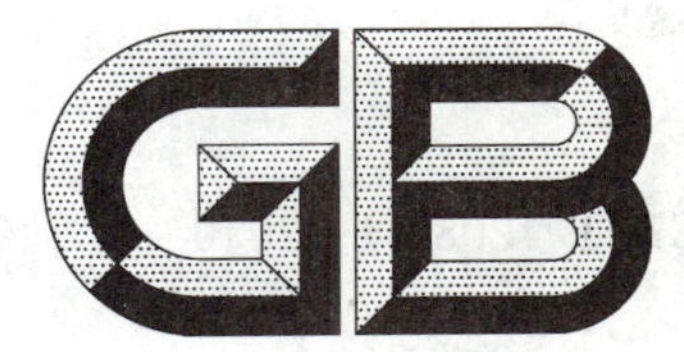

中华人民共和国国家标准

GB/T 12085.4—2010
代替 GB/T 12085.4—1989

光学和光学仪器　环境试验方法
第4部分:盐雾

Optics and optical instruments—Environmental test methods—
Part 4:Salt mist

(ISO 9022-4:2002,MOD)

2011-01-14 发布　　2011-05-01 实施

中华人民共和国国家质量监督检验检疫总局
中国国家标准化管理委员会　发布

前言

GB/T 12085《光学和光学仪器　环境试验方法》分为以下16个部分：

——第1部分：术语、试验范围；

——第2部分：低温、高温、湿热；

——第3部分：机械作用力；

——第4部分：盐雾；

——第5部分：低温、低气压综合试验；

——第6部分：砂尘；

——第7部分：滴水、淋雨；

——第8部分：高压、低压、浸没；

——第9部分：太阳辐射；

——第10部分：振动(正弦)与高温、低温综合试验；

——第11部分：长霉；

——第12部分：污染；

——第13部分：冲击、碰撞或自由跌落与高温、低温综合试验；

——第14部分：露、霜、冰；

——第15部分：宽带随机振动(数字控制)与高温、低温综合试验；

——第16部分：弹跳或恒加速度与高温、低温综合试验。

本部分为GB/T 12085的第4部分。

本部分修改采用ISO 9022-4:2002《光学和光学仪器　环境试验方法　第4部分：盐雾》。

本部分与ISO 9022-4:2002的主要差异如下：

——删除国际标准的序言和前言；

——根据ISO 9022-4第1章及我国标准用语习惯对标准范围作了重新编写；

——“国际标准本部分”一词改为“本部分”。

本部分代替GB/T 12085.4—1989《光学和光学仪器　环境试验方法　盐雾》，与GB/T 12085.4—1989的主要差异为：

——合并范围与试验目的，将试验限定放入试验条件中，并增加试验限定的总则及适宜性与不适宜性的条文编号；

——按内容重新编排试验条件的条的编号；

——增加了试验程序的总则并编号；

——简化了试验程序中预处理的相关方法制备内容；

——增加了环境试验的标记名称，修改了相应标准号的编写。

本部分的附录A为资料性附录。

本部分由中国机械工业联合会提出。

本部分由全国光学和光子学标准化技术委员会(SAC/TC 103)归口。

本部分起草单位：宁波永新光学股份有限公司、上海理工大学。

本部分主要起草人：曾丽珠、章慧贤、冯琼辉、叶慧。

本部分所代替标准的历次版本发布情况为：

——GB/T 12085.4—1989。

光学和光学仪器 环境试验方法 第4部分:盐雾

1 范围

本部分规定了盐雾试验的试验条件、条件试验、试验程序及环境试验标记。

本部分适用于光学仪器、装有光学零部件的仪器和光学零部件。

本试验目的是尽早对仪器表面和保护涂(镀)层抵抗盐雾的能力进行评估。

2 规范性引用文件

下列文件中的条款通过GB/T 12085的本部分的引用而成为本部分的条款。凡是注日期的引用文件,其随后所有的修改单(不包括勘误的内容)或修订版均不适用于本部分,然而,鼓励根据本部分达成协议的各方研究是否可使用这些文件的最新版本。凡是不注日期的引用文件,其最新版本适用于本部分。

GB/T 12085.1 光学和光学仪器 环境试验方法 第1部分:术语、试验范围(GB/T 12085.1—2010,ISO 9022-1:1994,MOD)

3 试验条件

3.1 试验限定

3.1.1 总则

盐雾试验须满足3.1.2和3.1.3规定的要求。

3.1.2 适宜性

本部分适宜于:

a) 评估光学及其他功能性涂(镀)层的抗盐雾腐蚀的能力;

b) 评估金属及非金属涂(镀)层的抗盐雾腐蚀的效果;

c) 提早发现材料组合的不合理性。

3.1.3 不适宜性

本部分不适宜于下述试验:

a) 通用的腐蚀试验;

b) 自然海洋环境的真实的复现;

c) 与安装好的装置相分离的零、部件的防腐蚀措施的考核。

注:通常的盐雾试验不宜用于评估、比较不同材料的抗腐蚀能力或暴露在变化气候条件中的涂层耐腐蚀效果和使用寿命。若要给出实验室盐雾试验相对于自然条件下的性能比较结果(比如盐雾加快试样腐蚀速度的程度),就有必要进行一些关联性的试验。例如铝合金,若能证实现场测试数据与实验室盐雾试验结果有某种关联,就可以通过本盐雾试验得到一些同等或接近金属的不同试样,或者同等或可比较的防护性涂覆的不同样本的工作寿命。

3.2 试样

试样应由构成的基本材料制成,若试样表面有涂(镀)层(抛光镀层、防护性涂层、光学零件薄膜),则涂(镀)层的结构应与仪器所用的涂(镀)层相同。试验金属或非金属涂层的试样用的载体为如图1所示的金属片(试片)。涂(镀)层必须完全覆盖住试片,尤其是外部边缘及孔的边缘。不能被覆盖住的金属试片边缘，应采取不影响涂层性能的保护措施避免其暴露。试片的标记不能损害试验涂层(比如穿孔标记应在涂层前制作好)。

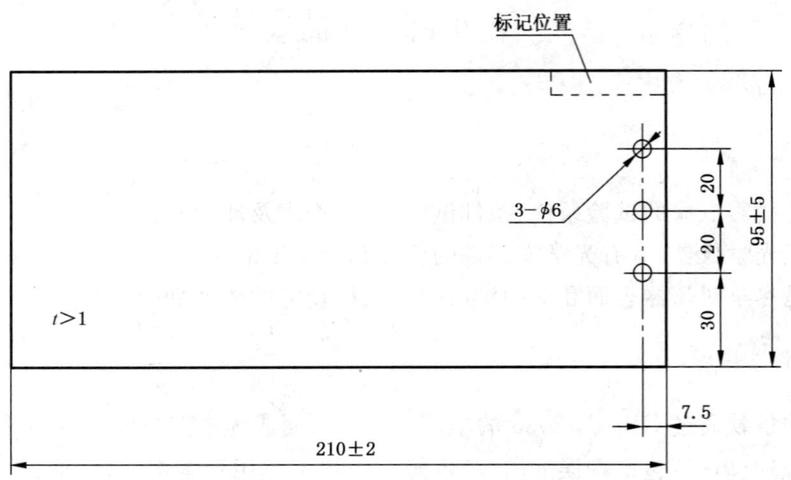

t——试片厚度；

a——标记位置(在背部)。

图 1 试片

用浇铸材料制造的仪器或零件，其基底材料应使用与零件同一炉浇铸并且和试验报告中的数据一致的材料制作。在光学膜层和其他功能涂层上，试验样本的试片涂层结构，应与原零件的基底材料一样。

成套的大型仪器和组件以及与安装好的装置分离的部件，按本标准的规定试验时，可采用上述代表心试样或一些非试片的试样(比如电子绝缘件、小的零部件)作试样。

3.3 试验装置

试验装置(见图 2)主要由下列所述部分组成。制造试验装置的材料与盐雾或试验溶液接触应不影响其腐蚀性。

3.3.1 试验箱(室)

盐雾试验箱(室)包括一个能保证压力平衡的热暴露室和一套用于调节和保持密闭的箱内温度为35 ℃±2 ℃的调节和测量装置。试验箱(室)的容积应不小于 400 L，试验箱(室)内不允许凝结的水滴从上面和侧壁滴落到试样上，箱(室)的顶部应与水平方向倾斜 30°以上。雾化过的试验溶液不得再返回到待雾化的试验溶液容器中。

试验箱(室)的有效暴露区为锥形喷雾覆盖到的部分和经 3.5.2 验证盐雾能均匀分布到的部分。

3.3.2 雾化喷嘴

雾化喷嘴应采用能在试验箱(室)外部调节或带快速净化针并能自动注入压缩空气的有机玻璃或聚氯乙烯材料制成，喷孔的口径为 1 mm，散射角约为 30°，喷嘴的工作气压为 70 kPa～140 kPa，负压水平为 200 mm～500 mm(见图 2)。

注：这是一种实用的测量和控制射流的方法，可调节和控制雾化试验溶液的量，使暴露箱每小时的聚集冷凝程度可维持在 3.5.2 规定的允许偏差内。

安装喷嘴应注意不使盐雾直接对着试样喷射，而应使盐雾向着暴露室的某一壁上喷射(见图 2 中 6)或将喷嘴安装在暴露室底部的为之专设的制导管里喷雾(见图 2 中 5)。

雾化喷嘴的安装位置和数量的选择应符合 3.5.2 的规定的暴露空间的需要。

符合本条规定的其他类型的喷嘴也可使用。

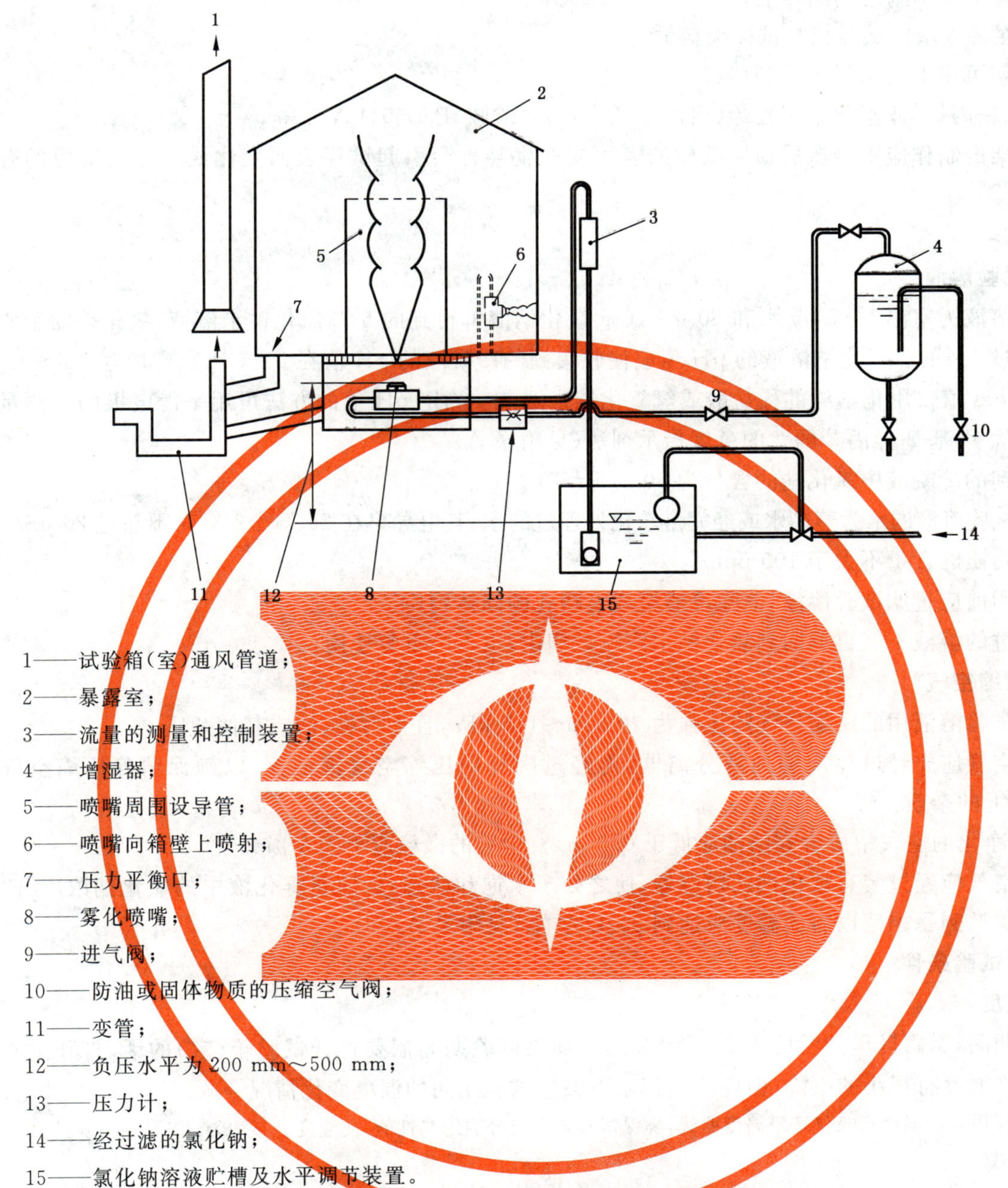

1——试验箱(室)通风管道；

2——暴露室；

3——流量的测量和控制装置；

4——增湿器；

5——喷嘴周围设导管；

6——喷嘴向箱壁上喷射；

7——压力平衡口；

8——雾化喷嘴；

9——进气阀；

10——防油或固体物质的压缩空气阀；

11——变管；

12——负压水平为 200 mm～500 mm；

13——压力计；

14——经过滤的氯化钠；

15——氯化钠溶液贮槽及水平调节装置。

图 2 试验装置及两种不同位置的雾化喷嘴示意图

3.3.3 水平调节贮槽和供水管道

待雾化的试验溶液的水平调节贮槽，应保证在试验持续期内的负压水平稳定。

3.3.4 油及固体物质截阻器和增湿器

油及固体物质截阻器和增湿器，应保证压缩空气在要求的温度下，在试验持续期内处于饱和状态。测量喷嘴空气压力的压力计应装在增湿器至暴露室间的通道中。

3.3.5 试样架

试样架的安置应满足下列要求：

a) 确保试样排列在有效的暴露空间内并且互不重叠，互不接触；

b) 代表性试样或部件试样的主要表面朝水平方向倾斜 60°以上；

c) 在暴露区的边缘安放试片，并使其朝水平方向倾斜 60°～75°；

d) 部件试样按其工作状态安放；

e) 冷凝液不滴落到试样上；

f) 在暴露室中试样只与试样架接触。

试样架可由下列材料之一制作：

玻璃、聚丙烯、非塑化聚氯乙烯(聚乙烯氯化物)聚酰胺(PA 66、PA 6)等。

试样架的制作应不会造成损坏试样的表面或产生某种会引起试样表面变化或与涂层反应的有害物质。

3.4 试剂

3.4.1 试验溶液

试验溶液为室温下 950 g 水和 50 g±10 g 氯化钠溶解得到的 5 %氯化钠水溶液，氯化钠的杂质总含量不超过 1%的。氯化钠溶液的 pH 值应使收集到的冷凝液的 pH 值在 25 ℃±2 ℃时为 6.5～7.2。

调整 pH 值仅用化学纯的稀盐酸或氢氧化钠水溶液。测定 pH 值的方法可用平滑电极的电测量法或使用溴代-甲基-2-异丙苯酚兰的色度指示剂法(见附录 A)。

收集到的冷凝液中氯化钠的含量为 50 g/L±10 g/L。

配制试验溶液的水为蒸馏水或经完全软化处理过的水，其电导率在 25 ℃±2 ℃时不超过 20 μS/cm，水中固体物质的含量不大于 100 ppm。

在使用前应过滤试验溶液，消除可能堵塞喷嘴孔的固体物质。

雾化过的溶液不能再返回到氯化钠水溶液贮槽内，也不能重复使用。

3.4.2 压缩空气

雾化试验溶液用的压缩空气的压强为 70 kPa～140 kPa，且无污物、油或其他杂质。

压缩空气应先经过标准的油液分离器，再经过陶瓷的压缩空气清洁器，以确保清除压缩空气中 99.5% 以上的杂质。

1 m^3 净化的空气中所含有的油应低于 0.2 mg。尘埃的微粒应小于 5 μm。

净化空气应经过装有软化水的增湿器，使之处于水饱和状态，以防止雾化液中的氯化钠浓度升高。饱和空气扩散到暴露区以后的温度应达到 35 ℃左右(见附录 A)。

3.5 盐雾试验条件

3.5.1 温度

试验期间，暴露区里的温度为 35 ℃±2 ℃。如果试验期间需要打开试验箱(室)的话，打开试验箱(室)时允许温度有很小的下降，但应测量记录下整个试验期间的温度变化情况。

注：建议用自动温度记录仪记录温度曲线，确保试验箱有充分的绝热性能，使温度分布均匀。

3.5.2 盐雾

每单位时间内雾化的试验溶液的总量为不少于 16 h 的周期内平均每小时在 80 cm^2 收集区有 1.5 mL±0.5 mL 被收集到。

检查盐雾分布的均匀性和沉降性的方法是：在试样架附近的底部安放至少两只收集器，分别置于喷嘴的最近和最远处，安放时应避免收集到从箱顶、箱壁、箱架或试样上滴落下的冷凝液，收集器用直径为 10 cm 的玻璃或塑料漏斗用塞子固定在玻璃或塑料量筒上。

3.6 试验间断和试验箱的开启

在整个试验周期里，试验溶液的雾化不可间断，试验箱(室)除需要中间检测试样外不可打开，中间检测时应小心拿取并防止试样干涸，需要时可采用室温下的 5%氯化钠溶液来保持试样的湿润，在整个试验持续时间里，每隔 24 h 的中间检测不得超过 30 min。

4 条件试验

条件试验方法 40 盐雾的严酷等级按表 1。

表 1

严酷等级	01	02	03	04	05	06	07
暴露时间	2 h	4 h	8 h	16 h	2 d	4 d	8 d
工作状态	1或2						

5 试验程序

5.1 总则

试验应符合相关标准和GB/T 12085.1的要求。

5.2 预处理(试样准备)

如无其他相关规定,试样表面应在暴露前清洗。清洗时应使用不会在试样表面残留薄膜或损坏试样表面的中性清洗剂。清洗后,试样应恢复到工作状态,如涂上保护性油脂。

5.3 恢复

暴露结束后,在流动的水中用软刷洗去试样表面的盐沉积物,再在蒸馏水中漂洗,洗涤用的水温不超过38 ℃,试样上的水滴干后置于40 ℃±3 ℃的有空气循环的加热室内恢复处理1 h。涂层为防护油脂的试片,试验结束后直接用溶剂汽油或石油醚洗去涂层,并立即进行检查和评价。

5.4 评价

若试样性能和物理外观的变化程度符合相关标准要求,则评价合格。允许保护涂层的颜色和(或)亮度出现轻微的变化或有轻微腐蚀,但不允许出现基底的锈蚀。

6 环境试验标记

环境试验标记应符合GB/T 12085.1的规定。

示例:光学仪器抗盐雾环境试验,条件方法40、严酷等级02、工作状态1的标记为:

环境试验 GB/T 12085-40-02-1

7 有关标准应包括的内容

a) 环境试验标记;
b) 试样的数量;
c) 试片或试样的种类和大小;
d) 3.3规定以外的试样在暴露箱内的排列和安放状态;
e) 试样的预处理(5.2);
f) 初始检测的内容和范围;
g) 工作状态2工件周期的确定;
h) 工作状态2中间检测的内容和范围及与3.3相关的有关情况;
i) 5.3规定以外的恢复;
j) 最后检测的内容和范围;
k) 评价判据(5.4);
l) 试验报告的内容和范围。

附　录　A
（资料性附录）
雾化喷嘴、试验溶液及压缩空气

A.1　关于 3.3.2 的雾化喷嘴

3.3.2 所述组合的雾化喷嘴时在安装前，供给大约 1×10^5 Pa 的空气压力或者用自行调整的方法能有效地将喷嘴调到近似于空气压力最大空吸流量，在这个位置上固定并作好标记，以便如果拆洗喷嘴或移动安置后，可重新将其设置到最大空吸能力的状态。

经验证明：一个体积为 10 m^3、面积约 5 m^2 的试验箱（矩形面的面积比为 1∶1 和 1∶5 之间），用 3.3.2 所述的一只雾化喷嘴即可满足使用。

A.2　关于 3.4.1 的试验溶液

用含有二氧化碳的水制取的氯化钠溶液，调整 pH 值时应注意在 35 ℃雾化该溶液时，二氧化碳会逃逸，所以收集到的溶液的 pH 值要比雾化前的大。为此，用含有二氧化碳的水配制的氯化钠溶液在 25 ℃±2 ℃时，其 pH 值应调整到 6.5 以下。以使收集到的溶液的 pH 值保持在 6.5～7.2 之间。测定雾化前溶液的 pH 值是否达到雾化后收集液的 pH 值的要求的方法是：取该溶液 50 mL 煮沸 30 s，冷却到 25 ℃±2 ℃时迅速测量其 pH 值。经验表明：如测得的 pH 值在 6.5～7.2 之间，则雾化后的收集液的 pH 值也在这个范围内。

A.3　关于 3.4.2 的压缩空气

压缩空气离开雾化喷嘴后的压力，将随周围的大气压力的减低而减低，并在此过程中逐渐冷却下来。为了保证 35 ℃的雾化温度，饱和的压缩空气的温度必须在 35 ℃以上。表 A.1 列出了空气增湿器温度的经验值与饱和的压缩空气的正压力的关系，压缩空气达到该大气压力后，雾化的温度才大约为 35 ℃。

表 A.1　空气加湿器温度的经验值

压缩空气的正压力/kPa	在整个试验持续过程中空气加湿器的温度/℃
70	45
84	46
98	47
112	48
126	49
140	50

ICS 37.020
N 30

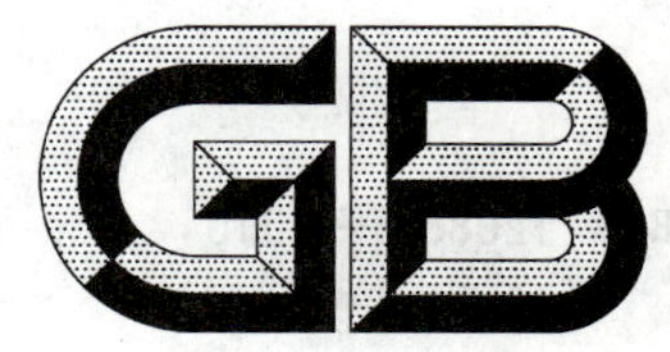

中华人民共和国国家标准

GB/T 12085.5—2010
代替 GB/T 12085.5—1989

光学和光学仪器 环境试验方法 第5部分:低温、低气压综合试验

Optics and optical instruments—Environmental test methods—
Part 5:Combined cold,low air pressure

(ISO 9022-5:1994,MOD)

2011-01-14 发布 2011-05-01 实施

中华人民共和国国家质量监督检验检疫总局
中国国家标准化管理委员会 发布

前　言

GB/T 12085《光学和光学仪器　环境试验方法》分为以下 16 个部分：

——第 1 部分：术语、试验范围；

——第 2 部分：低温、高温、湿热；

——第 3 部分：机械作用力；

——第 4 部分：盐雾；

——第 5 部分：低温、低气压综合试验；

——第 6 部分：砂尘；

——第 7 部分：滴水、淋雨；

——第 8 部分：高压、低压、浸没；

——第 9 部分：太阳辐射；

——第 10 部分：振动（正弦）与高温、低温综合试验；

——第 11 部分：长霉；

——第 12 部分：污染；

——第 13 部分：冲击、碰撞或自由跌落与高温、低温综合试验；

——第 14 部分：露、霜、冰；

——第 15 部分：宽带随机振动（数字控制）与高温、低温综合试验；

——第 16 部分：弹跳或恒加速度与高温、低温综合试验。

本部分为 GB/T 12085 的第 5 部分。

本部分修改采用 ISO 9022-5：1994《光学和光学仪器　环境试验方法　第 5 部分：低温、低气压综合试验》。

本部分与 ISO 9022-5：1994 的主要差异如下：

——删除国际标准的序言和前言；

——根据 ISO 9022-5 第 1 章及我国标准用语习惯对标准范围作了重新编写；

——“国际标准本部分”一词改为“本部分”。

本部分代替 GB/T 12085.5—1989《光学和光学仪器　环境试验方法　低温、低气压综合试验》，与 GB/T 12085.5—1989的主要差异为：

——修改了标准名称；

——合并了范围与试验目的；

——增加了环境试验的标记名称，修改了相应标准号的编写；

——增加了附录 A 的总则及两种条件试验方法的说明。

本部分的附录 A 为资料性附录。

本部分由中国机械工业联合会提出。

全国光学和光子学标准化技术委员会(SAC/TC 103)归口。

本部分起草单位：宁波永新光学股份有限公司、上海理工大学。

本部分主要起草人：曾丽珠、章慧贤、冯琼辉、杜群锋。

本部分所代替标准的历次版本发布情况为：

——GB/T 12085.5—1989。

光学和光学仪器　环境试验方法
第5部分:低温、低气压综合试验

1　范围

本部分规定了低温与低气压综合试验的试验条件、条件试验、试验程序及环境试验标记。

本部分适用于在高山地区或飞机仪表盘上或导弹上使用的光学仪器、装有光学零部件的仪器和光学零部件。

本试验目的是研究试样的光学、热学、化学和电学等特性受到低温与低气压影响的变化程度,包括测定水的冷凝和冻结对仪器或零部件的附加影响。

2　规范性引用文件

下列文件中的条款通过GB/T 12085的本部分的引用而成为本部分的条款。凡是注日期的引用文件,其随后所有的修改单(不包括勘误的内容)或修订版均不适用于本部分,然而,鼓励根据本部分达成协议的各方研究是否可使用这些文件的最新版本。凡是不注日期的引用文件,其最新版本适用于本部分。

GB/T 12085.1　光学和光学仪器　环境试验方法　第1部分:术语、试验范围(GB/T 12085.1—2010,ISO 9022-1:1994,MOD)

3　试验条件

3.1　试验箱(室)必须是空气流通的低气压或是高空模拟试验箱(室),它可以是低温、低气压的综合试验箱(室),也可将低气压箱放在低温室中。试验箱(室)的大小及试样安放的位置,应能保证所有试样都处于均匀的环境条件下。

3.2　在试验箱(室)内,试样需先达到规定的试验温度,然后再把箱内压力降到有关标准的规定值。

3.3　按条件试验方法51(见4.2)进行试验时,在升压期间,可用高纯氮气或对试样辐射加热方法,避免试样上产生结霜和凝露。

3.4　试验箱(室)内的温度和气压的变化应缓慢进行,以免引起试样的损坏。

3.5　试样的各个部分都达到试验箱(室)的温度±3 ℃之内和气压达到规定值时暴露周期开始。散热试样应冷却到试验温度,在温度稳定的试验箱(室)中试样的温度变化在1 h内不大于±1 ℃时,开始降低气压。在降压过程中,允许试样自身发热,直到试验压力达到规定值时作为暴露时间开始。暴露结束后压力和温度的升高同时开始,箱(室)内空气和试样的温度都应测量。温度传感器在试样上的位置应在有关标准中规定,用来测量箱(室)内空气温度的温度传感器的位置应在试验报告中说明。

3.6　按条件试验方法50进行试验后,试样在压力升高过程中产生结霜和凝露的方法应在相关标准中规定,可在下述方法中选用:

a)　在低气压条件下凝露的形成

在温度为－20 ℃～－10 ℃范围内和气压为40 kPa以上的低气压范围内,在加热过程中将水蒸气注入试验箱(室)内。

b)　在标准环境压力条件下凝露的形成

在加热期间,试验室内的压力调到标准的环境压力,而温度仍保持在－20 ℃～－10 ℃之间,由于低温使水分凝结在试样上。

4 条件试验

4.1 条件试验方法50:包括霜和露的低温、低气压综合试验

条件试验方法50包括霜和露的低温、低气压综合试验的严酷等级按表1。

4.2 条件试验方法51:不包括霜和露的低温、低气压综合试验

条件试验方法51不包括霜和露的低温、低气压的综合试验的严酷等级按表1中01、02、03、04、06、07的规定。

表1

严酷等级		01	02	03	04	05	06	07	08
试验箱(室)温度/℃		−25±3	−40±3	−25±3	−40±3	−65±3	−25±3	−40±3	−65±3
气压[a]	kPa	60±3		8.5±1			1±0.5		
	≈海拔高度[a]/m	3 500		16 000			31 000		
气压升高或降低所需时间/min		最大5		最大20			最大40		
分别加热或冷却期间的平均温度变化率/℃/min		0.2～2							
暴露时间/h		4							
工作状态		1或2							
[a] 基于恶劣气候条件的数据。									

5 试验程序

条件试验方法50的试验程序参见附录A。

6 环境试验标记

环境试验标记应符合GB/T 12085.1的规定。

示例:光学仪器抗低温、低气压综合试验,环境试验条件方法51、严酷等级01、工作状态1的标记为:

环境试验 GB/T 12085-51-01-1。

7 有关标准应包括的内容

a) 环境试验标记;
b) 试样数量;
c) 条件试验方法50结霜的起始时间和产生方法;
d) 温度传感器在试样上的位置;
e) 预处理;
f) 初始检测的内容和范围;
g) 工作状态2工作周期的确定;
h) 工作状态2中间检测的内容和范围;
i) 恢复;
j) 最后检测的内容和范围;
k) 评价判据;
l) 试验报告的内容和范围。

附 录 A
（资料性附录）
条件试验方法50试验程序示例

A.1 总则

本部分表述了以低温、低压两种不同环境影响因素为特点的暴露试验方法。条件试验51仅要求低温与低压试验，条件试验50还包括了霜和露的试验。

条件试验51模拟在温、湿度变化缓慢的山区环境中操作和运输仪器的情况。在飞机的机舱或货物仓内的环境也与此类似，几乎不存在气压平衡。在这样的环境中，可以认为不存在霜和露的影响。但是，若是装在飞机外部的光学仪器，其不仅受低温、低压的干扰，也受到环境湿度的影响，即霜和露的影响。

当降低飞机或导弹发射结构时，周围空气的温度或压强会上升，空气中的水蒸气的温度高于仪器表面温度，就会在仪器表面甚至不密封的仪器内部形成霜和露。融化的霜和露会逐渐从外部渗透到仪器内部，如果水分渗漏或者仪器通风不充分，水分会在仪器内部聚积而影响仪器性能。

条件试验51要求的暴露条件，可以通过在装有降温和空气循环装置的低压试验箱（室）中模拟得到。如果要求进行条件试验50所要求的低压下霜的暴露试验，则试验箱内应安装低温、低压条件下喷射水枪或水雾的装置。且要求喷射入口在试样附近。按上述试验箱的条件试验方法50见A.2。

A.2 条件试验50示例

A.2.1 暴露时间结束时，在加热过程中，将试验箱温度调节到−20 ℃～−10 ℃之间。

A.2.2 让试样温度稳定在这一温度范围内。

A.2.3 将试验箱中的气压调至40 kPa～60 kPa之间。

A.2.4 在靠近试样的地方将水蒸气或雾通过一个有良好隔热性能的软管和漏斗喷入试验箱（室）中直至试样上有明显的结霜为止。

A.2.5 然后，尽快将试验箱（室）温度在恒定压力下升高到2 ℃左右，并保持此温度，直到温湿度计指示一个确定值为止，这个保温时间取决于加湿器的类型。湿度控制器通常在试验箱（室）内的罩壳式加湿器解冻后开始工作，箱内相对湿度必须保持在95%以上，以防在继续加热过程中冷凝水分被挥发干。

A.2.6 当湿度控制器开始工作，相对湿度达到95%以上，试验箱（室）温度便尽快地以恒压和恒湿调节到大气环境条件，直至试样上的霜完全变成水为止。

A.2.7 在达到大气环境条件后，将试验箱（室）的气压逐渐调到环境大气压，试验箱（室）内的湿度继续保持在95%以上。

A.2.8 应注意除散热元件外，试样上需保持湿润，以免在中间检测中发生干涸。

ICS 37.020
N 30

中华人民共和国国家标准

GB/T 12085.6—2010
代替 GB/T 12085.6—1989

光学和光学仪器 环境试验方法 第6部分:砂尘

Optics and optical instruments—Environmental test methods—Part 6:Dust

(ISO 9022-6:1994,MOD)

2011-01-14 发布 2011-05-01 实施

中华人民共和国国家质量监督检验检疫总局
中国国家标准化管理委员会 发布

前　言

GB/T 12085《光学和光学仪器　环境试验方法》分为以下16个部分：

——第1部分：术语、试验范围；

——第2部分：低温、高温、湿热；

——第3部分：机械作用力；

——第4部分：盐雾；

——第5部分：低温、低气压综合试验；

——第6部分：砂尘；

——第7部分：滴水、淋雨；

——第8部分：高压、低压、浸没；

——第9部分：太阳辐射；

——第10部分：振动(正弦)与高温、低温综合试验；

——第11部分：长霉；

——第12部分：污染；

——第13部分：冲击、碰撞或自由跌落与高温、低温综合试验；

——第14部分：露、霜、冰；

——第15部分：宽带随机振动(数字控制)与高温、低温综合试验；

——第16部分：弹跳或恒加速度与高温、低温综合试验。

本部分为GB/T 12085的第6部分。

本部分修改采用ISO 9022-6:1994《光学和光学仪器　环境试验方法　第6部分：砂尘》。

本部分与ISO 9022-6:1994的主要差异如下：

——删除国际标准的序言和前言；

——根据ISO 9022-6第1章及我国标准用语习惯作了重新编写；

——“国际标准本部分”一词改为“本部分”。

本部分代替GB/T 12085.6—1989《光学和光学仪器　环境试验方法　砂尘》，与GB/T 12085.6—1989的主要差异为：

——合并范围与试验目的；

——将附录A试验箱结构示意图放入标准正文的试验条件中；

——增加了试验程序的总则，规定了试验程序的标准依据；

——增加了环境试验的标记名称，修改了相应标准号的编写。

本部分由中国机械工业联合会提出。

本部分由全国光学和光子学标准化技术委员会(SAC/TC 103)归口。

本部分起草单位：上海理工大学、宁波永新光学股份有限公司。

本部分主要起草人：冯琼辉、章慧贤、曾丽珠、叶慧。

本部分所代替标准的历次版本发布情况为：

——GB/T 12085.6—1989。

光学和光学仪器　环境试验方法
第6部分：砂尘

1　范围

本部分规定了砂尘试验的试验条件、条件试验、试验程序及环境试验标记。

本部分适用于光学仪器、装有光学零部件的仪器和光学零部件。

本试验的目的是研究试样的光学、热学、机械学、化学和电学等特性受到砂尘影响的变化程度，特别是研究运动部件(如滑动面、轴承、接触器、控制装置、齿轮)的故障或不能允许的表面磨损。本试验不用来确定对粗粒砂尘的耐磨性。

2　规范性引用文件

下列文件中的条款通过GB/T 12085的本部分的引用而成为本部分的条款。凡是注日期的引用文件，其随后所有的修改单(不包括勘误的内容)或修订版均不适用于本部分，然而，鼓励根据本部分达成协议的各方研究是否可使用这些文件的最新版本。凡是不注日期的引用文件，其最新版本适用于本部分。

GB/T 12085.1　光学和光学仪器　环境试验方法　第1部分：术语、试验范围(GB/T 12085.1—2010,ISO 9022-1:1994,MOD)

3　试验条件

暴露期间，光学表面应用各种措施防止砂尘的影响，如防尘罩。罩盖方式应在相关标准中规定。若试样在暴露时光学表面不必罩盖，则应在有关标准中加以说明。

试验箱(室)应具有一定的空间以保证试样的占有面积不大于试验箱(室)横截面积(与空气流动方向垂直的面积)的50%，体积不超过试验箱(室)有效体积的50%。

图1为试验箱结构的示意图。

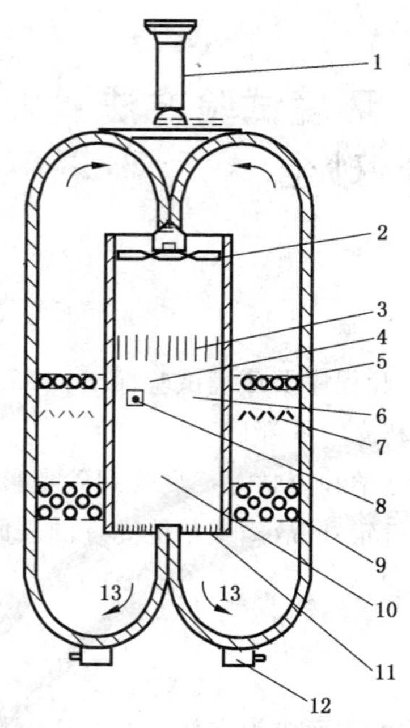

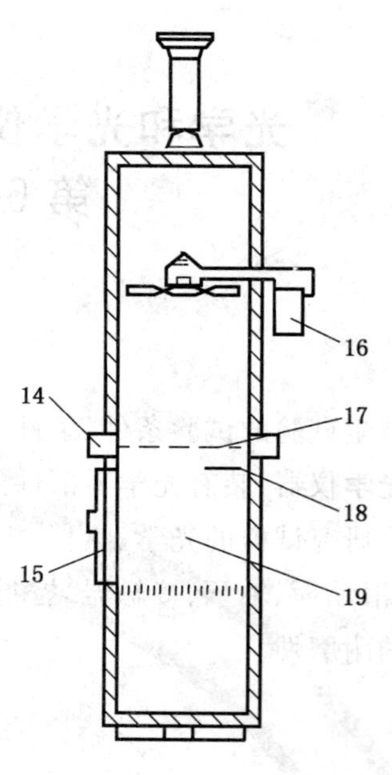

1——包括计量器和除湿装置的进尘装置；
2——风扇；
3——气流矫直器；
4——温度传感器；
5——加热元件；
6——湿度计；
7——气流控制阀；
8——光电砂尘密度计；
9——除湿(冷却)器；
10——试验箱；
11——栅格板；
12——砂尘排除口；
13——反向传送；
14——光电砂尘密度计；
15——试验箱的门；
16——风扇电机；
17——标准光源；
18——温度传感器；
19——暴露室。

图1　试验箱结构的示意图

矿物砂尘应由边缘锐利的微粒组成，其中 SiO_2 按质量应不小于97%。微粒尺寸分布和分析用的金属丝筛网应符合表1的规定。

表 1

微细砂尘颗粒尺寸分布　按质量分数/% (允许偏差±2%)	颗粒尺寸/mm	筛网网格尺寸/μm
2	0.1～0.14	140
8	0.071～0.1	100
15	0.045～0.071	71
75	<0.045	45

每次试验应使用新的砂尘。试样应尽可能放在试验箱(室)中心附近，如多个试样同时试验时，试样的位置均应与空气流动方向垂直，并且试样之间以及试样与试验箱(室)壁的距离均大于100 mm，试样的安置应使最易损表面朝着喷尘。在试验期间试样的位置可重新定位，以便将各个不同的表面暴露于空气流，在有关标准中应规定对空气流暴露的试样表面的位置和数量，暴露周期应均匀分配给每一暴露面。

4　条件试验

条件试验方法52：喷尘。

条件试验方法52喷尘的严酷等级按表2。

5 试验程序

5.1 总则

试验应符合相关标准和GB/T 12085.1标准规定。

5.2 预处理

预处理未作规定时，试样应清洁和干燥。

5.3 恢复

除有关标准另有规定外，沉积的砂尘应通过摇动或擦刷的办法去除，不得将额外的砂尘粘到试样上，也不能用吹或吸的清洗方法除去砂尘。

6 环境试验标记

环境试验标记应符合GB/T 12085.1的规定。

示例：光学仪器抗砂尘环境试验，条件方法52、严酷等级01、工作状态2的标记为：

环境试验 GB/T 12085-52-01-2

表2

步骤	参数	单位	严酷等级		
			01	02[a]	03[b]
1	温度	℃	18～28	18～28	18～28
	相对湿度	%	<25	<25	<25
	空气速度	m/s	8～10	8～10	8～10
	颗粒密度	g/m³	5～15	5～15	5～15
	暴露时间	h	6	6	6
2[c]	温度	℃	—	—	55～65
	相对湿度	%	—	—	<25
	空气速度	m/s	—	—	1～3
	暴露时间	h	—	—	16
3	温度	℃	—	35～45	55～65
	相对湿度	%	—	<25	<25
	空气速度	m/s	—	8～10	8～10
	颗粒密度	g/m³	—	5～15	5～15
	暴露时间	h	—	6	6
工作状态			1或2		

[a] 步骤1试验后立即进入步骤3。

[b] 步骤1到步骤3应紧接着进行。

[c] 中断喷砂。

7 有关标准应包括的内容

a) 环境试验标记；

b) 试样数量；

c) 未经保护的待暴露光学表面；

d) 暴露于空气流的试样表面的位置和数量；

e) 5.2 规定以外的试样预处理；

f) 初始检测的内容和范围；

g) 工作状态 2 工作周期的确定；

h) 工作状态 2 中间检测的内容和范围；

i) 5.3 规定外的恢复；

j) 最后检测的内容和范围；

k) 评价判据；

l) 试验报告的内容和范围。

ICS 37.020
N 30

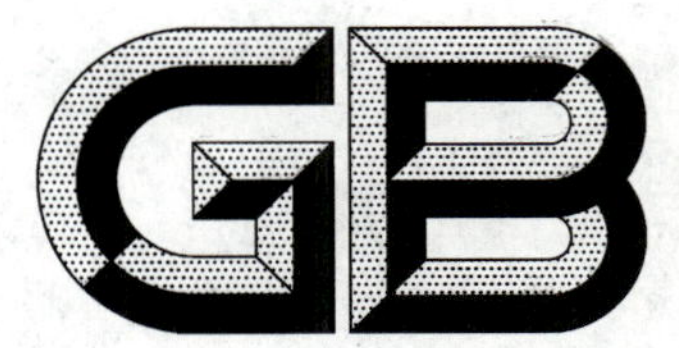

中华人民共和国国家标准

GB/T 12085.7—2010
代替 GB/T 12085.7—1989

光学和光学仪器 环境试验方法 第7部分：滴水、淋雨

Optics and optical instruments—Environmental test methods—Part 7: Resistance to drip or rain

(ISO 9022-7:2005,MOD)

2011-01-14 发布 2011-05-01 实施

中华人民共和国国家质量监督检验检疫总局
中国国家标准化管理委员会 发布

前　言

GB/T 12085《光学和光学仪器　环境试验方法》分为以下16个部分：

——第1部分：术语、试验范围；

——第2部分：低温、高温、湿热；

——第3部分：机械作用力；

——第4部分：盐雾；

——第5部分：低温、低气压综合试验；

——第6部分：砂尘；

——第7部分：滴水、淋雨；

——第8部分：高压、低压、浸没；

——第9部分：太阳辐射；

——第10部分：振动（正弦）与高温、低温综合试验；

——第11部分：长霉；

——第12部分：污染；

——第13部分：冲击、碰撞或自由跌落与高温、低温综合试验；

——第14部分：露、霜、冰；

——第15部分：宽带随机振动（数字控制）与高温、低温综合试验；

——第16部分：弹跳或恒加速度与高温、低温综合试验。

本部分为GB/T 12085的第7部分。

本部分修改采用ISO 9022-7:2005《光学和光学仪器　环境试验方法　第7部分：滴水、淋雨》。

本部分与ISO 9022-7:2005的主要差异如下：

——删除国际标准的序言和前言和图4；

——对国际标准的A.3作了适当修改，并删除图A.3；

——根据ISO 9022-7第1章及我国标准用语习惯作了重新编写；

——“国际标准本部分”一词改为“本部分”。

本部分代替GB/T 12085.7—1989《光学和光学仪器　环境试验方法　淋雨》，与GB/T 12085.7—1989的主要差异为：

——修改了标准名称；

——修改了变量温差的计量单位；

——合并了范围与试验目的；

——增加了条件试验方法72滴水及相关要求；

——增加了条件试验方法74的严酷等级分级及相关要求；

——增加了试验程序中的总则；

——增加了环境试验的标记名称，修改了相应标准号的编写；

——修改了有关标准中包括的内容；

——增加了滴水、淋雨的资料性附录，将喷头排列放入附录。

本部分的附录A为资料性附录。

本部分由中国机械工业联合会提出。

本部分由全国光学和光子学标准化技术委员会(SAC/TC 103)归口。

本部分起草单位:上海理工大学、宁波永新光学股份有限公司。

本部分主要起草人:冯琼辉、章慧贤、曾丽珠、张燕珂。

本部分所代替标准的历次版本发布情况为:

——GB/T 12085.7—1989。

光学和光学仪器 环境试验方法 第7部分:滴水、淋雨

1 范围

本部分规定了滴水、淋雨试验的试验条件、条件试验、试验程序及环境试验标记。

本部分适用于光学仪器、装有光学零部件的仪器和光学零部件。

本试验目的是研究试样的光学、热学、机械学、化学和电学特性受到滴水、淋雨影响的变化程度。

2 规范性引用文件

下列文件中的条款通过 GB/T 12085 的本部分的引用而成为本部分的条款。凡是注日期的引用文件,其随后所有的修改单(不包括勘误的内容)或修订版均不适用于本部分,然而,鼓励根据本部分达成协议的各方研究是否可使用这些文件的最新版本。凡是不注日期的引用文件,其最新版本适用于本部分。

GB/T 12085.1 光学和光学仪器 环境试验方法 第1部分:术语、试验范围(GB/T 12085.1—2010,ISO 9022-1:1994,MOD)

3 试验条件

暴露开始时水的温度应低于试样的温度,在暴露试验过程中,试样应被安装在旋转工作台易于操作的位置,工作台绕垂直于洒水区域的轴向旋转速度为 1 r/min~2 r/min。在试验前,应测量试验所需的滴水和淋雨的速度,并将其嵌入试样所占洒水区域的中央位置。

喷水率用雨量计测定。若存在许多测量区域,或进行几种度量方法,则所有测量结果的平均值应符合条件试验方法 72 滴水的严酷等级表 1、条件试验方法 73 恒定的雨严酷等级表 2、条件试验方法 74 加风速的雨的严酷等级表 3 规定的雨速要求。

表 1

<table>
<tr><td>严酷等级</td><td>01</td><td>02</td><td>03</td><td>04</td><td>05</td><td>06</td><td>07</td><td>08</td><td>09</td></tr>
<tr><td>暴露开始时试样温度/℃</td><td colspan="9">15~35</td></tr>
<tr><td>暴露开始时试样和水的温差/K</td><td colspan="9">2~20</td></tr>
<tr><td>喷淋板上面水的高度/mm</td><td colspan="3">10</td><td colspan="3">40</td><td colspan="3">75</td></tr>
<tr><td>淋雨速率/(mm/min)</td><td colspan="3">1.5±0.5</td><td colspan="3">3.5±1</td><td colspan="3">5.5±1</td></tr>
<tr><td>暴露时间/min</td><td>1</td><td>5</td><td>15</td><td>5</td><td>15</td><td>30</td><td>5</td><td>15</td><td>30</td></tr>
<tr><td>工作状态</td><td colspan="9">0 或 1 或 2</td></tr>
<tr><td colspan="10">注:对 01 到 06 的严酷等级,暴露前使水从喷淋板的每一个孔均匀流出,最终充满测试仪器。上述操作完成后,才能将水位降低到需要的容积,可用溢水孔实现。严禁使用表面活性剂。</td></tr>
</table>

表 2

严酷等级	01	02
暴露开始时的试样温度/℃	15~35	15~35
暴露开始时试样和水的温差/K	2~20	2~20

表 2（续）

淋雨速率/(mm/min)	5±2	20±3
暴露时间/min	30±2	30±2
工作状态	0 或 1 或 2	

表 3

严酷等级	01	02	03	04	05	06
暴露开始时的试样温度/℃	15～35					
暴露开始时试样和水的温度差/K	2～20					
试样位置处风速/(m/s)	18±3				33±3	
淋雨速率/(mm/min)	2±1		10±3		2±1	
暴露时间/min	10	30	10	30	10	30
工作状态	0 或 1 或 2					
注：对低雨速条件下的 01、02、05、06 严酷等级，有部分水不是通过喷头以水滴的形式被分布开来，这些水可以由强风产生的强湍流水来抵消。						

4 条件试验

4.1 条件试验方法 72：滴水

4.1.1 条件试验方法 72 滴水的严酷等级按表 1。

4.1.2 淋雨的测试仪如图 1 所示，根据试样的尺寸选择测试仪和喷淋板(图 2 所示)的大小。对于要求 1 m^2 以上喷淋板的大试样，可以拆分为零部件后逐一测试。喷淋板上面水位高度可通过浮阀和(或)溢水孔调节(见图 1)。为防止测试过程中喷淋板小孔堵塞，应使用软化水或者全脱盐水。喷淋板和试样之间的距离不小于 1 m。确保在测试过程中试样上面的每一点均受喷淋。

单位为毫米

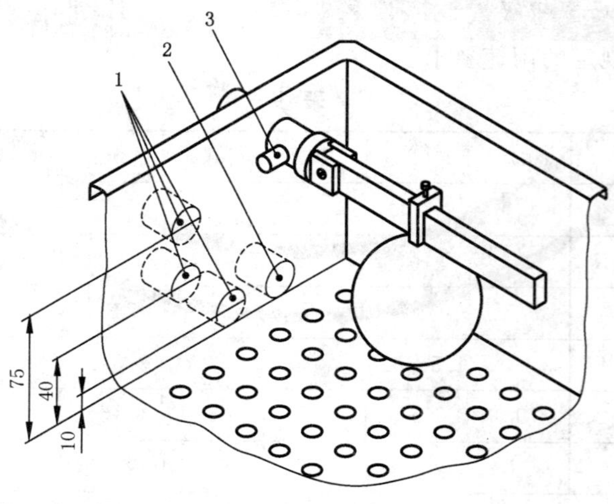

1——溢水管(ϕ>20)；

2——排水管(测试结束后排空测试仪)；

3——进水管。

注：未注细节应合理选择。

图 1 淋雨条件方法的测试仪

单位为毫米

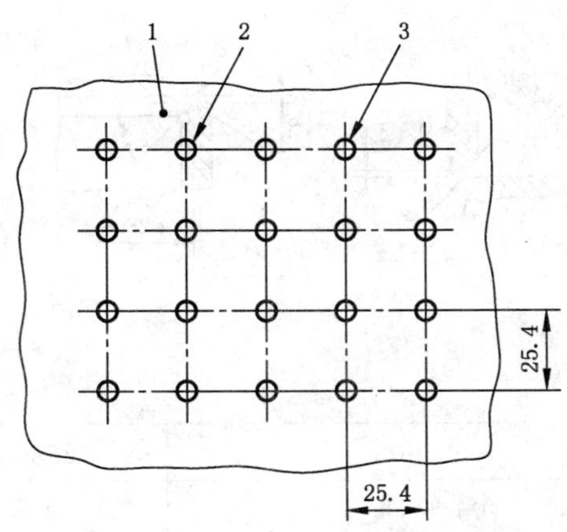

1——工作台用 0.8 mm 厚的 Cu、Zn 合金制作;

2——在金属板上排布直径为 ϕ0.35 mm 的孔;

3——凹槽用 ϕ4.8 mm 的铁棒制作,顶端半径为 5 mm,压制成型为 1.5 mm 的金属板。

尺寸/mm	公差/mm
0.1～0.9(包括 0.9)	±0.02
0.9～6.0(包括 6.0)	±0.1
6.0～30.0(包括 30.0)	±0.2
30.0～120.0	±0.3

图 2 喷淋板部分

4.2 条件试验方法 73:恒定的雨

4.2.1 条件试验方法 73 恒定的雨的严酷等级按表 2。

4.2.2 用自来水(饮用水)或按 4.1 制备的水。喷头应符合图 3 要求,旋转喷头的安装排布方式应保证使雨速通过喷淋面均匀分布。雨速的测量方法按第 3 章。根据试样的尺寸选择喷头数量,喷头应安置在离试样最高面至少 2 m 的位置,喷头的排列见附录 A。

单位为毫米

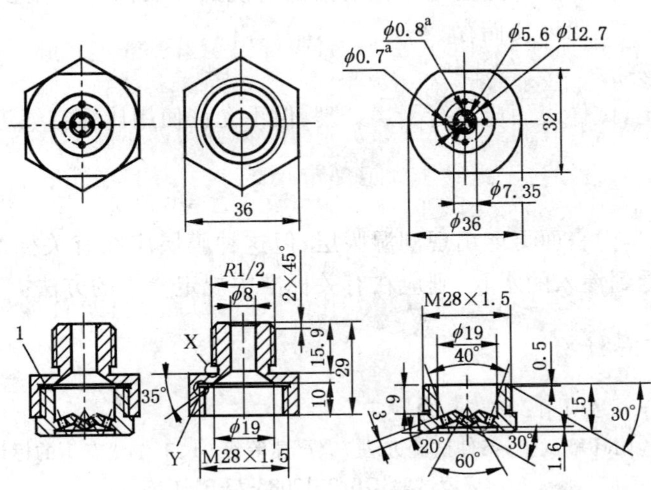

图 3 喷头

单位为毫米

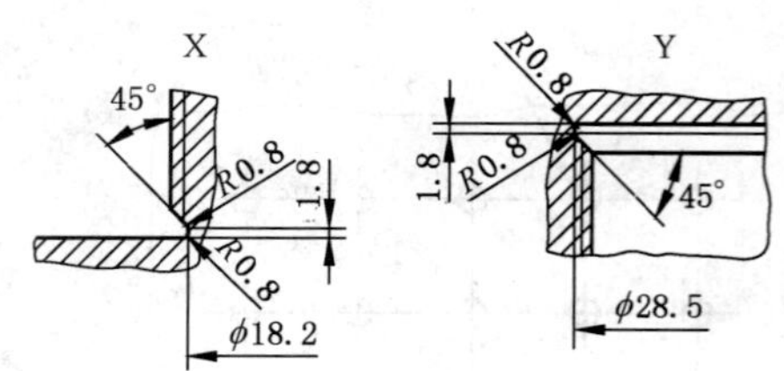

1——O 型圈或垫圈；
2——去毛刺的孔；
3——角度公差±3°。

尺寸/mm	公差/mm
0.1～0.9	±0.02
>0.9～6.0	±0.1
>6.0～30.0	±0.2
>30.0～120.0	±0.3

图 3（续）

4.3 条件试验方法 74:加风速的雨

4.3.1 条件试验方法 74 加风速的雨的严酷等级按表 3。

4.3.2 按 4.2 喷淋，鼓风机安置在试样上方，以使喷淋均匀。

进行暴露时，在无风的条件下会形成一个喷洒面中心区，承载试样的旋转工作台应安置在沿风的方向并离上述区域约 2 m 的位置。

在将试样放入测试仪前，需测量暴露过程中试样中心固定区域处的风速和雨速。喷水率用雨量计测定。

5 试验程序

5.1 总则

试验应符合相关标准和 GB/T 12085.1 的要求。

5.2 预处理

如有关标准未作规定，则应在暴露前用中性清洁剂清洗试样表面。以免在试样表面留下膜痕或者裂纹。清洗后，涂上防护性油脂以便储存。

5.3 恢复

如有关标准未作规定，试样表面应进行干燥处理，但不允许使用压缩空气进行干燥。处理试样温度应与环境温度相同。

5.4 最后检测

恢复之后，试样的光学内表面可能出现潮湿膜层，但这种膜层应在有关标准所规定的时间内消失。如果目视检查不能直接看到渗入的水膜，则应在有关标准中规定检查的方法。

6 环境试验标记

环境试验标记应符合 GB/T 12085.1 的规定。

示例：光学仪器抗恒定的雨环境试验，条件试验方法 73、严酷等级 01、工作状态 1 的标记为：

环境试验 GB/T 12085-73-01-1

7 有关标准应包括的内容

a) 环境试验标记；

b) 试样数量；

c) 不同于5.2描述条件下的试样预处理；

d) 初始检测的类型和范围；

e) 工作状态2:工作周期的确定；

f) 工作状态2:中间检测的内容和范围；

g) 不同于5.3描述条件下的恢复；

h) 最后试验的内容和范围，除非5.4中有要求；

i) 评价标准，例:允许的渗水量，水膜消失的时间；

j) 试验报告的类型和范围。

附 录 A
（资料性附录）
滴水、淋雨条件试验及喷头排列说明

A.1 总则

光学仪器在整个使用期限内，将暴露在多样性的环境影响下，如由船舶的冲击，浪花或者溅水引起的淋雨、浸水及淋水等。本部分表述滴水、淋雨的暴露试验。GB/T 12085.8 规定抗浸没和浸水的能力。

淋水常用来模拟由于冷凝或泄漏从而导致水自高处喷洒到仪器所造成的影响，其液滴尺寸大于2 mm。然而淋水试验容器也常用来模拟小量雨对仪器的影响，可能不是真正暴露在雨中而是由于防意外保护而短时间暴露在雨水中。例如：照相机系统。滴水环境试验方法 72，严酷等级 01 或者 02，都属于这种暴露试验类型。

光学仪器上雨滴所产生的影响与 GB/T 12085.2 中规定的潮湿环境中的暴露试验作用类似；但其影响不同。以点滴形式喷淋的水，由于表面张力，不像水蒸气那样更容易渗入仪器或零件内。不在淋雨试验中不考虑潜在的腐蚀现象，这与暴露在水蒸气的情形不同。

滴水的尺寸越小，暴露时间越长，则淋雨速度增加就越强。为了便于在暴露过程中测量滴水尺寸以及其恒定性，本部分对时间无要求。产生微小滴水的喷头在 GB/T 12085 中将会详细说明（<2 mm）。

严酷等级中的条件符合自然环境。条件试验方法 73，严酷等级 01 模拟在欧洲预期的最大淋雨量，即持续 5 min 且雨速为 7 mm/min。这个周期被延长至 30 min，因为在欧洲，3 mm/min～7 mm/min 的倾盆大雨的持续时间超过了 30 min。最大的全局雨速能达到 20 mm/min 且持续时间为 5 min，包括在严酷等级 02 内。残酷等级为 02 时，其暴露时间一般为 30 min，不仅是为了加强试验，也是为了部分模仿低强度降雨但持续时间相应增加的情形。比如，在印度、缅甸和印尼（24 h 内 600 mm 的降雨量和 1 年内 12 000 mm 的降雨量）。

条件试验 74 的雨速比条件试验 73 小。但试验方法 74 中当雨水冲击在试样上，由强风引起的喷溅和漩涡作用于试样上的应力比条件试验 73 中严重得多。

A.2 条件试验 73 和 74 中喷头的排列

图 A.1 和图 A.2 所示为淋喷头排列方法。

图 A.2 所示的排列是供有很大间隙式样的试样。图 A.1 和图 A.2 所示中心的喷头的开关独立于图中角落和边缘中心的喷头。喷头和所需的管道用抗腐蚀的材料制造。先用合适的过滤器使水净化。利用带压力控制阀和备用电源的调压泵及流量计将雨速调节在允许偏差内。干燥后，立即清除喷头平台上的石灰或者沉淀物，并分离储存。

单位为毫米

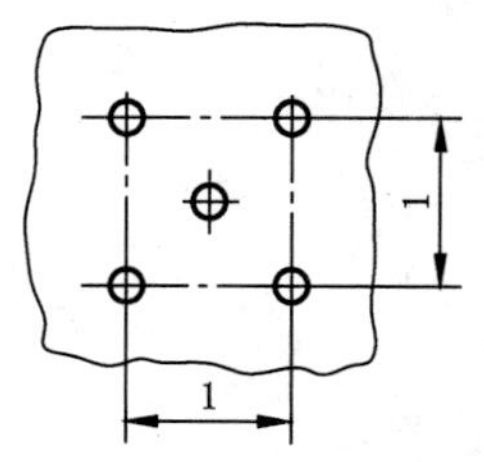

图 A.1 4或5个喷头

单位为毫米

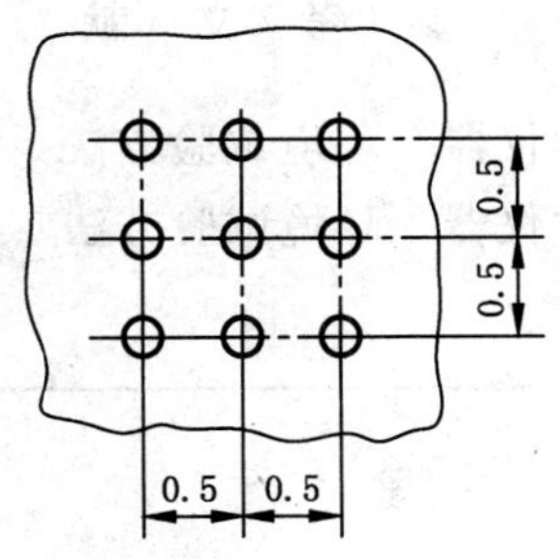

图 A.2 9个喷头

A.3 雨量计

雨量计一般由接受器皿（口径约 200 cm^2）、采集罐和相应的毫米刻度的圆形量筒构成。

参 考 文 献

[1] GB/T 12085.2 光学和光学仪器 环境试验方法 第2部分:低温、高温、湿热
[2] GB/T 12085.8 光学和光学仪器 环境试验方法 第8部分:高压、低压、浸没

ICS 37.020
N 30

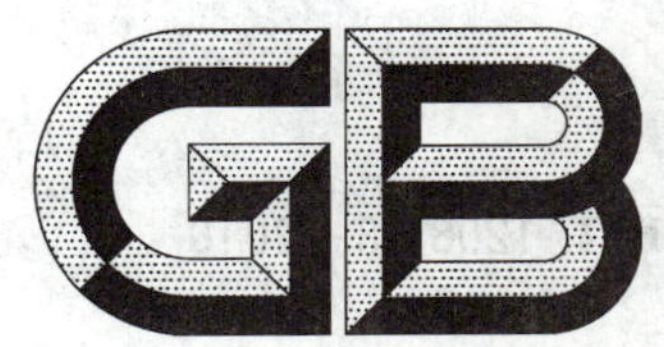

中华人民共和国国家标准

GB/T 12085.8—2010
代替 GB/T 12085.8—1989

光学和光学仪器　环境试验方法　第8部分:高压、低压、浸没

Optics and optical instruments—Environmental test methods—Part 8:High pressure,low pressure,immersion

(ISO 9022-8:1994,MOD)

2011-01-14 发布　　2011-05-01 实施

中华人民共和国国家质量监督检验检疫总局
中国国家标准化管理委员会　发布

前　言

GB/T 12085《光学和光学仪器　环境试验方法》分为以下16个部分：

——第1部分：术语、试验范围；

——第2部分：低温、高温、湿热；

——第3部分：机械作用力；

——第4部分：盐雾；

——第5部分：低温、低气压综合试验；

——第6部分：砂尘；

——第7部分：滴水、淋雨；

——第8部分：高压、低压、浸没；

——第9部分：太阳辐射；

——第10部分：振动(正弦)与高温、低温综合试验；

——第11部分：长霉；

——第12部分：污染；

——第13部分：冲击、碰撞或自由跌落与高温、低温综合试验；

——第14部分：露、霜、冰；

——第15部分：宽带随机振动(数字控制)与高温、低温综合试验；

——第16部分：弹跳或恒加速度与高温、低温综合试验。

本部分为GB/T 12085的第8部分。

本部分修改采用ISO 9022-8:1994《光学和光学仪器　环境试验方法　第8部分:高压、低压、浸没》。

本部分与ISO 9022-2:1994的主要差异如下：

——删除国际标准的序言和前言；

——根据ISO 9022-8第1章及我国标准用语习惯作了重新编写；

——"国际标准本部分"一词改为"本部分"。

本部分代替GB/T 12085.8—1989《光学和光学仪器　环境试验方法　高压、低压、浸没》,与GB/T 12085.8—1989的主要差异为：

——合并了范围与试验目的；

——修改了变量温差的计量单位；

——修改了条件方法82的严酷等级04的浸没深度；

——增加了试验程序的总则；

——增加了环境试验的标记名称,修改了相应标准号的编写；

——增加了附录A的试验说明。

本部分的附录A为资料性附录。

本部分由中国机械工业联合会提出。

本部分由全国光学和光子学标准化技术委员会(SAC/TC 103)归口。

本部分起草单位:上海理工大学、宁波永新光学股份有限公司。

本部分主要起草人:冯琼辉、章慧贤、曾丽珠、秦杰。

本部分所代替标准的历次版本发布情况为：

——GB/T 12085.8—1989。

光学和光学仪器　环境试验方法
第8部分：高压、低压、浸没

1　范围

本部分规定了高压、低压、浸没试验的试验条件、条件试验、试验程序及环境试验标记。

本部分适用于光学仪器、装有光学零部件的仪器和光学零部件。

本试验目的为研究试样的光学、热学、力学、化学和电学等特性受到环境气体高压、低压或水浸没影响的变化程度。

2　规范性引用文件

下列文件中的条款通过GB/T 12085的本部分的引用而成为本部分的条款。凡是注日期的引用文件，其随后所有的修改单(不包括勘误的内容)或修订版均不适用于本部分，然而，鼓励根据本部分达成协议的各方研究是否可使用这些文件的最新版本。凡是不注日期的引用文件，其最新版本适用于本部分。

GB/T 12085.1　光学和光学仪器　环境试验方法　第1部分：术语、试验范围(GB/T 12085.1—2010，ISO 9022-1:1994，MOD)

3　试验条件

光学仪器的耐压试验采用下述三种方法。

——条件试验方法80：内高压；

——条件试验方法81：内低压；

——条件试验方法82：浸没。

条件试验方法80的环境条件为清洁的干燥空气或氮气，相对湿度小于30%。

条件试验方法82用于在使用期间可能遭到浸没的仪器。浸没试验应使用软水并在敞开的水箱里或水压室中进行，浸没的深度根据试样的最高部位决定，水温应在10 ℃～25 ℃之间，暴露期间试样的温度不得低于水温，但也不可超过水温10 K。

4　条件试验

4.1　条件试验方法80：内高压

条件试验方法80内高压的严酷等级按表1。

表1

严酷等级	01	02	03	04	05	06	07	08	09	10	11	12	13
与外界的压差/hPa	100±2						400±5						
最大压降/hPa	75	50	20	10	5	2	300	200	100	50	20	10	5
暴露时间/min	10												
工作状态	1或2[a]												

[a] 见5.4。

4.2　条件试验方法81：内低压

条件试验方法81的内低压的严酷条件按表2。

表 2

严酷等级	01	02	03	04	05	06	07	08	09	10	11	12	13
与外界的压差/hPa	100±2						400±5						
最大压降/hPa	75	50	20	10	5	2	300	200	100	50	20	10	5
暴露时间/min	10												
工作状态	1 或 2[a]												
[a] 见 5.4。													

4.3 条件试验方法 82:浸没

条件试验方法 82 浸没的严酷条件按表 3。

表 3

严酷等级	01	02	03	04	05	06
浸没深度/m	1	4	10	50	200	400
允许偏差	±10%					
暴露时间/h	2					
工作状态	1 或 2					

5 试验程序

5.1 总则

试验应符合相关标准和 GB/T 12085.1 的要求。

5.2 条件试验方法 82:试样的预处理和初始检测

暴露前,试样应在温度为 40 ℃±2 ℃,相对湿度小于 40%的条件下放置 4 h。

5.3 条件试验方法 80 和 81:压力变化曲线

如有关标准要求在试验中记录压力随时间变化的曲线,则应采用记录仪记录,如没有适当的记录仪,压力变化曲线应根据不少于 10 个相等间隔的测量值绘制(参见附录 A)。

5.4 工作状态 2

如有关标准要求条件试验方法 80 和 81 的工作状态为 2,则应注意:

a) 试样内或试样上的热变化不得超过±1 K,否则将会降低所要求的测量准确度;

b) 机械运动可以从外部起动,例如:用手动代替工作状态 2;

c) 如果因机械运动引起试样内部体积的变化而产生记录的突变,则应在记录中标明。

5.5 条件试验方法 82:恢复和最后检测

暴露完成后,试样需放在温度为 40 ℃±2 ℃、相对湿度小于 40%的条件下 4 h。然后按 5.6 进行评价。

5.6 条件试验方法 82:评价

中间检测和最后检测时光学表面不能出现水膜,但水膜在试样加热期间若能部分消失并在试验结束 24 h 内不再重现是允许的。从 5.2 和 5.5 的对比中得到评价试样的结果。有关标准应规定允许的差异。

如果由于试样的结构(如封闭式外壳)而使得目视检查看不到渗水现象,则在有关标准中应规定检验渗水的方法。

6 环境试验标记

环境试验标记应符合 GB/T 12085.1 的规定。

示例：光学仪器抗内低压环境试验，条件试验方法81、严酷等级01、工作状态1的标记为：

环境试验 GB/T 12085-81-01-1。

7 有关标准应包括的内容

a) 环境试验标记；

b) 试样的数量；

c) 预处理（见5.2）；

d) 初始检测的内容和范围（见5.2）；

e) 条件试验方法80和81；

如果需要，则应按5.3记录压力变化曲线，并以此作为判据。

f) 工作状态2：工作周期的确定；

g) 工作状态2：中间检测的内容和范围；

h) 恢复（见5.5）；

i) 最后检测的内容和范围（见5.5）；

j) 评价判据（见5.6）；

k) 试验报告的内容和范围。

附 录 A
（资料性附录）
抗压试验及试验装置

A.1 抗压试验说明

为了达到满意的功能，要求光学仪器在改变环境温度时，其内表面始终不会出现水膜。否则，光学性能将会大大降低或加剧诸如腐蚀和发霉等影响。通常仪器使用前必须密封在干燥空气或者氮气中，并应按规定的抗压要求试验。

根据仪器的周围空气含量或仪器内表面，或进入仪器外壳衬套的空气含量（换言之，按仪器的密封圈类型和数量），选择合适的仪器抗压性能，并按标准规定选择模拟环境工作的条件试验方法。

内高压试验条件方法适合于因使用和运输而暴露在一个最高压力的严酷环境试验。而暴露在低温高压或者外高压的环境中的仪器必需进行内低压试验。（内低压试验也用于污染或不断增加的内部湿度下。）

裸潜或在水下的仪器必须进行浸没试验。

对于在内高压（条件试验方法 80）或内低压（条件试验方法 81）的条件试验时记录的压力/时间变化曲线的不连续测量数据，允许对被测仪器的密封度有一个适当的说明并合理确定所要求的耐用度及可靠性。

压电或压阻的压力传感器与测量用放大器一起使用能提高测量精度。传感器必需装在试验座内部，以免试样外部空气对测量的影响。本装置方便连接记录器组件，例如，X-T 记录器，可直接绘图。

条件试验方法 80 和 81 的压力试验装置如图 A.1。

图 A.2 显示压力试验的试验连接装置。

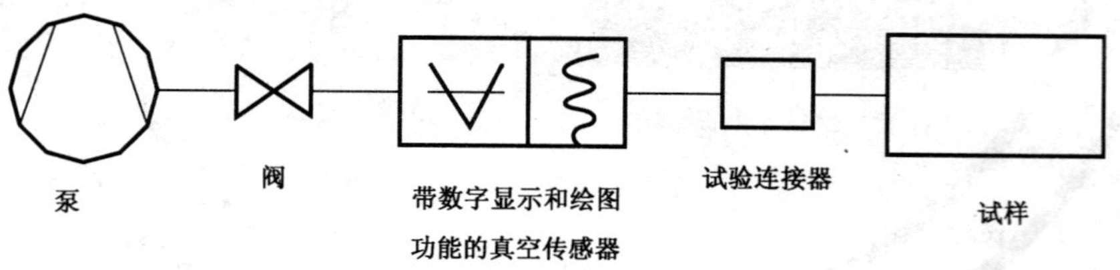

图 A.1 条件试验方法 80 和 81 压力试验装置的示意图

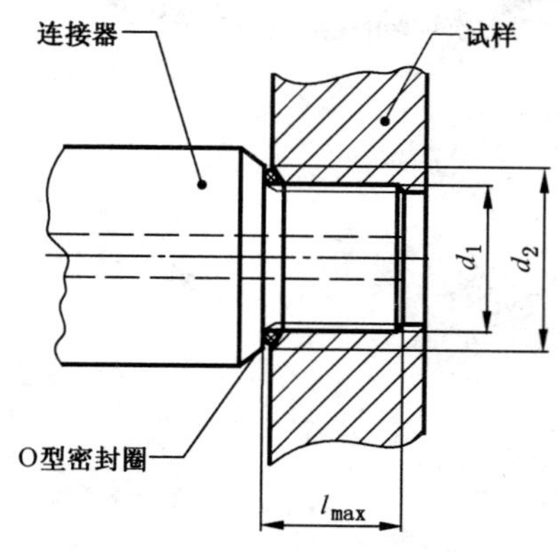

图 A.2 压力试验的试验连接图

图中 d_1 和 d_2 的对应螺纹公称值按表 A.1。

表 A.1

d_1	M3	M6	M10	M16×1.5[a]	M24×1.5[a]	M36×1.5[a]
d_2	6	9	14	21	29	42
L 的最大尺寸	5	8	12	15		

[a] 用于干燥器连接夹头。